UG NX 12.0 工程应用精解丛书

UG NX 12.0 曲面设计实例精解

北京兆迪科技有限公司 ◎ 编著

扫描二维码
获取随书学习资源

机械工业出版社
CHINA MACHINE PRESS

本书是进一步学习UG NX 12.0曲面设计实例的书籍，书中介绍了21个经典曲面产品的实际设计全过程，其中有两个实例采用了目前最为流行的TOP-DOWN（自顶向下）方法进行设计。[illegible]实例覆盖了不同行业，具有很强的实用性和广泛的适用性。

本书在内容编排上，先针对每一个实例进行概述，说明该实例的特点，使读者对其有一个整体[illegible]以使学习更有针对性；接下来介绍的操作步骤翔实、透彻、图文并茂、引领读者一步一步地完成设计。这种编写方法能使读者更快、更深入地理解UG曲面设计中那些抽象的概念、重要的设计技巧、复杂的命令及功能，能使读者较快地进入曲面产品设计实战状态。在写作方式上，本书紧贴UG NX 12.0软件的实际操作界面，使初学者能够直观、准确地操作软件进行学习，从而尽快地上手，提高学习效率。本书附赠学习资源，包含了大量UG曲面设计技巧和具有针对性的实例教学视频，并进行了详细的语音讲解，学习资源中还包含本书所有的实例源文件以及已完成的实例文件。

本书可作为工程技术人员学习UG曲面设计的自学教程和参考书，也可作为大中专院校学生和各类培训学校学员的UG课程上课及上机练习教材。

本书是“UG NX 12.0工程应用精解丛书”中的一本，读者在阅读本书后，可根据自己工作和专业的需要，抑或为了进一步提高UG技能，增加职场竞争力，再购买丛书中其他书籍。

图书在版编目（CIP）数据

UG NX 12.0曲面设计实例精解 / 北京兆迪科技有限公司编著．—6版．—北京：机械工业出版社，2019.3（2024.12重印）
（UG NX 12.0工程应用精解丛书）
ISBN 978-7-111-61879-9

I. ①U… II. ①北… III. ①曲面—机械设计—计算机辅助设计—应用软件—教材 IV. ①TH122

中国版本图书馆CIP数据核字（2019）第018704号

机械工业出版社（北京市百万庄大街22号 邮政编码：100037）
策划编辑：丁 锋 责任编辑：丁 锋
责任校对：刘志文 佟瑞鑫 封面设计：张 静
责任印制：郜 敏
北京富资园科技发展有限公司印刷
2024年12月第6版第7次印刷
184mm×260mm · 20.75印张 · 379千字
标准书号：ISBN 978-7-111-61879-9
定价：59.90元

电话服务
客服电话：010-88361066
010-88379833
010-68326294

网络服务
机 工 官 网：www.cmpbook.com
机 工 官 博：weibo.com/cmp1952
金 书 网：www.golden-book.com
机工教育服务网：www.cmpedu.com

丛书介绍与选读

“UG NX 工程应用精解丛书”自出版以来，已经拥有众多读者并赢得了他们的认可和信赖，很多读者每年在软件升级后仍继续选购。UG 是一款功能强大的 CAD/CAM/CAE 软件，目前在我国工程机械、汽车零配件等行业占有很高的市场份额。近年来，随着 UG 软件功能进一步完善，其市场占有率越来越高。本套 UG 丛书的质量在不断完善，丛书涵盖的模块也不断增加。为了方便广大读者选购这套丛书，下面特对其进行介绍。首先介绍本套 UG 丛书的主要特点。

- ☑ 本套 UG 丛书是目前市场涵盖 UG 模块功能较多、体系完整、丛书数量（共 20 本）比较多的一套丛书。
- ☑ 本套 UG 丛书在编写时充分考虑了读者的阅读习惯，语言简洁，讲解详细，条理清晰，图文并茂。
- ☑ 本套 UG 丛书的每一本书都附赠学习资源，对书中内容进行全程讲解，并且制作了大量 UG 应用技巧和具有针对性的范例教学视频，进行详细的语音讲解，读者可将学习资源中语音讲解视频文件复制到个人手机、iPad 等电子工具中随时观看、学习。另外，学习资源内还包含了书中所有的素材模型、练习模型、范例模型的原始文件以及配置文件，方便读者学习。
- ☑ 本套 UG 丛书的每一本书在写作方式上，紧贴 UG 软件的实际操作界面，采用软件中真实的对话框、操控板和按钮等进行讲解，使初学者能够直观、准确地操作软件进行学习，从而尽快上手，提高学习效率。

本套 UG 丛书的所有 20 本图书全部是由北京兆迪科技有限公司统一组织策划、研发和编写的。当然，在策划和编写这套丛书的过程中，兆迪公司也吸纳了来自其他行业著名公司的顶尖工程师共同参与，将不同行业独特的工程案例及设计技巧、经验融入本套丛书；同时，本套丛书也获得了 UG 厂商的支持，丛书的质量得到了他们的认可。

本套 UG 丛书的优点是，丛书中的每一本书在内容上都是相互独立的，但是在工程案例的应用上又是相互关联、互为一体的；在编写风格上完全一致，因此读者可根据自己目前的需要单独购买丛书中的一本或多本。不过，读者如果以后为了进一步提高 UG 技能还需要购书学习时，建议仍购买本丛书中的其他相关书籍，这样可以保证学习的连续性和良好的学习效果。

《UG NX 12.0 快速入门教程》是学习 UG NX 12.0 中文版的快速入门与提高教程，也是学习 UG 高级或专业模块的基础教程，这些高级或专业模块包括曲面、钣金、工程图、注塑模具、冲压模具、数控加工、运动仿真与分析、管道、电气布线、结构分析和热分析等。如果读者以后根据自己工作和专业的需要，或者是为了增加职场竞争力，需要学习这些专业模块，建议先熟练掌握本套丛书《UG NX 12.0 快速入门教程》中的基础内容，然后再学习高级或专业模块，以提高这些模块的学习效率。

《UG NX 12.0 快速入门教程》内容丰富、讲解详细、价格实惠，相比其他同类型、总页数相近的书籍，价格要便宜 20%~30%，因此《UG NX 4.0 快速入门教程》《UG NX 5.0 快速入门教程》《UG NX 6.0 快速入门教程》《UG NX 6.0 快速入门教程（修订版）》《UG NX 7.0 快速入门教程》《UG NX 8.0 快速入门教程》《UG NX 8.0 快速入门教程（修订版）》《UG NX 8.5 快速入门教程》《UG NX 10.0 快速入门教程》已经累计被我国 100 多所大学本科院校和高等职业院校选为在校学生 CAD/CAM/CAE 等课程的授课教材。《UG NX 12.0 快速入门教程》与以前的版本相比，图书的质量和性价比有了大幅的提高，我们相信会有更多的院校选择此书作为教材。下面对本套 UG 丛书中每一本图书进行简要介绍。

（1）《UG NX 12.0 快速入门教程》

- 内容概要：本书是学习 UG 的快速入门教程，内容包括 UG 功能概述、UG 软件安装方法和过程、软件的环境设置与工作界面的用户定制和各常用模块应用基础。
- 适用读者：零基础读者，或者作为中高级读者查阅 UG NX 12.0 新功能、新操作之用，抑或作为工具书放在手边以备个别功能不熟或遗忘而查询之用。

（2）《UG NX 12.0 产品设计实例精解》

- 内容概要：本书是学习 UG 产品设计实例类的中高级图书。
- 适用读者：适合中高级读者提高产品设计能力、掌握更多产品设计技巧。UG 基础不扎实的读者在阅读本书前，建议先选购和阅读本丛书中的《UG NX 12.0 快速入门教程》。

（3）《UG NX 12.0 工程图教程》

- 内容概要：本书是全面、系统学习 UG 工程图设计的中高级图书。
- 适用读者：适合中高级读者全面精通 UG 工程图设计方法和技巧之用。

（4）《UG NX 12.0 曲面设计教程》

- 内容概要：本书是学习 UG 曲面设计的中高级图书。
- 适用读者：适合中高级读者全面精通 UG 曲面设计之用。UG 基础不扎实的读者在阅读本书前，建议先选购和阅读本丛书中的《UG NX 12.0 快速入门教程》。

（5）《UG NX 12.0 曲面设计实例精解》

- 内容概要：本书是学习 UG 曲面造型设计实例类的中高级图书。
- 适用读者：适合中高级读者提高曲面设计能力、掌握更多曲面设计技巧之用。UG 基础不扎实的读者在阅读本书前，建议先选购和阅读本丛书中的《UG NX 12.0 快速入门教程》《UG NX 12.0 曲面设计教程》。

（6）《UG NX 12.0 高级应用教程》

- 内容概要：本书是进一步学习 UG 高级功能的图书。
- 适用读者：适合读者进一步提高 UG 应用技能之用。UG 基础不扎实的读者在阅读本书前，建议先选购和阅读本丛书中的《UG NX 12.0 快速入门教程》。

（7）《UG NX 12.0 钣金设计教程》

- 内容概要：本书是学习 UG 钣金设计的中高级图书。
- 适用读者：适合读者全面精通 UG 钣金设计之用。UG 基础不扎实的读者在阅读本书前，建议先选购和阅读本丛书中的《UG NX 12.0 快速入门教程》。

（8）《UG NX 12.0 钣金设计实例精解》

- 内容概要：本书是学习 UG 钣金设计实例类的中高级图书。
- 适用读者：适合读者提高钣金设计能力、掌握更多钣金设计技巧之用。UG 基础不扎实的读者在阅读本书前，建议先选购和阅读本丛书中的《UG NX 12.0 快速入门教程》和《UG NX 12.0 钣金设计教程》。

（9）《钣金展开实用技术手册（UG NX 12.0 版）》

- 内容概要：本书是学习 UG 钣金展开的中高级图书。
- 适用读者：适合读者全面精通 UG 钣金展开技术之用。UG 基础不扎实的读者在阅读本书前，建议先选购和阅读本丛书中的《UG NX 12.0 快速入门教程》和《UG NX 12.0 钣金设计教程》。

（10）《UG NX 12.0 模具设计教程》

- 内容概要：本书是学习 UG 模具设计的中高级图书。
- 适用读者：适合读者全面精通 UG 模具设计。UG 基础不扎实的读者在阅读本书前，建议选购和阅读本丛书中的《UG NX 12.0 快速入门教程》。

（11）《UG NX 12.0 模具设计实例精解》

- 内容概要：本书是学习 UG 模具设计实例类的中高级图书。
- 适用读者：适合读者提高模具设计能力、掌握更多模具设计技巧之用。UG 基础不扎实的读者在阅读本书前，建议先选购和阅读本丛书中的《UG NX 12.0 快速入门教程》和《UG NX 12.0 模具设计教程》。

（12）《UG NX 12.0 冲压模具设计教程》

- 内容概要：本书是学习 UG 冲压模具设计的中高级图书。
- 适用读者：适合读者全面精通 UG 冲压模具设计之用。UG 基础不扎实的读者在阅读本书前，建议先选购和阅读本丛书中的《UG NX 12.0 快速入门教程》。

（13）《UG NX 12.0 冲压模具设计实例精解》

- 内容概要：本书是学习 UG 冲压模具设计实例类的中高级图书。
- 适用读者：适合读者提高冲压模具设计能力、掌握更多冲压模具设计技巧之用。UG 基础不扎实的读者在阅读本书前，建议先选购和阅读本丛书中的《UG NX

12.0 快速入门教程》和《UG NX 12.0 冲压模具设计教程》。

(14)《UG NX 12.0 数控加工教程》

- 内容概要：本书是学习 UG 数控加工与编程的中高级图书。
- 适用读者：适合读者全面精通 UG 数控加工与编程之用。UG 基础不扎实的读者在阅读本书前，建议先选购和阅读本丛书中的《UG NX 12.0 快速入门教程》。

(15)《UG NX 12.0 数控加工实例精解》

- 内容概要：本书是学习 UG 数控加工与编程实例类的中高级图书。
- 适用读者：适合读者提高数控加工与编程能力、掌握更多数控加工与编程技巧之用。UG 基础不扎实的读者在阅读本书前，建议先选购和阅读本丛书中的《UG NX 12.0 快速入门教程》和《UG NX 12.0 数控加工教程》。

(16)《UG NX 12.0 运动仿真与分析教程》

- 内容概要：本书是学习 UG 运动仿真与分析的中高级图书。
- 适用读者：适合中高级读者全面精通 UG 运动仿真与分析之用。UG 基础不扎实的读者在阅读本书前，建议先选购和阅读本丛书中的《UG NX 12.0 快速入门教程》。

(17)《UG NX 12.0 管道设计教程》

- 内容概要：本书是学习 UG 管道设计的中高级图书。
- 适用读者：适合高级产品设计师阅读。UG 基础不扎实的读者在阅读本书前，建议先选购和阅读本丛书中的《UG NX 12.0 快速入门教程》。

(18)《UG NX 12.0 电气布线设计教程》

- 内容概要：本书是学习 UG 电气布线设计的中高级图书。
- 适用读者：适合高级产品设计师阅读。UG 基础不扎实的读者在阅读本书前，建议先选购和阅读本丛书中的《UG NX 12.0 快速入门教程》。

(19)《UG NX 12.0 结构分析教程》

- 内容概要：本书是学习 UG 结构分析的中高级图书。
- 适用读者：适合高级产品设计师和分析工程师阅读。UG 基础不扎实的读者在阅读本书前，建议先选购和阅读本丛书中的《UG NX 12.0 快速入门教程》。

(20)《UG NX 12.0 热分析教程》

- 内容概要：本书是学习 UG 热分析的中高级图书。
- 适用读者：适合高级产品设计师和分析工程师阅读。UG 基础不扎实的读者在阅读本书前，建议先选购和阅读本丛书中的《UG NX 12.0 快速入门教程》。

前　言

UG 是由美国 UGS 公司推出的功能强大的三维 CAD/CAM/CAE 软件系统，其内容涵盖了产品从概念设计、工业造型设计、三维模型设计、分析计算、动态模拟与仿真、工程图输出，到生产加工成产品的全过程，应用范围涉及航空航天、汽车、机械、造船、通用机械、数控（NC）加工、医疗器械和电子等诸多领域。UG NX 12.0 是该软件目前最新的版本，该版本在易用性、数字化模拟、知识捕捉、可用性和系统工程、模具设计和数控编程等方面进行了创新，对以前版本进行了数百项以客户为中心的改进。

本书是进一步学习 UG NX 12.0 曲面设计高级实例的书籍，其特色如下：

- 本书介绍了 21 个经典的曲面产品的实际设计全过程，其中有两个实例采用目前最为流行的 TOP-DOWN（自顶向下）方法进行设计，令人耳目一新，对读者进行实际设计具有很好的指导和借鉴作用。
- 讲解详细，条理清晰，图文并茂，使读者能够独立学习书中的内容。
- 写法独特，采用 UG NX 12.0 软件中真实的对话框、按钮和图标等进行讲解，使初学者能够直观、准确地操作软件，从而大大提高学习效率。
- 附加值高，本书附赠学习资源，包含大量 UG 曲面设计技巧和具有针对性的实例教学视频并进行了详细的语音讲解，可以帮助读者轻松、高效地学习。

本书由北京兆迪科技有限公司编著，参加编写的人员有詹友刚、王焕田、刘静、雷保珍、刘海起、魏俊岭、任慧华、詹路、冯元超、刘江波、周涛、段进敏、赵枫、侯俊飞、龙宇、施志杰、詹棋、高政、孙润、李倩倩、黄红霞、尹泉、李行、詹超、尹佩文、赵磊、王晓萍、陈淑童、周攀、吴伟、王海波、高策、冯华超、周思思、黄光辉、党辉、冯峰、詹聪、平迪、管璇、王平、李友荣。本书已经过多次审核，如有疏漏之处，恳请广大读者予以指正。

本书“学习资源”中含有“读者意见反馈卡”的电子文档，请读者认真填写本反馈卡，并 E-mail 给我们。E-mail：兆迪科技 zhanygjames@163.com，丁锋 fengfener@qq.com。

咨询电话：010-82176248，010-82176249。

编　者

本书导读

为了能更高效地学习本书，务必请读者仔细阅读下面的内容。

写作环境

本书使用的操作系统为64位的Windows 7，系统主题采用Windows经典主题。本书采用的写作蓝本是UG NX 12.0中文版。

附赠学习资源的使用

为方便读者练习，特将本书所有素材文件、已完成的实例文件、配置文件和视频语音讲解文件等放入随书附赠学习资源中，读者在学习过程中可以打开相应素材文件进行操作和练习。

建议读者在学习本书前，先将随书附赠学习资源中的所有文件复制到计算机硬盘的D盘中。D盘上ugnx12.11目录下共有三个子目录。

（1）ugnx12_system_file子目录：包含一些系统文件。

（2）work 子目录：包含本书的全部已完成的实例文件。

（3）video 子目录：包含本书讲解中的视频录像文件。读者学习时，可在该子目录中按顺序查找所需的视频文件。

学习资源中带有“ok”扩展名的文件或文件夹表示已完成的实例。

相比于老版本的软件，UG NX 12.0中文版在功能、界面和操作上变化极小，经过简单的设置后，几乎与老版本完全一样（书中已介绍设置方法）。因此，对于软件新老版本操作完全相同的内容部分，学习资源中仍然使用老版本的视频讲解，对于绝大部分读者而言，并不影响软件的学习。

本书约定

- 本书中有关鼠标操作的说明如下。
  - ☑ 单击：将鼠标指针移至某位置处，然后按一下鼠标的左键。
  - ☑ 双击：将鼠标指针移至某位置处，然后连续快速地按两次鼠标的左键。
  - ☑ 右击：将鼠标指针移至某位置处，然后按一下鼠标的右键。
  - ☑ 单击中键：将鼠标指针移至某位置处，然后按一下鼠标的中键。
  - ☑ 滚动中键：只是滚动鼠标的中键，而不能按中键。
  - ☑ 选择（选取）某对象：将鼠标指针移至某对象上，单击以选取该对象。
  - ☑ 拖移某对象：将鼠标指针移至某对象上，然后按下鼠标的左键不放，同时移动鼠标，将该对象移动到指定的位置后再松开鼠标的左键。

- 本书中的操作步骤分为 Task、Stage 和 Step 三个级别，说明如下：
  - ☑ 对于一般的软件操作，每个操作步骤以 Step 字符开始。
  - ☑ 每个 Step 操作视其复杂程度，其下面可含有多级子操作，例如 Step1 下可能包含（1）、（2）、（3）等子操作，（1）子操作下可能包含①、②、③等子操作，①子操作下可能包含 a）、b）、c）等子操作。
  - ☑ 如果操作较复杂，需要几个大的操作步骤才能完成，则每个大的操作冠以 Stage1、Stage2、Stage3 等，Stage 级别的操作下再分 Step1、Step2、Step3 等操作。
  - ☑ 对于多个任务的操作，则每个任务冠以 Task1、Task2、Task3 等，每个 Task 操作下则可包含 Stage 和 Step 级别的操作。
- 由于已建议读者将随书学习资源中的所有文件复制到计算机硬盘的 D 盘中，所以书中在要求设置工作目录或打开学习资源文件时，所述的路径均以“D:\”开始。

技术支持

本书主要参编人员来自北京兆迪科技有限公司。该公司专门从事 UG 技术的研究、开发、咨询及产品设计与制造服务，并提供 UG 软件的专业培训及技术咨询。读者在学习本书的过程中如果遇到问题，可通过访问该公司的网站 http://www.zalldy.com 来获得技术支持。

咨询电话：010-82176248，010-82176249。

目　录

丛书介绍与选读
前　言
本书导读
实例 1　灯罩……………………………1
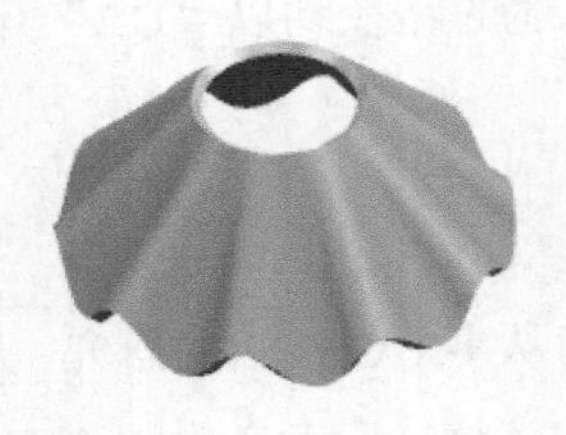
实例 2　曲面上创建文字………………4
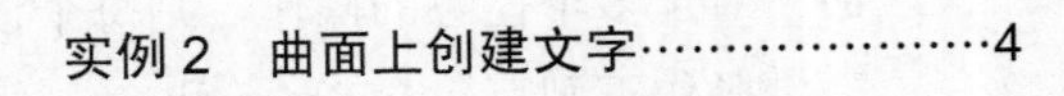

实例 3　旋钮……………………………6

实例 4　时钟外壳………………………13

实例 5　打火机壳………………………17
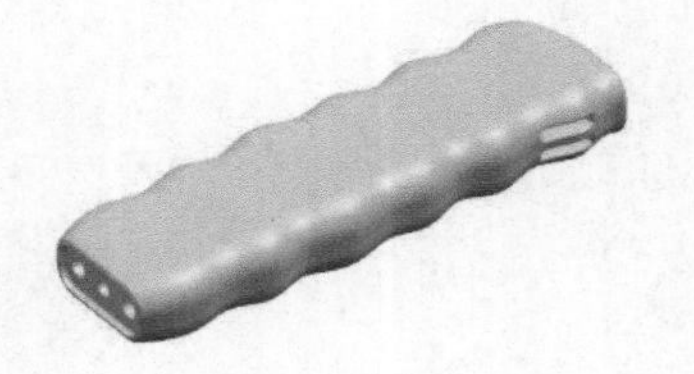
实例 6　牙刷……………………………23
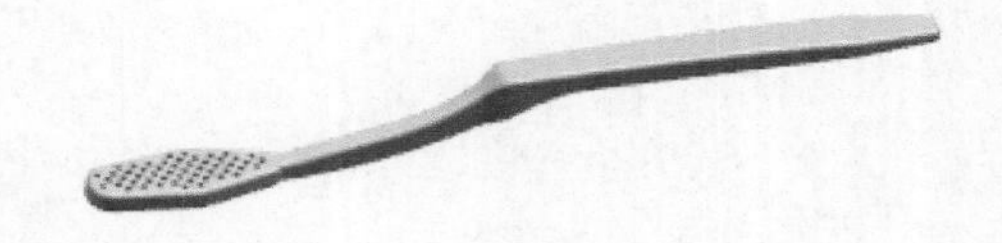

实例 7　叶轮的设计……………………29

实例 8　淋浴喷头的设计………………34

实例 9　饮水机开关……………………40

实例 10　水嘴旋钮的设计………………47

实例 11　笔帽……………………………53

实例 12　充电器外壳……………………64

实例 13　微波炉控制面板………………71

实例 14　遥控器控制面板………………82

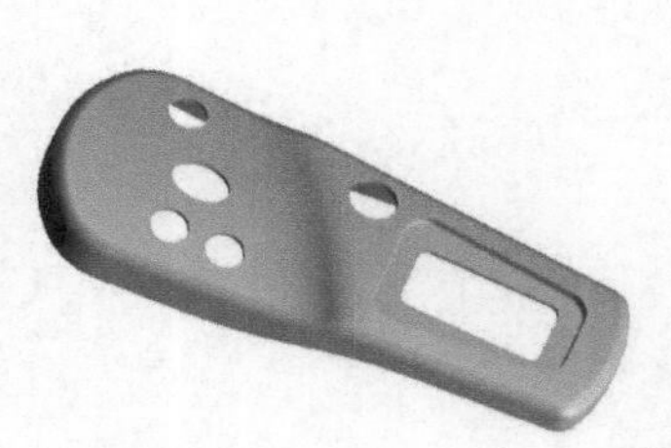

实例 15　无绳电话的整体设计…………93

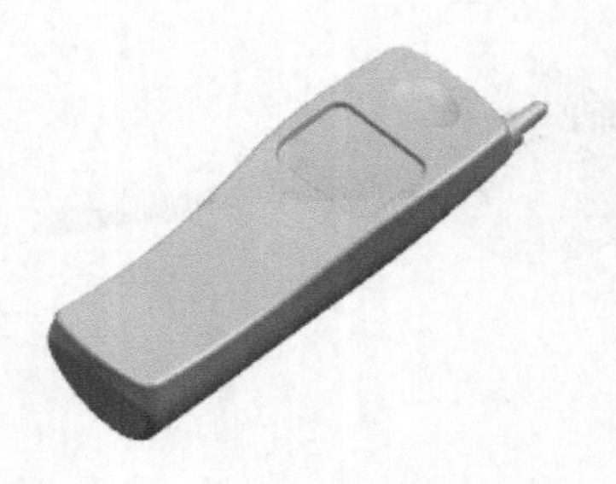

实例 16　CPU 风扇……………………103

实例 17　衣架……………………………127

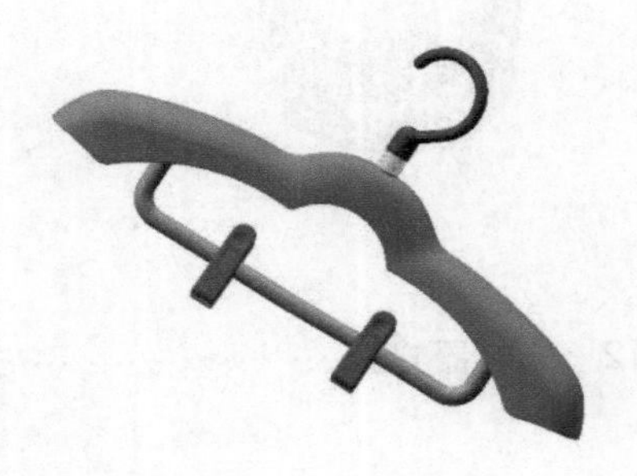

实例 18　储钱罐…………………………160

实例 19　玩具飞机………………………181

实例 20　鼠标的自顶向下设计……211

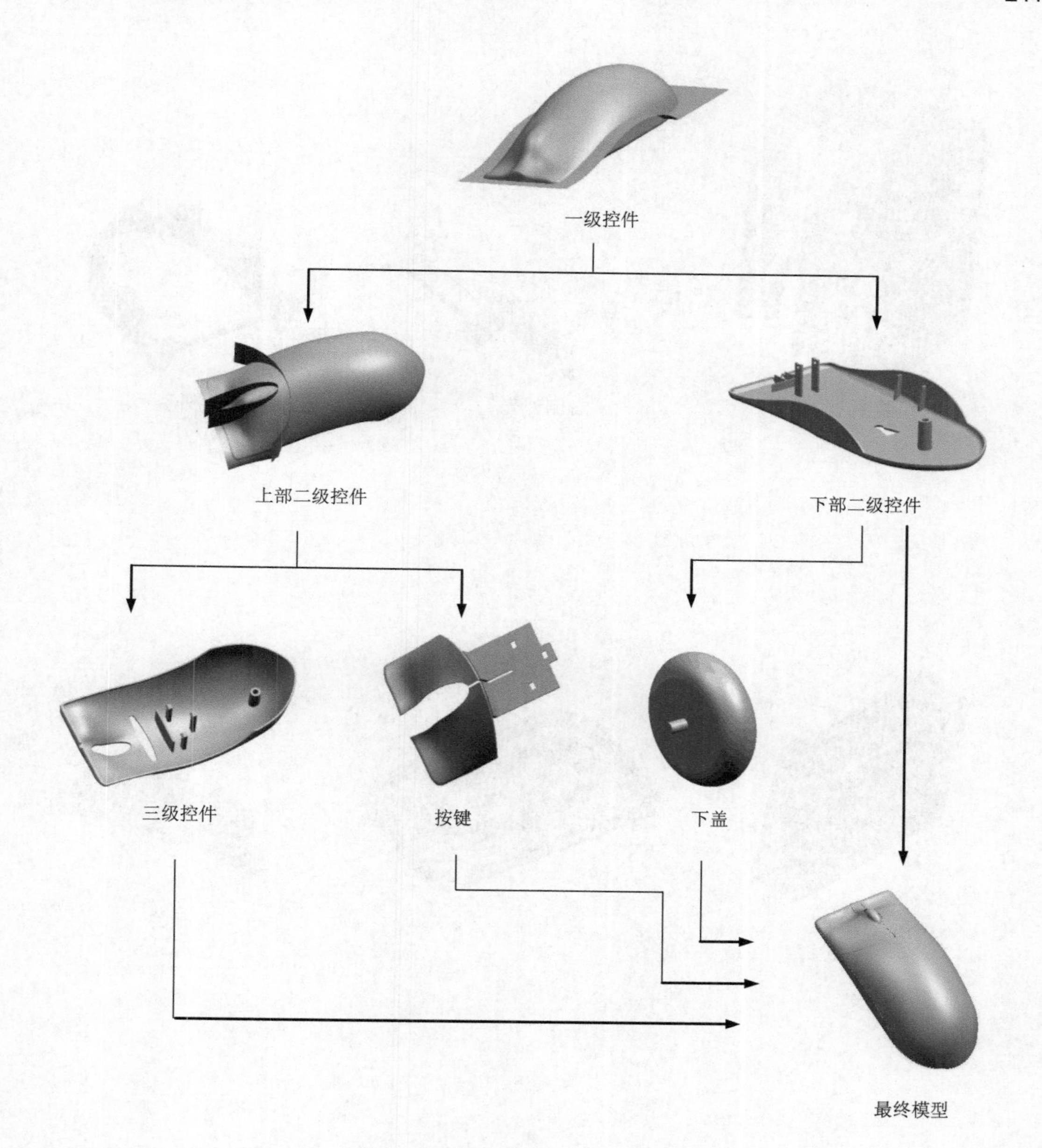

实例 21　毛衣去毛器外壳……………………………………………………………………252

组装图

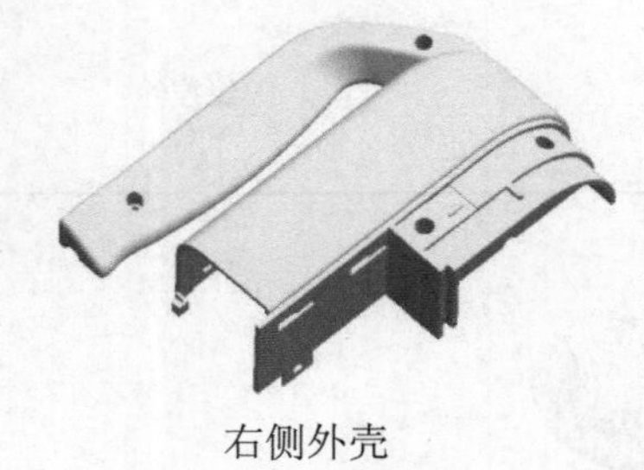

右侧外壳

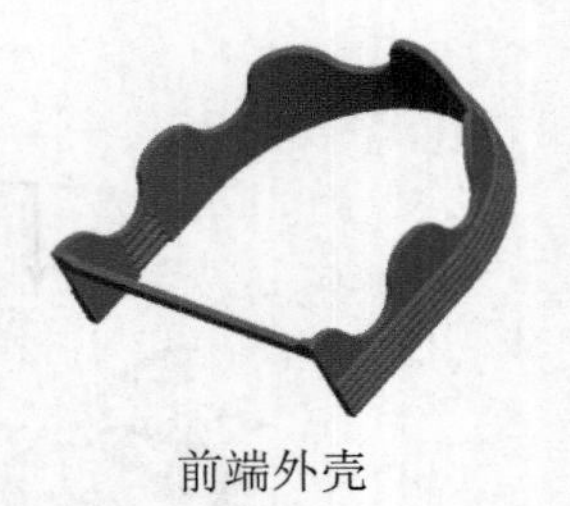

前端外壳

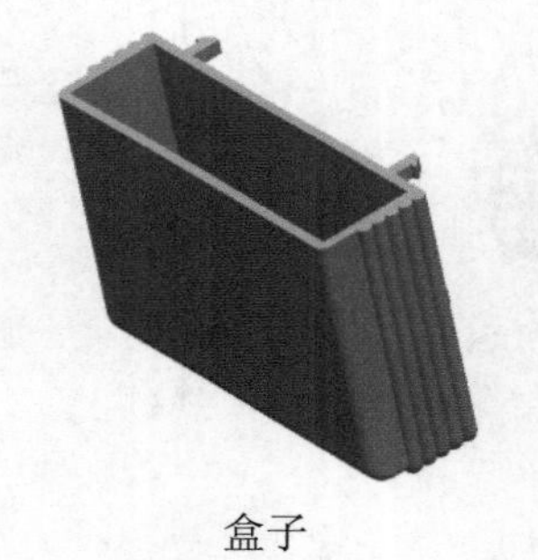

盒子

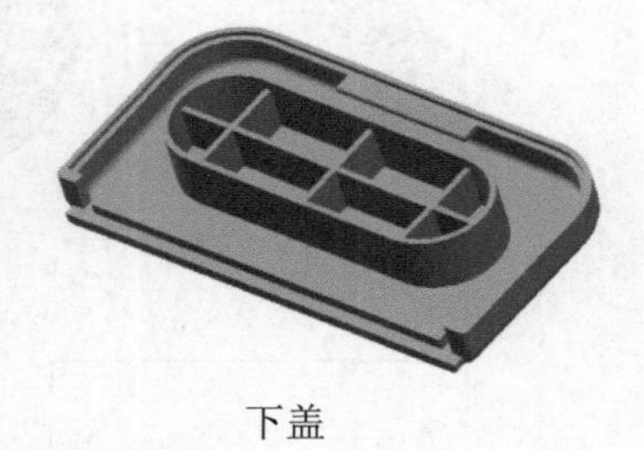

下盖

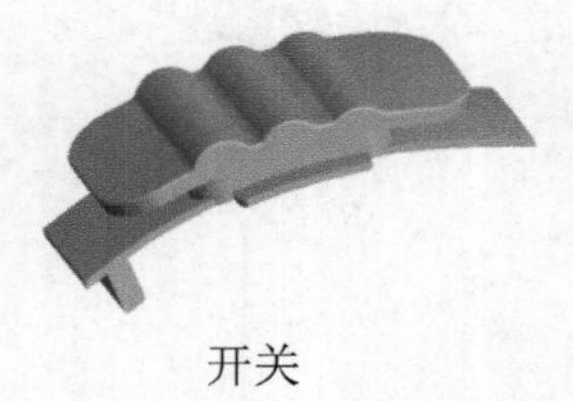

开关

实例1 灯 罩

1.1 实例概述

本实例主要介绍了利用艺术样条创建曲线特征，通过对扫掠曲面进行加厚操作，即可实现零件的实体特征。读者在绘制过程中应注意艺术样条的创建方法。灯罩的零件模型和模型树如图 1.1.1 所示。

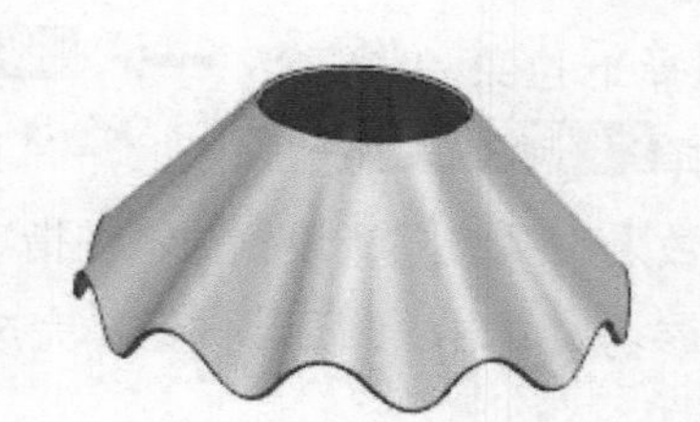

历史记录模式
模型视图
摄像机
模型历史记录
基准坐标系 (0)
基准平面 (1)
草图 (2) "SKETCH_000"
草图 (3) "SKETCH_001"
扫掠 (4)
加厚 (5)

图 1.1.1 灯罩的零件模型和模型树

1.2 详细设计过程

Step1. 新建文件。选择下拉菜单 文件(F) → 新建(N)... 命令，系统弹出“新建”对话框。在 模型 选项卡的 模板 区域中选取模板类型为 模型，在 名称 文本框中输入文件名称 INSTANCE_LAMP_SHADE，单击 确定 按钮，进入建模环境。

Step2. 创建图 1.2.1 所示的多边形 1。选择下拉菜单 插入(S) → 曲线(C) → 多边形(P)... 命令；在多边形对话框的 边数 文本框中输入值 10。单击 确定 按钮，单击 内切圆半径 按钮，在 内切圆半径 文本框中输入值 50，单击两次 确定 按钮，然后单击 取消 按钮，完成多边形 1 的创建。

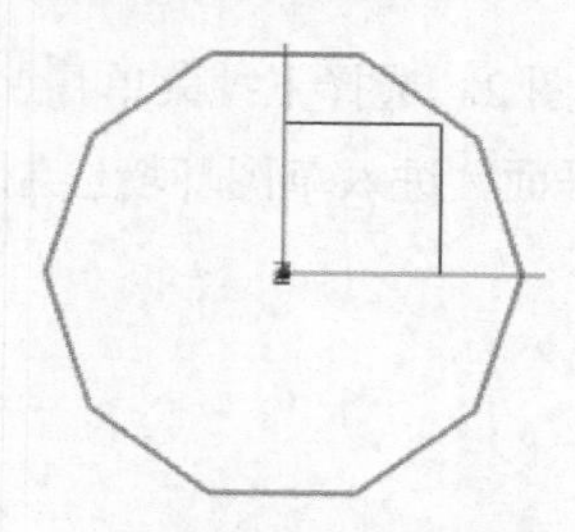

图 1.2.1 多边形 1

Step3. 创建图 1.2.2 所示的多边形 2。选择下拉菜单 插入(S) → 曲线(C) →

多边形(P)命令，在多边形对话框中的边数文本框中输入值 10。单击确定按钮，单击内切圆半径按钮，在内切圆半径文本框中输入值 50，在方位角文本框中输入值 15，单击确定按钮，系统弹出“点”对话框。在“点”对话框输出坐标区域的Z文本框中输入值 20，单击确定按钮，然后单击取消按钮，完成多边形 2 的创建。

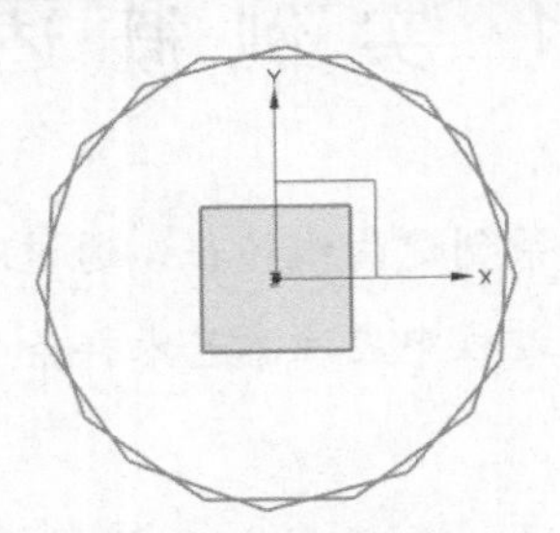

图 1.2.2　多边形 2

Step4. 创建图 1.2.3 所示的艺术样条。选择下拉菜单插入(S) ➡ 曲线(C) ➡ 艺术样条(D)...命令；在类型区域的下拉列表中选择根据极点选项，在参数化区域的次数文本框中输入值 2，选中☑封闭的复选框，其他参数采用系统默认设置值；在指定极点位置依次选取图 1.2.1 和图 1.2.2 所示的边线的端点为参考，单击< 确定 >按钮，完成艺术样条的创建。

Step5. 创建图 1.2.4 所示的基准平面 1。选择下拉菜单插入(S) ➡ 基准/点(D) ➡ 基准平面(D)...命令，系统弹出“基准平面”对话框。在类型区域的下拉列表中选择按某一距离选项，在绘图区选取 XY 基准平面，输入偏移值 50。单击< 确定 >按钮，完成基准平面 1 的创建。

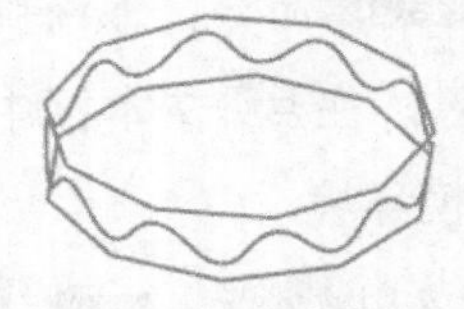

图 1.2.3　艺术样条

图 1.2.4　基准平面 1

Step6. 创建图 1.2.5 所示的草图 1。选择下拉菜单插入(S) ➡ 在任务环境中绘制草图(V)命令，选取基准平面 1 为草图平面，进入草图环境绘制草图；绘制完成后单击完成草图按钮，完成草图 1 的创建。

Step7. 创建图 1.2.6 所示的草图 2。选择下拉菜单插入(S) ➡ 在任务环境中绘制草图(V)命令，选取 YZ 基准平面为草图平面，进入草图环境绘制草图；绘制完成后单击完成草图按钮，完成草图 2 的创建。

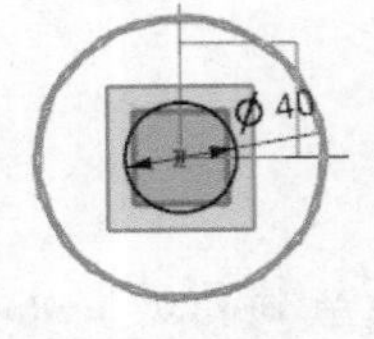

图 1.2.5　草图 1

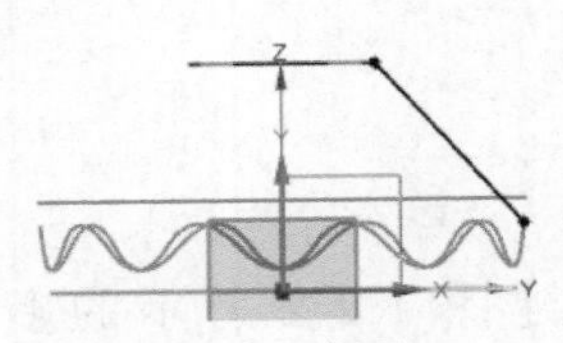

图 1.2.6　草图 2

Step8. 创建图 1.2.7 所示的扫掠特征。选择下拉菜单 插入(S) → 扫掠(W) → 扫掠(S)... 命令，在绘图区选取图 1.2.6 所示的草图 2 为扫掠的截面曲线串，选取图 1.2.3 所示的艺术样条特征和图 1.2.5 所示的草图 1 为扫掠的引导线串，并分别单击中键确认。单击“扫掠”对话框中的 < 确定 > 按钮，完成扫掠特征的创建。

Step9. 创建图 1.2.8 所示的加厚特征。选择下拉菜单 插入(S) → 偏置/缩放(O) → 加厚(T)... 命令，在 面 区域中单击 按钮，选取图 1.2.8 所示的曲面为加厚的对象。在 偏置 1 文本框中输入值 1.0，在 偏置 2 文本框中输入值 0，单击 < 确定 > 按钮，完成加厚特征的创建。

图 1.2.7 扫掠特征

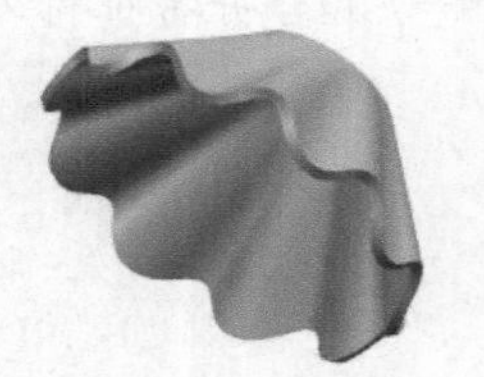

图 1.2.8 加厚特征

Step10. 保存零件模型。选择下拉菜单 文件(F) → 保存(S) 命令，即可保存零件模型。

说明：

为了回馈广大读者对本书的支持，除学习资源中的视频讲解之外，我们将免费为您提供更多的 UG 学习视频，内容包括各个软件模块的基本理论、背景知识、高级功能和命令的详解以及一些典型的实际应用案例等。

由于图书篇幅和学习资源的容量有限，我们将这些视频讲解制作成了在线学习视频，并在本书相关章节的最后对讲解的内容做了简要介绍，读者可以扫描二维码直达视频讲解页面，登录兆迪科技网站免费学习。

学习拓展：可以免费学习更多视频讲解。

讲解内容：主要包含软件安装，基本操作，二维草图，常用建模命令，零件设计案例等基础内容的讲解。内容安排循序渐进，清晰易懂，讲解非常详细，对每一个操作都做了深入的介绍和清楚的演示，十分适合没有软件基础的读者。

实例2 曲面上创建文字

2.1 实例概述

本实例介绍了在曲面上创建文字的一般方法，其操作过程是先在平面上创建草绘文字，然后采用拉伸命令和合并特征将文字变成实体。曲面上创建文字的零件模型及模型树如图2.1.1所示。

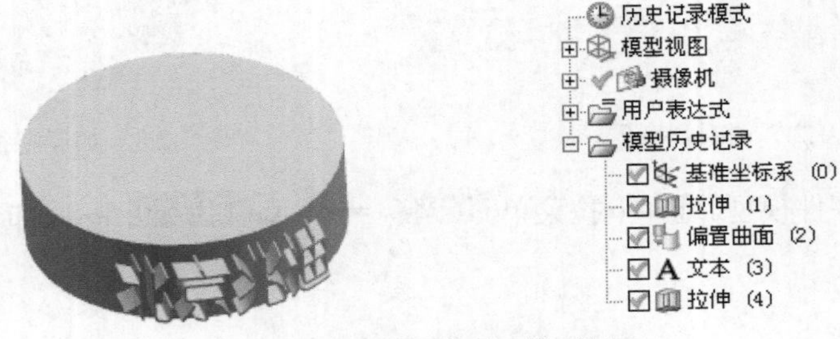

图 2.1.1　零件模型及模型树

2.2 详细设计过程

Step1. 新建文件。选择下拉菜单 文件(F) → 新建(N)... 命令，系统弹出“新建”对话框。在 模型 选项卡的 模板 区域中选取模板类型为 模型，在 名称 文本框中输入文件名称TEXT，单击 确定 按钮，进入建模环境。

Step2. 创建图2.2.1所示的零件基础特征——拉伸特征1。选择下拉菜单 插入(S) → 设计特征(E) → 拉伸(E)... 命令，系统弹出“拉伸”对话框。选取XY平面为草图平面，绘制图2.2.2所示的截面草图；在 指定矢量 下拉列表中选择 ZC↑ 选项；在 限制 区域的 开始 下拉列表中选择 值 选项，并在其下的 距离 文本框中输入值0，在 限制 区域的 结束 下拉列表中选择 值 选项，并在其下的 距离 文本框中输入值11，单击 < 确定 > 按钮，完成拉伸特征1的创建。

图 2.2.1　拉伸特征 1

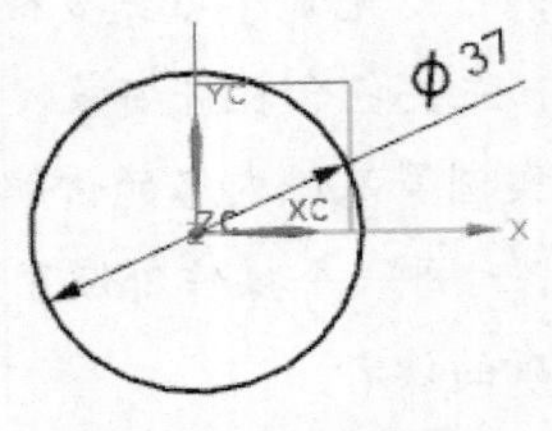

图 2.2.2　截面草图

Step3. 创建图 2.2.3 所示的偏置曲面。选择下拉菜单 插入(S) → 偏置/缩放(O) → 偏置曲面(O)... 命令，系统弹出“偏置曲面”对话框。选择拉伸特征 1 的圆柱面为偏置曲面。在 偏置 1 文本框中输入值 3；其他参数采用系统默认设置值。单击 <确定> 按钮，完成偏置曲面的创建。

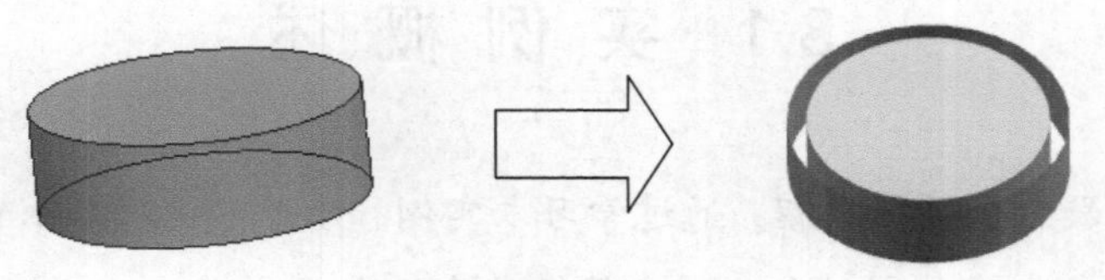

图 2.2.3　偏置曲面

Step4. 创建图 2.2.4 所示的文本特征。选择下拉菜单 插入(S) → 曲线(C) → A 文本(T)... 命令，系统弹出“文本”对话框。在 类型 下拉列表中选择 面上 选项，在 文本放置面 区域选择图 2.2.5 所示的面，在 面上的位置 区域的 放置方法 下拉列表中选择 面上的曲线 选项，选择图 2.2.6 所示的边线为参照边，在 文本属性 下面的文本框中输入“北京兆迪”，在 线型 下拉列表中选择 新宋体 选项，在 尺寸 区域的 偏置 文本框输入值 2.3，在 长度 文本框输入值 32，在 高度 文本框输入 7。单击 <确定> 按钮，完成文本特征的创建。

图 2.2.4　文本特征

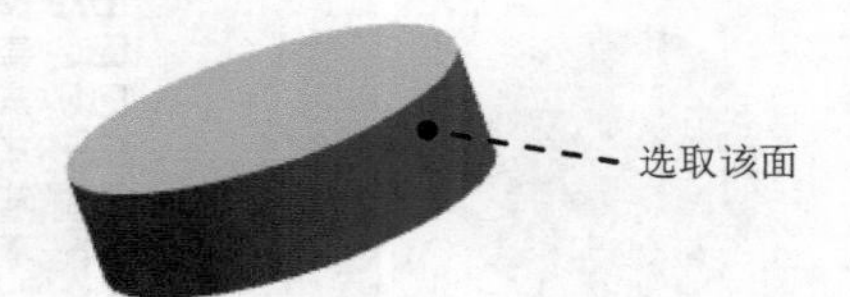

图 2.2.5　定义参照面

Step5. 创建图 2.2.7 所示的零件特征——拉伸特征 2。选择下拉菜单 插入(S) → 设计特征(E) → 拉伸(E)... 命令，系统弹出“拉伸”对话框。选取图 2.2.4 所示的文本特征为截面草图；在 指定矢量 下拉列表中选择 -XC 选项；在 限制 区域的 开始 下拉列表中选择 值 选项，并在其下的 距离 文本框中输入值-2，在 限制 区域的 结束 下拉列表中选择 直至选定 选项，选取偏置曲面为曲面对象，在 布尔 区域的下拉列表中选择 合并 选项，采用系统默认的合并对象。单击 <确定> 按钮，完成拉伸特征 2 的创建。

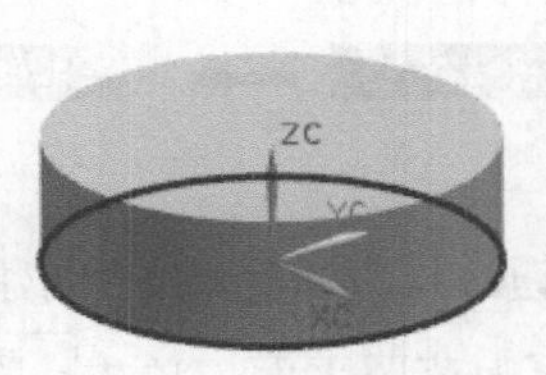

图 2.2.6　定义参照边

图 2.2.7　拉伸特征 2

Step6. 保存零件模型。选择下拉菜单 文件(F) → 保存(S) 命令，即可保存零件模型。

实例3 旋钮

3.1 实例概述

本实例介绍了旋钮的设计过程。通过学习本实例，读者可以对实体的拉伸、基准平面、网格曲面、镜像、边倒圆、倒斜角、抽壳等设计步骤有更为深入的了解。网格曲面特征是本例的一个亮点，应用中需要注意网格曲面特征的一些特点。旋钮的零件模型及模型树如图 3.1.1 所示。

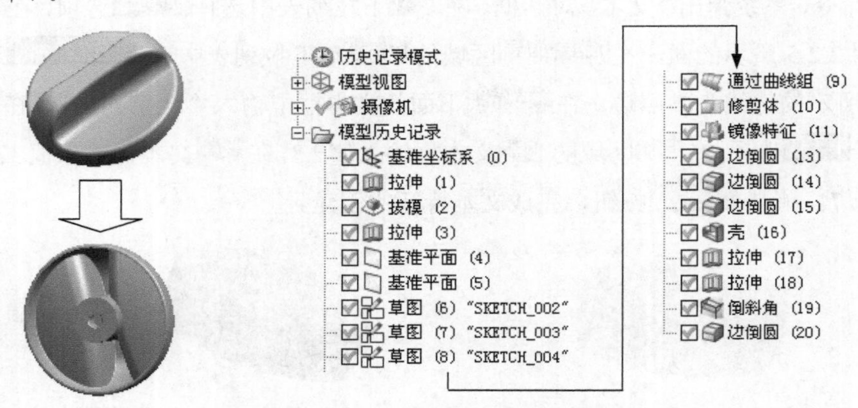

图 3.1.1 旋钮的零件模型及模型树

3.2 详细设计过程

Step1. 新建文件。选择下拉菜单 文件(F) → 新建(N)... 命令，系统弹出“新建”对话框。在 模型 选项卡的 模板 区域中选取模板类型为 模型，在 名称 文本框中输入文件名称 knob，单击 确定 按钮，进入建模环境。

Step2. 创建图 3.2.1 所示的零件基础特征——拉伸特征 1。

(1) 选择命令。选择下拉菜单 插入(S) → 设计特征(E) → 拉伸(E)... 命令（或单击 按钮），系统弹出“拉伸”对话框。

(2) 单击“拉伸”对话框中的“绘制截面”按钮，系统弹出“创建草图”对话框。

① 定义草图平面。单击 按钮，选取 YZ 平面为草图平面，单击 确定 按钮。

② 进入草图环境，绘制图 3.2.2 所示的截面草图。

③ 单击 完成草图 按钮，退出草图环境。

(3) 确定拉伸开始值和结束值。在 指定矢量 下拉列表中选择 XC 选项；在 限制 区域的 开始

下拉列表中选择 值 选项，并在其下的距离文本框中输入值 0；在限制区域的结束下拉列表中选择 值 选项，并在其下的距离文本框中输入值 20；其他参数采用系统默认设置值。

（4）单击“拉伸”对话框中的< 确定 >按钮，完成拉伸特征 1 的创建。

图 3.2.1 拉伸特征 1

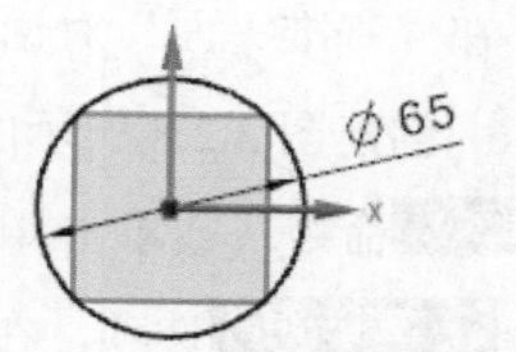

图 3.2.2 截面草图

Step3. 创建图 3.2.3 所示的零件特征—— 拔模特征。

（1）选择命令。选择下拉菜单 插入(S) → 细节特征(L) ▸ → 拔模(T)... 命令（或单击按钮），系统弹出“拔模”对话框。

（2）在类型区域中选择 面 选项，在 指定矢量 下拉列表中选择 XC 选项；选取图 3.2.4 所示的面为拔模固定面，选取图 3.2.5 所示的面为要拔模的面，在 角度 1 文本框中输入值 10。

（3）单击< 确定 >按钮，完成拔模特征的创建。

图 3.2.3 拔模特征

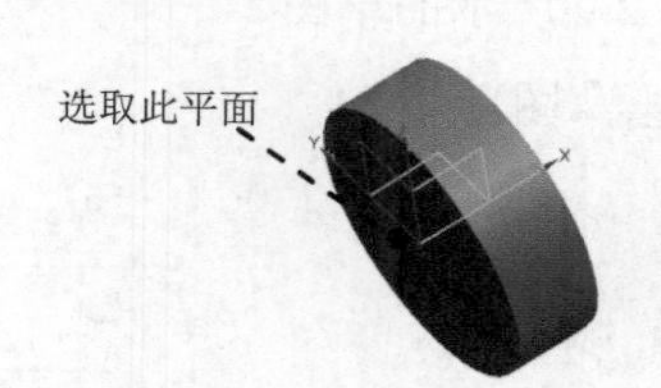

图 3.2.4 定义拔模固定面

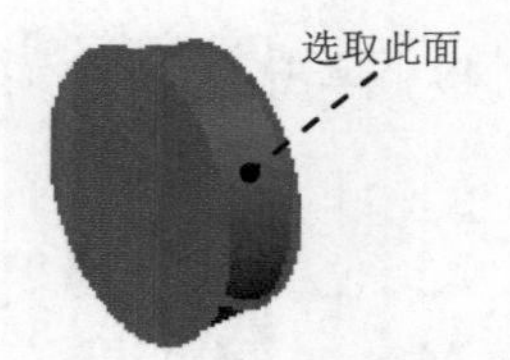

图 3.2.5 定义要拔模的面

Step4. 创建图 3.2.6 所示的零件特征—— 拉伸特征 2。选择下拉菜单 插入(S) → 设计特征(E) → 拉伸(E)... 命令，系统弹出“拉伸”对话框。选取 YZ 平面为草图平面，选取 Z 轴为草图水平参考方向，绘制图 3.2.7 所示的截面草图；在 指定矢量 下拉列表中选择 -XC 选项；在限制区域的开始下拉列表中选择 值 选项，并在其下的距离文本框中输入值 0，在限制区域的结束下拉列表中选择 值 选项，并在其下的距离文本框中输入值 5，在布尔区域的下拉列表中选择 合并 选项，采用系统默认的合并对象。单击< 确定 >按钮，完成拉伸特征 2 的创建。

图 3.2.6 拉伸特征 2

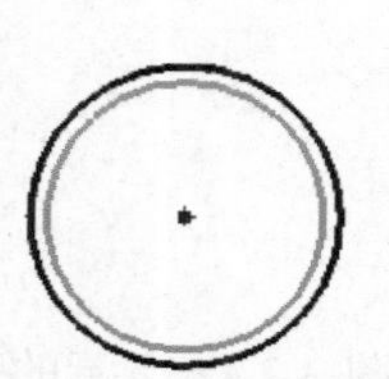

图 3.2.7 截面草图

Step5. 创建图 3.2.8 所示的基准平面 1。

（1）选择命令。选择下拉菜单 插入(S) → 基准/点(D) → 基准平面(D)... 命令（或单击按钮），系统弹出“基准平面”对话框。

（2）定义基准平面参照。在类型区域的下拉列表中选择按某一距离选项。在绘图区域中选取 XY 基准平面，在距离文本框中输入值 35，其他参数采用系统默认设置值。

（3）在“基准平面”对话框中单击< 确定 >按钮，完成基准平面 1 的创建。

Step6. 创建图 3.2.8 所示的基准平面 2。选择下拉菜单 插入(S) → 基准/点(D) → 基准平面(D)...命令（或单击按钮），系统弹出“基准平面”对话框。在类型区域的下拉列表中选择按某一距离选项，在绘图区选取 XY 基准平面，在距离文本框中输入值 35，并单击“反向”按钮；单击< 确定 >按钮，完成基准平面 2 的创建。

Step7. 创建图 3.2.9 所示的草图 1。

（1） 选择命令。选择下拉菜单插入(S) → 在任务环境中绘制草图(V)...命令，系统弹出“创建草图”对话框。

（2） 定义草图平面。在绘图区中选取 XY 基准平面为草图平面，并单击“反向”按钮；选取 Y 轴为草图水平参考方向，单击“创建草图”对话框中的确定按钮。

（3） 进入草图环境，绘制图 3.2.9 所示的草图 1。

（4） 单击完成草图按钮，退出草图环境。

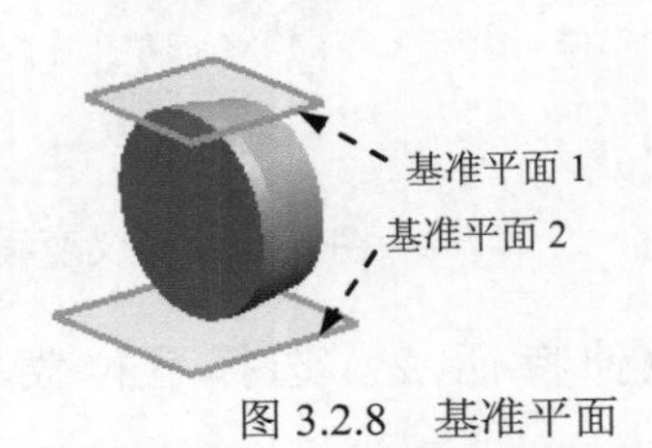

图 3.2.8 基准平面

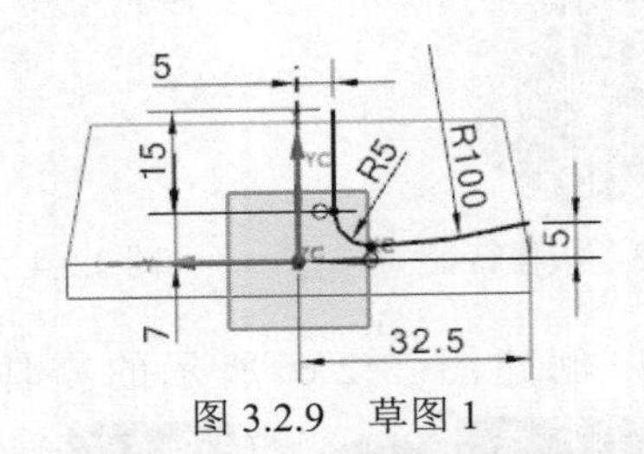

图 3.2.9 草图 1

Step8. 创建图 3.2.10 所示的草图 2。选择下拉菜单插入(S) → 在任务环境中绘制草图(V)...命令，在绘图区选取基准平面 2 为草图平面，绘制图 3.2.10 所示的草图 2。

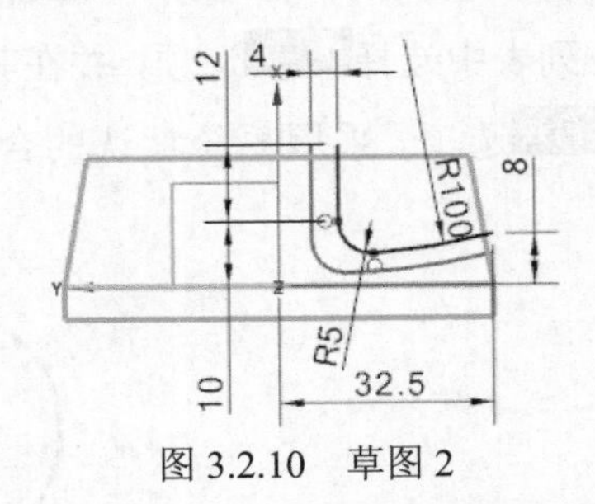

图 3.2.10 草图 2

Step9. 创建图 3.2.11 所示的草图 3。选择下拉菜单插入(S) → 在任务环境中绘制草图(V)命令，在绘图区选取基准平面 1 为草图平面，绘制图 3.2.11 所示的草图 3。

说明：草图 3 是通过投影曲线(J)...命令将草图 2 投影绘制而成的。

Step10. 创建图 3.2.12 所示的零件特征—— 网格曲面。

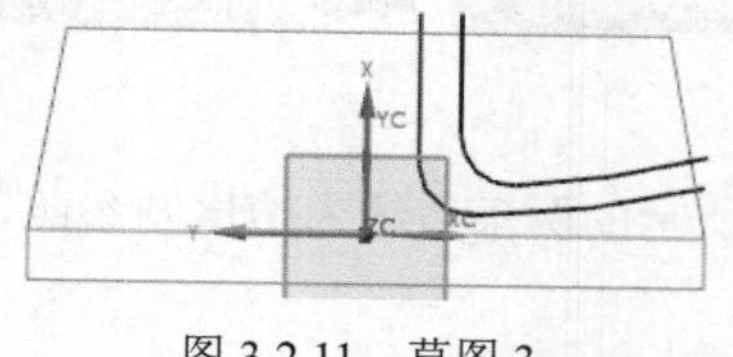

图 3.2.11 草图 3

图 3.2.12 网格曲面特征

（1）选择命令。选择下拉菜单 插入(S) → 网格曲面(M) → 通过曲线组(T)... 命令（或单击按钮），系统弹出“通过曲线组”对话框。

（2）定义截面曲线组。在绘图区域中依次选取草图 3、草图 1 和草图 2。

（3）单击“通过曲线组”对话框中的 < 确定 > 按钮，完成网格曲面特征的创建。

Step11. 创建图 3.2.13 所示的零件特征—— 修剪体。

（1）选择命令。选择下拉菜单 插入(S) → 修剪(T) → 修剪体(T)... 命令（或单击按钮），系统弹出“修剪体”对话框。

（2）定义修剪体。选取整个实体模型为目标体，在绘图区单击中键，选取网格曲面特征为刀具体，单击“反向”按钮，使其修剪结果如图 3.2.13b 所示。

（3）单击“修剪体”对话框中的 < 确定 > 按钮，完成修剪体特征的创建。

a）修剪前

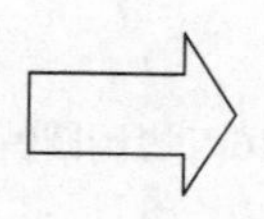

b）修剪后

图 3.2.13 修剪体特征

Step12. 创建图 3.2.14 所示的零件特征—— 镜像（隐藏曲面特征）。

a）镜像前

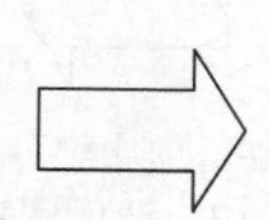

b）镜像后

图 3.2.14 镜像特征

（1）选择命令。选择下拉菜单 插入(S) → 关联复制(A) ▸ → 镜像特征(R)... 命令（或单击按钮），系统弹出“镜像特征”对话框。

（2）定义镜像特征。选取图 3.2.14a 所示的修剪体特征为镜像特征。

（3）定义镜像平面。在绘图区域中选取 ZX 基准平面为镜像平面。

（4）单击“镜像特征”对话框中的 确定 按钮，完成镜像特征的创建。

Step13. 创建图 3.2.15 所示的边倒圆特征 1。

（1）选择命令。选择下拉菜单 插入(S) → 细节特征(L) ▶ → 边倒圆(E)... 命令（或单击按钮），系统弹出“边倒圆”对话框。

（2）在 边 区域中单击按钮，选择图 3.2.15a 所示的两条边线为边倒圆参照，并在 半径 1 文本框中输入值 15。

（3）单击 < 确定 > 按钮，完成边倒圆特征 1 的创建。

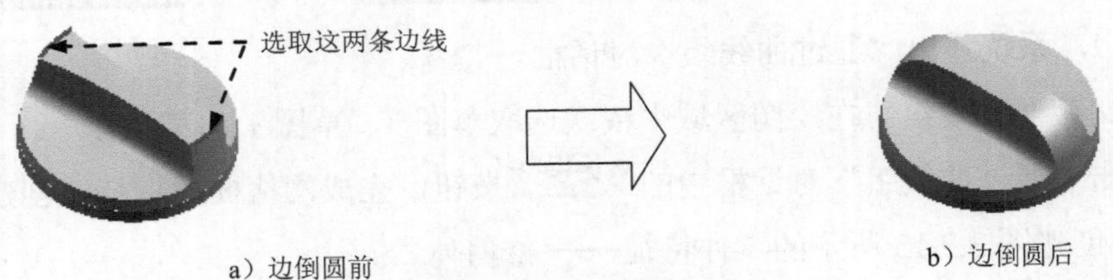

a）边倒圆前　　b）边倒圆后

图 3.2.15 边倒圆特征 1

Step14. 创建图 3.2.16 所示的边倒圆特征 2。选取图 3.2.16a 所示的两条边线为边倒圆参照，并在 半径 1 文本框中输入值 2，完成边倒圆特征 2 的创建。

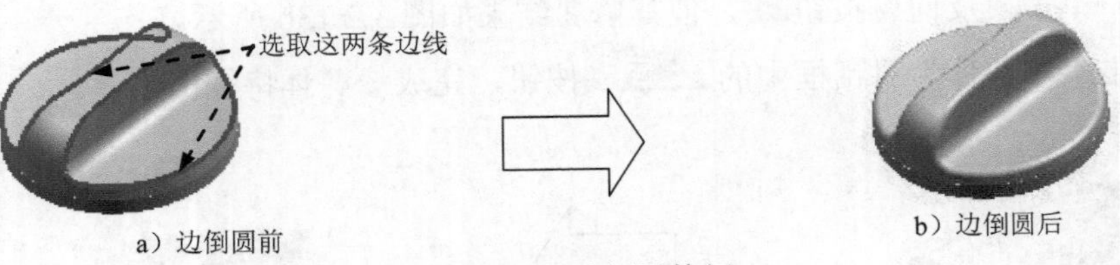

a）边倒圆前　　b）边倒圆后

图 3.2.16 边倒圆特征 2

Step15. 创建图 3.2.17 所示的边倒圆特征 3。选取图 3.2.17a 所示的边线为边倒圆参照，并在 半径 1 文本框中输入值 15，完成边倒圆特征 3 的创建。

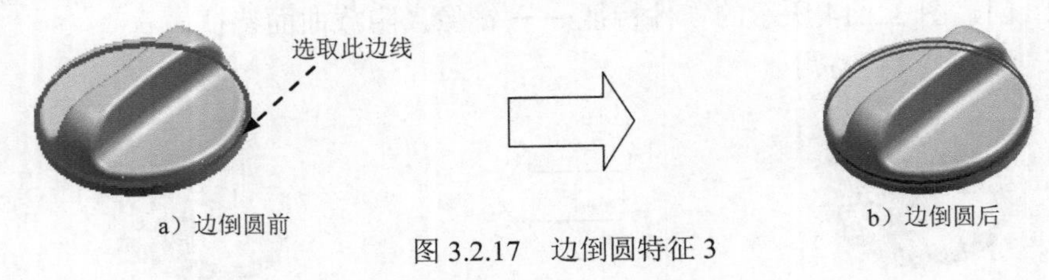

a）边倒圆前　　b）边倒圆后

图 3.2.17 边倒圆特征 3

Step16. 创建图 3.2.18 所示的零件特征—— 抽壳。

（1）选择命令。选择下拉菜单 插入(S) → 偏置/缩放(O) → 抽壳(H)... 命令（或单击按钮），系统弹出“抽壳”对话框。

（2）在 要穿透的面 区域中单击按钮，选择图 3.2.19 所示的面为移除面，并在 厚度 文本框中输入值 1。

（3）单击 < 确定 > 按钮，完成抽壳特征的创建。

图 3.2.18　抽壳特征

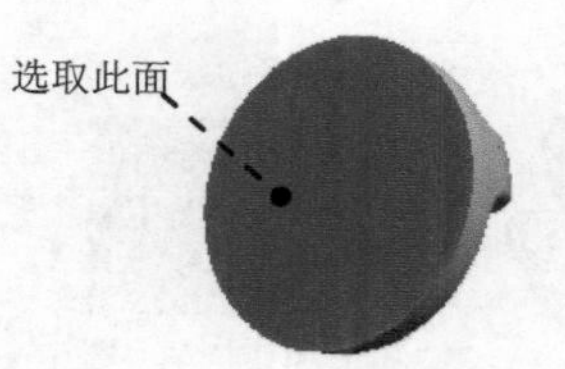

图 3.2.19　定义移除面

Step17. 创建图 3.2.20 所示的零件特征—— 拉伸特征 3。选择下拉菜单插入(S) → 设计特征(E) → 拉伸(E)...命令，系统弹出“拉伸”对话框。选取 YZ 基准平面为草图平面，绘制图 3.2.21 所示的截面草图。在指定矢量下拉列表中选择XC选项；在限制区域的开始下拉列表中选择值选项，并在其下的距离文本框中输入值-5。在限制区域的结束下拉列表中选择直至下一个选项，在布尔区域中选择合并选项，采用系统默认的合并对象。

图 3.2.20　拉伸特征 3

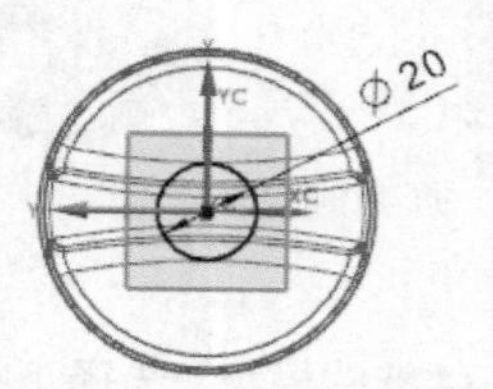

图 3.2.21　截面草图

Step18. 创建图 3.2.22 所示的零件特征——拉伸特征 4。选择下拉菜单插入(S) → 设计特征(E) → 拉伸(E)...命令，系统弹出“拉伸”对话框。选取图 3.2.23 所示的面为草图平面，绘制图 3.2.23 所示的截面草图。在指定矢量下拉列表中选择XC选项；在限制区域的开始下拉列表中选择值选项，并在其下的距离文本框中输入值 5，在限制区域的结束下拉列表中选择值选项，并在其下的距离文本框中输入值 0；在布尔区域中选择减去选项，采用系统默认的求差对象。

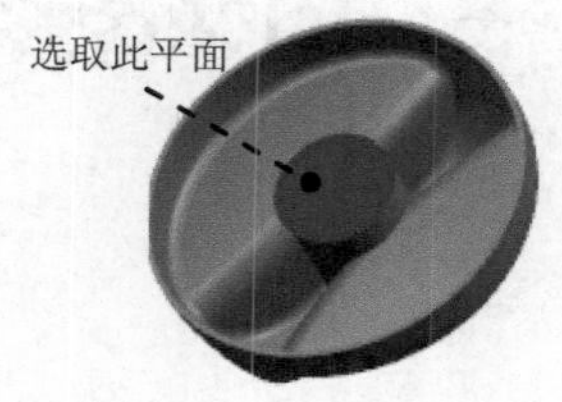

图 3.2.22　拉伸特征 4

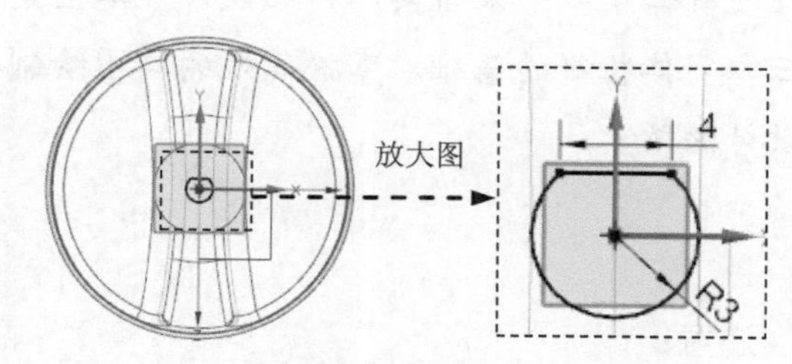

图 3.2.23　截面草图

Step19. 创建图 3.2.24 所示的倒斜角特征。

（1）选择下拉菜单插入(S) → 细节特征(L) ▸ → 倒斜角(M)...命令，系统弹出“倒斜角”对话框。

（2）在边区域中单击按钮，选择图 3.2.24a 所示的两条边线为倒斜角参照，在偏置区域的横截面下拉列表中选择对称选项，在距离文本框中输入值 0.5。

（3）单击< 确定 >按钮，完成倒斜角特征的创建。

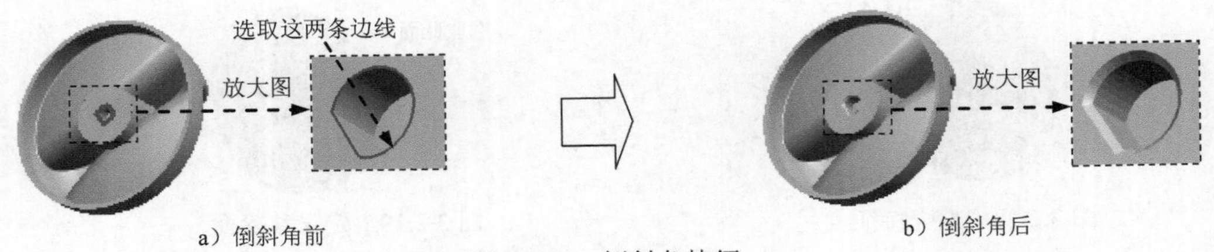

图 3.2.24 倒斜角特征

Step20. 创建图 3.2.25 所示的边倒圆特征 4。选取图 3.2.25a 所示的边线为边倒圆参照，并在半径 1文本框中输入值 1，完成边倒圆特征 4 的创建。

图 3.2.25 边倒圆特征 4

Step21. 保存零件模型。选择下拉菜单 文件(F) → 保存(S) 命令，即可保存零件模型。

学习拓展：扫码学习更多视频讲解。

讲解内容：主要包含二维草图的绘制思路、流程与技巧总结，另外还有二十多个来自实际产品设计中草图案例的讲解。草图是创建三维实体特征的基础，掌握高效的草图绘制技巧，有助于提高零件设计的效率。

注意：

为了获得更好的学习效果，建议读者采用以下方法进行学习。

方法一：使用台式机或者笔记本电脑登录兆迪科技网校，开启高清视频模式学习。

方法二：下载兆迪网校 APP 并缓存课程视频至手机，可以免流量观看。

具体操作请打开兆迪网校帮助页面 http://www.zalldy.com/page/bangzhu 查看（手机可以扫描右侧二维码打开），或者在兆迪网校咨询窗口联系在线老师，也可以直接拨打技术支持电话 010-82176248，010-82176249。

实例4 时钟外壳

4.1 实例概述

本例模型是源于生活的一个模型——时钟外壳，为了适合讲解，例子中对此模型做了必要修整。此例中值得注意的是模型装饰面的设计，对于这种非常规则的装饰面创建一个就已足够，其余的通过阵列的方法可以得到，这一点在产品设计中被广泛采用。时钟外壳的零件模型及模型树如图 4.1.1 所示。

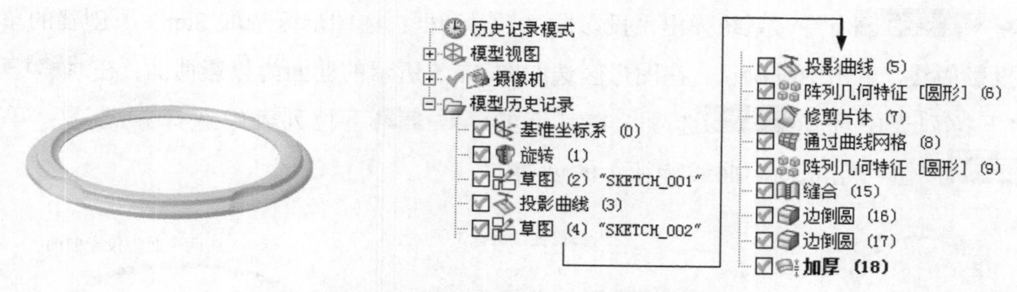

图 4.1.1 时钟外壳的零件模型及模型树

4.2 详细设计过程

Step1. 新建文件。选择下拉菜单 文件(F) → 新建(N)... 命令，系统弹出“新建”对话框。在 模型 选项卡的 模板 区域中选取模板类型为 模型，在 名称 文本框中输入文件名称 clock_surface，单击 确定 按钮，进入建模环境。

Step2. 创建图 4.2.1 所示的旋转特征。选择下拉菜单 插入(S) → 设计特征(E) → 旋转(R)... 命令（或单击 按钮），系统弹出“旋转”对话框；单击 截面 区域中的 按钮，系统弹出“创建草图”对话框，选取 ZX 基准平面为草图平面，单击 确定 按钮，进入草图环境，绘制图 4.2.2 所示的截面草图，选择下拉菜单 任务(K) → 完成草图(K) 命令（或单击 完成草图 按钮），退出草图环境；在绘图区域中选取 ZC 基准轴为旋转轴；在“旋转”对话框 限制 区域的 开始 下拉列表中选择 值 选项，并在其下的 角度 文本框中输入值 0，在 结束 下拉列表中选择 值 选项，并在其下的 角度 文本框中输入值 360；在 体类型 下拉列表中选择 片体 选项，其他参数采用系统默认设置；单击 < 确定 > 按钮，完成旋转特征的创建。

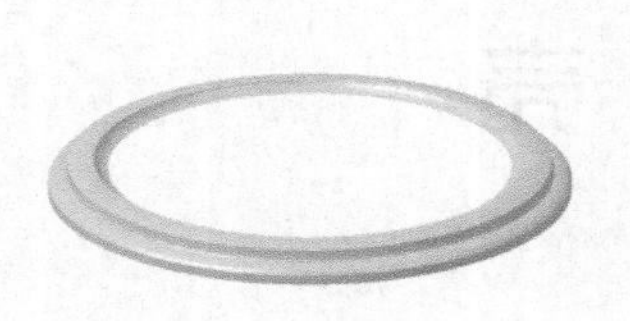
图 4.2.1　旋转特征

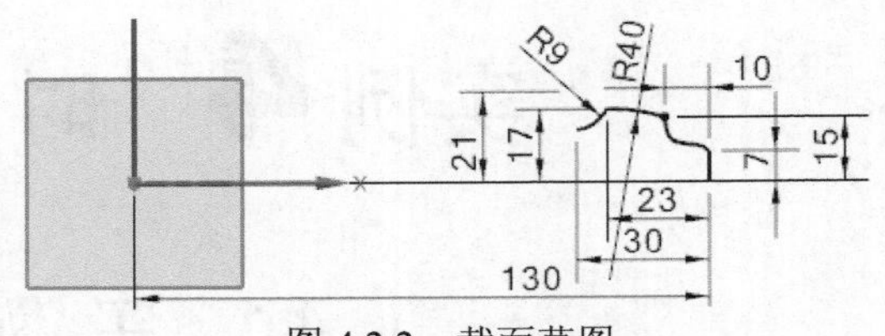

图 4.2.2　截面草图

Step3. 创建图 4.2.3 所示的草图 1。选择下拉菜单 插入(S) ➡ 在任务环境中绘制草图(V)... 命令，系统弹出“创建草图”对话框；选取 XY 基准平面为草图平面，单击 确定 按钮；进入草图环境，绘制图 4.2.3 所示的草图 1；选择下拉菜单 任务(K) ➡ 完成草图(K) 命令（或单击 完成草图 按钮），退出草图环境。

Step4. 创建图 4.2.4 所示的投影曲线特征 1。选择下拉菜单 插入(S) ➡ 派生曲线(U) ➡ 投影(P)... 命令，系统弹出“投影曲线”对话框；在图形区选取 Step3 所创建的草图 1 为投影曲线，单击中键确认；在图形区选取图 4.2.5 所示的曲面为投影曲面；在 投影方向 区域的下拉列表中选择 沿矢量 选项，在其下的 指定矢量 下拉列表中选择 ZC 选项；单击 < 确定 > 按钮，完成投影曲线特征 1 的创建。

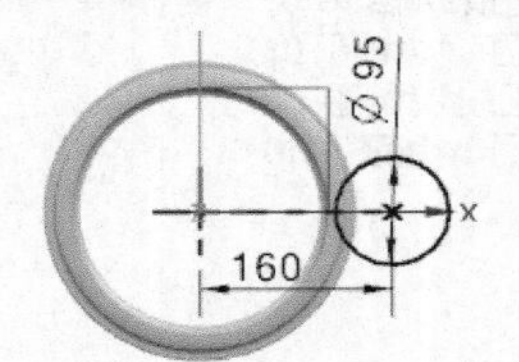

图 4.2.3　草图 1

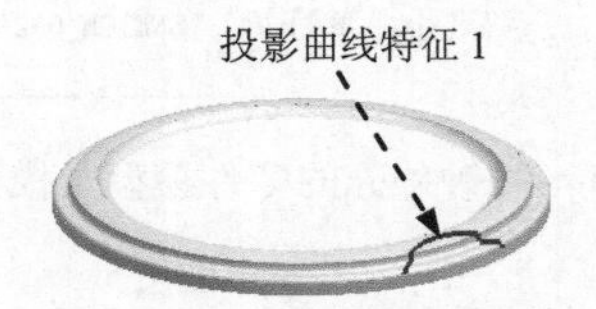

图 4.2.4　投影曲线特征 1

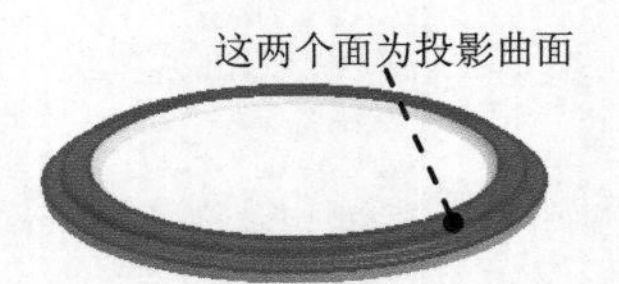

图 4.2.5　定义投影曲面

Step5. 创建图 4.2.6 所示的草图 2。选择下拉菜单 插入(S) ➡ 在任务环境中绘制草图(V)... 命令，系统弹出“创建草图”对话框；选取 YZ 基准平面为草图平面，单击“创建草图”对话框中的 确定 按钮；进入草图环境，绘制图 4.2.6 所示的草图 2；选择下拉菜单 任务(K) ➡ 完成草图(K) 命令（或单击 完成草图 按钮），退出草图环境。

Step6. 创建图 4.2.7 所示的投影曲线特征 2。选择下拉菜单 插入(S) ➡ 派生曲线(U) ➡ 投影(P)... 命令，系统弹出“投影曲线”对话框；在图形区选取 Step5 所创建的草图 2 为投影曲线，单击中键确认；在图形区选取图 4.2.8 所示的曲面为投影曲面；在 投影方向 区域的下拉列表中选择 沿矢量 选项，在其下的 指定矢量 下拉列表中选择 XC 选项；单击 < 确定 > 按钮，完成投影曲线特征 2 的创建。

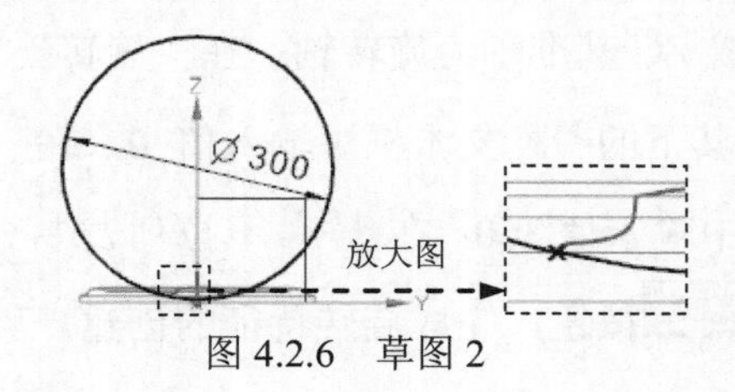

图 4.2.6　草图 2

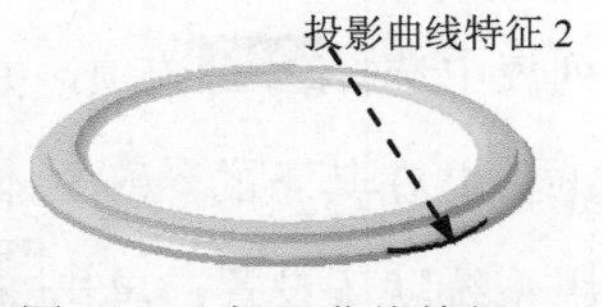

图 4.2.7　投影曲线特征 2

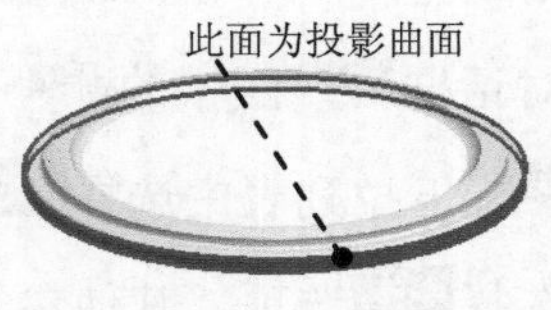

图 4.2.8　定义投影曲面

Step7. 创建图 4.2.9 所示的阵列几何体特征 1。选择下拉菜单 插入(S) → 关联复制(A) → 阵列几何特征(T)... 命令，系统弹出“阵列几何体”对话框；在对话框的 布局 下拉列表中选择 圆形 选项，选取 Step4 和 Step6 所创建的投影曲线特征 1 和 2，在对话框的 旋转轴 区域中单击 指定矢量 后面的 按钮，选择 ZC 轴为旋转轴；单击 指定点 后面的 按钮，选取默认的原点为中心点；在对话框 角度方向 区域的 间距 下拉列表中选择 数量和间隔 选项，然后在 数量 文本框中输入阵列数量为 4，在 节距角 文本框中输入阵列角度值为 90；单击 < 确定 > 按钮，完成阵列几何体特征 1 的创建。

Step8. 创建图 4.2.10 所示的修剪特征。选择下拉菜单 插入(S) → 修剪(T) → 修剪片体(R)... 命令（或单击 按钮），系统弹出“修剪片体”对话框；选取 Step2 所创建的旋转特征为修剪的目标体；依次选取图 4.2.11 所示的投影曲线为修剪边界；在 投影方向 区域的下拉列表中选择 垂直于面 选项，在 区域 区域中选取 保留 单选项；单击 确定 按钮，完成曲面的修剪。

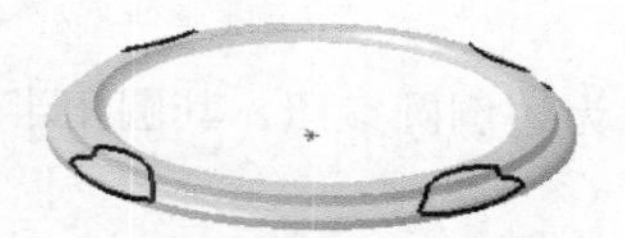

图 4.2.9　阵列几何体特征 1

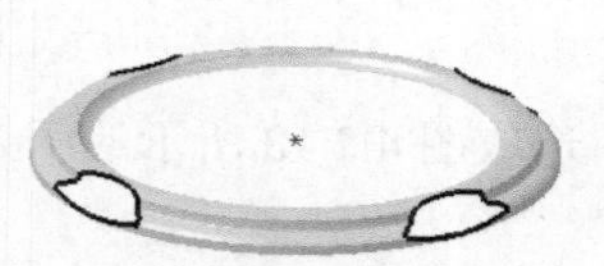

图 4.2.10　修剪特征

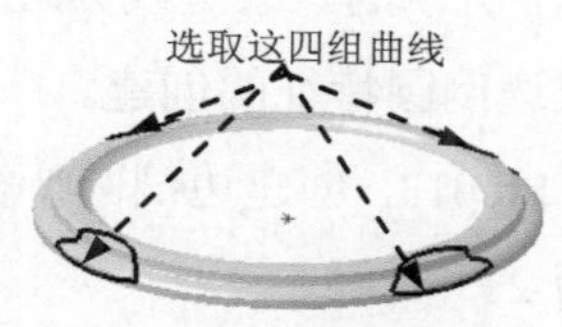

图 4.2.11　定义修剪对象

Step9. 创建图 4.2.12 所示的网格曲面特征。选择下拉菜单 插入(S) → 网格曲面(M) → 通过曲线网格(M)... 命令（或在“曲面”工具栏中单击“通过曲线网格”按钮 ），系统弹出“通过曲线网格”对话框；选择图 4.2.13a 所示的曲线串 1，单击鼠标中键后选取曲线串 2，并单击中键确认。再次单击中键后，选取图 4.2.13b 所示的曲线串 3，单击鼠标中键后选取曲线串 4，并单击中键确认；单击 < 确定 > 按钮，完成网格曲面特征的创建。

说明：*在定义主曲线和交叉曲线时，注意调整方向，如图 4.2.13 所示。*

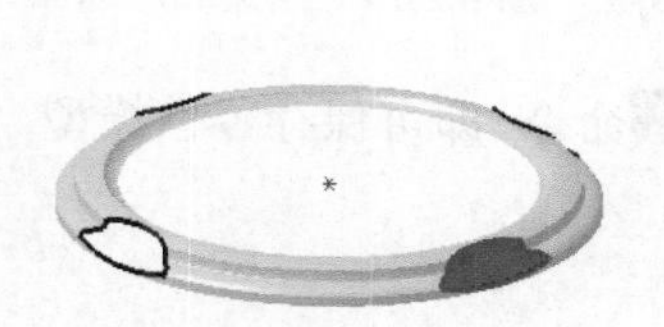

图 4.2.12　网格曲面特征

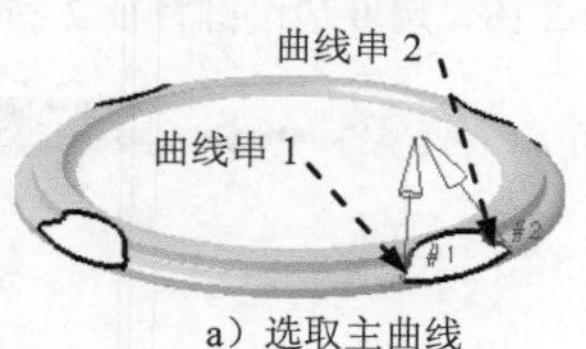

a）选取主曲线

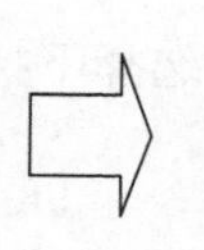

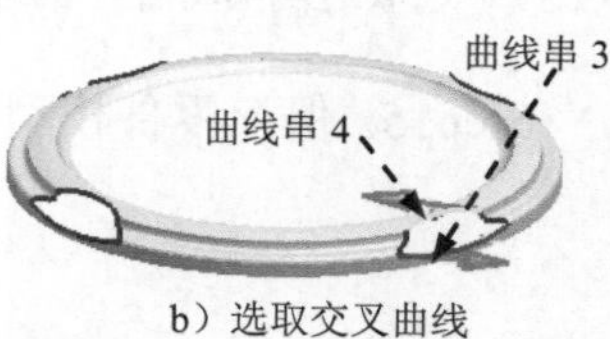

b）选取交叉曲线

图 4.2.13　定义网格曲面

Step10. 创建图 4.2.14 所示的阵列几何体特征 2。选择下拉菜单 插入(S) → 关联复制(A) → 阵列几何特征(T)... 命令，系统弹出“阵列几何体”对话框；在对话框的 布局 下拉列表中选择 圆形 选项，选取 Step9 所创建的网格曲面特征，在对话框的 旋转轴 区域中单击 指定矢量 后面的 按钮，选择 ZC 轴为旋转轴；单击 指定点 后面的 按钮，选取默认的原点为中心点；在对话框 角度方向 区域的 间距 下拉列表中选择 数量和间隔 选项，然后在 数量 文本框中输入阵列数量为 4，在 节距角 文本框中输入阵列角度值为 90；单击 < 确定 > 按钮，完成阵列几何体 2 特征的创建。

Step11. 缝合所示的曲面。选择下拉菜单 插入(S) → 组合(B) → 缝合(W)... 命令，系统弹出“缝合”对话框；在图形区选取图 4.2.15 所示的曲面为目标体，选取图 4.2.16 所示的四个曲线网格特征为工具体；在“缝合”对话框中单击 确定 按钮，完成曲面的缝合操作。

图 4.2.14　阵列几何体特征 2

图 4.2.15　定义目标体

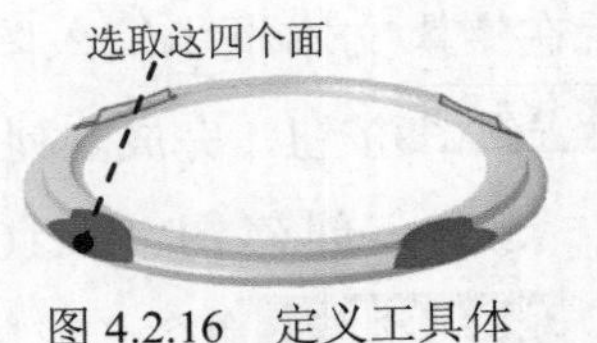

图 4.2.16　定义工具体

Step12. 创建边倒圆特征 1。选择下拉菜单 插入(S) → 细节特征(L) ▸ → 边倒圆(E)... 命令（或单击 按钮），系统弹出“边倒圆”对话框；在 边 区域中单击 按钮，选择图 4.2.17 所示的八条边线为边倒圆参照，并在 半径 1 文本框中输入值 0.2；单击 < 确定 > 按钮，完成边倒圆特征的创建。

Step13. 创建边倒圆特征 2。选取图 4.2.18 所示的两条边线为边倒圆参照，其圆角半径值为 2。

Step14. 创建曲面加厚特征。选择下拉菜单 插入(S) → 偏置/缩放(O) → 加厚(T)... 命令，系统弹出“加厚”对话框；在图形区选取图 4.2.19 所示的曲面；在“加厚”对话框的 偏置 1 文本框中输入值 1，单击 < 确定 > 按钮，完成曲面加厚特征的创建。

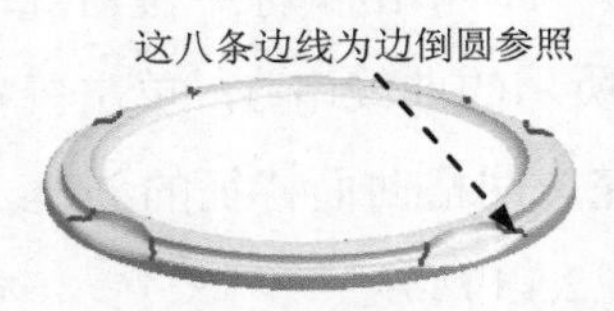

图 4.2.17　选取边倒圆特征 1 的参照

图 4.2.18　选取边倒圆特征 2 的参照

图 4.2.19　定义加厚曲面

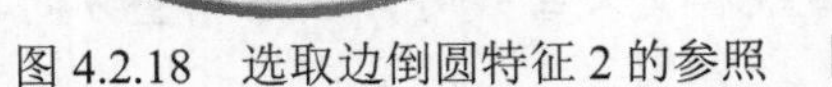

Step15. 保存零件模型。选择下拉菜单 文件(F) → 保存(S) 命令，即可保存零件模型。

学习拓展： 扫码学习更多视频讲解。

讲解内容： 零件设计实例精选，包含六十多个各行各业零件设计的全过程讲解。讲解中，首先分析了设计的思路以及建模要点，然后对设计操作步骤做了详细的演示，最后对设计方法和技巧做了总结。

实例5 打火机壳

5.1 实例概述

本实例介绍了一个打火机壳的设计过程，主要运用了一些实体建模的常用命令，包括拉伸、倒圆角和扫掠等，其中镜像命令使用得很巧妙。需要注意的是扫掠特征的创建方法。打火机壳的零件模型及模型树如图 5.1.1 所示。

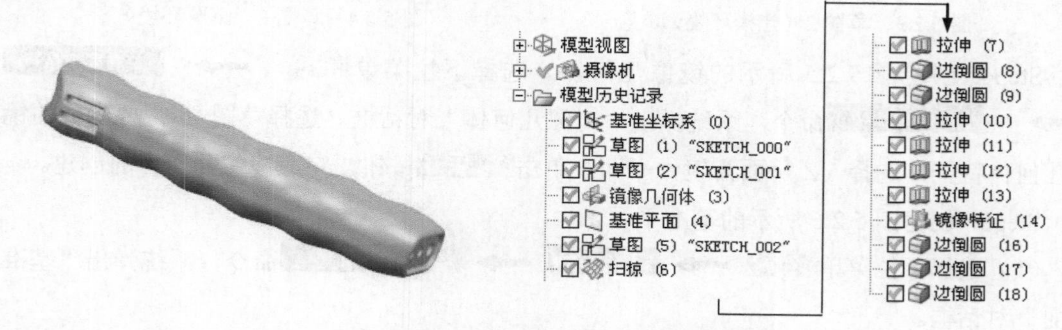

图 5.1.1　打火机壳的零件模型及模型树

5.2 详细设计过程

Step1．新建模型文件。选择下拉菜单 文件(F) → 新建(N)... 命令，系统弹出“新建”对话框。在 模板 选项卡中选取模板类型为 模型；在 名称 文本框中输入文件名称 lighter；单击 确定 按钮，进入建模环境。

Step2．创建图 5.2.1 所示的草图 1。

（1）选择命令。选择下拉菜单 插入(S) → 在任务环境中绘制草图(V)... 命令，系统弹出“创建草图”对话框。

（2）定义草图平面。单击 按钮，选取 XY 平面为草图平面，单击 确定 按钮。

（3）进入草图环境，绘制图 5.2.2 所示的草图 1。

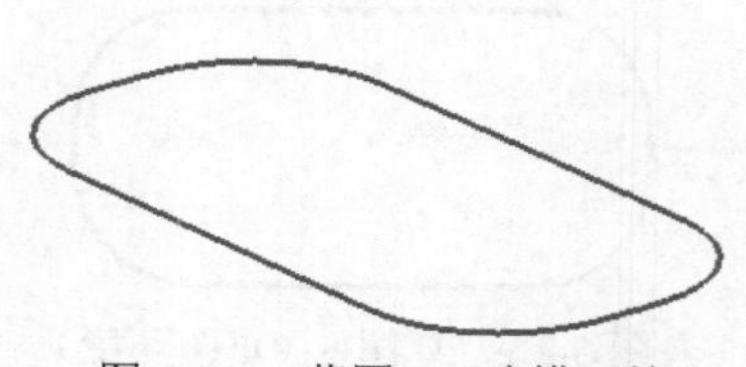

图 5.2.1　草图 1（建模环境）

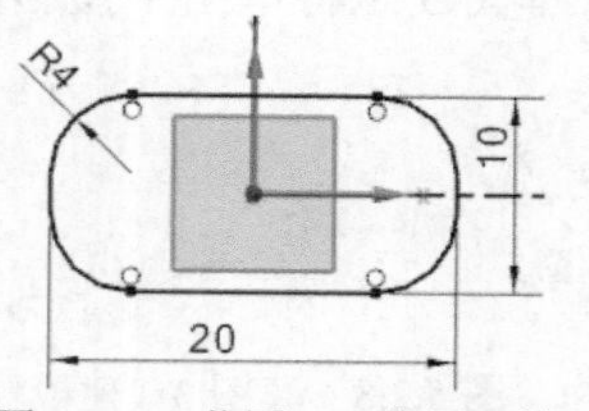

图 5.2.2　草图 1（草图环境）

（4）单击 完成草图 按钮，退出草图环境。

Step3. 创建图 5.2.3 所示的草图 2。选择下拉菜单 插入(S) → 在任务环境中绘制草图(V) 命令；选取 ZX 基准平面为草图平面；选取 X 轴为草图水平参考方向，绘制图 5.2.4 所示的草图 2，单击 完成草图 按钮，退出草图环境。

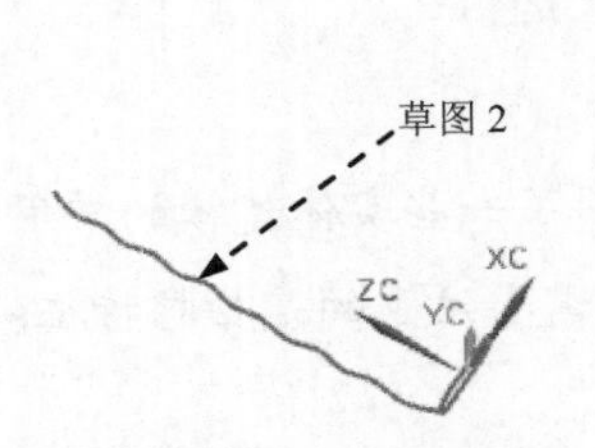

图 5.2.3　草图 2（建模环境）

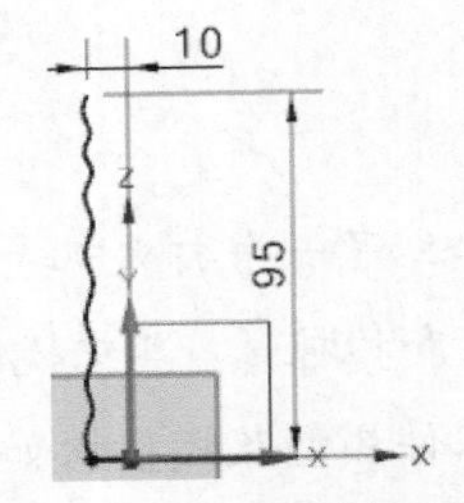

图 5.2.4　草图 2（草图环境）

Step4. 创建图 5.2.5 所示的镜像几何体。选择下拉菜单 插入(S) → 关联复制(A) → 镜像几何体(G)... 命令，系统弹出“镜像几何体”对话框。选择草图 2 为要生成的镜像几何体特征，选择 YZ 平面为镜像平面；单击 < 确定 > 按钮，完成镜像几何体的创建。

Step5. 创建图 5.2.6 所示的基准平面 1。

（1）选择下拉菜单 插入(S) → 基准/点(D) → 基准平面(D)... 命令，系统弹出“基准平面”对话框。

（2）在“基准平面”对话框 类型 区域的下拉列表中选择 点和方向 选项。

（3）选取图 5.2.7 所示的点 1（镜像曲线的端点）；在 法向 区域的 指定矢量 下拉列表中选择 ZC↑ 选项；其他参数采用系统默认设置值。

（4）在“基准平面”对话框中单击 < 确定 > 按钮，完成基准平面 1 的创建。

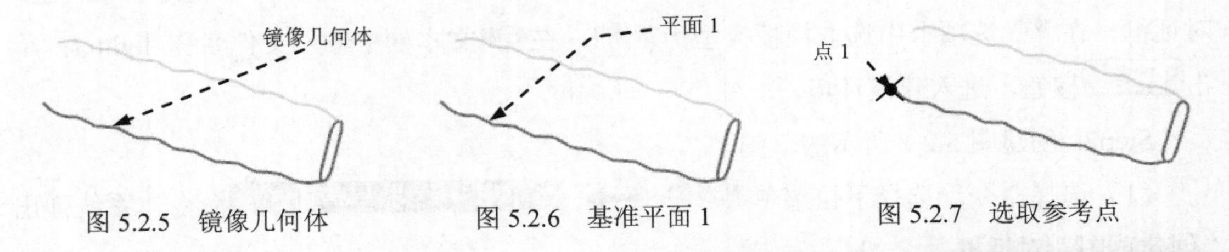

图 5.2.5　镜像几何体　　图 5.2.6　基准平面 1　　图 5.2.7　选取参考点

Step6. 创建图 5.2.8 所示的草图 3。选择下拉菜单 插入(S) → 在任务环境中绘制草图(V) 命令；选取基准平面 1 为草图平面；选取 X 轴为草图水平参考方向，绘制图 5.2.9 所示的草图 3（草图 3 是将草图 1 投影得到的）。

图 5.2.8　草图 3（建模环境）　　图 5.2.9　草图 3（草图环境）

Step7. 创建图 5.2.10 所示的零件特征——扫掠特征。

（1）选择下拉菜单插入(S) ➡ 扫掠(W) ➡ 扫掠(S)...命令，系统弹出“扫掠”对话框。

（2）依次选取图 5.2.11 所示的曲线 1 和曲线 2 为截面曲线，并分别单击中键确认；再次单击中键，此时引导线区域的选择曲线按钮被按下，选取图 5.2.11 所示的曲线 3 为引导线 1，再次单击中键，选取图 5.2.11 所示的曲线 4 为引导线 2，并单击中键确认；其他参数采用系统默认设置值。

（3）在“扫掠”对话框中单击< 确定 >按钮，完成扫掠特征的创建。

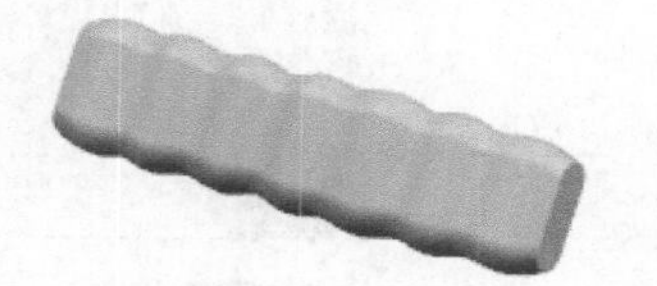
图 5.2.10 扫掠特征

图 5.2.11 选取扫掠曲线

Step8. 创建图 5.2.12 所示的零件特征——拉伸特征 1。选择下拉菜单插入(S) ➡ 设计特征(E) ➡ 拉伸(E)...命令（或单击按钮），系统弹出“拉伸”对话框；选取图 5.2.13 所示的平面为草图平面，绘制图 5.2.14 所示的截面草图；在指定矢量下拉列表中选择ZC选项；在“拉伸”对话框限制区域的开始下拉列表中选择值选项，并在其下的距离文本框中输入值 0；在限制区域的结束下拉列表中选择值选项，并在其下的距离文本框中输入值 1；在布尔区域的下拉列表中选择减去选项，采用系统默认的求差对象；单击< 确定 >按钮，完成拉伸特征 1 的创建。

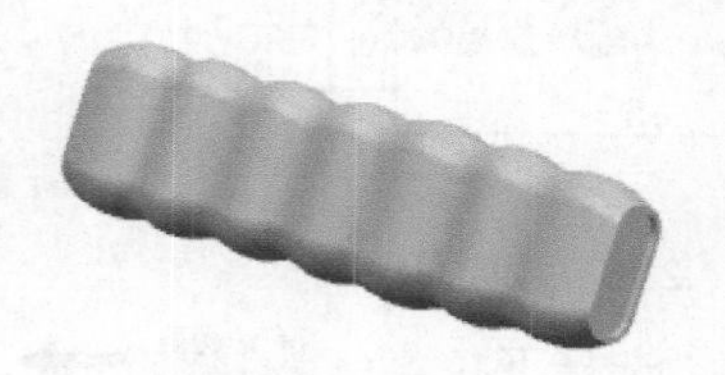
图 5.2.12 拉伸特征 1

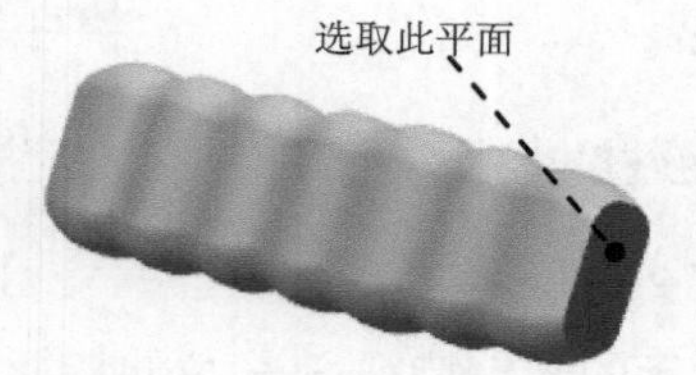

图 5.2.13 选取草图平面

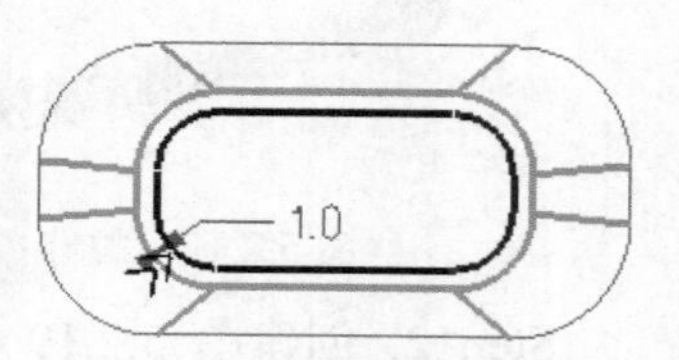

图 5.2.14 截面草图

Step9. 创建图 5.2.15b 所示的边倒圆特征 1。

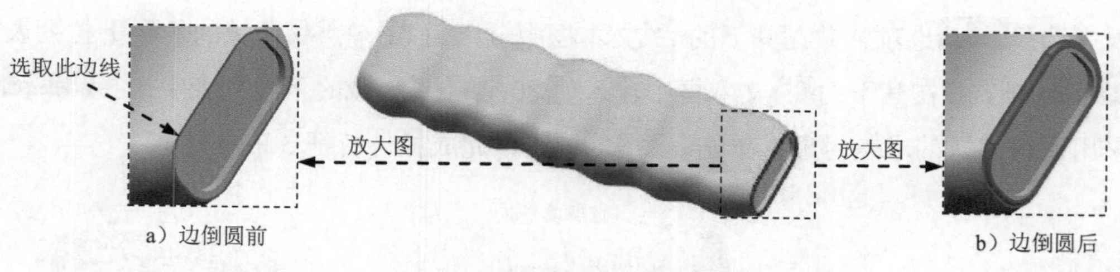

图 5.2.15 边倒圆特征 1

（1）选择命令。选择下拉菜单插入(S) ➡ 细节特征(L) ➡ 边倒圆(E)...命令（或单击按钮），系统弹出“边倒圆”对话框。

（2）在边区域中单击按钮，选择图 5.2.15a 所示的边线为边倒圆参照，并在半径 1

文本框中输入值 1。

（3）单击< 确定 >按钮，完成边倒圆特征 1 的创建。

Step10. 创建图 5.2.16b 所示的边倒圆特征 2。选择下拉菜单 插入(S) → 细节特征(L) → 边倒圆(E)... 命令；选择图 5.2.16a 所示的边线为边倒圆参照，并在半径 1 文本框中输入值 0.5；单击< 确定 >按钮，完成边倒圆特征 2 的创建。

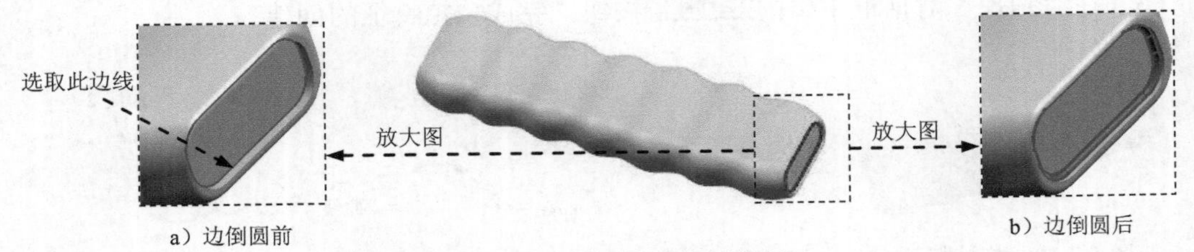

a）边倒圆前　　b）边倒圆后

图 5.2.16　边倒圆特征 2

Step11. 创建图 5.2.17 所示的零件特征——拉伸特征 2。选择下拉菜单 插入(S) → 设计特征(E) → 拉伸(E)... 命令；选取 ZX 基准平面为草图平面，绘制图 5.2.18 所示的截面草图；在指定矢量下拉列表中选择 YC 选项；在“拉伸”对话框限制区域的开始下拉列表中选择贯通选项；在限制区域的结束下拉列表中选择贯通选项；在布尔区域的下拉列表中选择减去选项，采用系统默认的求差对象；单击< 确定 >按钮，完成拉伸特征 2 的创建。

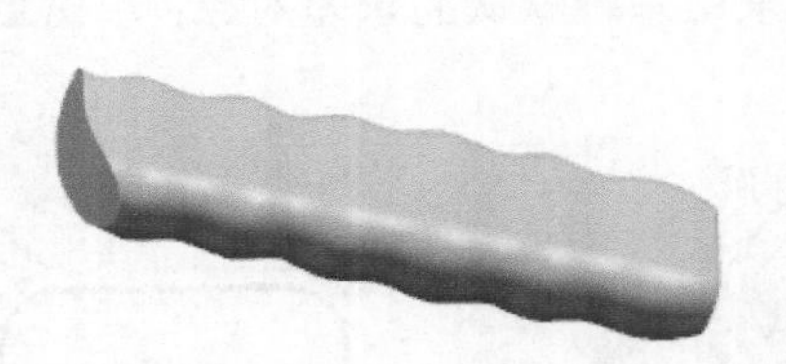
图 5.2.17　拉伸特征 2

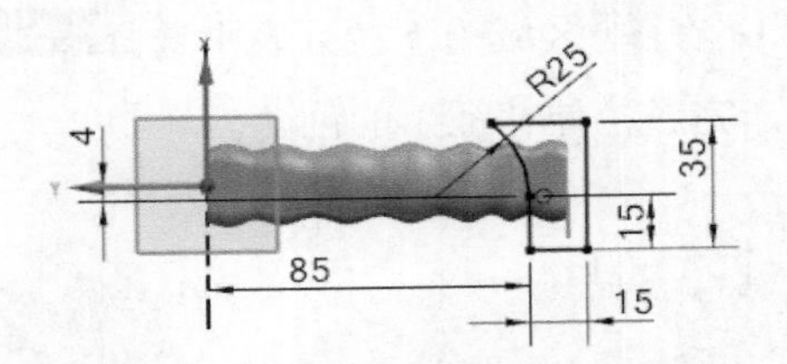

图 5.2.18　截面草图

Step12. 创建图 5.2.19 所示的零件特征—— 拉伸特征 3。选择下拉菜单 插入(S) → 设计特征(E) → 拉伸(E)... 命令；选取图 5.2.20 所示的平面为草图平面，绘制图 5.2.21 所示的截面草图；在指定矢量下拉列表中选择 -ZC 选项；在“拉伸”对话框限制区域的开始下拉列表中选择值选项，并在其下的距离文本框中输入值 0；在限制区域的结束下拉列表中选择值选项，并在其下的距离文本框中输入值 80；在布尔区域的下拉列表中选择减去选项，采用系统默认的求差对象；单击< 确定 >按钮，完成拉伸特征 3 的创建。

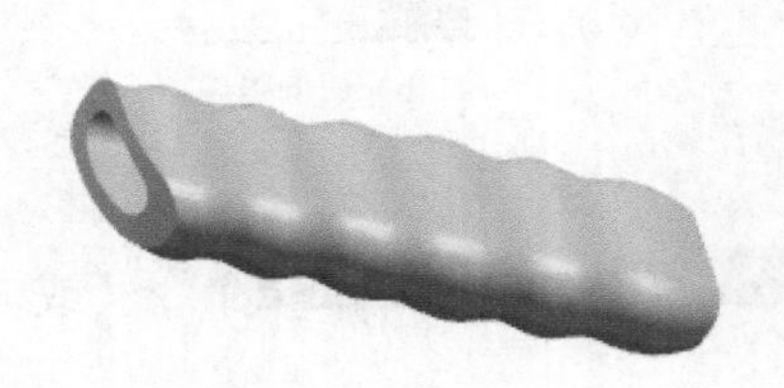
图 5.2.19　拉伸特征 3

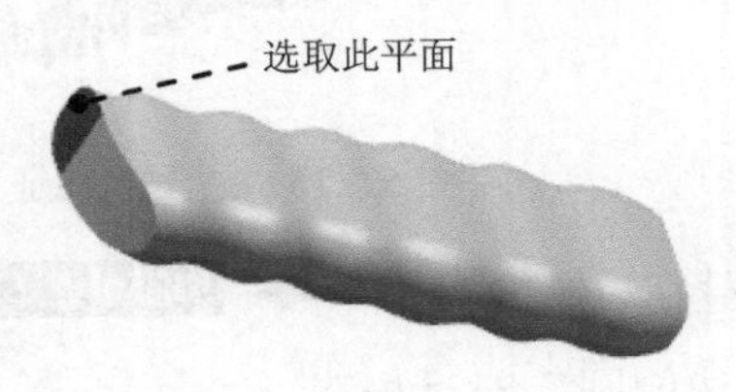

图 5.2.20　选取草图平面

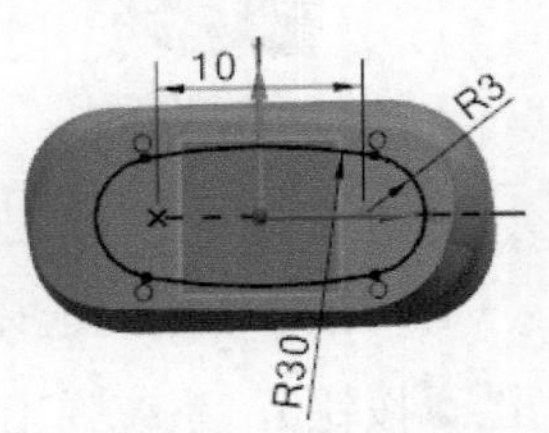

图 5.2.21　截面草图

Step13. 创建图 5.2.22 所示的零件特征—— 拉伸特征 4。选择下拉菜单 插入(S) → 设计特征(E) → 拉伸(E)... 命令；选取图 5.2.23 所示的平面为草图平面，绘制图 5.2.24 所示的截面草图；在 指定矢量 下拉列表中选择 ZC 选项；在“拉伸”对话框 限制 区域的 开始 下拉列表中选择 值 选项，并在其下的 距离 文本框中输入值 0；在 限制 区域的 结束 下拉列表中选择 贯通 选项；在 布尔 区域的下拉列表中选择 减去 选项，采用系统默认的求差对象；单击 < 确定 > 按钮，完成拉伸特征 4 的创建。

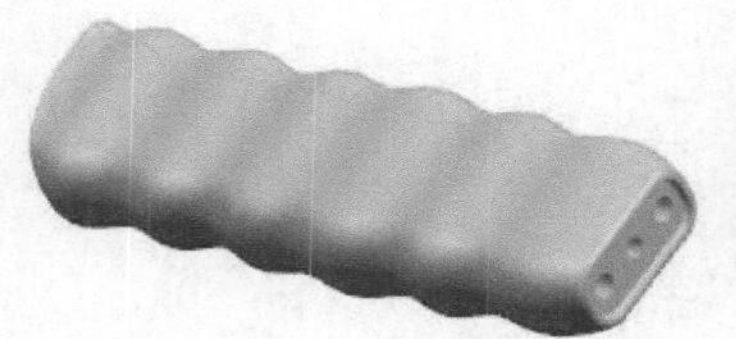
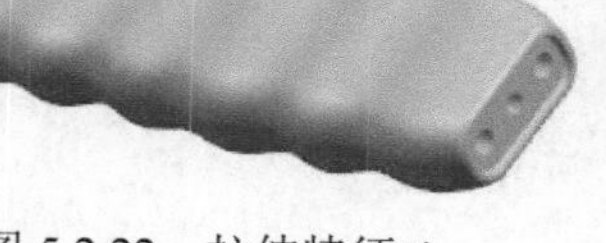

图 5.2.22　拉伸特征 4

图 5.2.23　选取草图平面

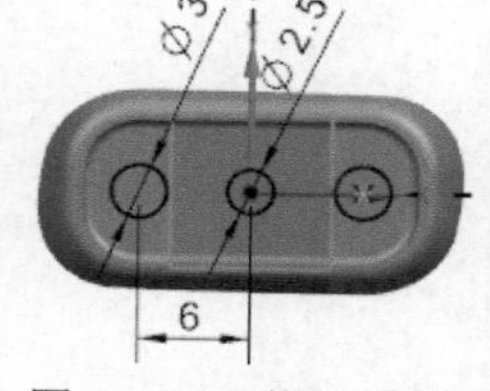

图 5.2.24　截面草图

Step14. 创建图 5.2.25 所示的零件特征——拉伸特征 5。选择下拉菜单 插入(S) → 设计特征(E) → 拉伸(E)... 命令；选取 YZ 基准平面为草图平面，绘制图 5.2.26 所示的截面草图；在 方向 区域的 指定矢量 下拉列表中选择 XC 选项；在“拉伸”对话框 限制 区域的 开始 下拉列表中选择 值 选项，并在其下的 距离 文本框中输入值 0；在 限制 区域的 结束 下拉列表中选择 贯通 选项，在 布尔 区域的下拉列表中选择 减去 选项，采用系统默认的求差对象；单击 < 确定 > 按钮，完成拉伸特征 5 的创建。

说明：图 5.2.26 中标注为 78 和 1 的尺寸分别是与横、纵坐标轴的约束。

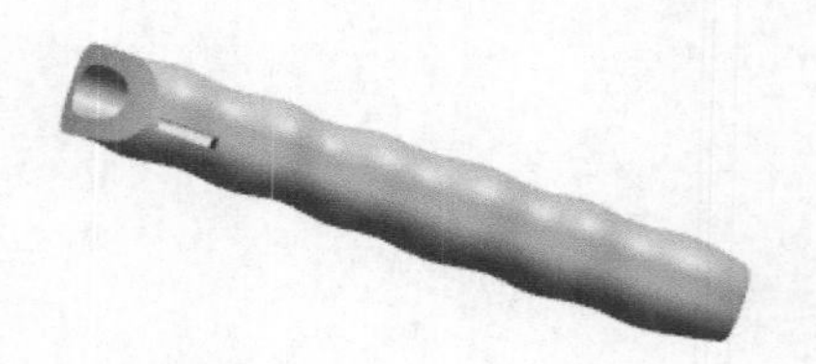

图 5.2.25　拉伸特征 5

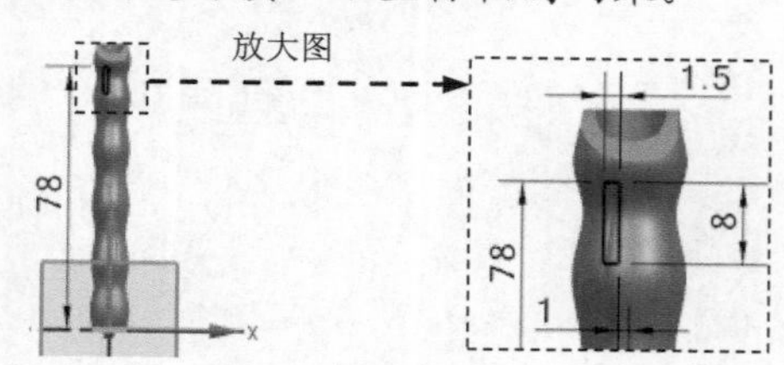

图 5.2.26　截面草图

Step15. 创建图 5.2.27 所示的零件特征—— 镜像特征。

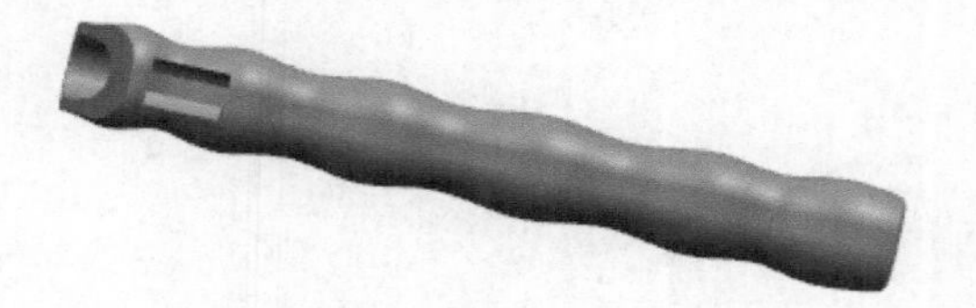

图 5.2.27　镜像特征

（1）选择命令。选择下拉菜单 插入(S) → 关联复制(A) → 镜像特征(R)... 命令，系统弹出“镜像特征”对话框。

（2）定义镜像体。选取拉伸特征 5 为镜像特征。

（3）定义镜像平面。单击“选择平面”按钮，选取 ZX 基准平面为镜像平面；其他参数采用系统默认设置值。

（4）单击 确定 按钮，完成镜像特征的创建。

Step16. 后面的详细操作过程请参见学习资源中 video\ch05\reference\文件下的语音视频讲解文件 lighter-r01.exe。

学习拓展：扫码学习更多视频讲解。

讲解内容：主要包含产品设计基础，曲面设计的基本概念，常用的曲面设计方法及流程，曲面转实体的常用方法，典型曲面设计案例等。特别是对曲线与曲面的阶次、连续性及曲面分析这些背景知识进行了系统讲解。

实例 6　牙　刷

6.1 实 例 概 述

本实例讲解了一款牙刷塑料部分的设计过程，本实例的创建方法技巧性较强，其中组合曲线投影特征的创建过程是首次讲解，而且填充阵列的操作性比较强，需要读者用心体会。牙刷的零件模型及模型树如图 6.1.1 所示。

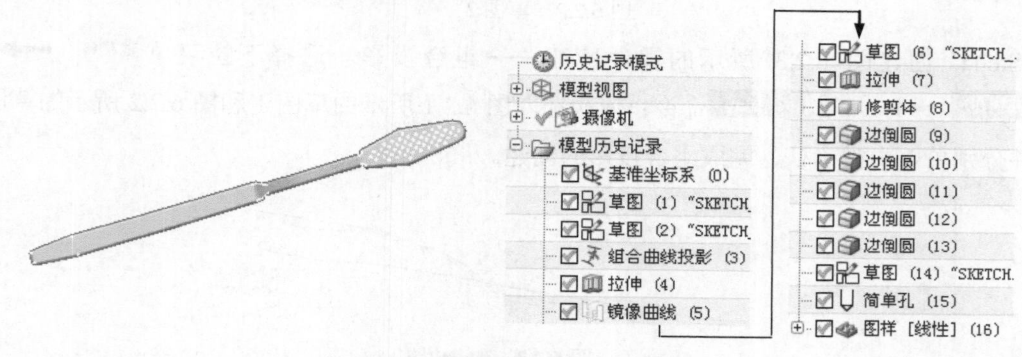

图 6.1.1　牙刷的零件模型及模型树

6.2　详细设计过程

Step1. 新建文件。选择下拉菜单 文件(F) → 新建(N)... 命令，系统弹出"新建"对话框。在 模型 选项卡的 模板 区域中选取模板类型为 模型，在 名称 文本框中输入文件名称 TOOTHBRUSH，单击 确定 按钮，进入建模环境。

Step2. 创建图 6.2.1 所示的草图 1。选择下拉菜单 插入(S) → 在任务环境中绘制草图(V) 命令；选取 YZ 基准平面为草图平面；进入草图环境绘制草图。绘制完成后单击 完成草图 按钮，完成草图 1 的创建。

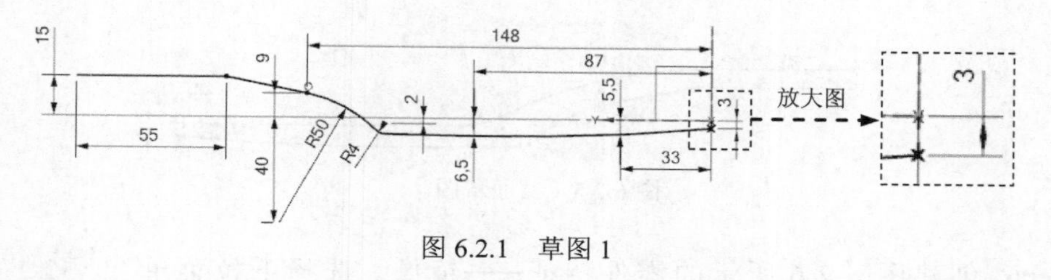

图 6.2.1　草图 1

Step3. 创 建 图 6.2.2 所 示 的 草 图 2。 选 择 下 拉 菜 单 插入(S) →

在任务环境中绘制草图(V)...命令；选取 XY 基准平面为草图平面；进入草图环境绘制草图。绘制完成后单击完成草图按钮，完成草图 2 的创建。

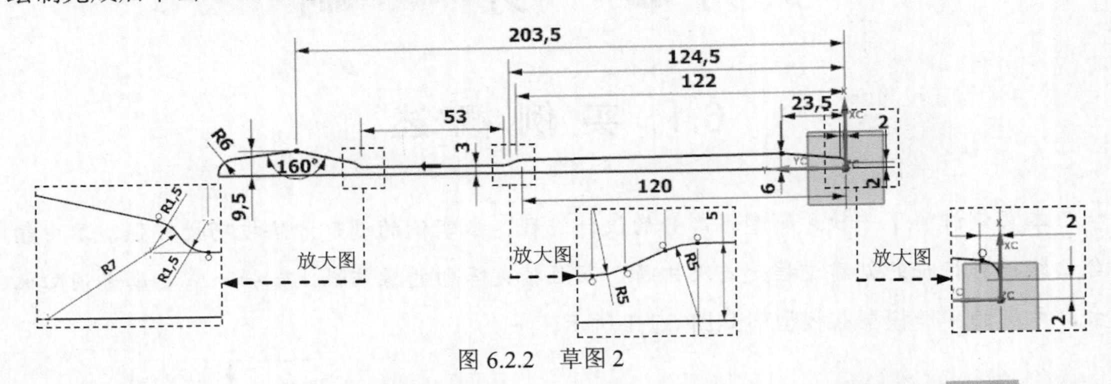

图 6.2.2　草图 2

Step4. 创建图 6.2.3 所示的零件特征——组合投影。选择下拉菜单插入(S) → 派生曲线(U) → 组合投影(C)...命令；依次选取图 6.2.1 所示的草图 1 和图 6.2.2 所示的草图 2，并分别单击中键确认，完成组合投影的创建。

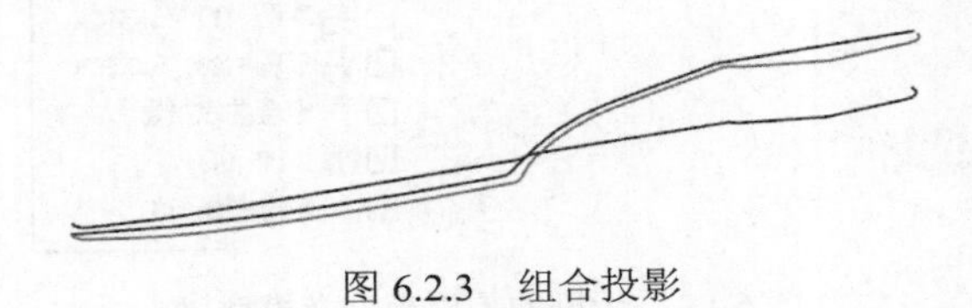

图 6.2.3　组合投影

Step5. 创建图 6.2.4 所示的零件特征——拉伸特征 1。选择下拉菜单 插入(S) → 设计特征(E) → 拉伸(E)...命令，系统弹出“拉伸”对话框。选取 YZ 平面为草图平面，绘制图 6.2.5 所示的截面草图；在指定矢量下拉列表中选择 XC 选项，在限制区域的开始下拉列表中选择对称值选项，并在其下的距离文本框中输入值 20，单击< 确定 >按钮，完成拉伸特征 1 的创建。

图 6.2.4　拉伸特征 1

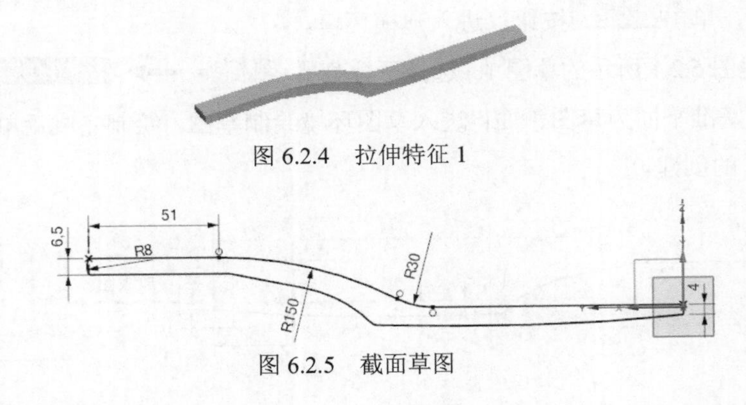

图 6.2.5　截面草图

Step6. 创建图 6.2.6 所示的零件特征——镜像。选择下拉菜单 插入(S) → 派生曲线(U) → 镜像(M)...命令，在绘图区中选取图 6.2.3 所示的组合投影特征为要镜像的特征。在镜像平面区域中单击按钮，在绘图区中选取 YZ 基准平面作为镜像平面。单击< 确定 >按钮，完成镜像特征的创建。

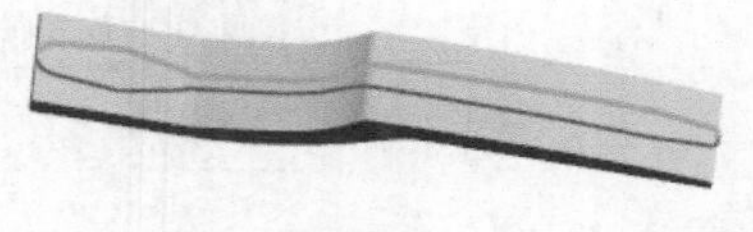

图 6.2.6 镜像特征

Step7. 创建图 6.2.7 所示的草图 3。选择下拉菜单 插入(S) → 在任务环境中绘制草图(V)...命令；选取图 6.2.7 所示的平面为草图平面；进入草图环境，绘制草图。绘制完成后单击完成草图按钮，完成草图 3 的创建。

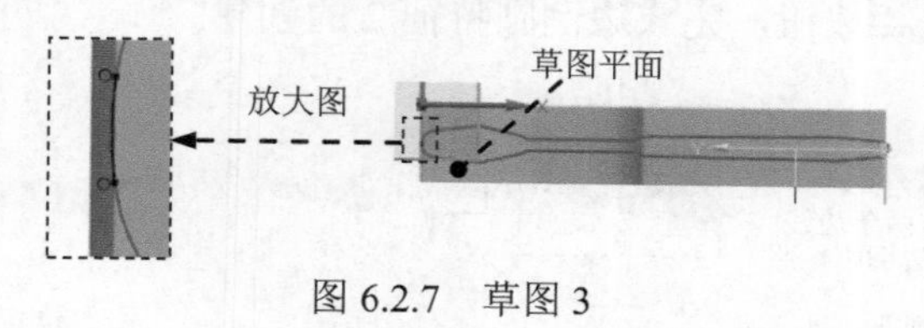

图 6.2.7 草图 3

Step8. 创建图 6.2.8 所示的零件特征——拉伸特征 2。选择下拉菜单插入(S) → 设计特征(E) → 拉伸(E)...命令，系统弹出“拉伸”对话框。绘制图 6.2.9 所示的截面草图；在指定矢量下拉列表中选择-ZC选项，在限制区域的开始下拉列表中选择对称值选项，并在其下的距离文本框中输入值 20，单击< 确定 >按钮，完成拉伸特征 2 的创建。

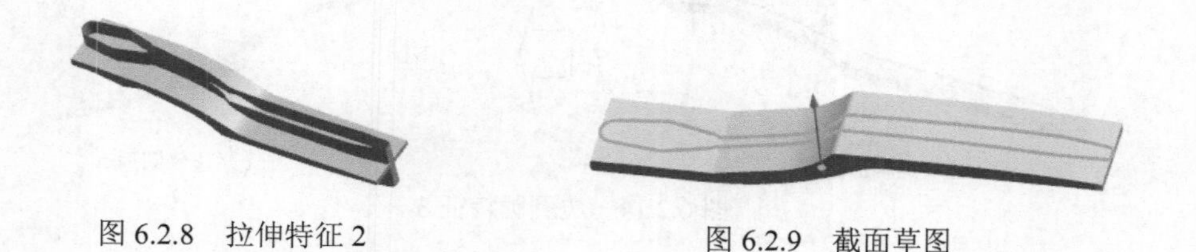

图 6.2.8 拉伸特征 2　　图 6.2.9 截面草图

Step9. 创建图 6.2.10 所示的修剪特征。选择下拉菜单插入(S) → 修剪(T) → 修剪体(T)...命令，在绘图区选取图 6.2.11 所示的特征为目标体，单击中键；选取工具体，单击中键；单击确定按钮，完成修剪特征的创建。

图 6.2.10 修剪特征　　图 6.2.11 定义参照体

Step10. 创建边倒圆特征 1。选择下拉菜单 插入(S) → 细节特征(L) → 边倒圆(E)...命令，在 边 区域中单击按钮，选择图 6.2.12 所示的边线为边倒圆参照，并在半径 1文本框中输入值 10。单击< 确定 >按钮，完成边倒圆特征 1 的创建。

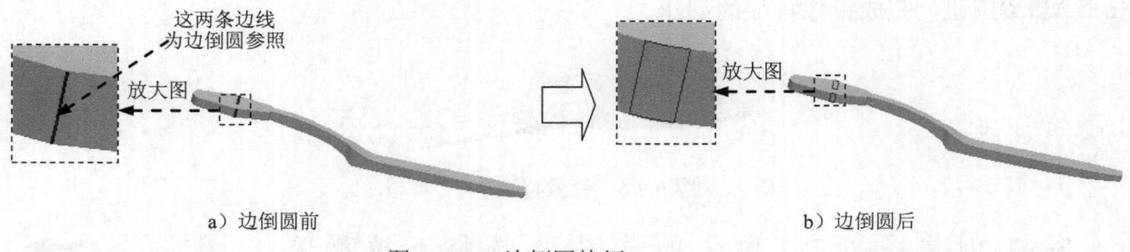

图 6.2.12　边倒圆特征 1

Step11. 创建边倒圆特征 2。选择图 6.2.13 所示的边线为边倒圆参照，并在半径 1文本框中输入值 4。单击< 确定 >按钮，完成边倒圆特征 2 的创建。

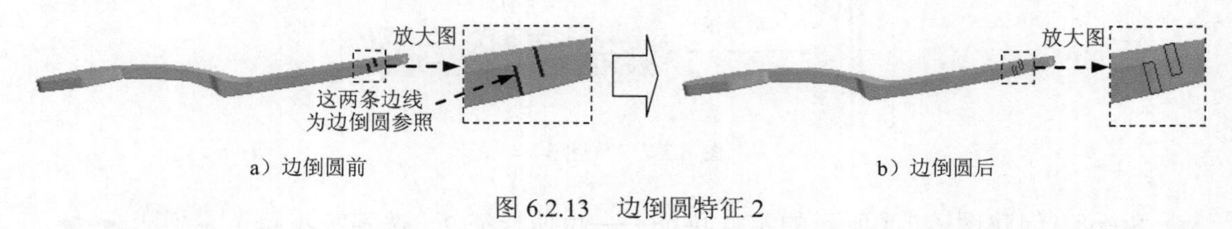

图 6.2.13　边倒圆特征 2

Step12. 创建边倒圆特征 3。选择图 6.2.14 所示的边线为边倒圆参照，并在半径 1文本框中输入值 1.5。单击< 确定 >按钮，完成边倒圆特征 3 的创建。

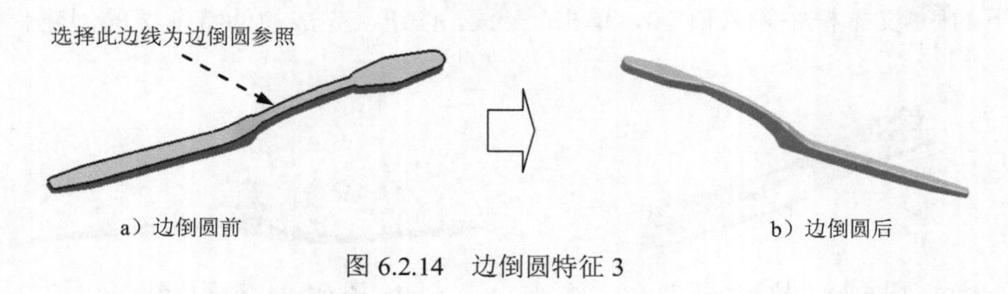

图 6.2.14　边倒圆特征 3

Step13. 创建边倒圆特征 4。选择图 6.2.15 所示的边线为边倒圆参照，并在半径 1文本框中输入值 20。单击< 确定 >按钮，完成边倒圆特征 4 的创建。

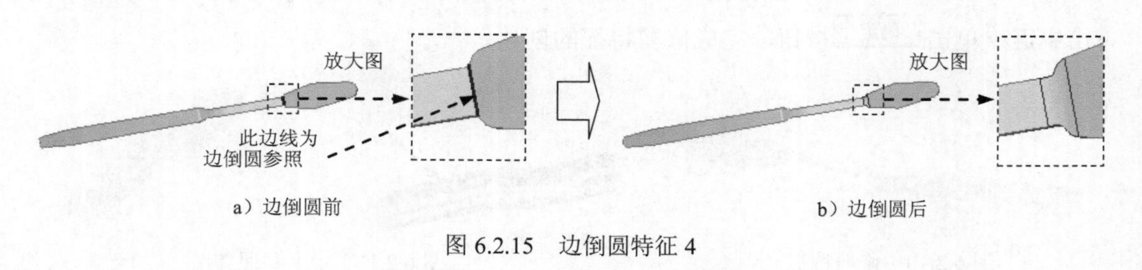

图 6.2.15　边倒圆特征 4

Step14. 创建边倒圆特征 5。选择图 6.2.16 所示的边线为边倒圆参照，并在半径 1文本框中输入值 1.5。单击< 确定 >按钮，完成边倒圆特征 5 的创建。

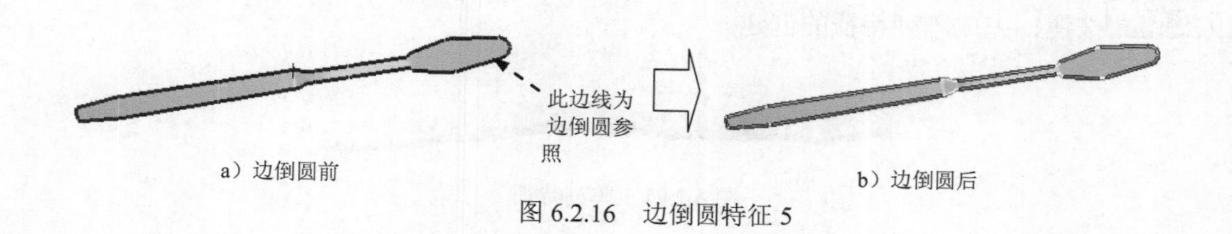

图 6.2.16 边倒圆特征 5

Step15. 创建图6.2.17所示的草图4。选择下拉菜单 插入(S) → 在任务环境中绘制草图(V)... 命令；选取图 6.2.18 所示的平面为草图平面，进入草图环境绘制草图，绘制完成后单击 完成草图 按钮，完成草图 4 的创建。

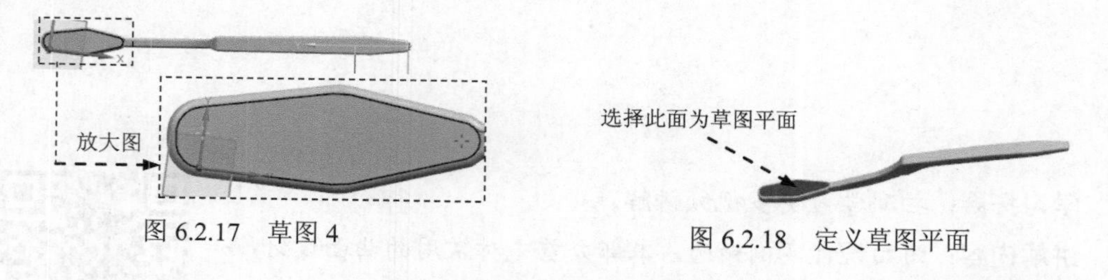

图 6.2.17 草图 4　　图 6.2.18 定义草图平面

Step16. 创建图 6.2.19 所示的孔特征。选择下拉菜单 插入(S) → 设计特征(E) → 孔(H)... 命令。在 类型 下拉列表中选择 常规孔 选项，选取图 6.2.20 所示的点为定位点，在“孔”对话框 形状和尺寸 区域的 成形 下拉列表中选择 简单 选项，在 直径 文本框中输入值 2，在 深度 文本框中输入值 3，在 布尔 区域的下拉列表中选择 减去 选项，采用系统默认的求差对象。对话框中的其他参数保持系统默认设置；单击 < 确定 > 按钮，完成孔特征的创建。

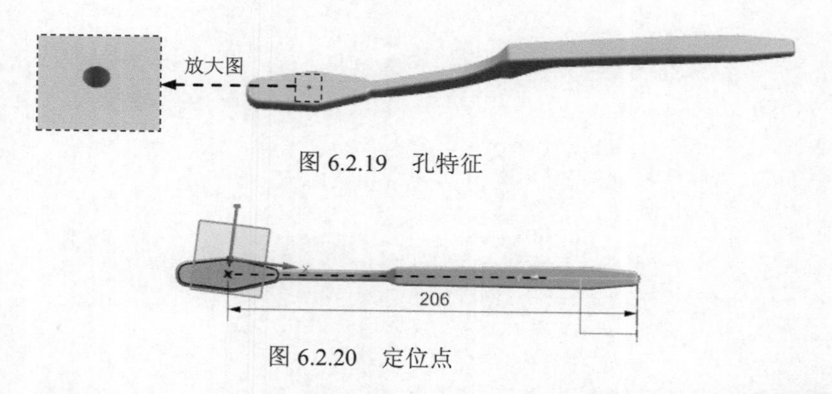

图 6.2.19 孔特征

图 6.2.20 定位点

Step17. 创建图 6.2.21 所示的阵列特征。选择下拉菜单 插入(S) → 关联复制(A) → 阵列特征(A)... 命令，在绘图区选取图 6.2.19 所示的孔特征为要形成图样的特征。在“对特征形成图样”对话框 阵列定义 区域的 布局 下拉列表中选择 线性 选项。在 边界 下拉列表中选择 曲线 选项。选中 ☑ 简化边界填充 复选框，在 边距 文本框中输入值 1，在 简化布局 下拉列表中选择 菱形 选项，在 节距 文本框中输入值 3。对话框中的其他参数保持系统默认设置；单击确定按钮，完成阵列特征的创建。

图 6.2.21 阵列特征

Step18. 保存零件模型。选择下拉菜单 文件(F) → 保存(S) 命令，即可保存零件模型。

学习拓展：扫码学习更多视频讲解。

讲解内容：曲面设计实例精选。本部分首先对常用的曲面设计思路和方法进行了系统的总结，然后讲解了数十个典型曲面产品设计的全过程，并对每个产品的设计要点都进行了深入剖析。

实例 7 叶轮的设计

7.1 实 例 概 述

本范例介绍了叶轮的设计过程。该设计过程是先在基准平面上绘制直线，然后将直线投影到曲面上，再利用投影的曲线构建出扫掠曲面，最后将曲面转变成实体模型。叶轮的零件模型及模型树如图 7.1.1 所示。

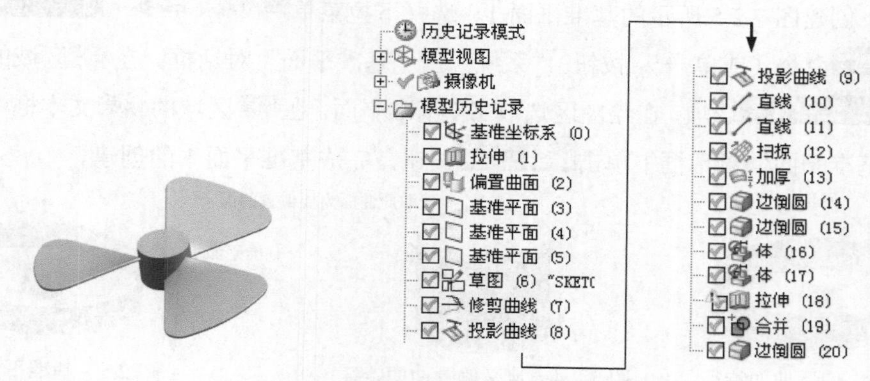

图 7.1.1 叶轮的零件模型及模型树

7.2 详细设计过程

Step1. 新建文件。选择下拉菜单 文件(F) → 新建(N)... 命令，系统弹出“新建”对话框。在 模型 选项卡的 模板 区域中选取模板类型为 模型，在 名称 文本框中输入文件名称 impeler.prt，单击 确定 按钮，进入建模环境。

Step2. 创建图 7.2.1 所示的拉伸特征。选择下拉菜单 插入(S) → 设计特征(E) → 拉伸(E)... 命令（或单击 按钮），系统弹出“拉伸”对话框；单击“拉伸”对话框中的“绘制截面”按钮，系统弹出“创建草图”对话框。单击 按钮，选取 XY 基准平面为草图平面，单击 确定 按钮，进入草图环境，隐藏基准坐标系，绘制图 7.2.2 所示的截面草图，选择下拉菜单 任务(K) → 完成草图(K) 命令（或单击 完成草图 按钮），退出草图环境；在“拉伸”对话框 限制 区域的 开始 下拉列表中选择 值 选项，并在其下的 距离 文本框中输入值 0；在 限制 区域的 结束 下拉列表中选择 值 选项，并在其下的 距离 文本框中输入值 20；其他参数采用系统默认设置；单击 < 确定 > 按钮，完成拉伸特征的创建。

图 7.2.1　拉伸特征

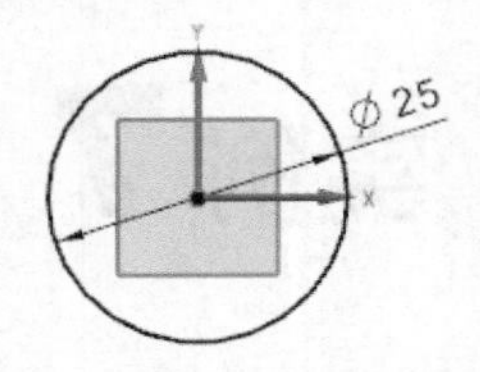

图 7.2.2　绘制截面草图

Step3. 创建图 7.2.3 所示的偏置曲面特征。选择下拉菜单 插入(S) → 偏置/缩放(O) → 偏置曲面(O)... 命令，系统弹出“偏置曲面”对话框；在“偏置 1”文本框中输入偏置量值 50，在绘图区域中选取图 7.2.4 所示的曲面，采用系统默认的偏置方向；单击“偏置曲面”对话框中的 < 确定 > 按钮，完成偏置曲面特征的创建。

Step4. 创建图 7.2.5 所示的基准平面 1。选择下拉菜单 插入(S) → 基准/点(D) → 基准平面(D)... 命令（或单击按钮），系统弹出“基准平面”对话框；在类型区域的下拉列表中选择 按某一距离 选项，在绘图区选取 ZX 基准平面，在偏置区域的距离文本框中输入值 80；在“基准平面”对话框中单击 < 确定 > 按钮，完成基准平面 1 的创建。

图 7.2.3　偏置曲面特征

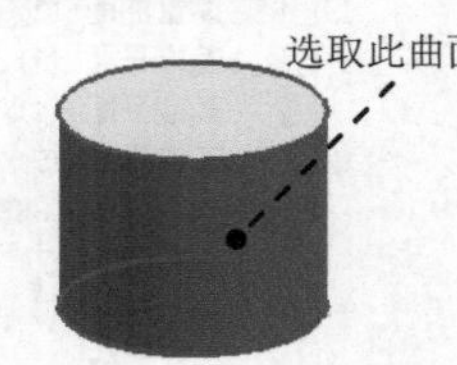

图 7.2.4　定义偏置曲面特征

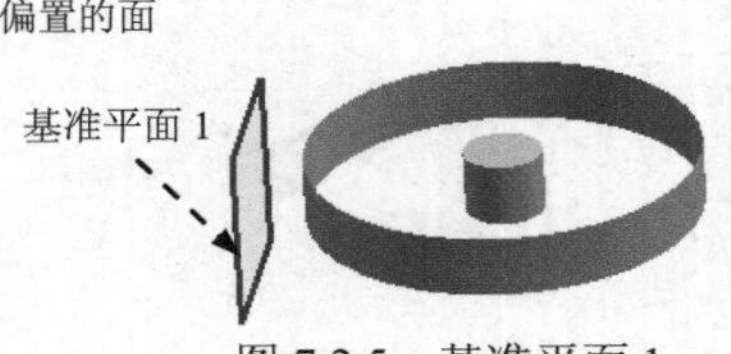

图 7.2.5　基准平面 1

Step5. 创建图 7.2.6 所示的基准平面 2。选择下拉菜单 插入(S) → 基准/点(D) → 基准平面(D)... 命令，系统弹出“基准平面”对话框。在类型区域的下拉列表中选择 成一角度 选项；在平面参考区域中单击按钮，选取 Step4 所创建的基准平面 1 为参考平面；在通过轴区域中单击按钮；在绘图区选取 Z 基准轴为通过轴；在角度区域的角度文本框中输入值 60，其他参数采用系统默认设置。单击 < 确定 > 按钮，完成基准平面 2 的创建。

Step6. 创建基准平面 3。参照 Step5 的步骤，创建与基准平面 1 成-60° 的基准平面 3，结果如图 7.2.6 所示。

Step7. 创建图 7.2.7 所示的草图。选择下拉菜单 插入(S) → 在任务环境中绘制草图(V)... 命令，系统弹出“创建草图”对话框；选取 Step4 所创建的基准平面 1 为草图平面，单击 确定 按钮；进入草图环境，绘制图 7.2.7 所示的草图；选择下拉菜单 任务(K) → 完成草图(K) 命令（或单击 完成草图 按钮），退出草图环境。

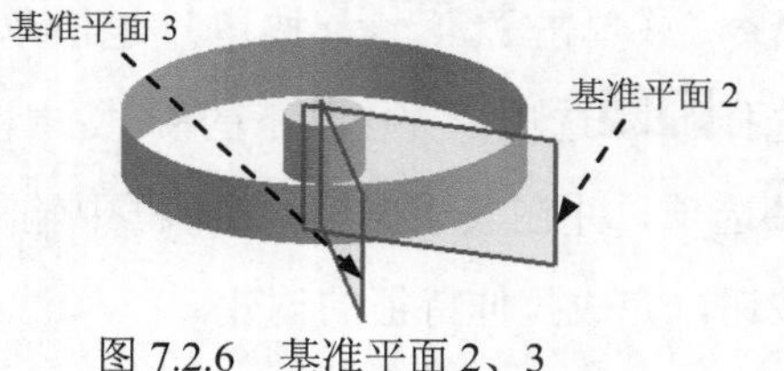

图 7.2.6　基准平面 2、3

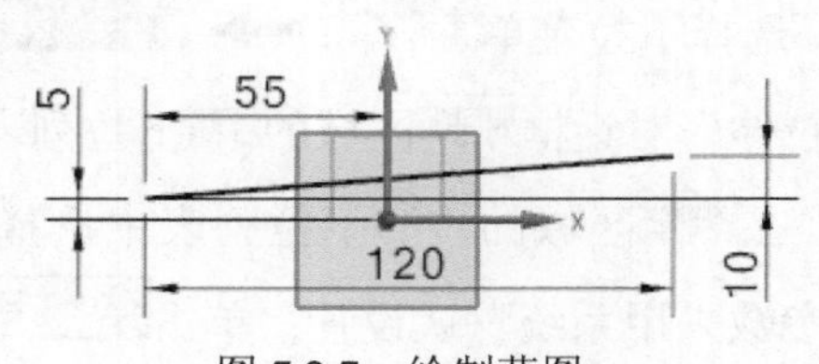

图 7.2.7　绘制草图

Step8. 创建图 7.2.8 所示的修剪曲线特征。选择下拉菜单 编辑(E) → 曲线(V) → 修剪(T)... 命令，系统弹出“修剪曲线”对话框；选取 Step7 所创建的草图为要修剪的曲线（尽量选择曲线的中间部分）；选取 Step5 所创建的基准平面 2 为第一个修剪边界，选取 Step6 所创建的基准平面 3 为第二个修剪边界；在 修剪或分割 区域的 方向 下拉列表中选择 沿方向 选项，在绘图区选取 Z 基准轴，采用系统默认的方向。在 设置 区域中选中 ☑ 关联 和 ☑ 修剪边界对象 复选框，其他参数采用系统默认设置；单击 确定 按钮，完成修剪曲线特征的创建。

Step9. 创建图 7.2.9 所示的投影曲线特征 1。选择下拉菜单 插入(S) → 派生曲线(U) → 投影(P)... 命令，系统弹出“投影曲线”对话框；在图形区选取 Step8 所创建的修剪曲线特征为投影曲线(可隐藏直线草图后再选取)，单击中键确认；在图形区选取图 7.2.10 所示的曲面为投影曲面 1；在 投影方向 区域的 方向 下拉列表中选择 沿面的法向 选项，单击 < 确定 > 按钮，完成投影曲线特征 1 的创建。

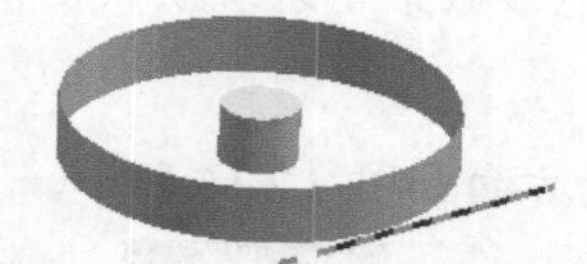
图 7.2.8 修剪曲线特征

图 7.2.9 投影曲线特征 1

图 7.2.10 选取投影曲面 1

Step10. 创建图 7.2.11 所示的投影曲线特征 2。选择下拉菜单 插入(S) → 派生曲线(U) → 投影(P)... 命令，系统弹出“投影曲线”对话框；在图形区选取 Step8 所创建的修剪曲线特征为投影曲线，单击中键确认；在图形区选取图 7.2.12 所示的曲面为投影曲面 2；在 投影方向 区域的 方向 下拉列表中选择 沿面的法向 选项，单击 < 确定 > 按钮，完成投影曲线特征 2 的创建。

图 7.2.11 投影曲线特征 2

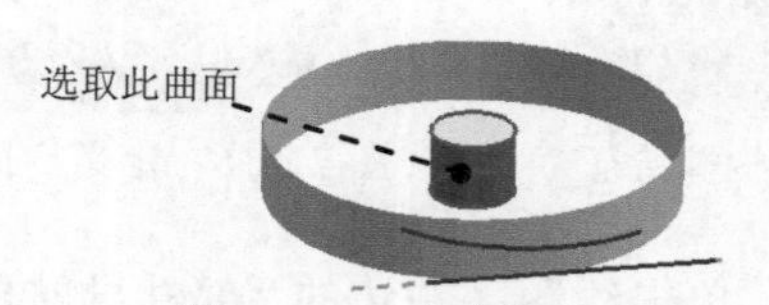

图 7.2.12 选取投影曲面 2

Step11. 创建图 7.2.13 所示的直线特征 1。选择下拉菜单 插入(S) → 曲线(C) → 直线(L)... 命令，系统弹出“直线”对话框；在 起点选项 下拉列表中选取 点 选项，在绘图区域中选取图 7.2.14 所示的端点 1；在 终点选项 下拉列表中选取 点 选项，在绘图区域中选取图 7.2.14 所示的端点；单击“直线”对话框中的 < 确定 > 按钮（或单击中键），完成直线特征 1 的创建。

Step12. 创建图 7.2.13 所示的直线特征 2。选择下拉菜单 插入(S) → 曲线(C) →

直线(L)...命令，系统弹出“直线”对话框；在起点选项下拉列表中选取点选项，在绘图区域中选取图 7.2.14 所示的端点 3；在终点选项下拉列表中选取点选项，在绘图区域中选取图 7.2.14 所示的端点 4；单击“直线”对话框中的< 确定 >按钮（或单击中键），完成直线特征 2 的创建。

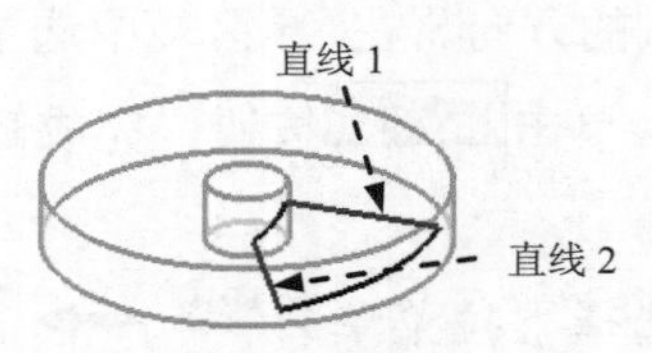

图 7.2.13　直线特征 1、2

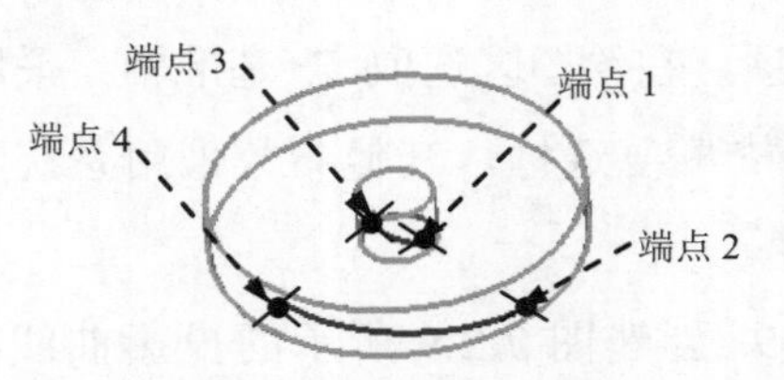

图 7.2.14　定义曲线特征

Step13. 创建图 7.2.15 所示的扫掠特征。选择下拉菜单 插入(S) → 扫掠(W) → 扫掠(S)...命令，系统弹出“扫掠”对话框；在截面区域中单击按钮，在绘图区域中选取图 7.2.16 所示的曲线 1，单击中键，选取曲线 2；在引导线区域中单击按钮，在绘图区域中选取图 7.2.16 所示的曲线 3，单击中键，选取曲线 4，其他参数采用系统默认设置；单击“扫掠”对话框中的< 确定 >按钮，完成扫掠特征的创建。

注意：定义扫掠特征时，所选取的扫掠截面和扫掠引导线的方向如图 7.2.16 所示。

Step14. 创建图 7.2.17 所示的加厚特征。选择下拉菜单插入(S) → 偏置/缩放(O) → 加厚(T)...命令，系统弹出“加厚”对话框；在面区域中单击按钮，选取 Step13 所创建的扫掠特征为加厚对象；在偏置 1文本框中输入值 1.5，在偏置 2文本框中输入值 0，采用系统默认方向；单击< 确定 >按钮，完成加厚特征的创建。

图 7.2.15　扫掠特征

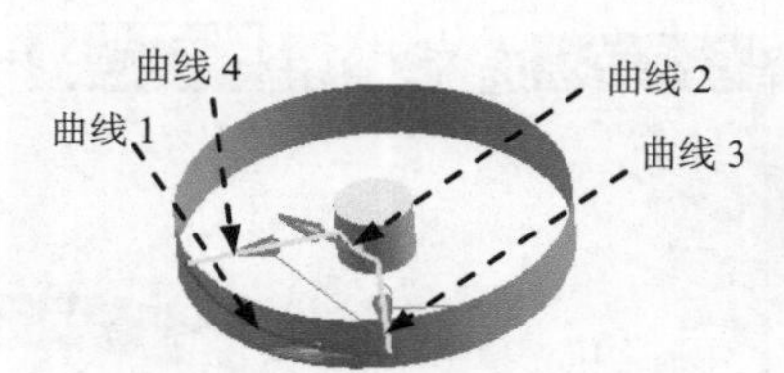

图 7.2.16　定义扫掠特征

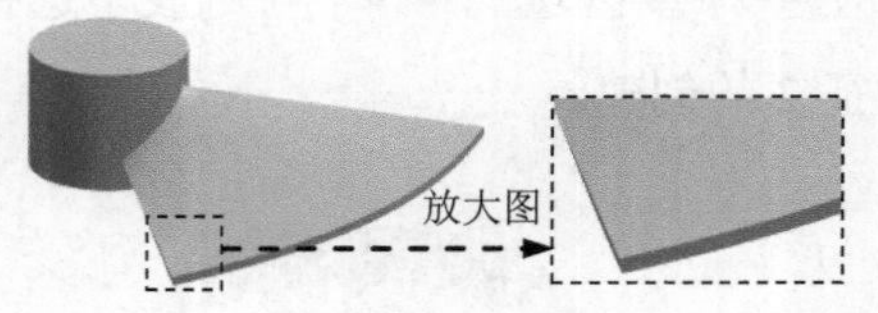

图 7.2.17　加厚特征

Step15. 单击绘图区左边的“部件导航器”按钮，在模型树中选择偏置曲面 (2)和扫掠 (12)选项并右击，在弹出的快捷菜单中选择隐藏(H)命令，隐藏片体。

Step16. 创建图 7.2.18 所示的边倒圆特征 1。选择下拉菜单插入(S) → 细节特征(L) → 边倒圆(E)...命令（或单击按钮），系统弹出“边倒圆”对话框；在边区域中单击按钮，选择图 7.2.18a 所示的两条边为边倒圆参照，并在半径 1文本框中输入值 8；单击< 确定 >按钮，完成边倒圆特征 1 的创建。

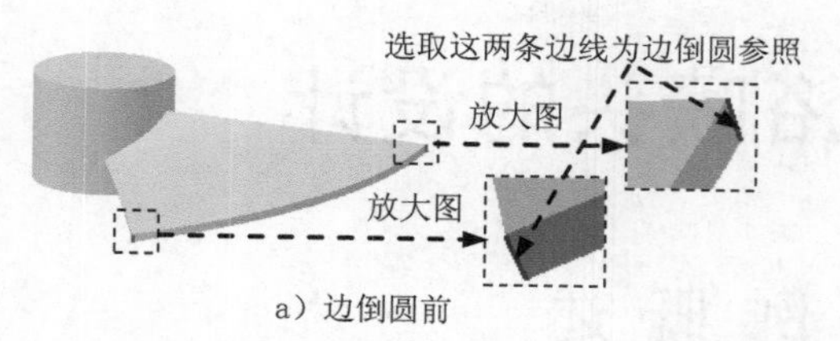

a）边倒圆前

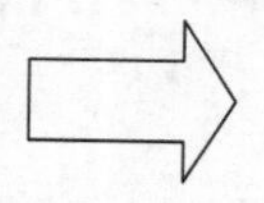

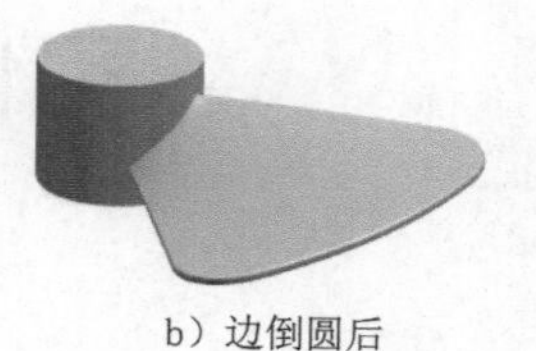
b）边倒圆后

图 7.2.18　边倒圆特征 1

Step17. 创建边倒圆特征 2。选取图 7.2.19 所示的两条边链，圆角半径值为 0.5。

Step18. 创建图 7.2.20 所示的移动对象特征。选择下拉菜单 编辑(E) → 移动对象(O)... 命令，系统弹出“移动对象”对话框；选取图 7.2.19 所示的实体为移动对象；在 变换 区域的 运动 下拉列表中选择 角度 选项，在 指定矢量 下拉列表中选择 ZC 选项，在 指定轴点 后的下拉列表中选择 ⊙ 选项，选取图 7.2.19 所示的圆弧，在 角度 文本框中输入值 120；在结构区域选择 ⊙ 复制原先的 单选项，在 距离/角度分割 文本框中输入值 1，在 非关联副本数 文本框中输入值 2，单击 < 确定 > 按钮，完成对象的移动复制。

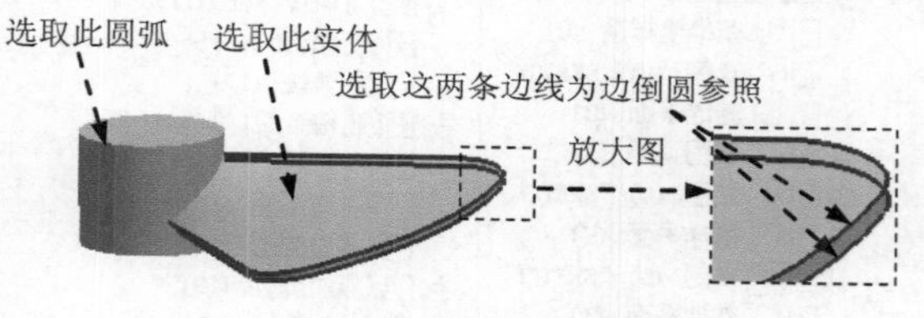

图 7.2.19　边倒圆特征 2

图 7.2.20　移动对象特征

Step19. 后面的详细操作过程请参见学习资源中 video\ch07\reference\文件下的语音视频讲解文件 impeler-r01.exe。

学习拓展：扫码学习更多视频讲解。

讲解内容：钣金设计实例精选，包含二十多个常见钣金件的设计全过程讲解，并对设计操作步骤做了详细的演示。

实例 8 淋浴喷头的设计

8.1 实 例 概 述

本范例介绍了一个淋浴喷头的设计过程。该设计过程是先创建一系列草图曲线，再利用所创建的草图曲线构建几个独立的曲面，然后再利用缝合等工具将独立的曲面变成一个整体面组，最后将整体面组变成实体模型。本范例详细讲解了采用辅助线的设计方法。淋浴喷头的零件模型及模型树如图 8.1.1 所示。

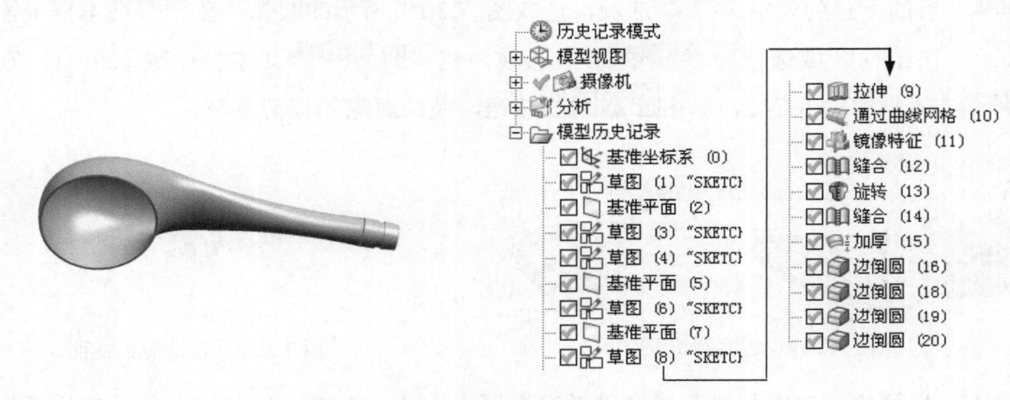

图 8.1.1 淋浴喷头的零件模型及模型树

8.2 详细设计过程

Step1. 新建文件。选择下拉菜单 文件(F) → 新建(N)... 命令，系统弹出“新建”对话框。在 模板 选项卡中选取模板类型为 模型，在 名称 文本框中输入文件名称 muzzler.prt，单击 确定 按钮，进入模型设计环境。

Step2. 创建图 8.2.1 所示的草图 1。选择下拉菜单 插入(S) → 在任务环境中绘制草图(V)... 命令，系统弹出“创建草图”对话框；选取 XY 基准平面为草图平面，单击“创建草图”对话框中的 确定 按钮；进入草图环境，绘制图 8.2.1 所示的草图 1；选择下拉菜单 任务(K) → 完成草图(K) 命令（或单击 完成草图 按钮），退出草图环境。

Step3. 创建图 8.2.2 所示的基准平面 1。选择下拉菜单 插入(S) → 基准/点(D) → 基准平面(D)... 命令（或单击 按钮），系统弹出“基准平面”对话框；在 类型 区域的下拉列表中选择 按某一距离 选项，在绘图区选取 YZ 基准平面，在 偏置 区域的 距离 文本框中输入值 225，并单击“反向”按钮，定义 X 基准轴的负方向为参照方向；在“基准平面”对话框中单击< 确定 >按钮，完成基准平面1的创建。

Step4. 创建图8.2.3所示的草图2。选择下拉菜单插入(S) → 在任务环境中绘制草图(V)...命令，系统弹出“创建草图”对话框。选取基准平面1为草图平面，绘制图8.2.3所示的草图2。选择下拉菜单任务(K) → 完成草图(K)命令（或单击完成草图按钮），退出草图环境。

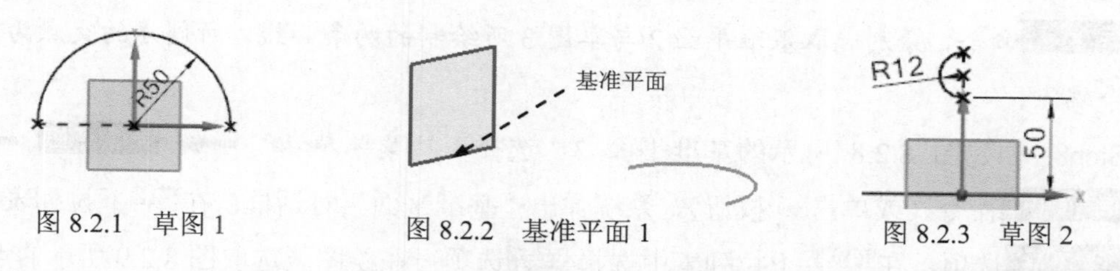

图8.2.1 草图1　图8.2.2 基准平面1　图8.2.3 草图2

Step5. 创建图8.2.4所示的草图3。选择下拉菜单插入(S) → 在任务环境中绘制草图(V)...命令，系统弹出“创建草图”对话框；单击按钮，选取ZX基准平面为草图平面，单击确定按钮；进入草图环境，绘制图8.2.4所示的草图3。选择下拉菜单插入(S) → 艺术样条(D)...命令（或在草图工具栏中单击“艺术样条”按钮），系统弹出“艺术样条”对话框；在“艺术样条”对话框的类型下拉列表中选择根据极点选项，绘制图8.2.4所示的样条曲线，在“艺术样条”对话框中单击确定按钮；双击图8.2.4所示的样条曲线，选择下拉菜单分析(L) → 曲线(C) → 显示曲率梳(C)命令，在图形区显示草图曲线的曲率梳，拖动草图曲线控制点，使其曲率梳呈现图8.2.5所示的光滑形状；选择下拉菜单分析(L) → 曲线(C) → 显示曲率梳(C)命令，取消曲率梳的显示，在“艺术样条”对话框中单击确定按钮；选择下拉菜单任务(K) → 完成草图(K)命令（或单击完成草图按钮），退出草图环境。

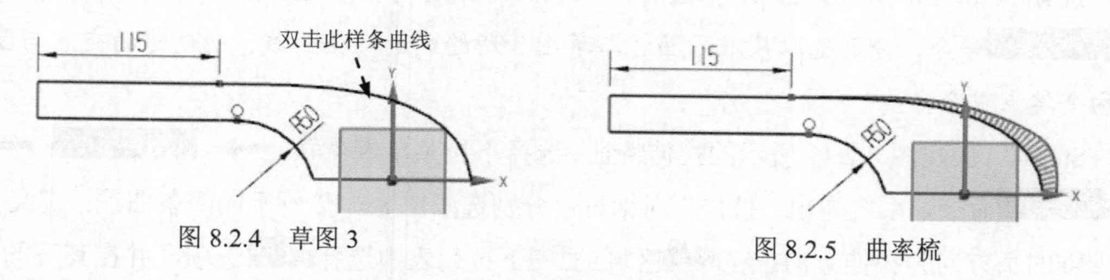

图8.2.4 草图3　图8.2.5 曲率梳

注意：调整样条曲线曲率时，应保证其曲率连续光滑，曲线构造质量的好坏直接关系到生成的曲面和实体的质量。

Step6. 创建图8.2.6所示的基准平面2。选择下拉菜单插入(S) → 基准/点(D) → 基准平面(D)...命令（或单击按钮），系统弹出“基准平面”对话框；在类型下拉列表中选择按某一距离选项；在绘图区选取YZ基准平面，在偏置区域的距离文本框中输入值160；单击“反向”按钮，定义X基准轴的反方向为参照方向；单击对话框中的< 确定 >按钮，完成基准平面2的创建。

Step7. 创建图 8.2.7 所示的草图 4。选择下拉菜单 插入(S) → 在任务环境中绘制草图(V)... 命令，系统弹出“创建草图”对话框。选取基准平面 2 为草图平面，单击 确定 按钮，绘制图 8.2.7 所示的草图 4。选择下拉菜单 任务(K) → 完成草图(K) 命令（或单击 完成草图 按钮），退出草图环境。

说明：在绘制草图 4 时，选择下拉菜单 插入(S) → 来自曲线集的曲线(F) → 交点(N)... 命令，分别选取基准平面 2 与草图 3 所绘制的两条曲线，所创建的交点为圆弧的两个端点。

Step8. 创建图 8.2.8 所示的基准平面 3。选择下拉菜单 插入(S) → 基准/点(D) → 基准平面(D)... 命令（或单击 按钮），系统弹出“基准平面”对话框；在 类型 下拉列表中选择 曲线和点 选项，在 子类型 下拉列表中选择 两点 选项；在绘图区选取图 8.2.9 所示的点 1，然后再选取点 2；单击对话框中的 < 确定 > 按钮，完成基准平面 3 的创建。

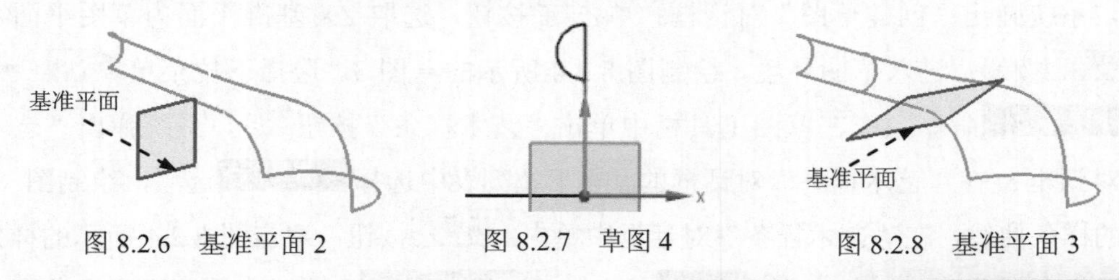

图 8.2.6 基准平面 2　　图 8.2.7 草图 4　　图 8.2.8 基准平面 3

Step9. 创建图 8.2.10 所示的草图 5。选择下拉菜单 插入(S) → 在任务环境中绘制草图(V)... 命令，系统弹出“创建草图”对话框。选取基准平面 3 为草图平面，单击 确定 按钮，绘制图 8.2.10 所示的草图 5。选择下拉菜单 任务(K) → 完成草图(K) 命令（或单击 完成草图 按钮），退出草图环境。

说明：在绘制草图 5 时，选择下拉菜单 插入(S) → 来自曲线集的曲线(F) → 交点(N)... 命令，分别选取基准平面 3 与草图 3 所绘制的两条曲线，所创建的交点与圆弧的两个端点重合。

Step10. 创建图 8.2.11 所示的拉伸特征。选择下拉菜单 插入(S) → 设计特征(E) → 拉伸(E)... 命令，系统弹出“拉伸”对话框；分别选取图 8.2.12 所示的两条曲线；定义 YC 基准轴的负方向为拉伸方向；在 限制 区域的 开始 下拉列表中选择 值 选项，并在其下的 距离 文本框中输入值 0；在 限制 区域的 结束 下拉列表中选择 值 选项，并在其下的 距离 文本框中输入值 20；在 体类型 下拉列表中选择 片体 选项，其他参数采用系统默认设置；单击 < 确定 > 按钮，完成拉伸特征的创建。

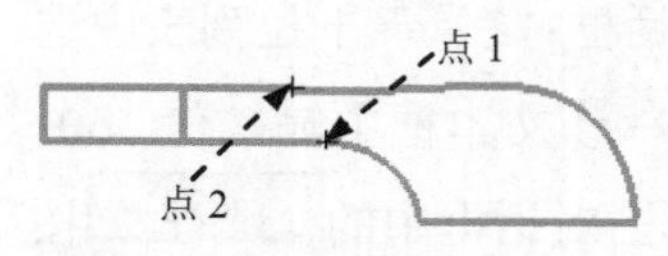

图 8.2.9 定义基准平面 3

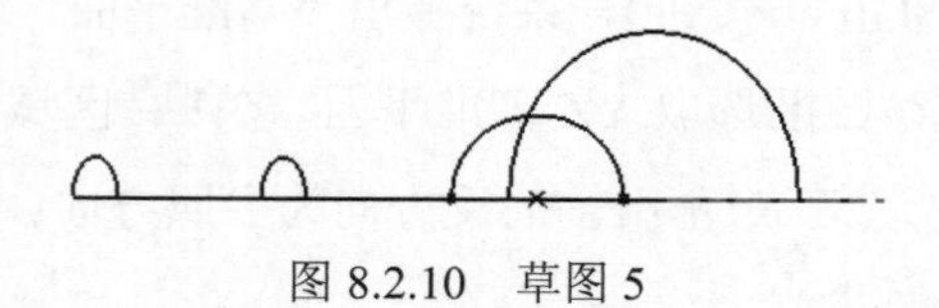

图 8.2.10 草图 5

图 8.2.11 拉伸特征

Step11. 创建图 8.2.13 所示的曲线网格特征。选择下拉菜单 插入(S) → 网格曲面(M) → 通过曲线网格(M)... 命令，系统弹出“通过曲线网格”对话框；选择图 8.2.14 所示的曲线 1，单击鼠标中键后选取曲线 2，单击中键确认；单击中键，选取图 8.2.14 所示的曲线 3、曲线 4、曲线 5 和曲线 6，分别单击中键；在 连续性 区域中 第一主线串 的下拉列表中选择 G1(相切) 选项，并单击按钮，选取图 8.2.15 所示的面 1；在 最后主线串 下拉列表中选择 G1(相切) 选项，并单击按钮，选取图 8.2.15 所示的面 2；其他参数采用系统默认设置；单击 < 确定 > 按钮，完成曲线网格特征的创建。

注意：在定义主曲线时，所选曲线的方向必须一致。

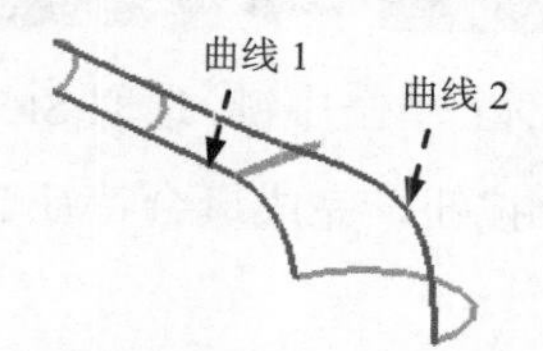

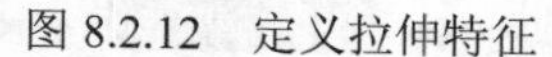

图 8.2.12 定义拉伸特征

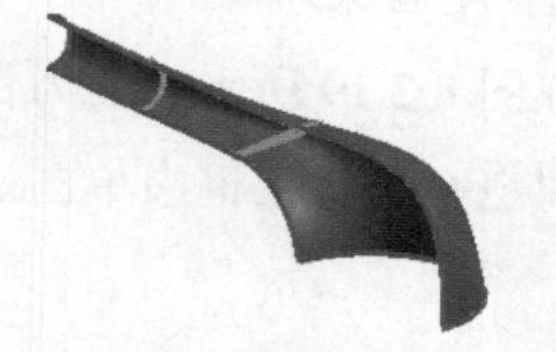

图 8.2.13 曲线网格特征

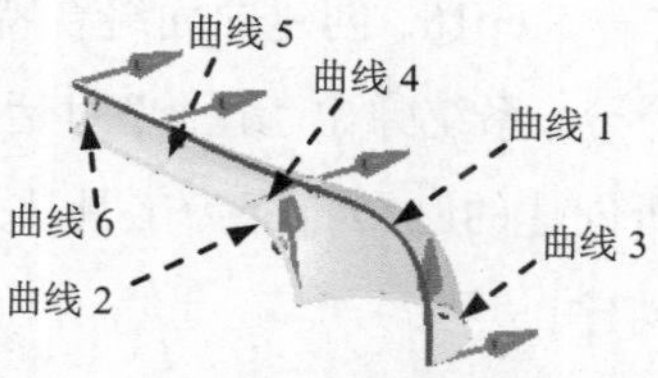

图 8.2.14 定义曲线网格特征

Step12. 创建图 8.2.16 所示的镜像特征。选择下拉菜单 插入(S) → 关联复制(A) → 镜像特征(M)... 命令（或单击按钮），系统弹出“镜像特征”对话框；选取 Step11 所创建的曲线网格特征为镜像特征；在镜像平面区域中单击按钮，选取 ZX 基准平面为镜像平面；单击 确定 按钮，完成镜像特征的创建。

Step13. 创建曲面缝合特征 1。选择下拉菜单 插入(S) → 组合(B) → 缝合(W)... 命令，系统弹出“缝合”对话框；选取 Step11 所创建的曲线网格特征为缝合的目标片体；单击中键，选取镜像特征为缝合工具片体；在“缝合”对话框中单击 确定 按钮，完成缝合特征 1 的创建。

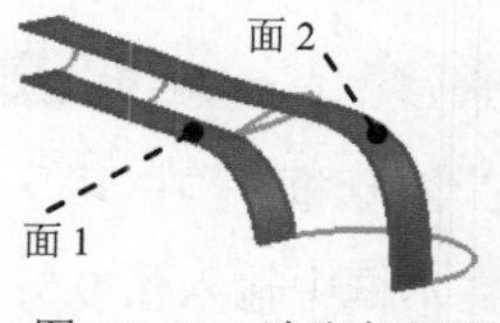

图 8.2.15 选取相切面

图 8.2.16 镜像特征

Step14. 创建图 8.2.17 所示的回转特征。选择下拉菜单 插入(S) → 设计特征(E) → 旋转(R)... 命令，系统弹出“回转”对话框；单击 截面 区域中的按钮，系统弹出“创建草图”对话框，选取 ZX 基准平面为草图平面，单击 确定 按钮，进入草图环境，绘制图 8.2.18 所示的截面草图，选择下拉菜单 任务(K) → 完成草图(K) 命令（或单击 完成草图 按钮），退出草图环境；在绘图区域中选取 X 基准轴为回转轴。激活 指定点，捕捉图 8.2.3 所示的草图 2 中的圆弧的圆心为指定点；在“回转”对话框 限制 区域的 开始 下拉列表中选择 值 选项，并在其下的 角度 文本框中输入值 0；在 结束 下拉列表中选择 值 选项，并在其下的 角度 文本框中输入值 360；在 体类型 下拉列表中选择 片体 选项，在 布尔 区域的下拉列

表中选择 无 选项，其他参数采用系统默认设置；单击 < 确定 > 按钮，完成回转特征的创建。

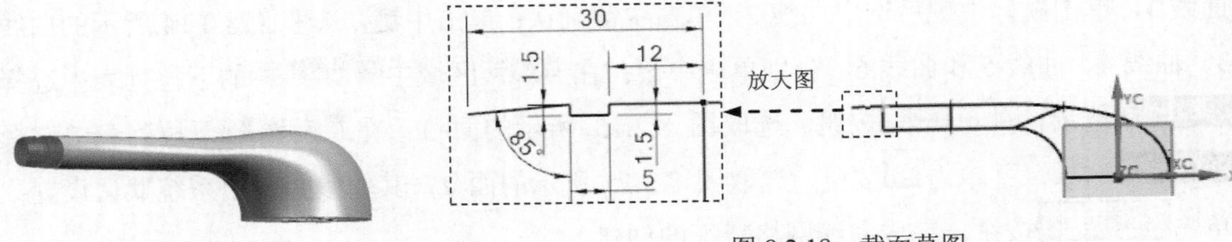

图 8.2.17　回转特征　　　　图 8.2.18　截面草图

Step15. 创建曲面缝合特征 2。选择下拉菜单 插入(S) → 组合(B) → 缝合(W)... 命令，系统弹出“缝合”对话框；选取图 8.2.19 所示的面为目标片体；单击中键，选取 Step14 所创建的回转特征为工具片体；在“缝合”对话框中单击 确定 按钮，完成缝合特征 2 的创建。

Step16. 创建图 8.2.20 所示的加厚特征。选择下拉菜单 插入(S) → 偏置/缩放(O) → 加厚(T)... 命令，系统弹出“加厚”对话框；在绘图区选取图 8.2.21 所示的特征为加厚对象；在“加厚”对话框的 偏置 1 文本框中输入值 2.5，且方向朝内；单击“加厚”对话框中的 < 确定 > 按钮，完成加厚特征的创建。

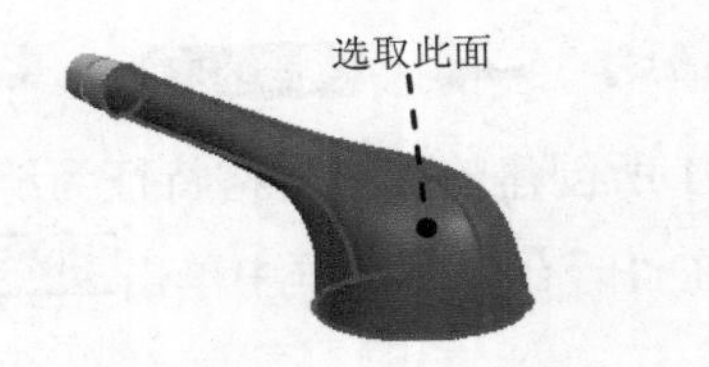

图 8.2.19　选取目标片体

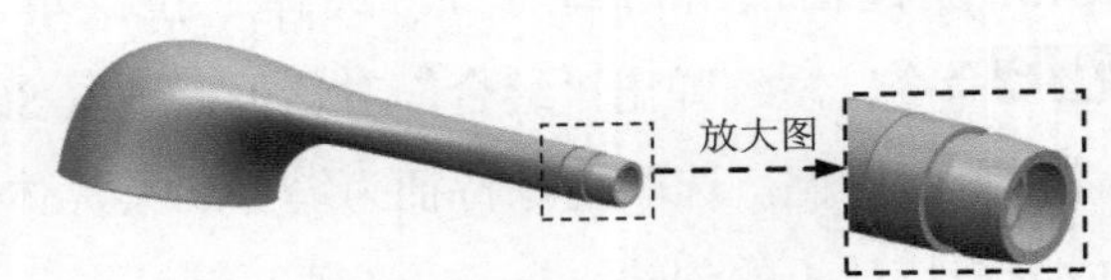

图 8.2.20　加厚特征

Step17. 创建边倒圆特征 1。选择下拉菜单 插入(S) → 细节特征(L) → 边倒圆(E)... 命令（或单击 按钮），系统弹出“边倒圆”对话框；在 边 区域中单击 按钮，选取图 8.2.22 所示的边线为边倒圆参照，并在 半径 1 文本框中输入值 0.5；单击 < 确定 > 按钮，完成边倒圆特征 1 的创建。

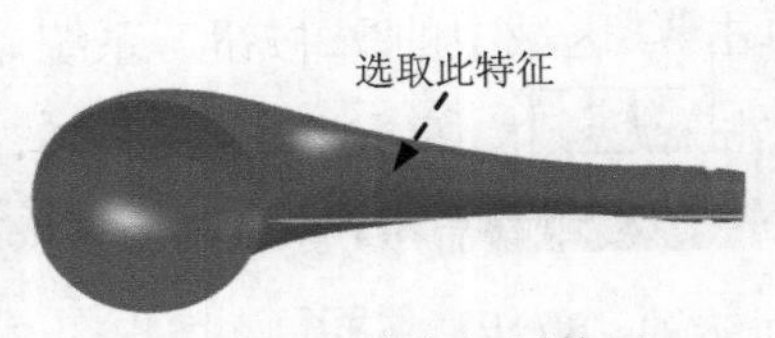

图 8.2.21　定义加厚特征

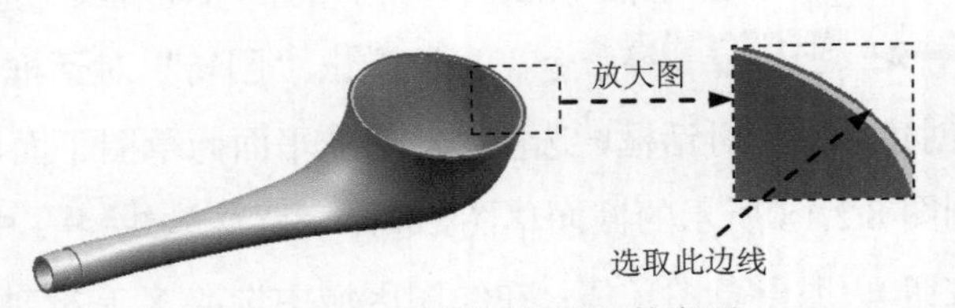

图 8.2.22　边倒圆特征 1 的参照

Step18. 创建边倒圆特征 2。选取图 8.2.23 所示的边为边倒圆参照，其圆角半径值为 1。

Step19. 创建边倒圆特征 3。选取图 8.2.24 所示的边为边倒圆参照，其圆角半径值为 0.5。

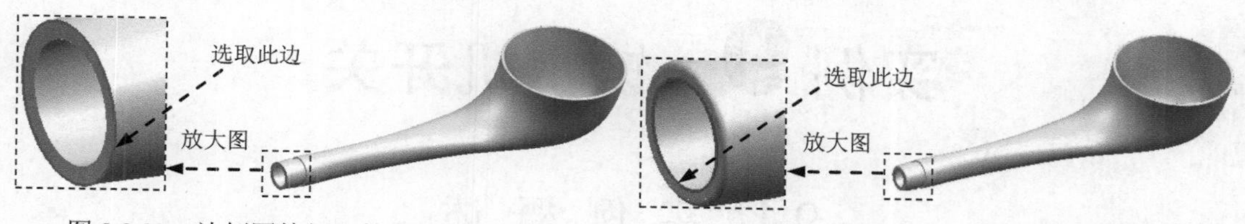

图 8.2.23　边倒圆特征 2 的参照　　图 8.2.24　边倒圆特征 3 的参照

Step20. 创建边倒圆特征 4。选取图 8.2.25 所示的两条边为边倒圆参照，其圆角半径值为 0.5。

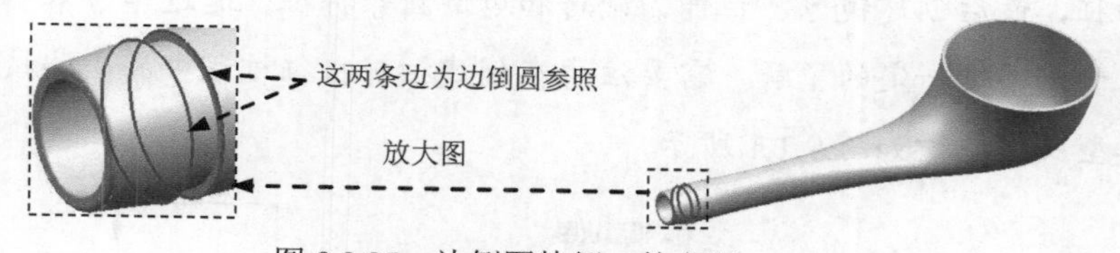

图 8.2.25　边倒圆特征 4 的参照

Step21. 设置隐藏。选择下拉菜单 编辑(E) → 显示和隐藏(H) → 隐藏(H)... 命令，系统弹出“类选择”对话框；单击“类选择”对话框中的按钮，系统弹出“根据类型选择”对话框；选择对话框列表中的 曲线 、草图 、片体 和 基准 选项，单击 确定 按钮，系统再次弹出“类选择”对话框；单击对话框 对象 区域中的按钮；单击对话框中的 确定 按钮，完成对设置对象的隐藏。

Step22. 保存零件模型。选择下拉菜单 文件(F) → 保存(S) 命令，即可保存零件模型。

学习拓展：扫码学习更多视频讲解。

讲解内容：结构分析实例精选。讲解了一些典型的结构分析实例，并对操作步骤做了详细的演示。

实例 9 饮水机开关

9.1 实例概述

本实例介绍了饮水机开关的设计过程。本实例先创建一系列草图，然后使用扫掠命令创建曲面特征，最后创建镜像、拉伸、旋转和边倒圆等特征。通过学习本实例，会使读者对曲面特征的创建有一定的了解。需要注意在创建扫掠特征过程中的一些技巧。饮水机开关的零件模型及模型树如图 9.1.1 所示。

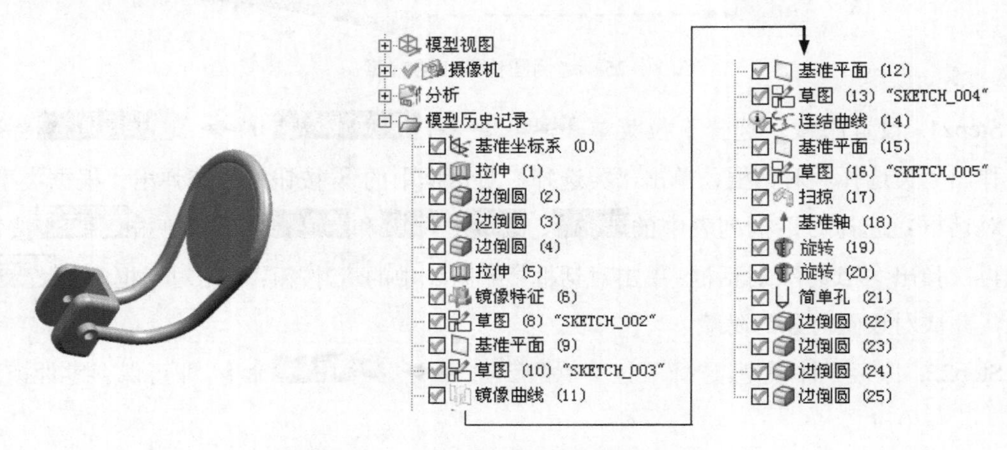

图 9.1.1 饮水机开关的零件模型及模型树

9.2 详细设计过程

Step1. 新建模型文件。选择下拉菜单 文件(F) → 新建(N)... 命令（或单击 按钮），系统弹出“新建”对话框。在 模板 选项卡中选取模板类型为 模型，在 名称 文本框中输入文件名称 water_fountain_switch，单击 确定 按钮，进入建模环境。

Step2. 创建图 9.2.1 所示的零件基础特征—— 拉伸特征 1。选择下拉菜单 插入(S) → 设计特征(E) → 拉伸(E)... 命令（或单击 按钮），系统弹出“拉伸”对话框；单击“拉伸”对话框中的“绘制截面”按钮，系统弹出“创建草图”对话框；单击 按钮，选取 XY 平面为草图平面；单击 确定 按钮，进入草图环境，绘制图 9.2.2 所示的截面草图；单击 完成草图 按钮，退出草图环境；在 指定矢量 下拉列表中选择 ZC 选项；在“拉伸”对话框 限制 区域的 开始 下拉列表中选择 对称值 选项，并在其下的 距离 文本框中输入值 15；其他参数采用系统默认设置值；单击“拉伸”对话框中的< 确定 >按钮，完成拉伸特征 1 的创建。

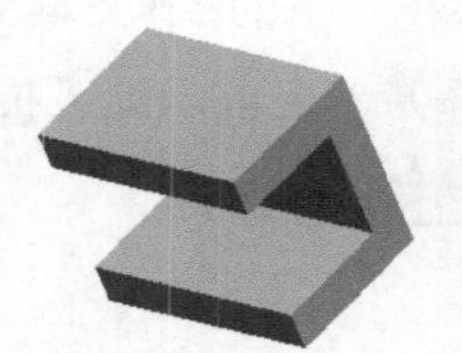
图 9.2.1　拉伸特征 1

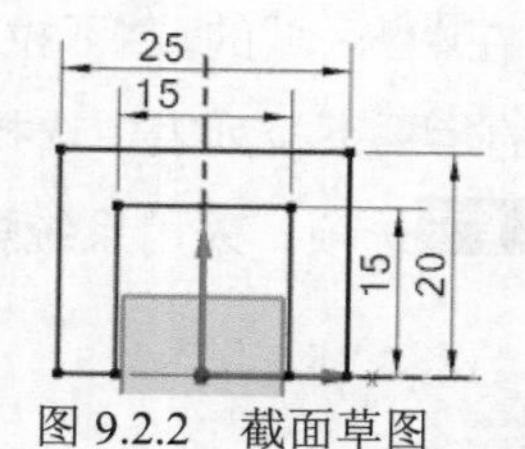

图 9.2.2　截面草图

Step3. 创建图 9.2.3b 所示的边倒圆特征 1。选择下拉菜单 插入(S) → 细节特征(L) ▸ → 边倒圆(E)... 命令（或单击按钮），系统弹出“边倒圆”对话框；在 边 区域中单击按钮，选择图 9.2.3a 所示的两条边线为边倒圆参照，并在半径 1文本框中输入值 10；单击< 确定 >按钮，完成边倒圆特征 1 的创建。

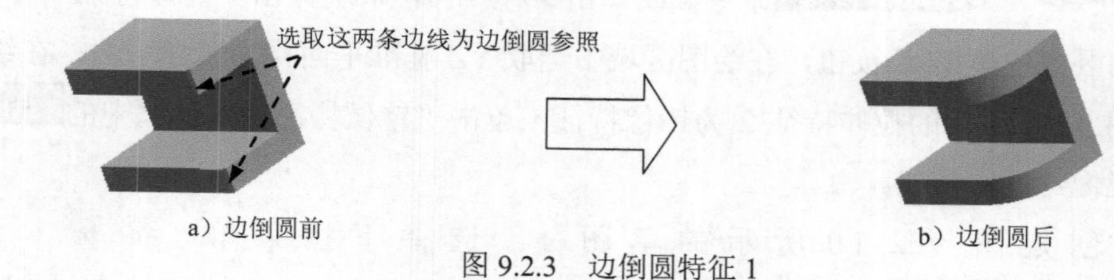

图 9.2.3　边倒圆特征 1

Step4. 创建图 9.2.4b 所示的边倒圆特征 2。选择图 9.2.4a 所示的两条边线为边倒圆参照，并在半径 1文本框中输入值 5，完成边倒圆特征 2 的创建。

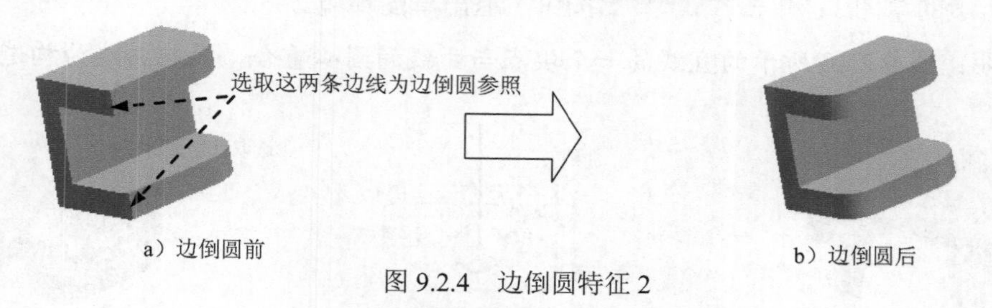

图 9.2.4　边倒圆特征 2

Step5. 创建图 9.2.5b 所示的边倒圆特征 3。选择图 9.2.5a 所示的边线为边倒圆参照，并在半径 1文本框中输入值 3，完成边倒圆特征 3 的创建。

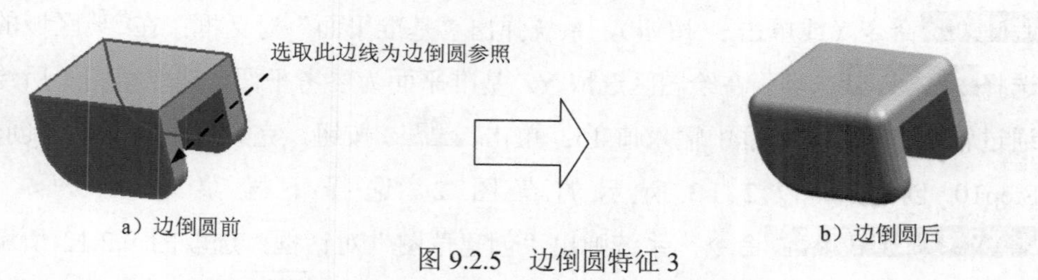

图 9.2.5　边倒圆特征 3

Step6. 创建图 9.2.6 所示的零件特征——拉伸特征 2。选择下拉菜单 插入(S) →

设计特征(E) → 拉伸(E)...命令（或单击按钮），选取图 9.2.7 所示的平面为草图平面，选取 Y 轴为草图水平参考方向，绘制图 9.2.8 所示的截面草图。在指定矢量下拉列表中选择-XC选项；在限制区域的开始下拉列表中选择值选项，并在其下的距离文本框中输入值 0；在限制区域的结束下拉列表中选择值选项，并在其下的距离文本框中输入值 4；在布尔区域中选择合并选项，采用系统默认的合并对象。单击< 确定 >按钮。

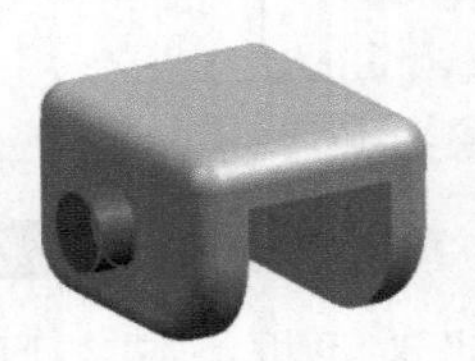
图 9.2.6　拉伸特征 2

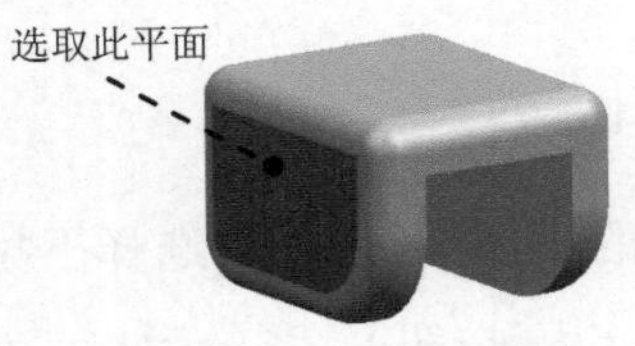

图 9.2.7　定义草图平面

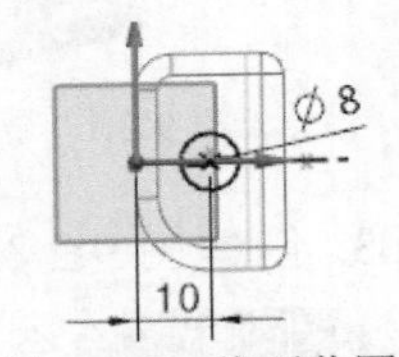

图 9.2.8　截面草图

Step7. 创建图 9.2.9 所示的零件特征——镜像特征。选择下拉菜单插入(S) → 关联复制(A) → 镜像特征(M)...命令（或单击按钮），系统弹出“镜像特征”对话框；在镜像平面区域中单击按钮，在绘图区域中选取 YZ 基准平面作为镜像平面；在绘图区域中选取图 9.2.6 所示的拉伸特征 2 为镜像特征；单击“镜像特征”对话框中的确定按钮，完成镜像特征的创建。

Step8. 创建图 9.2.10 所示的草图 1。选择下拉菜单插入(S) → 在任务环境中绘制草图(V)...命令，系统弹出“创建草图”对话框；选取图 9.2.11 所示的平面为草图平面，选取 Y 轴为草图水平参考方向，单击确定按钮；进入草图环境，绘制图 9.2.10 所示的草图 1；单击完成草图按钮，退出草图环境。

说明：图 9.2.10 所示的直线的一个端点与曲线的圆心重合，且此曲线为构造线。

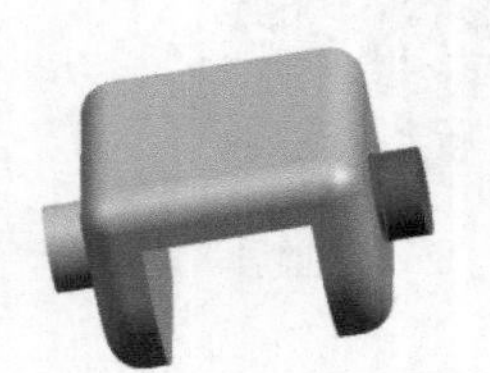
图 9.2.9　镜像特征

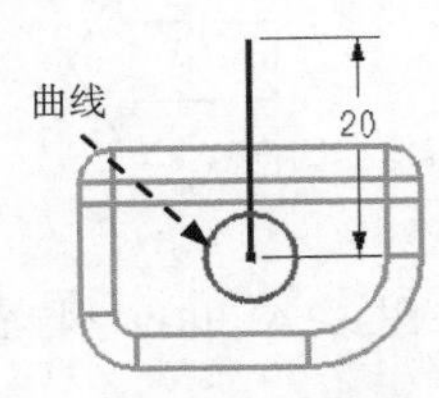

图 9.2.10　草图 1

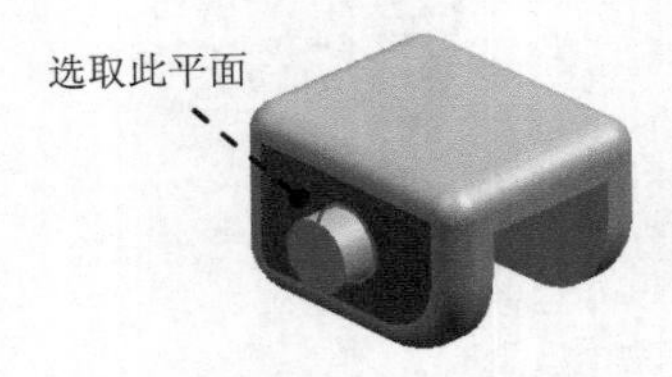

图 9.2.11　定义草图平面

Step9. 创建图 9.2.12 所示的基准平面 1。选择下拉菜单插入(S) → 基准/点(D) → 基准平面(D)...命令（或单击按钮），系统弹出“基准平面”对话框；在类型区域的下拉列表中选择成一角度选项。在绘图区选取 YZ 基准平面为参考平面，选取草图 1 所绘制的直线为通过轴，在角度文本框中输入值 15；单击< 确定 >按钮，完成基准平面 1 的创建。

Step10. 创建图 9.2.13 所示的草图 2。选择下拉菜单插入(S) → 在任务环境中绘制草图(V)...命令，系统弹出“创建草图”对话框；选取图 9.2.12 所示的基准平面 1 为草图平面，选取 Y 轴为草图水平参考方向，单击确定按钮进入草图环境；选择

下拉菜单 插入(S) → 艺术样条(D)... 命令，或者在工具栏中单击“艺术样条”按钮，系统弹出“艺术样条”对话框；在“艺术样条”对话框的 类型 下拉列表中选择 根据极点 选项，绘制图 9.2.13 所示的初步的草图曲线；在“艺术样条”对话框中单击 < 确定 > 按钮，在绘图区双击图 9.2.13 所示的草图 2；选择下拉菜单 分析(L) → 曲线(C) → 显示曲率梳(C) 命令，图形区将显示草图曲线的曲率梳，通过拖动初步的草图曲线的控制点来调整曲率梳，使其呈现图 9.2.14 所示的光滑的形状；选择下拉菜单 分析(L) → 曲线(C) → 显示曲率梳(C) 命令，取消曲率梳的显示；单击 完成草图 按钮，完成草图 2 的创建并退出草图环境。

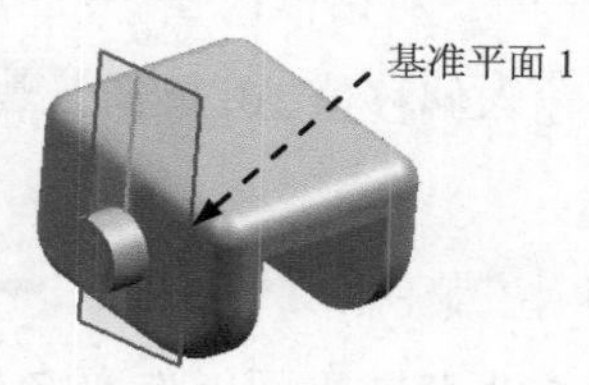

图 9.2.12 基准平面 1

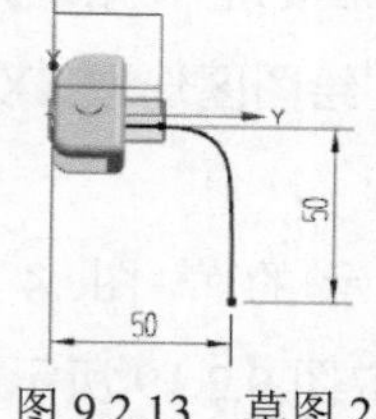

图 9.2.13 草图 2

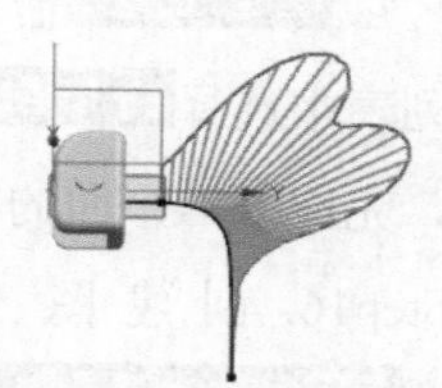
图 9.2.14 曲率梳

Step11. 创建图 9.2.15 所示的零件特征——镜像曲线特征。选择下拉菜单 插入(S) → 派生曲线(U) → 镜像(M)... 命令，系统弹出“镜像曲线”对话框；在绘图区依次选取草图 1 和草图 2，单击中键，选取 YZ 基准平面为镜像平面；单击“镜像曲线”对话框中的 确定 按钮，完成镜像曲线特征的创建。

Step12. 创建图 9.2.16 所示的基准平面 2。选择下拉菜单 插入(S) → 基准/点(D) → 基准平面(D)... 命令（或单击 按钮），系统弹出“基准平面”对话框。在 类型 区域的下拉列表中选择 曲线上 选项，在绘图区选取图 9.2.16 所示的曲线；在 曲线上的位置 区域的 位置 下拉列表中选择 弧长百分比 选项；在 曲线上的方位 区域的 方向 下拉列表中选取 相对于对象 选项，选取 ZX 基准平面为参考平面，在 弧长百分比 文本框中输入值 0；其他参数采用系统默认设置值；单击 < 确定 > 按钮，完成基准平面的创建。

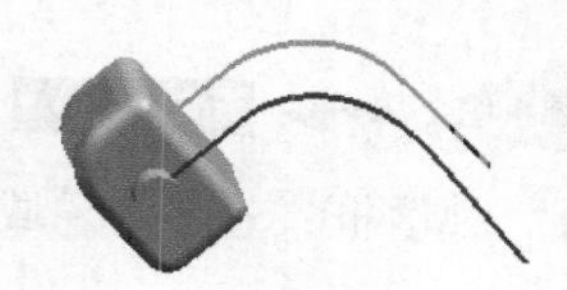
图 9.2.15 镜像曲线特征

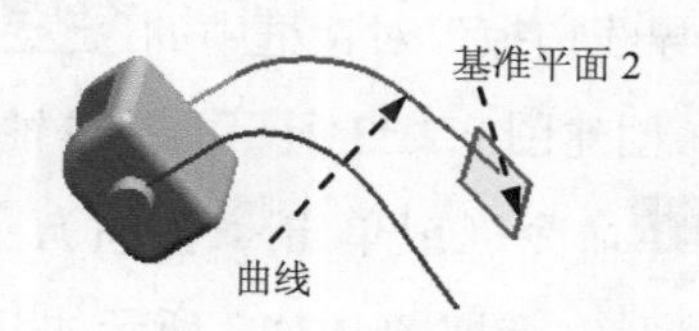

图 9.2.16 基准平面 2

Step13. 创建图 9.2.17 所示的草图 3。选择下拉菜单 插入(S) → 在任务环境中绘制草图(V)... 命令，选取图 9.2.16 所示的基准平面 2 为草图平面，选取 Z 轴为草图水平参考方向，完成草图 3 的创建。

Step14. 创建图 9.2.18 所示的零件特征——连接曲线特征。选择下拉菜单 插入(S)

→ 派生曲线(U) → 连结(J)... 命令，系统弹出“连接曲线”对话框；在绘图区依次选取草图1、草图2、草图3和镜像曲线；单击“连接曲线”对话框中的 < 确定 > 按钮，完成连接曲线特征的创建。

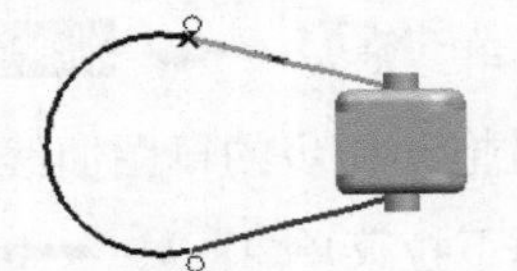

图 9.2.17　草图 3

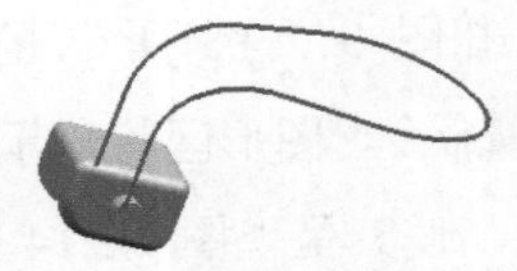

图 9.2.18　连接曲线特征

Step15. 创建图 9.2.19 所示的基准平面 3。选择下拉菜单 插入(S) → 基准/点(D) → 基准平面(D)... 命令（或单击 按钮），系统弹出“基准平面”对话框；在 类型 区域的下拉列表中选择 按某一距离 选项，在绘图区选取 ZX 基准平面，输入偏移值 10；单击 < 确定 > 按钮，完成基准平面的创建。

Step16. 创建图 9.2.20 所示的草图 4。选择下拉菜单 插入(S) → 在任务环境中绘制草图(V)... 命令，选取图 9.2.19 所示的基准平面 3 为草图平面，选取 Z 轴为草图水平参考方向，单击 按钮，完成草图 4 的创建。

说明：图 9.2.20 所示的草图 4 中所绘制的圆心与草图 1 的端点重合。

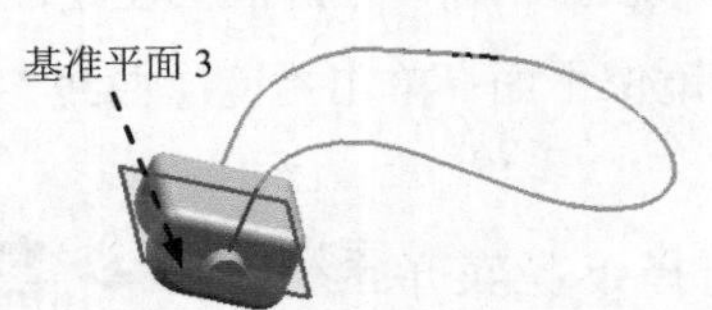

图 9.2.19　基准平面 3

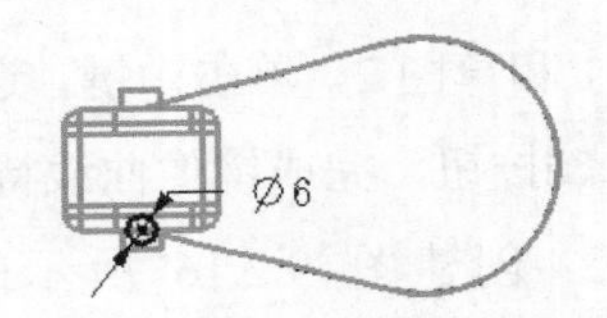

图 9.2.20　草图 4

Step17. 创建图 9.2.21 所示的零件特征——扫掠特征。选择下拉菜单 插入(S) → 扫掠(W) → 沿引导线扫掠(G)... 命令，系统弹出“沿引导线扫掠”对话框；在绘图区选取草图 4 为扫掠的截面曲线串；单击中键，在绘图区选取图 9.2.18 所示的连接曲线特征为扫掠的引导线串；在 布尔 区域的下拉列表中选择 合并 选项；采用系统默认的扫掠偏置值，单击“沿引导线扫掠”对话框中的 < 确定 > 按钮。

Step18. 创建图 9.2.22 所示的基准轴 1。选择下拉菜单 插入(S) → 基准/点(D) → 基准轴(A)... 命令（或单击 按钮），系统弹出“基准轴”对话框；在 类型 区域中选择 点和方向 选项，选取图 9.2.17 所示的草图 3 的圆心，在绘图区选取 Y 基准轴，其他参数采用系统默认设置值；单击 < 确定 > 按钮，完成基准轴 1 的创建。

说明：将视图显示调整为静态边框，以方便选取草图 3 的圆心。

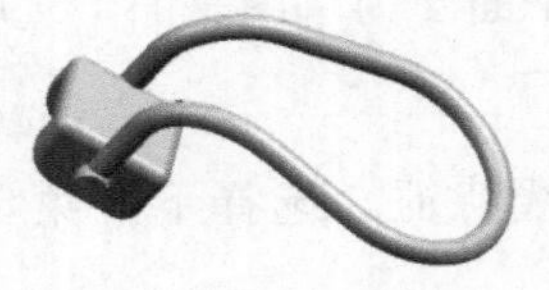

图 9.2.21　扫掠特征

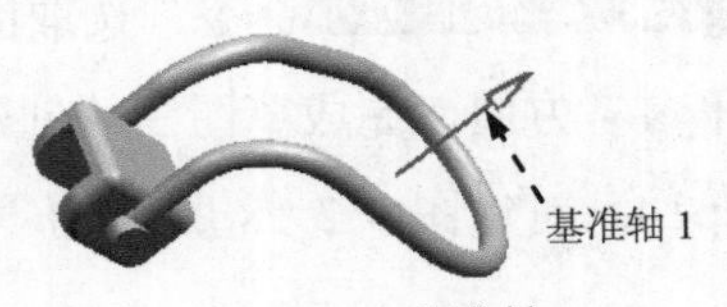

图 9.2.22　基准轴 1

Step19. 创建图 9.2.23 所示的零件特征——旋转特征 1。选择下拉菜单 插入(S) → 设计特征(E) → 旋转(R)... 命令（或单击 按钮），系统弹出“旋转”对话框；单击 截面 区域中的 按钮，系统弹出“创建草图”对话框；在绘图区选取 YZ 基准平面为草图平面，选取 Z 轴为草图水平参考方向，单击 按钮；单击 确定 按钮，进入草图环境，绘制图 9.2.24 所示的截面草图，单击 完成草图 按钮，退出草图环境；在绘图区域中选取基准轴 1 为旋转轴；在“旋转”对话框 限制 区域的 开始 下拉列表中选择 值 选项，在 角度 文本框中输入值 0，在 结束 下拉列表中选择 值 选项，在 角度 文本框中输入值 360；在 布尔 区域中选择 合并 选项，选取扫掠特征为目标体；单击 < 确定 > 按钮，完成旋转特征 1 的创建。

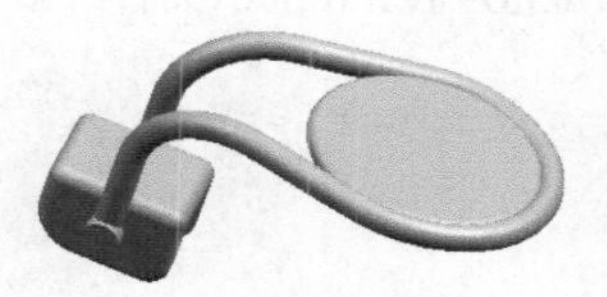
图 9.2.23 旋转特征 1

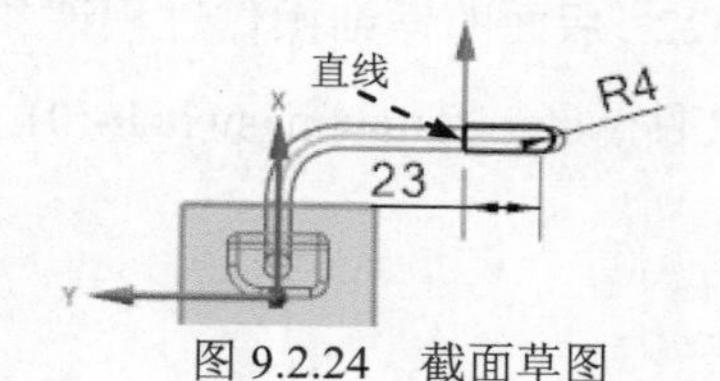

图 9.2.24 截面草图

说明：图 9.2.24 所示的直线与图 9.2.22 所示的基准轴 1 共线。圆弧中心与基准平面 2 共面。

Step20. 创建图 9.2.25 所示的零件特征——旋转特征 2。选择下拉菜单 插入(S) → 设计特征(E) → 旋转(R)... 命令（或单击 按钮），在绘图区中选取 YZ 平面为草图平面，绘制图 9.2.26 所示的截面草图；在绘图区域中选取基准轴 1 为旋转轴；在“旋转”对话框 限制 区域的 开始 下拉列表中选择 值 选项，在 角度 文本框中输入值 0，在 结束 下拉列表中选择 值 选项，在 角度 文本框中输入值 360；在 布尔 区域中选择 减去 选项，采用系统默认的求差对象；单击 < 确定 > 按钮，完成旋转特征 2 的创建。

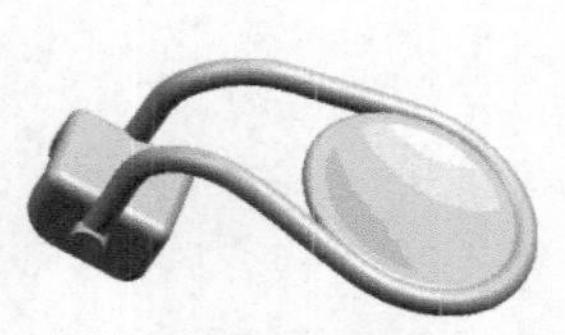
图 9.2.25 旋转特征 2

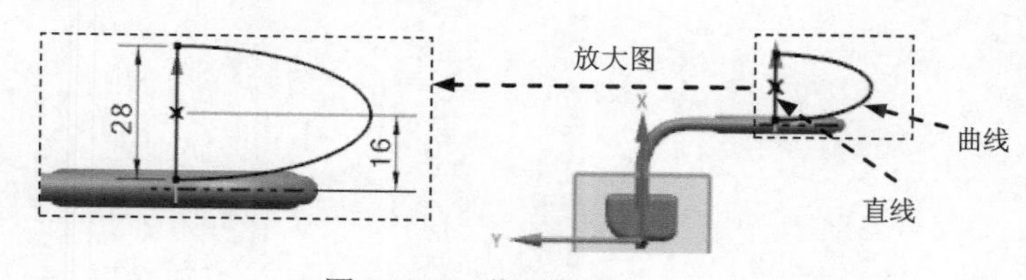

图 9.2.26 截面草图

说明：选择下拉菜单 插入(S) → 曲线(C) → 椭圆(E)... 命令，在弹出的“椭圆”对话框的 大半径 文本框中输入值 40，在 小半径 文本框中输入值 14；取消选中 封闭的 复选框，在 起始角 文本框中输入值 270，在 终止角 文本框中输入值 450，在 旋转 区域的 角度 文本框中输入值 270；绘制图 9.2.26 所示的曲线，图 9.2.26 所示的直线与图 9.2.22 所示的基准轴 1 共线。

Step21. 创建图 9.2.27 所示的零件特征——孔特征。选择下拉菜单 插入(S) → 设计特征(E) → 孔(H)... 命令（或单击 按钮），系统弹出“孔”对话框；在 类型 下拉列

表中选择 常规孔 选项，在 成形 下拉列表中选择 简单孔 选项；选取图 9.2.28 所示的面 1 为孔放置面，选取图 9.2.29 所示圆的圆心为指定点；在 尺寸 区域的 直径 文本框中输入值 4，在 深度限制 下拉列表中选择 贯通体 选项；单击 < 确定 > 按钮，完成简单孔的创建。

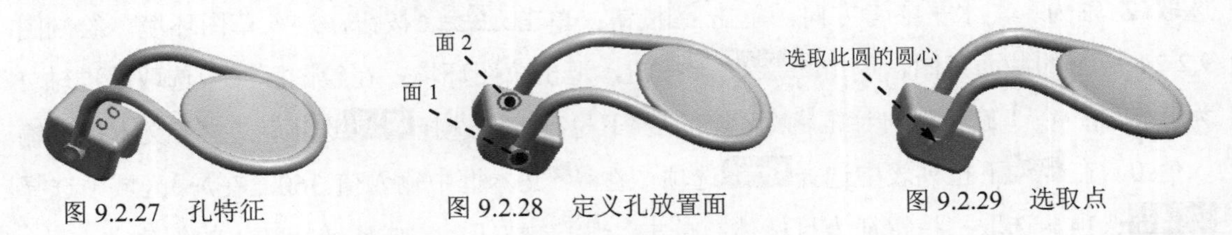

图 9.2.27 孔特征　　图 9.2.28 定义孔放置面　　图 9.2.29 选取点

Step22. 后面的详细操作过程请参见学习资源中 video\ch09\reference\文件下的语音视频讲解文件 water_fountain_switch-r01.exe。

学习拓展：扫码学习更多视频讲解。

讲解内容：主要包含钣金设计的背景知识，钣金的基本概念，常见的钣金产品及工艺流程，钣金设计工作界面，典型钣金案例的设计方法。通过这些内容的学习，读者可以了解钣金设计的特点以及钣金设计与一般零件设计的区别，并能掌握一般钣金产品的设计思路和流程。

实例 10 水嘴旋钮的设计

10.1 实例概述

本范例介绍了一款水嘴旋钮的设计过程。设计过程中先创建一个回转曲面，然后创建一系列草图曲线，利用所创建的曲线构建几个独立的曲面，再利用缝合等工具将独立的曲面变成一个整体面组，最后将整体面组变成实体模型。本范例采用了辅助面的设计方法。水嘴旋钮的零件模型及模型树如图 10.1.1 所示。

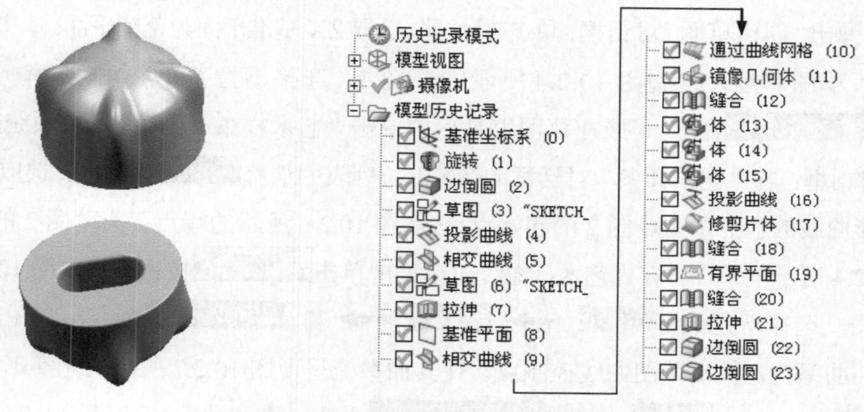

图 10.1.1 水嘴旋钮的零件模型及模型树

10.2 详细设计过程

说明：本应用前面的详细操作过程请参见学习资源中 video\ch10\reference\文件下的语音视频讲解文件 faucet_knob-r01.exe。

Step1. 打开文件 D:\ugnx11.11\work\ch10\faucet_knob_ex.prt。

Step2. 创建图 10.2.1 所示的草图 1。选择下拉菜单 插入(S) → 在任务环境中绘制草图(V)... 命令，系统弹出“创建草图”对话框；选取 XY 基准平面为草图平面，单击 确定 按钮；进入草图环境，绘制图 10.2.1 所示的草图 1；选择下拉菜单 任务(K) → 完成草图(K) 命令（或单击 完成草图 按钮），退出草图环境。

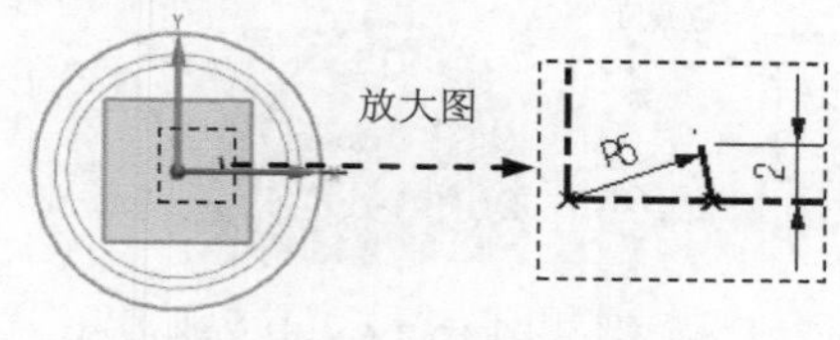

图 10.2.1 草图 1

Step3. 创建投影曲线特征 1。选择下拉菜单 插入(S) → 派生曲线(U) → 投影(P)... 命令，系统弹出“投影曲线”对话框；在绘图区选取草图 1 为要投影的曲线，单击中键，选取图 10.2.2 所示的面为要投影的对象。在 投影方向 区域的 方向 下拉列表中选择 沿矢量 选项，在 * 指定矢量 (0) 下拉列表中选择 ZC↑ 选项，定义 ZC 的正方向为投影方向；单击“投影曲线”对话框中的 < 确定 > 按钮，完成投影曲线特征 1 的创建。

Step4. 创建图 10.2.3 所示的相交曲线特征 1。选择下拉菜单 插入(S) → 派生曲线(U) → 相交(I)... 命令，系统弹出“相交曲线”对话框；在绘图区中选取 ZX 基准平面为相交的第一组面，单击中键确定；在部件导航器中选取回转特征为相交的第二组面，在“相交曲线”对话框中单击 < 确定 > 按钮，完成相交曲线特征 1 的创建。

Step5. 创建图 10.2.4 所示的草图 2。选择下拉菜单 插入(S) → 在任务环境中绘制草图(V)... 命令，系统弹出“创建草图”对话框；单击 按钮，选取 ZX 基准平面为草图平面；单击 确定 按钮，进入草图环境，绘制图 10.2.4 所示的草图 2；选择下拉菜单 插入(S) → 曲线(C) ▸ → 艺术样条(D)... 命令（或在草图工具栏中单击“艺术样条”按钮 ），系统弹出“艺术样条”对话框；在“艺术样条”对话框的 类型 下拉列表中选择 通过点 选项，选取图 10.2.5 所示的投影曲线的端点 1 为草图 2 的起始点；选取图 10.2.6 所示的端点 2 为草图 2 的终止点，绘制图 10.2.4 所示的草图；在“艺术样条”对话框中单击 < 确定 > 按钮；双击图 10.2.4 所示的样条曲线，选择下拉菜单 分析(L) → 曲线(C) ▸ → 显示曲率梳(C) 命令，在图形区显示草图曲线的曲率梳，拖动草图曲线控制点，使其曲率梳呈现图 10.2.7 所示的光滑形状；选择下拉菜单 分析(L) → 曲线(C) ▸ → 显示曲率梳(C) 命令，取消曲率梳的显示，在“艺术样条”对话框中单击 < 确定 > 按钮；选择下拉菜单 任务(K) → 完成草图(K) 命令（或单击 完成草图 按钮），退出草图环境。

说明：草图 1 的起始点与图 10.2.5 所示投影曲线的端点 1 重合，结束点与图 10.2.6 所示相交曲线的端点 2 重合。

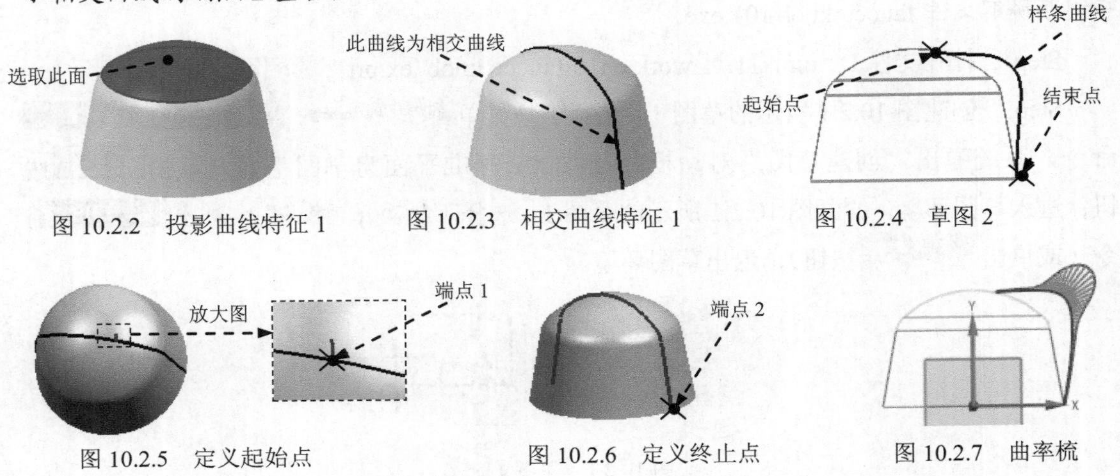

图 10.2.2 投影曲线特征 1　图 10.2.3 相交曲线特征 1　图 10.2.4 草图 2

图 10.2.5 定义起始点　图 10.2.6 定义终止点　图 10.2.7 曲率梳

Step6. 创建图 10.2.8 所示的拉伸特征 1。选择下拉菜单 插入(S) → 设计特征(E) → 拉伸(E)... 命令（或单击 按钮），系统弹出“拉伸”对话框；在绘图区选取 Step5 所创建的草图 2；在“拉伸”对话框 限制 区域的 开始 下拉列表中选择 值 选项，并在其下的 距离 文本框中输入值 0；在 限制 区域的 结束 下拉列表中选择 值 选项，并在其下的 距离 文本框中输入值 25；在 体类型 下拉列表中选择 片体 选项，在 布尔 区域下拉列表中选择 无 选项，其他参数采用系统默认设置；单击 < 确定 > 按钮，完成拉伸特征 1 的创建。

Step7. 创建图 10.2.9 所示的基准平面。选择下拉菜单 插入(S) → 基准/点(D) → 基准平面(D)... 命令，系统弹出“基准平面”对话框；在 类型 下拉列表中选择 成一角度 选项；在绘图区选取 ZX 基准平面为参考平面，选取 Z 基准轴为通过轴，在 角度 文本框中输入值 -22.5；单击 < 确定 > 按钮，完成基准平面的创建。

Step8. 创建图 10.2.10 所示的相交曲线特征 2。选择下拉菜单 插入(S) → 派生曲线(U) → 相交(I)... 命令，系统弹出“相交曲线”对话框；在绘图区中选取图 10.2.9 所示的基准平面为相交的第一组面，单击中键确定；在部件导航器中选取创建的回转特征为相交的第二组面，在“相交曲线”对话框中单击 < 确定 > 按钮，完成相交曲线特征 2 的创建。

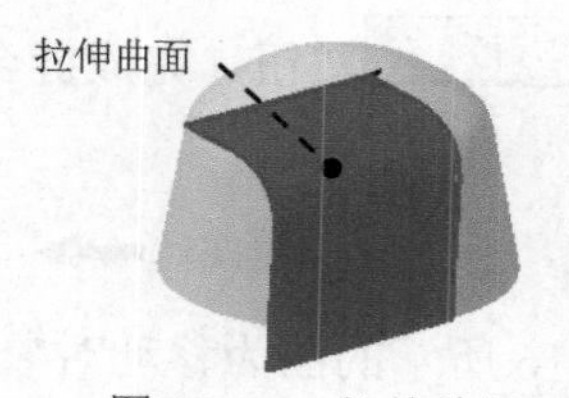

图 10.2.8　拉伸特征 1

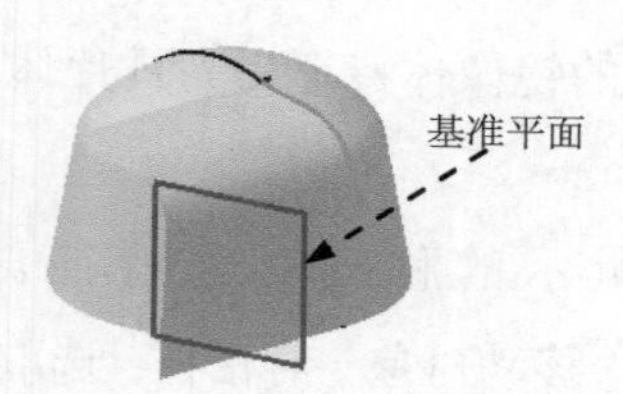

图 10.2.9　基准平面

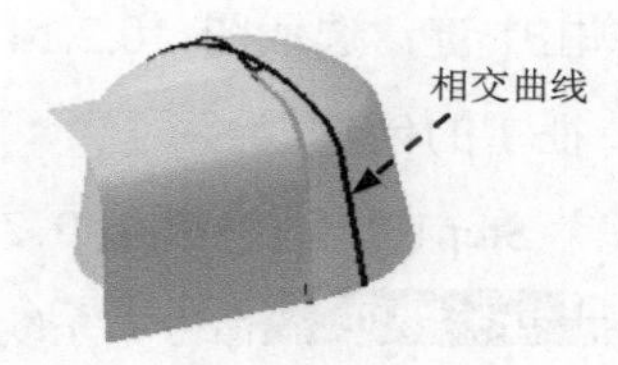

图 10.2.10　相交曲线特征 2

Step9. 创建图 10.2.11 所示的曲线网格特征。选择下拉菜单 插入(S) → 网格曲面(M) → 通过曲线网格(M)... 命令（或在“曲面”工具栏中单击“通过曲线网格”按钮 ），系统弹出“通过曲线网格”对话框；选择图 10.2.12 所示的曲线 1（即 Step3 所创建的投影曲线），单击中键后选取曲线 2，单击中键确认；单击中键，选取图 10.2.12 所示的曲线 3，再次单击中键，选取曲线 4。在 连续性 区域的 第一交叉线串 下拉列表中选择 G1(相切) 选项，并单击 按钮，选取 Step6 所创建的拉伸特征 1；在 最后交叉线串 下拉列表中选择 G1(相切) 选项，并单击 按钮，选取图 10.2.13 所示的曲面；在 公差 区域的 交点 文本框中输入值 1.0；单击 < 确定 > 按钮，完成网格曲面特征的创建。

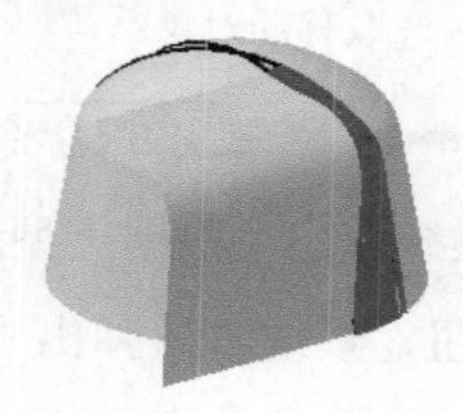

图 10.2.11　曲线网格特征

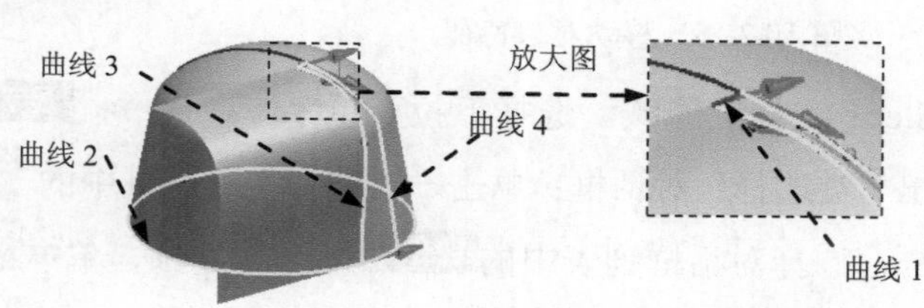

图 10.2.12　定义曲线网格特征

注意：在定义主曲线时，所选曲线的方向必须一致。

Step10. 隐藏片体特征。在图形区的左侧单击“部件导航器”按钮，在弹出的“部件导航器”窗口中选取Step6所创建的拉伸特征，并右击，从弹出的快捷菜单中选择隐藏(H)选项，所选取的特征即被隐藏。

Step11. 创建图10.2.14所示的镜像体特征。选择下拉菜单插入(S) → 关联复制(A) → 镜像几何体(G)...命令，系统弹出“镜像几何体”对话框；选取Step9所创建的曲线网格特征，单击中键确定；选取ZX基准面为镜像平面；单击确定按钮，完成镜像体特征的创建。

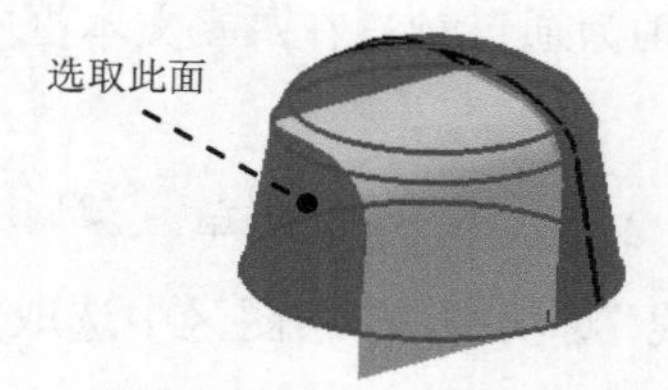

图10.2.13 选取相切面

图10.2.14 镜像体特征

Step12. 创建曲面缝合特征1。选择下拉菜单插入(S) → 组合(B) → 缝合(W)...命令，系统弹出“缝合”对话框；在绘图区选取Step9所创建的曲线网格特征为目标片体；单击中键，选取图10.2.14所示的镜像体特征为刀具片体；单击< 确定 >按钮，完成缝合特征1的创建。

Step13. 创建图10.2.15所示的移动对象特征。选择下拉菜单编辑(E) → 移动对象(O)...命令，系统弹出“移动对象”对话框；选取图10.2.16所示的面为移动对象；在变换区域的运动下拉列表中选择角度选项，在指定矢量下拉列表中选择ZC选项，在指定轴点 (0)区域的下拉列表中选择⊙选项，选取图10.2.16所示曲面的边线，在角度区域的文本框中输入值90；在结构区域选择⊙ 复制原先的单选项，在距离/角度分割区域的文本框中输入值1，在非关联副本数区域的文本框中输入值3；单击< 确定 >按钮，完成对象的移动复制。

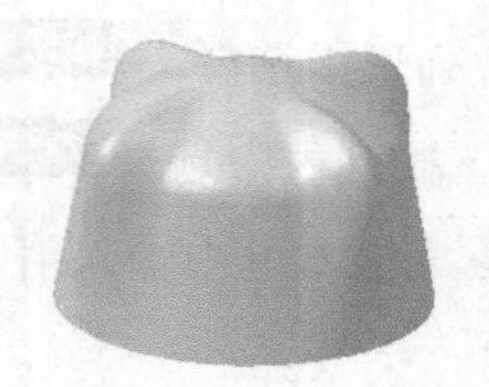

图10.2.15 移动对象特征

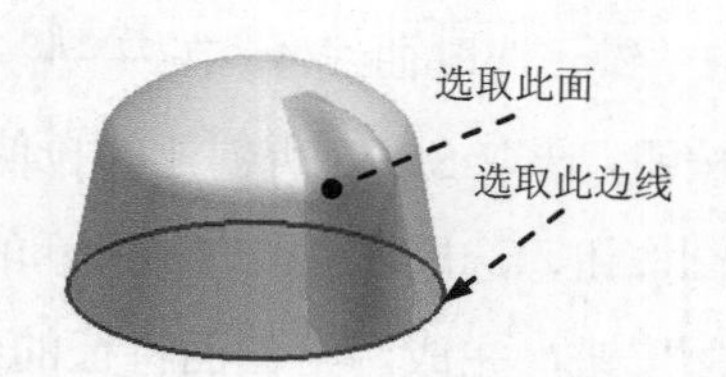

图10.2.16 选取移动对象

Step14. 设置隐藏。选择下拉菜单编辑(E) → 显示和隐藏(H) → 隐藏(H)命令，系统弹出“类选择”对话框；单击“类选择”对话框中的按钮，系统弹出“根据类型选择”对话框；选择对话框列表中的曲线和草图选项，单击确定按钮，系统再次弹出“类选择”对话框；单击对话框 对象 区域中的 按钮；单击对话框中的 确定 按钮，完成对设置对象的隐藏。

Step15. 创建图 10.2.17 所示的投影曲线特征 2。选择下拉菜单 插入(S) → 派生曲线(U) → 投影(P)... 命令，系统弹出“投影曲线”对话框；在绘图区选取 Step12 创建的曲面缝合特征 1，及 Step13 创建的移动对象特征的曲面边沿为要投影的曲线；单击中键，选取回转特征创建的曲面为要投影的对象；在 投影方向 区域的 方向 下拉列表中选择 沿面的法向 选项；单击“投影曲线”对话框中的 < 确定 > 按钮，完成投影曲线特征 2 的创建。

Step16. 创建图 10.2.18 所示的修剪体特征。选择下拉菜单 插入(S) → 修剪(T) → 修剪片体(R)... 命令（或单击 按钮），系统弹出“修剪片体”对话框；在绘图区选取回转面为修剪的目标片体，单击中键，选取图 10.2.19 所示的四条曲线串为修剪边界，在 区域 区域中选择 ⊙ 保留 单选项；单击 < 确定 > 按钮，完成修剪体特征的创建。

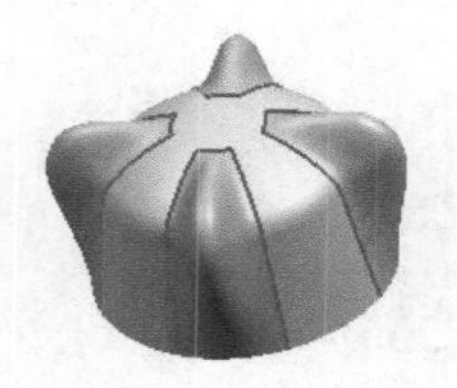

图 10.2.17　投影曲线特征 2

a）修剪前

b）修剪后

图 10.2.18　修剪体特征

Step17. 创建曲面缝合特征 2。选择下拉菜单 插入(S) → 组合(B) ▸ → 缝合(W)... 命令，系统弹出“缝合”对话框；在绘图区选取图 10.2.20 所示的曲面为目标片体，单击鼠标中键，选取图 10.2.21 所示的四个曲面为刀具片体；单击 确定 按钮，完成缝合特征 2 的创建。

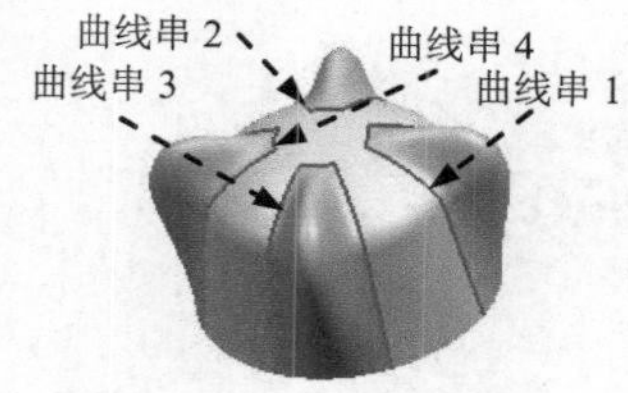

图 10.2.19　选取修剪边界

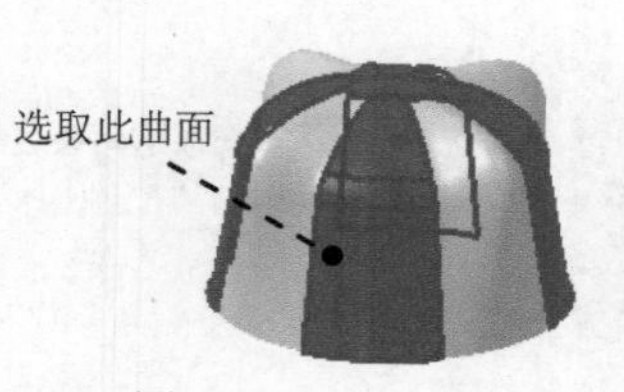

图 10.2.20　选取目标片体

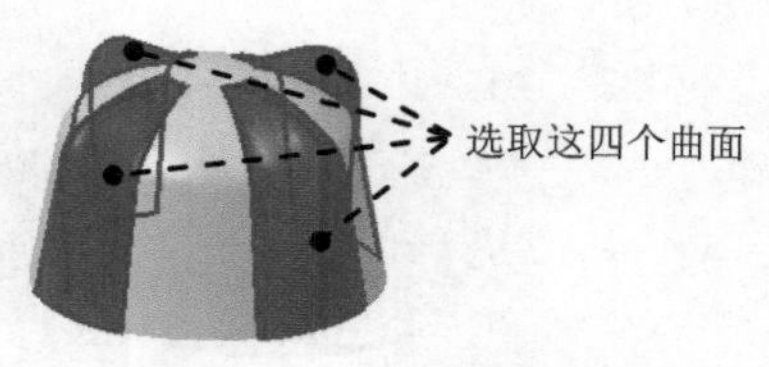

图 10.2.21　选取刀具片体

Step18. 创建图 10.2.22 所示的有界平面特征。选择下拉菜单 插入(S) → 曲面(R) → 有界平面(B)... 命令，系统弹出“有界平面”对话框；根据系统 选择有界平面的曲线 的提示，在图形区选取图 10.2.23 所示的边线作为有界平面的边界；单击 < 确定 > 按钮，完成有界平面的创建。

Step19. 创建曲面缝合特征 3。选择下拉菜单 插入(S) → 组合(B) ▸ → 缝合(W)... 命令，系统弹出“缝合”对话框。在绘图区选取图 10.2.24 所示的特征为缝合的目标片体；单击中键，选取图 10.2.22 所示的有界平面特征为缝合刀具片体。

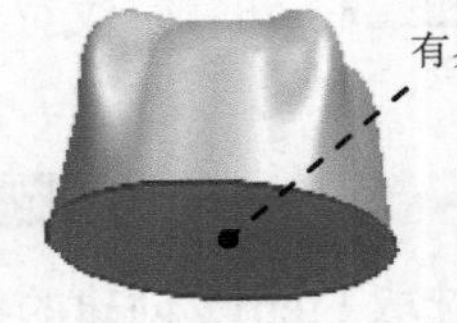

图 10.2.22 有界平面特征

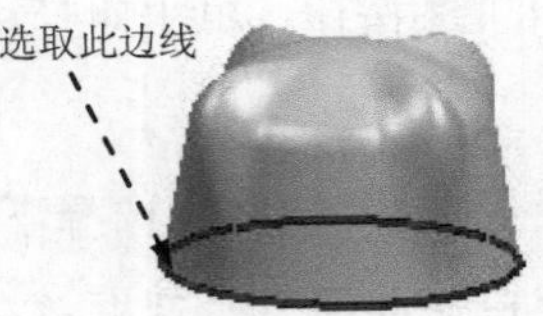

图 10.2.23 选取有界平面的边界

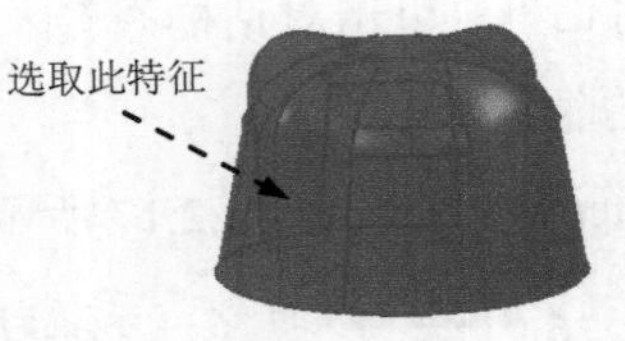

图 10.2.24 选取目标片体

Step20. 创建图 10.2.25 所示的拉伸特征 2。选择下拉菜单 插入(S) → 设计特征(E) → 拉伸(E)... 命令，系统弹出“拉伸”对话框。选取 XY 基准平面为草图平面；绘制图 10.2.26 所示的截面草图；在“拉伸”对话框 限制 区域的 开始 下拉列表中选择 值 选项，并在其下的 距离 文本框中输入值 0；在 限制 区域的 结束 下拉列表中选择 值 选项，并在其下的 距离 文本框中输入值 15；在 指定矢量 下拉列表中选择 ZC↑ 选项，定义 ZC 轴为拉伸方向，在 布尔 区域中选择 减去 选项，采用系统默认的求差对象；单击 < 确定 > 按钮，完成拉伸特征 2 的创建。

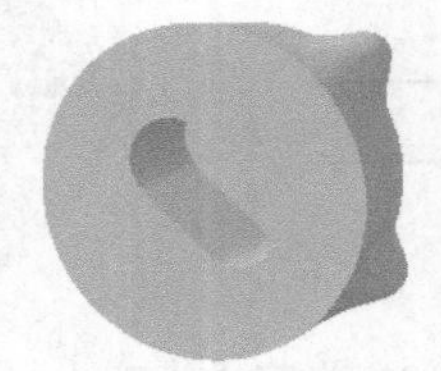
图 10.2.25 拉伸特征 2

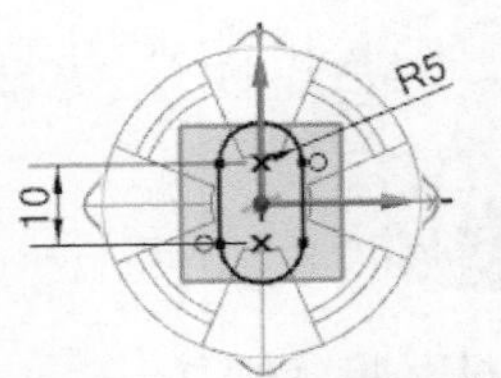

图 10.2.26 绘制截面草图

Step21. 创建边倒圆特征 1。选取图 10.2.27 所示的边线为边倒圆参照，其圆角半径值为 0.5。

Step22. 创建边倒圆特征 2。选取图 10.2.28 所示的两条边线为边倒圆参照，其圆角半径值为 1。

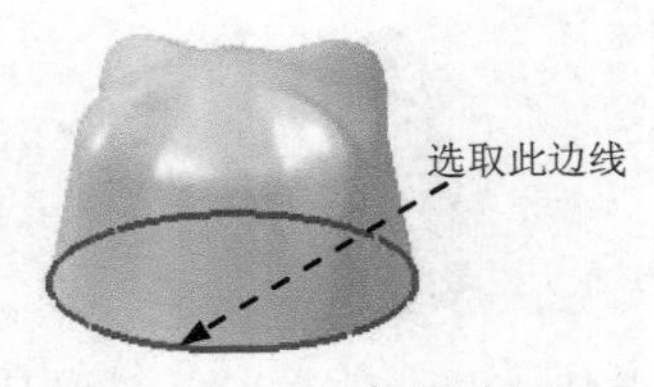

图 10.2.27 边倒圆特征 1

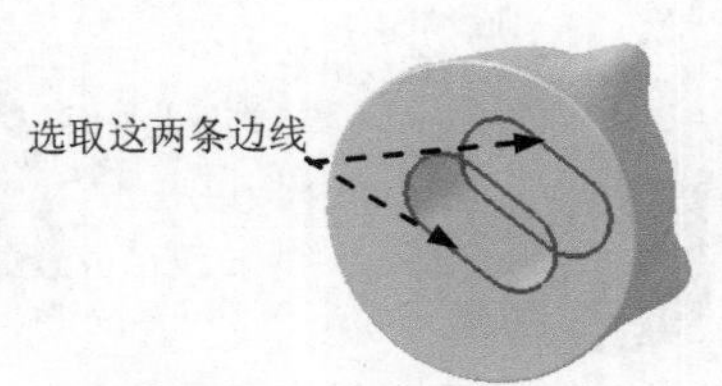

图 10.2.28 边倒圆特征 2

Step23. 保存零件模型。选择下拉菜单 文件(F) → 保存(S) 命令，即可保存零件模型。

实例 11　笔　帽

11.1 实例概述

本实例介绍了笔帽的设计思路。通过学习本例，读者可以了解旋转特征、扫掠特征、抽壳特征的应用，设计中还运用了边倒圆、面倒圆、偏置曲面及片体加厚等命令。笔帽的零件模型及模型树如图 11.1.1 所示。

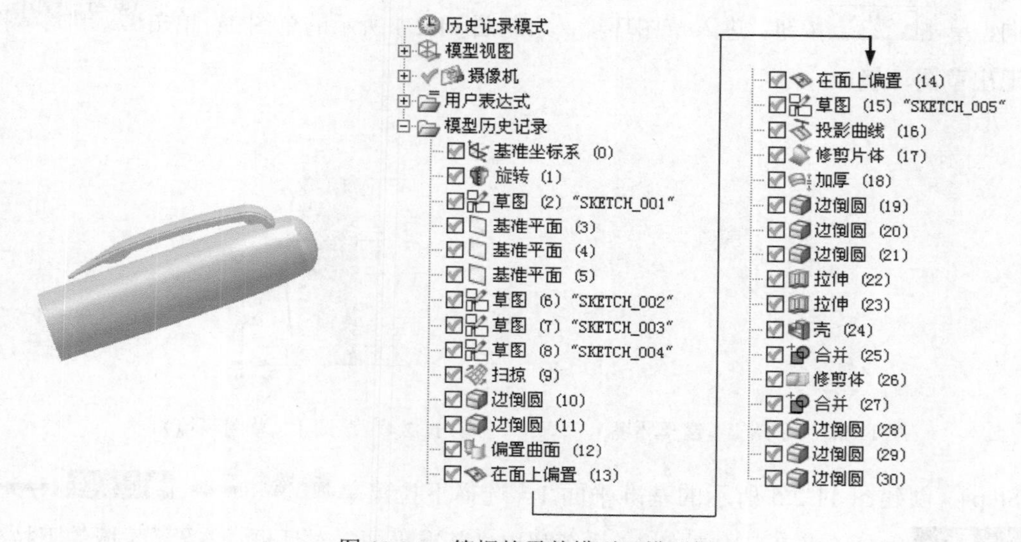

图 11.1.1　笔帽的零件模型及模型树

11.2 详细设计过程

Step1. 新建文件。选择下拉菜单 文件(F) → 新建(N)... 命令（或单击按钮），系统弹出“新建”对话框；在 模板 选项卡中选取模板类型为 模型，在 名称 文本框中输入文件名称“pen”；单击 确定 按钮，进入建模环境。

Step2. 创建图 11.2.1 所示的旋转特征。选择下拉菜单 插入(S) → 设计特征(E) → 旋转(R)... 命令，系统弹出“旋转”对话框；在“旋转”对话框中单击 截面 区域中的“绘制截面”按钮，系统弹出“创建草图”对话框；选取 XY 平面为草图平面；单击 确定 按钮，进入草图环境，绘制图 11.2.2 所示的截面草图；单击 完成草图 按钮，退出草图环境；在图形区中选取 Y 轴作为旋转轴，在“旋转”对话框 限制 区域的 开始 下拉列表中选择 值 选项，并在 角度 文本框中输入值 0，在 结束 下拉列表中选择 值 选项，并在 角度 文本框中输入值 360；单击< 确定 >按钮，完成旋转特征的创建。

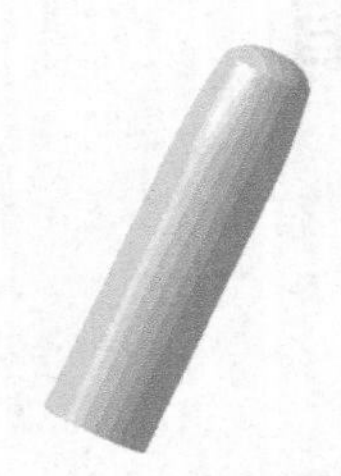

图 11.2.1 旋转特征

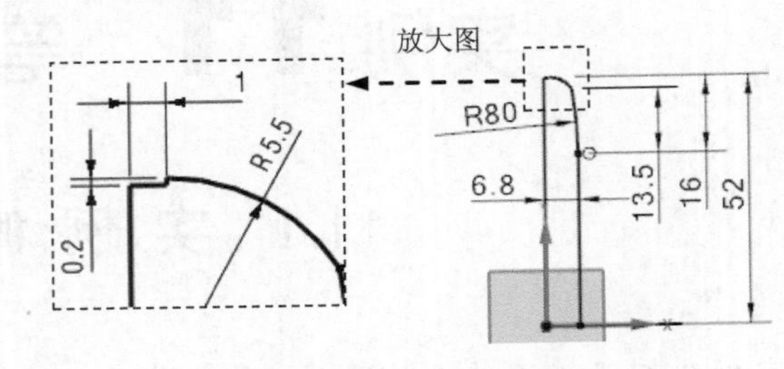

图 11.2.2 截面草图

Step3. 创建图 11.2.3 所示的草图 1。选择下拉菜单插入(S) → 在任务环境中绘制草图(V)命令，系统弹出“创建草图”对话框；选取 XY 平面为草图平面，选取 X 轴为草图水平参考方向，单击确定按钮；进入草图环境，绘制图 11.2.4 所示的草图 1；单击完成草图按钮，退出草图环境。

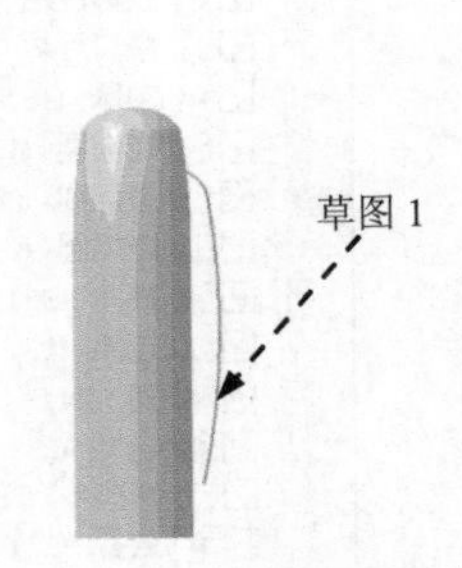

图 11.2.3 草图 1（建模环境）

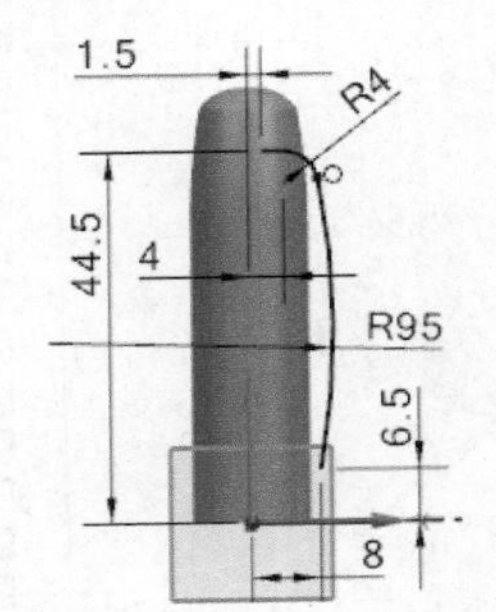

图 11.2.4 草图 1（草图环境）

Step4. 创建图 11.2.5 所示的基准平面 1。选择下拉菜单插入(S) → 基准/点(D) → 基准平面(D)...命令（或单击按钮），系统弹出“基准平面”对话框；在类型区域的下拉列表中选择点和方向选项，选择图 11.2.6 所示的曲线端点，在法向区域中的指定矢量下拉列表中选择XC选项为基准平面 1 的方向；在“基准平面”对话框中单击< 确定 >按钮，完成基准平面 1 的创建。

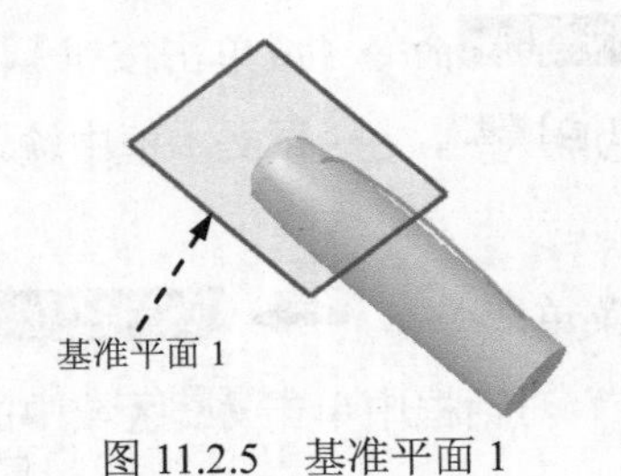

图 11.2.5 基准平面 1

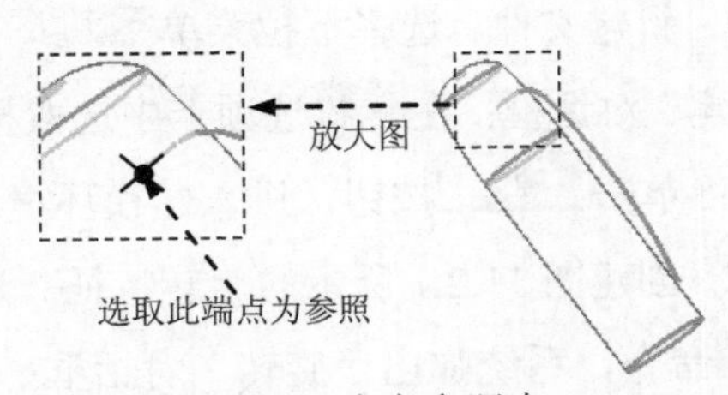

图 11.2.6 定义参照点

说明：完成基准平面 1 的创建后，不用退出“基准平面”对话框，以便创建其他基准平面。

Step5. 创建图 11.2.7 所示的基准平面 2。选择下拉菜单插入(S) → 基准/点(D) ▸ →

基准平面(D)...命令（或单击按钮），系统弹出“基准平面”对话框；在类型区域的下拉列表中选择曲线上选项，在曲线上的位置区域的位置下拉列表中选择弧长百分比选项；在曲线区域单击选择曲线 (0)按钮，在绘图区选取图 11.2.8 所示的曲线为参照，在弧长百分比文本框中输入值 21，按 Enter 键确认；在曲线上的方位区域的方向下拉列表中选择垂直于轨迹选项，其他参数采用系统默认设置值；单击< 确定 >按钮，完成基准平面 2 的创建。

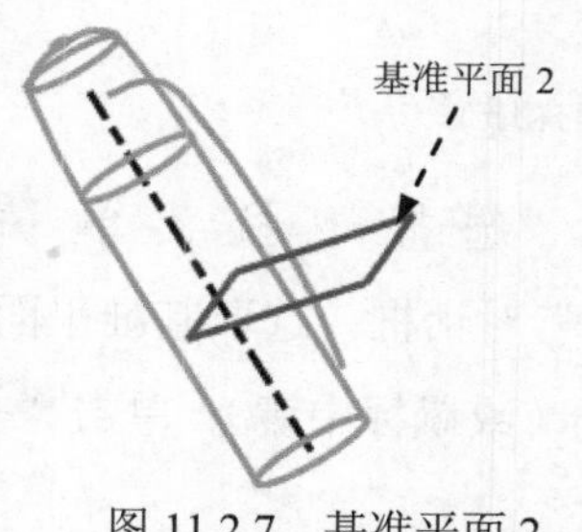

图 11.2.7　基准平面 2

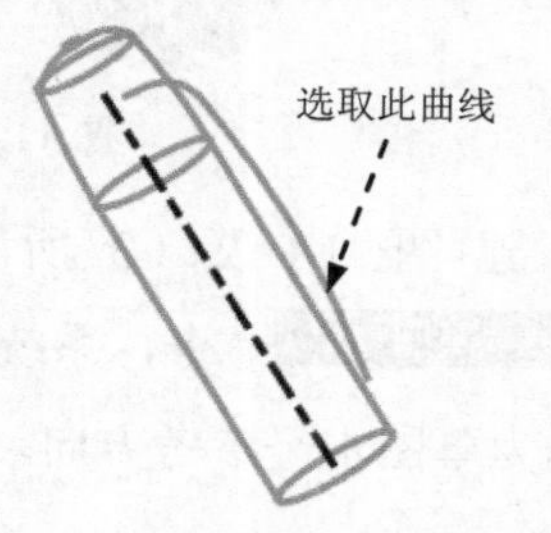

图 11.2.8　定义参照线

Step6. 创建图 11.2.9 所示的基准平面 3。选择下拉菜单插入(S) → 基准/点(D) → 基准平面(D)...命令；在类型区域的下拉列表中选择点和方向选项。选择图 11.2.10 所示的曲线上的端点，在法向区域的指定矢量下拉列表中选择选项，选择草图 1；在“基准平面”对话框中单击< 确定 >按钮，完成基准平面 3 的创建。

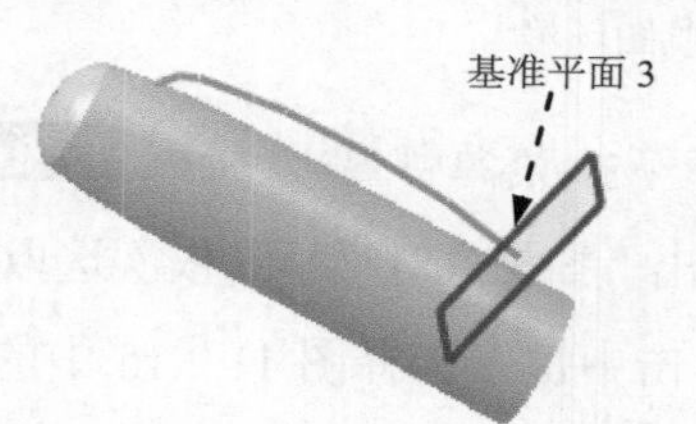

图 11.2.9　基准平面 3

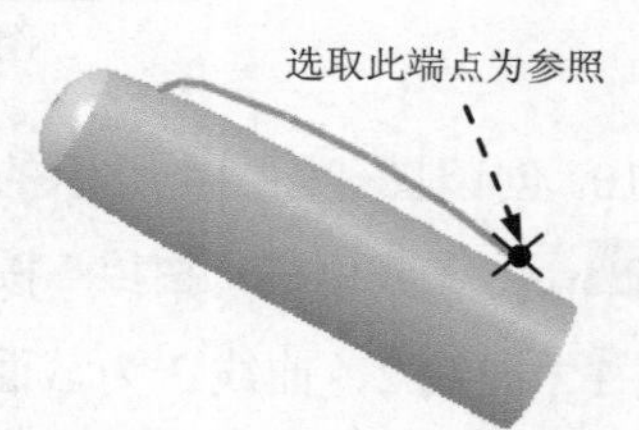

图 11.2.10　定义参照点

Step7. 创建图 11.2.11 所示的草图 2。选择下拉菜单插入(S) → 在任务环境中绘制草图(V)...命令，系统弹出“创建草图”对话框；选取基准平面 1 为草图平面，选取 XY 平面为参考；单击确定按钮，进入草图环境，绘制图 11.2.11 所示的草图 2；单击完成草图按钮，退出草图环境。

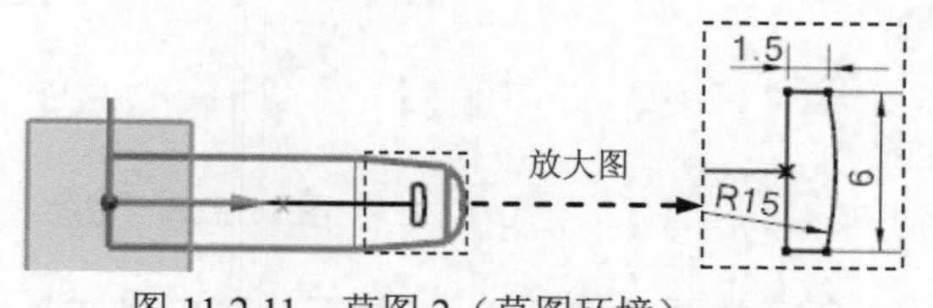

图 11.2.11　草图 2（草图环境）

Step8. 创建图 11.2.12 所示的草图 3。选取基准平面 2 为草图平面；进入草图环境，选择下拉菜单插入(S) → 来自曲线集的曲线(F) → 交点(N)...命令，在弹出的“交点”对话框中选取相交草图 1 为要相交的曲线；单击< 确定 >按钮，完成交点 1 的创建；绘制图

11.2.12 所示的草图 3；单击完成草图按钮，退出草图环境。

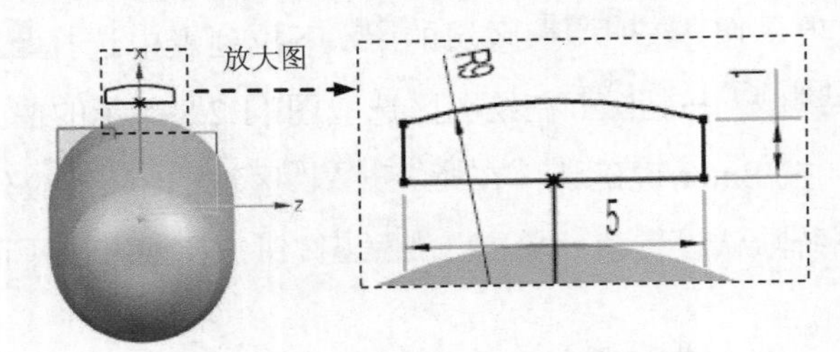

图 11.2.12　草图 3（草图环境）

Step9. 创建图 11.2.13 所示的草图 4。选择下拉菜单 插入(S) ➡ 在任务环境中绘制草图(V)...命令，系统弹出“创建草图”对话框；选取基准平面 3 为草图平面，选取 X 轴为草图水平参考方向，单击确定按钮（或鼠标中键）；单击完成草图按钮，退出草图环境。

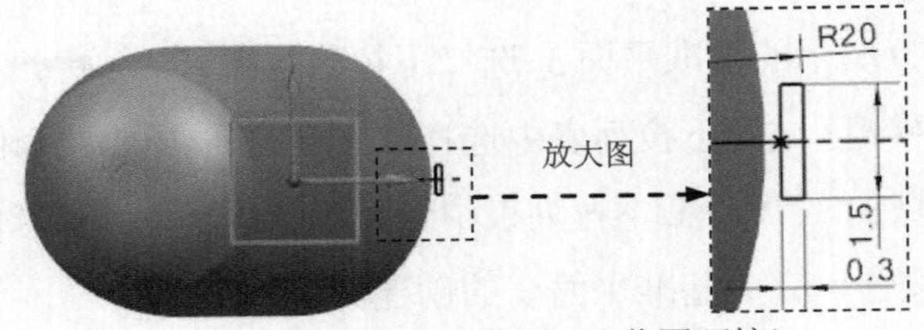

图 11.2.13　草图 4（草图环境）

Step10. 创建图 11.2.14 所示的扫掠特征。选择下拉菜单 插入(S) ➡ 扫掠(W) ➡ 扫掠(S)...命令（或单击“扫掠”按钮），系统弹出“扫掠”对话框；依次选取图 11.2.15 中的曲线 1、曲线 2、曲线 3 为截面曲线，并分别单击中键；选择图 11.2.15 中的曲线 4 为引导线；对话框中其他选项保持系统默认；单击< 确定 >按钮，完成扫掠特征的创建。

注意： 在选择截面线时，只要是截面线串多于一条，就要保证所选线串的起始方向必须一致，否则特征会发生扭曲。

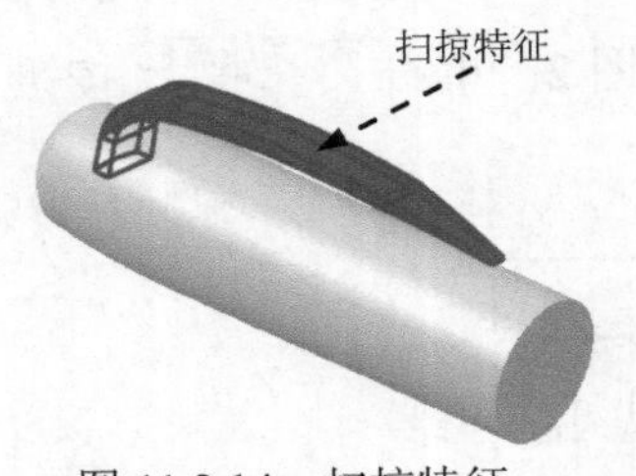

图 11.2.14　扫掠特征

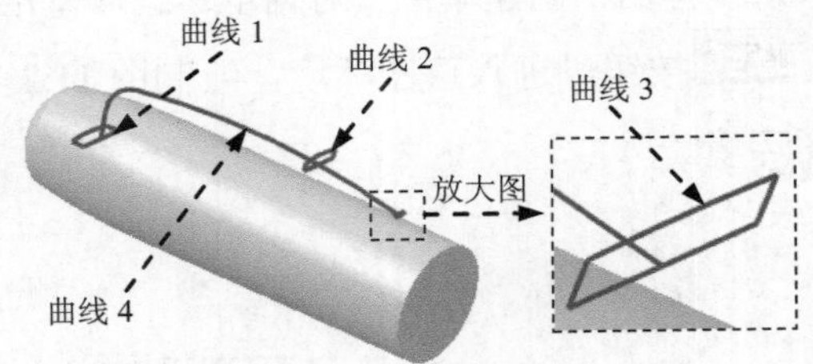

图 11.2.15　截面线及引导线

Step11. 添加图 11.2.16 所示的圆角特征 1。选择下拉菜单 插入(S) ➡ 细节特征(L) ➡ 边倒圆(E)...命令（或单击按钮），系统弹出“边倒圆”对话框；选取图 11.2.16a 所示的边，在弹出的半径 1动态文本框中输入倒圆角半径值 50；单击< 确定 >按钮，完成圆角特征 1 的创建。

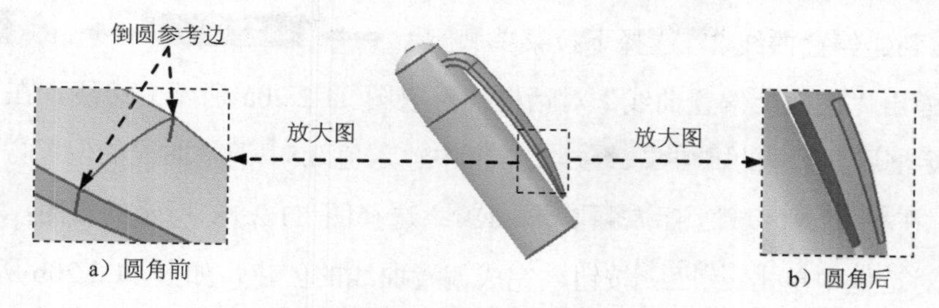

图 11.2.16　圆角特征 1

Step12. 添加图 11.2.17 所示的圆角特征 2。选择下拉菜单 插入(S) → 细节特征(L) → 边倒圆(E)... 命令（或单击 按钮），系统弹出“边倒圆”对话框；选取图 11.2.17a 所示的边，在弹出的 半径 1 动态文本框中输入圆角半径值 0.8；单击 < 确定 > 按钮，完成圆角特征 2 的创建。

Step13. 创建偏置曲面。选择下拉菜单 插入(S) → 偏置/缩放(O) → 偏置曲面(O)... 命令（或单击 按钮），系统弹出“偏置曲面”对话框；选取图 11.2.18 所示的参考面。在 偏置 1 文本框中输入偏置距离 0.2，调整曲面的偏置方向（使曲面向外偏置）；单击 < 确定 > 按钮，完成偏置曲面的创建。

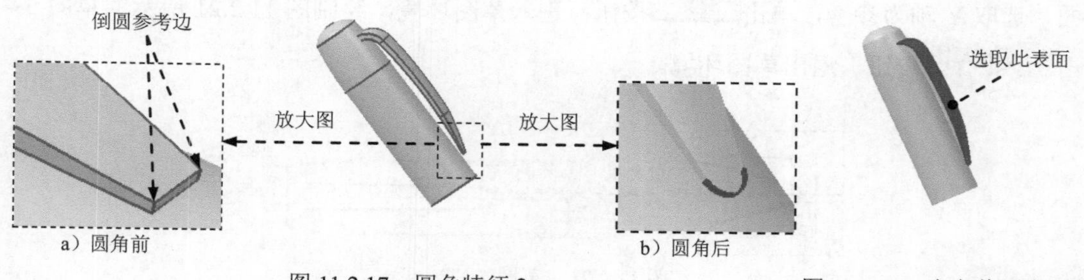

图 11.2.17　圆角特征 2

图 11.2.18　定义偏置参照面

Step14. 创建偏置曲线 1。选择下拉菜单 插入(S) → 派生曲线(U) → 在面上偏置... 命令，系统弹出“在面上偏置曲线”对话框；选取图 11.2.19a 所示的边线，在“在面上偏置曲线”对话框 曲线 区域的 截面线1：偏置1 文本框中输入值 0.5，调整曲线的偏置方向（曲线向面内偏置）；在 面或平面 区域激活 选择面或平面 (0)，选择图 11.2.19 所示的表面；在“在面上偏置曲线”对话框中单击 < 确定 > 按钮，完成偏置曲线的创建，如图 11.2.19b 所示。

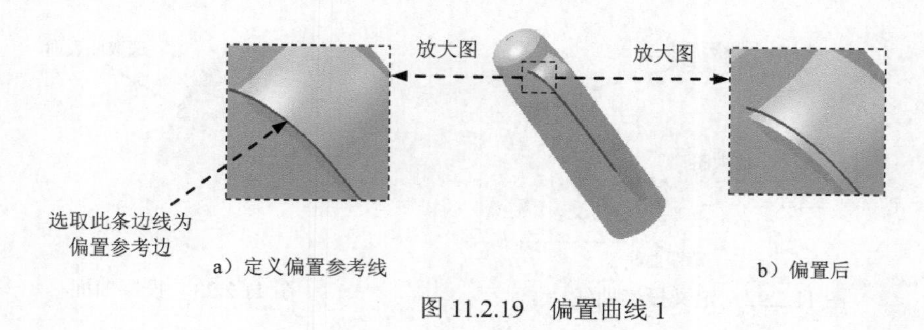

图 11.2.19　偏置曲线 1

Step15. 创建偏置曲线 2。选择下拉菜单 插入(S) → 派生曲线(U) → 在面上偏置... 命令，系统弹出“在面上偏置曲线”对话框；选取图 11.2.20a 所示的边线，在“在面上偏置曲线”对话框 曲线 区域的 截面线1:偏置1 文本框中输入值 0.5，调整曲线的偏置方向（曲线向面内偏置）。在 面或平面 区域激活 选择面或平面 (0)；选择图 11.2.18 所示的表面；在“在面上偏置曲线”对话框中单击 < 确定 > 按钮，完成偏置曲线的创建，如图 11.2.20b 所示。

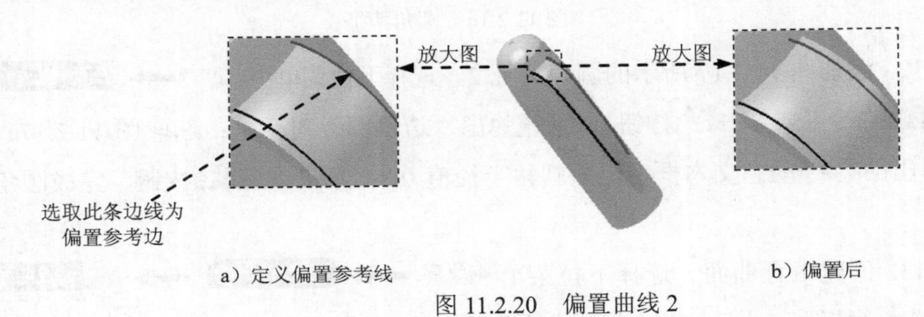

图 11.2.20　偏置曲线 2

Step16. 创建图 11.2.21 所示的草图 5。选择下拉菜单 插入(S) → 在任务环境中绘制草图(V)... 命令，系统弹出“创建草图”对话框；选取基准平面 YZ 为草图平面，选取 Y 轴为参考，单击 确定 按钮；进入草图环境，绘制图 11.2.21 所示的草图 5；单击 完成草图 按钮，退出草图环境。

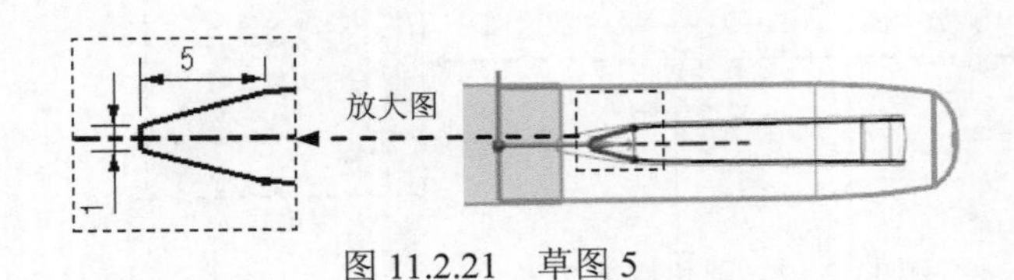

图 11.2.21　草图 5

Step17. 创建图 11.2.22 所示的投影曲线特征。选择下拉菜单 插入(S) → 派生曲线(U) → 投影(P)... 命令，系统弹出“投影曲线”对话框；在图形区选取图 11.2.22 所示的草图曲线为投影曲线，单击中键确认；在图形区选取图 11.2.23 所示的曲面（即偏置曲面）为投影曲面；在 投影方向 区域的 方向 下拉列表中选择 沿矢量 选项，并选定 XC 选项为投影方向；单击 < 确定 > 按钮，完成投影曲线的创建。

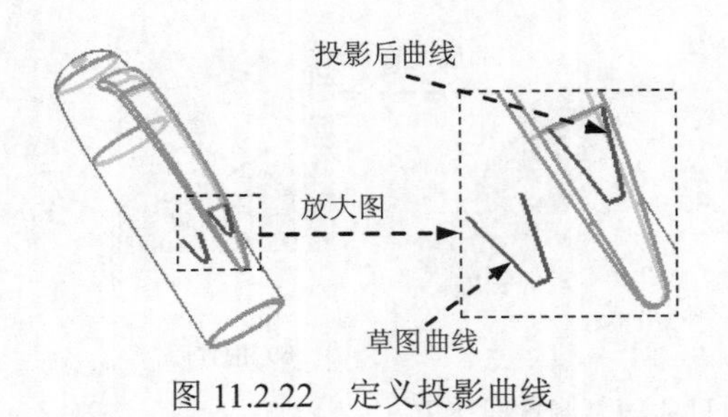

图 11.2.22　定义投影曲线

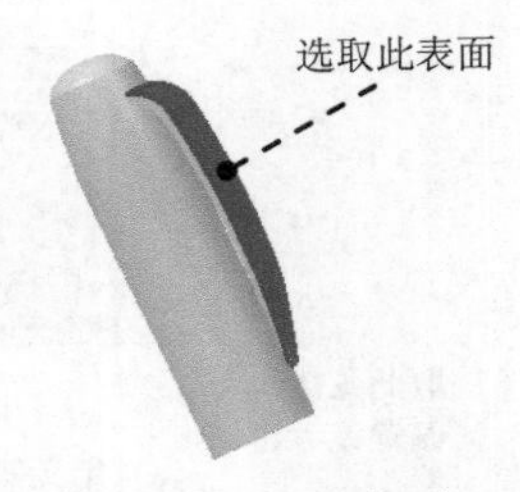

图 11.2.23　投影曲面

Step18. 添加修剪特征 1。选择下拉菜单 插入(S) → 修剪(T) ▸ → 修剪片体(R)... 命令，系统弹出“修剪片体”对话框；选取图 11.2.24 所示的目标片体为修剪对象；选取图 11.2.25 所示的偏置曲线及投影曲线为修剪边界；在 投影方向 区域的下拉列表中选择 垂直于面 选项；单击 确定 按钮，完成曲面的修剪。

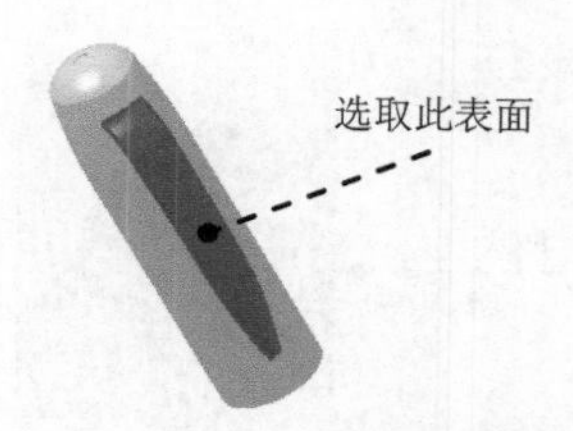

图 11.2.24 选取要修剪的曲面

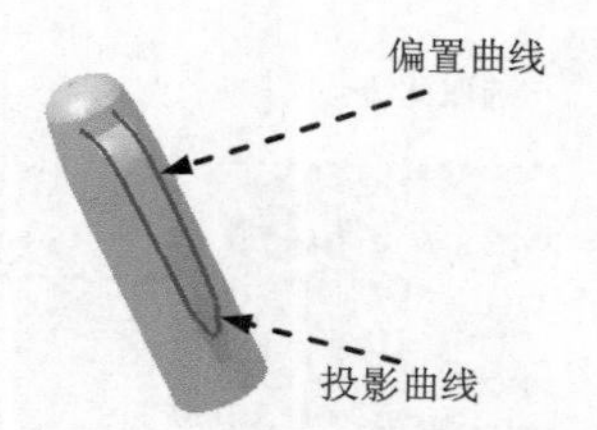

图 11.2.25 选取修剪边界

Step19. 创建图 11.2.26 所示的曲面加厚特征。选择下拉菜单 插入(S) → 偏置/缩放(O) ▸ → 加厚(T)... 命令，系统弹出“加厚”对话框；在图形区选取图 11.2.27 所示的曲面；在 厚度 区域的 偏置 1 文本框中输入值 0.3，在 偏置 2 文本框中输入值 0，单击“反向”按钮调整方向，调整图 11.2.27 所示的加厚方向；单击 < 确定 > 按钮，完成曲面加厚操作。

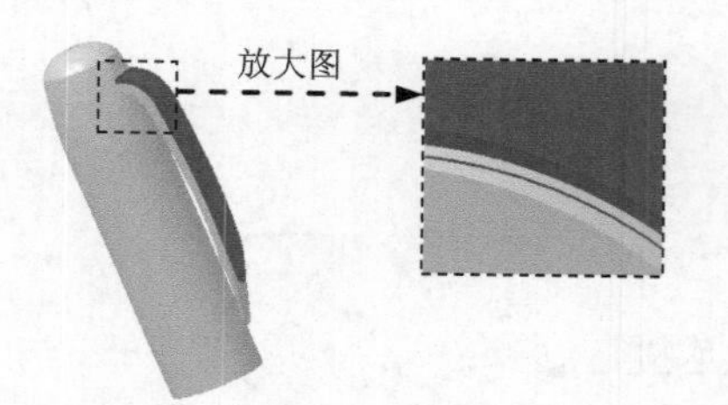

图 11.2.26 曲面加厚

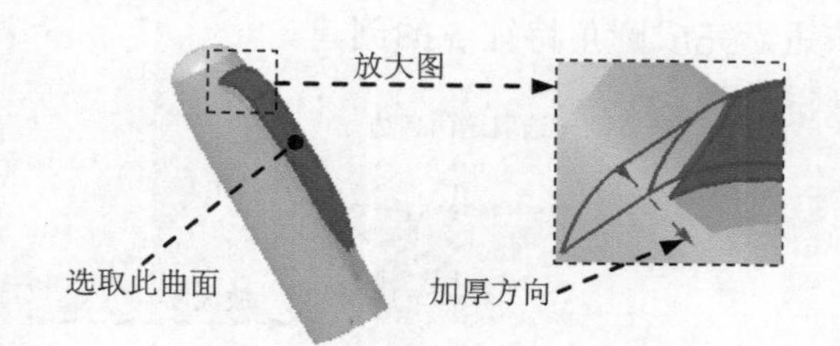

图 11.2.27 选取加厚曲面

说明：可能有读者注意到前面曲面的偏置距离是 0.2mm，而片体的加厚距离是 0.3mm。加厚距离大于偏置距离的目的在于使实体完全相交，便于后面创建合并特征。

Step20. 添加图 11.2.28b 所示的圆角特征 3。选择下拉菜单 插入(S) → 细节特征(L) → 边倒圆(E)... 命令（或单击按钮），系统弹出“边倒圆”对话框；选取图 11.2.28a 所示的边，在弹出的 半径 1 动态文本框中输入倒圆角半径值 8.5；单击“边倒圆”对话框中的 < 确定 > 按钮，完成圆角特征 3 的创建。

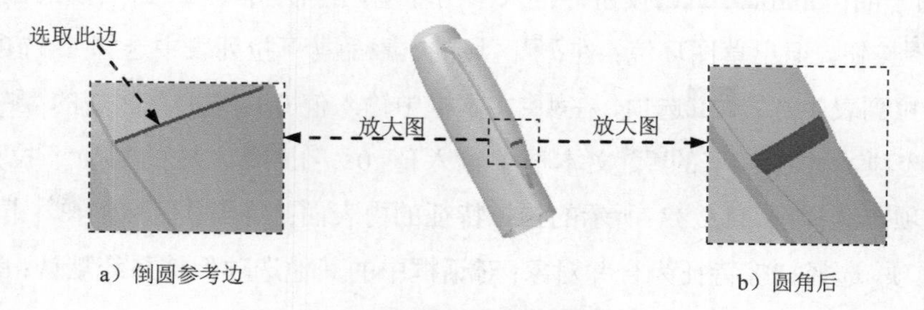

a）倒圆参考边　　b）圆角后

图 11.2.28 圆角特征 3

Step21. 添加图 11.2.29b 所示的圆角特征 4。选择下拉菜单 插入(S) → 细节特征(L) → 边倒圆(E)... 命令（或单击 按钮），系统弹出“边倒圆”对话框；选取图 11.2.29a 所示的边，在弹出的 半径 1 动态文本框中输入倒圆角半径值 8；单击“边倒圆”对话框中的 < 确定 > 按钮，完成圆角特征 4 的创建。

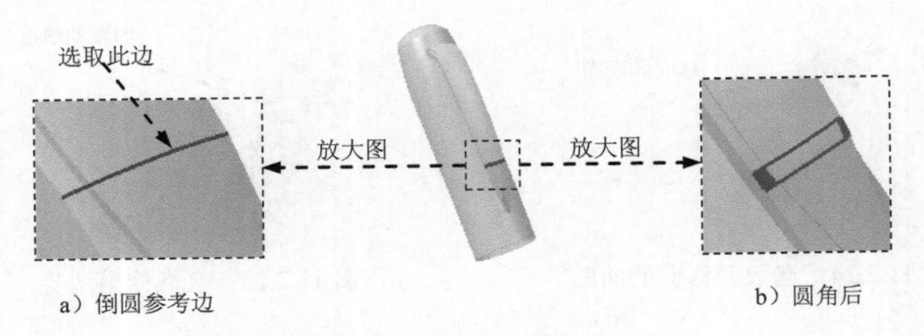

a）倒圆参考边　　b）圆角后

图 11.2.29　圆角特征 4

Step22. 添加图 11.2.30b 所示的圆角特征 5。选择下拉菜单 插入(S) → 细节特征(L) → 边倒圆(E)... 命令（或单击 按钮），系统弹出“边倒圆”对话框；选取图 11.2.30a 所示的边，在弹出的 半径 1 动态文本框中输入倒圆角半径值 0.5；单击“边倒圆”对话框中的 < 确定 > 按钮，完成圆角特征 5 的创建。

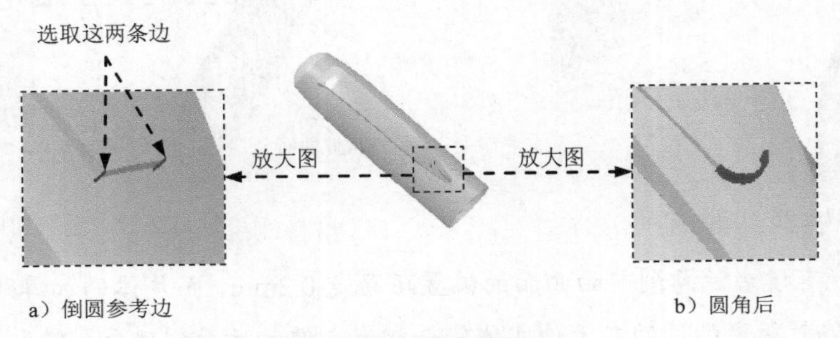

a）倒圆参考边　　b）圆角后

图 11.2.30　圆角特征 5

Step23. 创建图 11.2.31 所示的拉伸特征 1。选择下拉菜单 插入(S) → 设计特征(E) → 拉伸(E)... 命令（或单击 按钮），系统弹出“拉伸”对话框；单击“拉伸”对话框中的“绘制截面”按钮 ，系统弹出“创建草图”对话框；单击 按钮，选取 XY 基准平面为草图平面；单击 确定 按钮，进入草图环境，绘制图 11.2.32 所示的截面草图；单击 完成草图 按钮，退出草图环境；在 方向 区域的 指定矢量 下拉列表中选择 YC 选项；在 偏置 区域的 偏置 下拉列表中选择 对称 选项，在 开始 文本框中输入值 0.1；在 限制 区域的 开始 下拉列表中选择 值 选项，并在其下的 距离 文本框中输入值 0；在 限制 区域的 结束 下拉列表中选择 直至选定 选项，选择图 11.2.33 所示的扫掠特征的内表面；在 布尔 区域的 布尔 下拉列表中选择 合并 选项，选择扫掠特征为合并对象；对话框中的其他选项保持系统默认；单击 < 确定 > 按钮，完成拉伸特征 1 的创建。

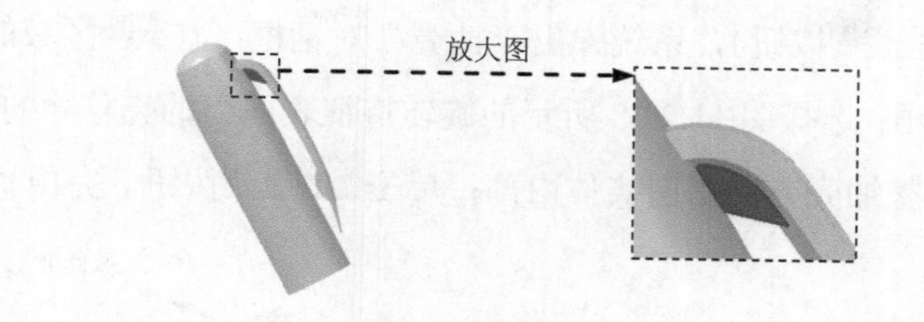

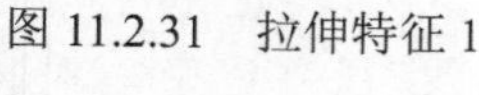

图 11.2.31　拉伸特征 1

图 11.2.32　截面草图

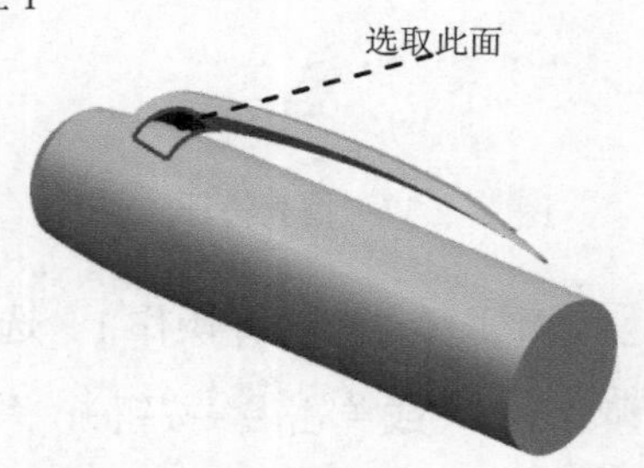

图 11.2.33　拉伸终止及布尔求和对象

Step24. 创建图 11.2.34 所示的拉伸特征 2。选择下拉菜单 插入(S) ➡ 设计特征(E) ➡ 拉伸(E)... 命令（或单击按钮），系统弹出“拉伸”对话框；单击“拉伸”对话框中的“绘制截面”按钮，系统弹出“创建草图”对话框；单击按钮，选取 XY 基准平面为草图平面；单击 确定 按钮，进入草图环境，绘制图 11.2.35 所示的截面草图；单击 完成草图 按钮，退出草图环境；在 方向 区域的 指定矢量 下拉列表中选择 ZC 选项为拉伸方向；在 限制 区域的 结束 下拉列表中选择 对称值 选项，并在其下的 距离 文本框中输入值 0.1；在 布尔 区域的 布尔 下拉列表中选择 合并 选项，选择图 11.2.36 所示的特征（即扫掠特征）为合并对象；其他选项保持系统默认设置值；单击 < 确定 > 按钮，完成拉伸特征 2 的创建。

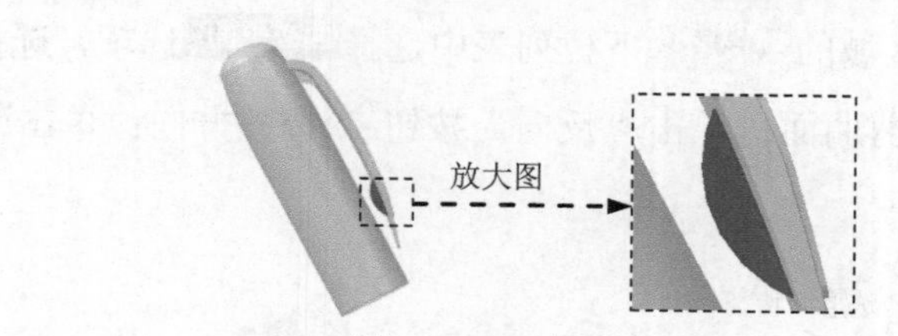

图 11.2.34　拉伸特征 2

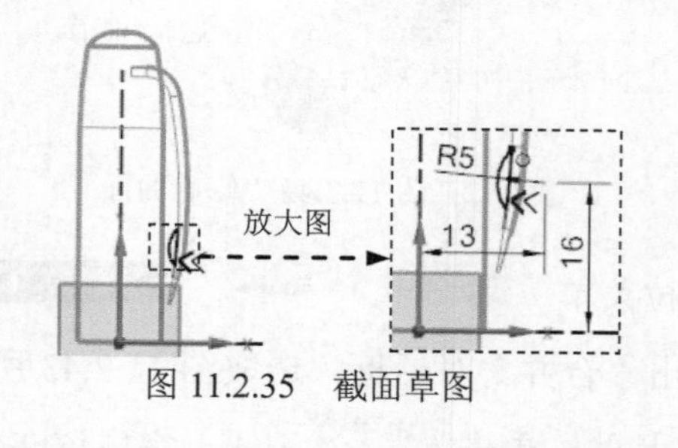

图 11.2.35　截面草图

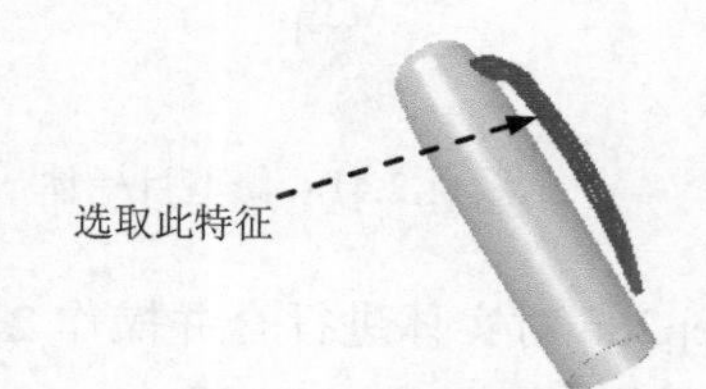

图 11.2.36　布尔求和对象

Step25. 创建图 11.2.37 所示的抽壳特征。选择下拉菜单 插入(S) ➡ 偏置/缩放(O) ➡

抽壳(H)...命令（或单击按钮），系统弹出“抽壳”对话框；在类型区域的下拉列表中选择移除面，然后抽壳选项；选择图 11.2.38 所示的旋转特征表面为抽壳移除的面；在厚度文本框中输入值 0.2，并调整抽壳方向指向实体内部；单击< 确定 >按钮，完成抽壳操作。

图 11.2.37　抽壳特征　　　图 11.2.38　抽壳表面

Step26. 对实体进行合并操作 1。选择下拉菜单 插入(S) → 组合(B) → 合并(U)...命令（或单击按钮），系统弹出“合并”对话框；选取图 11.2.39 所示的实体为目标体，选取图 11.2.40 所示的实体为工具体；单击确定按钮，完成该布尔操作。

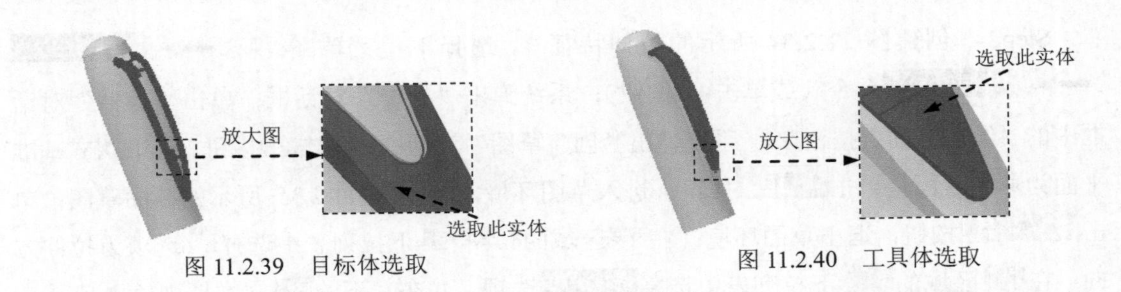

图 11.2.39　目标体选取　　　图 11.2.40　工具体选取

Step27. 添加修剪特征 2。选择下拉菜单插入(S) → 修剪(T) → 修剪体(T)...命令（或单击按钮），系统弹出“修剪体”对话框；选择图 11.2.41 所示的实体为修剪目标体；在“修剪体”对话框工具区域的工具选项下拉列表中选择面或平面选项，选择图 11.2.42 所示的壳体特征的内表面为修剪曲面；单击“反向”按钮调整方向；单击< 确定 >按钮，完成实体的修剪。

图 11.2.41　修剪目标体　　　图 11.2.42　修剪曲面

Step28. 对实体进行合并操作 2。选择下拉菜单 插入(S) → 组合(B) → 合并(U)...命令（或单击按钮），系统弹出“合并”对话框；选取图 11.2.43 所示的实体为目标体，选取图 11.2.44 所示的实体为工具体；单击< 确定 >按钮，完成该布尔操作。

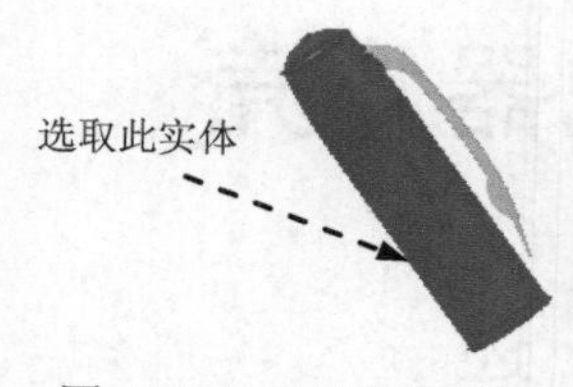

图 11.2.43 目标体选取

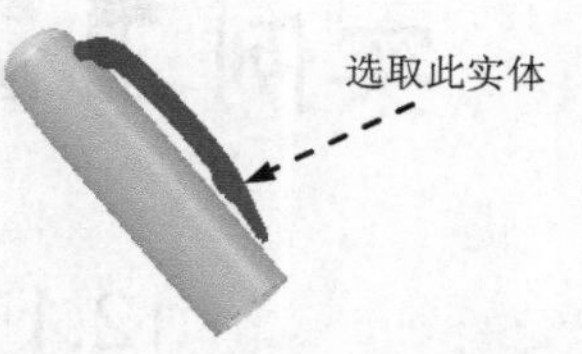

图 11.2.44 工具体选取

Step29. 后面的详细操作过程请参见学习资源中 video\ch11\reference\文件下的语音视频讲解文件 pen-r01.exe。

学习拓展：扫码学习更多视频讲解。

讲解内容：主要包含模具设计概述，基础知识，模具设计的一般流程，典型零件加工案例等，特别是对有关注塑模设计、模具塑料及注塑成型工艺这些背景知识进行了系统讲解。

实例 12 充电器外壳

12.1 实例概述

本实例介绍了充电器的设计过程。通过学习本例，读者可以掌握实体的拉伸、镜像、旋转、倒圆角等特征的应用。在创建特征的过程中，需要注意在特征的定位过程中用到的技巧和注意事项。充电器的零件模型及模型树如图 12.1.1 所示。

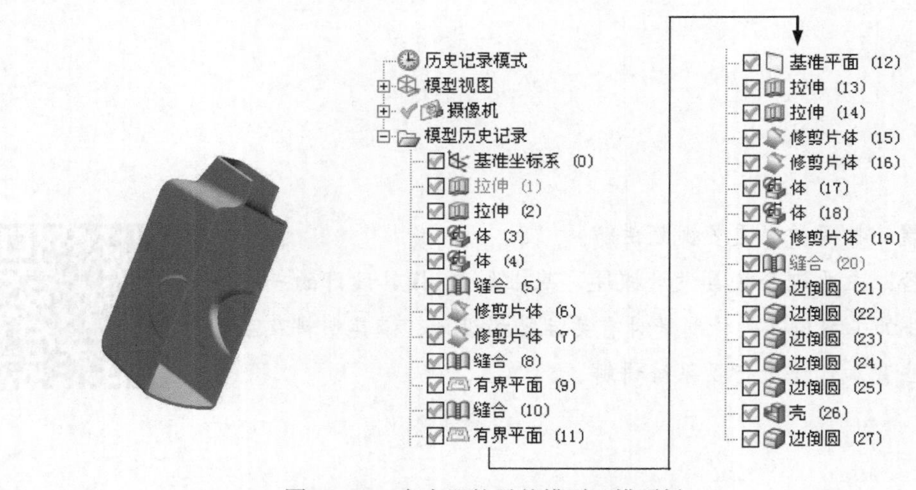

图 12.1.1 充电器的零件模型及模型树

12.2 详细设计过程

Step1. 新建文件。选择下拉菜单文件(F) → 新建(N)... 命令，在模型选项卡的模板区域中选取模板类型为模型，在名称文本框中输入文件名称 remote_control；单击确定按钮，进入建模环境。

Step2. 创建图 12.2.1 所示的零件基础特征—— 拉伸 1。选择下拉菜单插入(S) → 设计特征(E) → 拉伸(E)... 命令（或单击按钮），系统弹出“拉伸”对话框；单击“拉伸”对话框中的“绘制截面”按钮，系统弹出“创建草图”对话框；单击按钮，选取 XY 平面为草图平面；单击确定按钮，进入草图环境，绘制图 12.2.2 所示的截面草图；单击完成草图按钮，退出草图环境；在指定矢量下拉列表中选择 ZC↑ 选项；在限制区域的开始下拉列表中选择值选项，并在距离文本框中输入值 0；在结束下拉列表中选择值选项，并在距离文本框中输入值 35；在拔模区域的拔模下拉列表中选择从起始限制选项，并在角度文本框中输入值 5；在设置区域的体类型下拉列表中选择片体选项，其他参数采用系统默认设置值；单击“拉伸”对话框中的< 确定 >按钮，完成拉伸特征 1 的创建。

图 12.2.1　拉伸特征 1

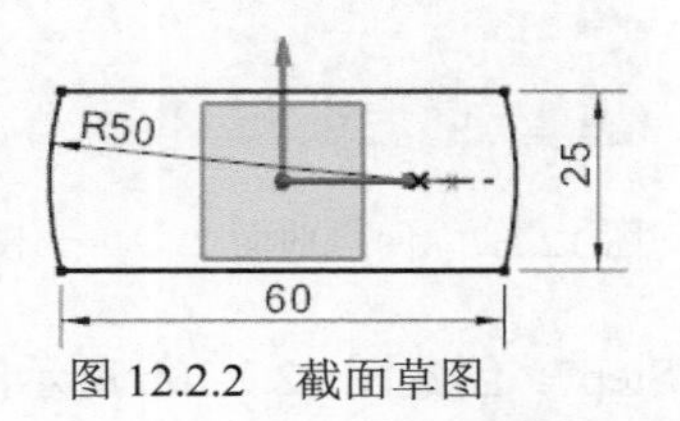

图 12.2.2　截面草图

Step3. 创建图 12.2.3 所示的零件特征——拉伸特征 2。选择下拉菜单插入(S) → 设计特征(E) → 拉伸(E)... 命令（或单击按钮），系统弹出“拉伸”对话框；单击“拉伸”对话框中的“绘制截面”按钮，系统弹出“创建草图”对话框；单击按钮，选取 ZX 平面为草图平面；单击确定按钮，进入草图环境，绘制图 12.2.4 所示的截面草图；选择下拉菜单任务(K) → 完成草图(K)命令（或单击完成草图按钮），退出草图环境；在指定矢量下拉列表中选择YC选项；在限制区域的开始下拉列表中选择对称值选项，并在距离文本框中输入值 5；在设置区域的体类型下拉列表中选择片体选项，其他参数采用系统默认设置值；单击“拉伸”对话框中的< 确定 >按钮，完成拉伸特征 2 的创建。

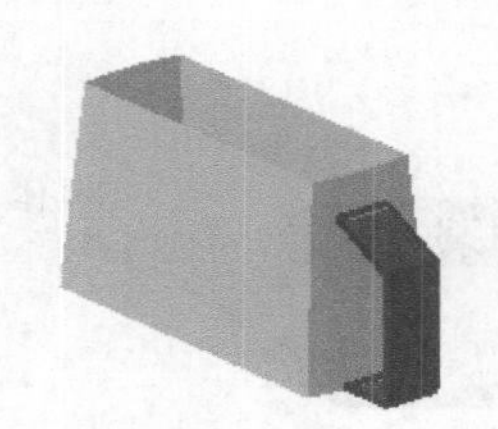

图 12.2.3　拉伸特征 2

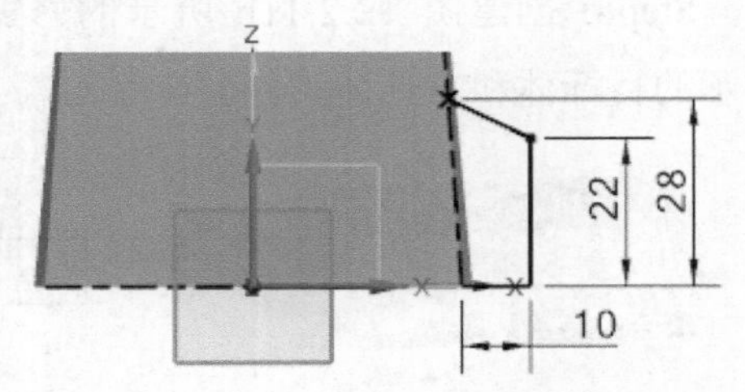

图 12.2.4　截面草图

Step4. 创建图 12.2.5 所示的四点曲面 1。选择下拉菜单插入(S) → 曲面(R) ▸ → 四点曲面(F)... 命令（或单击按钮），系统弹出“四点曲面”对话框；依次选取图 12.2.6 所示的四个点；单击< 确定 >按钮，完成四点曲面 1 的创建。

图 12.2.5　四点曲面 1

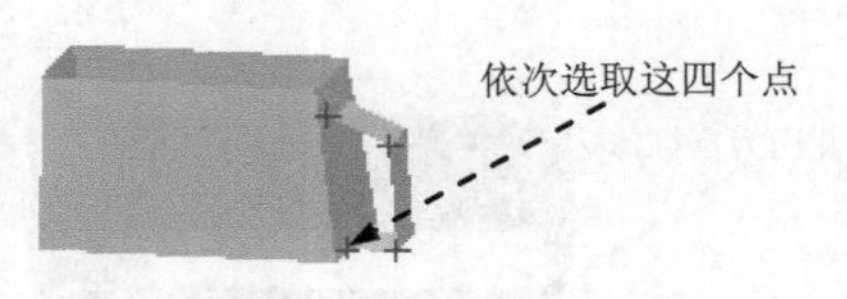

图 12.2.6　定义点

Step5. 创建图 12.2.7 所示的四点曲面 2。具体步骤参照 Step4。

Step6. 创建曲面缝合特征 1。选择下拉菜单插入(S) → 组合(B) ▸ → 缝合(W)... 命令（或单击按钮），系统弹出“缝合”对话框；在绘图区选取图 12.2.8 所示的片体（面）为目标体，选取图 12.2.9 所示的片体为刀具体；单击确定按钮，完成曲面缝合特征 1 的创建。

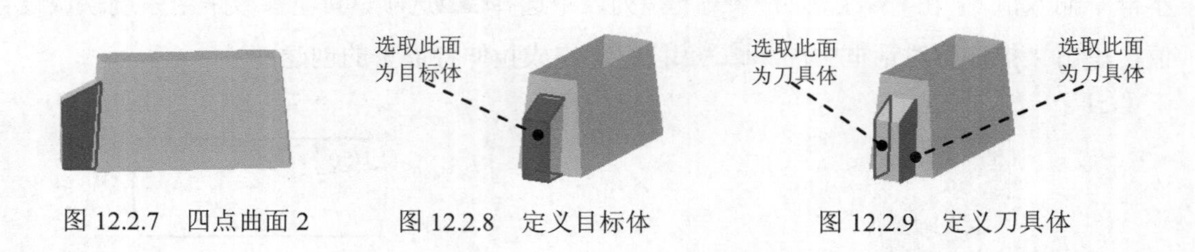

图 12.2.7　四点曲面 2　　图 12.2.8　定义目标体　　图 12.2.9　定义刀具体

Step7. 创建图 12.2.10b 所示的修剪特征 1。选择下拉菜单 插入(S) → 修剪(T) ▸ → 修剪片体(R)... 命令（或单击按钮），系统弹出“修剪片体”对话框；在绘图区选择图 12.2.10b 所示的片体为目标体，单击中键确定；选取图 12.2.10a 所示的边界对象，在区域区域中选中 ⊙ 保留 单选项；单击“修剪片体”对话框中的 确定 按钮，完成修剪特征 1 的创建。

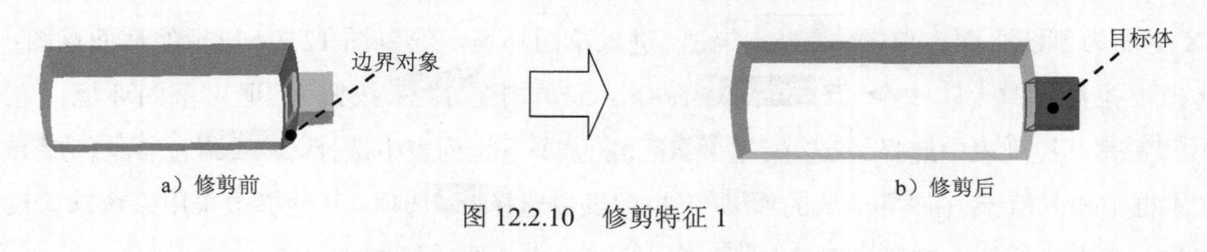

图 12.2.10　修剪特征 1

Step8. 创建图 12.2.11b 所示的修剪特征 2。具体步骤参照 Step7，选取图 12.2.11a 所示的目标体和刀具体。

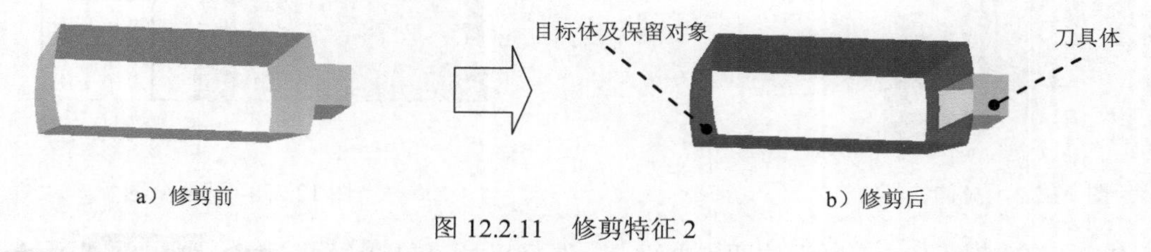

图 12.2.11　修剪特征 2

Step9. 创建曲面缝合特征 2。具体步骤参照 Step6，在绘图区选取图 12.2.12 所示的片体为目标体，选取图 12.2.13 所示的片体为刀具体，单击 确定 按钮，完成曲面缝合特征 2 的创建。

图 12.2.12　定义目标体　　图 12.2.13　定义刀具体

Step10. 创建图 12.2.14 所示的有界平面 1。选择下拉菜单 插入(S) → 曲面(R) ▸ → 有界平面(B)... 命令（或单击按钮），系统弹出“有界平面”对话框；依次选取图 12.2.15 所示的边线为边界串线，单击 < 确定 > 按钮。

图 12.2.14　有界平面 1

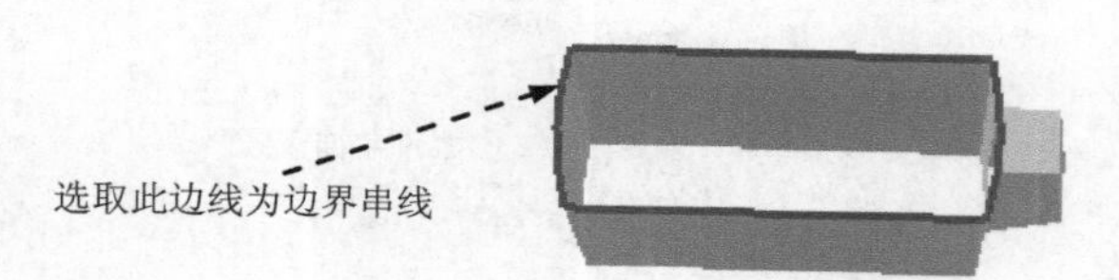

图 12.2.15　定义边界串线

Step11. 创建曲面缝合特征 3。具体步骤参照 Step6。在绘图区选取图 12.2.16 所示的片体为目标体，选取图 12.2.17 所示的片体为刀具体；单击 确定 按钮，完成曲面缝合特征 3 的创建。

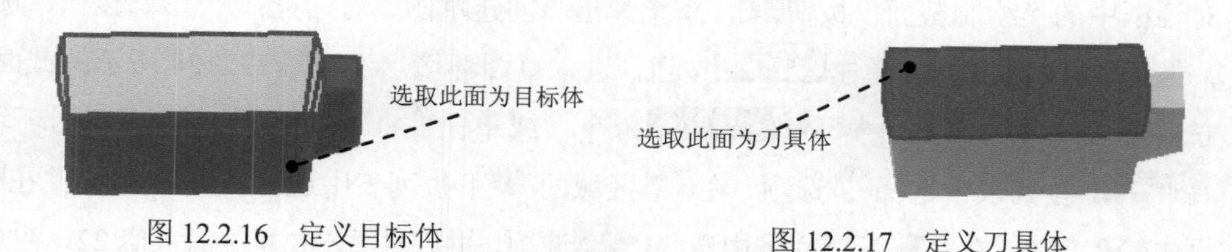

图 12.2.16　定义目标体　　图 12.2.17　定义刀具体

Step12. 创建图 12.2.18 所示的有界平面 2，具体步骤参照 Step10，依次选取图 12.2.19 所示的边线为边界串线。

图 12.2.18　有界平面 2

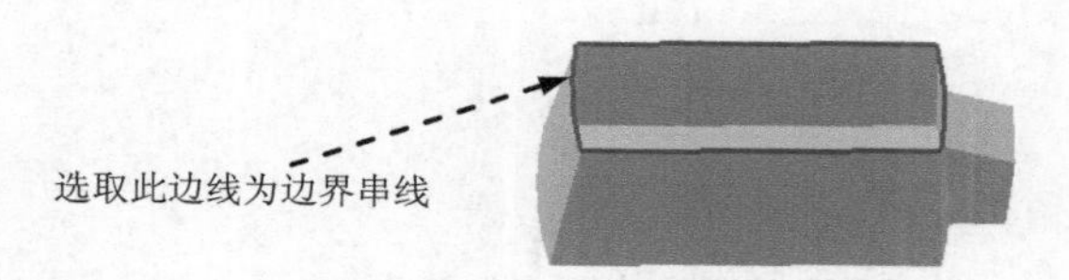

图 12.2.19　定义边界串线

Step13. 创建图 12.2.20 所示的基准平面。选择下拉菜单 插入(S) → 基准/点(D) → 基准平面(D)... 命令，系统弹出“基准平面”对话框；在类型区域的下拉列表中选择 按某一距离 选项，选取基准平面 ZX 为参考几何体，在 距离 文本框中输入值 12.5；单击 < 确定 > 按钮，完成基准平面的创建。

Step14. 创建图 12.2.21 所示的零件特征——拉伸 3。选择下拉菜单 插入(S) → 设计特征(E) → 拉伸(E)... 命令（或单击 按钮），系统弹出“拉伸”对话框；单击“拉伸”对话框中的“绘制截面”按钮，系统弹出“创建草图”对话框；单击 按钮，选取基准平面 1 为草图平面；单击 确定 按钮，进入草图环境，绘制图 12.2.22 所示的截面草图；选择下拉菜单 任务(K) → 完成草图(K) 命令（或单击 完成草图 按钮），退出草图环境；在限制区域的开始下拉列表中选择 值 选项，并在距离文本框中输入值 0，在结束下拉列表中选择 值 选项，并在距离文本框中输入值 30，在拔模区域的拔模下拉列表中选择 从起始限制 选项，并在角度文本框中输入值-45，在设置区域的体类型下拉列表中选择 片体 选项，在 指定矢量 下拉列表中选择 -YC 选项；其他参数采用系统默认设置值；单击“拉伸”对话框中的 < 确定 > 按钮，完成拉伸特征 3 的创建。

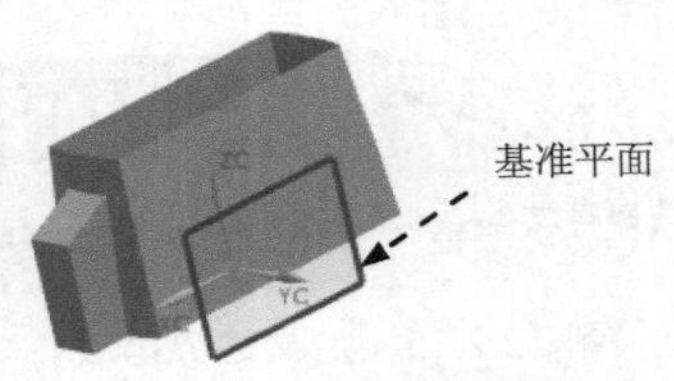

图 12.2.20　基准平面

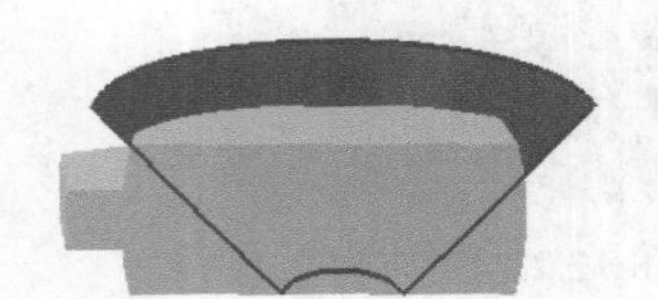

图 12.2.21　拉伸特征 3

Step15. 创建图 12.2.23 所示的零件特征—— 拉伸特征 4。选择下拉菜单 插入(S) → 设计特征(E) → 拉伸(E)... 命令（或单击按钮），系统弹出“拉伸”对话框；单击“拉伸”对话框中的“绘制截面”按钮，系统弹出“创建草图”对话框；单击按钮，选取 XY 基准平面为草图平面；单击 确定 按钮，进入草图环境，绘制图 12.2.24 所示的截面草图；选择下拉菜单 任务(K) → 完成草图(K) 命令（或单击 完成草图 按钮），退出草图环境；在 指定矢量 下拉列表中选择 ZC↑ 选项，在 限制 区域的 开始 下拉列表中选择 值 选项，并在 距离 文本框中输入值 0，在 结束 下拉列表中选择 值 选项，并在 距离 文本框中输入值 22，在 设置 区域的 体类型 下拉列表中选择 片体 选项；其他参数采用系统默认设置值；单击“拉伸”对话框中的 < 确定 > 按钮，完成拉伸特征 4 的创建。

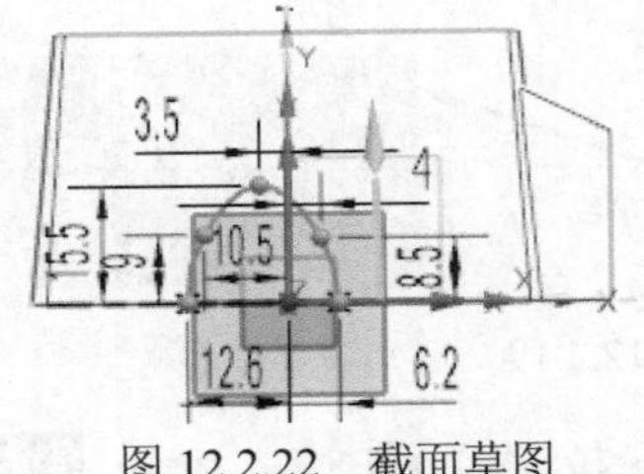

图 12.2.22　截面草图

图 12.2.23　拉伸特征 4

Step16. 创建图 12.2.25 所示的修剪特征 3。选择下拉菜单 插入(S) → 修剪(T) ▸ → 修剪片体(R)... 命令（或单击按钮），系统弹出“修剪片体”对话框；在绘图区选择图 12.2.26 所示的片体为目标体，单击中键确定；选取图 12.2.26 所示的边界对象为刀具体，在 区域 区域中选中 ⊙ 保留 单选项；单击“修剪片体”对话框中的 < 确定 > 按钮，完成修剪特征 3 的创建。

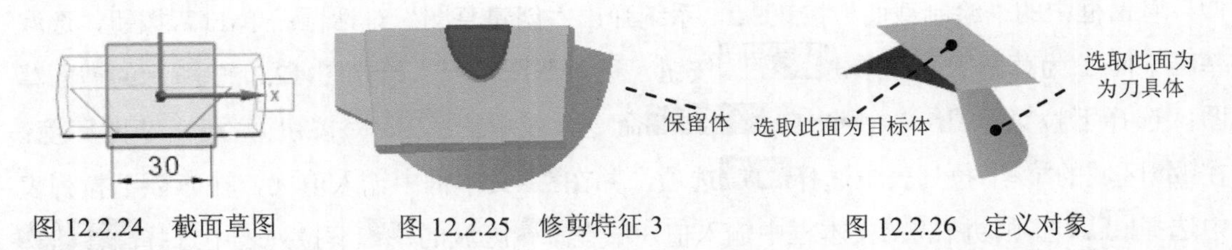

图 12.2.24　截面草图　　图 12.2.25　修剪特征 3　　图 12.2.26　定义对象

Step17. 创建图 12.2.27 所示的修剪特征 4。选择下拉菜单 插入(S) → 修剪(T) ▸ → 修剪片体(R)... 命令（或单击按钮），系统弹出“修剪片体”对话框；选取图 12.2.28 所示的片体为目标体，选取图 12.2.28 所示的片体为边界对象，在 区域 区域中选择 ⊙ 放弃 单选项；单击〈确定〉按钮，完成修剪特征4的创建。

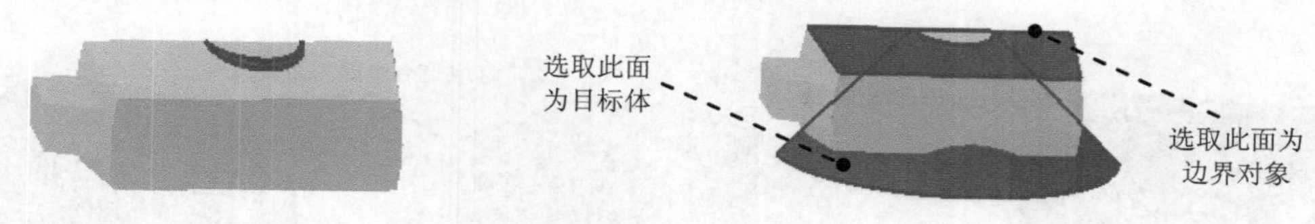

图 12.2.27 修剪特征 4

图 12.2.28 定义对象

Step18. 添加图12.2.29b所示的零件特征——变换特征。选择下拉菜单 编辑(E) → 变换(M)... 命令，系统弹出“类选择”对话框；选取图12.2.29a所示的特征为变换对象，单击 确定 按钮，系统弹出“变换”对话框；在“变换”对话框中单击 通过一平面镜像 按钮，系统弹出“平面”对话框；在类型区域的下拉列表中选择 XC-ZC 平面 选项，单击 确定 按钮，系统弹出“变换”对话框；单击 复制 按钮，单击“变换”对话框中的 取消 按钮，完成变换特征的添加。

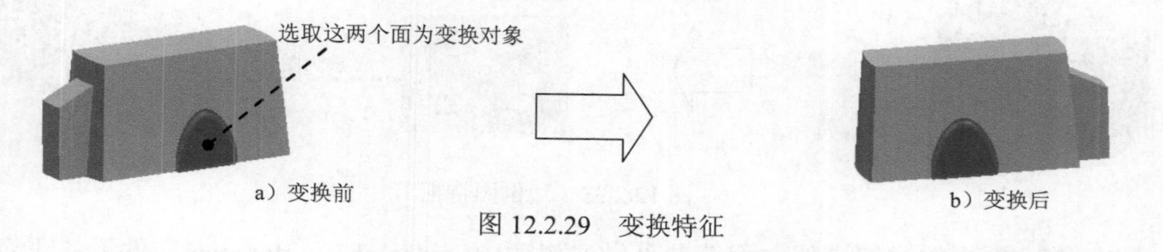

a）变换前

b）变换后

图 12.2.29 变换特征

Step19. 创建图12.2.30所示的修剪特征5。选择下拉菜单 插入(S) → 修剪(T) → 修剪片体(R)... 命令（或单击按钮），系统弹出“修剪片体”对话框；选取图12.2.31a所示的片体为目标体，选取图12.2.31b、c所示的片体为刀具体，在区域区域中选择 ⊙ 保留 单选项；单击〈确定〉按钮，完成修剪特征5的创建。

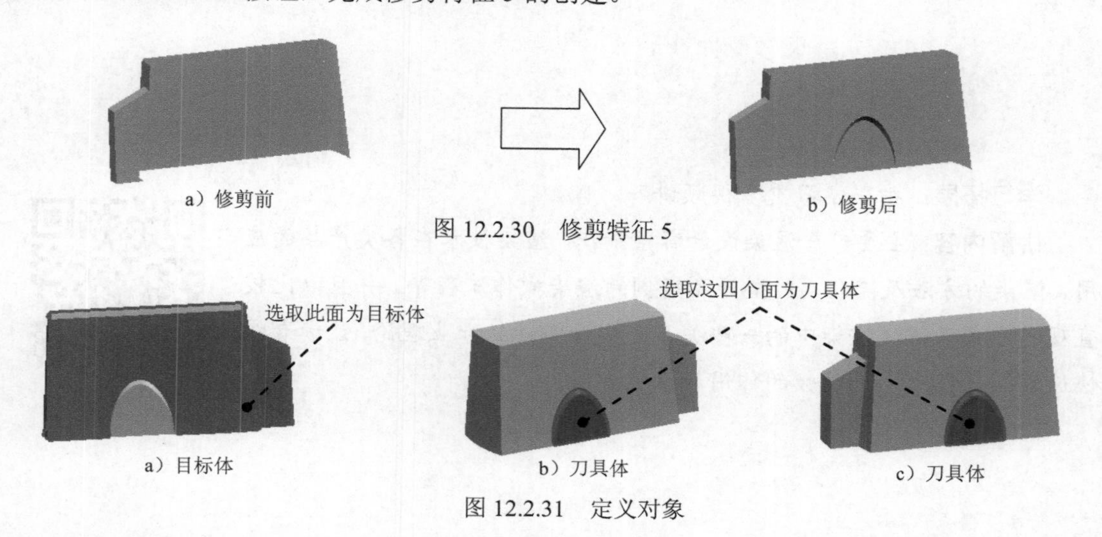

a）修剪前

b）修剪后

图 12.2.30 修剪特征 5

a）目标体

b）刀具体

c）刀具体

图 12.2.31 定义对象

Step20. 创建曲面缝合特征4。在绘图区选取图12.2.32a所示的片体为目标体，选取图 12.2.32b、c 所示的片体为刀具体；单击确定按钮，完成曲面缝合特征 4 的创建。

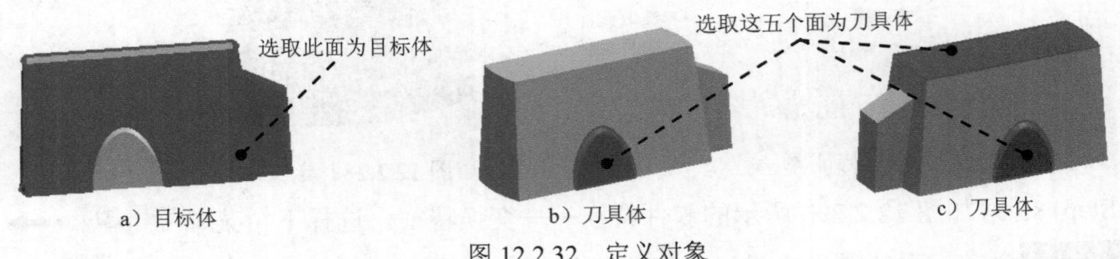

图 12.2.32　定义对象

Step21. 创建图 12.2.33b 所示的边倒圆特征。选择下拉菜单插入(S) → 细节特征(L) → 边倒圆(E)...命令（或单击按钮），系统弹出“边倒圆”对话框；在边区域中单击按钮，然后选择图 12.2.33a 所示的两条边为边倒圆参照边线，在半径 1文本框中输入值 0.5；单击“边倒圆”对话框中的< 确定 >按钮，完成边倒圆特征的创建。

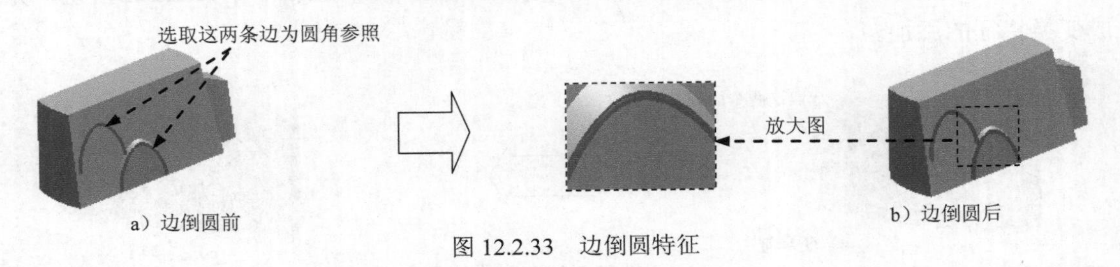

图 12.2.33　边倒圆特征

Step22. 后面的详细操作过程请参见学习资源中 video\ch12\reference\文件下的语音视频讲解文件 remote_control-r01.exe。

学习拓展： 扫码学习更多视频讲解。

讲解内容： 主要包含渲染设计背景知识，渲染技术在各类产品的应用，渲染的方法及流程，典型产品案例的渲染操作流程等。并且以比较直观的方式来讲述渲染中的一些关于光线和布景的专业理论，让读者能快速理解软件中渲染参数的作用和设置方法。

实例 13 微波炉控制面板

13.1 实例概述

本实例介绍了微波炉控制面板的设计过程。通过对本实例的学习，使读者能熟练地掌握实体的拉伸、修剪和曲面的创建、缝合等特征的应用，了解曲面建模的基本步骤。微波炉控制面板的零件模型及相应的模型树如图 13.1.1 所示。

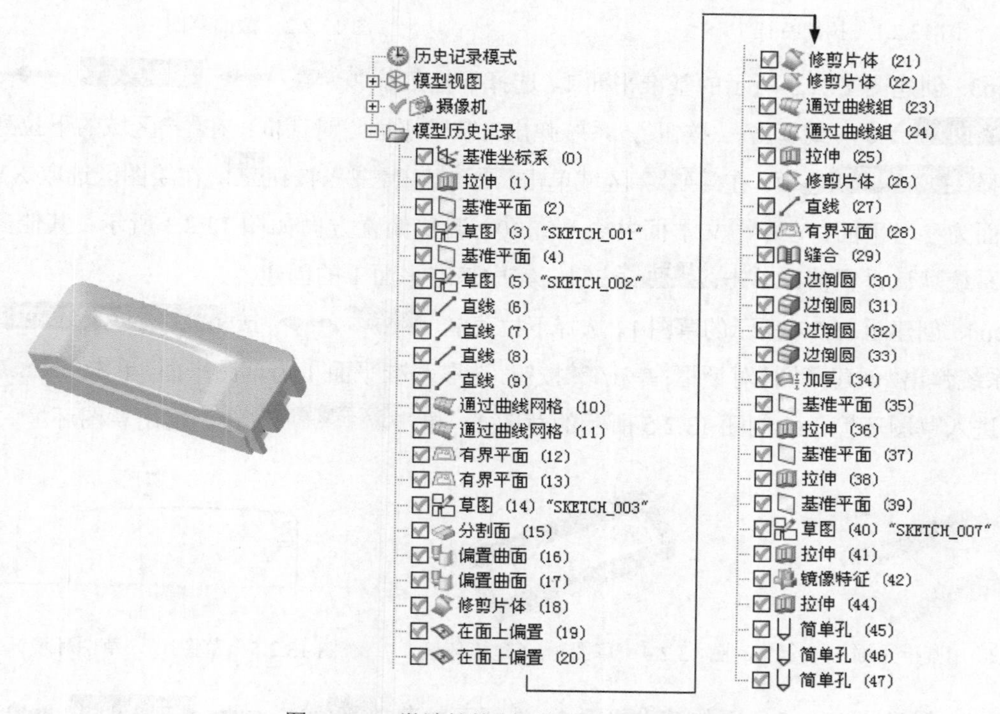

图 13.1.1 微波炉控制面板的零件模型及模型树

13.2 详细设计过程

Step1. 新建文件。选择下拉菜单 文件(F) → 新建(N)... 命令，系统弹出“新建”对话框；在 模板 选项卡中选取模板类型为 模型，在 名称 文本框中输入文件名称 panel；单击 确定 按钮，进入建模环境。

Step2. 创建图 13.2.1 所示的拉伸特征 1。选择下拉菜单 插入(S) → 设计特征(E) → 拉伸(E)... 命令（或单击 按钮），系统弹出“拉伸”对话框；单击“拉伸”对话框中的

“绘制截面”按钮，系统弹出“创建草图”对话框；单击按钮，选取 XY 基准平面为草图平面；单击确定按钮，进入草图环境，绘制图 13.2.2 所示的截面草图；单击完成草图按钮，退出草图环境；在指定矢量下拉列表中选择ZC选项，在限制区域的开始下拉列表中选择值选项，并在其下的距离文本框中输入值 0；在限制区域的结束下拉列表中选择值选项，并在其下的距离文本框中输入值 30；在设置区域的体类型下拉列表中选择片体选项；其他参数采用系统默认设置值；单击< 确定 >按钮，完成拉伸特征 1 的创建。

图 13.2.1　拉伸特征 1

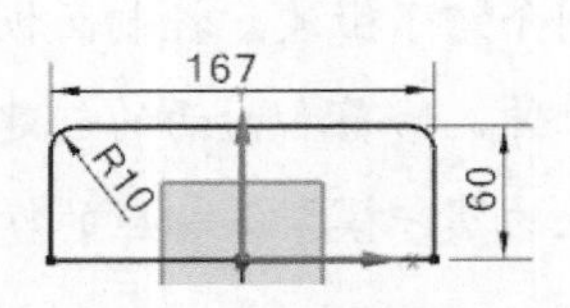

图 13.2.2　截面草图

Step3. 创建图 13.2.3 所示的基准平面 1。选择下拉菜单 插入(S) → 基准/点(D) → 基准平面(D)... 命令（或单击按钮），系统弹出“基准平面”对话框；在类型区域的下拉列表中选择按某一距离选项，在平面参考区域单击选择平面对象 (0)按钮，在绘图区选取 XY 基准平面为参考平面，在距离文本框中输入值 40，调整偏置方向如图 13.2.3 所示；其他参数采用系统默认设置值；单击< 确定 >按钮，完成基准平面 1 的创建。

Step4. 创建图 13.2.4 所示的草图 1。选择下拉菜单 插入(S) → 在任务环境中绘制草图(V)... 命令，系统弹出“创建草图”对话框；单击按钮，选取基准平面 1 为草图平面，单击确定按钮，进入草图环境，绘制图 13.2.5 所示的草图 1；单击完成草图按钮，退出草图环境。

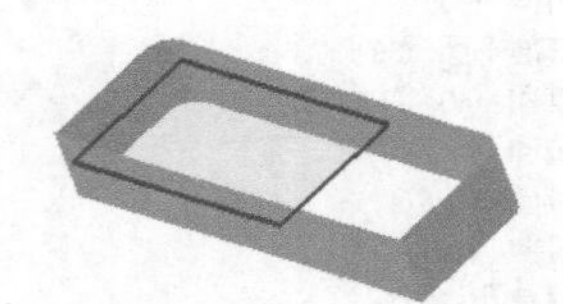
图 13.2.3　基准平面 1

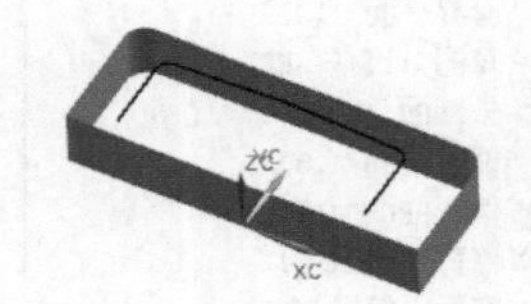
图 13.2.4　草图 1　（建模环境）

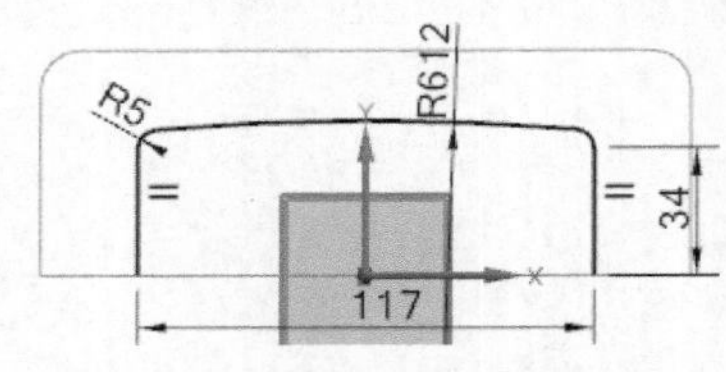

图 13.2.5　草图 1　（草图环境）

Step5. 创建图 13.2.6 所示的基准平面 2。选择下拉菜单 插入(S) → 基准/点(D) → 基准平面(D)... 命令（或单击按钮），系统弹出“基准平面”对话框；在类型区域的下拉列表中选择按某一距离选项，在平面参考区域单击选择平面对象 (0)按钮，在绘图区选取基准平面 1 为参考平面；在距离文本框中输入值 5，通过单击偏置区域的反向按钮调整偏置方向为沿 Z 基准轴的负方向；其他参数采用系统默认设置值；单击< 确定 >按钮，完成基准平面 2 的创建。

Step6. 创建图 13.2.7 所示的草图 2。选择下拉菜单 插入(S) → 在任务环境中绘制草图(V)... 命令；选取基准平面 2 为草图平面；进入草图环境，绘制图 13.2.8 所示的草图 2；单击完成草图按钮，退出草图环境。

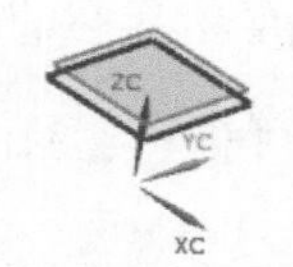

图 13.2.6 基准平面 2

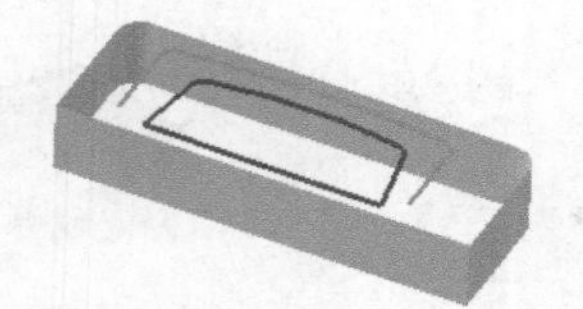
图 13.2.7 草图 2（建模环境）

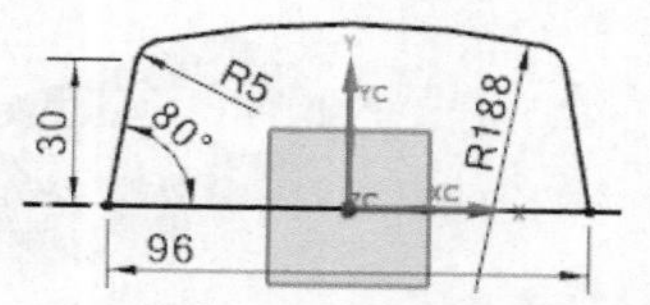

图 13.2.8 草图 2（草图环境）

Step7. 创建图 13.2.9 所示的直线特征 1。选择下拉菜单 插入(S) → 曲线(C) → 直线(L)... 命令（或单击 按钮），系统弹出“直线”对话框；在“直线”对话框 起点 区域的“起点选项”下拉列表中选择 点 选项，并选取图 13.2.10 所示的点 1（草图 1 的端点）为参考点；在 终点或方向 区域的“终点选项”下拉列表中选择 点 选项，并选取图 13.2.10 所示的点 2（拉伸特征 1 的边线交点）为参考点；单击 < 确定 > 按钮，完成直线特征 1 的创建。

Step8. 创建图 13.2.11 所示的直线特征 2（参考 Step7 的操作步骤）。

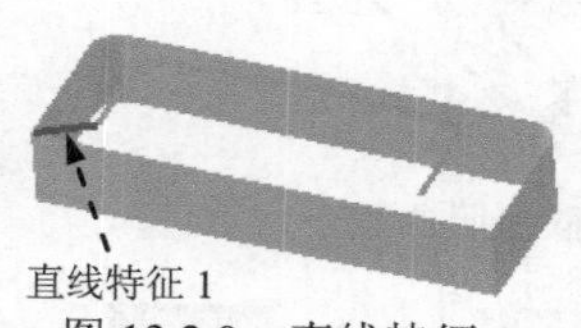

图 13.2.9 直线特征 1

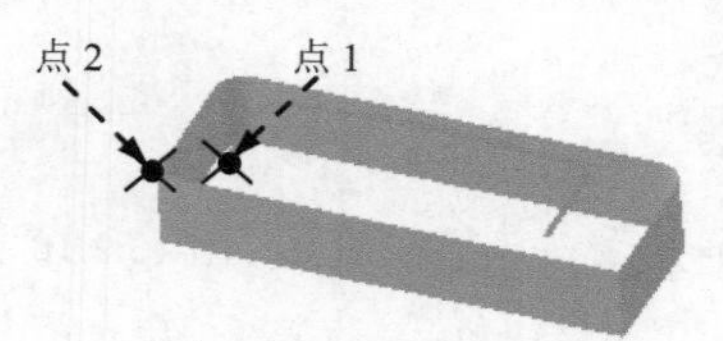

图 13.2.10 选取参考点

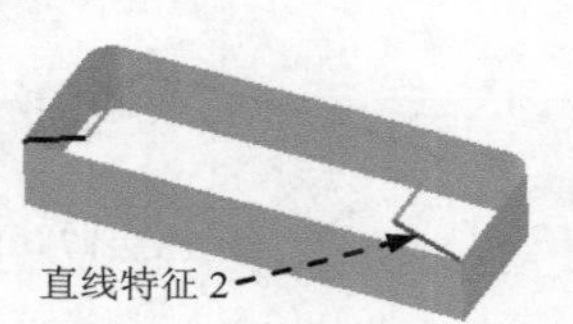

图 13.2.11 直线特征 2

Step9. 创建图 13.2.12 所示的直线特征 3。选择下拉菜单 插入(S) → 曲线(C) → 直线(L)... 命令（或单击 按钮），系统弹出“直线”对话框；在“直线”对话框 起点 区域的“起点选项”下拉列表中选择 点 选项，并选取图 13.2.13 所示的点 1（草图 1 的端点）为参考点；在 终点或方向 区域的“终点选项”下拉列表中选择 点 选项，并选取图 13.2.13 所示的点 2（草图 2 直线的端点）为参考点；单击 < 确定 > 按钮，完成直线特征 3 的创建。

Step10. 创建图 13.2.14 所示的直线特征 4（参考 Step9 的操作步骤）。

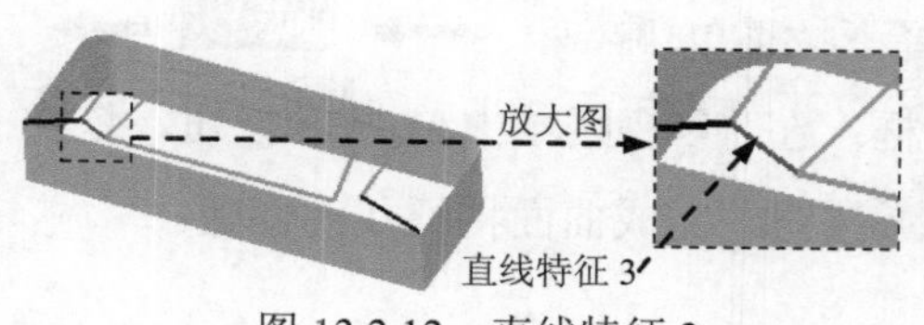

图 13.2.12 直线特征 3

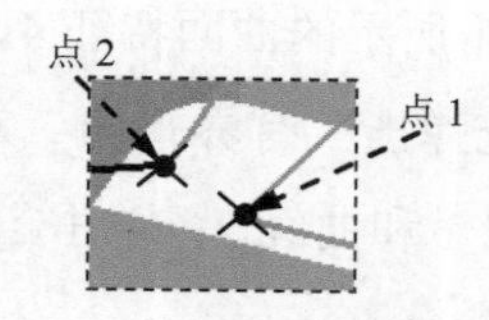

图 13.2.13 选取参考点

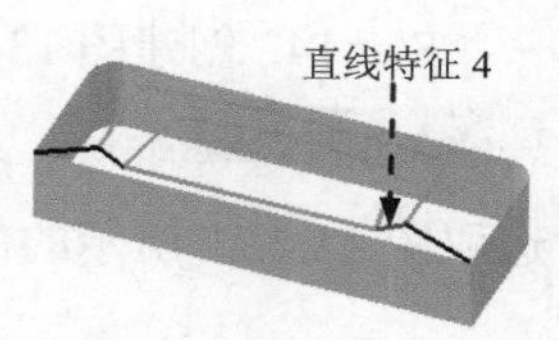

图 13.2.14 直线特征 4

Step11. 创建图 13.2.15 所示的曲面特征 1。选择下拉菜单 插入(S) → 网格曲面(M) → 通过曲线网格(M)... 命令，系统弹出“通过曲线网格”对话框；依次选取图 13.2.16 所示的曲线 1 和曲线 2 为主线串，并分别单击中键确认；再次单击中键后，选取曲线 3 和曲线 4 为交叉线串，并分别单击中键确认；在 连续性 区域的下拉列表中全部选择 G0（位置） 选项；在“通过曲线网格”对话框中单击 < 确定 > 按钮，完成曲面特征 1 的创建。

图 13.2.15 曲面特征 1

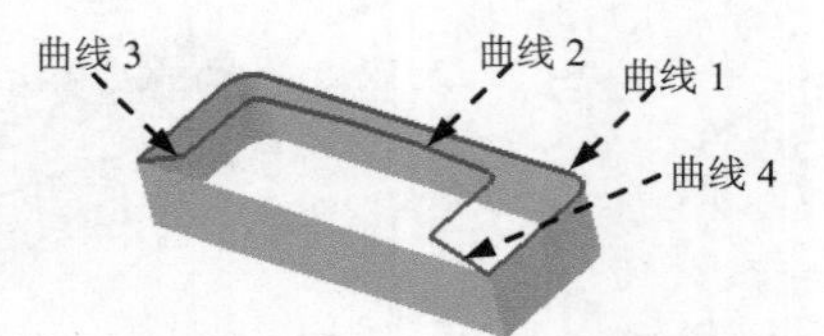

图 13.2.16 选取参照曲线

Step12. 创建图 13.2.17 所示的曲面特征 2。选择下拉菜单 插入(S) → 网格曲面(M) → 通过曲线网格(M)... 命令；依次选取图 13.2.18 所示的曲线 1 和曲线 2 为主线串，并分别单击中键确认；再次单击中键后选取曲线 3 和曲线 4 为交叉线串，并分别单击中键确认；在 连续性 区域的下拉列表中全部选择 G0(位置) 选项；单击 < 确定 > 按钮，完成曲面特征 2 的创建。

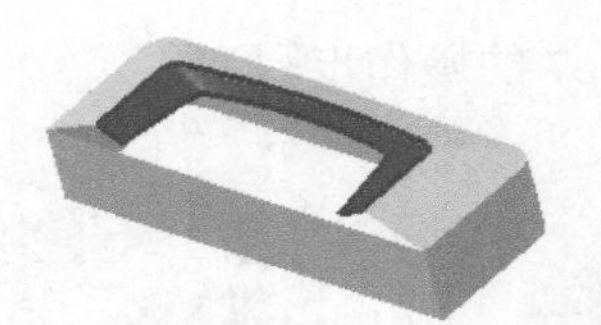
图 13.2.17 曲面特征 2

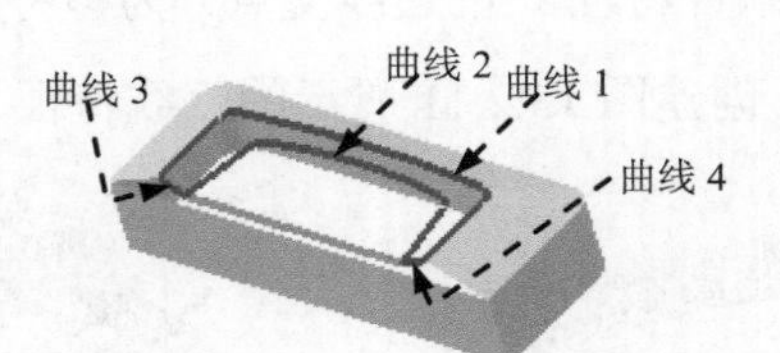

图 13.2.18 选取参照曲线

Step13. 创建图 13.2.19 所示的曲面特征 3。选择下拉菜单 插入(S) → 曲面(R) → 有界平面(B)... 命令，系统弹出“有界平面”对话框；在 平截面 区域中单击按钮，选取图 13.2.20 所示的曲线；单击 < 确定 > 按钮，完成曲面特征 3 的创建。

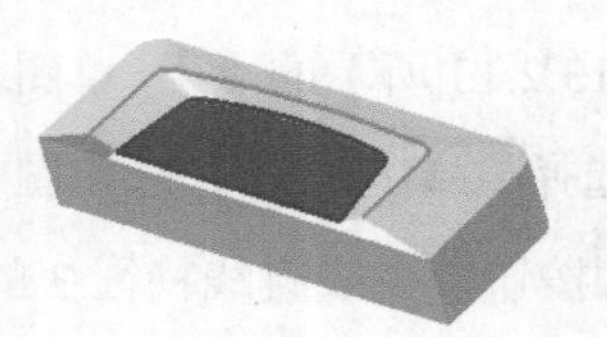
图 13.2.19 曲面特征 3

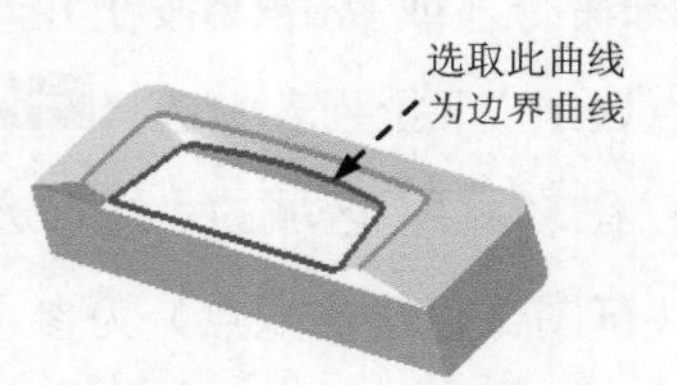

图 13.2.20 选取参照曲线

Step14. 创建图 13.2.21 所示的曲面特征 4。选择下拉菜单 插入(S) → 曲面(R) → 有界平面(B)... 命令，系统弹出“有界平面”对话框；在 平截面 区域中单击按钮，依次选取图 13.2.22 所示的曲线 1 和曲线 2；单击 < 确定 > 按钮，完成曲面特征 4 的创建。

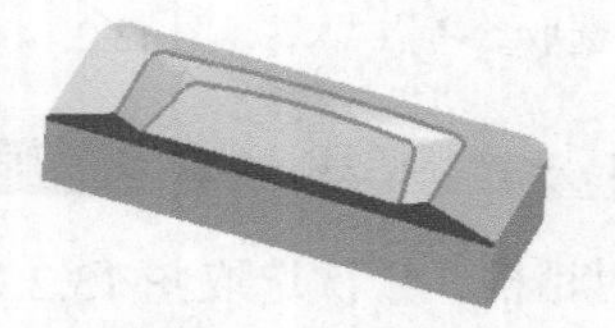
图 13.2.21 曲面特征 4

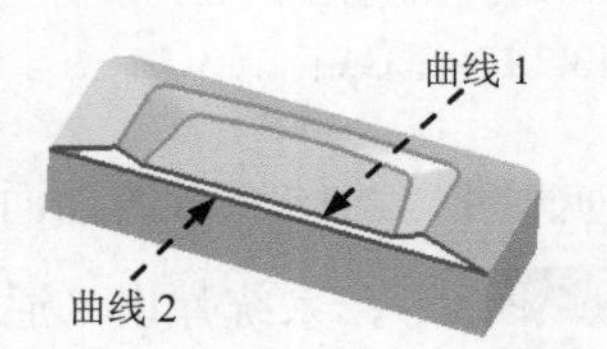

图 13.2.22 选取参照曲线

Step15. 创建图 13.2.23 所示的草图 3。选择下拉菜单 插入(S) → 在任务环境中绘制草图(V)... 命令，系统弹出“创建草图”对话框；选取图 13.2.24 所示的平面为草图平面；进入草图环境，绘制图 13.2.25 所示的草图 3；单击 完成草图 按钮，退出草图环境。

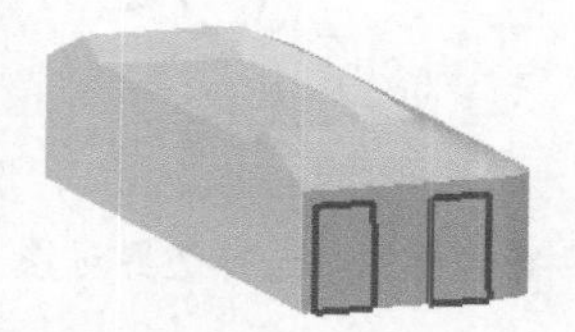
图 13.2.23 草图 3（建模环境）

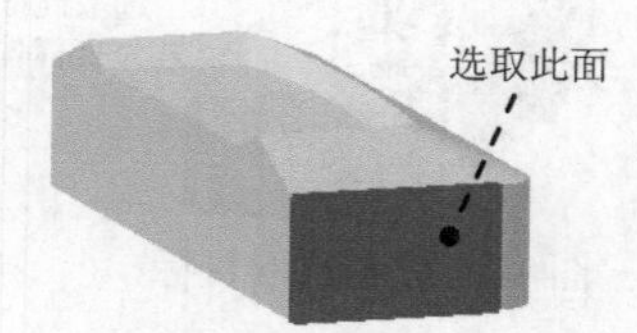

图 13.2.24 选取草图平面

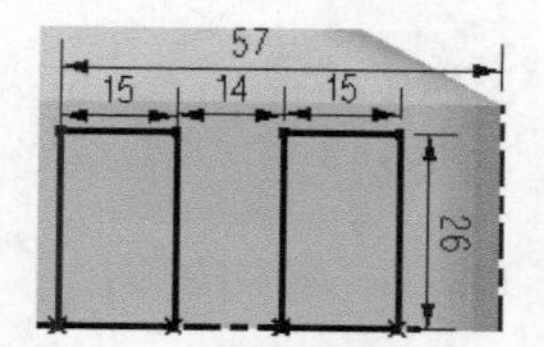

图 13.2.25 草图 3（草图环境）

Step16. 创建图 13.2.26 所示的分割面。选择下拉菜单 插入(S) → 修剪(T) → 分割面(D)... 命令，系统弹出“分割面”对话框；选择图 13.2.27 所示的面为要分割的面；选择 Step15 绘制的草图 3 为分割对象；在 投影方向 区域的 投影方向 下拉列表中选择 垂直于面 选项；在 设置 区域中选中 ☑ 不要对面上的曲线进行投影 复选框；其他参数采用系统默认设置值；单击 < 确定 > 按钮，完成分割面的创建。

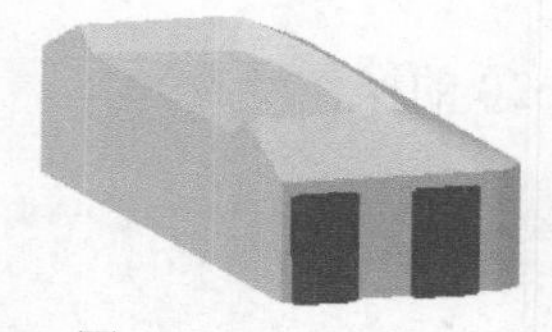
图 13.2.26 分割面

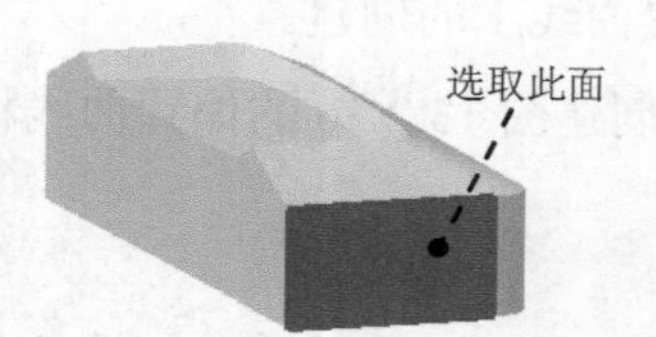

图 13.2.27 分割参照面

Step17. 创建图 13.2.28 所示的偏置曲面 1。选择下拉菜单 插入(S) → 偏置/缩放(O) → 偏置曲面(O)... 命令，系统弹出“偏置曲面”对话框；选取图 13.2.29 所示的面为偏置曲面参照；在 偏置 1 文本框中输入值 8，单击 按钮调整偏置方向为向内，其他参数采用系统默认设置值；单击 < 确定 > 按钮，完成偏置曲面 1 的创建。

Step18. 创建图 13.2.30 所示的偏置曲面 2（参考 Step17 的操作步骤）。

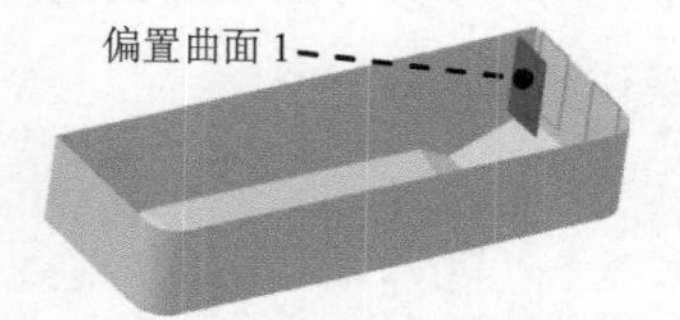

图 13.2.28 偏置曲面 1

图 13.2.29 选取偏置曲面参照

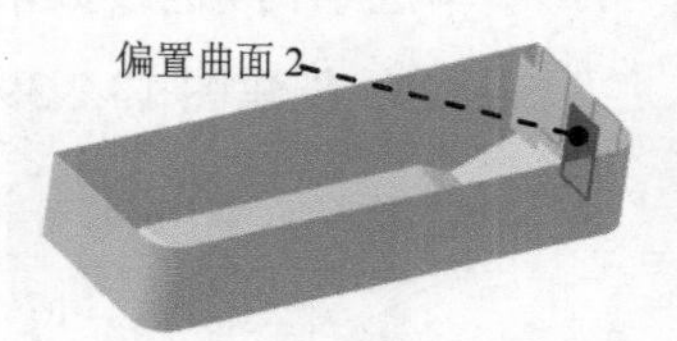

图 13.2.30 偏置曲面 2

Step19. 创建图 13.2.31 所示的修剪特征 1。选择下拉菜单 插入(S) → 修剪(T) → 修剪片体(R)... 命令，系统弹出“修剪片体”对话框；选择图 13.2.32 所示的片体为目标体，并单击中键确认；在模型树中选取 Step15 绘制的草图 3 为边界对象（图 13.2.33 所示）；在 投影方向 区域的 投影方向 下拉列表中选择 沿矢量 选项；在 指定矢量 下拉列表中选择 XC 选项；取消选中 ☐ 投影两侧 复选框，在 区域 区域中选中 ⊙ 保留 单选项；其他参数采用系统默认设置值；单击 确定 按钮，完成修剪特征 1 的创建。

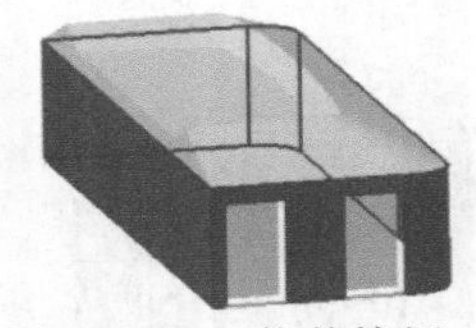
图 13.2.31　修剪特征 1

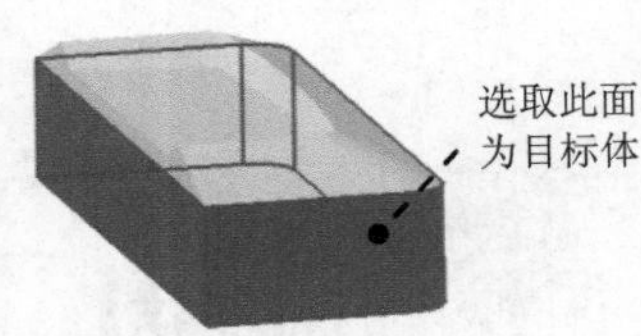

图 13.2.32　选取目标

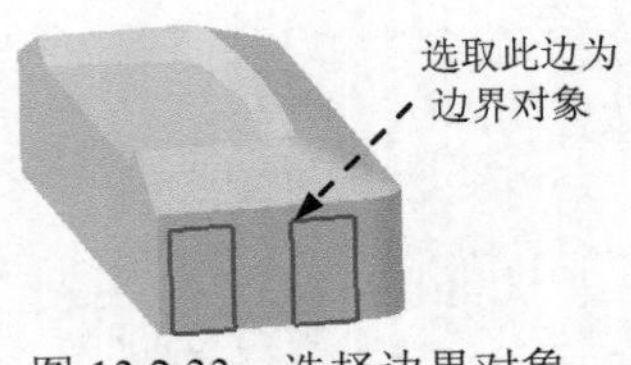

图 13.2.33　选择边界对象

注意：根据选取目标体的位置不同，需要在区域区域调整为 保留或 放弃单选项，否则修剪结果不正确。

Step20. 创建图 13.2.34 所示的偏置曲线特征 1。选择下拉菜单 插入(S) → 派生曲线(U) → 在面上偏置... 命令，系统弹出“在面上偏置曲线”对话框；选取图 13.2.35 所示的边线，在面或平面区域激活 * 选择面或平面 (0)；在曲线区域的截面线1：偏置1文本框中输入值 3，调整曲线的偏置方向指向曲面内部；在“在面上偏置曲线”对话框中单击< 确定 >按钮，完成偏置曲线 1 的创建。

Step21. 创建图 13.2.36 的偏置曲线特征 2（参考 Step20 的操作步骤）。

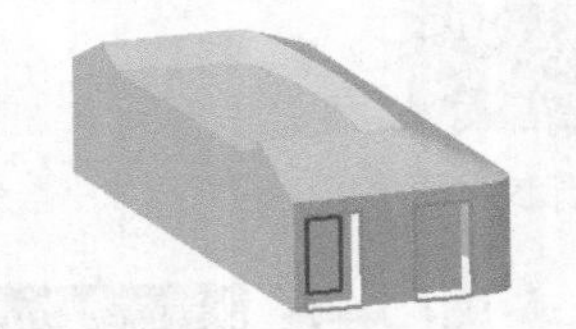
图 13.2.34　偏置曲线特征 1

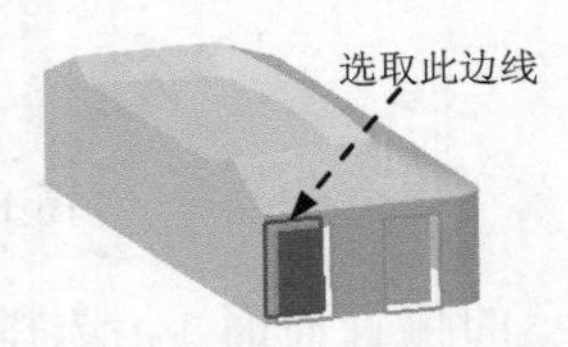

图 13.2.35　选取参照曲线

图 13.2.36　偏置曲线特征 2

Step22. 创建图 13.2.37 所示的修剪特征 2。选择下拉菜单 插入(S) → 修剪(T) ▸ → 修剪片体(R)... 命令，系统弹出“修剪片体”对话框；选取图 13.2.38 所示的曲面为目标体，单击中键确认；选取偏置曲线特征 1 为边界对象，在区域区域中选中 放弃单选项；其他参数采用系统默认设置值；单击确定按钮，完成修剪特征 2 的创建。

Step23. 创建图 13.2.39 所示的修剪特征 3（参考 Step22 的操作步骤）。

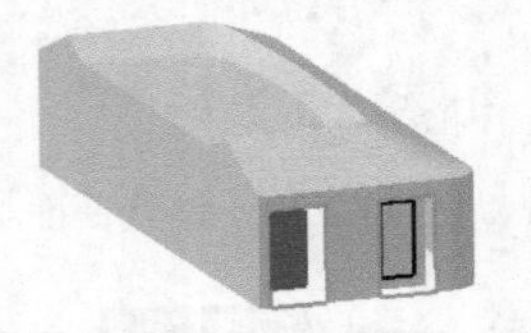
图 13.2.37　修剪特征 2

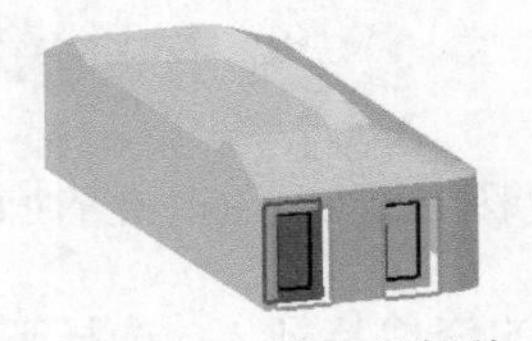
图 13.2.38　选取目标体

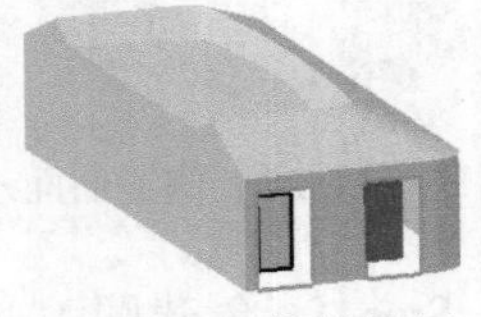
图 13.2.39　修剪特征 3

Step24. 创建图 13.2.40 所示的曲面特征 5。选择下拉菜单 插入(S) → 网格曲面(M) ▸ → 通过曲线组(T)... 命令，系统弹出“通过曲线组”对话框；依次选取图 13.2.41 示的曲线 1 和曲线 2 为截面曲线，并分别单击中键确认；其他参数采用系统默认设置值；单击< 确定 >按钮，完成曲面特征 5 的创建。

Step25. 创建图 13.2.42 所示的曲面特征 6（参考 Step24 的操作步骤）。

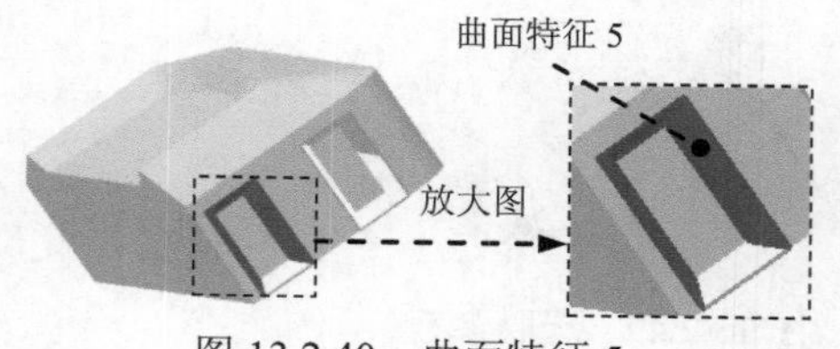

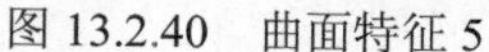
图 13.2.40 曲面特征 5

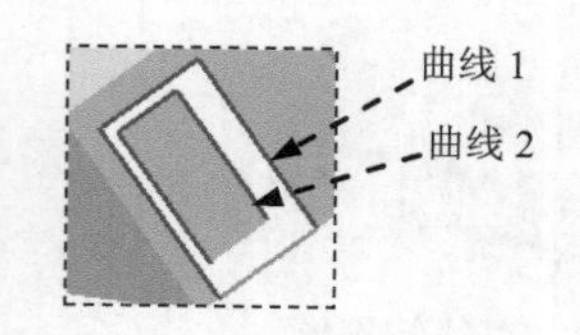

图 13.2.41 选取截面曲线

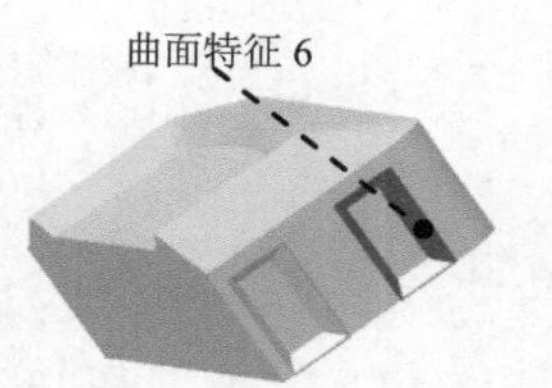

图 13.2.42 曲面特征 6

Step26. 创建图 13.2.43 所示的拉伸特征 2。选择下拉菜单 插入(S) → 设计特征(E) → 拉伸(E)... 命令（或单击按钮），系统弹出“拉伸”对话框；单击“拉伸”对话框截面区域的按钮，系统弹出“创建草图”对话框；选取图 13.2.44 所示的面为草图平面，单击确定按钮，进入草图环境，绘制图 13.2.45 所示的截面草图；单击完成草图按钮，退出草图环境；在“拉伸”对话框的指定矢量下拉列表中选择-YC选项；在限制区域的开始下拉列表中选择值选项，并在其下的距离文本框中输入值 0；在限制区域的结束下拉列表中选择值选项，并在其下的距离文本框中输入值 3；其他选项保持系统默认；单击< 确定 >按钮，完成拉伸特征 2 的创建。

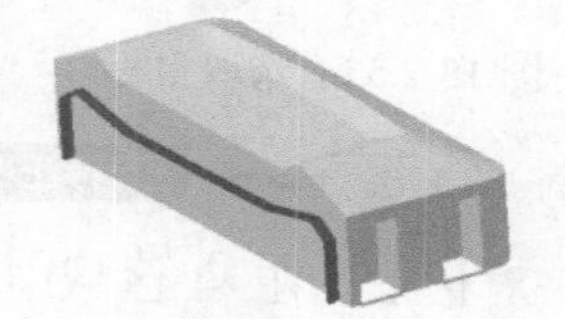
图 13.2.43 拉伸特征 2

图 13.2.44 选取草图平面

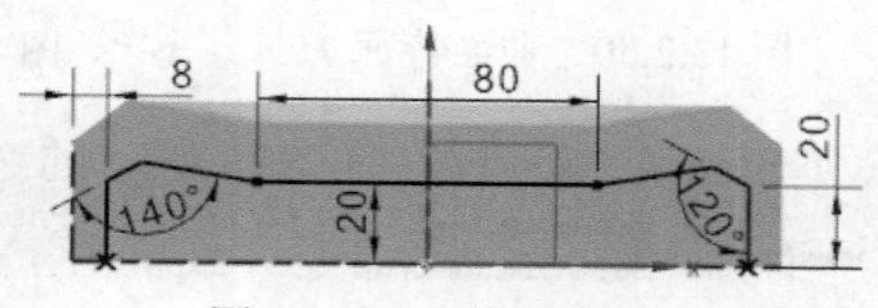

图 13.2.45 截面草图

Step27. 创建图 13.2.46 所示的修剪特征 4。选择下拉菜单插入(S) → 修剪(T) → 修剪片体(R)... 命令，系统弹出“修剪片体”对话框；选取图 13.2.47 所示的曲面为目标体，单击中键确认；选择拉伸特征 2 为边界对象，在区域区域中选中放弃单选项；其他参数采用系统默认设置值；单击< 确定 >按钮，完成修剪特征 4 的创建。

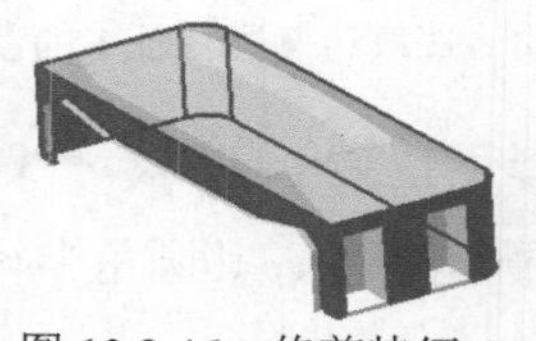
图 13.2.46 修剪特征 4

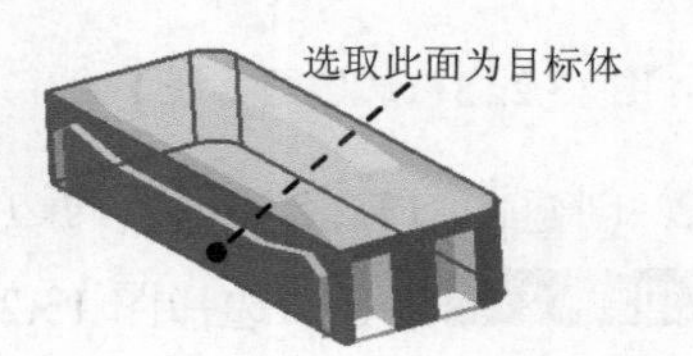

图 13.2.47 选取目标体

Step28. 创建图 13.2.48 所示的直线特征 5。选择下拉菜单插入(S) → 曲线(C) → 直线(L)... 命令（或单击按钮），系统弹出“直线”对话框；在“直线”对话框起点区域的“起点选项”下拉列表中选择点选项，并选取图 13.2.49 的点 1（片体的边线端点）为参考点；在终点或方向区域的“终点选项”下拉列表中选择点选项，并选取图 13.2.49 的点 2（片体的边线端点）为参考点；单击< 确定 >按钮，完成直线特征 5 的创建。

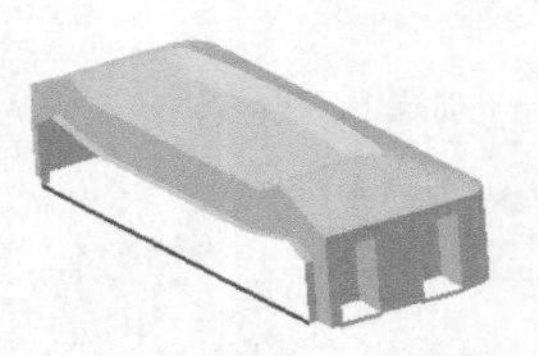

图 13.2.48　直线特征 5

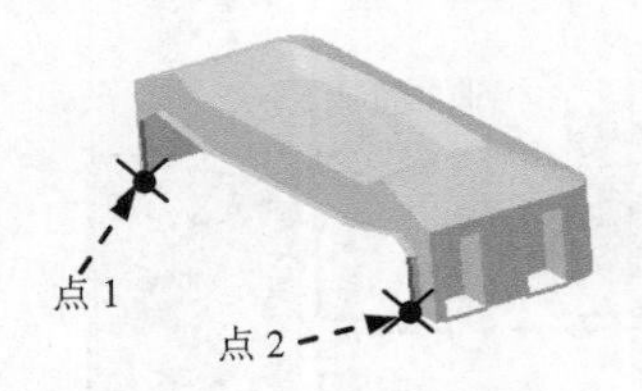

图 13.2.49　选取参考点

Step29. 创建图 13.2.50 所示的曲面特征 7。选择下拉菜单 插入(S) → 曲面(R) → 有界平面(B)... 命令，系统弹出“有界平面”对话框；依次选取图 13.2.51 所示的曲线，然后在“有界平面”对话框中单击 < 确定 > 按钮，完成曲面特征 7 的创建。

Step30. 创建曲面缝合特征。选择下拉菜单 插入(S) → 组合(B) → 缝合(W)... 命令，系统弹出“缝合”对话框；在 类型 区域的下拉列表中选择 片体 选项；选取图 13.2.52 所示曲面为目标体，其他曲面为刀具体；单击 确定 按钮，完成曲面缝合特征的创建。

图 13.2.50　曲面特征 7

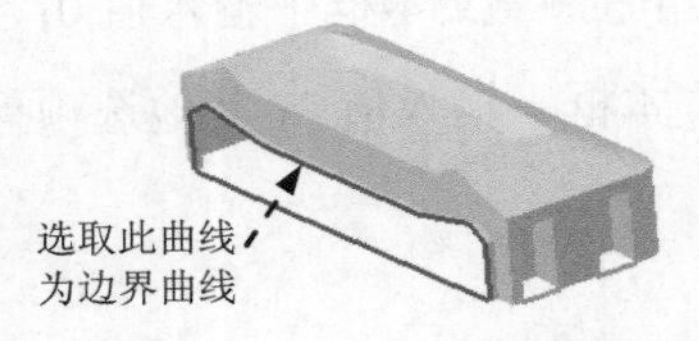

图 13.2.51　选取参照曲线

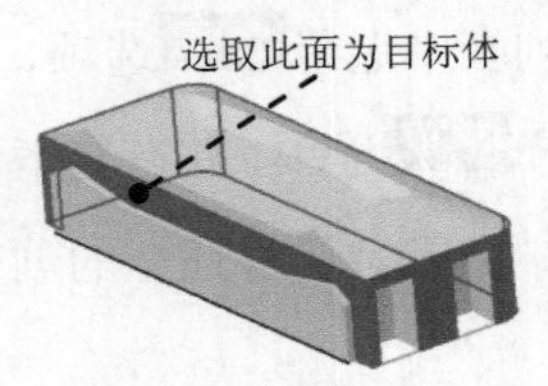

图 13.2.52　选取目标体

Step31. 创建图 13.2.53 所示的边倒圆特征 1。选择下拉菜单 插入(S) → 细节特征(L) → 边倒圆(E)... 命令（或单击 按钮），系统弹出“边倒圆”对话框；在 边 区域中单击 按钮，选择图 13.2.54 所示的边线为倒圆角参照，并在 半径 1 文本框中输入值 3；单击 < 确定 > 按钮，完成边倒圆特征 1 的创建。

图 13.2.53　边倒圆特征 1

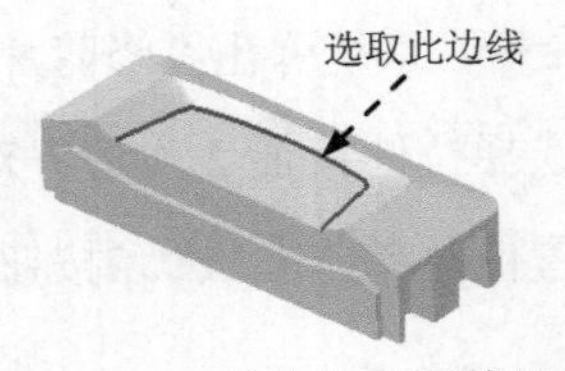

图 13.2.54　选取边倒圆特征 1 的参照

Step32. 创建图 13.2.55 所示的边倒圆特征 2。选择下拉菜单 插入(S) → 细节特征(L) → 边倒圆(E)... 命令；选择图 13.2.56 示的边线为倒圆角参照，其圆角半径值为 5。

图 13.2.55　边倒圆特征 2

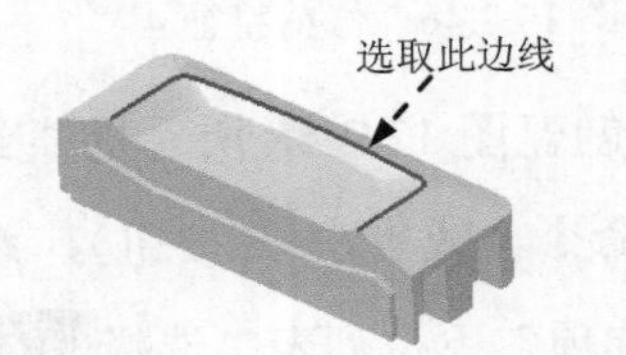

图 13.2.56　选取边倒圆特征 2 的参照

Step33. 创建图 13.2.57 所示的边倒圆特征 3。选择下拉菜单 插入(S) → 细节特征(L)

→ 边倒圆(E)... 命令，选择图 13.2.58 所示的边线为倒圆角参照，其圆角半径值为 1。

图 13.2.57 边倒圆特征 3

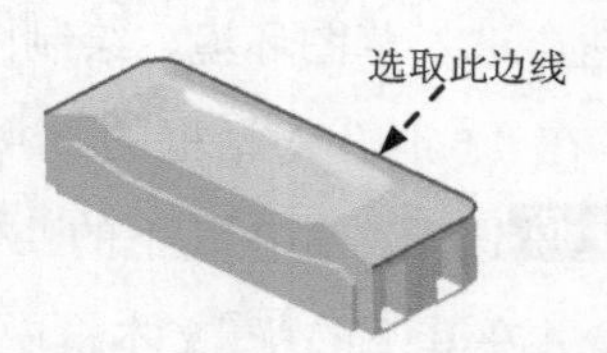

图 13.2.58 选取边倒圆特征 3 的参照

Step34. 创建图 13.2.59 所示的边倒圆特征 4。选择下拉菜单 插入(S) → 细节特征(L) → 边倒圆(E)... 命令，选择图 13.2.60 所示的边线为倒圆角参照，其圆角半径值为 1。

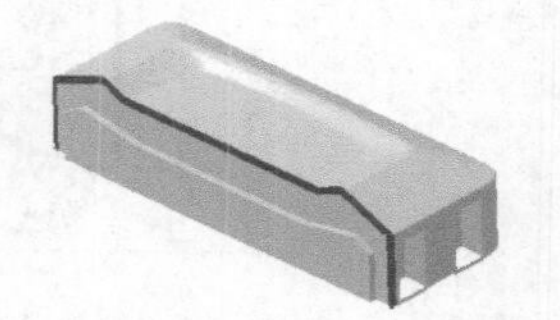
图 13.2.59 边倒圆特征 4

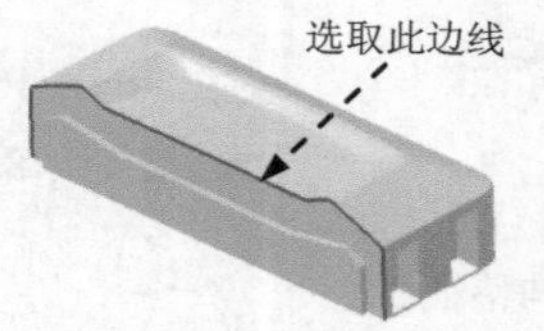

图 13.2.60 选取边倒圆特征 4 的参照

Step35. 创建图 13.2.61 所示的面加厚特征。选择下拉菜单 插入(S) → 偏置/缩放(O) → 加厚(T)... 命令，系统弹出“加厚”对话框；选取倒圆后的整个曲面为加厚对象，在区域中的 偏置 1 文本框中输入值 1，确认厚度方向指向片体内部；其他参数采用系统默认设置值；单击 < 确定 > 按钮，完成曲面加厚特征的创建。

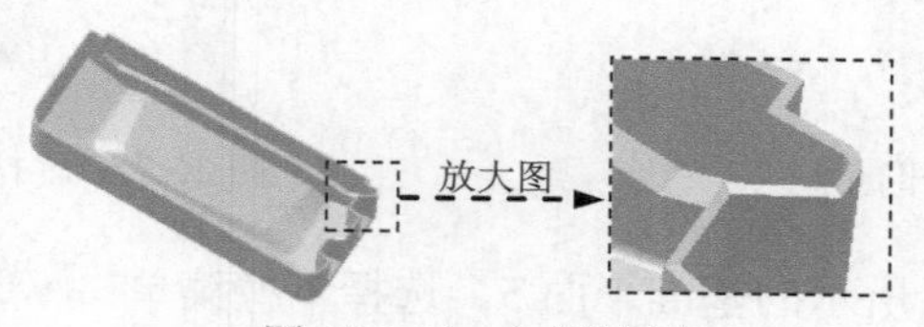

图 13.2.61 加厚特征

Step36. 创建图 13.2.62 所示的基准平面 3。选择下拉菜单 插入(S) → 基准/点(D) → 基准平面(D)... 命令（或单击 按钮），系统弹出“基准平面”对话框；在 类型 区域的下拉列表中选择 点和方向 选项，在 通过点 区域激活 指定点，并选取图 13.2.63 所示的点 1 为参考点；在 法向 区域的 指定矢量 下拉列表中选择 选项；单击 < 确定 > 按钮，完成基准平面 3 的创建。

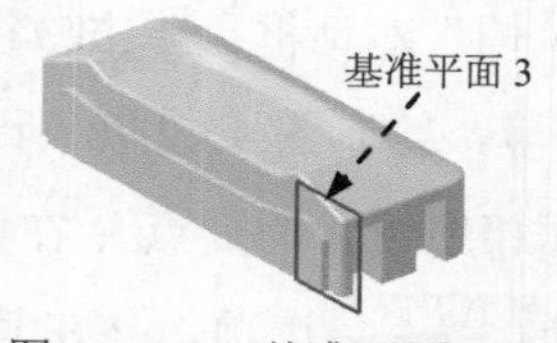

图 13.2.62 基准平面 3

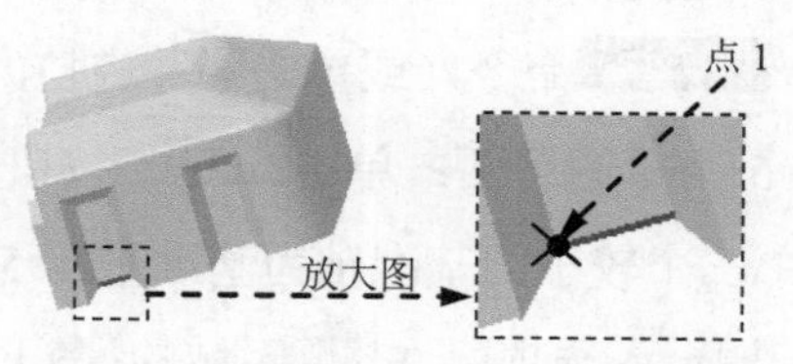

图 13.2.63 选取平面参照

Step37. 创建图 13.2.64 所示的拉伸特征 3。选择下拉菜单 插入(S) → 设计特征(E) → 拉伸(E)... 命令（或单击 按钮），系统弹出“拉伸”对话框；单击“拉伸”对话框中截面区域的按钮，系统弹出“创建草图”对话框，选取基准平面 3 为草图平面；单击确定按钮，进入草图环境，绘制图 13.2.65 所示的截面草图；单击完成草图按钮，退出草图环境；在“拉伸”对话框的指定矢量下拉列表中选择YC选项；在限制区域的开始下拉列表中选择值选项，并在其下的距离文本框中输入值 0；在限制区域的结束下拉列表中选择值选项，并在其下的距离文本框中输入值 9；在布尔区域的下拉列表中选择合并选项，系统自动选择合并对象；单击< 确定 >按钮，完成拉伸特征 3 的创建。

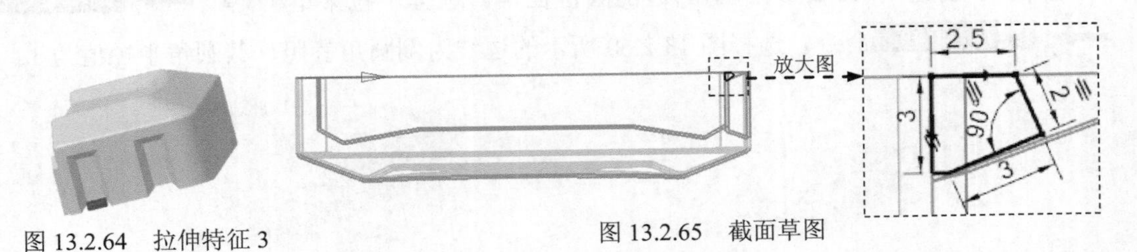

图 13.2.64　拉伸特征 3

图 13.2.65　截面草图

Step38. 创建图 13.2.66 所示的基准平面 4（参考 Step36 的操作步骤）。

Step39. 创建图 13.2.67 所示的拉伸特征 4（参考 Step37 的操作步骤）。

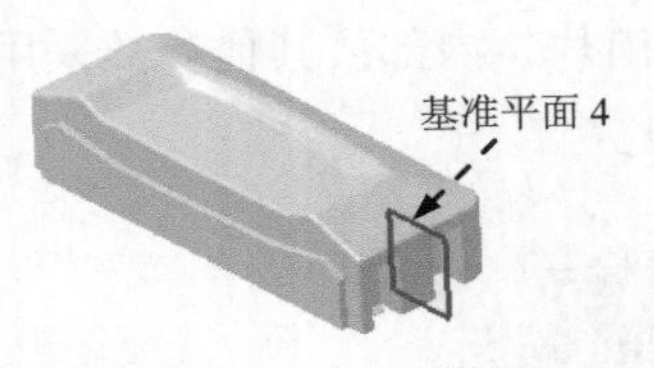

图 13.2.66　基准平面 4

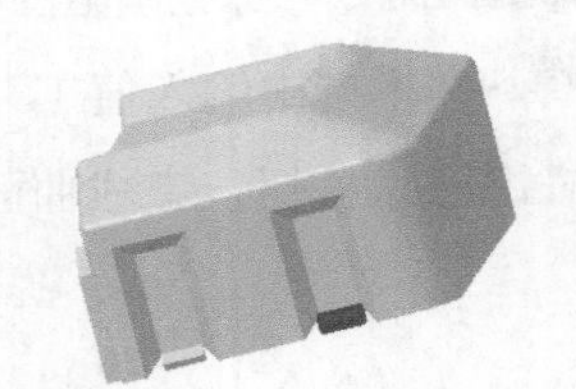
图 13.2.67　拉伸特征 4

Step40. 创建图 13.2.68 所示的基准平面 5。选择下拉菜单 插入(S) → 基准/点(D) → 基准平面(D)...命令（或单击按钮），系统弹出“基准平面”对话框；在类型区域的下拉列表中选择按某一距离选项，在平面参考区域中单击选择平面对象 (0)按钮，在绘图区选取 YZ 基准平面为参考平面，在距离文本框中输入值 23.5；通过单击偏置区域的反向按钮调整平面位置，如图 13.2.68 所示；其他参数采用系统默认设置值；单击< 确定 >按钮，完成基准平面 5 的创建。

Step41. 创建图 13.2.69 所示的拉伸特征 5。选择下拉菜单 插入(S) → 设计特征(E) → 拉伸(E)...命令（或单击按钮），系统弹出“拉伸”对话框；单击按钮，选取基准平面 5 为草图平面；单击确定按钮，进入草图环境，绘制图 13.2.70 所示的截面草图（草图中三个较小的基准轴为基准平面 5 与模型内表面相应边线的交点）；在指定矢量下拉列表中选择XC选项；在限制区域的开始下拉列表中选择对称值选项，并在其下的距离文本框中输入值 1；在布尔区域中选择合并选项，系统将自动与模型中唯一一个体进行布尔合并运算；单击< 确定 >按钮，完成拉伸特征 5 的创建。

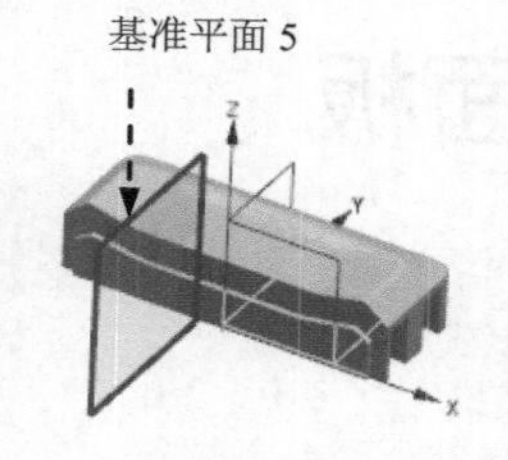

图 13.2.68　基准平面 5

图 13.2.69　拉伸特征 5

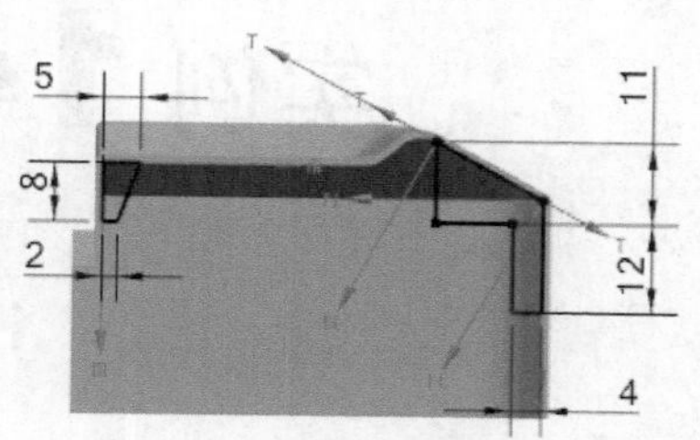

图 13.2.70　截面草图

Step42. 创建图 13.2.71 所示的镜像体特征。选择下拉菜单 插入(S) → 关联复制(A) ▸ → 镜像特征(M)... 命令，系统弹出“镜像特征”对话框；在绘图区中选取图 13.2.69 所示的拉伸特征 5 为要镜像的特征；在镜像平面区域中单击按钮，在绘图区中选取 YZ 基准平面作为镜像平面；单击“镜像特征”对话框中的 确定 按钮，完成镜像特征的创建。

Step43. 创建图 13.2.72 所示的拉伸特征 6。选择下拉菜单 插入(S) → 设计特征(E) → 拉伸(E)... 命令（或单击按钮），系统弹出“拉伸”对话框；单击按钮，选取图 13.2.73 所示的平面为草图平面，单击 确定 按钮，进入草图环境，绘制图 13.2.74 所示的截面草图；在“拉伸”对话框的指定矢量下拉列表中选择 -ZC 选项，在限制区域的开始下拉列表中选择值选项，并在其下的距离文本框中输入值 0；在限制区域的结束下拉列表中选择值选项，并在其下的距离文本框中输入值 10；在布尔区域中选择合并选项，系统自动选择合并对象；其他参数采用系统默认设置值；单击 < 确定 > 按钮，完成拉伸特征 6 的创建。

图 13.2.71　镜像体特征

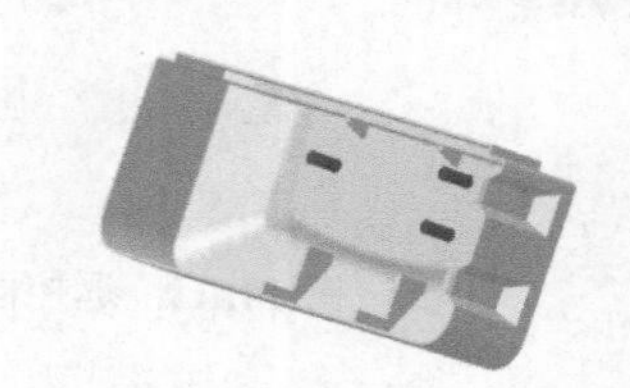

图 13.2.72　拉伸特征 6

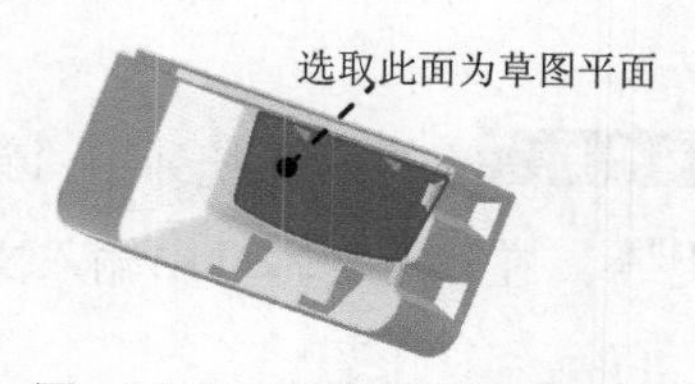

图 13.2.73　选取草图参照

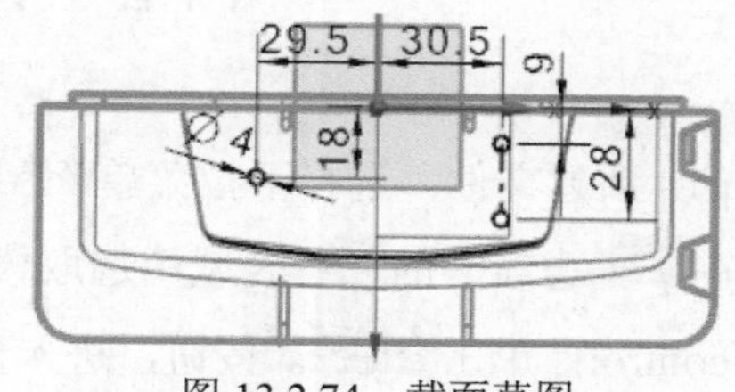

图 13.2.74　截面草图

Step44. 后面的详细操作过程请参见学习资源中 video\ch13\reference\文件下的语音视频讲解文件 panel-r01.exe。

实例 14 遥控器控制面板

14.1 实例概述

本实例介绍了控制面板的设计过程。通过对本实例的学习，使读者能熟练地掌握拉伸、偏置曲面、修剪片体、偏置曲线、桥接曲线、通过曲线网格、缝合、边倒圆和抽壳等特征的应用。遥控器控制面板的零件模型及模型树如图 14.1.1 所示。

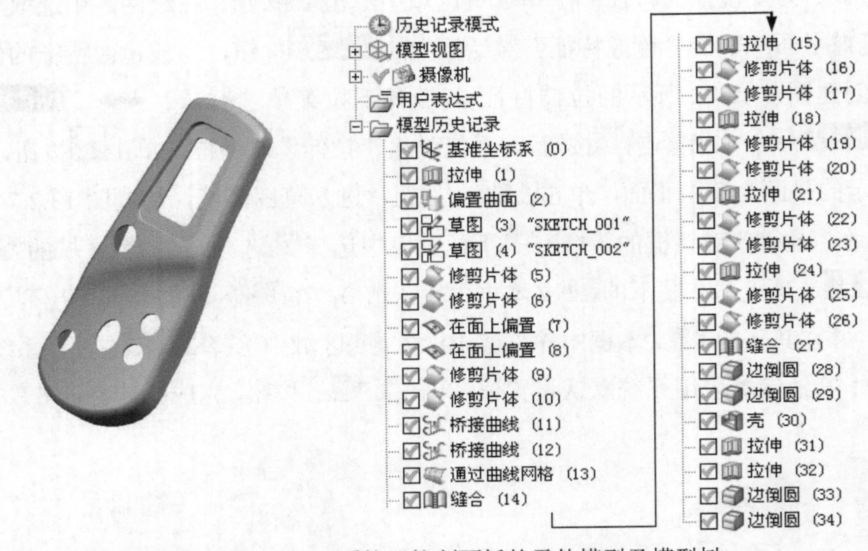

图 14.1.1 遥控器控制面板的零件模型及模型树

14.2 详细设计过程

Step1. 新建文件。选择下拉菜单 文件(F) → 新建(N)... 命令，系统弹出“新建”对话框。在 模型 选项卡的 模板 区域中选取模板类型为 模型；在 名称 文本框中输入文件名称 remote_control；单击 确定 按钮，进入建模环境。

Step2. 创建图 14.2.1 所示的拉伸特征 1。选择下拉菜单 插入(S) → 设计特征(E) → 拉伸(E)... 命令（或单击 按钮），系统弹出“拉伸”对话框；单击对话框中的“绘制截面”按钮，系统弹出“创建草图”对话框；单击 按钮，选取 XY 基准平面为草图平面，单击 确定 按钮，进入草图环境，绘制图 14.2.2 所示的截面草图；单击 完成草图 按钮，退出草图环境；在 方向 区域的 指定矢量 (0) 下拉列表中选择 ZC↑ 选项；在 限制 区域的 开始 下拉列表中选择 值 选项，并在其下的 距离 文本框中输入值-120；在 限制 区域的 结束 下拉列表中选

择 值 选项，并在其下的距离文本框中输入值 50；其他参数采用系统默认设置值；单击对话框中的< 确定 >按钮，完成拉伸特征 1 的创建。

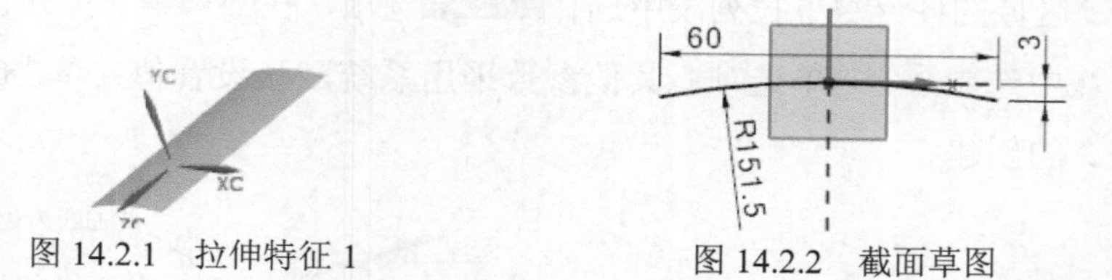

图 14.2.1　拉伸特征 1

图 14.2.2　截面草图

Step3. 创建图 14.2.3 所示的偏置曲面。选择下拉菜单插入(S) → 偏置/缩放(O) → 偏置曲面(O)...命令，系统弹出“偏置曲面”对话框；选择拉伸特征 1 为偏置曲面，在偏置 1文本框中输入值 3；单击按钮调整偏置方向为 Y 基准轴负向；其他参数采用系统默认设置值；单击< 确定 >按钮，完成偏置曲面的创建。

Step4. 创建图 14.2.4 所示的草图 1。选择下拉菜单插入(S) → 在任务环境中绘制草图(V)命令，系统弹出“创建草图”对话框；单击按钮，选取 XZ 基准平面为草图平面，单击确定按钮，进入草图环境，绘制图 14.2.4 所示的草图 1；单击完成草图按钮，退出草图环境。

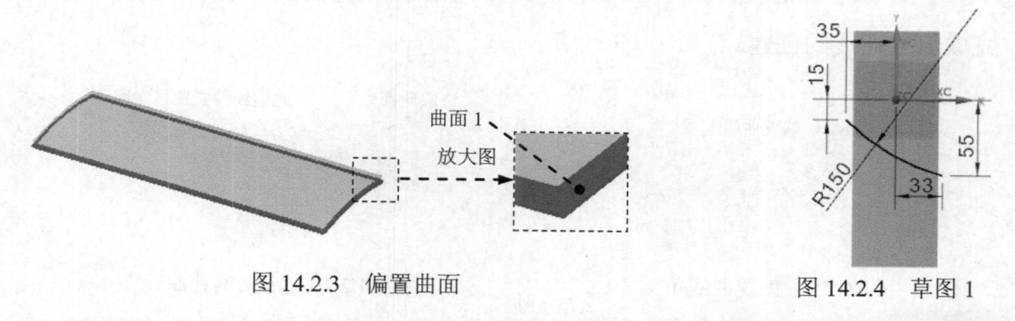

图 14.2.3　偏置曲面

图 14.2.4　草图 1

Step5. 创建图 14.2.5 所示的修剪特征 1。选择下拉菜单插入(S) → 修剪(T) → 修剪片体(R)...命令，系统弹出“修剪片体”对话框；选择图 14.2.6 所示的目标体和边界对象；在投影方向区域中的投影方向下拉列表选择沿矢量选项。在指定矢量下拉列表中选择-YC选项；在区域区域中选中⊙保留单选项；其他参数采用系统默认设置值；单击确定按钮，完成修剪特征 1 的创建。

注意：前面选取目标体时，选取要保留的部分，否则这里应选择⊙放弃单选项。

图 14.2.5　修剪特征 1

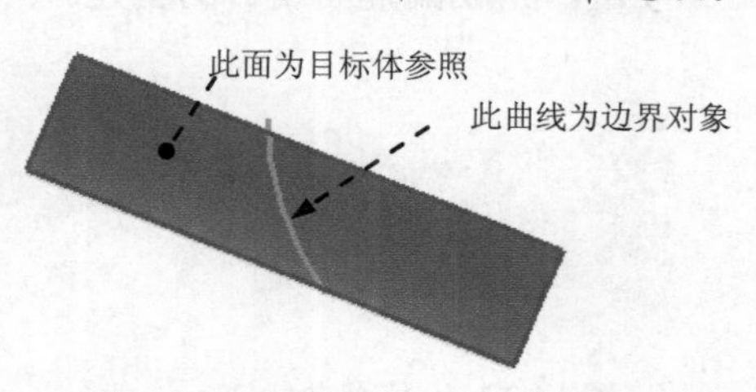

图 14.2.6　定义目标体和边界对象

Step6. 创建图 14.2.7 所示的修剪特征 2。选择下拉菜单 插入(S) → 修剪(T) → 修剪片体(R)... 命令，系统弹出“修剪片体”对话框；选择图 14.2.8 所示的目标体和边界对象，在投影方向区域的投影方向下拉列表中选择 沿矢量 选项，在指定矢量下拉列表中选择 -YC 选项，在区域区域中选中 ⊙ 保留 单选项；其他参数采用系统默认设置值；单击 确定 按钮，完成修剪特征 2 的创建。

图 14.2.7 修剪特征 2

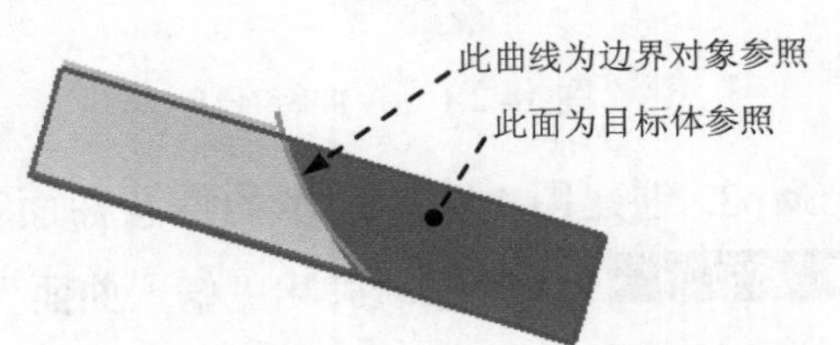

图 14.2.8 定义目标体和边界对象

Step7. 创建图 14.2.9 所示的偏置曲线 1。选择下拉菜单 插入(S) → 派生曲线(U) → 在面上偏置... 命令，系统弹出“在面上偏置曲线”对话框；选取图 14.2.10 所示的曲线为偏置曲线；在曲线区域的截面线1：偏置1文本框中输入值 12，调整曲线的偏置方向（向面内偏置）；在面或平面区域激活 * 选择面或平面，选择图 14.2.10 所示的表面；在修剪和延伸偏置曲线区域中选中 ☑ 修剪至面的边 和 ☑ 延伸至面的边 复选项；在“在面上偏置曲线”对话框中单击 < 确定 > 按钮，完成偏置曲线的创建。

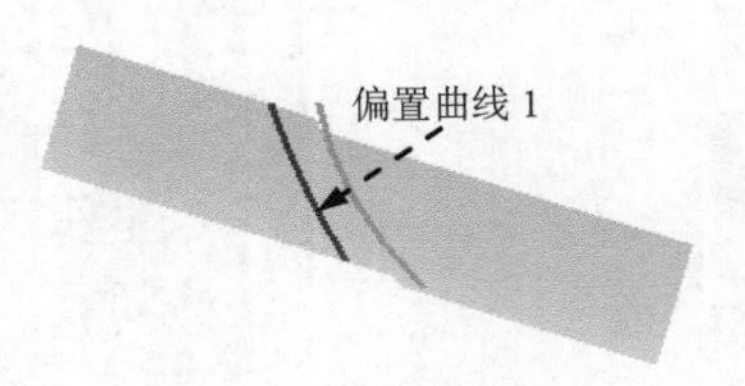

图 14.2.9 偏置曲线 1

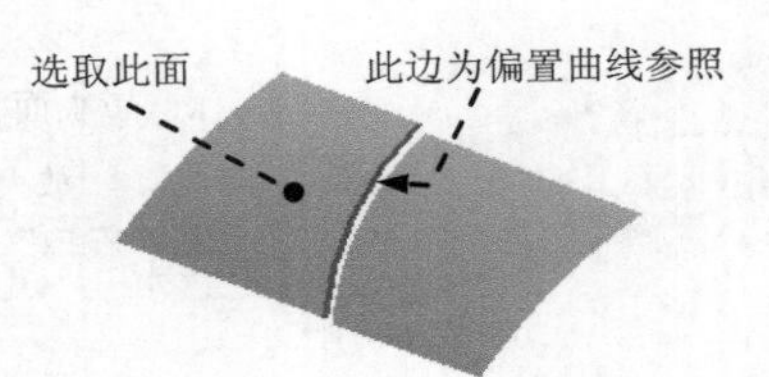

图 14.2.10 定义偏置曲线

Step8. 创建图 14.2.11 所示的偏置曲线 2。选择下拉菜单 插入(S) → 派生曲线(U) → 在面上偏置... 命令，系统弹出“在面上偏置曲线”对话框；选取图 14.2.12 所示的曲线为偏置曲线；在曲线区域的截面线1：偏置1文本框中输入值 12，调整曲线的偏置方向（向面内偏置）；在面或平面区域激活 * 选择面或平面 (0)，选择图 14.2.12 所示的表面；在修剪和延伸偏置曲线区域中选中 ☑ 修剪至面的边 和 ☑ 延伸至面的边 复选项；在“在面上偏置曲线”对话框中单击 < 确定 > 按钮，完成偏置曲线 2 的创建。

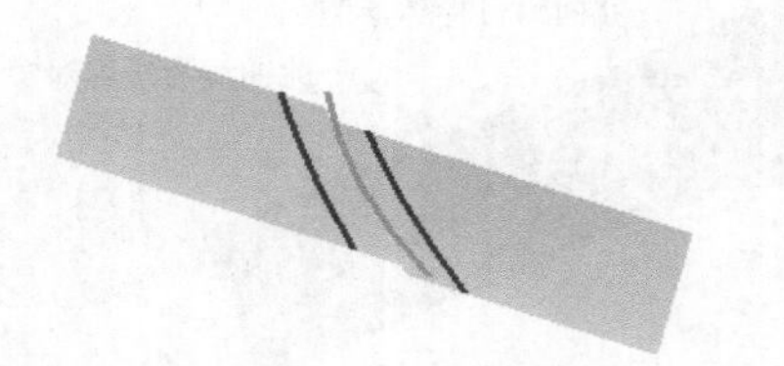

图 14.2.11 偏置曲线 2

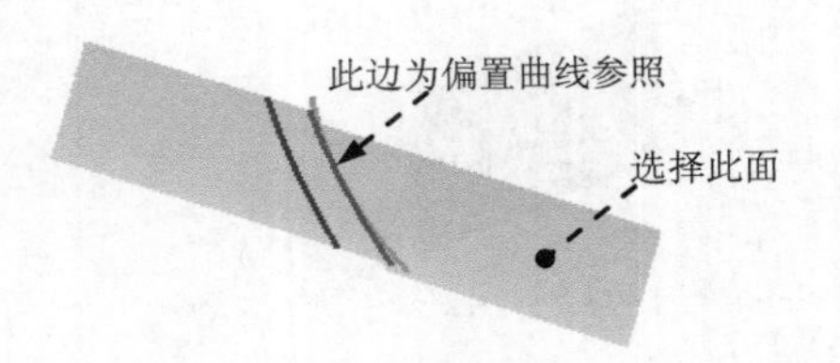

图 14.2.12 定义偏置曲线

Step9. 创建图 14.2.13 所示的修剪特征 3。选择下拉菜单 插入(S) → 修剪(T) → 修剪片体(R)... 命令，系统弹出“修剪片体”对话框；选取图 14.2.14 所示的片体为目标体，单击中键确认；选取图 14.2.14 所示的边链为边界对象，在 投影方向 区域的 投影方向 下拉列表中选择 沿矢量 选项，在 指定矢量 下拉列表中选择 YC 选项，在 区域 区域中选择 ⊙ 保留 单选项；其他参数采用系统默认设置值；单击 确定 按钮，完成修剪特征 3 的创建。

图 14.2.13 修剪特征 3

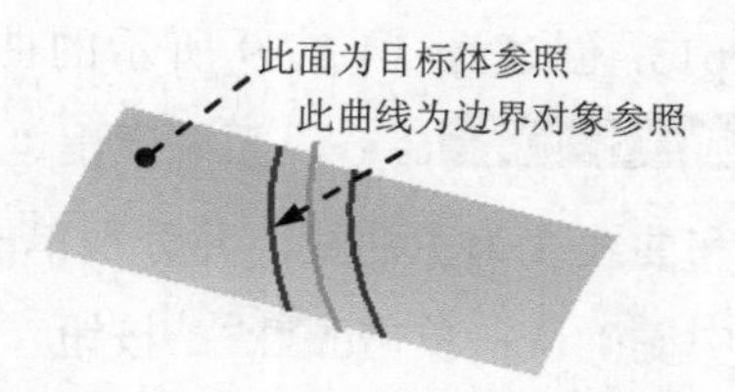

图 14.2.14 定义目标体和边界对象

Step10. 创建图 14.2.15 所示的修剪特征 4。选择下拉菜单 插入(S) → 修剪(T) → 修剪片体(R)... 命令，系统弹出“修剪片体”对话框；选取图 14.2.16 所示的片体为目标体，单击中键确认；选取图 14.2.16 所示的边线为边界对象，在 投影方向 区域的 投影方向 下拉列表中选择 沿矢量 选项，在 指定矢量 下拉列表中选择 YC 选项，在 区域 区域中选择 ⊙ 保留 单选项；其他参数采用系统默认设置值；单击 确定 按钮，完成修剪特征 4 的创建。

图 14.2.15 修剪特征 4

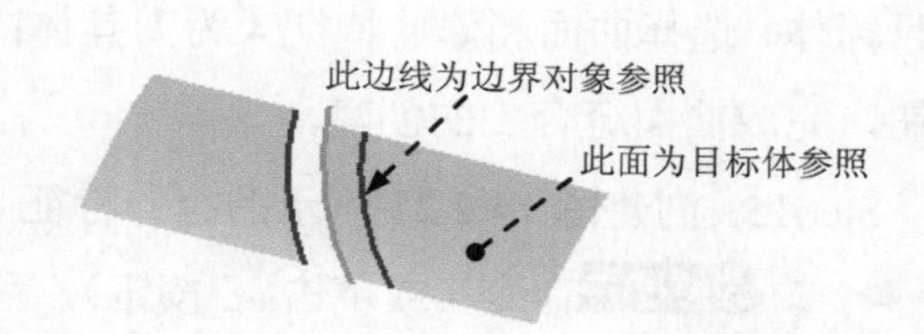

图 14.2.16 定义目标体和边界对象

Step11. 创建图 14.2.17 所示的桥接曲线 1。选择下拉菜单 插入(S) → 派生曲线(U) → 桥接(B)... 命令，系统弹出“桥接曲线”对话框；选取图 14.2.17 所示的边线 1 和边线 2 为桥接曲线；在 形状控制 区域的 方法 下拉列表中选择 相切幅值 选项，在 开始 文本框中输入值 1.5，在 结束 文本框中输入值 2.5；其他参数采用系统默认设置值；单击 < 确定 > 按钮，完成桥接曲线 1 的创建。

注意：选取边线时，应靠近要桥接的一端选取，否则结果将不正确。

Step12. 创建图 14.2.18 所示的桥接曲线 2。选择下拉菜单 插入(S) → 派生曲线(U) → 桥接(B)... 命令，系统弹出“桥接曲线”对话框；选取图 14.2.18 所示的边线 1 和边线 2 为桥接曲线；在 形状控制 区域的 方法 下拉列表中选择 相切幅值 选项，在 开始 文本框中输入值 1，在 结束 文本框中输入值 1；其他参数采用系统默认设置值；单击 < 确定 > 按钮，完成桥接曲线 2 的创建。

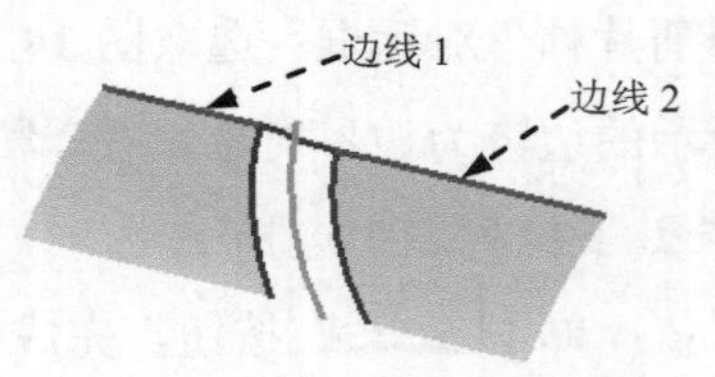

图 14.2.17　桥接曲线 1

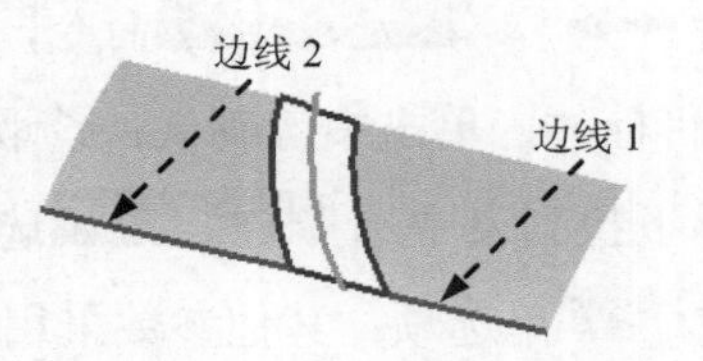

图 14.2.18　桥接曲线 2

Step13. 创建图 14.2.19 所示的曲面。选择下拉菜单 插入(S) → 网格曲面(M) → 通过曲线网格(M)... 命令，系统弹出“通过曲线网格”对话框；依次选取图 14.2.20 所示的曲线 1 和曲线 3 为主曲线，并分别单击中键确认；选取曲线 2 和曲线 4 为交叉线串，并分别单击中键确认；单击 < 确定 > 按钮，完成曲面的创建。

图 14.2.19　曲面

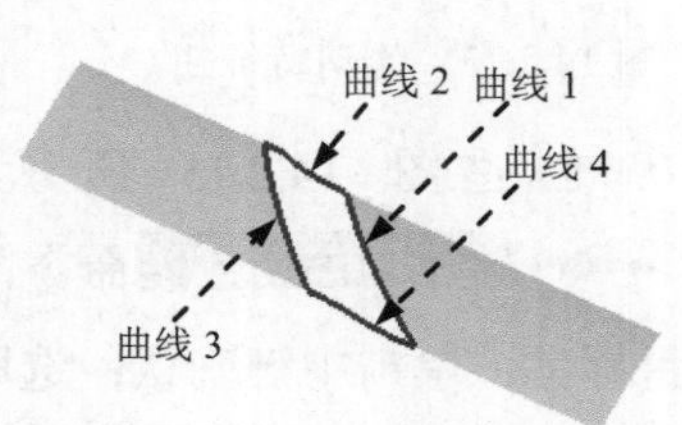

图 14.2.20　定义主曲线和交叉线串

Step14. 创建曲面缝合 1。选择下拉菜单 插入(S) → 组合(B) → 缝合(W)... 命令，系统弹出“缝合”对话框；在 类型 区域的下拉列表中选择 片体 选项；选择修剪特征 3 为目标体，选择曲面和修剪特征 4 为刀具体；其他参数采用系统默认设置值；单击 确定 按钮，完成曲面缝合 1 的创建。

Step15. 创建图 14.2.21 所示的拉伸特征 2。选择下拉菜单 插入(S) → 设计特征(E) → 拉伸(E)... 命令（或单击 按钮），系统弹出“拉伸”对话框；单击对话框中的“绘制截面”按钮，系统弹出“创建草图”对话框；单击 按钮，选取 ZX 基准平面为草图平面，单击 确定 按钮，进入草图环境，绘制图 14.2.22 所示的截面草图；单击 完成草图 按钮，退出草图环境；在 限制 区域的 开始 下拉列表中选择 值 选项，并在其下的 距离 文本框中输入值-20；在 限制 区域的 结束 下拉列表中选择 值 选项，并在其下的 距离 文本框中输入值 5；在 指定矢量 下拉列表中选择 YC 选项，在 设置 区域的 体类型 下拉列表中选择 片体 选项；其他参数采用系统默认设置值；单击对话框中的 < 确定 > 按钮，完成拉伸特征 2 的创建。

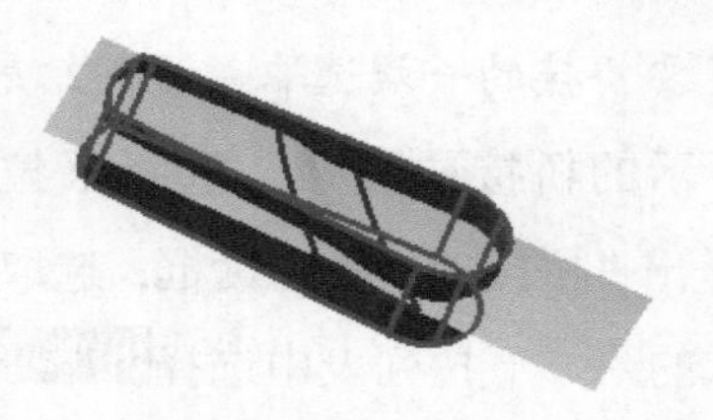

图 14.2.21　拉伸特征 2

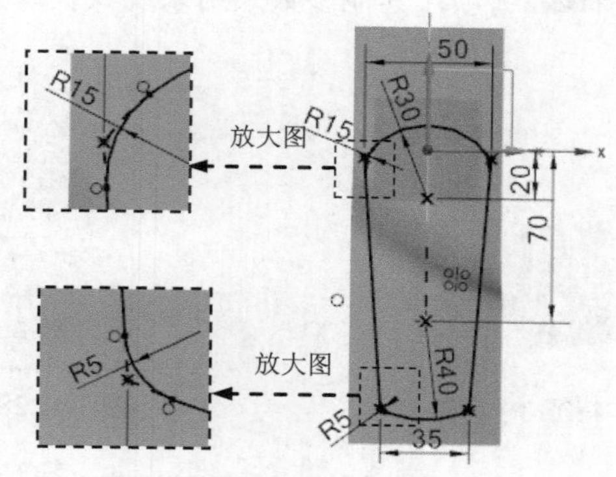

图 14.2.22 截面草图

Step16. 创建图 14.2.23 修剪特征 5。选择下拉菜单 插入(S) → 修剪(T) → 修剪片体(R)... 命令，系统弹出“修剪片体”对话框；选择图 14.2.24 所示的目标体和边界对象；在 区域 区域中选中 ◉放弃 单选项；其他参数采用系统默认设置值；单击 确定 按钮，完成修剪特征 5 的创建。

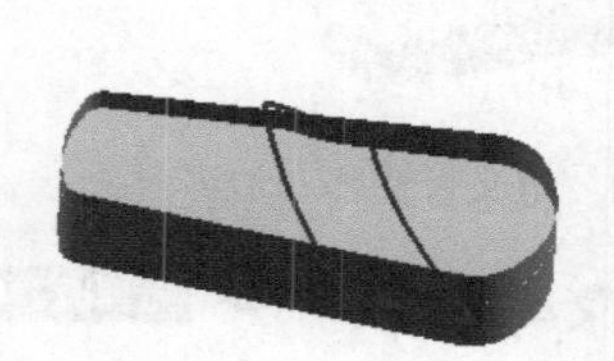

图 14.2.23 修剪特征 5

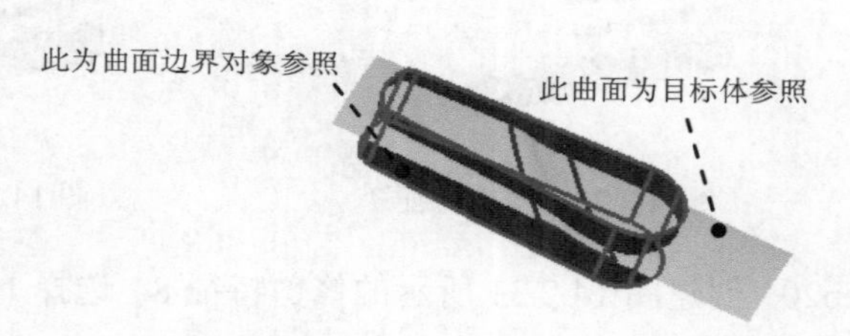

图 14.2.24 定义目标体和边界对象

Step17. 创建图 14.2.25 所示的修剪特征 6。选择下拉菜单 插入(S) → 修剪(T) → 修剪片体(R)... 命令，系统弹出“修剪片体”对话框；选择图 14.2.26 所示的目标体和边界对象，在 区域 区域中选中 ◉放弃 单选项，其他参数采用系统默认设置值；单击 确定 按钮，完成修剪特征 6 的创建。

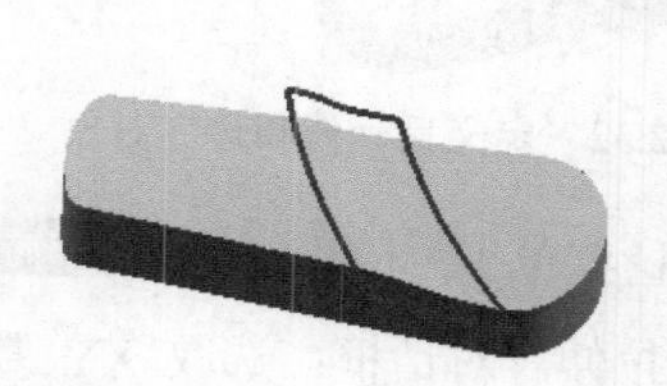

图 14.2.25 修剪特征 6

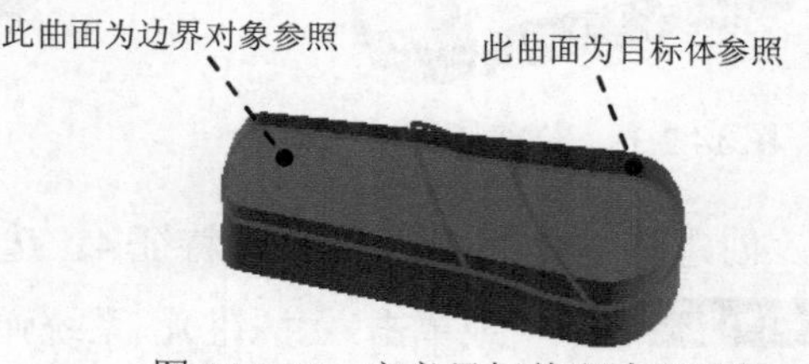

图 14.2.26 定义目标体和边界对象

Step18. 创建图 14.2.27 所示的拉伸特征 3。选择下拉菜单 插入(S) → 设计特征(E) → 拉伸(E)... 命令（或单击 按钮），系统弹出“拉伸”对话框；选取 ZX 基准平面为草图平面，绘制图 14.2.28 所示的截面草图；在“拉伸”对话框 限制 区域的 开始 下拉列表中选择 值 选项，并在其下的 距离 文本框中输入值-10； 在 限制 区域的 结束 下拉列表中选择 值 选项，并在其下的 距离 文本框中输入值 5；在 指定矢量 下拉列表中选择 YC 选项，在 设置区域的体类型下拉列表中选择片体选项；其他参数采用系统默认设置值；单击< 确定 >按钮，完成拉伸特征 3 的创建。

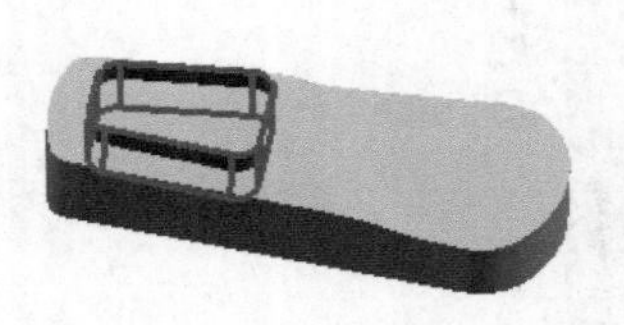

图 14.2.27　拉伸特征 3

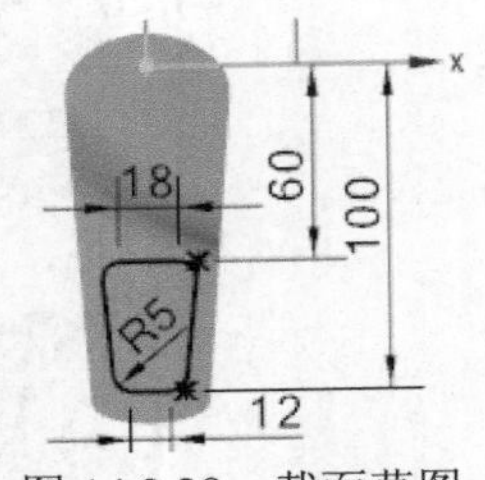

图 14.2.28　截面草图

Step19. 创建图 14.2.29 所示的修剪特征 7。选择下拉菜单插入(S) → 修剪(T) → 修剪片体(R)...命令，系统弹出"修剪片体"对话框；选择图 14.2.30 所示的目标体和边界对象，在区域区域中选中⊙保留单选项，其他参数采用系统默认设置值；单击确定按钮，完成修剪特征 7 的创建。

图 14.2.29　修剪特征 7

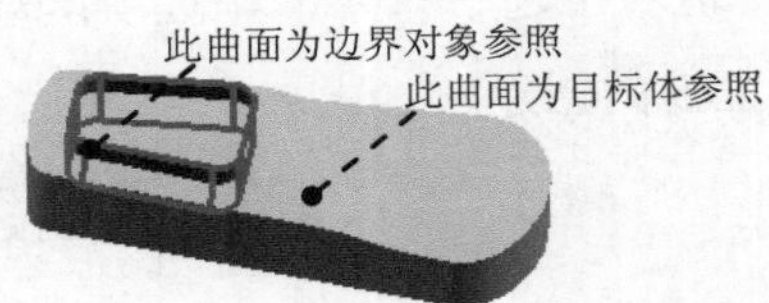

图 14.2.30　定义目标体和边界对象

Step20. 创建图 14.2.31 所示的修剪特征 8。选择下拉菜单插入(S) → 修剪(T) → 修剪片体(R)...命令，系统弹出"修剪片体"对话框；选择图 14.2.32 所示的目标体和边界对象，在区域区域中选中⊙放弃单选项，其他参数采用系统默认设置值；单击确定按钮，完成修剪特征 8 的创建。

图 14.2.31　修剪特征 8

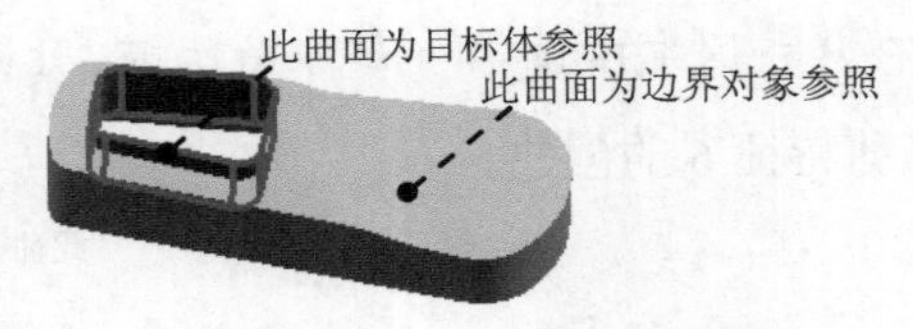

图 14.2.32　定义目标体和边界对象

Step21. 创建图 14.2.33 所示的拉伸特征 4。选择下拉菜单插入(S) → 设计特征(E) → 拉伸(E)...命令（或单击按钮），系统弹出"拉伸"对话框；选取 XY 基准平面为草图平面，绘制图 14.2.34 所示的截面草图；在限制区域的开始下拉列表中选择值选项，并在其下的距离文本框中输入值-50；在结束下拉列表中选择值选项，并在其下的距离文本框中输入值-110；在指定矢量下拉列表中选择ZC↑选项，在设置区域的体类型下拉列表中选择片体选项，其他参数采用系统默认设置值；单击对话框中的< 确定 >按钮，完成拉伸特征 4 的创建。

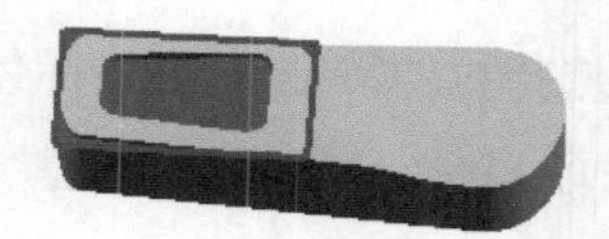
图 14.2.33 拉伸特征 4

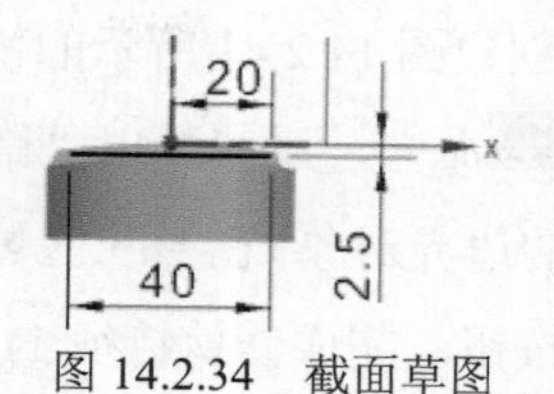

图 14.2.34 截面草图

Step22. 创建图 14.2.35 所示的修剪特征 9。选择下拉菜单插入(S) → 修剪(T) → 修剪片体(R)...命令，系统弹出“修剪片体”对话框；选择拉伸特征 3 为目标体，选取图 14.2.36 所示的边界对象；在区域区域中选中保留单选项，其他参数采用系统默认设置值；单击确定按钮，完成修剪特征 9 的创建。

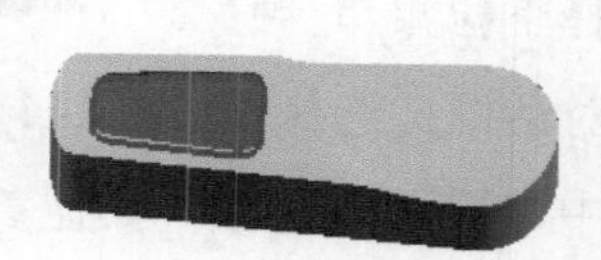
图 14.2.35 修剪特征 9

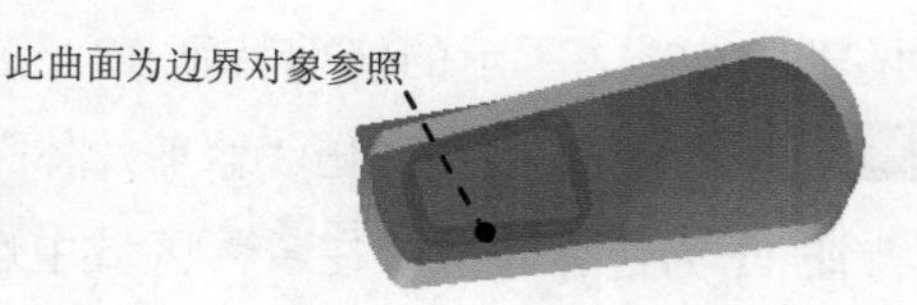

图 14.2.36 定义边界对象

Step23. 创建图 14.2.37 所示的修剪特征 10。选择下拉菜单插入(S) → 修剪(T) → 修剪片体(R)...命令，系统弹出“修剪片体”对话框；选择图 14.2.38 所示的目标体，选择修剪特征 5 为边界对象；在区域区域中选中放弃单选项；其他参数采用系统默认设置值；单击确定按钮，完成修剪特征 10 的创建。

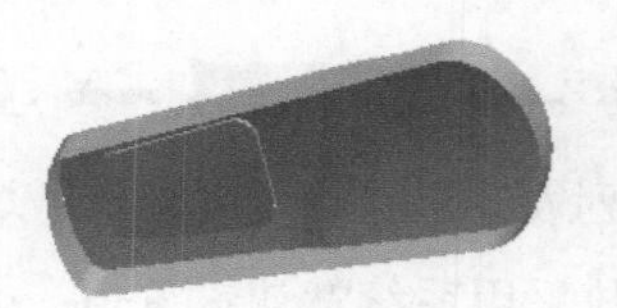
图 14.2.37 修剪特征 10

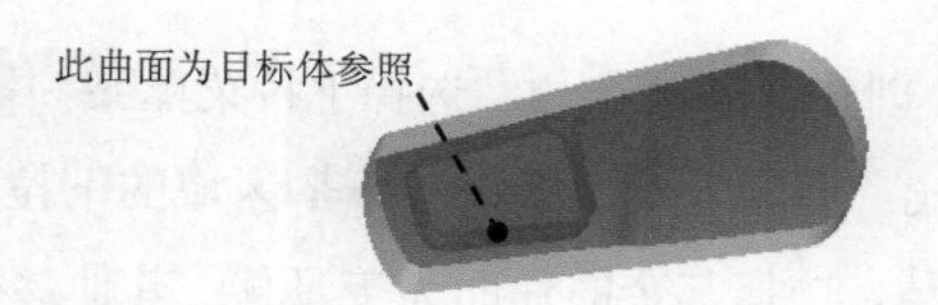

图 14.2.38 定义目标体和边界对象

Step24. 创建图 14.2.39 所示的拉伸特征 5。选择下拉菜单插入(S) → 设计特征(E) → 拉伸(E)...命令（或单击按钮），系统弹出“拉伸”对话框；选取 YZ 基准平面为草图平面，绘制图 14.2.40 所示的截面草图；在指定矢量下拉列表中选择XC选项，在限制区域的开始下拉列表中选择对称值选项，并在其下的距离文本框中输入值 30；在设置区域的体类型下拉列表中选择片体选项，其他参数采用系统默认设置值；单击< 确定 >按钮，完成拉伸特征 5 的创建。

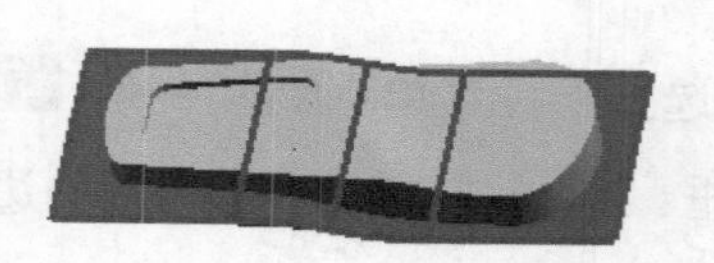
图 14.2.39 拉伸特征 5

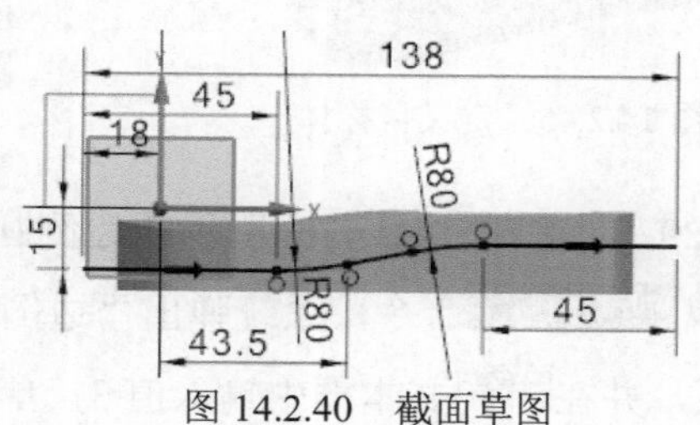

图 14.2.40 截面草图

Step25. 创建图 14.2.41 所示的修剪特征 11。选择下拉菜单插入(S) ➡ 修剪(T) ➡ 修剪片体(R)...命令，系统弹出“修剪片体”对话框；选择拉伸特征 5 为目标体，选取图 14.2.42 所示的边界对象；在区域区域中选中⊙放弃单选项；其他参数采用系统默认设置值；单击确定按钮，完成修剪特征 11 的创建。

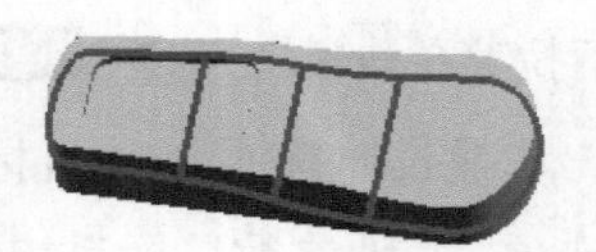
图 14.2.41　修剪特征 11

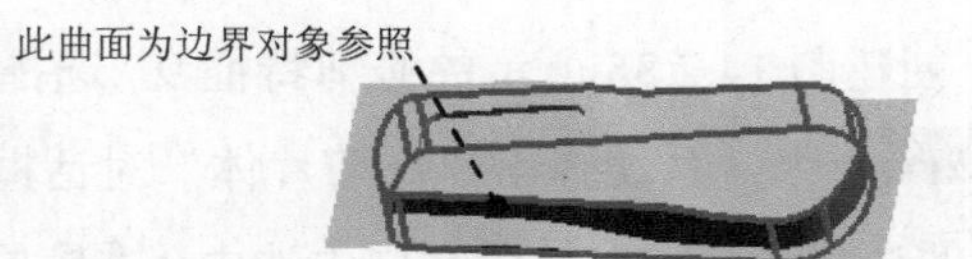

图 14.2.42　定义边界对象

Step26. 创建图 14.2.43 所示的修剪特征 12。选择下拉菜单插入(S) ➡ 修剪(T) ➡ 修剪片体(R)...命令，系统弹出“修剪片体”对话框；选择图 14.2.44 所示的目标体，选取修剪特征 11 为边界对象；在区域区域中选中⊙放弃单选项，其他参数采用系统默认设置值；单击确定按钮，完成修剪特征 12 的创建。

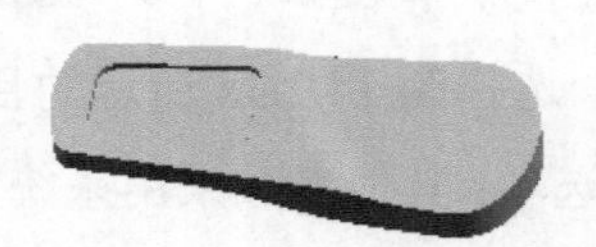
图 14.2.43　修剪特征 12

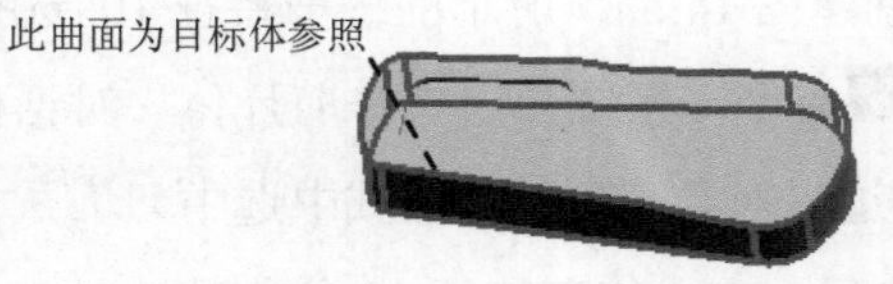

图 14.2.44　定义目标体

Step27. 创建曲面缝合 2。选择下拉菜单插入(S) ➡ 组合(B) ➡ 缝合(W)...命令，系统弹出“缝合”对话框；在类型区域的下拉列表中选择片体选项；选择图 14.2.45 所示的目标体，选择其余的曲面为工具体；其他参数采用系统默认设置值；单击确定按钮，完成曲面缝合 2 的创建。

Step28. 创建边倒圆特征 1。选择下拉菜单插入(S) ➡ 细节特征(L) ➡ 边倒圆(E)...命令（或单击按钮），系统弹出“边倒圆”对话框；选择图 14.2.46 所示的边线为倒圆角参照，并在半径 1文本框中输入值 0.5；单击< 确定 >按钮，完成边倒圆特征 1 的创建。

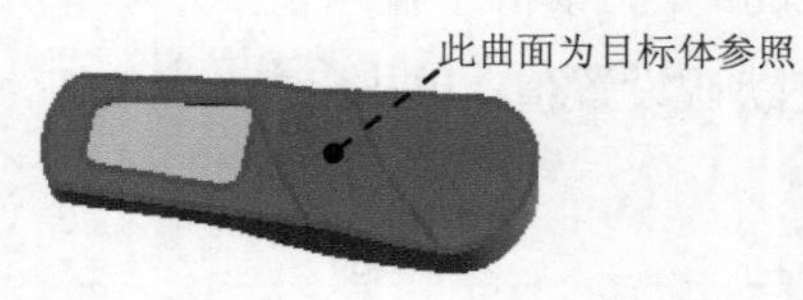

图 14.2.45　定义目标体

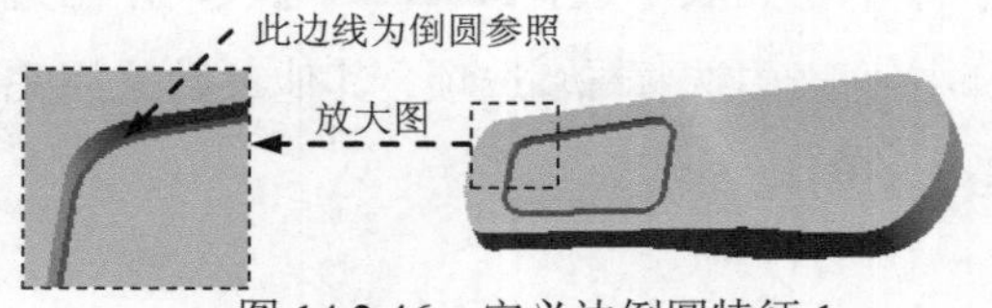

图 14.2.46　定义边倒圆特征 1

Step29. 创建图 14.2.47b 所示的边倒圆特征 2。选择下拉菜单插入(S) ➡ 细节特征(L) ➡ 边倒圆(E)...命令，系统弹出“边倒圆”对话框；选择图 14.2.47a 所示的边线为边倒圆参照，并在半径 1文本框中输入值 3；单击< 确定 >按钮，完成边倒圆特征 2 的创建。

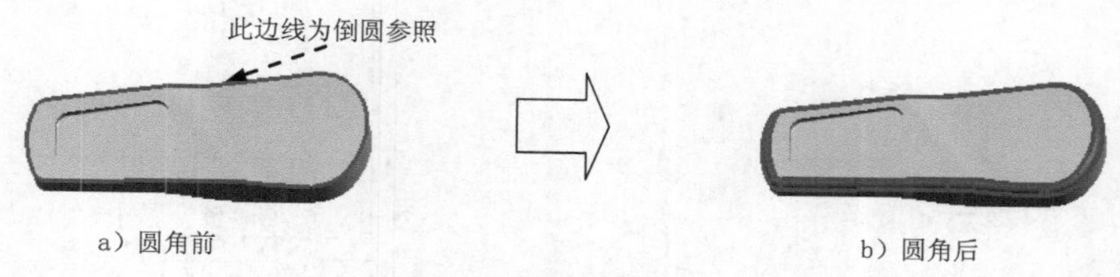

图 14.2.47　边倒圆特征 2

Step30. 创建图 14.2.48 所示的抽壳特征。选择下拉菜单 插入(S) → 偏置/缩放(O) → 抽壳(H)... 命令（或单击按钮），系统弹出“抽壳”对话框；在“抽壳”对话框 类型 区域的下拉列表中选择 移除面，然后抽壳 选项；选择图 14.2.49 所示的面为移除面，并在 厚度 文本框中输入值 1；其他参数采用系统默认设置值；单击 < 确定 > 按钮，完成抽壳特征的创建。

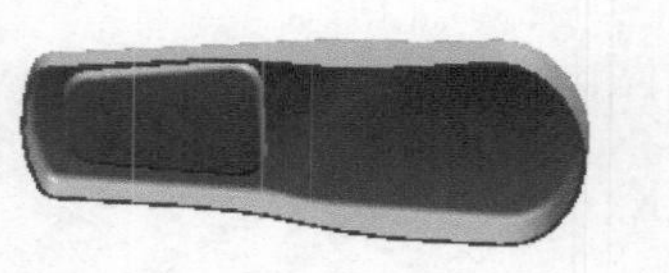

图 14.2.48　抽壳特征

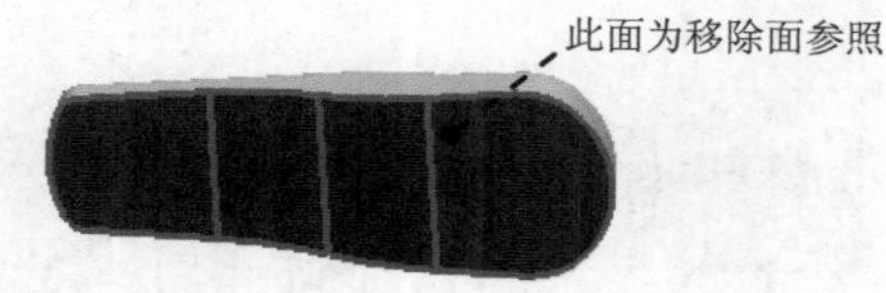

图 14.2.49　定义移除面

Step31. 创建图 14.2.50 所示的拉伸特征 6。选择下拉菜单 插入(S) → 设计特征(E) → 拉伸(E)... 命令（或单击按钮），系统弹出“拉伸”对话框；选取 ZX 基准平面为草图平面，绘制图 14.2.51 所示的截面草图；在“拉伸”对话框的 指定矢量 下拉列表中选择 YC 选项，在 限制 区域的 开始 下拉列表中选择 对称值 选项，并在其下的 距离 文本框中输入值 10；在 布尔 区域的下拉列表中选择 减去 选项，系统自动选择求差对象；其他参数采用系统默认设置值；单击 < 确定 > 按钮，完成拉伸特征 6 的创建。

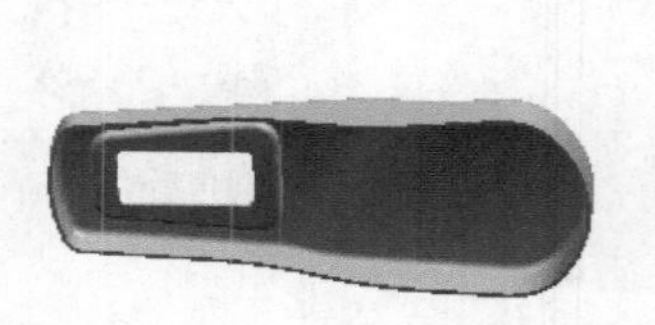

图 14.2.50　拉伸特征 6

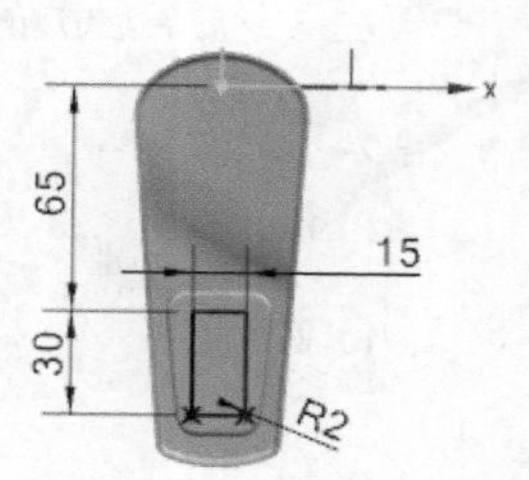

图 14.2.51　截面草图

Step32. 创建图 14.2.52 所示的拉伸特征 7。选择下拉菜单 插入(S) → 设计特征(E) → 拉伸(E)... 命令（或单击按钮），系统弹出“拉伸”对话框；选取 ZX 基准平面为草图平面，绘制图 14.2.53 所示的截面草图（其中的椭圆长半轴 6，短半轴 4）；在 指定矢量 下拉列表中选择 YC 选项，在 限制 区域的 开始 下拉列表中选择 对称值 选项，并在其下的 距离 文本框中输入值 10；在 布尔 区域的下拉列表中选择 减去 选项，系统将自动与模型中唯一个体进行布尔求差运算；其他参数采用系统默认设置值；单击 < 确定 > 按钮，完成拉伸特征 7 的创建。

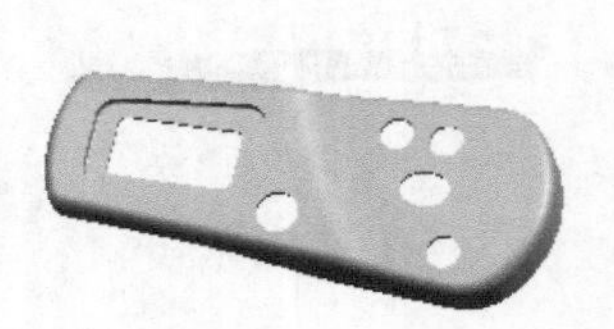
图 14.2.52 拉伸特征 7

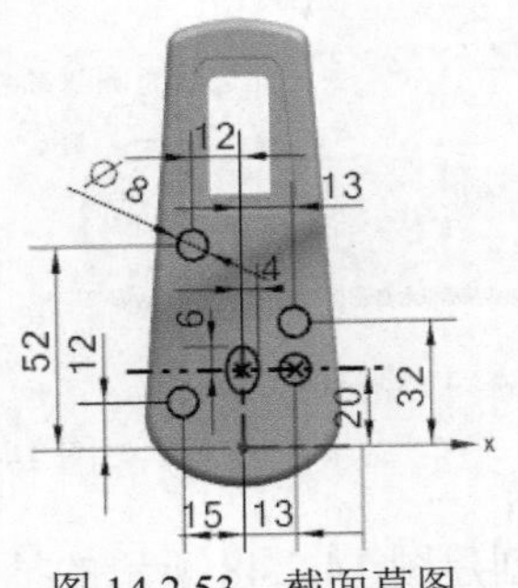

图 14.2.53 截面草图

Step33. 创建图 14.2.54b 所示的边倒圆特征 3。选择下拉菜单 插入(S) → 细节特征(L) → 边倒圆(E)... 命令，系统弹出“边倒圆”对话框；选择图 14.2.54a 所示的边线为边倒圆参照，并在 半径 1 文本框中输入值 0.5；单击 < 确定 > 按钮，完成边倒圆特征 3 的创建。

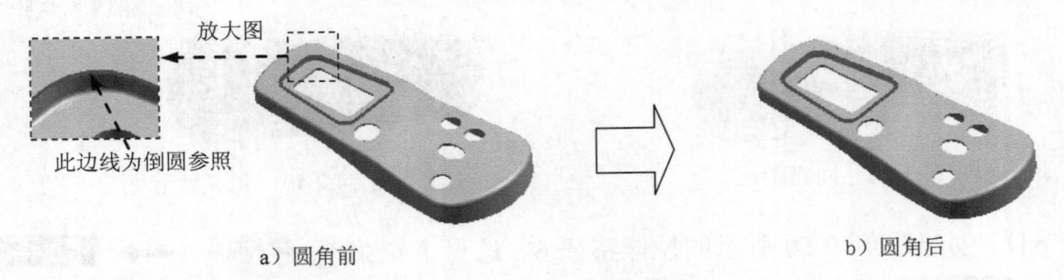

图 14.2.54 边倒圆特征 3

Step34. 创建图 14.2.55b 所示的边倒圆特征 4。选择下拉菜单 插入(S) → 细节特征(L) → 边倒圆(E)... 命令，系统弹出“边倒圆”对话框；选择图 14.2.55a 所示的五条边为边倒圆参照，并在 半径 1 文本框中输入值 0.5；单击 < 确定 > 按钮，完成边倒圆特征 4 的创建。

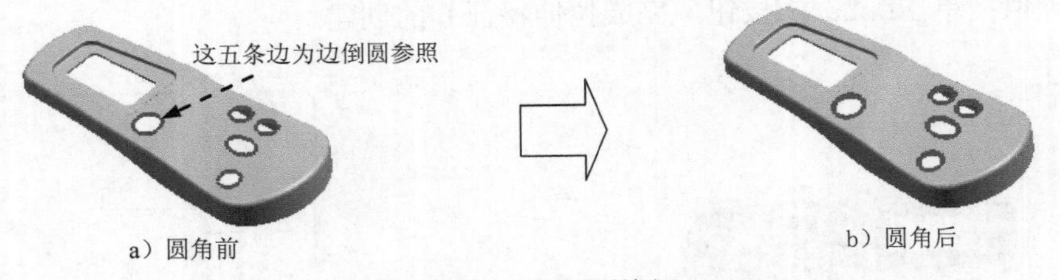

图 14.2.55 边倒圆特征 4

Step35. 设置隐藏。选择下拉菜单 编辑(E) → 显示和隐藏(H) → 隐藏(H)... 命令，系统弹出“类选择”对话框；单击“类选择”对话框 过滤器 区域的 按钮，系统弹出“根据类型选择”对话框；选中列表框中的 曲线、草图、片体、基准 和 点 选项，单击 确定 按钮，系统再次弹出“类选择”对话框；单击对话框 对象 区域的 按钮，单击对话框中的 确定 按钮，完成对设置对象的隐藏。

Step36. 保存零件模型。选择下拉菜单 文件(F) → 保存(S) 命令，即可保存零件模型。

实例 15　无绳电话的整体设计

15.1　实例概述

本实例介绍了无绳电话的整体设计过程。通过学习本实例，读者可以对草图、组合投影曲线、基准平面、网格曲线、边倒圆等特征产生更为深入的了解。其中，组合投影曲线特征的应用是本例的亮点。无绳电话的零件模型及模型树如图 15.1.1 所示。

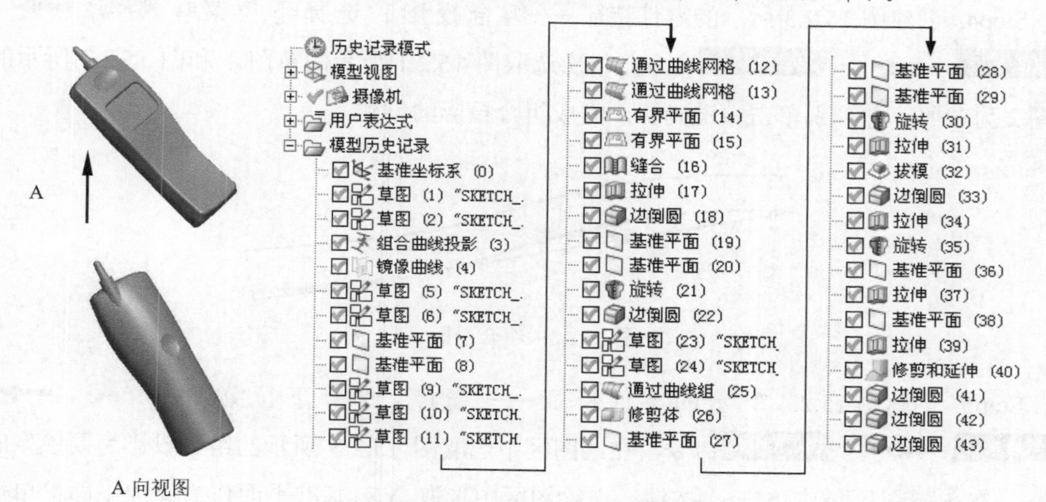

图 15.1.1　无绳电话的零件模型及模型树

15.2　详细设计过程

Step1. 新建文件。选择下拉菜单 文件(F) → 新建(N)... 命令，系统弹出“新建”对话框；在 模型 选项卡的 模板 区域中选取模板类型为 模型，在 名称 文本框中输入文件名称 HANDSET；单击 确定 按钮，进入建模环境。

Step2. 创建图 15.2.1 所示的草图 1。选择下拉菜单 插入(S) → 在任务环境中绘制草图(V)... 命令，选取基准平面 YZ 为草图平面，进入草图环境，绘制图 15.2.1 所示的草图 1；绘制完成后，单击 完成草图 按钮，完成草图 1 的创建。

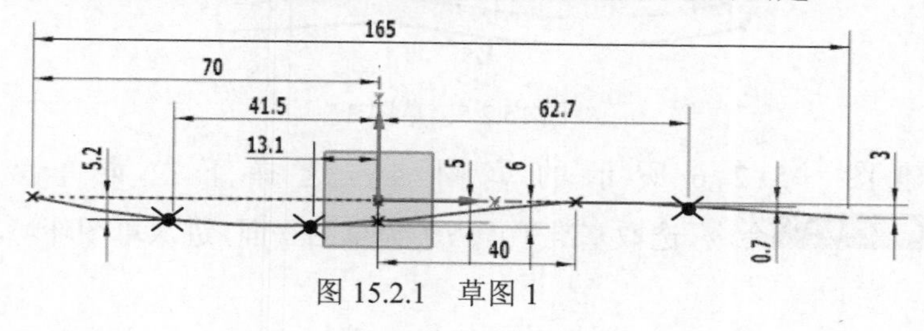

图 15.2.1　草图 1

Step3. 创建图 15.2.2 所示的草图 2。选择下拉菜单 插入(S) → 在任务环境中绘制草图(V)... 命令，选取基准平面 XY 为草图平面；进入草图环境，绘制图 15.2.2 所示的草图 2；绘制完成后，单击 完成草图 按钮，完成草图 2 的创建。

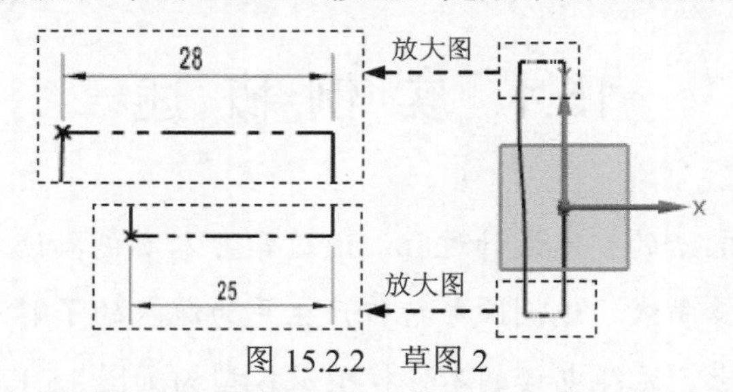

图 15.2.2 草图 2

Step4. 创建图 15.2.3 所示的零件特征——组合投影。选择下拉菜单 插入(S) → 派生曲线(U) → 组合投影(C)... 命令，依次选取图 15.2.1 所示的草图 1 和图 15.2.2 所示的草图 2 为参照，并分别单击中键确认，完成组合投影的创建。

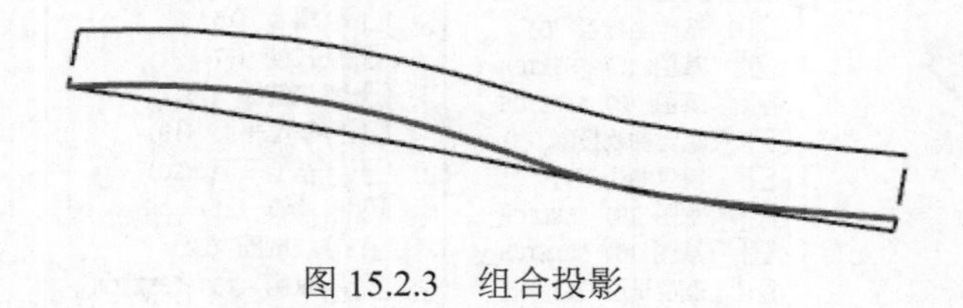
图 15.2.3 组合投影

Step5. 创建图 15.2.4 所示的零件特征——镜像。选择下拉菜单 插入(S) → 派生曲线(U) → 镜像(M)... 命令，在绘图区中选取图 15.2.3 所示的组合投影为要镜像的曲线；在 镜像平面 区域中单击 按钮，在绘图区中选取 YZ 基准平面作为镜像平面；单击 确定 按钮，完成镜像的创建。

图 15.2.4 镜像

Step6. 创建图 15.2.5 所示的草图 3。选择下拉菜单 插入(S) → 在任务环境中绘制草图(V)... 命令，选取基准平面 YZ 为草图平面，进入草图环境，绘制图 15.2.5 所示的草图 3；绘制完成后，单击 完成草图 按钮，完成草图 3 的创建。

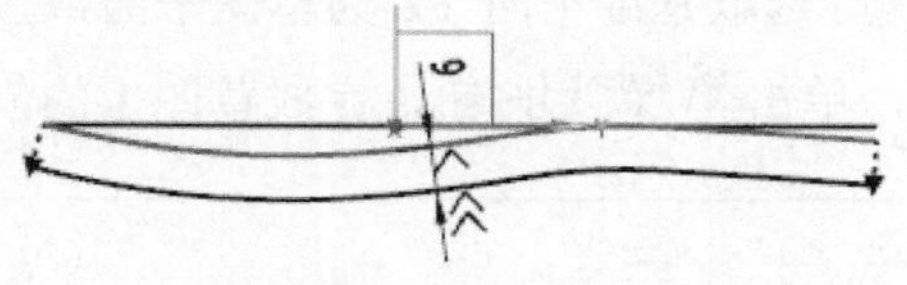

图 15.2.5 草图 3

Step7. 创建图 15.2.6 所示的草图 4。选择下拉菜单 插入(S) → 在任务环境中绘制草图(V)... 命令，选取基准平面 YZ 为草图平面，进入草图环境，绘制图 15.2.6

所示的草图 4；绘制完成后，单击 完成草图 按钮，完成草图 4 的创建。

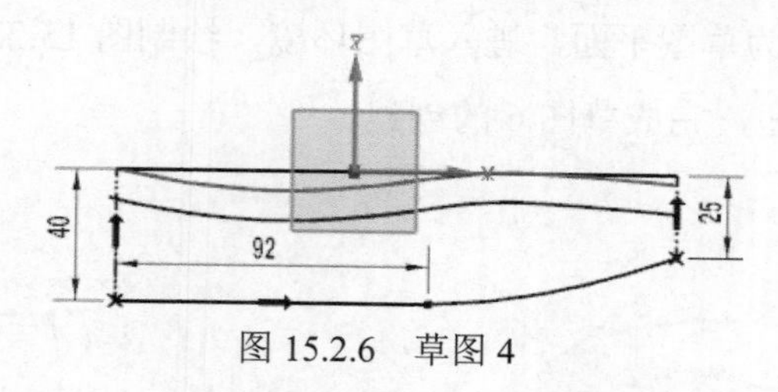

图 15.2.6　草图 4

Step8. 创建图 15.2.7 所示的基准平面 1。选择下拉菜单 插入(S) → 基准/点(D) → 基准平面(D)... 命令，系统弹出“基准平面”对话框；在类型区域的下拉列表中选择 两直线 选项，在绘图区选取图 15.2.8 所示的两条直线为参照；单击 < 确定 > 按钮，完成基准平面 1 的创建。

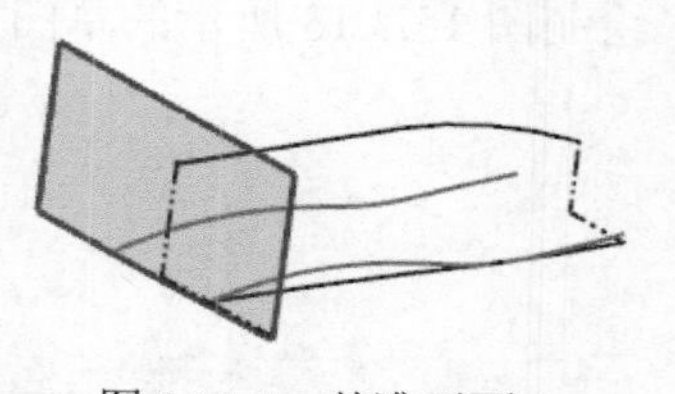

图 15.2.7　基准平面 1

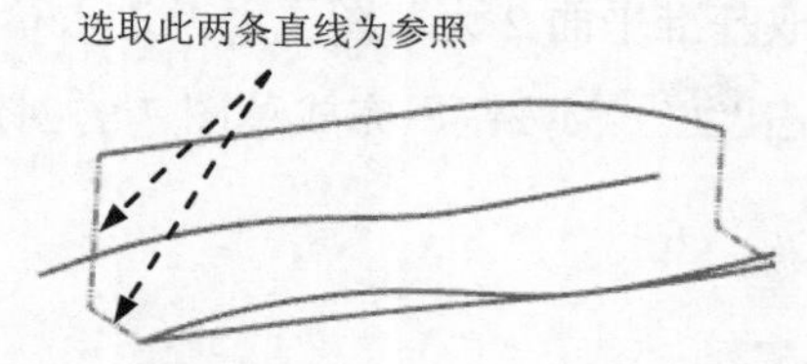

图 15.2.8　定义参照线

Step9. 创建图 15.2.9 所示的基准平面 2。在类型区域的下拉列表中选择 两直线 选项，在绘图区选取图 15.2.10 所示的两条直线为参照；单击 < 确定 > 按钮，完成基准平面 2 的创建。

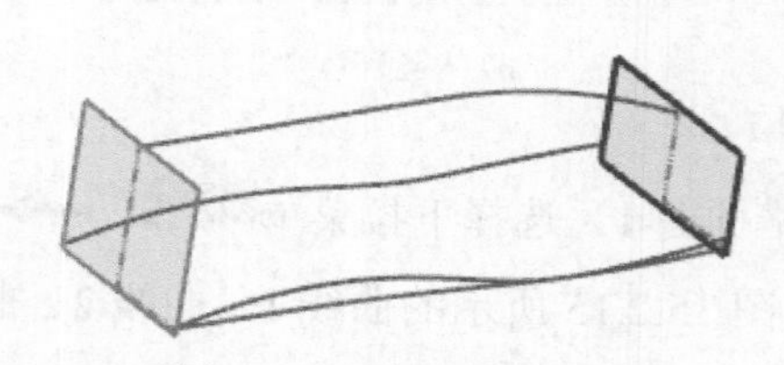

图 15.2.9　基准平面 2

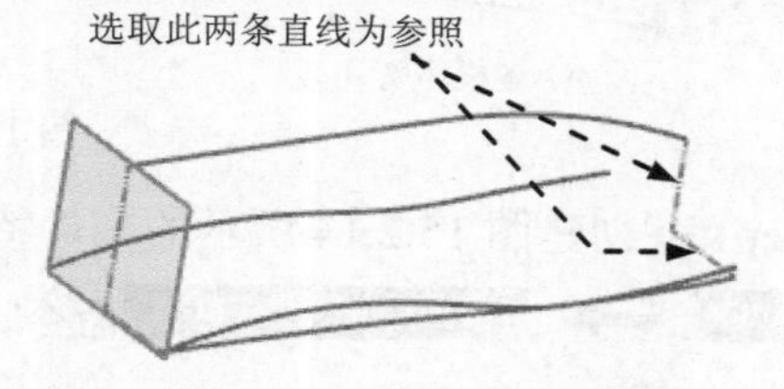

图 15.2.10　定义参照线

Step10. 创建图 15.2.11 所示的草图 5。选择下拉菜单 插入(S) → 在任务环境中绘制草图(V)... 命令，选取基准平面 1 为草图平面，进入草图环境，绘制图 15.2.11 所示的草图 5；绘制完成后，单击 完成草图 按钮，完成草图 5 的创建。

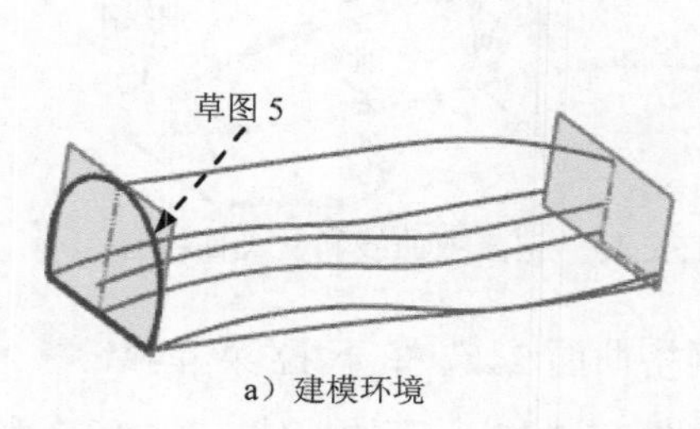

a）建模环境

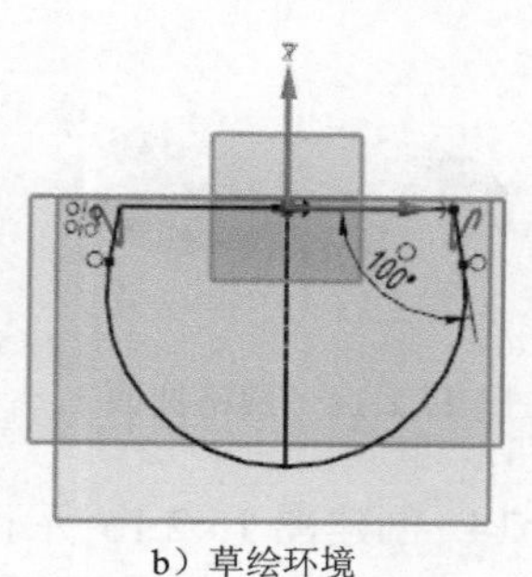

b）草绘环境

图 15.2.11　草图 5

Step11．创建图 15.2.12 所示的草图 6。选择下拉菜单 插入(S) → 在任务环境中绘制草图(V)... 命令，选取基准平面 XZ 为草图平面，进入草图环境，绘制图 15.2.12 所示的草图 6；绘制完成后，单击 完成草图 按钮，完成草图 6 的创建。

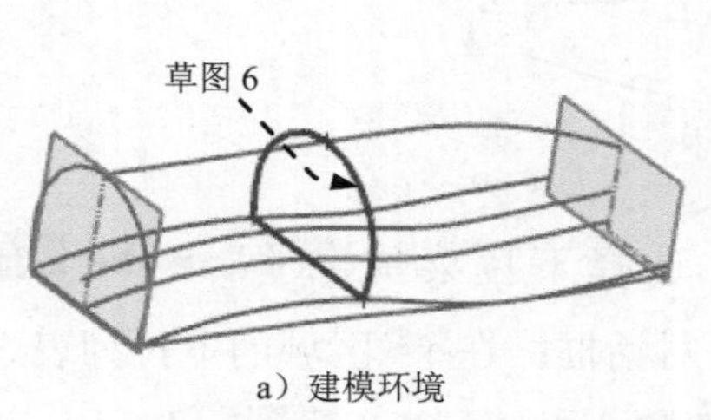

a）建模环境

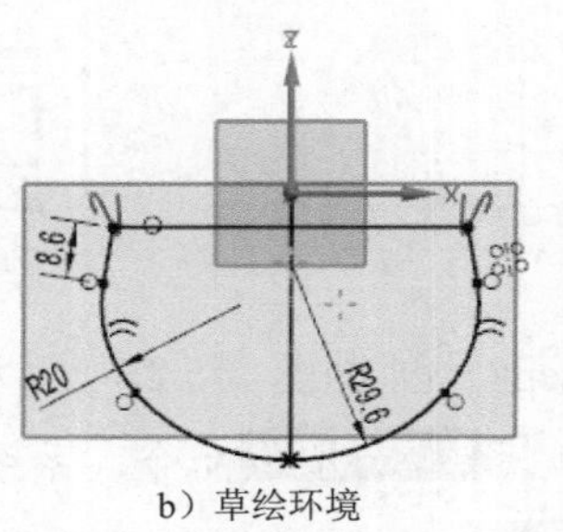

b）草绘环境

图 15.2.12　草图 6

Step12．创建图 15.2.13 所示的草图 7。选择下拉菜单 插入(S) → 在任务环境中绘制草图(V)... 命令，选取基准平面 2 为草图平面，进入草图环境，绘制图 15.2.13 所示的草图 7；绘制完成后，单击 完成草图 按钮，完成草图 7 的创建。

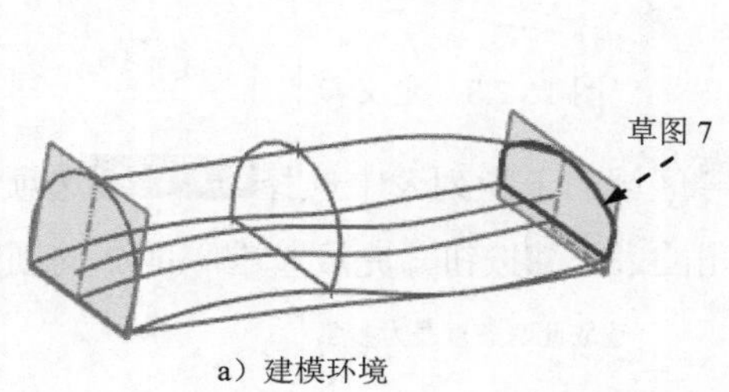

a）建模环境

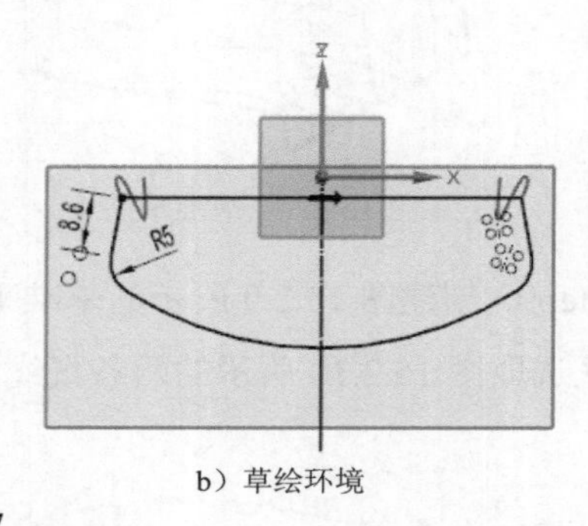

b）草绘环境

图 15.2.13　草图 7

Step13．创建图 15.2.14 所示的零件特征——网格曲面 1。选择下拉菜单 插入(S) → 网格曲面(M) → 通过曲线网格(M)... 命令，依次选取图 15.2.15 所示的曲线 1、曲线 2、曲线 3 为主线串，并分别单击中键确认；再次单击中键后，依次选取图 15.2.15 所示的曲线 4、曲线 5 和曲线 6 为交叉线串，并分别单击中键确认；在 连续性 区域的下拉列表中全部选择 G0（位置） 选项；单击 < 确定 > 按钮，完成网格曲面 1 的创建。

图 15.2.14　网格曲面 1

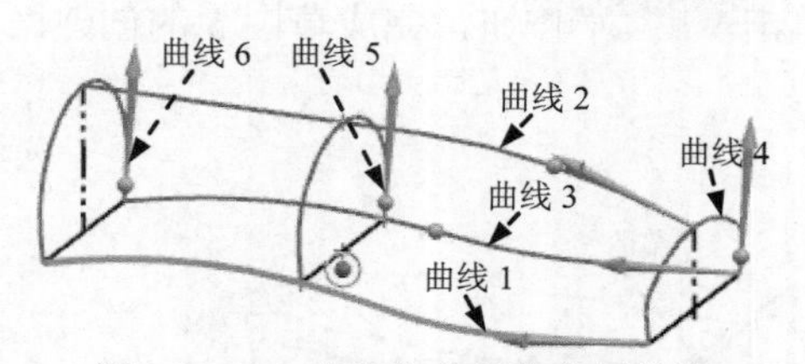

图 15.2.15　定义主曲线和交叉曲线

Step14．创建图 15.2.16 所示的零件特征——网格曲面 2。选择下拉菜单 插入(S) → 网格曲面(M) → 通过曲线网格(M)... 命令，依次选取图 15.2.17 所示的曲线 1、曲线 2 和曲线

3 为主线串，并分别单击中键确认；再次单击中键后，选取图 15.2.17 所示的曲线 4、曲线 5 和曲线 6 为交叉线串，并分别单击中键确认；在连续性区域的下拉列表中全部选择G0（位置）选项；单击< 确定 >按钮，完成网格曲面 2 的创建。

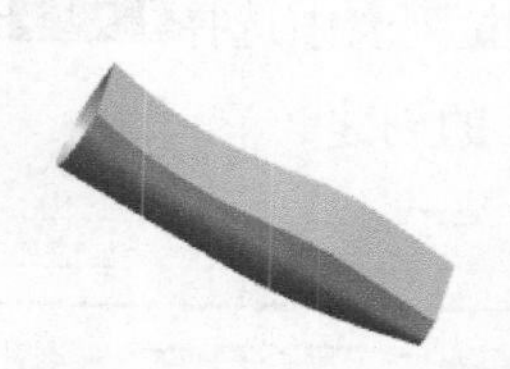

图 15.2.16　网格曲面 2

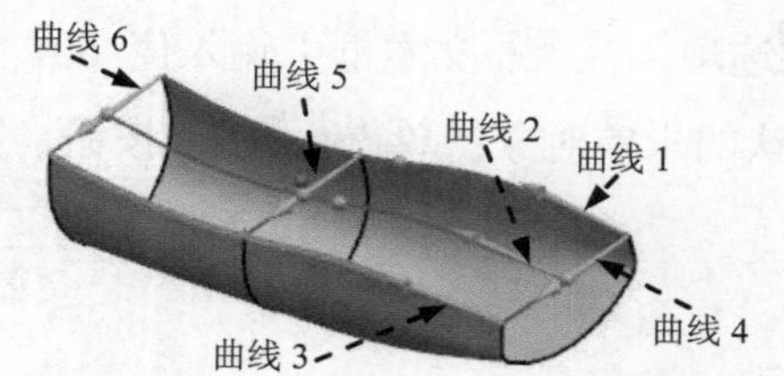

图 15.2.17　定义主曲线和交叉曲线

Step15. 创建图 15.2.18 所示的零件特征—— 有界平面 1。选择下拉菜单插入(S) → 曲面(R) → 有界平面(B)...命令，依次选取图 15.2.19 所示曲线，单击< 确定 >按钮，完成有界平面 1 的创建。

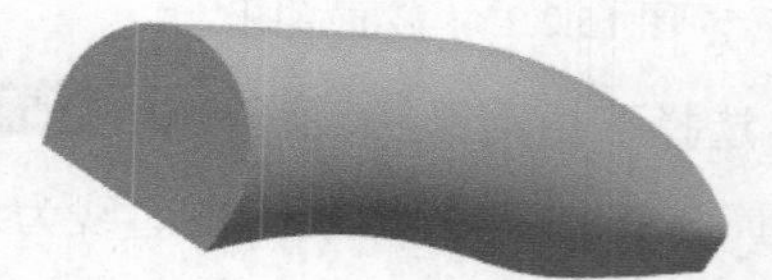

图 15.2.18　有界平面 1

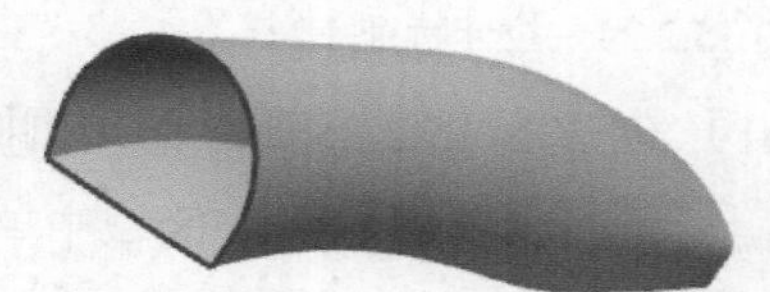

图 15.2.19　定义参照曲线

Step16. 创建图 15.2.20 所示的零件特征—— 有界平面 2。选择下拉菜单插入(S) → 曲面(R) → 有界平面(B)...命令，依次选取图 15.2.21 所示曲线，单击< 确定 >按钮，完成有界平面 2 的创建。

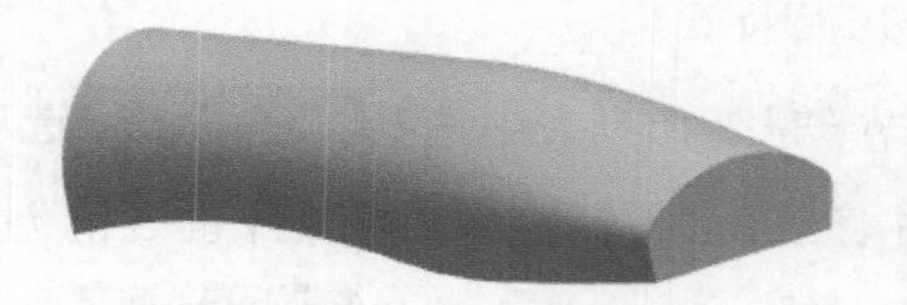

图 15.2.20　有界平面 2

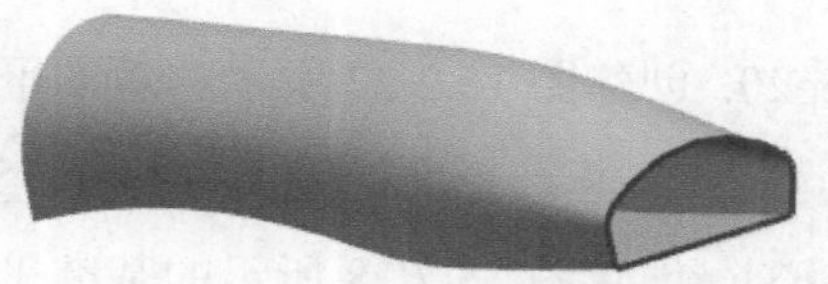

图 15.2.21　定义参照曲线

Step17. 创建缝合特征。选择下拉菜单插入(S) → 组合(B) → 缝合(W)...命令，选取图 15.2.22 所示的片体特征为目标体，选取图 15.2.23 所示的片体特征为刀具体。单击< 确定 >按钮，完成缝合特征的创建。

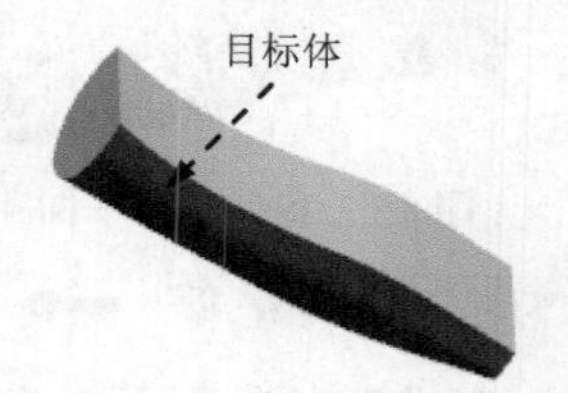

图 15.2.22　定义目标体

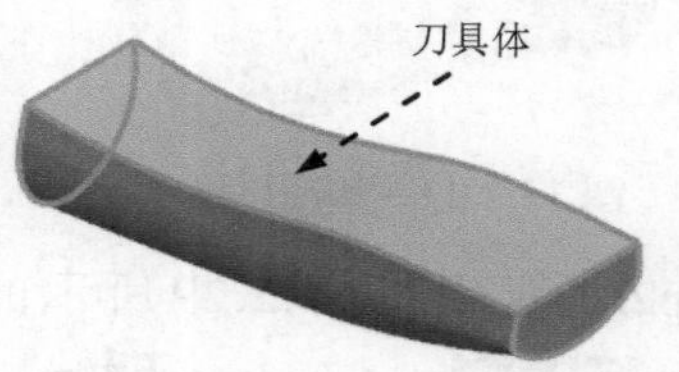

图 15.2.23　定义刀具体

Step18. 创建图 15.2.24 所示的零件特征——拉伸特征 1。选择下拉菜单插入(S) →

设计特征(E) → 拉伸(E)...命令，系统弹出“拉伸”对话框；选取 XY 平面为草图平面，绘制图 15.2.25 所示的截面草图；在指定矢量下拉列表中选择 -ZC 选项，在限制区域的开始下拉列表中选择值选项，并在其下的距离文本框中输入值 0，在限制区域的结束下拉列表中选择值选项，在距离文本框中输入值 60，在布尔区域的下拉列表中选择减去选项，采用系统默认的求差对象；单击< 确定 >按钮，完成拉伸特征 1 的创建。

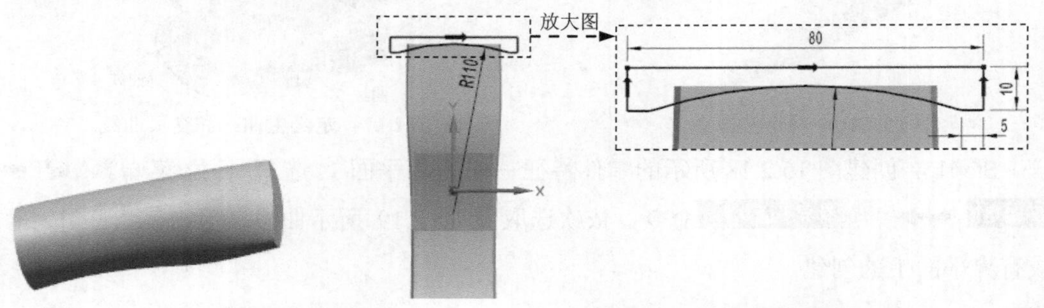

图 15.2.24　拉伸特征 1

图 15.2.25　截面草图

Step19. 创建图 15.2.26 所示的边倒圆特征 1。选择下拉菜单插入(S) → 细节特征(L) ▸ → 边倒圆(E)...命令，在边区域中单击按钮，选择图 15.2.26 所示的边线为边倒圆参照，并在半径 1 文本框中输入值 5.5；单击< 确定 >按钮，完成边倒圆特征 1 的创建。

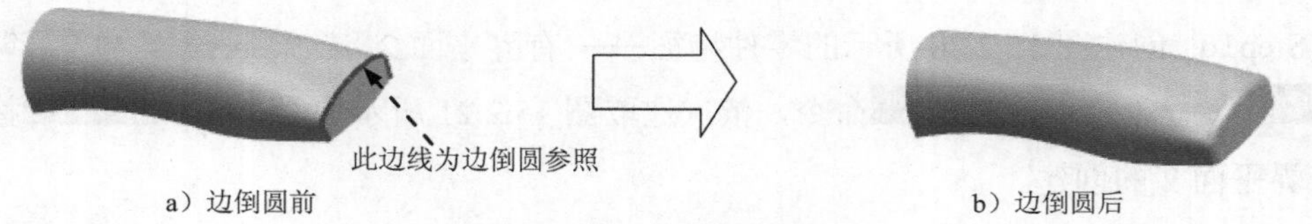

图 15.2.26　边倒圆特征 1

Step20. 创建图 15.2.27 所示的基准平面 3。在类型下拉列表中选择按某一距离选项，在绘图区选取 YZ 基准平面，输入偏移值 15；单击< 确定 >按钮，完成基准平面 3 的创建。

Step21. 创建图 15.2.28 所示的基准平面 4。在类型下拉列表中选择按某一距离选项，在绘图区选取 XY 基准平面，输入偏移值 22，然后单击“反向”按钮；单击< 确定 >按钮，完成基准平面 4 的创建。

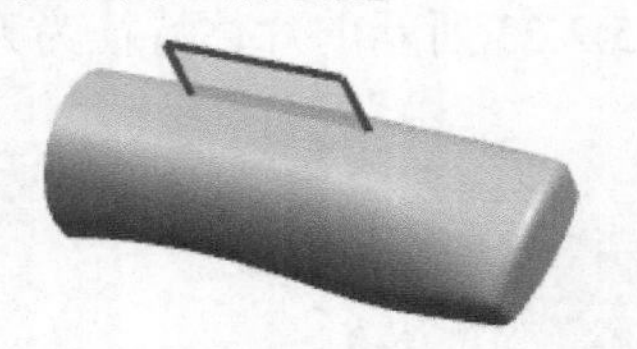

图 15.2.27　基准平面 3

图 15.2.28　基准平面 4

Step22. 创建图 15.2.29 所示的旋转特征 1。选择下拉菜单插入(S) → 设计特征(E) → 旋转(R)...命令，单击截面区域中的按钮，在绘图区选取基准平面 3 为草图平面，绘制图 15.2.30 所示的截面草图；在绘图区中选取图 15.2.30 所示的直线为旋转轴，在“旋转”对话框限制区域的开始下拉列表中选择值选项，并在角度文本框中输入值 0，在结束下拉列表中选择值选项，并在角度文本框中输入值 360；在布尔区域的下拉列表中选择合并选项，采用系统默认的求和对象；单击< 确定 >按钮，完成旋转特征 1 的创建。

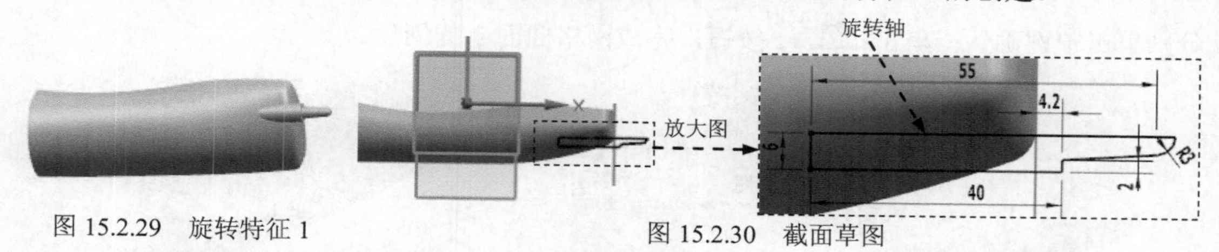

图 15.2.29　旋转特征 1　　　　图 15.2.30　截面草图

Step23. 创建图 15.2.31 所示的边倒圆特征 2。选择图 15.2.31 所示的边线为边倒圆参照，并在半径 1文本框中输入值 2；单击< 确定 >按钮，完成边倒圆特征 2 的创建。

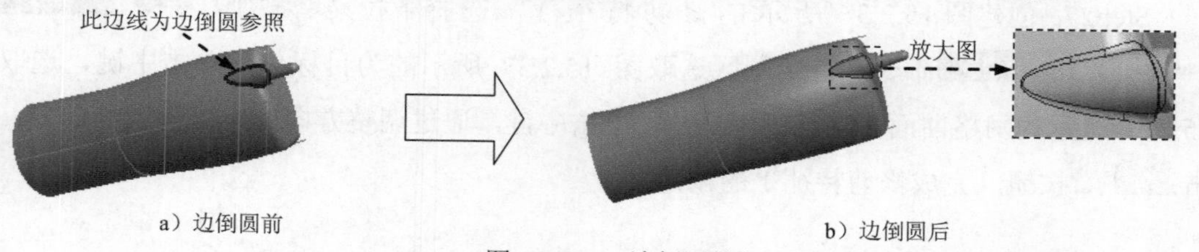

a）边倒圆前　　　　b）边倒圆后

图 15.2.31　边倒圆特征 2

Step24. 创建图 15.2.32 所示的草图 8。选择下拉菜单插入(S) → 在任务环境中绘制草图(V)...命令，选取基准平面 1 为草图平面，进入草图环境，绘制图 15.2.32 所示的草图 8；绘制完成后，单击完成草图按钮，完成草图 8 的创建。

a）建模环境　　　　b）草绘环境

图 15.2.32　草图 8

Step25. 创建图 15.2.33 所示的草图 9。选择下拉菜单插入(S) → 在任务环境中绘制草图(V)...命令，选取基准平面 XY 为草图平面，进入草图环境，绘制图 15.2.33 所示的草图 9；绘制完成后，单击完成草图按钮，完成草图 9 的创建。

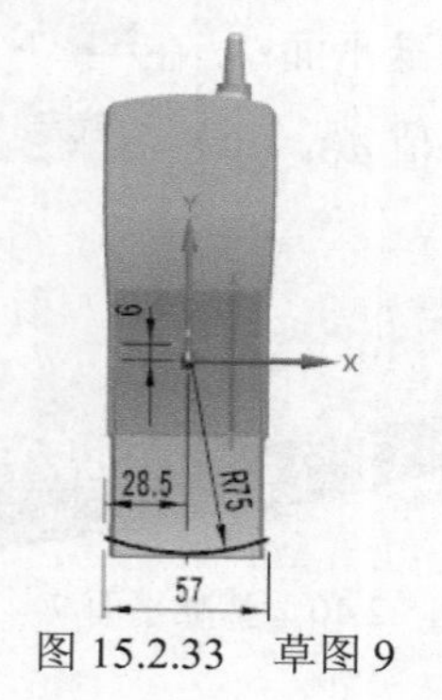

图 15.2.33　草图 9

Step26. 创建图 15.2.34 所示的零件特征—— 网格曲面 3。选择下拉菜单插入(S) → 网格曲面(M) → 通过曲线组(T)...命令，依次选取图 15.2.35 所示的曲线 1 和曲线 2，并分别单击中键确认；单击< 确定 >按钮，完成网格曲面 3 的创建。

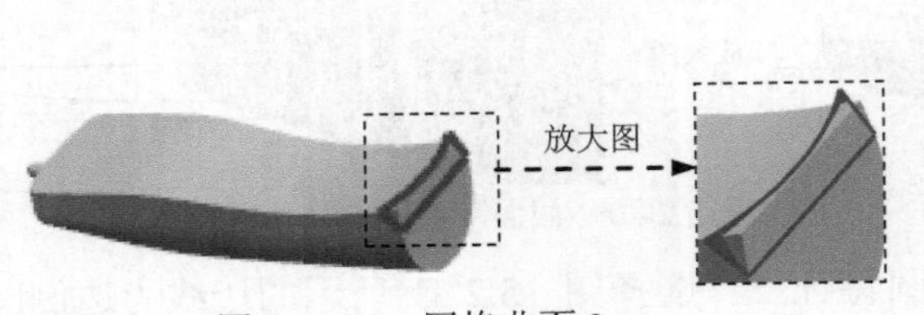

图 15.2.34　网格曲面 3

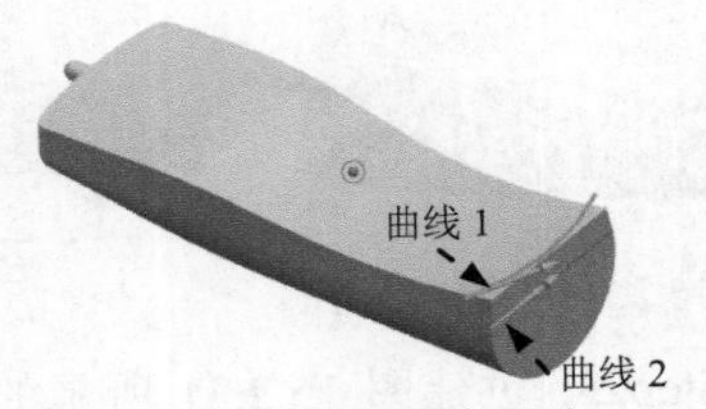

图 15.2.35　定义参照线

Step27. 创建图 15.2.36 所示的修剪特征 1。选择下拉菜单插入(S) → 修剪(T) → 修剪体(T)...命令，在绘图区选取图 15.2.37 所示的为目标体；单击中键，选取图 15.2.34 所示的网格曲面 3 特征为工具体；单击中键，通过调整方向确定要保留的部分；单击< 确定 >按钮，完成修剪特征 1 的创建。

图 15.2.36　修剪特征 1

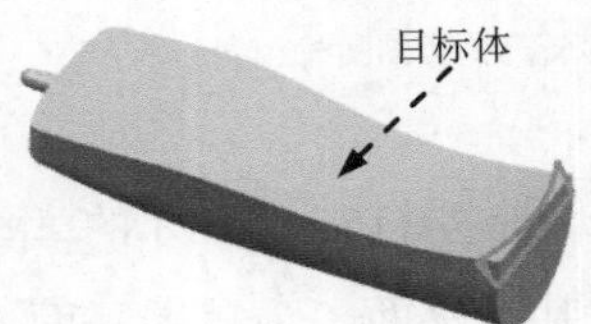

图 15.2.37　定义目标体

Step28. 创建图 15.2.38 所示的基准平面 5。在类型下拉列表中选择按某一距离选项，在绘图区选取 XY 基准平面，输入偏移值 5；单击< 确定 >按钮，完成基准平面 5 的创建。

Step29. 创建图 15.2.39 所示的基准平面 6。在类型下拉列表中选择按某一距离选项，在绘图区选取 XY 基准平面，输入偏移值 2.5；单击按钮，单击< 确定 >按钮，完成基准平面 6 的创建。

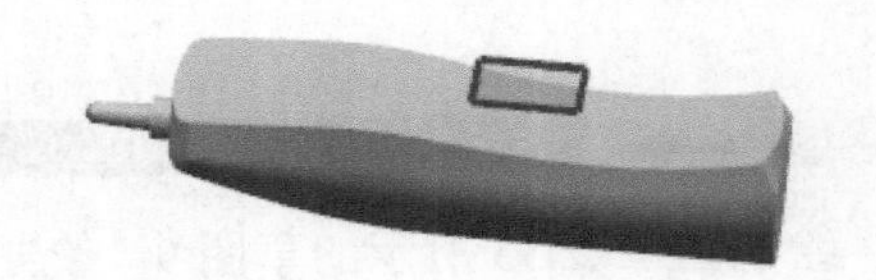

图 15.2.38　基准平面 5

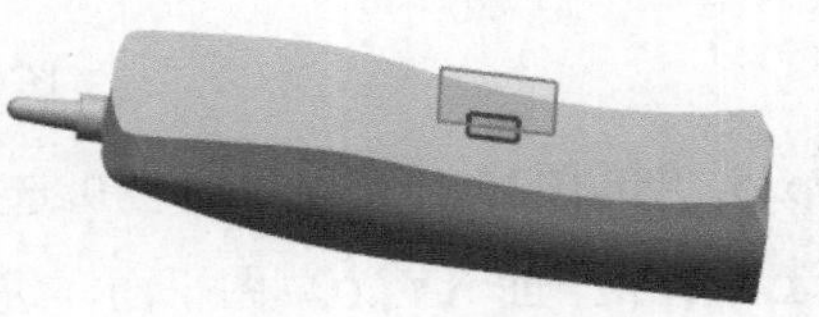

图 15.2.39　基准平面 6

Step30. 创建图 15.2.40 所示的基准平面 7。在类型下拉列表中选择按某一距离选项，在绘图区选取 XY 基准平面，输入偏移值 40；单击< 确定 >按钮，完成基准平面 7 的创建。

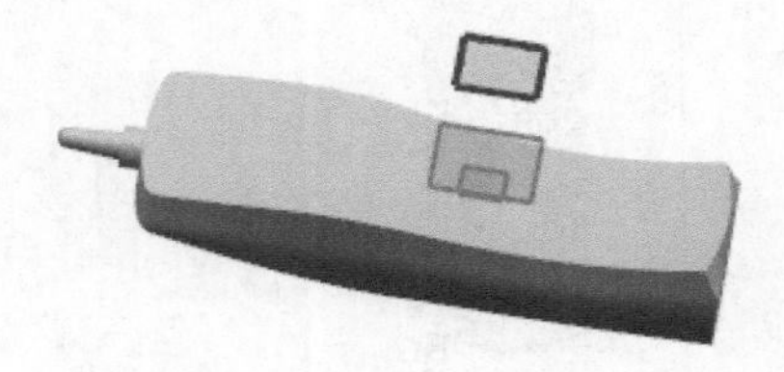

图 15.2.40　基准平面 7

Step31. 创建图 15.2.41 所示的旋转特征 2。选择下拉菜单 插入(S) → 设计特征(E) → 旋转(R)... 命令，单击 截面 区域中的 按钮，在绘图区选取基准平面 YZ 为草图平面，绘制图 15.2.42 所示的截面草图；在绘图区中选取图 15.2.42 所示的直线为旋转轴；在“旋转”对话框 限制 区域的 开始 下拉列表中选择 值 选项，并在 角度 文本框中输入值 0；在 结束 下拉列表中选择 值 选项，并在 角度 文本框中输入值 360；在 布尔 区域的下拉列表中选择 减去 选项，采用系统默认的求差对象；单击 < 确定 > 按钮，完成旋转特征 2 的创建。

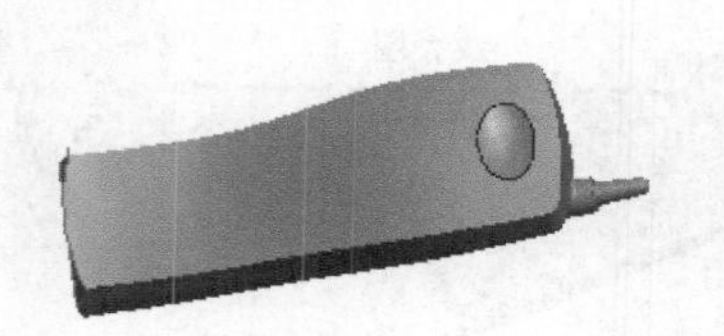

图 15.2.41　旋转特征 2

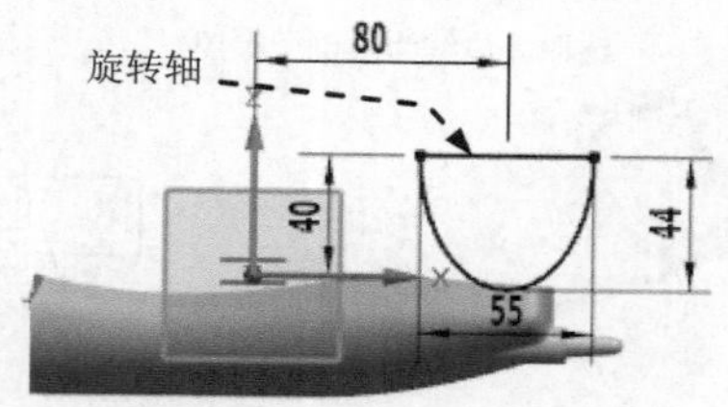

图 15.2.42　截面草图

Step32. 创建图 15.2.43 所示的零件特征——拉伸特征 2。选择下拉菜单 插入(S) → 设计特征(E) → 拉伸(E)... 命令，系统弹出“拉伸”对话框；选取基准平面 5 为草图平面，绘制图 15.2.44 所示的截面草图；在 指定矢量 下拉列表中选择 -ZC 选项；在 限制 区域的 开始 下拉列表中选择 值 选项，并在其下的 距离 文本框中输入值 0；在 限制 区域的 结束 下拉列表中选择 直至选定 选项（拉伸时基准平面 6 为直至选定对象）；在 布尔 区域的下拉列表中选择 减去 选项，采用系统默认的求差对象；单击 < 确定 > 按钮，完成拉伸特征 2 的创建。

图 15.2.43　拉伸特征 2

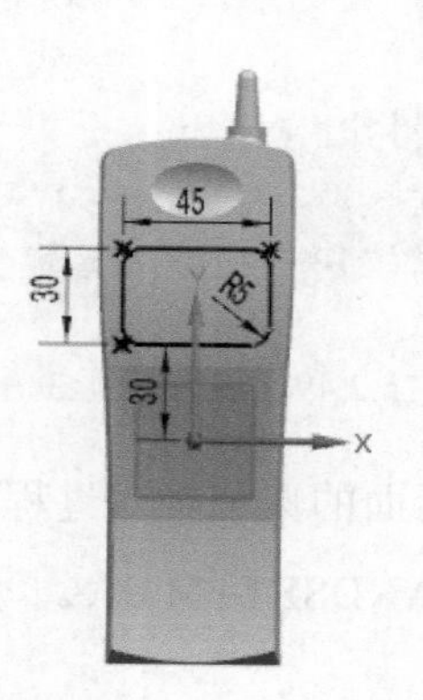

图 15.2.44　截面草图

Step33. 创建图 15.2.45 所示的拔模特征。选择下拉菜单 插入(S) → 细节特征(L) → 拔模(T)... 命令，在 脱模方向 区域中指定矢量为 Z 轴的正方向，在 拔模参考 区域选择图 15.2.46 所示的面为固定面，在 要拔模的面 区域选择图 15.2.47 所示的面为参照，并在 角度 1 文本框中输入值 30；单击 < 确定 > 按钮，完成拔模特征的创建。

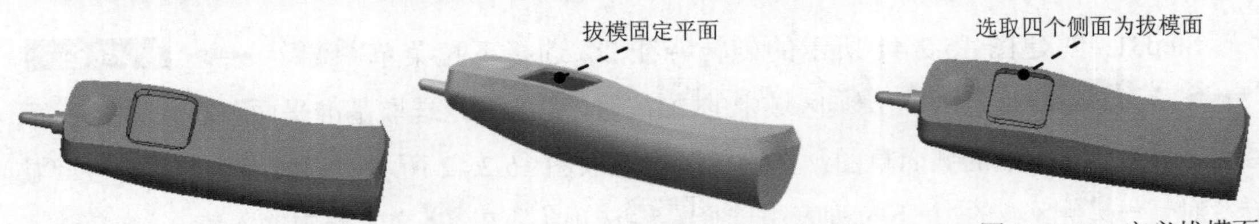

图 15.2.45　拔模特征　　图 15.2.46　定义拔模固定面　　图 15.2.47　定义拔模面

Step34. 创建图 15.2.48 所示的边倒圆特征 3。选择图 15.2.48 所示的边线为边倒圆参照，并在半径 1文本框中输入值 1；单击< 确定 >按钮，完成边倒圆特征 3 的创建。

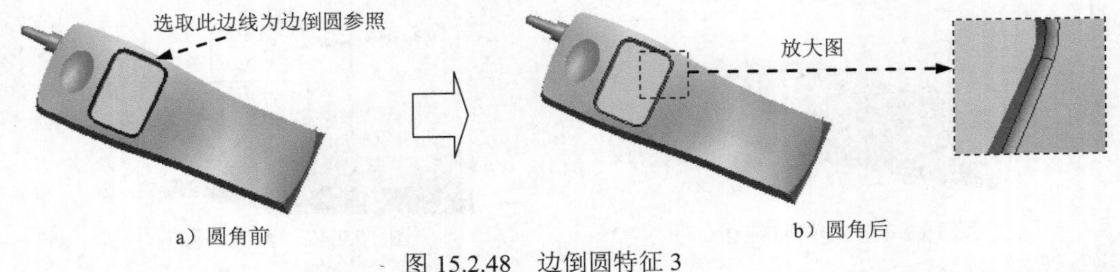

图 15.2.48　边倒圆特征 3

Step35. 创建图 15.2.49 所示的旋转特征 3。选择下拉菜单插入(S) → 设计特征(E) → 旋转(R)...命令，单击截面区域中的按钮；在绘图区选取基准平面 YZ 为草图平面，绘制图 15.2.50 所示的截面草图；在绘图区中选取图 15.2.50 所示的直线为旋转轴，在“旋转”对话框限制区域的开始下拉列表中选择值选项，并在角度文本框中输入值 0；在结束下拉列表中选择值选项，并在角度文本框中输入值 360；在布尔区域的下拉列表中选择减去选项，采用系统默认的求差对象；单击< 确定 >按钮，完成旋转特征 3 的创建。

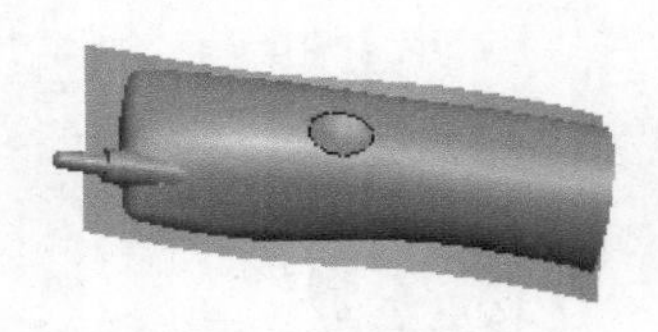

图 15.2.49　旋转特征 3

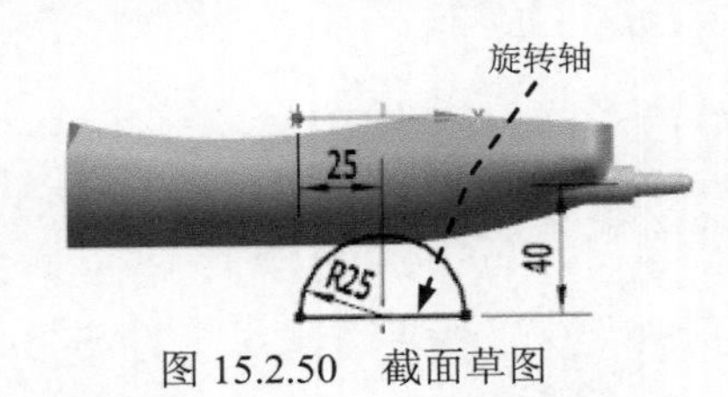

图 15.2.50　截面草图

Step36. 后面的详细操作过程请参见学习资源中 video\ch15\reference\文件下的语音视频讲解文件 HANDSET-r01.exe。

实例 16　CPU 风扇

16.1　实例概述

本实例是一个CPU风扇的设计，设计中主要运用了实体造型和曲面造型相结合的建模方式，以及零件和曲面造型的基础特征命令。本例主要介绍了拉伸、旋转、倒圆角等实体特征的一些基本命令，以及多截面曲面、拉伸曲面等一些曲面的基本命令的应用，希望读者在完成本例后能掌握这些命令的基本使用方法和技巧。

16.2　CPU 风扇

CPU风扇的实体模型及模型树如图16.2.1所示。

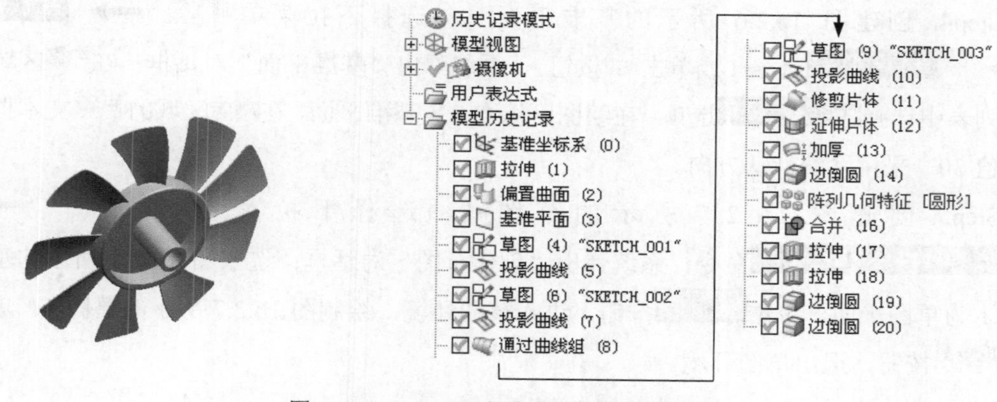

图 16.2.1　CPU风扇的实体模型及模型树

Step1. 新建模型文件。选择下拉菜单 文件(F) → 新建(N)... 命令（或单击按钮），系统弹出“新建”对话框；在模板选项卡中选取模板类型为模型，在名称文本框中输入文件名称fan；单击 确定 按钮，进入建模环境。

Step2. 创建图16.2.2所示的零件基础特征——拉伸特征1。选择下拉菜单 插入(S) → 设计特征(E) → 拉伸(E)... 命令（或单击按钮），系统弹出“拉伸”对话框；单击“拉伸”对话框中的“绘制截面”按钮，系统弹出“创建草图”对话框；单击按钮，选取XY基准平面为草图平面；单击 确定 按钮，进入草图环境，绘制图16.2.3所示的截面草图；单击 完成草图 按钮，退出草图环境。在“拉伸”对话框的 指定矢量 下拉列表中选择 ZC↑ 选项；在限制区域的开始下拉列表中选择 值 选项，并在其下的距离文本框中输入值0；在限制区域的结束下拉列表中选择值选项，并在其下的距离文本框中输入值 5；其他参数采用系统默认设置值；单击“拉伸”对话框中的< 确定 >按钮，完成拉伸特征 1 的创建。

图 16.2.2　拉伸特征 1

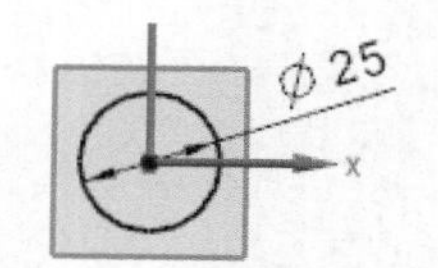

图 16.2.3　截面草图

Step3. 创建图 16.2.4 所示的零件特征——偏置曲面特征。选择下拉菜单插入(S) → 偏置/缩放(O) → 偏置曲面(O)...命令（或单击按钮），系统弹出“偏置曲面”对话框；在绘图区中选取图 16.2.5 所示的曲面，在偏置 1文本框中输入偏置值 14.5，确认偏置方向为实体外侧；单击“偏置曲面”对话框中的< 确定 >按钮，完成偏置曲面特征的创建。

图 16.2.4　偏置曲面特征

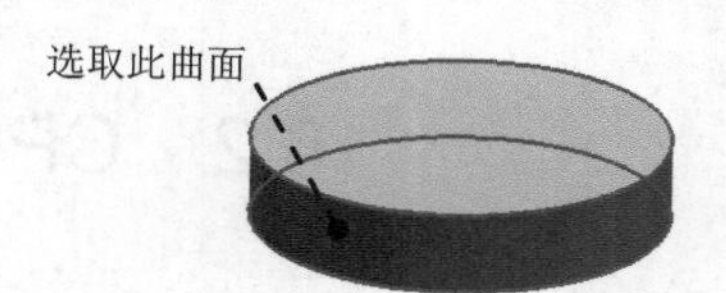

图 16.2.5　定义偏置曲面

Step4. 创建图 16.2.6 所示的基准平面 1。选择下拉菜单插入(S) → 基准/点(D) → 基准平面(D)...命令（或单击按钮），系统弹出“基准平面”对话框；在类型区域的下拉列表中选择按某一距离选项，在绘图区选取 ZX 基准平面，在偏置区域的距离文本框中输入值 30，采用系统默认方向。

Step5. 创建图 16.2.7 所示的草图 1。选择下拉菜单插入(S) → 在任务环境中绘制草图(V)...命令，系统弹出“创建草图”对话框；选取图 16.2.6 所示的基准平面 1 为草图平面，单击确定按钮，进入草图环境，绘制图 16.2.7 所示的草图 1；单击完成草图按钮，退出草图环境。

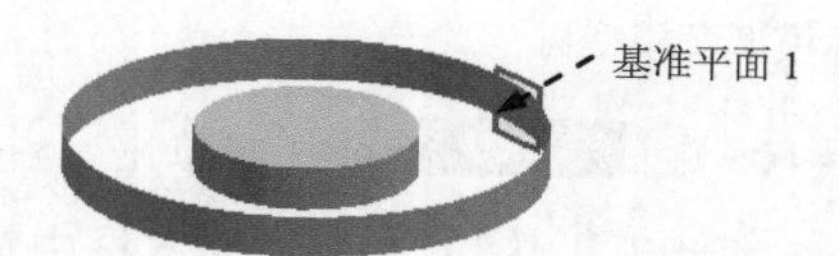

图 16.2.6　基准平面 1

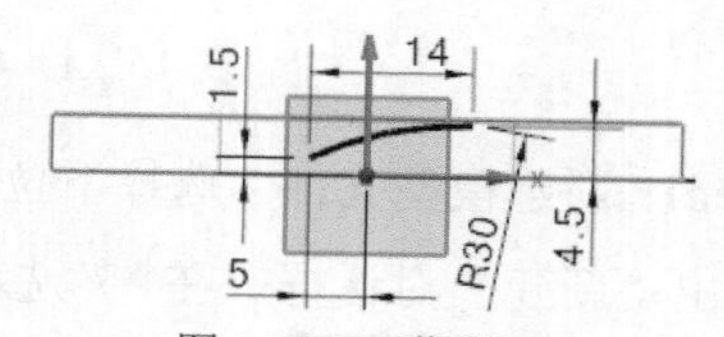

图 16.2.7　草图 1

Step6. 创建图 16.2.8 所示的零件特征——投影曲线 1。选择下拉菜单插入(S) → 派生曲线(U) → 投影(P)...命令，系统弹出“投影曲线”对话框；在绘图区选取草图 1 为投影曲线，单击中键确认；在绘图区选取偏置曲面特征为投影曲面；在投影方向区域的方向下拉列表中选择沿矢量选项，在投影方向区域的指定矢量下拉列表中选择-YC选项；其他参数采用系统默认设置值；单击“投影曲线”对话框中的< 确定 >按钮，完成投影曲线 1 的创建。

Step7. 在绘图区选取图 16.2.6 所示的基准平面 1 为草图平面，绘制图 16.2.9 所示的草图 2。

图 16.2.8　投影曲线 1

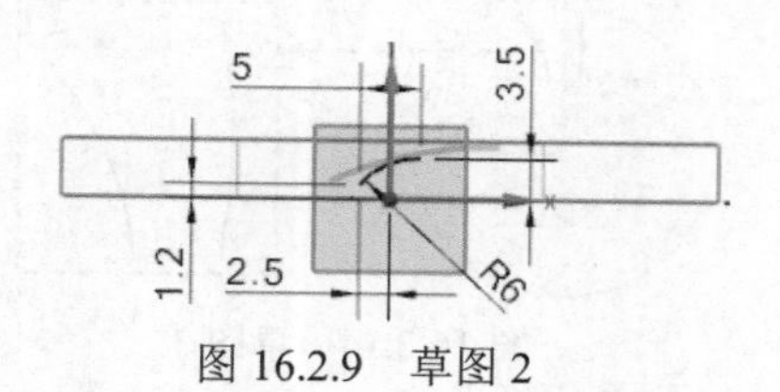

图 16.2.9　草图 2

Step8. 创建图 16.2.10 所示的零件特征——投影曲线 2。选择下拉菜单 插入(S) → 派生曲线(U) → 投影(P)... 命令，系统弹出“投影曲线”对话框；在绘图区选取草图 2 为投影曲线，在绘图区选取图 16.2.11 所示的曲面为投影曲面，在投影方向区域的方向下拉列表中选择沿矢量选项，在投影方向区域的*指定矢量下拉列表中选择 -YC 选项；其他参数采用系统默认设置值；单击“投影曲线”对话框中的< 确定 >按钮，完成投影曲线 2 的创建。

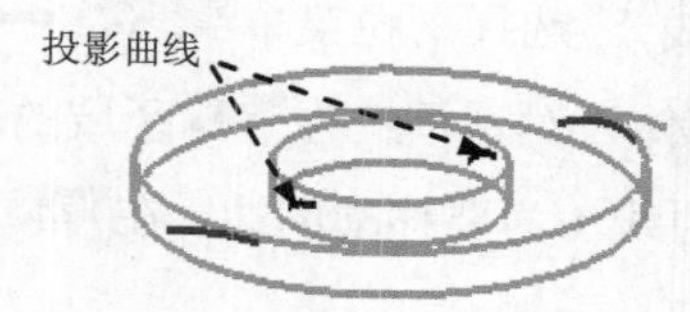

图 16.2.10　投影曲线 2

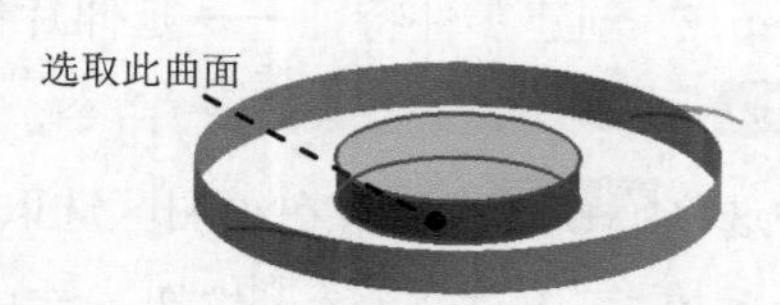

图 16.2.11　定义投影曲面

Step9. 创建图 16.2.12 所示的零件特征——网格曲面特征。选择下拉菜单 插入(S) → 网格曲面(M) → 通过曲线组(T)... 命令（或在“曲面”工具栏中单击“通过曲线网格”按钮），系统弹出“通过曲线组”对话框；选择 16.2.13 所示的曲线 1，单击中键选取曲线 2，在输出曲面选项区域的补片类型下拉列表中选择单个选项；其他参数采用系统默认设置值；单击< 确定 >按钮，完成网格曲面特征的创建。

注意：在选取曲线串时，注意调整其箭头方向，使之与图 16.2.13 所示的方向一致。

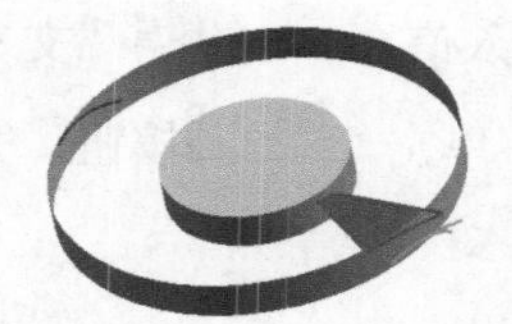

图 16.2.12　网格曲面特征

图 16.2.13　定义曲线串

Step10. 在绘图区选取 XY 基准平面为草图平面，绘制图 16.2.14 所示的草图 3。

说明：草图 3 是采用 艺术样条(D)... 命令绘制而成的。

Step11. 创建图 16.2.15 所示的零件特征——投影曲线 3。选择下拉菜单 插入(S) → 派生曲线(U) → 投影(P)... 命令，系统弹出“投影曲线”对话框；在绘图区选取草图 3 为投影曲线，选取网格曲面特征为投影曲面，在投影方向区域的方向下拉列表中选择沿矢量选项，在投影方向区域的*指定矢量下拉列表中选择ZC↑选项；其他参数采用系统默认设置值。

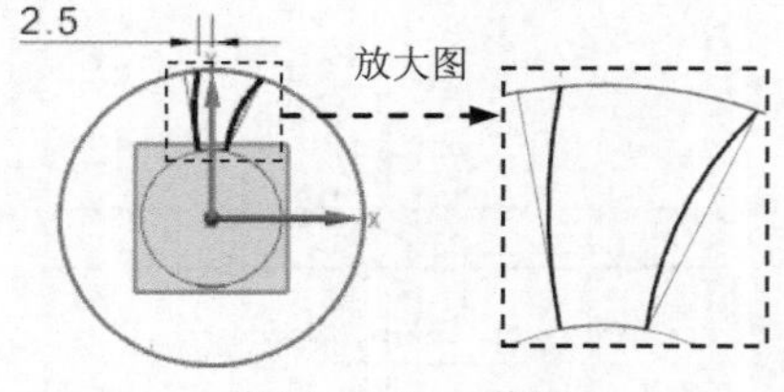

图 16.2.14　草图 3

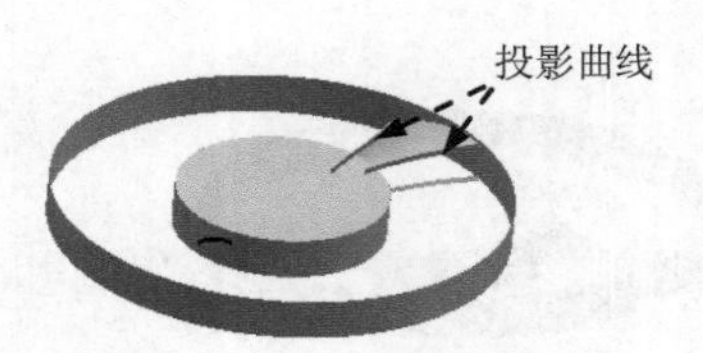

图 16.2.15　投影曲线 3

Step12. 创建图 16.2.16b 所示的零件特征——修剪体。选择下拉菜单插入(S) → 修剪(T) ▸ → 修剪片体(R)...命令（或单击按钮），系统弹出“修剪片体”对话框；在绘图区选取网格曲面特征为修剪的目标体，单击中键，分别选取图 16.2.15 所示的两条投影曲线特征为修剪的边界对象，在区域区域中选取⊙保留单选项；单击确定按钮，完成修剪体的创建。

Step13. 创建零件特征——延伸片体（隐藏草图、曲线）。选择下拉菜单插入(S) → 修剪(T) ▸ → 延伸片体(X)...命令，系统弹出“延伸片体”对话框；在限制区域的下拉列表中选择偏置选项，在绘图区选取图 16.2.17 所示的边线 1 为要移动的边，在偏置文本框中输入值 1；单击< 确定 >按钮，完成延伸片体的创建。

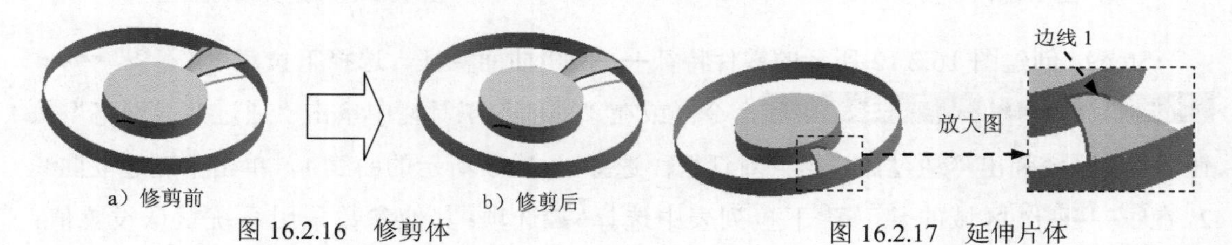

a）修剪前　b）修剪后

图 16.2.16　修剪体　　图 16.2.17　延伸片体

Step14. 创建图 16.2.18 所示的零件特征——加厚特征。选择下拉菜单插入(S) → 偏置/缩放(O) ▸ → 加厚(T)...命令，系统弹出“加厚”对话框；在面区域中单击按钮，选取图 16.2.19 所示的曲面为加厚的对象；在偏置 1文本框中输入值 0.3，在偏置 2文本框中输入值 0，单击按钮，调整加厚方向为 Z 基准轴的负方向；单击< 确定 >按钮，完成加厚特征的创建。

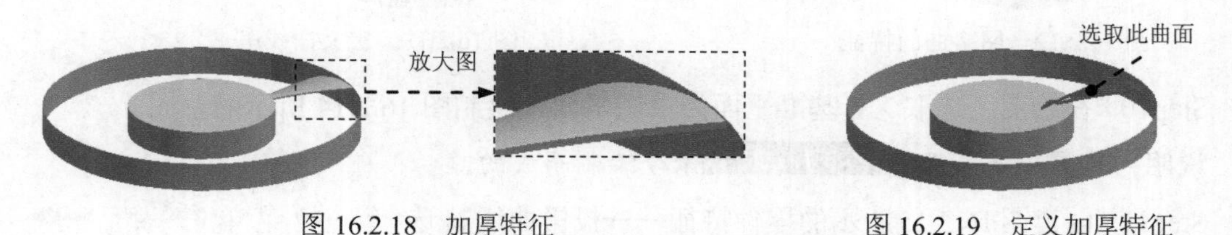

图 16.2.18　加厚特征　　图 16.2.19　定义加厚特征

Step15. 设置隐藏。选择下拉菜单编辑(E) → 显示和隐藏(H) → 隐藏(H)...命令，系统弹出“类选择”对话框；单击“类选择”对话框中的按钮，系统弹出“根据类型选择”对话框。选择对话框列表中的曲线、草图和片体选项，单击确定按钮，系统再次弹出“类选择”对话框；单击对话框对象区域中的“全选”按钮，单击“类选择”对话框中的确定按钮，完成对设置对象的隐藏。

Step16. 创建图 16.2.20b 所示的边倒圆特征 1。选择下拉菜单插入(S) → 细节特征(L) ▸ → 边倒圆(E)...命令（或单击按钮），系统弹出“边倒圆”对话框；在边区域中单击按钮，选择图 16.2.20a 所示的两条边线为边倒圆参照，并在半径 1文本框中输入值 1；单击< 确定 >按钮，完成边倒圆特征 1 的创建。

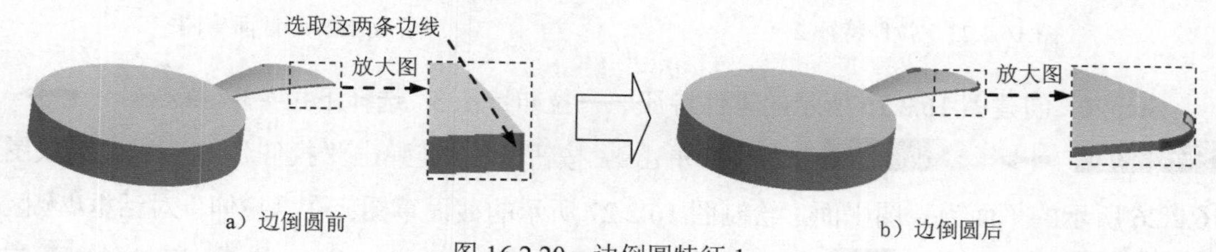

a）边倒圆前　　b）边倒圆后

图 16.2.20　边倒圆特征 1

Step17. 创建图 16.2.21 所示的零件特征——阵列几何体。选择下拉菜单插入(S) → 关联复制(A) ▸ → 阵列几何特征(T)...命令，系统弹出“阵列几何特征”对话框；在对话框的布局下拉列表中选择圆形选项，选取加厚特征为要生成阵列的几何特征；在对话框的旋转轴区域中单击指定矢量后面的按钮，选择 ZC 轴为旋转轴；单击指定点后面的按钮，选取坐标系的原点；在对话框角度方向区域的间距下拉列表中选择数量和间隔选项，然后在数量文本框中输入阵列数量为 9，在节距角文本框中输入阵列角度值为 40；单击< 确定 >按钮，结果如图 16.2.21 所示。

Step18. 创建零件特征——合并。选择下拉菜单插入(S) → 组合(B) ▸ → 合并(U)...命令（或单击按钮），系统弹出“合并”对话框；选取图 16.2.22 所示的实体特征为目标体，依次选取图 16.2.21 所示的实例特征和图 16.2.18 所示的加厚特征为刀具体，单击< 确定 >按钮，完成合并特征的创建。

图 16.2.21　阵列几何体

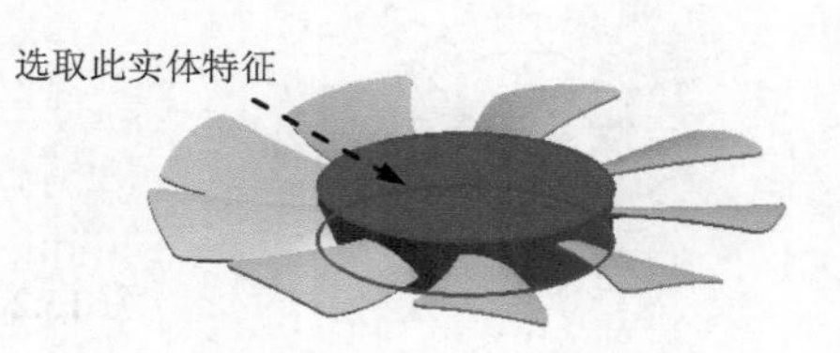

图 16.2.22　目标体

Step19. 创建图 16.2.23 所示的零件特征——拉伸特征 2。选择下拉菜单插入(S) → 设计特征(E) → 拉伸(E)...命令（或单击按钮），系统弹出“拉伸”对话框；选取 XY 基准平面为草图平面，绘制图 16.2.24 所示的截面草图；在指定矢量下拉列表中选择ZC↑选项；在“拉伸”对话框限制区域的开始下拉列表中选择值选项，并在其下的距离文本框中输入值 0；在限制区域的结束下拉列表中选择值选项，并在其下的距离文本框中输入值 4；在布尔区域中选择减去选项，采用系统默认的求差对象。

图 16.2.23　拉伸特征 2

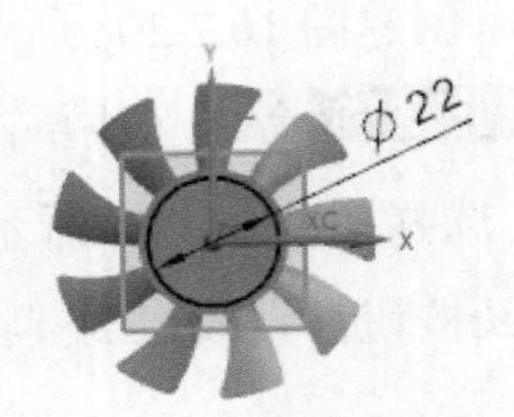

图 16.2.24　截面草图

Step20. 创建图 16.2.25 所示的零件特征——拉伸特征 3。选择下拉菜单 插入(S) → 设计特征(E) → 拉伸(E)...命令（或单击按钮），系统弹出“拉伸”对话框；选取图 16.2.26 所示的平面为草图平面，绘制图 16.2.27 所示的截面草图；在“拉伸”对话框限制区域的开始下拉列表中选择值选项，并在其下的距离文本框中输入值 0；在限制区域的结束下拉列表中选择值选项，在其下的距离文本框中输入值 11，在指定矢量下拉列表中选择-ZC选项；在布尔区域中选择合并选项，采用系统默认的合并对象。

图 16.2.25　拉伸特征 3　图 16.2.26　定义草图平面　图 16.2.27　截面草图

Step21. 创建图 16.2.28b 所示的边倒圆特征 2。选择图 16.2.28a 所示的两条边线为边倒圆参照，并在半径 1文本框中输入值 0.5，完成边倒圆特征 2 的创建。

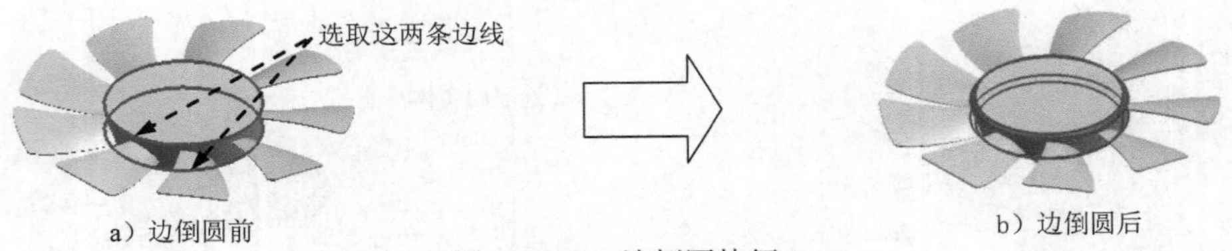

a）边倒圆前　b）边倒圆后

图 16.2.28　边倒圆特征 2

Step22. 创建图 16.2.29b 所示的边倒圆特征 3。选择图 16.2.29a 所示的 18 条边线为边倒圆参照，并在半径 1文本框中输入值 0.1，完成边倒圆特征 3 的创建。

Step23. 保存零件模型。选择下拉菜单文件(F) → 保存(S)命令，即可保存零件模型。

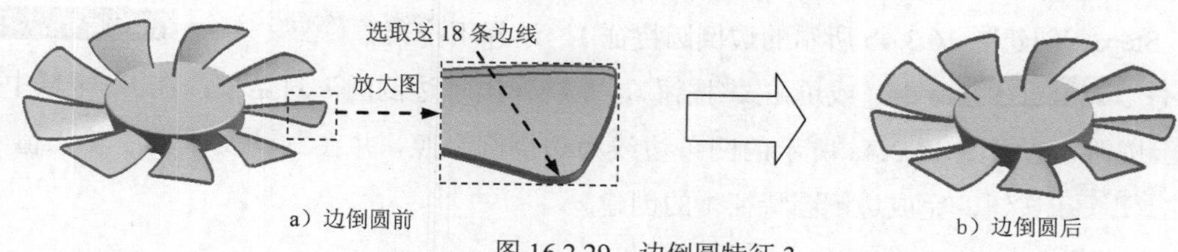

图 16.2.29　边倒圆特征 3

16.3　CPU 风扇底座

CPU 风扇底座的零件模型及模型树如图 16.3.1 所示。

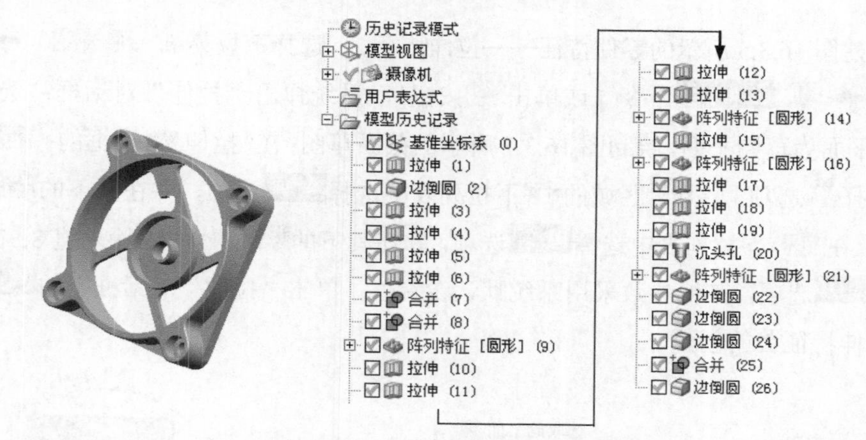

图 16.3.1　CPU 风扇底座的零件模型及模型树

Step1. 新建模型文件。选择下拉菜单 文件(F) → 新建(N)... 命令（或单击按钮），系统弹出“新建”对话框；在模板选项卡中选取模板类型为模型，在名称文本框中输入文件名称 base，单击 确定 按钮，进入建模环境。

Step2. 创建图 16.3.2 所示的零件基础特征——拉伸特征 1。选择下拉菜单 插入(S) → 设计特征(E) → 拉伸(E)... 命令（或单击按钮），系统弹出“拉伸”对话框；单击“拉伸”对话框中的“绘制截面”按钮，系统弹出“创建草图”对话框；单击按钮，选取 XY 基准平面为草图平面，单击 确定 按钮，进入草图环境，绘制图 16.3.3 所示的截面草图，单击 完成草图 按钮，退出草图环境；在“拉伸”对话框限制区域的开始下拉列表中选择 值 选项，并在其下的距离文本框中输入值 0；在限制区域的结束下拉列表中选择 值 选项，并在其下的距离文本框中输入值 4；其他参数采用系统默认设置值；单击“拉伸”对话框中的 <确定> 按钮，完成拉伸特征 1 的创建。

图 16.3.2　拉伸特征 1

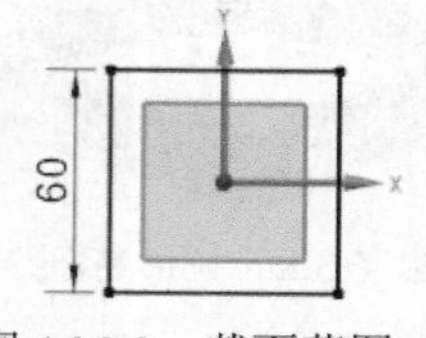

图 16.3.3　截面草图

Step3. 创建图 16.3.4b 所示的边倒圆特征 1。选择下拉菜单 插入(S) → 细节特征(L) ▸ → 边倒圆(E)... 命令（或单击按钮），系统弹出“边倒圆”对话框；在 边 区域中单击按钮，选择图 16.3.4a 所示的四条边线为边倒圆参照，并在 半径 1 文本框中输入值 5；单击 < 确定 > 按钮，完成边倒圆特征 1 的创建。

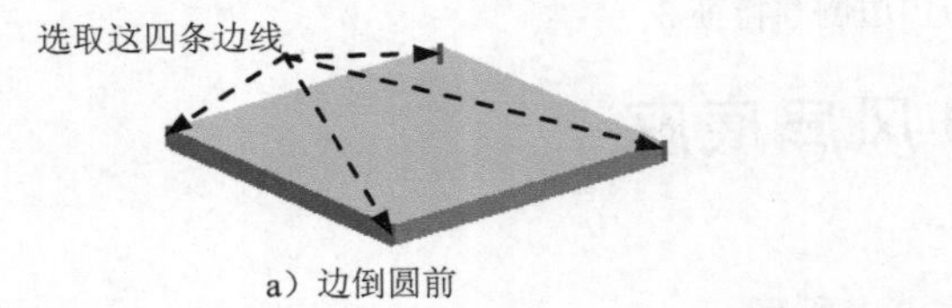

a）边倒圆前

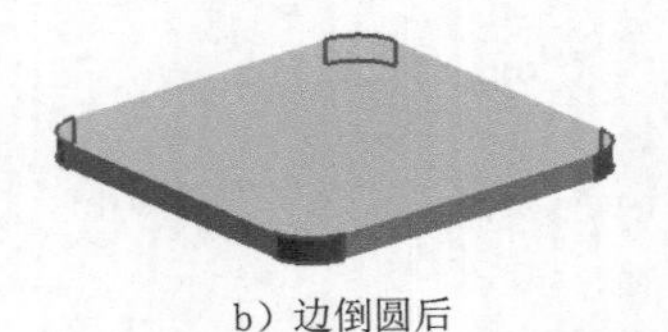
b）边倒圆后

图 16.3.4　边倒圆特征 1

Step4. 创建图 16.3.5 所示的零件特征——拉伸特征 2。选择下拉菜单 插入(S) → 设计特征(E) → 拉伸(E)... 命令（或单击按钮），系统弹出“拉伸”对话框；选取图 16.3.6 所示的平面为草图平面，绘制图 16.3.7 所示的截面草图；在“拉伸”对话框的 指定矢量 下拉列表中选择 ZC↑ 选项，在 限制 区域的 开始 下拉列表中选择 值 选项，并在其下的 距离 文本框中输入值 0；在 结束 下拉列表中选择 值 选项，并在其下的 距离 文本框中输入值 8；在 布尔 区域中选择 合并 选项，其他参数采用系统默认设置值；单击“拉伸”对话框中的 < 确定 > 按钮，完成拉伸特征 2 的创建。

图 16.3.5　拉伸特征 2

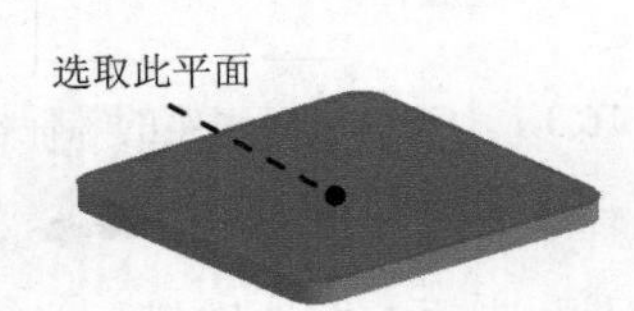

图 16.3.6　定义草图平面

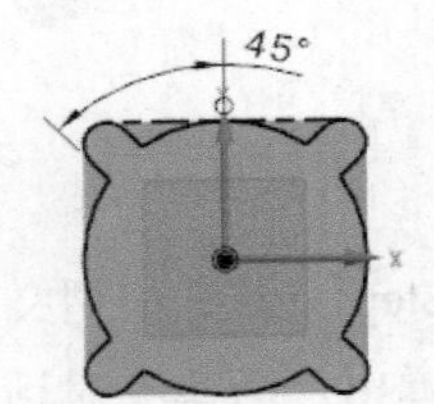

图 16.3.7　截面草图

Step5. 创建图 16.3.8 所示的零件特征——拉伸特征 3。选择下拉菜单 插入(S) → 设计特征(E) → 拉伸(E)... 命令（或单击按钮），系统弹出“拉伸”对话框；选取 XY 基准平面为草图平面，绘制图 16.3.9 所示的截面草图；确定拉伸开始值和结束值；在“拉伸”对话框 限制 区域的 开始 下拉列表中选择 值 选项，并在其下的 距离 文本框中输入值 0；在 结束 下拉列表中选择 贯通 选项，在 布尔 区域中选择 减去 选项，在 指定矢量 下拉列表中选择 ZC↑ 选项；其他参数采用系统默认设置值；单击“拉伸”对话框中的 < 确定 > 按钮，完成拉伸特征 3 的创建。

图 16.3.8　拉伸特征 3

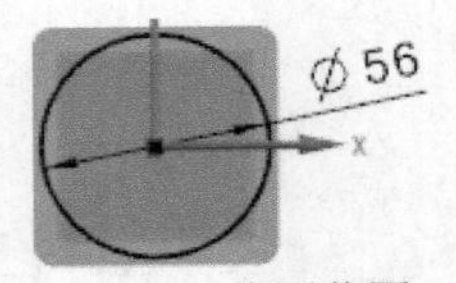

图 16.3.9　截面草图

Step6. 创建图 16.3.10 所示的零件特征——拉伸特征 4。选择下拉菜单 插入(S) → 设计特征(E) → 拉伸(E)... 命令，系统弹出“拉伸”对话框；选取 XY 基准平面为草图平面，绘制图 16.3.11 所示的截面草图；在“拉伸”对话框的 指定矢量 下拉列表中选择 ZC↑ 选项；在 限制 区域的 开始 下拉列表中选择 值 选项，并在其下的 距离 文本框中输入值 0；在 限制 区域的 结束 下拉列表中选择 值 选项，并在其下的 距离 文本框中输入值 5；在 布尔 区域中选择 无 选项；单击 < 确定 > 按钮，完成拉伸特征 4 的创建。

图 16.3.10 拉伸特征 4

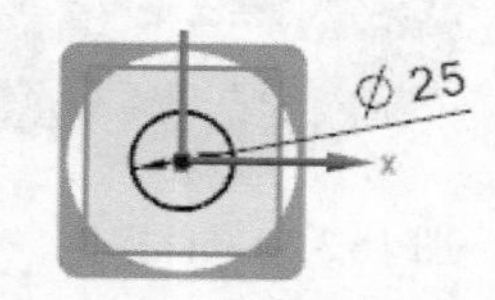

图 16.3.11 截面草图

Step7. 创建图 16.3.12 所示的零件特征——拉伸特征 5。选择下拉菜单 插入(S) → 设计特征(E) → 拉伸(E)... 命令（或单击 按钮），系统弹出“拉伸”对话框；选取 XY 基准平面为草图平面，绘制图 16.3.13 所示的截面草图；在“拉伸”对话框的 指定矢量 下拉列表中选择 ZC↑ 选项；在 限制 区域的 开始 下拉列表中选择 值 选项，并在其下的 距离 文本框中输入值 0；在 限制 区域的 结束 下拉列表中选择 值 选项，并在其下的 距离 文本框中输入值 2；在 布尔 区域中选择 无 选项，其他参数采用系统默认设置值；单击 < 确定 > 按钮，完成拉伸特征 5 的创建。

Step8. 创建零件特征——合并特征 1。选择下拉菜单 插入(S) → 组合(B) → 合并(U)... 命令（或单击 按钮），系统弹出“合并”对话框；选取图 16.3.14 所示的实体特征为目标体，选取图 16.3.12 所示的拉伸特征 5 为工具体；单击 < 确定 > 按钮，完成合并特征 1 的创建。

图 16.3.12 拉伸特征 5

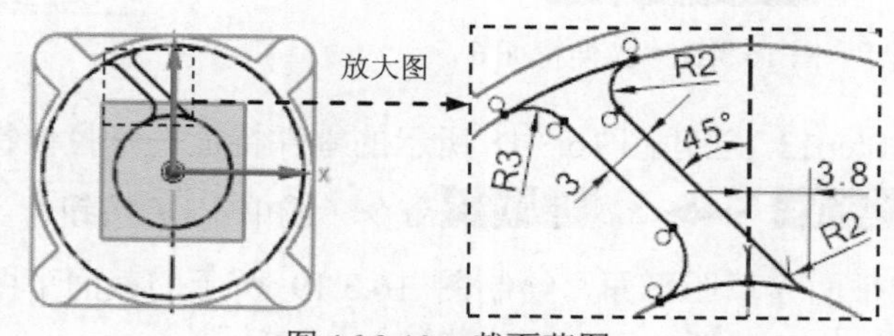

图 16.3.13 截面草图

Step9. 创建零件特征——合并特征 2。选择下拉菜单 插入(S) → 组合(B) → 合并(U)... 命令（或单击 按钮），系统弹出“合并”对话框；选取合并特征 1 为目标体，选取图 16.3.10 所示的拉伸特征 4 为刀具体；单击 < 确定 > 按钮，完成合并特征 2 的创建。

Step10. 创建图 16.3.15 所示的图样特征 1。选择下拉菜单 插入(S) → 关联复制(A) → 阵列特征(A)... 命令（或单击 按钮），系统弹出“阵列特征”对话框；在绘图区选取图 16.3.12 所示的拉伸特征 5 为阵列对象；在“阵列特征”对话框阵列定义区域的布局下拉列表中选择圆形选项；在旋转轴区域中激活指定矢量，在绘图区选取 Z 基准轴定义方向 1；在“阵列特征”对话框的间距下拉列表中选择数量和间隔选项，在数量文本框中输入值 4，在节距角文本框中输入值 90；单击“阵列特征”对话框中的确定按钮，完成图样特征 1 的创建。

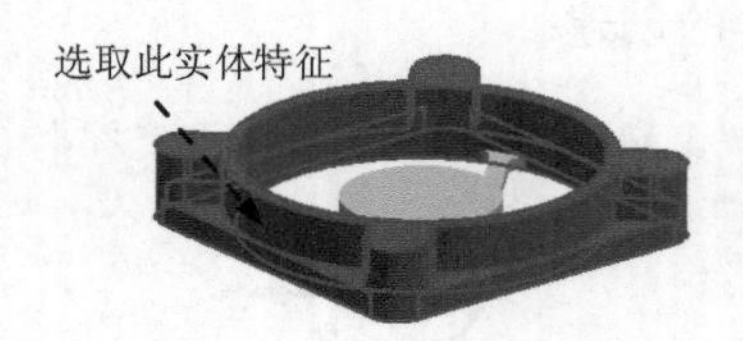

图 16.3.14 目标体

图 16.3.15 图样特征 1

Step11. 创建图 16.3.16 所示的零件特征——拉伸特征 6。选择下拉菜单插入(S) → 设计特征(E) → 拉伸(E)...命令（或单击按钮），系统弹出“拉伸”对话框；选取 XY 基准平面为草图平面，绘制图 16.3.17 所示的截面草图；在“拉伸”对话框的指定矢量下拉列表中选择 ZC↑ 选项；在限制区域的开始下拉列表中选择值选项，并在其下的距离文本框中输入值 0；在结束下拉列表中选择值选项，并在其下的距离文本框中输入值 2；在布尔区域中选择合并选项，选择合并特征 2 作为目标体；其他参数采用系统默认设置值；单击“拉伸”对话框中的< 确定 >按钮，完成拉伸特征 6 的创建。

说明： 图 16.3.17 所示的截面草图中半径值为 18 的圆弧的圆心与坐标原点重合。

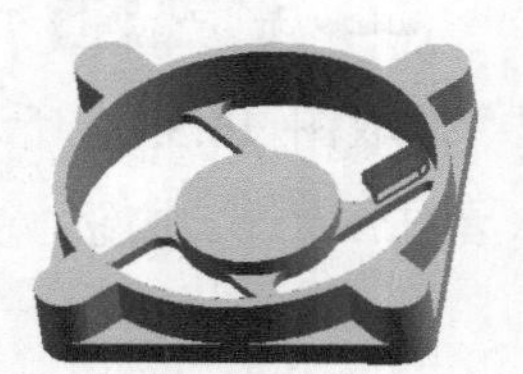
图 16.3.16 拉伸特征 6

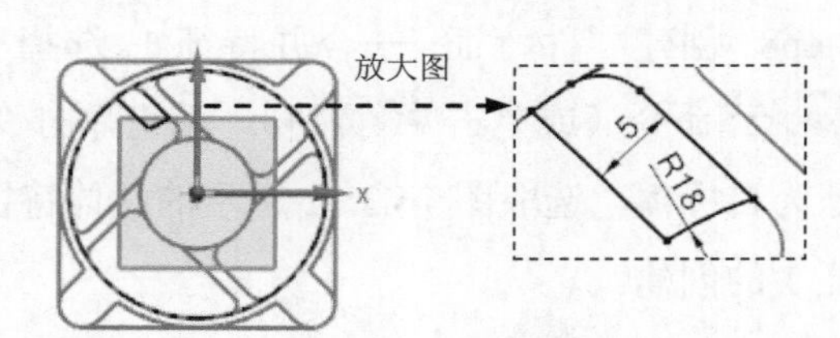

图 16.3.17 截面草图

Step12. 创建图 16.3.18 所示的零件特征——拉伸特征 7。选择下拉菜单插入(S) → 设计特征(E) → 拉伸(E)...命令（或单击按钮），系统弹出“拉伸”对话框；选取 XY 基准平面为草图平面，绘制图 16.3.19 所示的截面草图；在“拉伸”对话框的指定矢量下拉列表中选择 ZC↑ 选项；在限制区域的开始下拉列表中选择值选项，并在其下的距离文本框中输入值 0；在限制区域的结束下拉列表中选择值选项，并在其下的距离文本框中输入值 1.5；在布尔区域中选择减去选项，其他参数采用系统默认设置值；单击“拉伸”对话框中的< 确定 >按钮，完成拉伸特征 7 的创建。

说明： 图 16.3.19 所示的曲线是一段圆弧，且与实体边重合。

图 16.3.18 拉伸特征 7

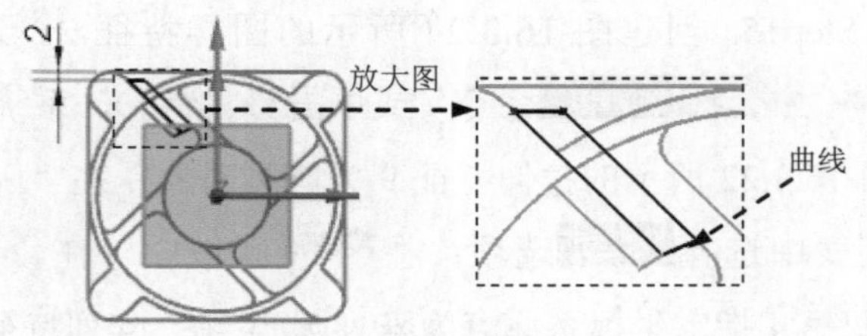

图 16.3.19 截面草图

Step13. 创建图 16.3.20 所示的零件特征——拉伸特征 8。选择下拉菜单 插入(S) → 设计特征(E) → 拉伸(E)... 命令（或单击按钮），系统弹出“拉伸”对话框；选取 XY 基准平面为草图平面，绘制图 16.3.21 所示的截面草图；在“拉伸”对话框的 指定矢量 下拉列表中选择 ZC↑ 选项；在 限制 区域的 开始 下拉列表中选择 值 选项，并在其下的 距离 文本框中输入值 0；在 限制 区域的 结束 下拉列表中选择 贯通 选项；在 布尔 区域中选择 减去 选项；其他参数采用系统默认设置值；单击“拉伸”对话框中的 < 确定 > 按钮，完成拉伸特征 8 的创建。

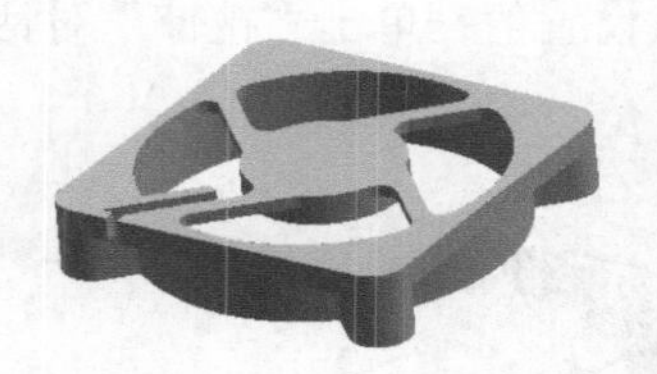
图 16.3.20 拉伸特征 8

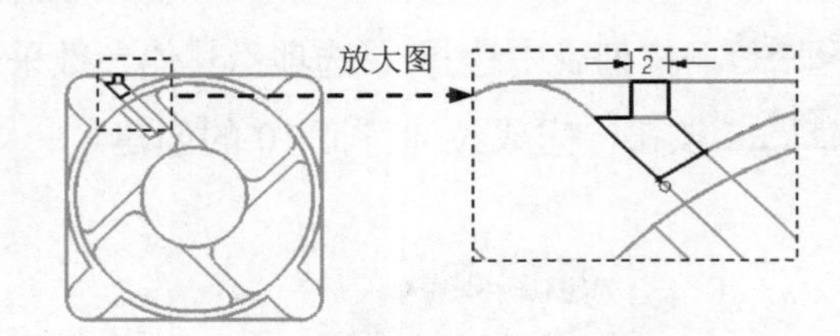

图 16.3.21 截面草图

Step14. 创建图 16.3.22 所示的零件特征——拉伸特征 9。选择下拉菜单 插入(S) → 设计特征(E) → 拉伸(E)... 命令（或单击按钮），系统弹出“拉伸”对话框；选取 XY 基准平面为草图平面，绘制图 16.3.23 所示的截面草图；在“拉伸”对话框的 指定矢量 下拉列表中选择 ZC↑ 选项；在 限制 区域的 开始 下拉列表中选择 值 选项，并在其下的 距离 文本框中输入值 0；在 限制 区域的 结束 下拉列表中选择 值 选项，并在其下的 距离 文本框中输入值 1；在 布尔 区域中选择 减去 选项，其他参数采用系统默认设置值；单击 < 确定 > 按钮，完成拉伸特征 9 的创建。

说明：图 16.3.23 所示的曲线 2 是采用 偏置曲线(O)... 命令将曲线 1 偏置 1.5mm 得到的。选取边线时，将选择范围调整为“仅在工作部件内部”，将曲线规则调整为“单条曲线”。

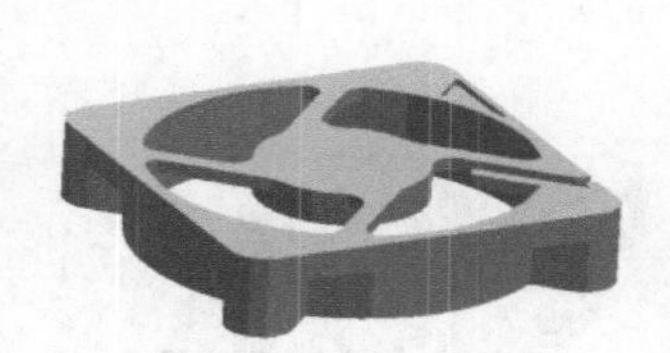
图 16.3.22 拉伸特征 9

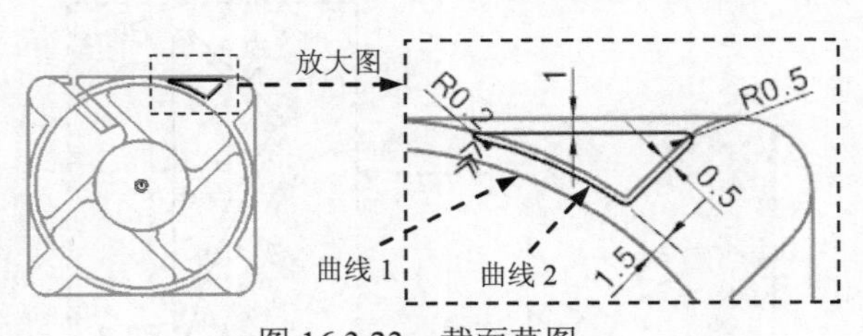

图 16.3.23 截面草图

Step15. 创建图 16.3.24 所示的图样特征 2。选择下拉菜单 插入(S) → 关联复制(A) → 阵列特征(A)... 命令（或单击按钮），系统弹出“阵列特征”对话框；在绘图区选取图 16.3.22 所示的拉伸特征 9 为阵列对象；在“阵列特征”对话框 阵列定义 区域的 布局 下拉列表中选择 圆形 选项；在 旋转轴 区域中，在 指定矢量 下拉列表中选择 ZC 选项；激活 指定点，指定坐标系原点为阵列圆心；在“阵列特征”对话框 间距 下拉列表中选择 数量和间隔 选项，在 数量 文本框中输入值 4，在 节距角 文本框中输入值 90；单击“阵列特征”对话框中的 确定 按钮，完成图样特征 2 的创建。

Step16. 创建图 16.3.25 所示的零件特征——拉伸特征 10。选择下拉菜单 插入(S) → 设计特征(E) → 拉伸(E)... 命令（或单击按钮），系统弹出“拉伸”对话框；选取 XY 基准平面为草图平面，绘制图 16.3.26 所示的截面草图；在“拉伸”对话框 限制 区域的 开始 下拉列表中选择 值 选项，并在其下的 距离 文本框中输入值 0；在 限制 区域的 结束 下拉列表中选择 值 选项，并在其下的 距离 文本框中输入值 1；在 布尔 区域中选择 减去 选项，在 指定矢量 下拉列表中选择 ZC 选项；其他参数采用系统默认设置值；单击“拉伸”对话框中的 < 确定 > 按钮，完成拉伸特征 10 的创建。

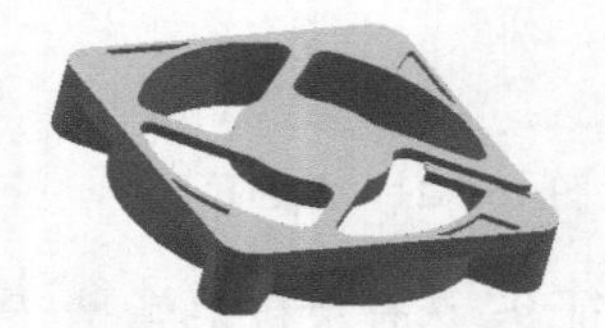
图 16.3.24　图样特征 2

图 16.3.25　拉伸特征 10

Step17. 创建图 16.3.27 所示的图样特征 3。选择下拉菜单 插入(S) → 关联复制(A) → 阵列特征(A)... 命令（或单击按钮），系统弹出“阵列特征”对话框；在绘图区选取图 16.3.25 所示的拉伸特征 10 为阵列对象；在“阵列特征”对话框 阵列定义 区域的 布局 下拉列表中选择 圆形 选项；在 指定矢量 下拉列表中选择 ZC 选项并单击按钮；激活 指定点，选择坐标系原点为阵列圆心；在“阵列特征”对话框的 间距 下拉列表中选择 数量和间隔 选项，在 数量 文本框中输入值 3，在 节距角 文本框中输入值 90；单击“阵列特征”对话框中的 确定 按钮，完成图样特征 3 的创建。

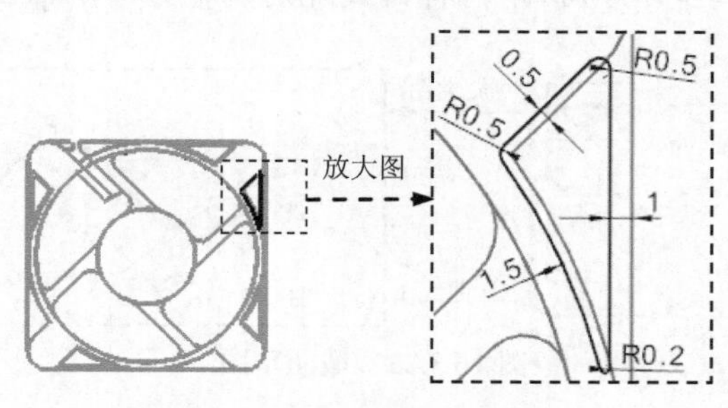

图 16.3.26　截面草图

图 16.3.27　图样特征 3

Step18. 创建图 16.3.28 所示的零件特征——拉伸特征 11。选择下拉菜单 插入(S) → 设计特征(E) → 拉伸(E)... 命令（或单击按钮），系统弹出“拉伸”对话框；选取图 16.3.29 所示的平面为草图平面，绘制图 16.3.30 所示的截面草图；在“拉伸”对话框的 指定矢量 下拉列表中选择 -ZC 选项；在 限制 区域的 开始 下拉列表中选择 值 选项，并在其下的 距离 文本框中输入值 0；在 限制 区域的 结束 下拉列表中选择 值 选项，并在其下的 距离 文本框中输入值 4；在 布尔 区域中选择 减去 选项，其他参数采用系统默认设置值；单击“拉伸”对话框中的 <确定> 按钮，完成拉伸特征 11 的创建。

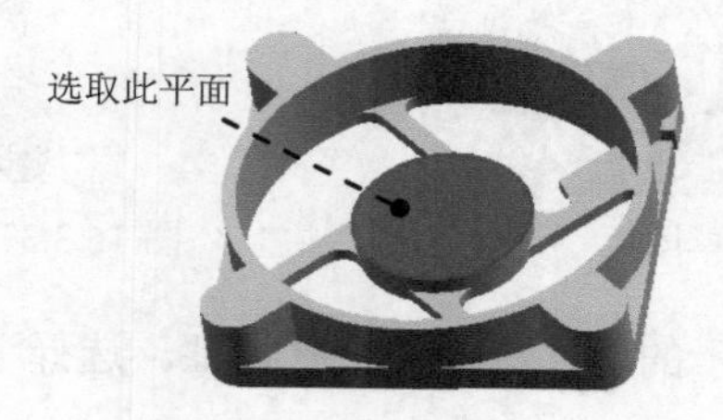

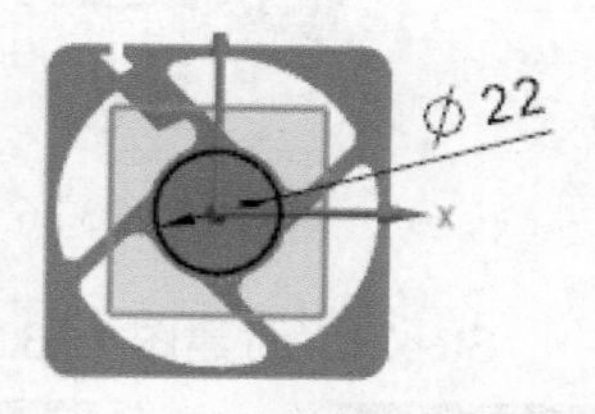

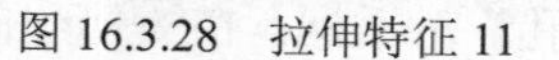

图 16.3.28　拉伸特征 11　　图 16.3.29　定义草图平面　　图 16.3.30　截面草图

Step19. 创建图 16.3.31 所示的零件特征——拉伸特征 12。选择下拉菜单 插入(S) → 设计特征(E) → 拉伸(E)... 命令（或单击按钮），系统弹出“拉伸”对话框；选取图 16.3.32 所示的平面为草图平面，绘制图 16.3.33 所示的截面草图；在“拉伸”对话框的 指定矢量 下拉列表中选择 -ZC 选项；在 限制 区域的 开始 下拉列表中选择 值 选项，并在其下的 距离 文本框中输入值 0；在 限制 区域的 结束 下拉列表中选择 贯通 选项；在 布尔 区域中选择 减去 选项，其他参数采用系统默认设置值；单击 <确定> 按钮，完成拉伸特征 12 的创建。

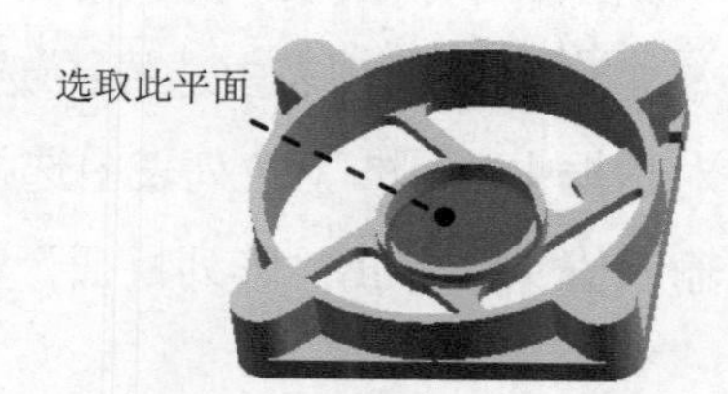

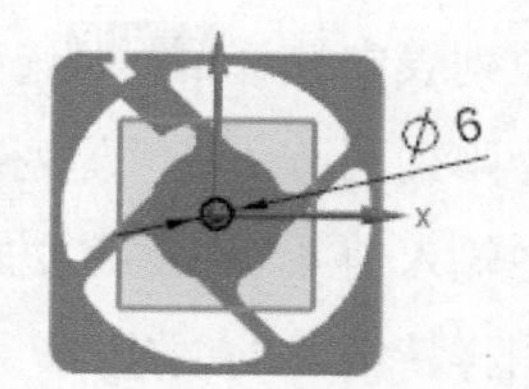

图 16.3.31　拉伸特征 12　　图 16.3.32　定义草图平面　　图 16.3.33　截面草图

Step20. 创建图 16.3.34 所示的零件特征——拉伸特征 13。选择下拉菜单 插入(S) → 设计特征(E) → 拉伸(E)... 命令（或单击按钮），系统弹出“拉伸”对话框；选取图 16.3.35 所示的平面为草图平面，绘制图 16.3.36 所示的截面草图；在“拉伸”对话框的 指定矢量 下拉列表中选择 ZC 选项；在 限制 区域的 开始 下拉列表中选择 值 选项，并在其下的 距离 文本框中输入值 0；在 限制 区域的 结束 下拉列表中选择 直至延伸部分 选项，选取图 16.3.37 所示的面为拉伸终止平面；在 布尔 区域中选择 合并 选项，其他参数采用系统默认设置值；单击“拉伸”对话框中的 <确定> 按钮，完成拉伸特征 13 的创建。

图 16.3.34　拉伸特征 13

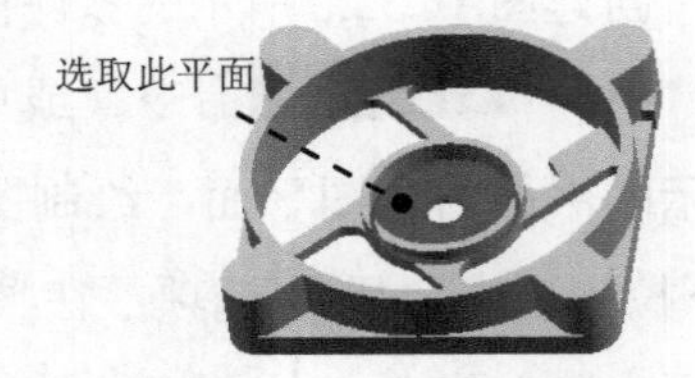

图 16.3.35　定义草图平面

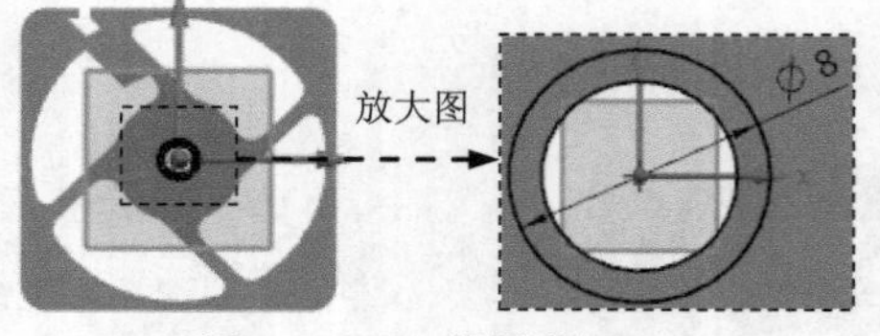

图 16.3.36　截面草图

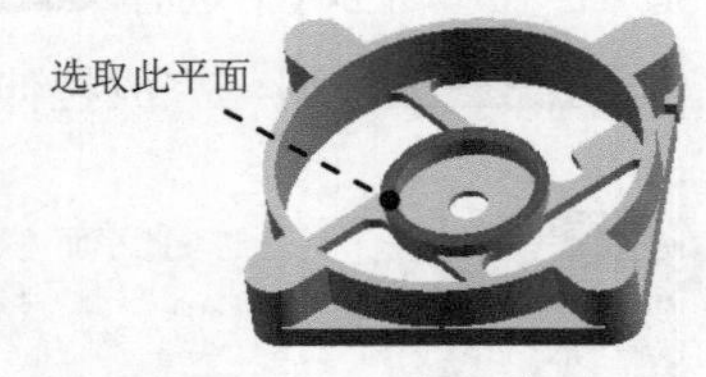

图 16.3.37　定义延伸面

Step21. 创建图 16.3.38 所示的零件特征——孔特征。选择下拉菜单 插入(S) → 设计特征(E) → 孔(H)... 命令（或单击按钮），系统弹出“孔”对话框；在位置区域激活 指定点 (0)，在绘图区捕捉图 16.3.39 所示的圆弧边线中心为孔位置；在类型下拉列表中单击 常规孔 按钮，在形状和尺寸区域的成形下拉列表中选择 沉头 选项；在尺寸区域的沉头直径文本框中输入数值 7，在沉头深度文本框中输入值 4，在直径文本框中输入值 4，在深度限制下拉列表中选择贯通体选项；单击< 确定 >按钮，完成孔特征的创建。

Step22. 创建图 16.3.40 所示的图样特征 4。选择下拉菜单 插入(S) → 关联复制(A) → 阵列特征(A)... 命令（或单击按钮），系统弹出“阵列特征”对话框；在绘图区选取图 16.3.38 所示的孔特征为要形成图样的特征；在“阵列特征”对话框阵列定义区域的布局下拉列表中选择 圆形 选项；在 指定矢量 下拉列表中选择 ZC↑ 选项，激活 指定点，指定原点为阵列圆心；在“阵列特征”对话框中的间距下拉列表中选择数量和间隔选项，在数量文本框中输入值 4，在节距角文本框中输入值 90；单击“阵列特征”对话框中的 确定 按钮，完成图样特征 4 的创建。

图 16.3.38　孔特征

图 16.3.39　定义孔位置

图 16.3.40　图样特征 4

Step23. 创建图 16.3.41b 所示的边倒圆特征 2。选择图 16.3.41a 所示的边线为边倒圆参照，并在半径 1 文本框中输入值 3，完成边倒圆特征 2 的创建。

图 16.3.41　边倒圆特征 2

Step24. 创建图 16.3.42b 所示的边倒圆特征 3。选择图 16.3.42a 所示的八条边线为边倒圆参照，并在半径 1文本框中输入值 3，完成边倒圆特征 3 的创建。

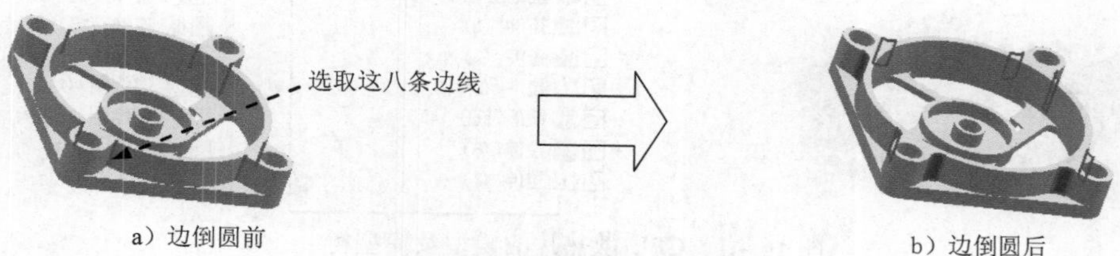

图 16.3.42　边倒圆特征 3

Step25. 创建图 16.3.43b 所示的边倒圆特征 4。选择图 16.3.43a 所示的两条边线为边倒圆参照，并在半径 1文本框中输入值 0.5，完成边倒圆特征 4 的创建。

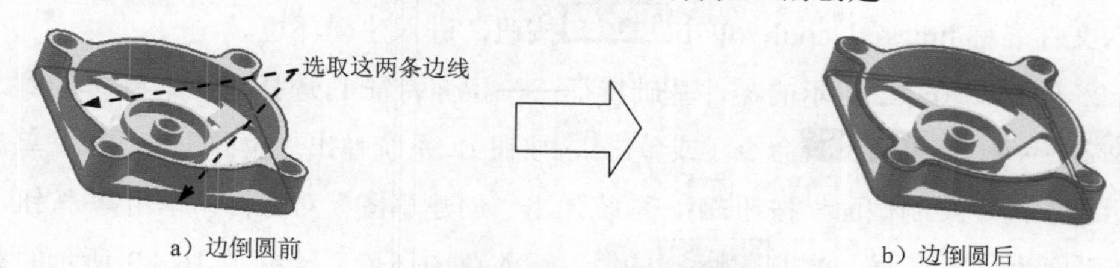

图 16.3.43　边倒圆特征 4

Step26. 创建零件特征——合并特征 3。选择下拉菜单 插入(S) → 组合(B) → 合并(U)... 命令（或单击按钮），系统弹出“合并”对话框；选取合并特征 2 为目标体，选取其余的三个实体特征为工具体；单击 < 确定 > 按钮，完成合并特征 3 的创建。

Step27. 创建图 16.3.44b 所示的边倒圆特征 5。选择图 16.3.44a 所示的四条边线为边倒圆参照，并在半径 1文本框中输入值 0.5，完成边倒圆特征 5 的创建。

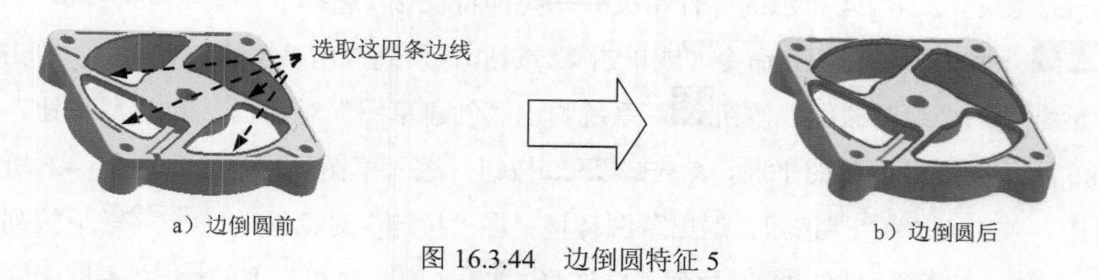

图 16.3.44　边倒圆特征 5

Step28. 保存零件模型。选择下拉菜单 文件(F) → 保存(S) 命令，即可保存零件模型。

16.4 CPU 散热片

CPU 散热片的模型及模型树如图 16.4.1 所示。

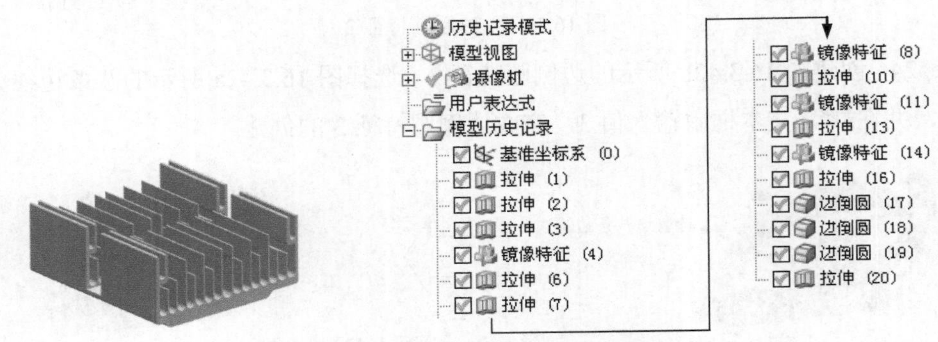

图 16.4.1 CPU 散热片的模型及模型树

Step1. 新建模型文件。选择下拉菜单 文件(F) → 新建(N)... 命令（或单击按钮），系统弹出“新建”对话框；在 模型 选项卡的 模板 区域中选取模板类型为 模型，在 名称 文本框中输入文件名称 bracketl_cool；单击 确定 按钮，进入建模环境。

Step2. 创建图 16.4.2 所示的零件基础特征——拉伸特征 1。选择下拉菜单 插入(S) → 设计特征(E) → 拉伸(E)... 命令（或单击按钮），系统弹出“拉伸”对话框；单击“拉伸”对话框中的“绘制截面”按钮，系统弹出“创建草图”对话框；单击按钮，选取 XY 基准平面为草图平面，单击 确定 按钮，进入草图环境，绘制图 16.4.3 所示的截面草图，单击 完成草图 按钮，退出草图环境；在“拉伸”对话框的 指定矢量 下拉列表中选择 ZC↑ 选项；在 限制 区域的 开始 下拉列表中选择 值 选项，并在其下的 距离 文本框中输入值 0；在 限制 区域的 结束 下拉列表中选择 值 选项，并在其下的 距离 文本框中输入值 25；在“拉伸”对话框的 布尔 区域中选择 无 选项；其他参数采用系统默认设置值；单击“拉伸”对话框中的 <确定> 按钮，完成拉伸特征 1 的创建。

Step3. 创建图 16.4.4 所示的零件特征——拉伸特征 2。选择下拉菜单 插入(S) → 设计特征(E) → 拉伸(E)... 命令（或单击按钮），系统弹出“拉伸”对话框；单击“拉伸”对话框中的“绘制截面”按钮，系统弹出“创建草图”对话框，单击按钮，选取图 16.4.5 所示的平面为草图平面，单击 确定 按钮，进入草图环境，绘制图 16.4.6 所示的截面草图，单击 完成草图 按钮，退出草图环境；在“拉伸”对话框的 指定矢量 下拉列表中选择 -XC 选项；在 限制 区域的 开始 下拉列表中选择 值 选项，并在其下的 距离 文本框中输入值 0；在 限制 区域的 结束 下拉列表中选择 贯通 选项；在 布尔 区域中选择 减去 选项；其他参数采用系统默认设置值；单击“拉伸”对话框中的 <确定> 按钮，完成拉伸特征 2 的创建。

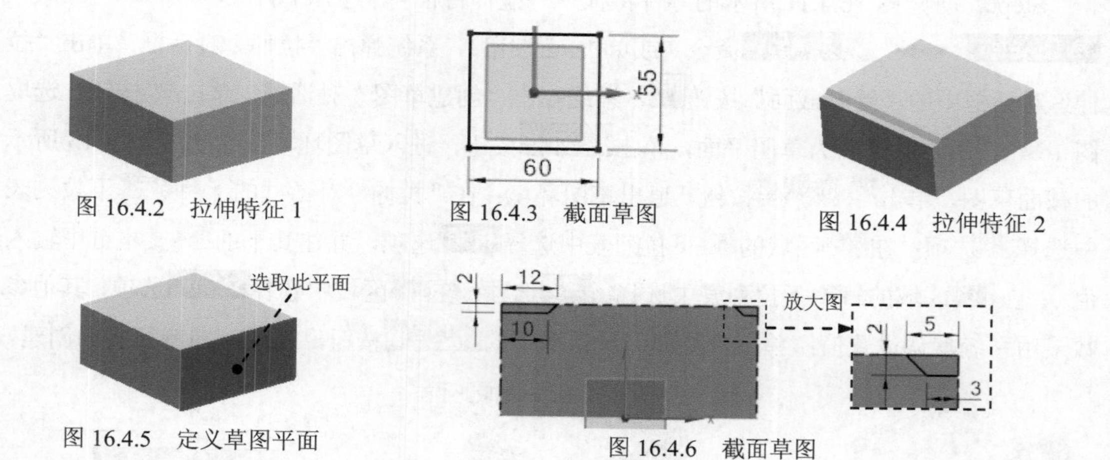

图 16.4.2　拉伸特征 1

图 16.4.3　截面草图

图 16.4.4　拉伸特征 2

图 16.4.5　定义草图平面

图 16.4.6　截面草图

Step4. 创建图 16.4.7 所示的零件特征——拉伸特征 3。选择下拉菜单 插入(S) → 设计特征(E) → 拉伸(E)... 命令（或单击按钮），系统弹出“拉伸”对话框；单击“拉伸”对话框中的“绘制截面”按钮，系统弹出“创建草图”对话框。单击按钮，选取图 16.4.8 所示的平面为草图平面，单击 确定 按钮，进入草图环境，绘制图 16.4.9 所示的截面草图，单击 完成草图 按钮，退出草图环境；在“拉伸”对话框的 指定矢量 下拉列表中选择 -XC 选项；在 限制 区域的 开始 下拉列表中选择 值 选项，并在其下的 距离 文本框中输入值 0；在 限制 区域的 结束 下拉列表中选择 贯通 选项；在 布尔 区域中选择 减去 选项，其他参数采用系统默认设置值；单击“拉伸”对话框中的 < 确定 > 按钮，完成拉伸特征 3 的创建。

Step5. 创建图 16.4.10 所示的零件特征——镜像特征 1。选择下拉菜单 插入(S) → 关联复制(A) → 镜像特征(R)... 命令（或单击按钮），系统弹出“镜像特征”对话框；在绘图区中选取 ZX 基准平面作为镜像平面；在绘图区中选取图 16.4.7 所示的拉伸特征 3 为要镜像的特征；单击“镜像特征”对话框中的 确定 按钮，完成镜像特征 1 的创建。

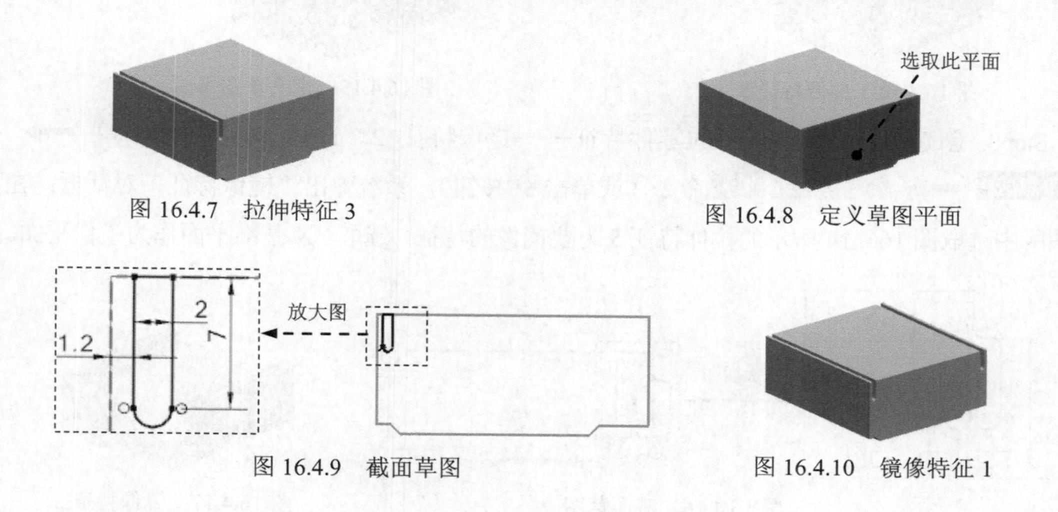

图 16.4.7　拉伸特征 3

图 16.4.8　定义草图平面

图 16.4.9　截面草图

图 16.4.10　镜像特征 1

Step6. 创建图 16.4.11 所示的零件特征——拉伸特征 4。选择下拉菜单 插入(S) → 设计特征(E) → 拉伸(E)... 命令（或单击按钮），系统弹出“拉伸”对话框；单击“拉伸”对话框中的“绘制截面”按钮，系统弹出“创建草图”对话框。单击按钮，选取图 16.4.12 所示的平面为草图平面，单击 确定 按钮，进入草图环境，绘制图 16.4.13 所示的截面草图，单击 完成草图 按钮，退出草图环境；在“拉伸”对话框的 指定矢量 下拉列表中选择 -XC 选项；在 限制 区域的 开始 下拉列表中选择 值 选项，并在其下的 距离 文本框中输入值 0；在 限制 区域的 结束 下拉列表中选择 贯通 选项；在 布尔 区域中选择 减去 选项，其他参数采用系统默认设置值；单击“拉伸”对话框中的 < 确定 > 按钮，完成拉伸特征 4 的创建。

图 16.4.11 拉伸特征 4

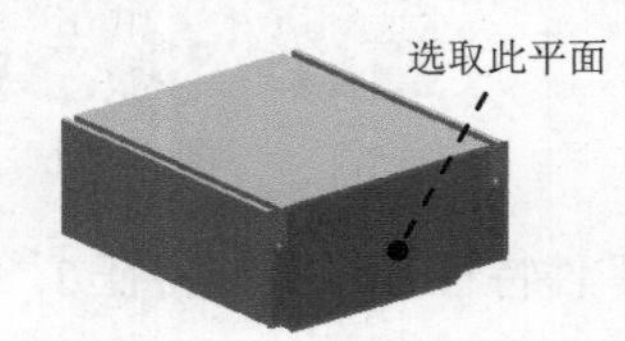

图 16.4.12 定义草图平面

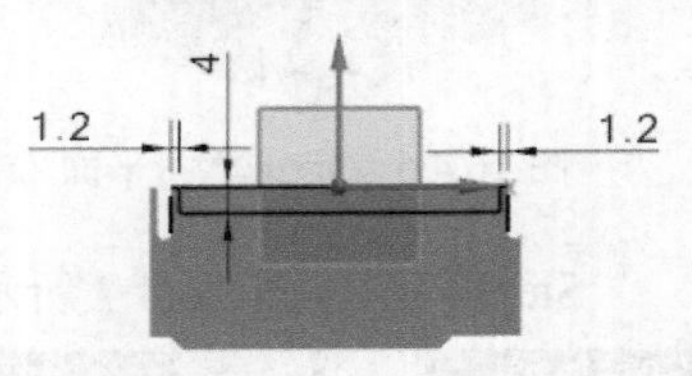

图 16.4.13 截面草图

Step7. 创建图 16.4.14 所示的零件特征——拉伸特征 5。选择下拉菜单 插入(S) → 设计特征(E) → 拉伸(E)... 命令（或单击按钮），系统弹出“拉伸”对话框；单击“拉伸”对话框中的“绘制截面”按钮，系统弹出“创建草图”对话框；单击按钮，选取图 16.4.15 所示的平面为草图平面，单击 确定 按钮， 进入草图环境，绘制图 16.4.16 所示的截面草图，单击 完成草图 按钮，退出草图环境；在“拉伸”对话框的 指定矢量 下拉列表中选择 -XC 选项；在 限制 区域的 开始 下拉列表中选择 值 选项，并在其下的 距离 文本框中输入值 0；在 限制 区域的 结束 下拉列表中选择 贯通 选项；在 布尔 区域中选择 减去 选项，其他参数采用系统默认设置值；单击“拉伸”对话框中的 < 确定 > 按钮，完成拉伸特征 5 的创建。

图 16.4.14 拉伸特征 5

图 16.4.15 定义草图平面

Step8. 创建图 16.4.17 所示的零件特征——镜像特征 2。选择下拉菜单 插入(S) → 关联复制(A) → 镜像特征(R)... 命令（或单击按钮），系统弹出“镜像特征”对话框；在绘图区中选取图 16.4.14 所示的拉伸特征 5 为要镜像的特征，选取 ZX 基准平面作为镜像平面。

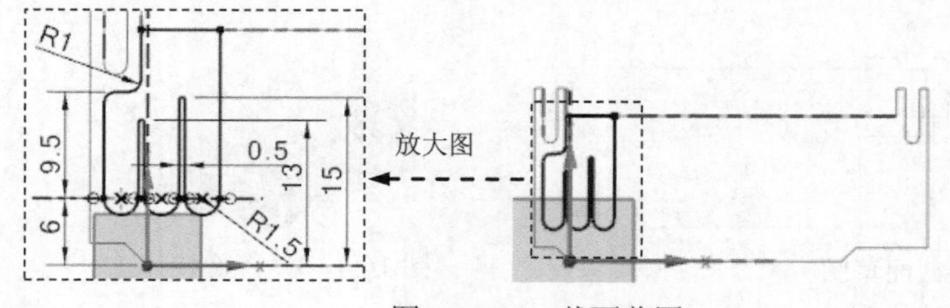

图 16.4.16 截面草图

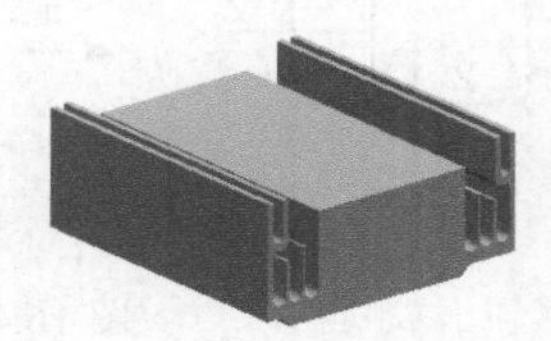

图 16.4.17 镜像特征 2

Step9. 创建图 16.4.18 所示的零件特征——拉伸特征 6。选择下拉菜单 插入(S) → 设计特征(E) → 拉伸(E)... 命令（或单击 按钮），系统弹出“拉伸”对话框；单击“拉伸”对话框中的“绘制截面”按钮，系统弹出“创建草图”对话框；单击 按钮，选取图 16.4.19 所示的平面为草图平面，单击 确定 按钮，进入草图环境，绘制图 16.4.20 所示的截面草图；单击 完成草图 按钮，退出草图环境；在“拉伸”对话框的 指定矢量 下拉列表中选择 -XC 选项；在 限制 区域的 开始 下拉列表中选择 值 选项，并在其下的 距离 文本框中输入值 0；在 限制 区域的 结束 下拉列表中选择 贯通 选项；在 布尔 区域中选择 减去 选项，其他参数采用系统默认设置值；单击“拉伸”对话框中的 <确定> 按钮，完成拉伸特征 6 的创建。

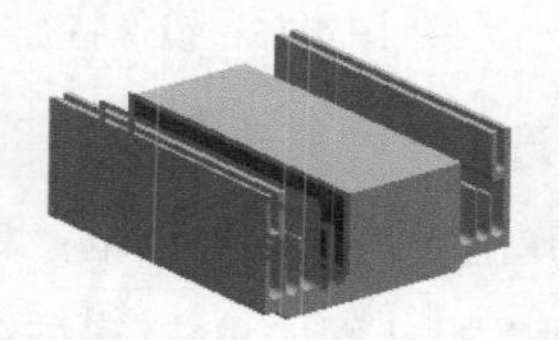

图 16.4.18　拉伸特征 6

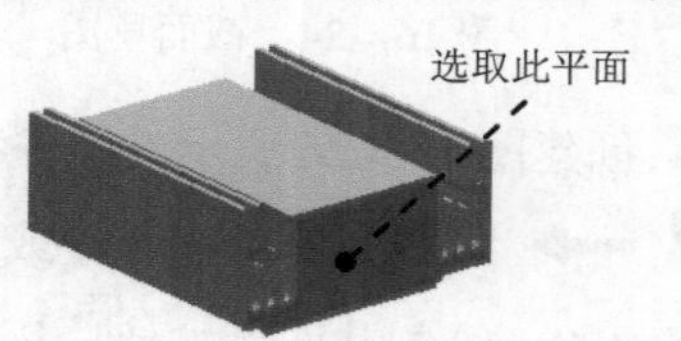

图 16.4.19　定义草图平面

Step10. 创建图 16.4.21 所示的零件特征——镜像特征 3。选择下拉菜单 插入(S) → 关联复制(A) → 镜像特征(R)... 命令（或单击 按钮），系统弹出“镜像特征”对话框；在绘图区中选取图 16.4.18 所示的拉伸特征 6 为要镜像的特征，选取 ZX 基准平面作为镜像平面。

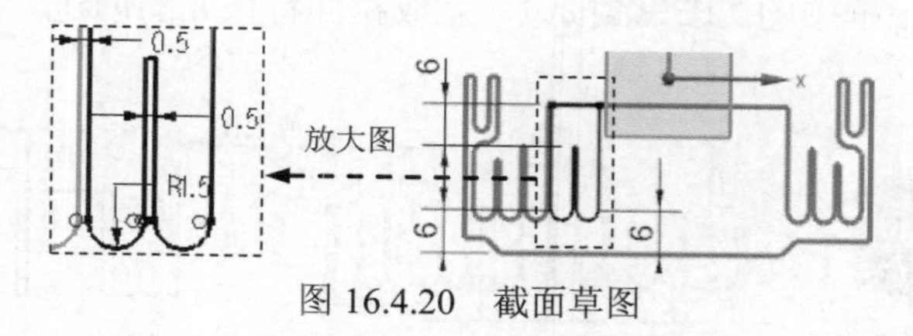

图 16.4.20　截面草图

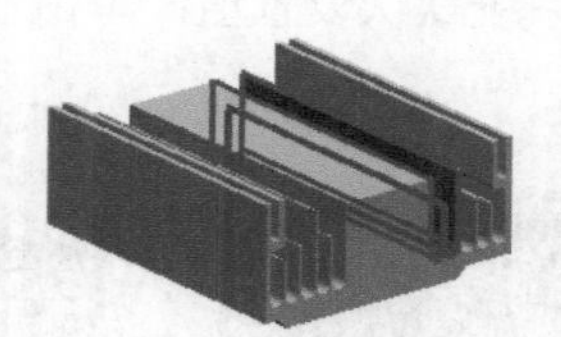

图 16.4.21　镜像特征 3

Step11. 创建图 16.4.22 所示的零件基础特征——拉伸特征 7。选择下拉菜单 插入(S) → 设计特征(E) → 拉伸(E)... 命令（或单击 按钮），系统弹出“拉伸”对话框；单击“拉伸”对话框中的“绘制截面”按钮，系统弹出“创建草图”对话框；单击 按钮，选取图 16.4.23 所示的平面为草图平面，单击 确定 按钮，进入草图环境，绘制图 16.4.24 所示的截面草图；单击 完成草图 按钮，退出草图环境；在“拉伸”对话框的 指定矢量 下拉列表中选择 -XC 选项；在 限制 区域的 开始 下拉列表中选择 值 选项，并在其下的 距离 文本框中输入值 0；在 限制 区域的 结束 下拉列表中选择 贯通 选项；在 布尔 区域中选择 减去 选项，其他参数采用系统默认设置值；单击“拉伸”对话框中的 <确定> 按钮，完成拉伸特征 7 的创建。

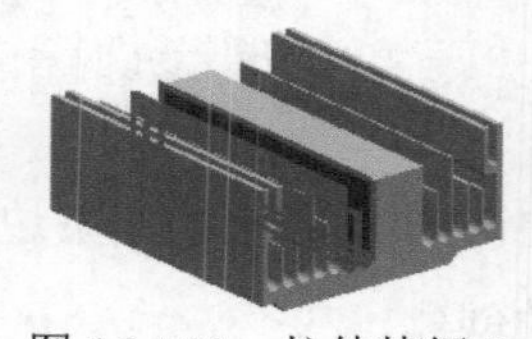

图 16.4.22　拉伸特征 7

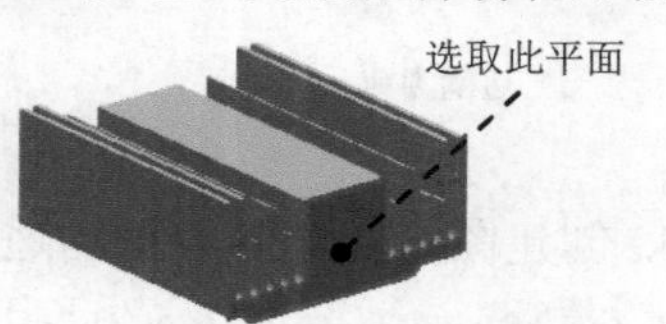

图 16.4.23　定义草图平面

Step12. 创建图 16.4.25 所示的零件特征——镜像特征 4。选择下拉菜单 插入(S) → 关联复制(A) → 镜像特征(R)... 命令（或单击按钮），系统弹出“镜像特征”对话框；在绘图区中选取图 16.4.22 所示的拉伸特征 7 为要镜像的特征，选取 ZX 基准平面作为镜像平面。

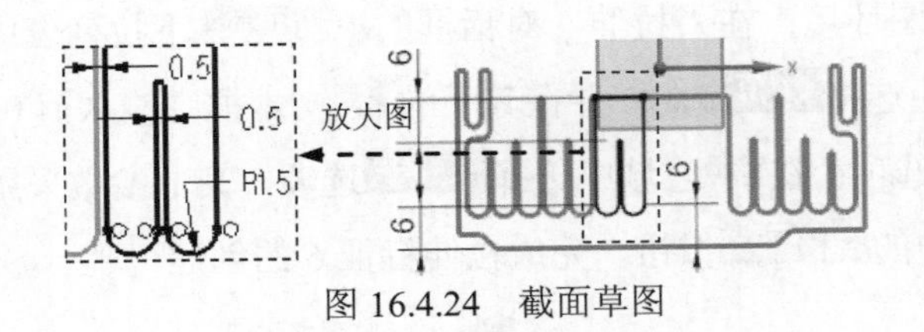

图 16.4.24 截面草图

图 16.4.25 镜像特征 4

Step13. 创建图 16.4.26 所示的零件特征——拉伸特征 8。选择下拉菜单 插入(S) → 设计特征(E) → 拉伸(E)... 命令（或单击按钮），系统弹出“拉伸”对话框；单击“拉伸”对话框中的“绘制截面”按钮，系统弹出“创建草图”对话框；单击按钮，选取图 16.4.27 所示的平面为草图平面，单击 确定 按钮，进入草图环境，绘制图 16.4.28 所示的截面草图；单击 完成草图 按钮，退出草图环境；在“拉伸”对话框的 指定矢量 下拉列表中选择 -XC 选项；在 限制 区域的 开始 下拉列表中选择 值 选项，并在其下的 距离 文本框中输入值 0；在 限制 区域的 结束 下拉列表中选择 贯通 选项；在 布尔 区域中选择 减去 选项，其他参数采用系统默认设置值；单击“拉伸”对话框中的 <确定> 按钮，完成拉伸特征 8 的创建。

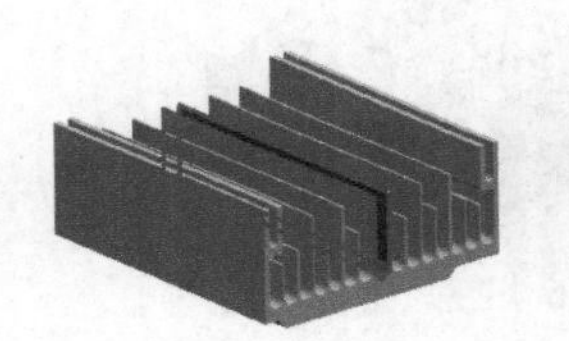

图 16.4.26 拉伸特征 8

选取此平面

图 16.4.27 定义草图平面

放大图 0.5 0.5 6

图 16.4.28 截面草图

Step14. 创建图 16.4.29b 所示的边倒圆特征 1。选择下拉菜单 插入(S) → 细节特征(L) → 边倒圆(E)... 命令（或单击按钮），系统弹出“边倒圆”对话框；在 边 区域中单击按钮，选择图 16.4.29a 所示的两条边线为边倒圆参照，并在 半径 1 文本框中输入值 2；单击 <确定> 按钮，完成边倒圆特征 1 的创建。

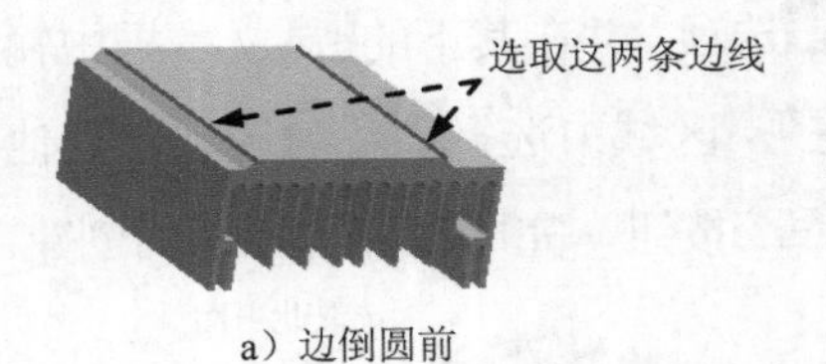

a）边倒圆前

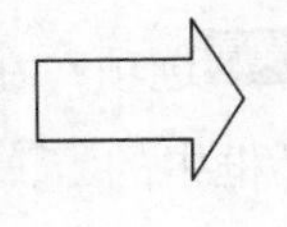

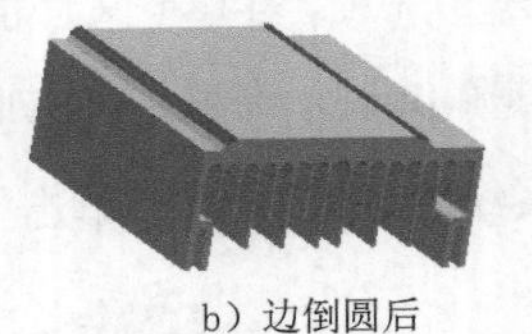

b）边倒圆后

图 16.4.29 边倒圆特征 1

Step15. 创建图 16.4.30b 所示的边倒圆特征 2。选择图 16.4.30a 所示的四条边线为边倒圆参照，并在 半径 1 文本框中输入值 1，完成边倒圆特征 2 的创建。

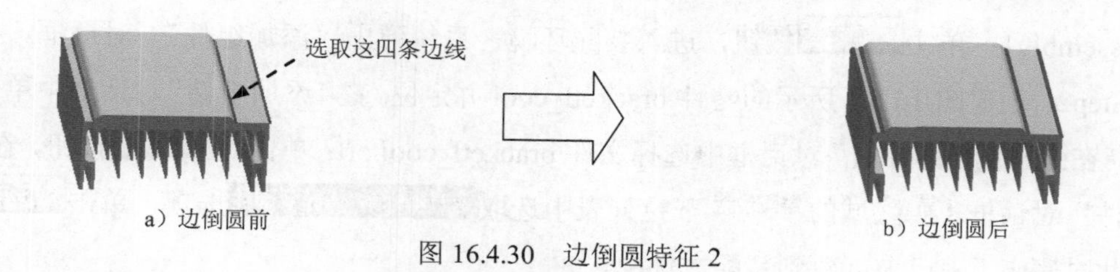

图 16.4.30 边倒圆特征 2

Step16. 创建图 16.4.31b 所示的边倒圆特征 3。选择图 16.4.31a 所示的八条边线为边倒圆参照，并在半径 1文本框中输入值 0.5，完成边倒圆特征 3 的创建。

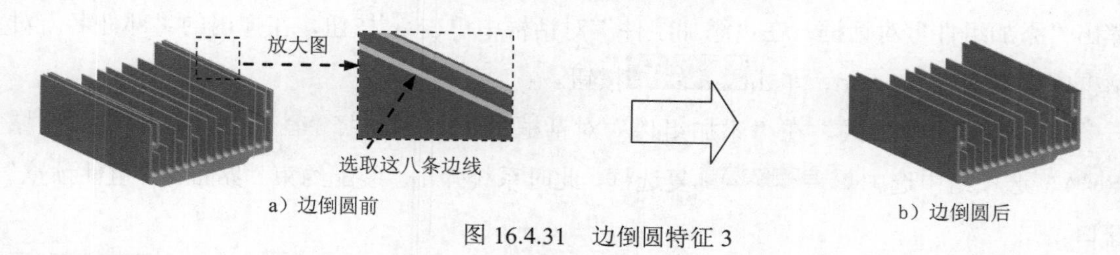

图 16.4.31 边倒圆特征 3

Step17. 创建图 16.4.32 所示的零件特征——拉伸特征 9。选择下拉菜单插入(S) → 设计特征(E) → 拉伸(E)...命令（或单击按钮），系统弹出“拉伸”对话框；单击“拉伸”对话框中的“绘制截面”按钮，系统弹出“创建草图”对话框；单击按钮，选取图 16.4.33 所示的平面为草图平面，单击确定按钮，进入草图环境，绘制图 16.4.34 所示的截面草图；单击完成草图按钮，退出草图环境；在“拉伸”对话框的指定矢量下拉列表中选择YC选项；在限制区域的开始下拉列表中选择值选项，并在其下的距离文本框中输入值 0；在限制区域的结束下拉列表中选择贯通选项；在布尔区域中选择减去选项，其他参数采用系统默认设置值；单击“拉伸”对话框中的< 确定 >按钮，完成拉伸特征 9 的创建。

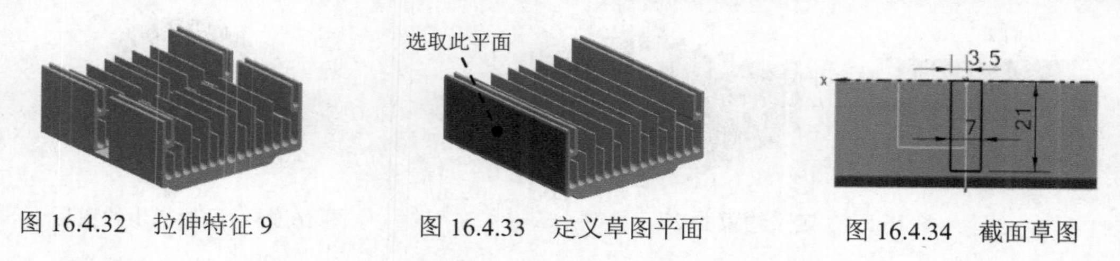

图 16.4.32 拉伸特征 9　　图 16.4.33 定义草图平面　　图 16.4.34 截面草图

Step18. 保存零件模型。选择下拉菜单文件(F) → 保存(S)命令，即可保存零件模型。

16.5 风扇总装配

Step1. 新建文件。选择下拉菜单文件(F) → 新建(N)...命令，系统弹出“新建”对话框；在模型选项卡的模板区域中选取模板类型为装配，在名称文本框中输入文件名称

fan_assembly1；单击 确定 按钮，进入装配环境，系统弹出“添加组件” 对话框。

Step2. 创建图 16.5.1 所示的零件 bracketl_cool 并定位。在“添加组件”对话框中单击按钮，在弹出的“部件名”对话框中选择文件 bracketl_cool.prt；单击 OK 按钮，在“添加组件”对话框 位置 区域的 装配位置 下拉列表中选取 绝对坐标系 - 显示部件 选项，单击 确定 按钮，此时底座下盖已被创建到装配文件中。

Step3. 添加图 16.5.2 所示的零件 base 并定位。

（1）添加组件。选择下拉菜单 装配(A) → 组件(C) → 添加组件(A)... 命令，系统弹出“添加组件”对话框；在“添加组件”对话框中单击按钮，在弹出的“部件名”对话框中选择文件 base.prt；单击 OK 按钮。

（2）选择定位方式。在“添加组件”对话框 放置 区域选择 约束 选项；在 设置 区域 互动选项 选项组中选中 启用预览窗口 复选框，此时系统弹出“装配约束”界面和“组件预览”窗口。

（3）创建初步约束。在“装配约束”对话框的 约束类型 区域中选择选项，在 要约束的几何体 区域的 方位 下拉列表中选择 接触 按钮，在“组件预览”窗口中选取图 16.5.3 所示的面 1，然后在绘图区选取图 16.5.4 所示的面 2；单击 确定 按钮，结果如图 16.5.5 所示。

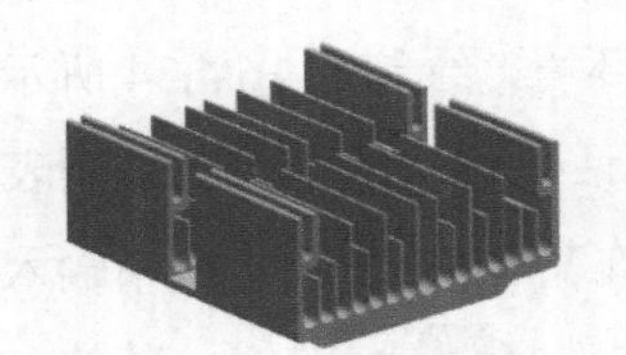

图 16.5.1　添加散热片并定位

图 16.5.2　移动新添加组件的位置

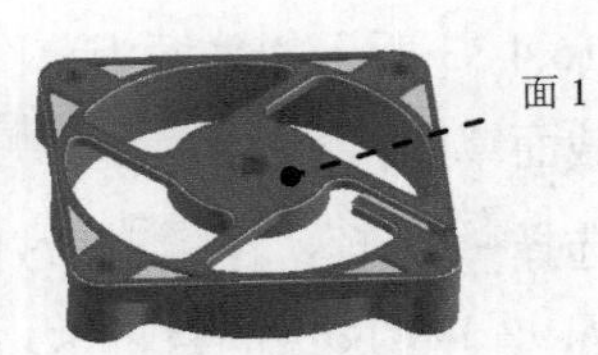

图 16.5.3　定义约束面 1

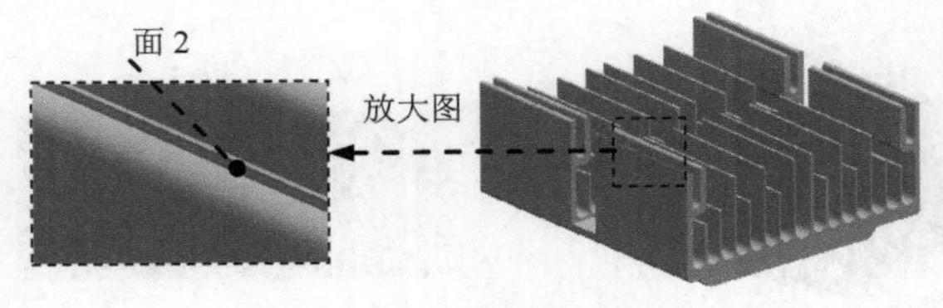

图 16.5.4　定义约束面 2

图 16.5.5　添加初步约束后

（4）调整组件位置。

① 选择下拉菜单 装配(A) → 组件位置(P) → 移动组件(E)... 命令，系统弹出“移动组件”对话框。

② 在绘图区选择组件 base.prt，单击“移动组件”对话框中 指定方位 后面的按钮，利用动态坐标系调整模型位置，结果如图 16.5.2 所示，注意组件 base.prt 上的缺口位置。

③ 单击“移动组件”对话框中的 确定 按钮，完成组件位置的调整。

（5）创建其余装配约束。

① 选择下拉菜单 装配(A) → 组件位置(P) → 装配约束(N)... 命令，在“装配约束”对话框的 约束类型 区域中选择 选项，在 要约束的几何体 区域的 方位 下拉列表中选择 对齐 按钮，在绘图区依次选取图 16.5.6 所示的面 1 和图 16.5.7 所示的面 2；单击 应用 按钮，此时完成组件的对齐约束。

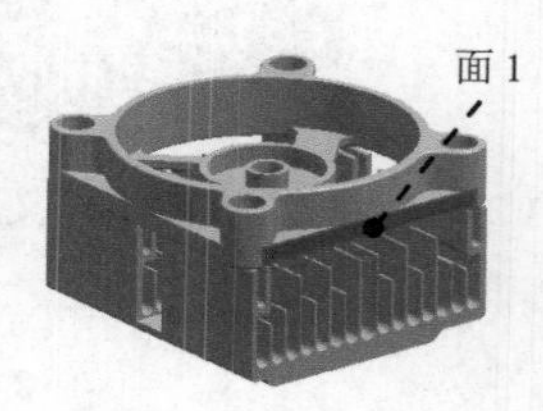

图 16.5.6　定义对齐面 1

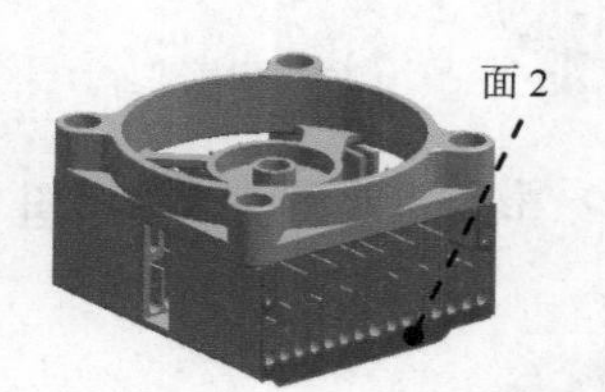

图 16.5.7　定义对齐面 2

② 在“装配约束”对话框的 约束类型 区域中选择 选项，在绘图区依次选取图 16.5.8 所示的面 1 和图 16.5.9 所示的面 2，在 距离 文本框中输入值 2.5；单击 < 确定 > 按钮，完成组件的定位。

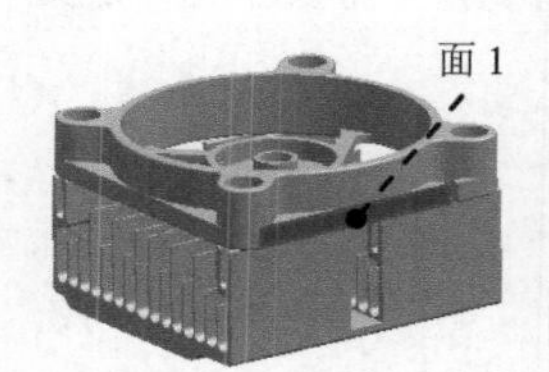

图 16.5.8　定义距离面 1

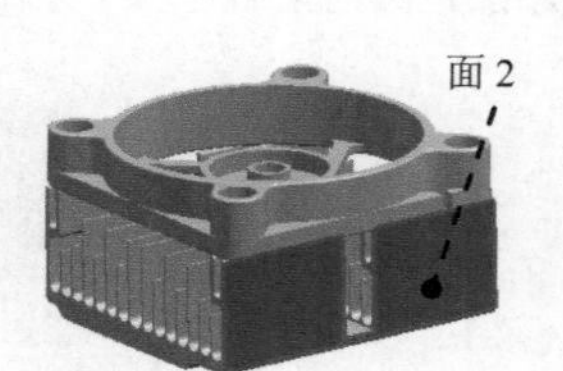

图 16.5.9　定义距离面 2

Step4. 添加零件 fan 并定位。选择下拉菜单 装配(A) → 组件(C) → 添加组件(A)... 命令，系统弹出“添加组件”对话框；在“添加组件”对话框中单击 按钮，在弹出的“部件名”对话框中选择文件 fan.prt；单击 OK 按钮。在“添加组件”对话框 放置 区域选择 ◉约束 选项；单击 确定 按钮，关闭“装配约束”对话框；选择下拉菜单 装配(A) → 组件位置(P) → 移动组件(E)... 命令，在绘图区选择组件 fan.prt，单击“移动组件”对话框中 * 指定方位 后面的 按钮，利用动态坐标系调整模型位置，结果如图 16.5.10 所示。选择下拉菜单 装配(A) → 组件位置(P) → 装配约束(N)... 命令，在“装配约束”对话框的 约束类型 区域中选择 选项，在绘图区依次选取图 16.5.11 所示的面 3 和图 16.5.12 所示的面 4，在 距离 文本框中输入值 0.2，单击“循环上一个约束”按钮调整距离的方向；单击 < 确定 > 按钮，结果如图 16.5.13 所示。选择下拉菜单 装配(A) → 组件位置(P) → 装配约束(N)... 命令，在 约束类型 区域中选择 选项，在 要约束的几何体 区域的 方位 下拉列表中选择 自动判断中心/轴 按钮，在绘图区依次选取图 16.5.14 所示的面 1 和图 16.5.15 所示的面 2，单击 < 确定 > 按钮，此时完成组件的中心约束。

说明：在创建约束时，若需要选取的面不易被选取，则可在装配导航器中选取需要隐藏的零件特征并右击，在弹出的快捷菜单中选择 隐藏 命令将其隐藏。

Step5. 保存装配模型。选择下拉菜单 文件(F) ➡ 保存(S) 命令，即可保存装配模型。

图 16.5.10　移动组件后

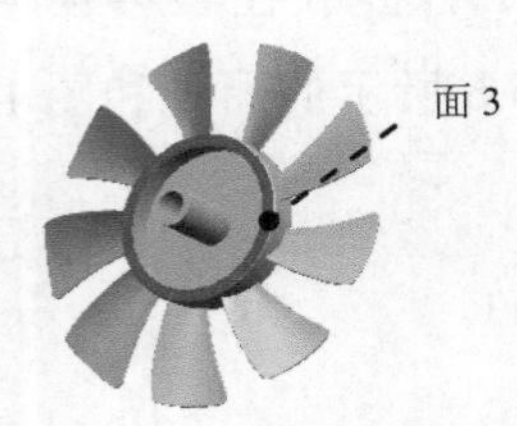

图 16.5.11　定义距离面 3

图 16.5.12　定义距离面 4

图 16.5.13　添加距离约束后

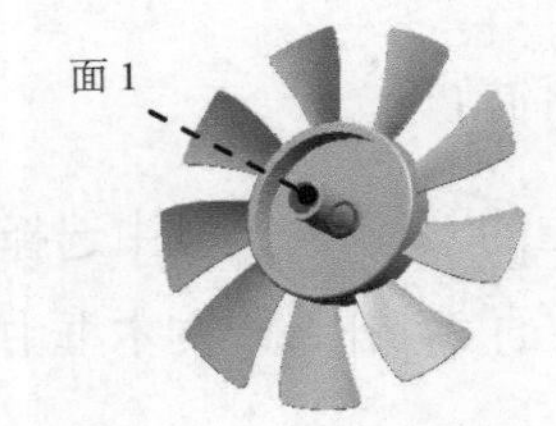

图 16.5.14　定义中心面 1

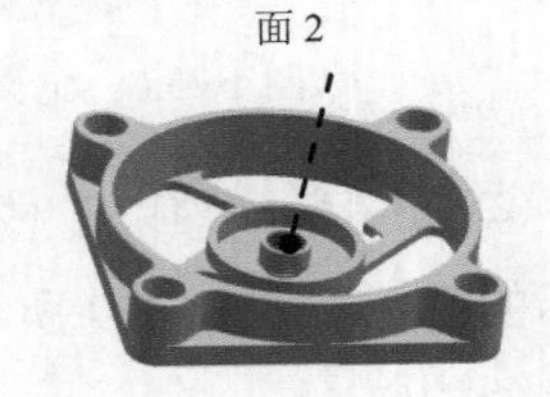

图 16.5.15　定义中心面 2

学习拓展：扫码学习更多视频讲解。

讲解内容：装配设计实例精选。讲解了一些典型的装配设计案例，着重介绍了装配设计的方法流程以及一些快速操作技巧。

实例17 衣 架

17.1 实例概述

本实例是一个衣架的设计过程，设计中主要运用了实体造型和曲面造型相结合的建模方式，以及零件和曲面造型的基础特征命令。本例主要介绍了拉伸、旋转、倒圆角等实体特征的基本命令，以及多截面曲面、拉伸曲面等一些曲面的基本命令的应用，希望读者在完成本例后能掌握这些命令的基本使用方法和技巧。

17.2 衣架主体

衣架主体的实体模型及相应模型树如图 17.2.1 所示。

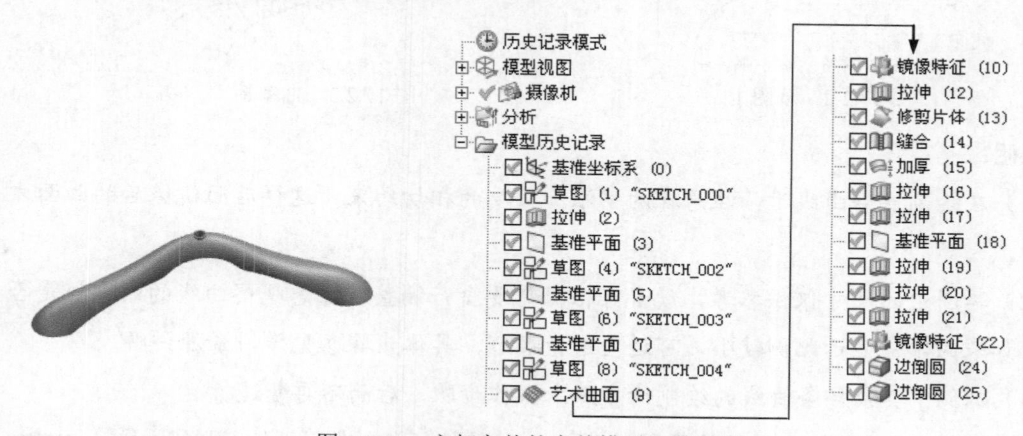

图 17.2.1 衣架主体的实体模型及模型树

Step1. 新建模型文件。选择下拉菜单 文件(F) → 新建(N)... 命令（或单击 按钮），系统弹出“新建”对话框。在 模板 选项卡中选取模板类型为 模型，在 名称 文本框中输入文件名称 rack_main，单击 确定 按钮，进入建模环境。

Step2. 添加图 17.2.2 所示的草图 1。选择下拉菜单 插入(S) → 在任务环境中绘制草图(V)... 命令，系统弹出“创建草图”对话框；在绘图区选取 XY 基准平面为草图平面，单击 确定 按钮，进入草图环境；选择下拉菜单 插入(S) → 曲线(C) → 艺术样条(D)... 命令，或者在工具栏中单击“艺术样条”按钮，系统弹出“艺术样条”对话框；在“艺术样条”对话框中的 类型 下拉列表中选择 通过点 选项，绘制图 17.2.2

所示的样条曲线，在“艺术样条”对话框中单击< 确定 >按钮；双击上一步绘制的样条曲线，系统弹出“艺术样条”对话框，在“艺术样条”对话框约束区域的列表中选择点 1，然后单击指定相切区域；在绘图区选取 X 基准轴为点 1，添加水平相切约束；在列表中选择点 5，然后单击指定相切区域，在绘图区选取 Y 基准轴，并单击“反转相切方向”按钮，为点 5 添加竖直相切约束，单击< 确定 >按钮，完成样条线两端的约束添加；初步标注样条曲线上的各个控制点的位置尺寸；在绘图区选中前面绘制的样条曲线，然后选择下拉菜单分析(L) → 曲线(C) → 显示曲率梳(C)命令，在绘图区显示该曲线的曲率梳，如图 17.2.3 所示,修改样条曲线上各个控制点的位置尺寸的数值，并观察曲率梳是否光顺；选择下拉菜单分析(L) → 曲线(C) → 显示曲率梳(C)命令，取消曲率梳的显示；单击完成草图按钮，退出草图环境。

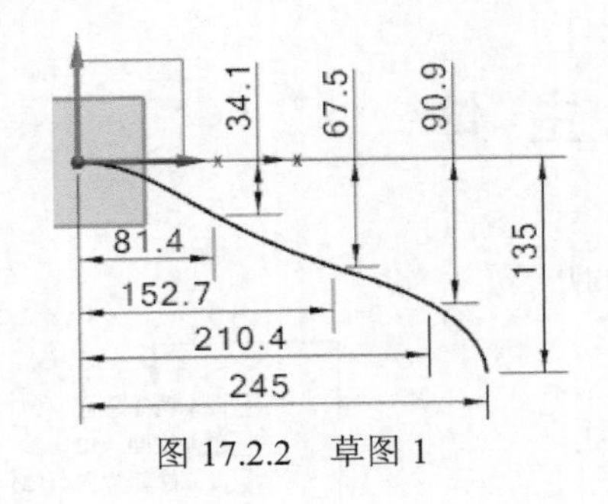

图 17.2.2 草图 1

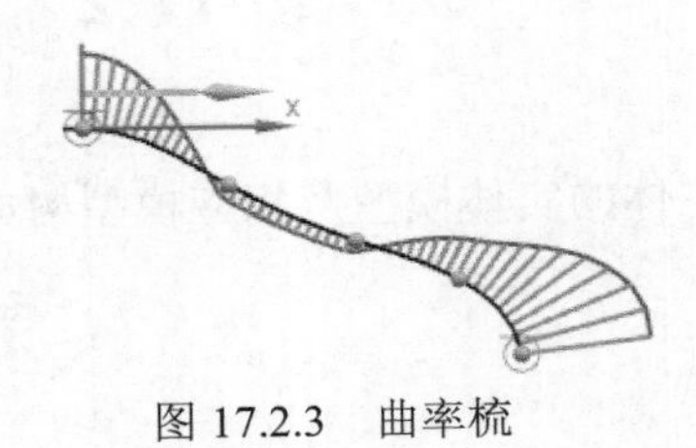

图 17.2.3 曲率梳

说明：

（1）在绘制样条曲线时，注意在两端添加必要的相切约束，这样后面镜像后的曲面才会光顺。

（2）草图中的尺寸仅供参考，读者可根据需要自行调整，注意观察曲线的曲率梳是否光顺。如果曲率梳显示比例较小，可适当进行调节，具体步骤参见学习资源讲解。

（3）本例中其余样条曲线的绘制请参照本操作步骤，后面不再赘述。

Step3. 添加图 17.2.4 所示的零件特征——拉伸特征 1。选择下拉菜单插入(S) → 设计特征(E) → 拉伸(E)...命令（或单击按钮），系统弹出“拉伸”对话框；单击“拉伸”对话框中的“绘制截面”按钮，系统弹出“创建草图”对话框。单击按钮，选取 YZ 基准平面为草图平面，单击确定按钮，进入草图环境，绘制图 17.2.5 所示的截面草图，单击完成草图按钮，退出草图环境；在“拉伸”对话框的指定矢量下拉列表中选择-XC选项；在“拉伸”对话框限制区域的开始下拉列表中选择值选项，并在其下的距离文本框中输入值 0；在限制区域的结束下拉列表中选择值选项，并在其下的距离文本框中输入值 20；在布尔区域中选择无选项，其他参数采用系统默认设置值；单击“拉伸”对话框中的< 确定 >按钮，完成拉伸特征 1 的添加。

说明：图 17.2.5 所示的截面草图是采用样条曲线绘制而成的。

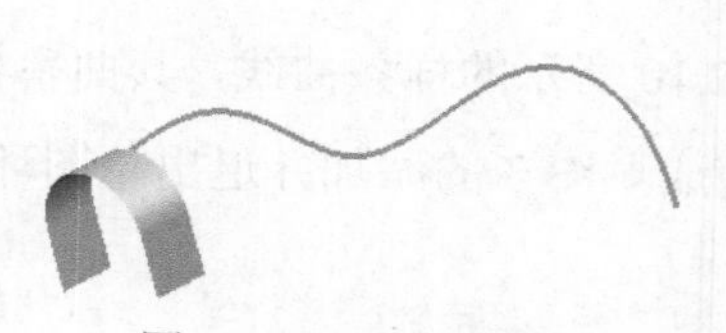
图 17.2.4 拉伸特征 1

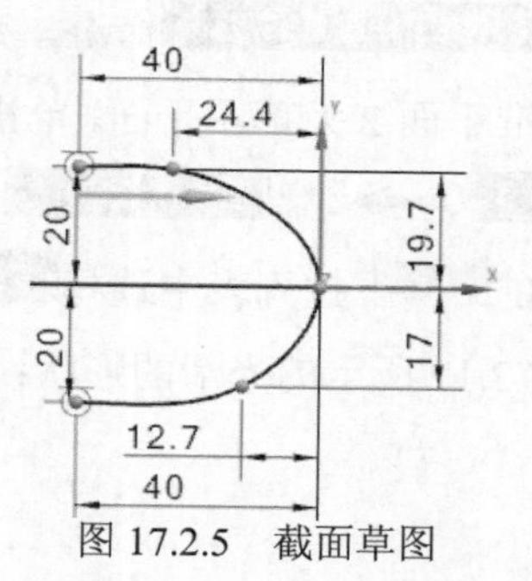

图 17.2.5 截面草图

Step4. 添加图 17.2.6 所示的基准平面 1。在绘图区选取图 17.2.6 所示的曲线，在弧长文本框中输入值 100，按 Enter 键确定；在曲线上的方位区域的方向下拉列表中选择垂直于路径选项；其他参数采用系统默认设置值；单击< 确定 >按钮，完成基准平面 1 的添加（注：具体参数和操作参见学习资源）。

Step5. 添加图 17.2.7 所示的草图 2。选择下拉菜单 插入(S) → 在任务环境中绘制草图(V)...命令，系统弹出“创建草图”对话框；在绘图区选取图 17.2.6 所示的基准平面 1 为草图平面，单击确定按钮，进入草图环境；选择下拉菜单插入(S) → 曲线(C) → 艺术样条(D)...命令，系统弹出“艺术样条”对话框。在“艺术样条”对话框中的类型下拉列表中选择通过点选项，绘制图 17.2.7 所示的样条曲线，其曲率梳呈现图 17.2.8 所示的光滑的形状；单击完成草图按钮，完成草图 2 的添加并退出草图环境。

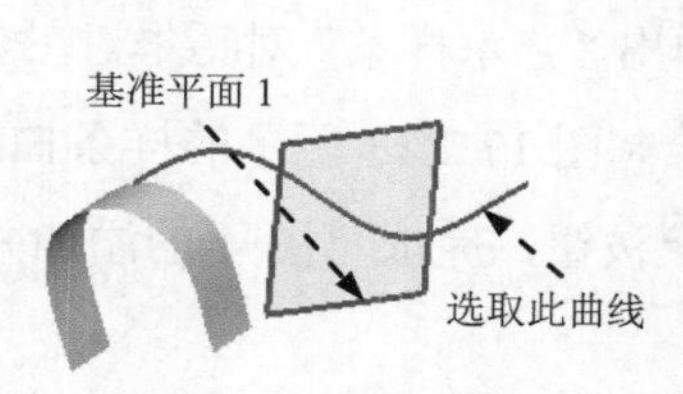

图 17.2.6 基准平面 1

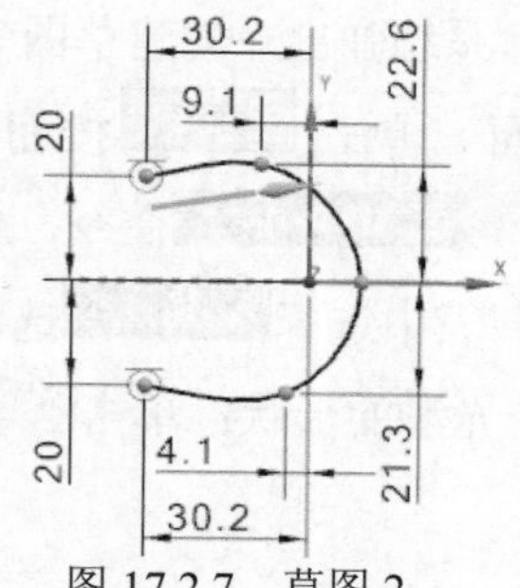

图 17.2.7 草图 2

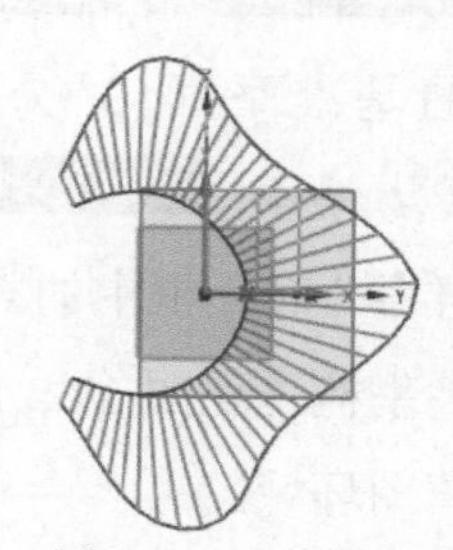
图 17.2.8 曲率梳

Step6. 添加图 17.2.9 所示的基准平面 2。选择下拉菜单插入(S) → 基准/点(D) → 基准平面(D)...命令（或单击按钮），系统弹出“基准平面”对话框；在类型区域的下拉列表中选择曲线上选项，在曲线上的位置区域的位置下拉列表中选择弧长选项；在绘图区选取图 17.2.9 所示的曲线，通过单击反向按钮调整基准平面位置，如图 17.2.9 所示；在弧长文本框中输入值 210，按 Enter 键确定；在曲线上的方位区域的方向下拉列表中选择垂直于路径选项；其他参数采用系统默认设置值；单击< 确定 >按钮，完成基准平面 2 的添加。

Step7. 添加图 17.2.10 所示的草图 3。选择下拉菜单 插入(S) →

在任务环境中绘制草图(V)...命令，系统弹出“创建草图”对话框；在绘图区选取图 17.2.9 所示的基准平面 2 为草图平面，单击确定按钮，进入草图环境；选择下拉菜单插入(S) → 曲线(C) → 艺术样条(D)...命令，系统弹出“艺术样条”对话框。在“艺术样条”对话框中的类型下拉列表中选择通过点选项，绘制图 17.2.10 所示的样条曲线，其曲率梳呈现图 17.2.11 所示的光滑的形状；单击完成草图按钮，完成草图 3 的添加并退出草图环境。

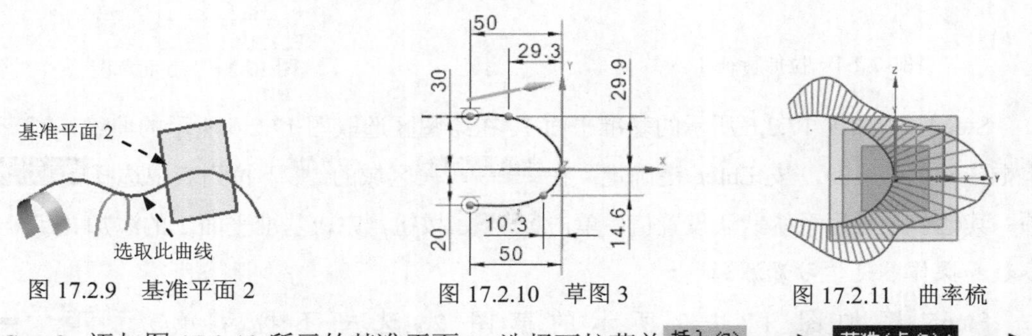

图 17.2.9 基准平面 2　　图 17.2.10 草图 3　　图 17.2.11 曲率梳

Step8. 添加图 17.2.12 所示的基准平面 3。选择下拉菜单插入(S) → 基准/点(D) → 基准平面(D)...命令（或单击按钮），系统弹出“基准平面”对话框；在类型区域的下拉列表中选择曲线和点选项，在曲线和点子类型区域的子类型下拉列表中选择一点选项；在参考几何体区域激活指定点，在后面的下拉列表中选择选项，在绘图区选取图 17.2.12 所示的端点；通过单击平面方位区域反向后面的按钮调整基准平面位置，如图 17.2.12 所示；其他参数采用系统默认设置值；单击< 确定 >按钮，完成基准平面 3 的添加。

Step9. 添加图 17.2.13 所示的草图 4。选择下拉菜单插入(S) → 在任务环境中绘制草图(V)...命令，系统弹出“创建草图”对话框；在绘图区选取图 17.2.12 所示的基准平面 3 为草图平面，单击确定按钮，进入草图环境；选择下拉菜单插入(S) → 曲线(C) → 艺术样条(D)...命令，系统弹出“艺术样条”对话框。在“艺术样条”对话框中的类型下拉列表中选择通过点选项，绘制图 17.2.13 所示的样条曲线，其曲率梳呈现图 17.2.14 所示的光滑的形状；单击完成草图按钮，完成草图 4 的添加并退出草图环境。

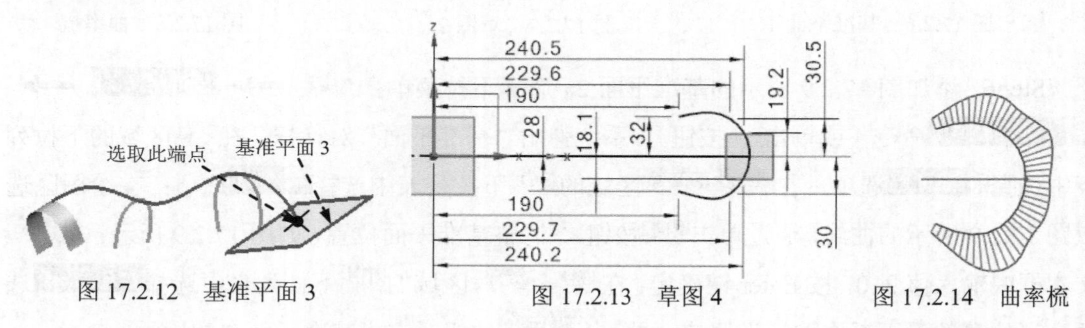

图 17.2.12 基准平面 3　　图 17.2.13 草图 4　　图 17.2.14 曲率梳

Step10. 添加图 17.2.15 所示的零件特征——艺术曲面特征。选择下拉菜单插入(S) →

网格曲面(M) → 艺术曲面(U)... 命令，系统弹出“艺术曲面”对话框；在截面（主要）曲线区域单击* 选择曲线 (0)按钮，在绘图区依次选取图 17.2.16 所示的曲线 1、曲线 2、曲线 3 和曲线 4，并分别单击添加新集后面的按钮；在引导（交叉）曲线区域中单击* 选择曲线 (0)按钮，在绘图区选取曲线 5 作为引导曲线；在连续性区域的第一截面下拉列表中选择G1（相切）选项，并单击* 选择面 (0)按钮，选取图 17.2.15 所示的曲面；其他参数采用系统默认设置值；单击< 确定 >按钮，完成艺术曲面特征的添加。

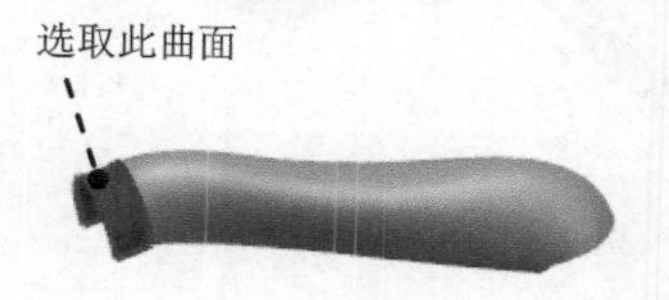

图 17.2.15 艺术曲面特征

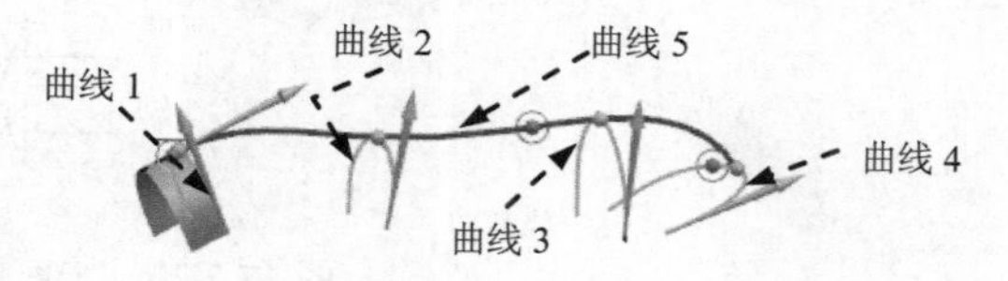

图 17.2.16 定义曲线

注意：在选取截面曲线时，所选曲线的箭头方向应保持一致。

Step11. 添加图 17.2.17 所示的零件特征——镜像特征 1。选择下拉菜单插入(S) → 关联复制(A) → 镜像特征(R)... 命令，系统弹出“镜像特征”对话框；在特征区域中单击* 选择特征 (0)按钮，在绘图区中选取图 17.2.15 所示的艺术曲面特征为要镜像的特征；在镜像平面区域中单击按钮，在绘图区中选取 YZ 基准平面作为镜像平面；其他参数采用系统默认设置值；单击确定按钮，完成镜像特征 1 的添加。

Step12. 添加图 17.2.18 所示的零件特征——拉伸特征 2。选择下拉菜单插入(S) → 设计特征(E) → 拉伸(E)... 命令（或单击按钮），系统弹出“拉伸”对话框；单击“拉伸”对话框中的“绘制截面”按钮，系统弹出“创建草图”对话框；单击按钮，选取 XY 基准平面为草图平面，单击确定按钮进入草图环境，绘制图 17.2.19 所示的截面草图；单击完成草图按钮，退出草图环境；在“拉伸”对话框的指定矢量下拉列表中选择ZC↑选项；在限制区域的开始下拉列表中选择对称值选项，并在其下的距离文本框中输入值 40；在布尔区域中选择无选项；在设置区域的体类型下拉列表中选择片体选项；单击“拉伸”对话框中的< 确定 >按钮，完成拉伸特征 2 的添加。

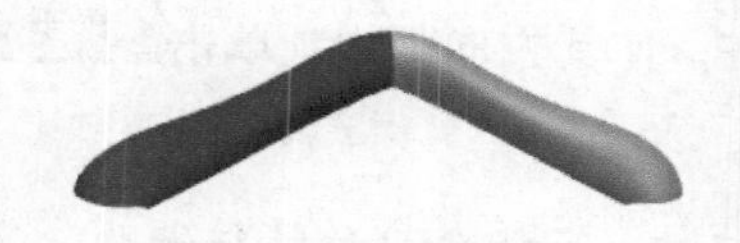
图 17.2.17 镜像特征 1

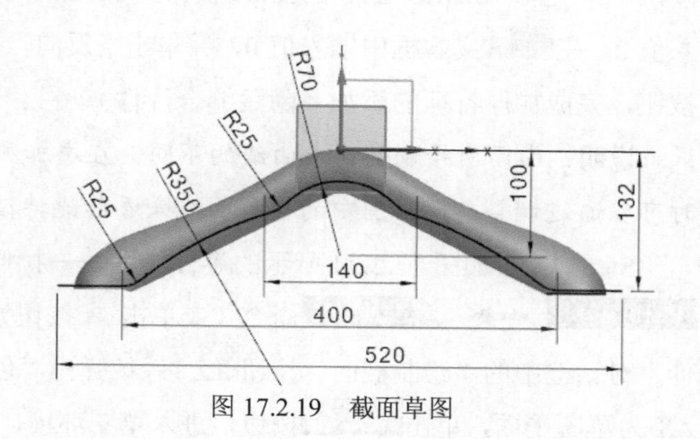

图 17.2.19 截面草图

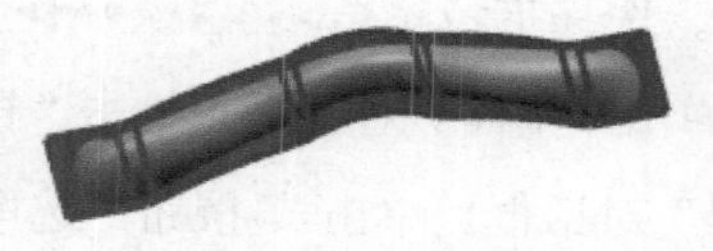
图 17.2.18 拉伸特征 2

Step13. 添加图 17.2.20b 所示的零件特征——修剪体特征。选择下拉菜单插入(S) → 修剪(T) → 修剪片体(R)...命令，系统弹出“修剪片体”对话框；在目标区域中单击*选择片体 (0)按钮，然后在绘图区选取艺术曲面特征和镜像特征 1 为要修剪的片体；在边界对象区域中单击*选择对象 (0)按钮；选取图 17.2.18 所示的拉伸特征 2 为修剪的边界对象，在区域区域中选取 ⊙ 保留单选项；单击确定按钮，完成修剪体特征的添加。

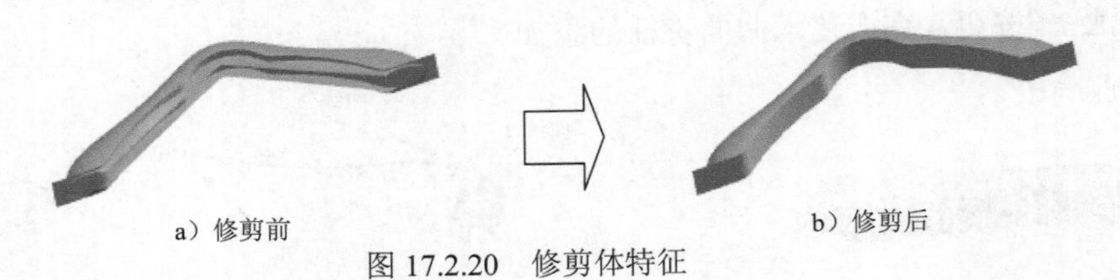
a）修剪前　　b）修剪后

图 17.2.20　修剪体特征

注意：前面选取目标体时，应选取要保留的部分，否则这里应选择⊙放弃单选项。

Step14. 隐藏特征。在绘图区选取拉伸特征 1 和拉伸特征 2 并右击，从弹出的快捷菜单中选择隐藏(H)命令，将所选取的特征隐藏，结果如图 17.2.21 所示。

Step15. 添加曲面缝合特征。选择下拉菜单插入(S) → 组合(B) → 缝合(W)...命令，系统弹出“缝合”对话框。在类型下拉列表中选择片体选项，在目标区域中单击*选择片体 (0)按钮，选取图 17.2.22 所示的特征 1 为缝合的目标片体；在工具区域中单击*选择片体 (0)按钮，选取图 17.2.22 所示的特征 2 为缝合工具片体；单击确定按钮，完成缝合特征的添加。

图 17.2.21　隐藏特征　　图 17.2.22　定义缝合对象

Step16. 添加图 17.2.23 所示的零件特征——加厚特征。选择下拉菜单插入(S) → 偏置/缩放(O) → 加厚(T)...命令，系统弹出“加厚”对话框；在面区域中单击*选择面 (0)按钮，选取 Step15 创建的曲面缝合特征为加厚的对象；在厚度区域的偏置 1文本框中输入值 2，在偏置 2文本框中输入值 0，并单击“反向”按钮，使其方向朝内；单击< 确定 >按钮，完成加厚特征的添加（隐藏缝合片体）。

说明：由于所绘制的样条曲线的不同，在添加加厚特征时，可能会导致特征失败，此时可以通过调整前面草图中的样条曲线来添加此特征。

Step17. 添加图 17.2.24 所示的零件特征——拉伸特征 3。选择下拉菜单插入(S) → 设计特征(E) → 拉伸(E)...命令（或单击按钮），系统弹出“拉伸”对话框；单击“拉伸”对话框中的“绘制截面”按钮，系统弹出“创建草图”对话框。单击按钮，选取 ZX 为草图平面，单击确定按钮，进入草图环境，绘制图 17.2.25 所示的截面草图，单击完成草图按钮，退出草图环境；在“拉伸”对话框的指定矢量下拉列表中选择-YC选项；在限制区域的开始下拉列表中选择值选项，并在其下的距离文本框中输入值0；在限制区域的结束下拉列表中选择值选项，并在其下的距离文本框中输入值 10；在布尔区域中选择合并选项，其他参数采用系统默认设置值；单击“拉伸”对话框中的< 确定 >按钮，完成拉伸特征3的添加。

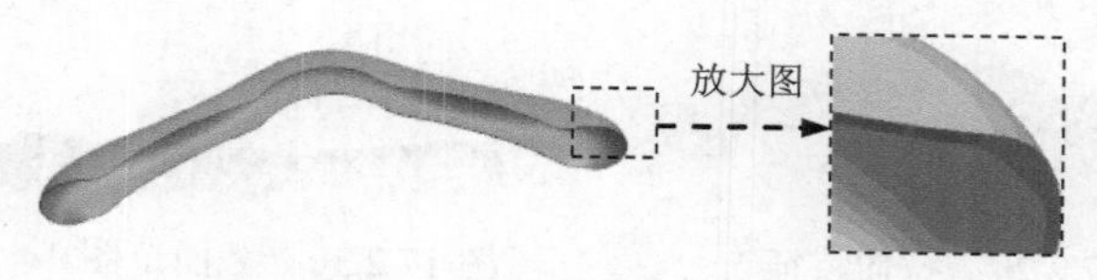

图 17.2.23 加厚特征

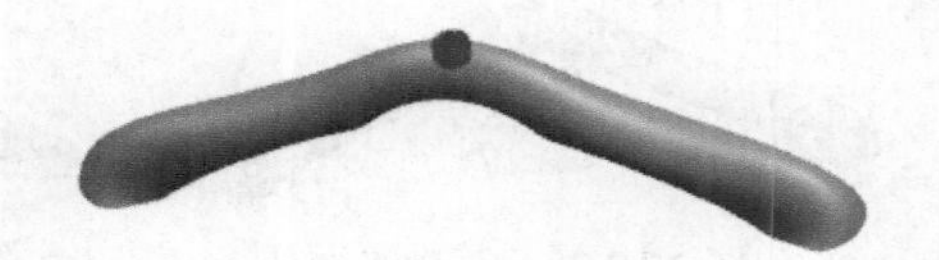
图 17.2.24 拉伸特征 3

Step18. 添加图 17.2.26 所示的零件特征——拉伸特征 4。选择下拉菜单 插入(S) → 设计特征(E) → 拉伸(E)... 命令（或单击按钮），系统弹出“拉伸”对话框；单击“拉伸”对话框中的“绘制截面”按钮，系统弹出“创建草图”对话框。单击按钮，选取 ZX 为草图平面，单击确定按钮，进入草图环境，绘制图 17.2.27 所示的截面草图，单击完成草图按钮，退出草图环境；在“拉伸”对话框的指定矢量下拉列表中选择-YC选项；在限制区域的开始下拉列表中选择贯通选项，在限制区域的结束下拉列表中选择贯通选项；在布尔区域中选择减去选项，其他参数采用系统默认设置值；单击“拉伸”对话框中的< 确定 >按钮，完成拉伸特征4的添加。

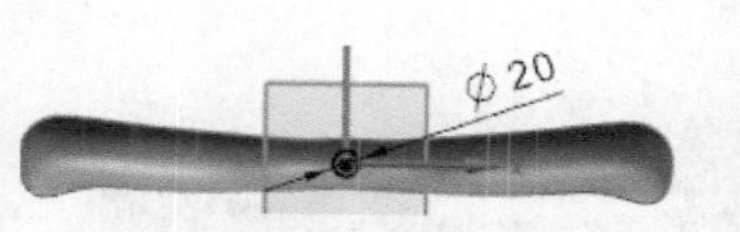

图 17.2.25 截面草图

图 17.2.26 拉伸特征 4

图 17.2.27 截面草图

Step19. 添加图 17.2.28 所示的基准平面 4。选择下拉菜单 插入(S) → 基准/点(D) → 基准平面(D)... 命令（或单击按钮），系统弹出“基准平面”对话框；在类型区域的下拉列表中选择按某一距离选项，在平面参考区域单击* 选择平面对象 (0)按钮，在绘图区选取 ZX 基准平面为参考平面，在距离文本框中输入值 115，并单击反向按钮，定义偏移方向为 Y 基准轴的负方向；其他参数采用系统默认设置值；单击< 确定 >按钮，完成基准平面 4 的添加（注：具体参数和操作参见学习资源）。

Step20. 添加图 17.2.29 所示的零件特征——拉伸特征 5。选择下拉菜单 插入(S) → 设计特征(E) → 拉伸(E)... 命令（或单击按钮），系统弹出“拉伸”对话框；单击“拉伸”对话框中的“绘制截面”按钮，系统弹出“创建草图”对话框。单击按钮，选取图 17.2.28 所示的基准平面 4 为草图平面，单击确定按钮，进入草图环境，绘制图 17.2.30 所示的截面草图，单击完成草图按钮，退出草图环境；在指定矢量下拉列表中选择YC选项；在“拉伸”对话框限制区域的开始下拉列表中选择值选项，并在其下的距离文本框中输入值 0；在限制区域的结束下拉列表中选择直至下一个选项，其他参数采用系统默认设置值；在布尔区域中选择合并选项；单击“拉伸”对话框中的< 确定 >按钮，完成拉伸特征 5 的添加。

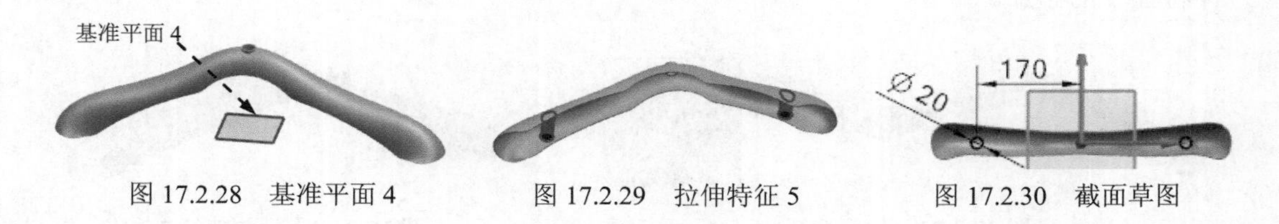

图 17.2.28　基准平面 4　　图 17.2.29　拉伸特征 5　　图 17.2.30　截面草图

Step21. 添加图 17.2.31 所示的零件特征——拉伸特征 6。选择下拉菜单插入(S) → 设计特征(E) → 拉伸(E)...命令（或单击按钮），系统弹出“拉伸”对话框；单击“拉伸”对话框中的“绘制截面”按钮，系统弹出“创建草图”对话框。单击按钮，选取图 17.2.28 所示的基准平面 4 为草图平面，单击确定按钮，进入草图环境，绘制图 17.2.32 所示的截面草图，单击完成草图按钮，退出草图环境；在“拉伸”对话框的指定矢量下拉列表中选择YC选项；在“拉伸”对话框限制区域的开始下拉列表中选择值选项，并在其下的距离文本框中输入值 0；在限制区域的结束下拉列表中选择值选项，并在其下的距离文本框中输入值 25；在布尔区域中选择减去选项，其他参数采用系统默认设置值；单击“拉伸”对话框中的< 确定 >按钮，完成拉伸特征 6 的添加。

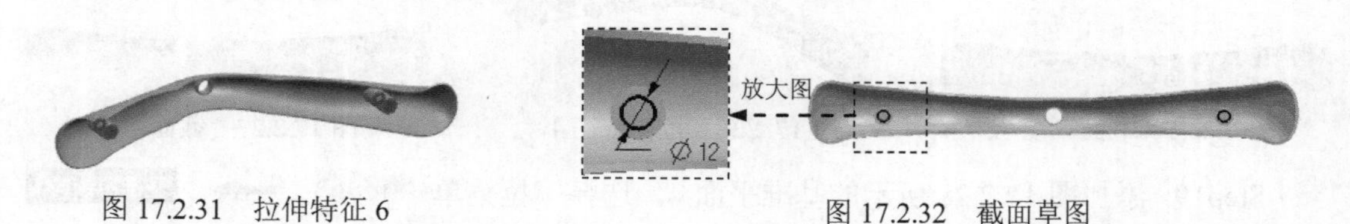

图 17.2.31　拉伸特征 6　　图 17.2.32　截面草图

Step22. 添加图 17.2.33 所示的零件特征——拉伸特征 7。选择下拉菜单插入(S) → 设计特征(E) → 拉伸(E)...命令（或单击按钮），系统弹出“拉伸”对话框；单击“拉伸”对话框中的“绘制截面”按钮，系统弹出“创建草图”对话框。单击按钮，选取 YZ 基准平面为草图平面，单击确定按钮，进入草图环境，绘制图 17.2.34 所示的截面草图（正方形），单击完成草图按钮，退出草图环境；在“拉伸”对话框的指定矢量下拉列表中选择-XC选项；在“拉伸”对话框限制区域的开始下拉列表中选择值选项，并在其下的距离文本框中输入值 0；在限制区域的结束下拉列表中选择直至选定选项，选取图 17.2.35 所示的曲面为选定对象；在布尔区域中选择减去选项，其他参数采用系统默认设置值；单击“拉伸”对话框中的< 确定 >按钮，完成拉伸特征 7 的添加。

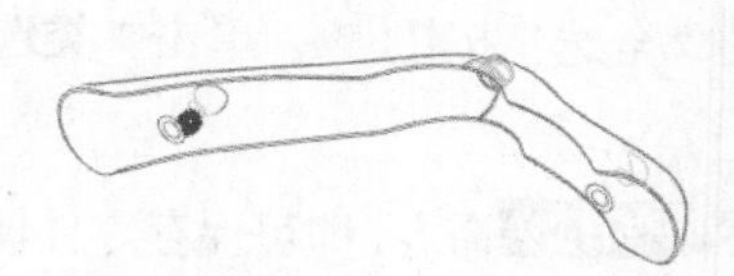

图 17.2.33 拉伸特征 7

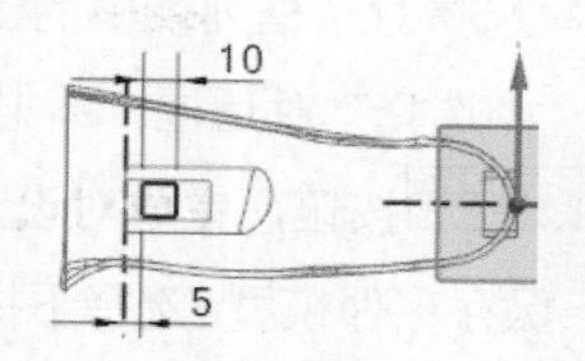

图 17.2.34 截面草图

Step23. 添加图 17.2.36 所示的零件特征——镜像特征 2。选择下拉菜单 插入(S) → 关联复制(A) → 镜像特征(R)... 命令，系统弹出“镜像特征”对话框；在 特征 区域中单击 选择特征 (0) 按钮，在绘图区中选取图 17.2.31 所示的拉伸特征 6 为要镜像的特征；在 镜像平面 区域中单击按钮，在绘图区中选取 YZ 基准平面作为镜像平面；单击“镜像特征”对话框中的 确定 按钮，完成镜像特征 2 的添加。

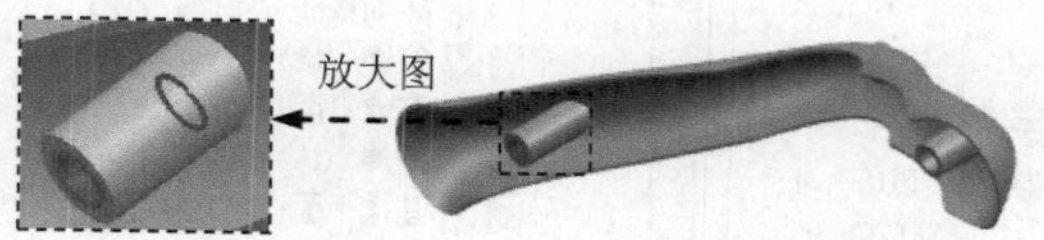

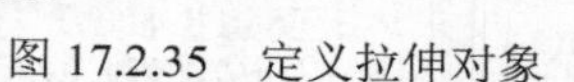

图 17.2.35 定义拉伸对象

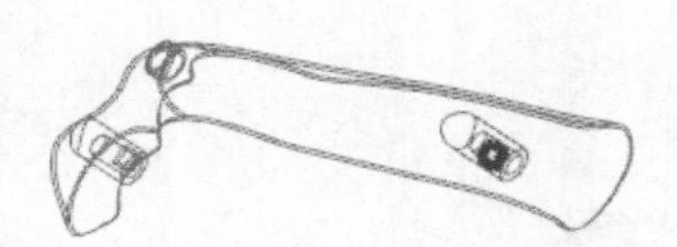

图 17.2.36 镜像特征 2

Step24. 添加图 17.2.37b 所示的边倒圆特征 1（隐藏片体）。选择下拉菜单 插入(S) → 细节特征(L) → 边倒圆(E)... 命令（或单击按钮），系统弹出“边倒圆”对话框；在 边 区域中单击按钮，选择图 17.2.37a 所示的两条边线为边倒圆参照，并在 半径 1 文本框中输入值 0.5；单击 < 确定 > 按钮，完成边倒圆特征 1 的添加。

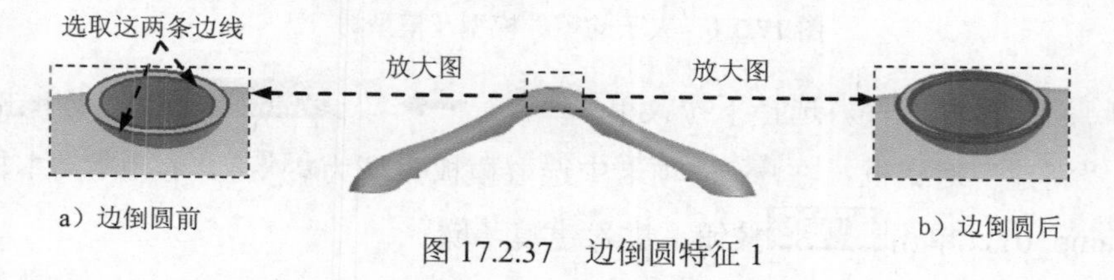

a）边倒圆前 b）边倒圆后

图 17.2.37 边倒圆特征 1

Step25. 添加图 17.2.38b 所示的边倒圆特征 2。选择图 17.2.38a 所示的两条边线为边倒圆参照，并在 半径 1 文本框中输入值 1，完成边倒圆特征 2 的添加。

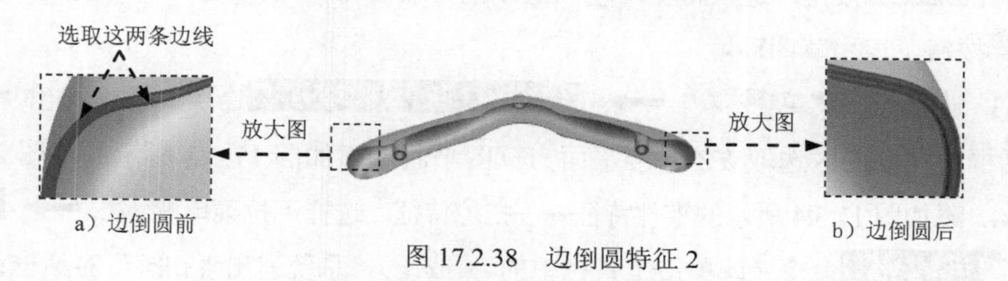

a）边倒圆前 b）边倒圆后

图 17.2.38 边倒圆特征 2

Step26. 设置隐藏。选择下拉菜单 编辑(E) → 显示和隐藏(H) → 隐藏(H)... 命令，系统弹出“类选择”对话框；单击“类选择”对话框中的按钮，系统弹出“根据类型选择”对话框，选择对话框列表中的曲线、草图、片体和基准选项，单击确定按钮，系统再次弹出“类选择”对话框；单击对话框对象区域中的“全选”按钮，单击“类选择”对话框中的确定按钮，完成对设置对象的隐藏。

Step27. 保存零件模型。选择下拉菜单文件(F) → 保存(S)命令，即可保存零件模型。

17.3 夹 子

夹子的零件模型及模型树如图 17.3.1 所示。

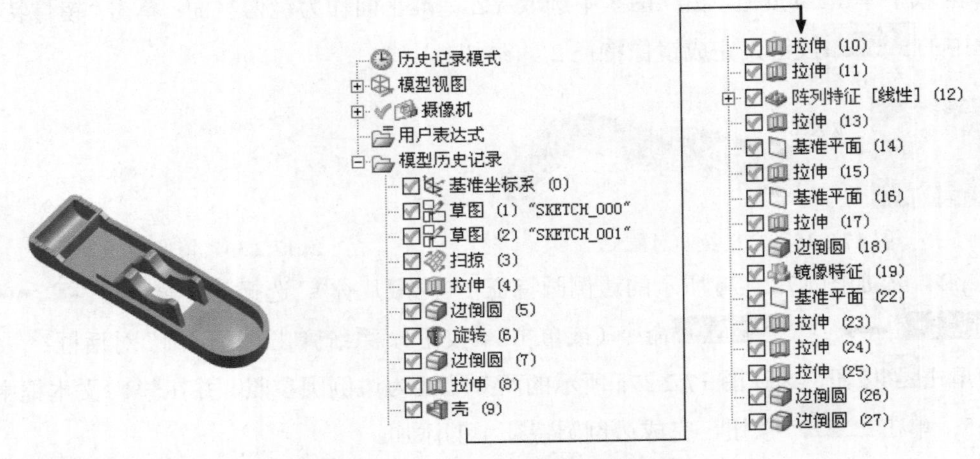

图 17.3.1 夹子的零件模型及模型树

Step1. 新建模型文件。选择下拉菜单文件(F) → 新建(N)...命令（或单击按钮），系统弹出“新建”对话框；在模板选项卡中选取模板类型为模型，在名称文本框中输入文件名称 clamp_01，单击确定按钮，进入建模环境。

Step2. 添加图 17.3.2 所示的草图 1。选择下拉菜单插入(S) → 在任务环境中绘制草图(V)...命令，系统弹出“创建草图”对话框；选取 XY 基准平面为草图平面，单击确定按钮，进入草图环境，绘制图 17.3.2 所示的草图 1（一段圆弧）；单击完成草图按钮，退出草图环境。

Step3. 选择下拉菜单插入(S) → 在任务环境中绘制草图(V)...命令，系统弹出“创建草图”对话框。在绘图区选取 YZ 基准平面为草图平面，添加图 17.3.3 所示的草图 2。

Step4. 添加图 17.3.4 所示的零件特征——扫掠特征。选择下拉菜单插入(S) → 扫掠(W) → 扫掠(S)...命令（或单击工具栏中的按钮），系统弹出“扫掠”对话框；在截面区域中单击按钮，在绘图区中选取草图 2 为扫掠截面草图；在引导线区域中单击按钮，在绘图区中选取草图 1 为扫掠引导线；其他参数采用系统默认设置值；单击“扫掠”

对话框中的< 确定 >按钮，完成扫掠特征的添加。

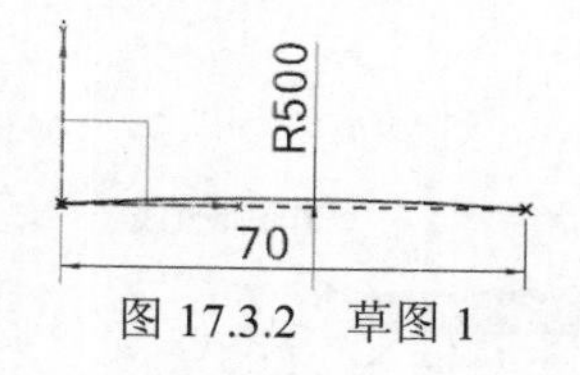

图 17.3.2 草图 1

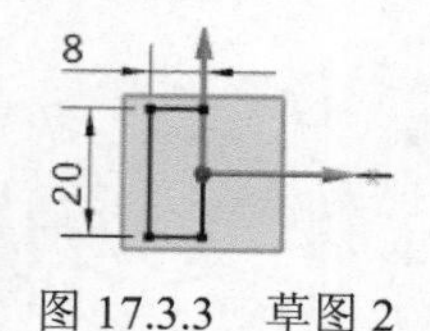

图 17.3.3 草图 2

图 17.3.4 扫掠特征

Step5. 添加图 17.3.5 所示的零件特征——拉伸特征 1。选择下拉菜单 插入(S) → 设计特征(E) → 拉伸(E)... 命令（或单击按钮），系统弹出“拉伸”对话框；单击“拉伸”对话框中的“绘制截面”按钮，系统弹出“创建草图”对话框。单击按钮，选取 ZX 基准平面为草图平面，单击 确定 按钮，进入草图环境，绘制图 17.3.6 所示的截面草图，单击 完成草图 按钮，退出草图环境；在“拉伸”对话框的 指定矢量 下拉列表中选择 YC 选项；在 限制 区域的 开始 下拉列表中选择 贯通 选项，在 限制 区域的 结束 下拉列表中选择 贯通 选项；在 布尔 区域中选择 减去 选项，其他参数采用系统默认设置值；单击“拉伸”对话框中的< 确定 >按钮，完成拉伸特征 1 的添加。

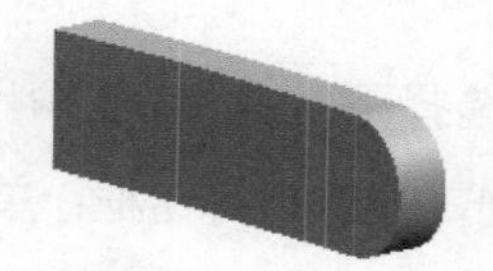
图 17.3.5 拉伸特征 1

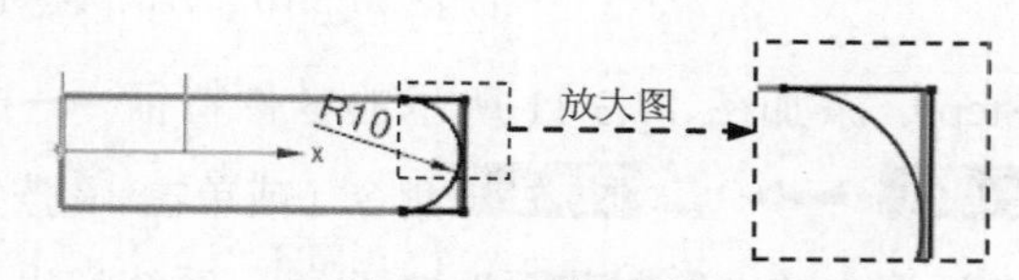

图 17.3.6 截面草图

Step6. 添加图 17.3.7b 所示的边倒圆特征 1。选择下拉菜单 插入(S) → 细节特征(L) → 边倒圆(E)... 命令（或单击按钮），系统弹出“边倒圆”对话框；在 边 区域中单击按钮，选择图 17.3.7a 所示的边线为边倒圆参照，并在 半径 1 文本框中输入值 5；单击< 确定 >按钮，完成边倒圆特征 1 的添加。

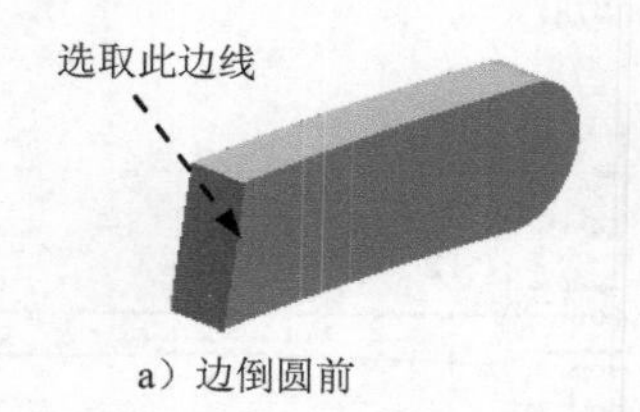

a）边倒圆前

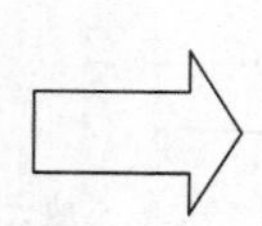

b）边倒圆后

图 17.3.7 边倒圆特征 1

Step7. 添加图 17.3.8 所示的零件特征——旋转特征。选择下拉菜单 插入(S) → 设计特征(E) → 旋转(R)... 命令（或单击按钮），系统弹出“旋转”对话框；单击 截面 区域中的按钮，系统弹出“创建草图”对话框；在绘图区选取 XY 基准平面为草图平面，单击 确定 按钮，进入草图环境，绘制图 17.3.9 所示的截面草图，单击 完成草图 按钮，退出草图环境；在绘图区中选取图 17.3.9 所示的直线为旋转轴；在“旋转”对话框 限制 区域的 开始 下拉列表中选择 值 选项，并在 角度 文本框中输入值 0，在 结束 下拉列表中选择 值 选项，并在 角度文本框中输入值 360；在布尔区域中选择减去选项，采用系统默认的求差对象；单击< 确定 >按钮，完成旋转特征的添加。

图 17.3.8　旋转特征

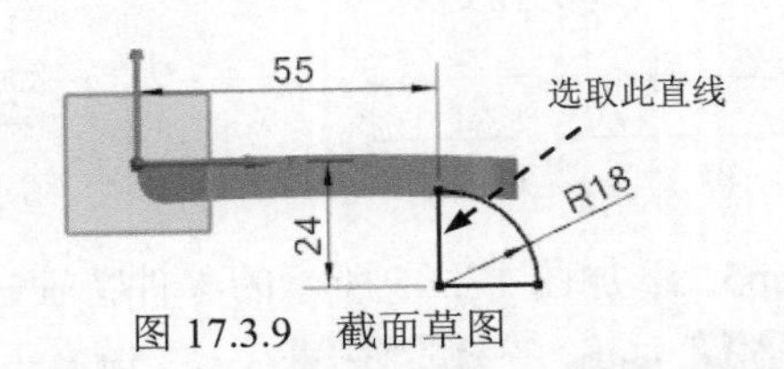

图 17.3.9　截面草图

Step8. 添加图 17.3.10b 所示的边倒圆特征 2。选择图 17.3.10a 所示的边线为边倒圆参照，并在半径 1文本框中输入值 2，完成边倒圆特征 2 的添加。

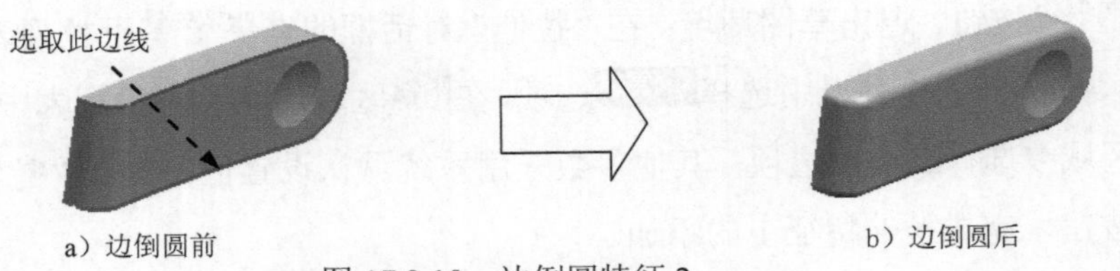

图 17.3.10　边倒圆特征 2

Step9. 添加图 17.3.11 所示的零件特征——拉伸特征 2。选择下拉菜单插入(S) ➡ 设计特征(E) ➡ 拉伸(E)...命令（或单击按钮），系统弹出“拉伸”对话框；单击“拉伸”对话框中的“绘制截面”按钮，系统弹出“创建草图”对话框。单击按钮，选取 XY 基准平面为草图平面，单击确定按钮，进入草图环境，绘制图 17.3.12 所示的截面草图，单击完成草图按钮，退出草图环境；在“拉伸”对话框的指定矢量下拉列表中选择ZC选项；在“拉伸”对话框限制区域的开始下拉列表中选择贯通选项，在限制区域的结束下拉列表中选择贯通选项；在布尔区域中选择减去选项，其他参数采用系统默认设置值；单击“拉伸”对话框中的< 确定 >按钮，完成拉伸特征 2 的添加。

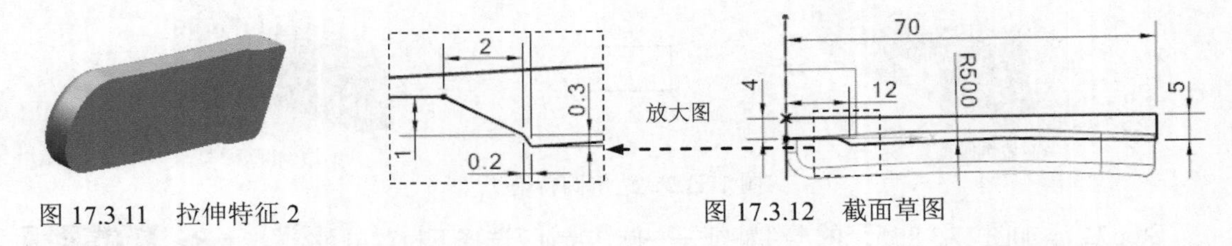

图 17.3.11　拉伸特征 2　　　　图 17.3.12　截面草图

Step10. 添加图 17.3.13b 所示的零件特征——抽壳特征。选择下拉菜单插入(S) ➡ 偏置/缩放(O) ➡ 抽壳(H)... 命令（或单击按钮），系统弹出“抽壳”对话框；在要穿透的面区域中单击按钮，选择图 17.3.13a 所示的面为要冲孔的面，并在厚度文本框中输入值 1.5，采用系统默认的抽壳方向；单击< 确定 >按钮，完成抽壳特征的添加。

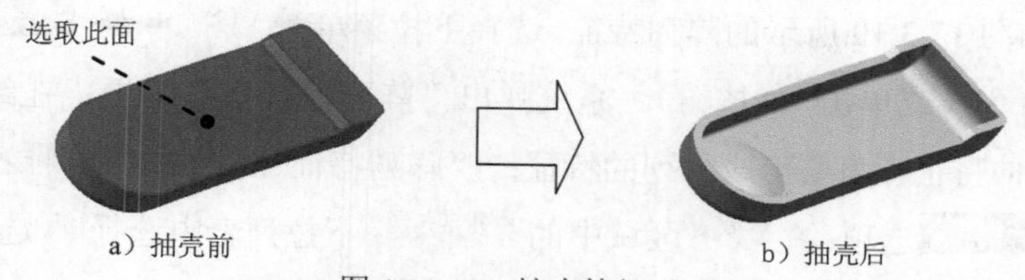

图 17.3.13 抽壳特征

Step11. 添加图 17.3.14 所示的零件特征——拉伸特征 3。选择下拉菜单 插入(S) → 设计特征(E) → 拉伸(E)... 命令（或单击按钮），系统弹出“拉伸”对话框。选取 ZX 基准平面为草图平面，绘制图 17.3.15 所示的截面草图。在“拉伸”对话框偏置区域的偏置下拉列表中选择对称选项，在结束文本框中输入值 0.5；在限制区域的开始下拉列表中选择值选项，并在其下的距离文本框中输入值 0；在限制区域的结束下拉列表中选择直至下一个选项；在布尔区域中选择合并选项，采用系统默认的合并对象；单击<确定>按钮，完成拉伸特征 3 的添加。

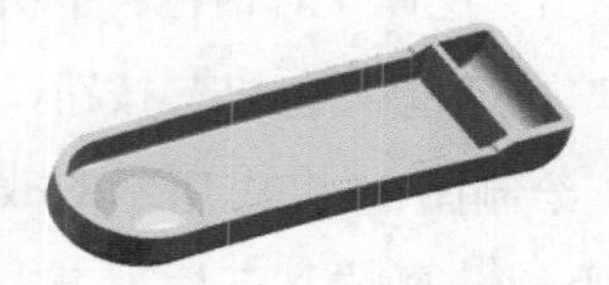
图 17.3.14 拉伸特征 3

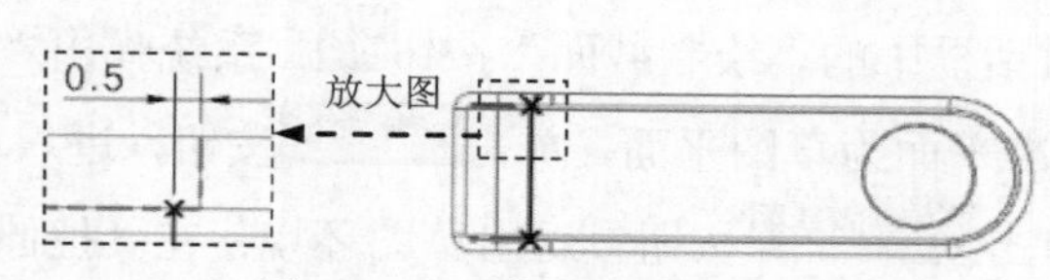

图 17.3.15 截面草图

Step12. 添加图 17.3.16 所示的零件特征——拉伸特征 4。选择下拉菜单 插入(S) → 设计特征(E) → 拉伸(E)... 命令（或单击按钮），系统弹出“拉伸”对话框；单击“拉伸”对话框中的“绘制截面”按钮，系统弹出“创建草图”对话框。单击按钮，选取图 17.3.17 所示的面 1 为草图平面，单击确定按钮，进入草图环境，绘制图 17.3.18 所示的截面草图，单击完成草图按钮，退出草图环境，在指定矢量下拉列表中选择ZC选项；在限制区域的开始下拉列表中选择值选项，并在其下的距离文本框中输入值 0；在限制区域的结束下拉列表中选择直至延伸部分选项；选取图 17.3.17 所示的面 2，其他参数采用系统默认设置值；在布尔区域中选择合并选项；单击“拉伸”对话框中的<确定>按钮，完成拉伸特征 4 的添加。

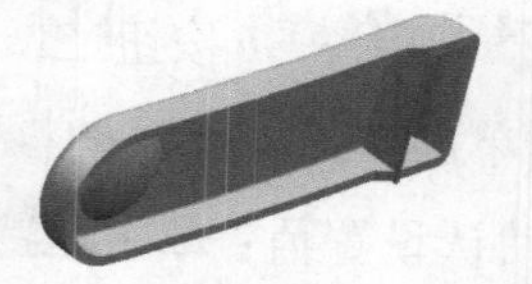
图 17.3.16 拉伸特征 4

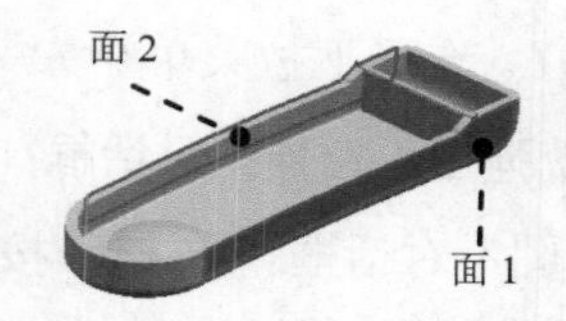

图 17.3.17 定义草图平面

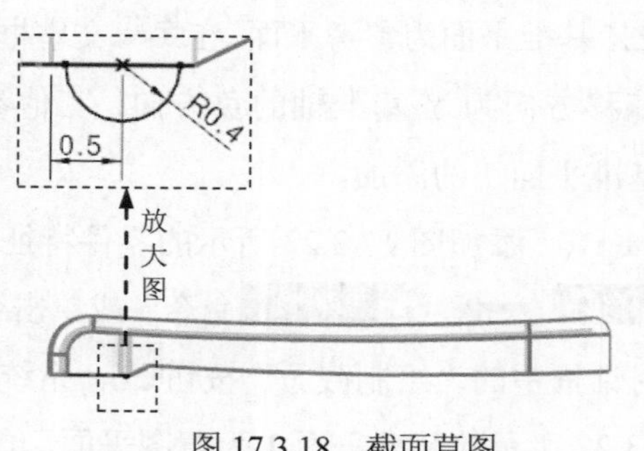

图 17.3.18 截面草图

Step13. 添加图 17.3.19 所示的阵列特征。选择下拉菜单 插入(S) → 关联复制(A) → 阵列特征(A)... 命令（或单击按钮），系统弹出“阵列特征”对话框；在绘图区选取图 17.3.16 所示的拉伸特征 4 为要形成阵列的特征；在“阵列特征”对话框中 阵列定义 区域的 布局 下拉列表中选择 线性 选项；在 方向 1 区域中的 指定矢量 下拉列表中选择 XC 选项；在 间距 下拉列表中选择 数量和间隔 选项，在 数量 文本框中输入值 5，在 节距 文本框中输入值-1.7；单击“阵列特征”对话框中的 确定 按钮，完成阵列特征的添加。

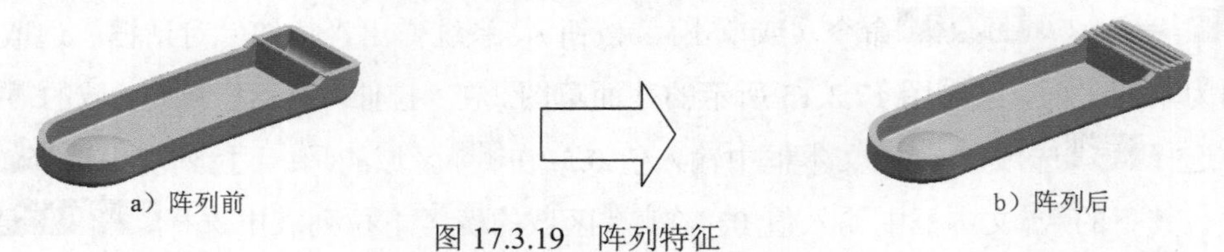

图 17.3.19　阵列特征

Step14. 添加图 17.3.20 所示的零件特征——拉伸特征 5。选择下拉菜单 插入(S) → 设计特征(E) → 拉伸(E)... 命令（或单击按钮），系统弹出“拉伸”对话框；单击“拉伸”对话框中的“绘制截面”按钮，系统弹出“创建草图”对话框。单击按钮，选取 ZX 基准平面为草图平面，单击 确定 按钮，进入草图环境，绘制图 17.3.21 所示的截面草图，单击 完成草图 按钮，退出草图环境；在“拉伸”对话框中的 指定矢量 下拉列表中选择 YC 选项；在 限制 区域的 开始 下拉列表中选择 值 选项，并在其下的 距离 文本框中输入值 0；在 限制 区域的 结束 下拉列表中选择 直至下一个 选项；在 布尔 区域中选择 减去 选项，其他参数采用系统默认设置值；单击“拉伸”对话框中的 < 确定 > 按钮，完成拉伸特征 5 的添加。

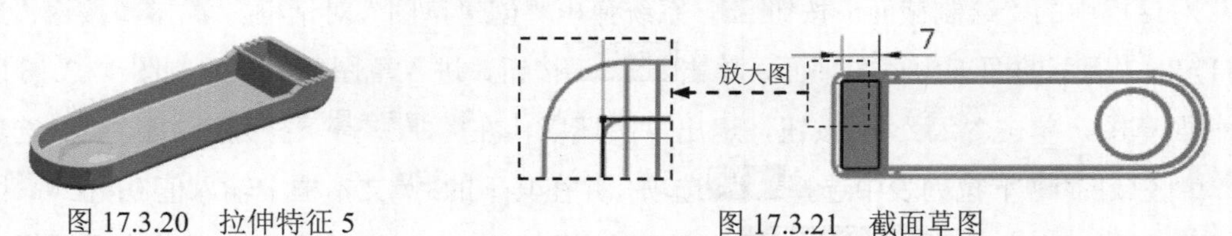

图 17.3.20　拉伸特征 5　　　　图 17.3.21　截面草图

Step15. 添加图 17.3.22 所示的基准平面 1。选择下拉菜单 插入(S) → 基准/点(D) → 基准平面(D)... 命令（或单击按钮），系统弹出“基准平面”对话框；在 类型 区域的下拉列表中选择 按某一距离 选项，在 平面参考 区域单击 选择平面对象 (0) 按钮，在绘图区选取 ZX 基准平面为参考平面，在 距离 文本框中输入值 3，并单击 平面方位 区域的 反向 按钮，定义偏移方向为 Y 基准轴的负方向；其他参数采用系统默认设置值；单击 < 确定 > 按钮，完成基准平面 1 的添加。

Step16. 添加图 17.3.23 所示的零件特征——拉伸特征 6。选择下拉菜单 插入(S) → 设计特征(E) → 拉伸(E)... 命令（或单击按钮），系统弹出“拉伸”对话框；单击“拉伸”对话框中的“绘制截面”按钮，系统弹出“创建草图”对话框。单击按钮，选取图 17.3.22 所示的基准平面 1 为草图平面，单击 确定 按钮，进入草图环境，绘制图 17.3.24

所示的截面草图，单击 完成草图 按钮，退出草图环境；在“拉伸”对话框中的 指定矢量 下拉列表中选择 -YC 选项；在 限制 区域的 开始 下拉列表中选择 值 选项，并在其下的 距离 文本框中输入值 0；在 限制 区域的 结束 下拉列表中选择 直至下一个 选项；在 布尔 区域中选择 合并 选项，其他参数采用系统默认设置值；单击“拉伸”对话框中的 < 确定 > 按钮，完成拉伸特征 6 的添加。

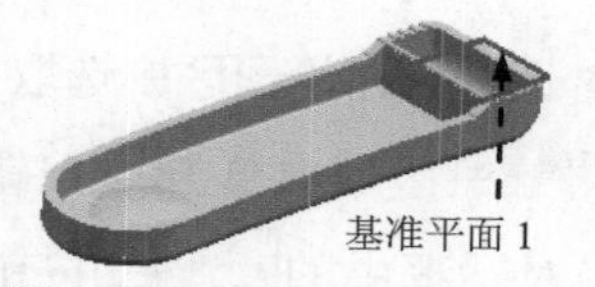

图 17.3.22 基准平面 1

图 17.3.23 拉伸特征 6

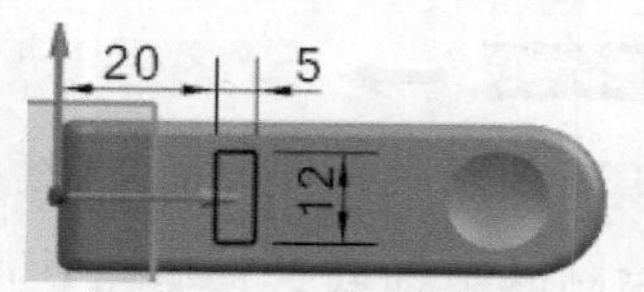

图 17.3.24 截面草图

Step17. 添加图 17.3.25 所示的基准平面 2。选择下拉菜单 插入(S) → 基准/点(D) → 基准平面(D)... 命令（或单击 按钮），系统弹出“基准平面”对话框；在 类型 区域的下拉列表中选择 按某一距离 选项，在 平面参考 区域单击 选择平面对象 (0) 按钮，在绘图区选取 XY 基准平面为参考平面，在 距离 文本框中输入值 6，通过单击 偏置 区域的 反向 按钮，调整偏移方向为 Z 基准轴的正方向；其他参数采用系统默认设置值；单击 < 确定 > 按钮，完成基准平面 2 的添加。

Step18. 添加图 17.3.26 所示的零件特征——拉伸特征 7。选择下拉菜单 插入(S) → 设计特征(E) → 拉伸(E)... 命令（或单击 按钮），系统弹出“拉伸”对话框；单击“拉伸”对话框中的“绘制截面”按钮，系统弹出“创建草图”对话框。单击 按钮，选取图 17.3.25 所示的基准平面 2 为草图平面，单击 确定 按钮，进入草图环境，绘制图 17.3.27 所示的截面草图，单击 完成草图 按钮，退出草图环境；在“拉伸”对话框中的 指定矢量 下拉列表中选择 -ZC 选项；在 限制 区域的 开始 下拉列表中选择 值 选项，并在其下的 距离 文本框中输入值 0；在 限制 区域的 结束 下拉列表中选择 值 选项；并在其下的 距离 文本框中输入值 2；在 布尔 区域中选择 合并 选项，其他参数采用系统默认设置值；单击“拉伸”对话框中的 < 确定 > 按钮，完成拉伸特征 7 的添加。

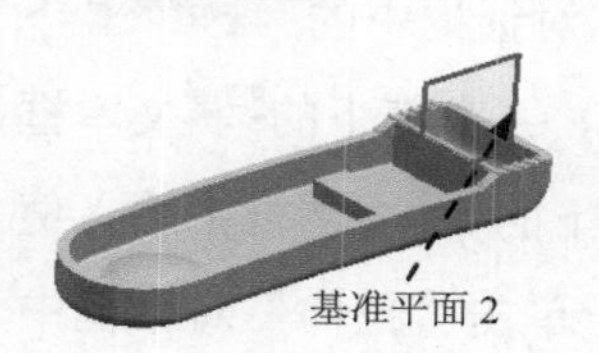

图 17.3.25 基准平面 2

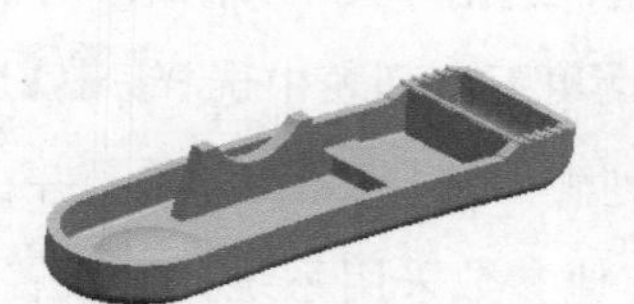
图 17.3.26 拉伸特征 7

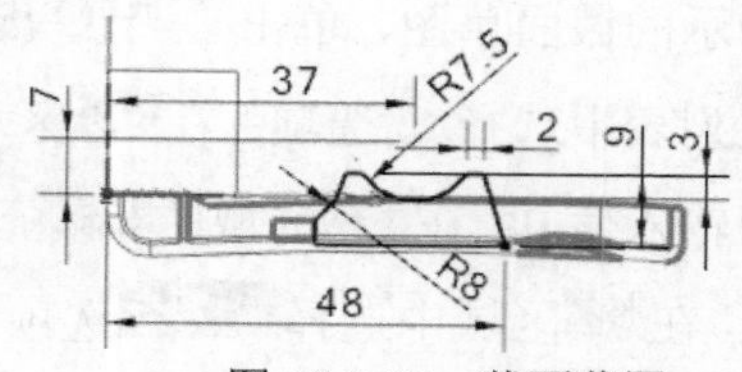

图 17.3.27 截面草图

Step19. 添加图 17.3.28b 所示的边倒圆特征 3。选择下拉菜单 插入(S) → 细节特征(L) → 边倒圆(E)... 命令，系统弹出“边倒圆”对话框；在 边 区域中单击 选择边 (0) 按钮，选择图 17.3.28a 所示的四条边线为边倒圆参照，并在 半径 1 文本框中输入数值 1；单击 < 确定 > 按钮，完成边倒圆特征 3 的添加。

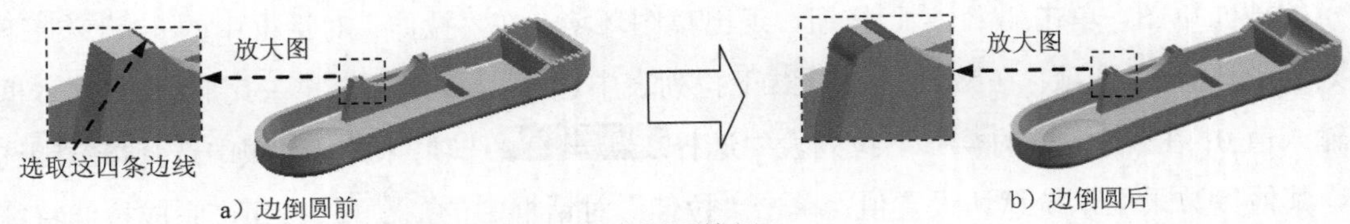

a）边倒圆前　　b）边倒圆后

图 17.3.28　边倒圆特征 3

Step20. 添加图 17.3.29 所示的零件特征——镜像特征。选择下拉菜单 插入(S) → 关联复制(A) → 镜像特征(R)... 命令，系统弹出“镜像特征”对话框；在绘图区中选取图 17.3.26 所示的拉伸特征 7 和边倒圆特征 3 为要镜像的特征；在 镜像平面 区域中单击按钮，在绘图区中选取 XY 基准平面作为镜像平面；单击“镜像特征”对话框中的 确定 按钮，完成镜像特征的添加。

Step21. 添加图 17.3.30 所示的基准平面 3。选择下拉菜单 插入(S) → 基准/点(D) → 基准平面(D)... 命令（或单击按钮），系统弹出“基准平面”对话框；在 类型 区域的下拉列表中选择 按某一距离 选项，在 平面参考 区域单击 * 选择平面对象 (0) 按钮，在绘图区选取 ZX 基准平面为参考平面，在 距离 文本框中输入值 10，通过单击 偏置 区域的 反向 按钮，调整偏移方向为 Y 基准轴的负方向；其他参数采用系统默认设置值；单击 < 确定 > 按钮，完成基准平面 3 的添加。

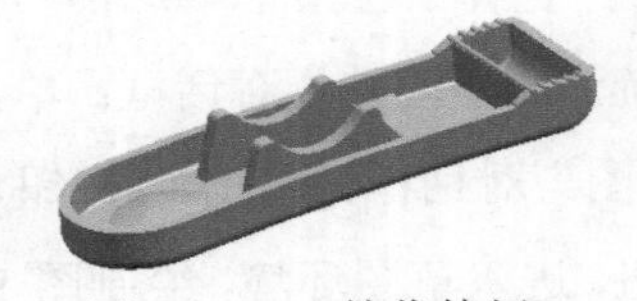
图 17.3.29　镜像特征

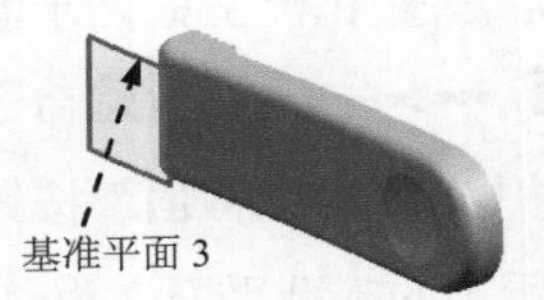

图 17.3.30　基准平面 3

Step22. 添加图 17.3.31 所示的零件特征——拉伸特征 8。选择下拉菜单 插入(S) → 设计特征(E) → 拉伸(E)... 命令（或单击按钮），系统弹出“拉伸”对话框；单击“拉伸”对话框中的“绘制截面”按钮，系统弹出“创建草图”对话框。单击按钮，选取图 17.3.30 所示的基准平面 3 为草图平面，单击 确定 按钮，进入草图环境，绘制图 17.3.32 所示的截面草图，单击 完成草图 按钮，退出草图环境；在“拉伸”对话框中的 指定矢量 下拉列表中选择 YC 选项；在 限制 区域的 开始 下拉列表中选择 值 选项，并在其下的 距离 文本框中输入值 0；在 限制 区域的 结束 下拉列表中选择 值 选项；并在其下的 距离 文本框中输入值 5；在 布尔 区域中选择 减去 选项，其他参数采用系统默认设置值；单击“拉伸”对话框中的 < 确定 > 按钮，完成拉伸特征 8 的添加。

图 17.3.31　拉伸特征 8

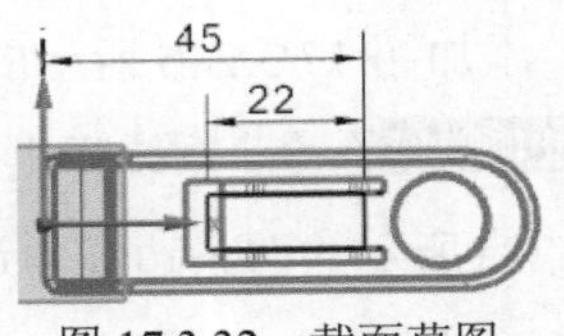

图 17.3.32　截面草图

Step23. 添加图 17.3.33 所示的零件特征——拉伸特征 9。选择下拉菜单 插入(S) → 设计特征(E) → 拉伸(E)... 命令（或单击按钮），系统弹出“拉伸”对话框；单击“拉伸”对话框中的“绘制截面”按钮，系统弹出“创建草图”对话框。单击按钮，选取图 17.3.34 所示的平面为草图平面，单击 确定 按钮，进入草图环境，绘制图 17.3.35 所示的截面草图，完成草图。单击 完成草图 按钮，退出草图环境；在“拉伸”对话框中的 指定矢量 下拉列表中选择 -ZC 选项；在 限制 区域的 开始 下拉列表中选择 值 选项，并在其下的 距离 文本框中输入值 0；在 限制 区域的 结束 下拉列表中选择 直至下一个 选项；在 布尔 区域中选择 合并 选项，其他参数采用系统默认设置值；单击“拉伸”对话框中的 <确定> 按钮，完成拉伸特征 9 的添加。

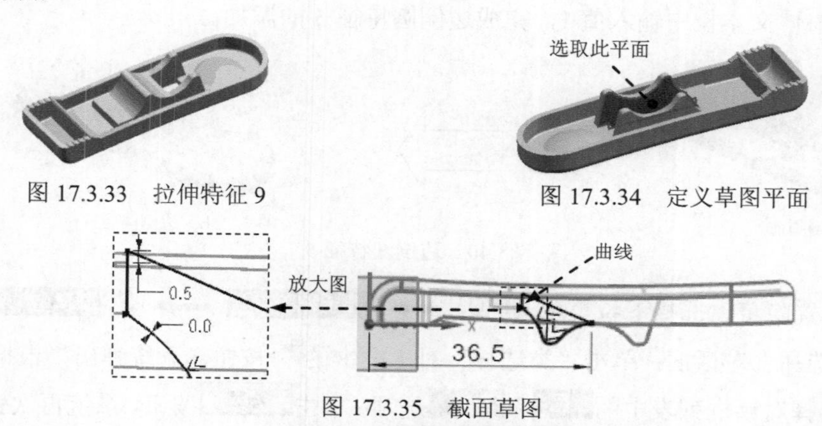

图 17.3.33　拉伸特征 9

图 17.3.34　定义草图平面

图 17.3.35　截面草图

说明：图 17.3.35 所示的曲线是采用 偏置曲线(O)... 命令绘制而成的，在绘制过程中，注意在“选择条”工具栏的“曲线规则”下拉列表中选取 单条曲线 选项。

Step24. 添加图 17.3.36 所示的零件特征——拉伸特征 10。选择下拉菜单 插入(S) → 设计特征(E) → 拉伸(E)... 命令（或单击按钮），系统弹出“拉伸”对话框；单击“拉伸”对话框中的“绘制截面”按钮，系统弹出“创建草图”对话框。单击按钮，选取图 17.3.37 所示的平面为草图平面，单击 确定 按钮，进入草图环境，绘制图 17.3.38 所示的截面草图，单击 完成草图 按钮，退出草图环境；在“拉伸”对话框中的 指定矢量 下拉列表中选择选项，然后在绘图区选取图 17.3.37 所示的草图平面，单击 反向 按钮调整方向；在 限制 区域的 开始 下拉列表中选择 值 选项，并在其下的 距离 文本框中输入值 0；在 限制 区域的 结束 下拉列表中选择 贯通 选项；在 布尔 区域中选择 减去 选项，其他参数采用系统默认设置值；单击“拉伸”对话框中的 <确定> 按钮，完成拉伸特征 10 的添加。

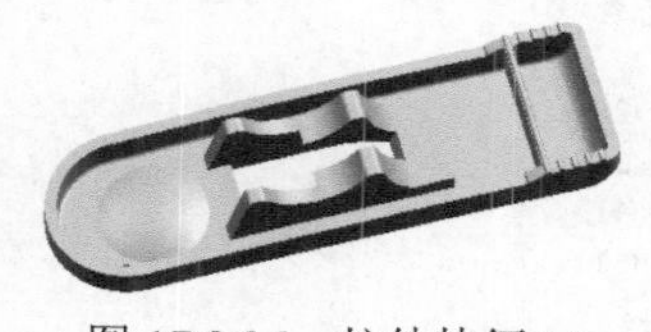

图 17.3.36　拉伸特征 10

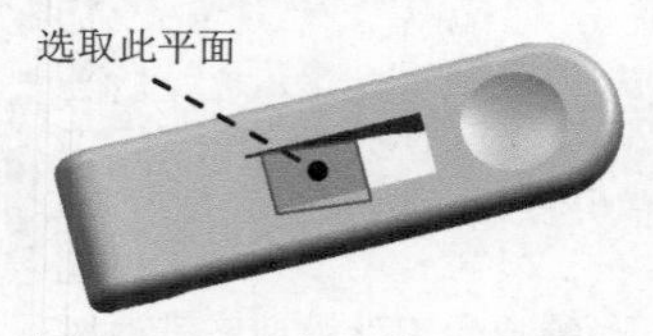

图 17.3.37　定义草图平面

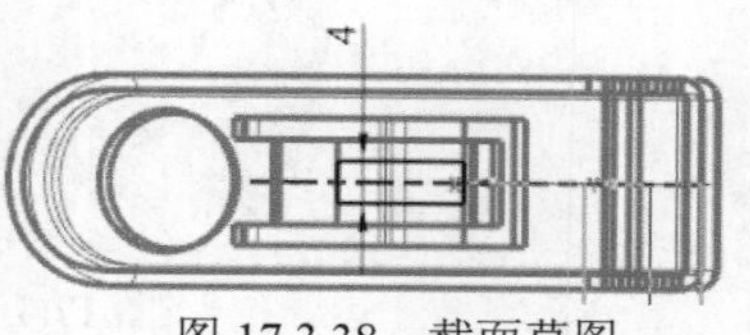

图 17.3.38　截面草图

Step25. 添加图 17.3.39b 所示的边倒圆特征 4。选择图 17.3.39a 所示的四条边线为边倒圆参照，并在半径 1文本框中输入值 0.5，完成边倒圆特征 4 的添加。

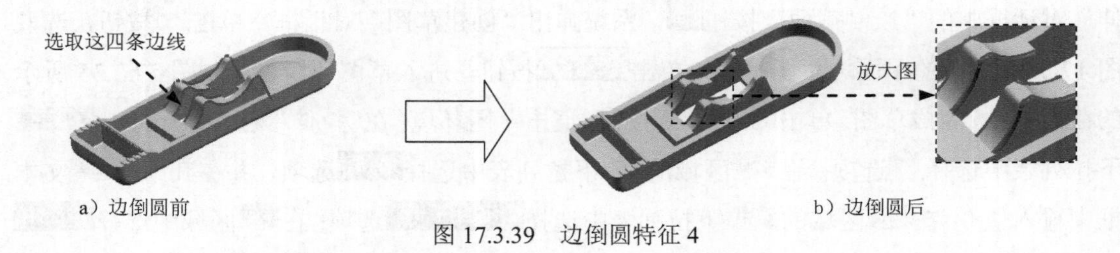

图 17.3.39　边倒圆特征 4

Step26. 添加图 17.3.40b 所示的边倒圆特征 5。选择图 17.3.40a 所示的四条边线为边倒圆参照，并在半径 1文本框中输入值 1，完成边倒圆特征 5 的添加。

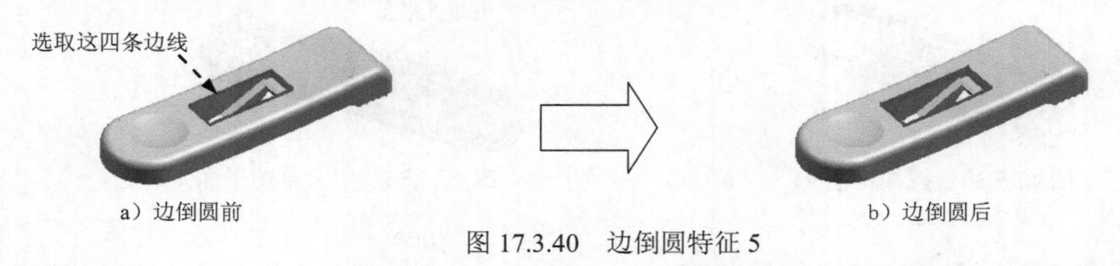

图 17.3.40　边倒圆特征 5

Step27. 设置隐藏。选择下拉菜单 编辑(E) → 显示和隐藏(H) → 隐藏(H)... 命令，系统弹出“类选择”对话框；单击“类选择”对话框中的按钮，系统弹出“根据类型选择”对话框；选择对话框列表中的草图和基准选项，单击确定按钮，系统再次弹出“类选择”对话框；单击对话框对象区域中的“全选”按钮，单击“类选择”对话框中的确定按钮，完成对设置对象的隐藏。

Step28. 保存零件模型。选择下拉菜单 文件(F) → 保存(S) 命令，即可保存零件模型。

17.4　弹　簧　片

弹簧片的零件模型及模型树如图 17.4.1 所示。

图 17.4.1　弹簧片的零件模型及模型树

Step1. 新建模型文件。选择下拉菜单 文件(F) → 新建(N)... 命令（或单击 按钮），系统弹出“新建”对话框；在 模板 选项卡中选取模板类型为 模型，在 名称 文本框中输入文件名称 clamp_02，单击 确定 按钮，进入建模环境。

Step2. 添加图 17.4.2 所示的零件特征——拉伸特征。选择下拉菜单 插入(S) → 设计特征(E) → 拉伸(E)... 命令（或单击 按钮），系统弹出“拉伸”对话框；单击“拉伸”对话框中的“绘制截面”按钮，系统弹出“创建草图”对话框。单击 按钮，选取 XY 基准平面为草图平面，单击 确定 按钮，进入草图环境，绘制图 17.4.3 所示的截面草图，单击 完成草图 按钮，退出草图环境；在“拉伸”对话框中的 指定矢量 下拉列表中选择 ZC 选项；在“拉伸”对话框中 限制 区域的 结束 下拉列表中选择 对称值 选项，并在其下的 距离 文本框中输入值 4；其他参数采用系统默认设置值；单击“拉伸”对话框中的 < 确定 > 按钮，完成拉伸特征的添加。

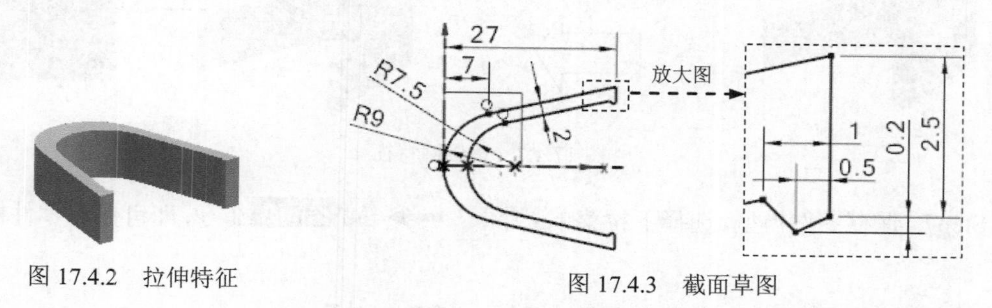

图 17.4.2 拉伸特征　　图 17.4.3 截面草图

Step3. 添加图 17.4.4b 所示的边倒圆特征 1。选择下拉菜单 插入(S) → 细节特征(L) → 边倒圆(E)... 命令（或单击 按钮），系统弹出“边倒圆”对话框；在 边 区域中单击 按钮，选择图 17.4.4a 所示的四条边线为边倒圆参照，并在 半径 1 文本框中输入值 0.3；单击 < 确定 > 按钮，完成边倒圆特征 1 的添加。

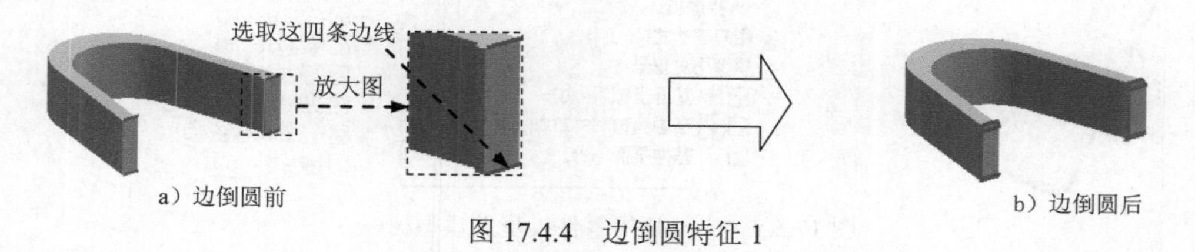

a）边倒圆前　　b）边倒圆后

图 17.4.4 边倒圆特征 1

Step4. 添加图 17.4.5b 所示的边倒圆特征 2。选择图 17.4.5a 所示的两条边线为边倒圆参照，并在 半径 1 文本框中输入值 0.3，完成边倒圆特征 2 的添加。

a）边倒圆前　　b）边倒圆后

图 17.4.5 边倒圆特征 2

Step5. 添加图 17.4.6b 所示的边倒圆特征 3。选择图 17.4.6a 所示的两条边线为边倒圆参照，并在半径 1文本框中输入值 0.1，完成边倒圆特征 3 的添加。

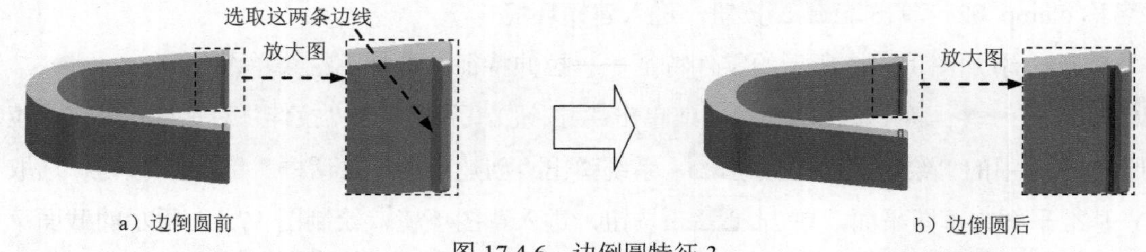

图 17.4.6 边倒圆特征 3

Step6. 添加图 17.4.7b 所示的边倒圆特征 4。选择图 17.4.7a 所示的两条边线为边倒圆参照，并在半径 1文本框中输入值 0.3，完成边倒圆特征 4 的添加。

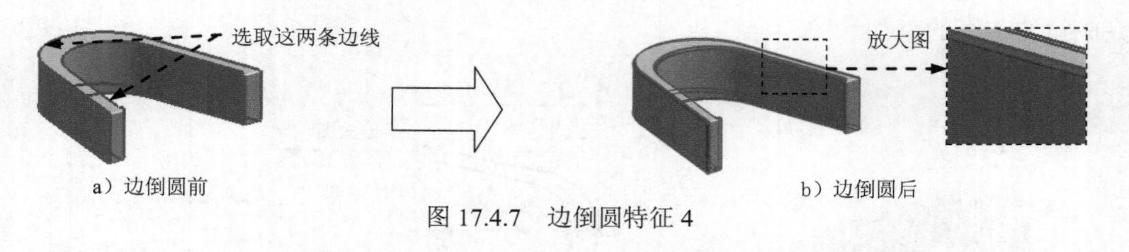

图 17.4.7 边倒圆特征 4

Step7. 保存零件模型。选择下拉菜单文件(F) ➡ 保存(S)命令，即可保存零件模型。

17.5 衣 架 杆

衣架杆的零件模型及模型树如图 17.5.1 所示。

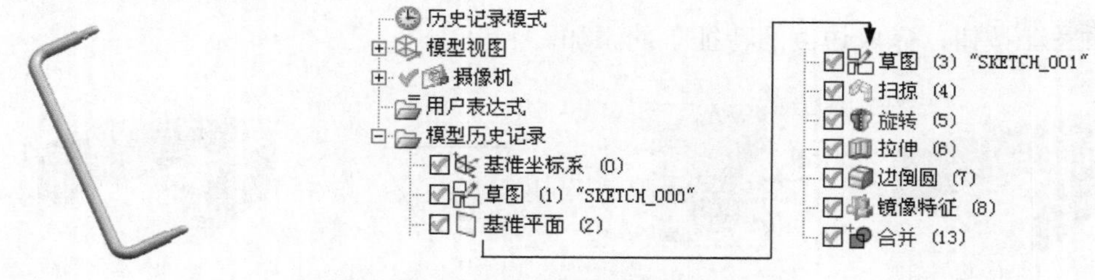

图 17.5.1 衣架杆的零件模型及模型树

Step1. 新建模型文件。选择下拉菜单文件(F) ➡ 新建(N)...命令（或单击按钮），系统弹出“新建”对话框；在模板选项卡中选取模板类型为模型，在名称文本框中输入文件名称 rack_down，单击确定按钮，进入建模环境。

Step2. 添加图 17.5.2 所示的草图 1。选择下拉菜单插入(S) ➡ 在任务环境中绘制草图(V)...命令，系统弹出“创建草图”对话框；选取 XY 基准平面为草图平面，单击确定按钮，进入草图环境，绘制图 17.5.2 所示的草图 1；单击完成草图按钮，退出草图环境。

Step3. 添加图 17.5.3 所示的基准平面。选择下拉菜单 插入(S) → 基准/点(D) → 基准平面(D)... 命令（或单击 按钮），系统弹出“基准平面”对话框；在 类型 区域的下拉列表中选择 点和方向 选项，在 通过点 区域激活 指定点，在绘图区选取图 17.5.2 所示的草图 1 的端点，在 法向 区域的 指定矢量 下拉列表中选择 YC 选项；单击 < 确定 > 按钮，完成基准平面的添加。

Step4. 添加图 17.5.4 所示的草图 2。在绘图区选取图 17.5.3 所示的基准平面为草图平面，绘制图 17.5.4 所示的草图 2。

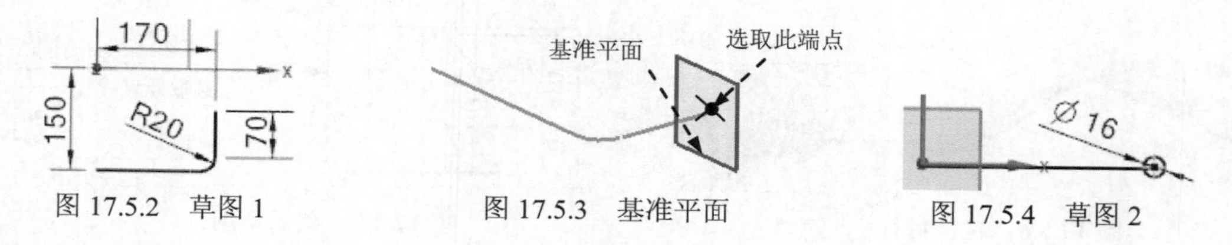

图 17.5.2 草图 1　　图 17.5.3 基准平面　　图 17.5.4 草图 2

说明：图 17.5.4 所示的草图 2 中，此圆的圆心与图 17.5.2 所示的草图 1 的端点重合。

Step5. 添加图 17.5.5 所示的零件特征——扫掠特征。选择下拉菜单 插入(S) → 扫掠(W) → 沿引导线扫掠(G)... 命令，系统弹出“沿引导线扫掠”对话框；在 截面 区域单击 选择曲线 (0) 按钮，在绘图区中选取草图 2 为扫掠的截面曲线串；在 引导线 区域单击 选择曲线 (0) 按钮，在绘图区中选取草图 1 为扫掠的引导线串；采用系统默认的扫掠偏值，单击“沿引导线扫掠”对话框中的 < 确定 > 按钮，完成扫掠特征的添加。

Step6. 添加图 17.5.6 所示的零件特征——旋转特征。选择下拉菜单 插入(S) → 设计特征(E) → 旋转(R)... 命令（或单击 按钮），系统弹出“旋转”对话框；单击 截面 区域中的 按钮，系统弹出“创建草图”对话框，在绘图区选取 XY 基准平面为草图平面，单击 确定 按钮，进入草图环境，绘制图 17.5.7 所示的截面草图，单击 完成草图 按钮，退出草图环境；在绘图区中选取图 17.5.7 所示的直线为旋转轴；在“旋转”对话框 限制 区域的 开始 下拉列表中选择 值 选项，并在 角度 文本框中输入值 0；在 结束 下拉列表中选择 值 选项，并在 角度 文本框中输入值 360；在 布尔 区域中选择 减去 选项，采用系统默认的求差对象；单击 < 确定 > 按钮，完成旋转特征的添加。

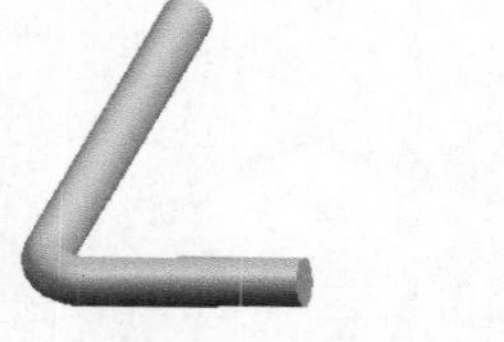
图 17.5.5 扫掠特征

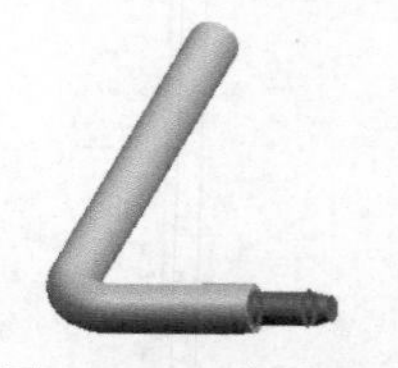
图 17.5.6 旋转特征

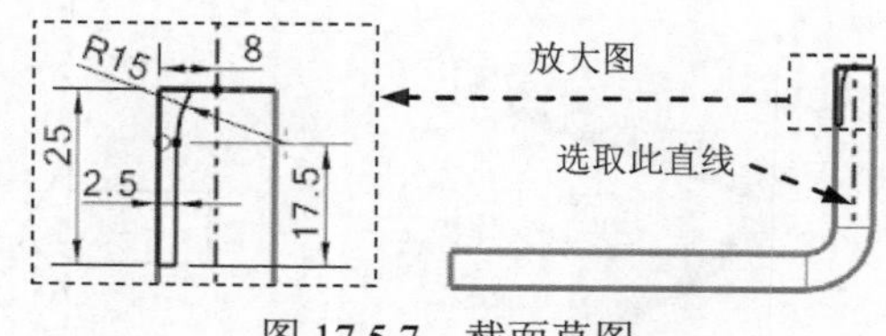

图 17.5.7 截面草图

说明：图 17.5.7 所示的直线为参考线。

Step7. 添加图 17.5.8 所示的零件特征——拉伸特征。选择下拉菜单 插入(S) → 设计特征(E) → 拉伸(E)... 命令（或单击按钮），系统弹出“拉伸”对话框；单击“拉伸”对话框中的“绘制截面”按钮，系统弹出“创建草图”对话框。单击按钮，选取 XY 基准平面为草图平面，单击 确定 按钮，进入草图环境，绘制图 17.5.9 所示的截面草图，单击 完成草图 按钮，退出草图环境；在“拉伸”对话框的 指定矢量 下拉列表中选择 ZC↑ 选项；在 限制 区域的 开始 下拉列表中选择 对称值 选项，并在其下的 距离 文本框中输入值 2.5；在 布尔 区域中选择 合并 选项；单击“拉伸”对话框中的 < 确定 > 按钮，完成拉伸特征的添加。

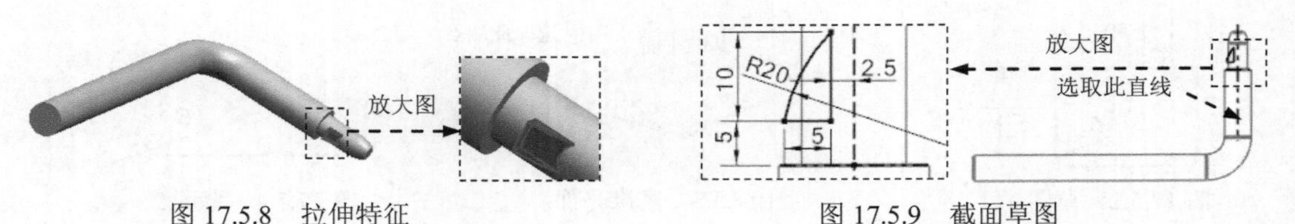

图 17.5.8 拉伸特征　　图 17.5.9 截面草图

Step8. 添加图 17.5.10b 所示的边倒圆特征。选择下拉菜单 插入(S) → 细节特征(L) → 边倒圆(E)... 命令（或单击按钮），系统弹出“边倒圆”对话框；在 边 区域中单击按钮，选择图 17.5.10a 所示的三条边线为边倒圆参照，并在 半径 1 文本框中输入值 0.5；单击 确定 按钮，完成边倒圆特征的添加。

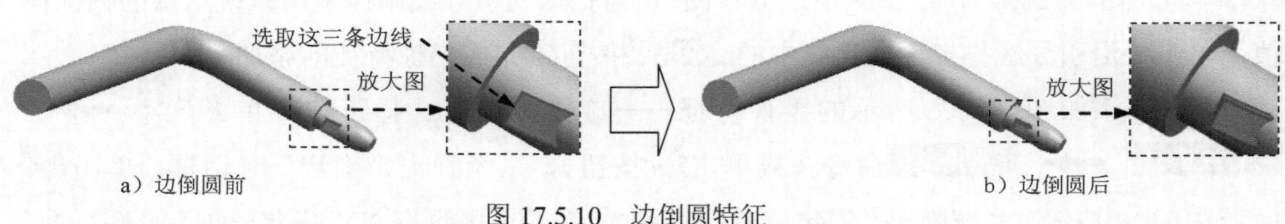

a）边倒圆前　　b）边倒圆后

图 17.5.10 边倒圆特征

Step9. 添加图 17.5.11b 所示的零件特征——镜像特征。选择下拉菜单 插入(S) → 关联复制(A) → 镜像特征(R)... 命令，系统弹出“镜像特征”对话框；在绘图区中选取图 17.5.11a 所示的实体特征为要镜像的特征；在 镜像平面 区域中单击按钮，在绘图区中选取 YZ 基准平面作为镜像平面；单击“镜像特征”对话框中的 确定 按钮，完成镜像特征的添加。

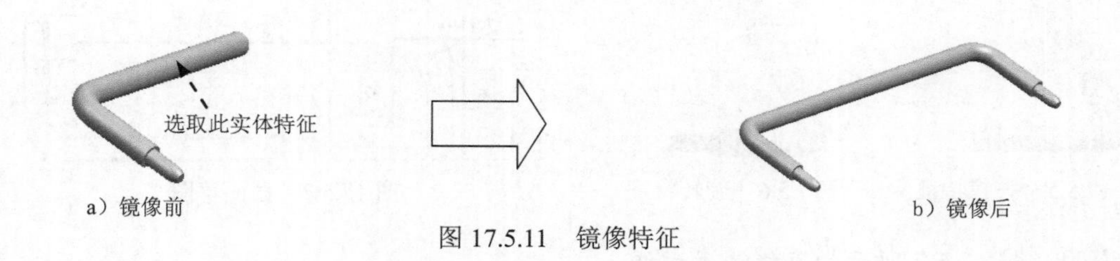

a）镜像前　　b）镜像后

图 17.5.11 镜像特征

Step10. 添加零件特征——合并特征。选择下拉菜单 插入(S) → 组合(B) ▸ → 合并(U)... 命令（或单击按钮），系统弹出“合并”对话框；选取图 17.5.11a 所示的实体特征为目标体，选取图 17.5.11b 所示的镜像特征为刀具体；单击 确定 按钮，完成合并特征的添加。

Step11. 设置隐藏。选择下拉菜单 编辑(E) → 显示和隐藏(H) → 隐藏(H)... 命令，系统弹出“类选择”对话框；单击“类选择”对话框中的按钮，系统弹出“根据类型选择”对话框；选择对话框列表中的 草图 和 基准 选项，单击 确定 按钮，系统再次弹出“类选择”对话框；单击对话框 对象 区域中的“全选”按钮，单击“类选择”对话框中的 确定 按钮，完成对设置对象的隐藏。

Step12. 保存零件模型。选择下拉菜单 文件(F) → 保存(S) 命令，即可保存零件模型。

17.6 挂钩

挂钩的零件模型及模型树如图 17.6.1 所示。

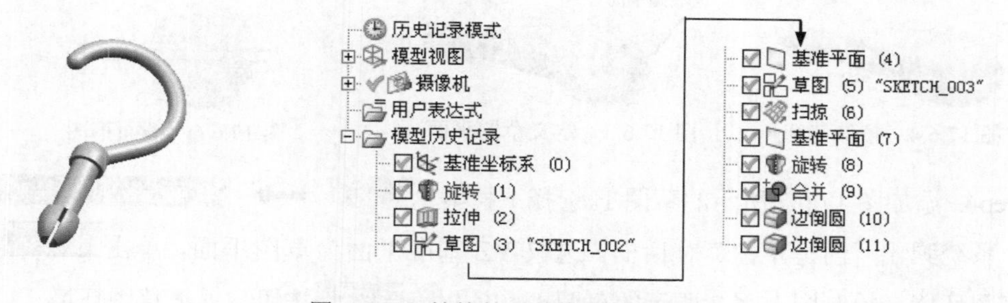

图 17.6.1 挂钩的零件模型及模型树

Step1. 新建模型文件。选择下拉菜单 文件(F) → 新建(N)... 命令（或单击按钮），系统弹出“新建”对话框；在 模板 选项卡中选取模板类型为 模型，在 名称 文本框中输入文件名称 rack_top，单击 确定 按钮，进入建模环境。

Step2. 添加图 17.6.2 所示的零件特征——旋转特征 1。选择下拉菜单 插入(S) → 设计特征(E) → 旋转(R)... 命令（或单击按钮），系统弹出“旋转”对话框；单击 截面 区域中的按钮，系统弹出“创建草图”对话框；在绘图区选取 XY 基准平面为草图平面，单击 确定 按钮，进入草图环境，绘制图 17.6.3 所示的截面草图，单击 完成草图 按钮，退出草图环境；在绘图区中选取 Y 基准轴为旋转轴；在“旋转”对话框 限制 区域的 开始 下拉列表中选择 值 选项，并在 角度 文本框中输入值 0；在 结束 下拉列表中选择 值 选项，并在 角度 文本框中输入值 360；单击 < 确定 > 按钮，完成旋转特征 1 的添加。

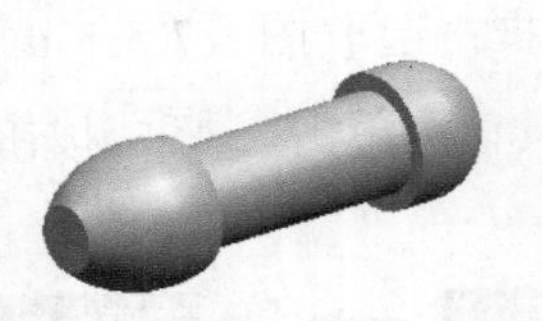
图 17.6.2 旋转特征 1

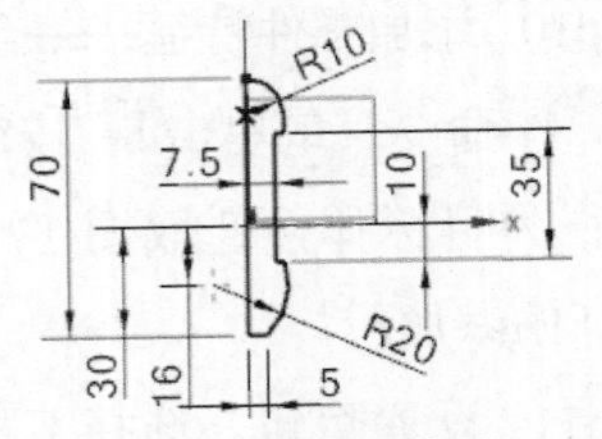

图 17.6.3 截面草图

Step3. 添加图 17.6.4 所示的零件特征——拉伸特征。选择下拉菜单 插入(S) → 设计特征(E) → 拉伸(E)... 命令（或单击按钮），系统弹出“拉伸”对话框；单击“拉伸”对话框中的“绘制截面”按钮，系统弹出“创建草图”对话框。单击按钮，选取图 17.6.5 所示的平面为草图平面，单击 确定 按钮，进入草图环境，绘制图 17.6.6 所示的截面草图，单击 完成草图 按钮，退出草图环境；在“拉伸”对话框中的 指定矢量 下拉列表中选择 YC 选项；在“拉伸”对话框中 限制 区域的 开始 下拉列表中选择 值 选项，并在其下的 距离 文本框中输入值 0。在 限制 区域的 结束 下拉列表中选择 值 选项，并在其下的 距离 文本框中输入值 20；在 布尔 区域中选择 减去 选项，系统自动选择求差对象；单击“拉伸”对话框中的 < 确定 > 按钮，完成拉伸特征的添加。

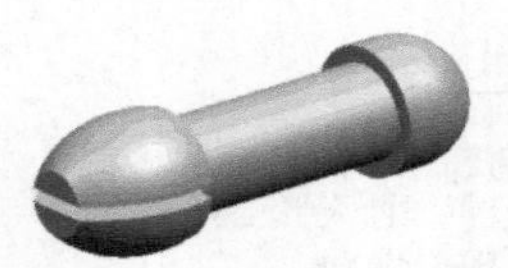
图 17.6.4 拉伸特征

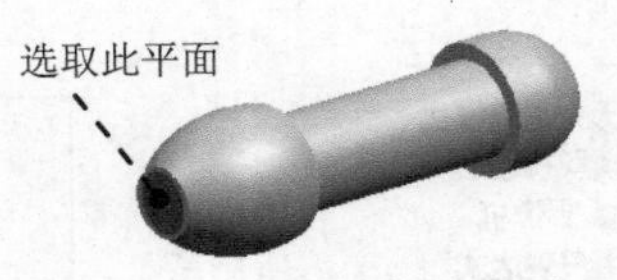

图 17.6.5 定义草图平面

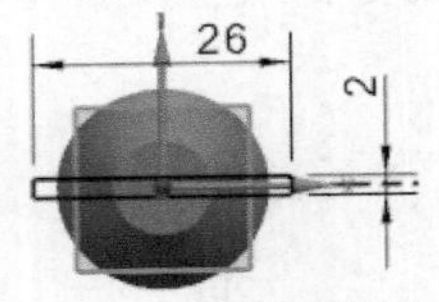

图 17.6.6 截面草图

Step4. 添加图 17.6.7 所示的草图 1。选择下拉菜单 插入(S) → 在任务环境中绘制草图(V)... 命令，系统弹出“创建草图”对话框；选取 YZ 基准平面为草图平面，单击 确定 按钮，进入草图环境，绘制图 17.6.7 所示的草图 1；单击 完成草图 按钮，退出草图环境。

Step5. 添加图 17.6.8 所示的基准平面 1。选择下拉菜单 插入(S) → 基准/点(D) → 基准平面(D)... 命令（或单击按钮），系统弹出“基准平面”对话框；在 类型 区域的下拉列表中选择 曲线和点 选项，在 曲线和点子类型 区域的 子类型 下拉列表中选择 一点 选项；在 参考几何体 区域激活 * 指定点，在后面的下拉列表中选择选项，在绘图区选取图 17.6.7 所示的草图 1 的端点；通过单击 平面方位 区域的 反向 按钮，调整基准平面位置，如图 17.6.8 所示；其他参数采用系统默认设置值；单击 < 确定 > 按钮，完成基准平面 1 的添加。

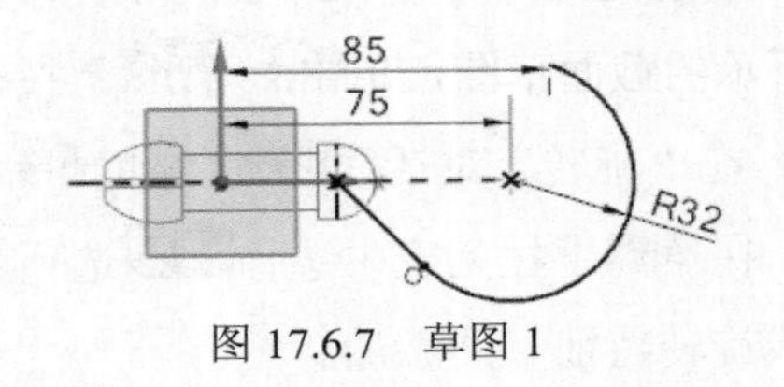

图 17.6.7 草图 1

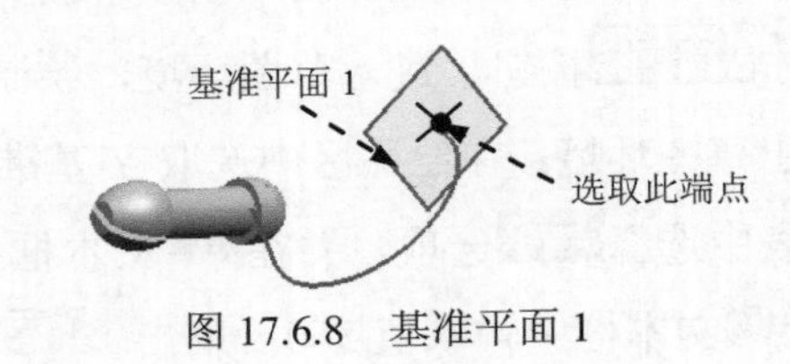

图 17.6.8 基准平面 1

Step6. 在绘图区选取图 17.6.8 所示的基准平面 1 为草图平面，添加图 17.6.9 所示的草图 2。

Step7. 添加图 17.6.10 所示的零件特征——扫掠特征。选择下拉菜单 插入(S) → 扫掠(W) → 扫掠(S)... 命令，或单击工具栏中的按钮，系统弹出“扫掠”对话框；在截面区域中单击按钮，在绘图区中选取草图 2 为扫掠截面草图；在引导线区域中单击按钮，在绘图区中选取草图 1 为扫掠引导线；其他参数采用系统默认设置值，单击“扫掠”对话框中的< 确定 >按钮，完成扫掠特征的添加。

图 17.6.9　草图 2　　　　图 17.6.10　扫掠特征

Step8. 添加图 17.6.11 所示的基准平面 2。选择下拉菜单 插入(S) → 基准/点(D) → 基准平面(D)... 命令（或单击按钮），系统弹出“基准平面”对话框；在类型区域的下拉列表中选择曲线上选项，在曲线区域单击 * 选择曲线 (0) 按钮，在绘图区选取图 17.6.7 所示的曲线（草图 1）；在曲线上的位置区域的位置下拉列表中选择弧长选项，在弧长文本框中输入值 100，按 Enter 键确定，通过单击反向按钮，调整基准平面位置；在曲线上的方位区域的方向下拉列表中选择双向垂直于路径选项；其他参数采用系统默认设置值；单击< 确定 >按钮，完成基准平面 2 的添加。

Step9. 添加图 17.6.12 所示的零件特征—— 旋转特征 2。选择下拉菜单 插入(S) → 设计特征(E) → 旋转(R)... 命令（或单击按钮），系统弹出“旋转”对话框；单击截面区域中的按钮，系统弹出“添加草图”对话框，在绘图区选取图 17.6.11 所示的基准平面 2 为草图平面，单击 确定 按钮，进入草图环境，绘制图 17.6.13 所示的截面草图，单击 完成草图 按钮，退出草图环境；在绘图区中选取图 17.6.13 所示的直线为旋转轴；在“旋转”对话框限制区域的开始下拉列表中选择值选项，并在角度文本框中输入值 0，在结束下拉列表中选择值选项，并在角度文本框中输入值 360；在布尔区域中选择合并选项，选取图 17.6.10 所示的扫掠特征为合并对象；单击< 确定 >按钮，完成旋转特征 2 的添加。

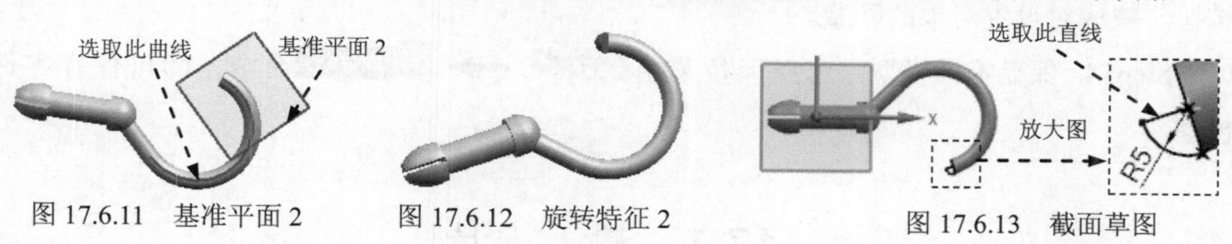

图 17.6.11　基准平面 2　　图 17.6.12　旋转特征 2　　图 17.6.13　截面草图

Step10. 添加零件特征——合并特征。选择下拉菜单 插入(S) → 组合(B) → 合并(U)... 命令（或单击按钮），系统弹出“合并”对话框；选取图 17.6.14 所示的实体特征为目标体，选取图 17.6.15 所示的实体特征为工具体；单击 确定 按钮，完成合并特征的添加。

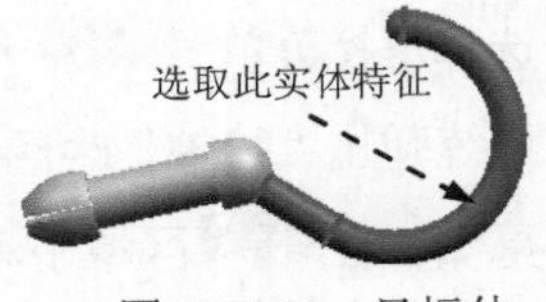

图 17.6.14 目标体

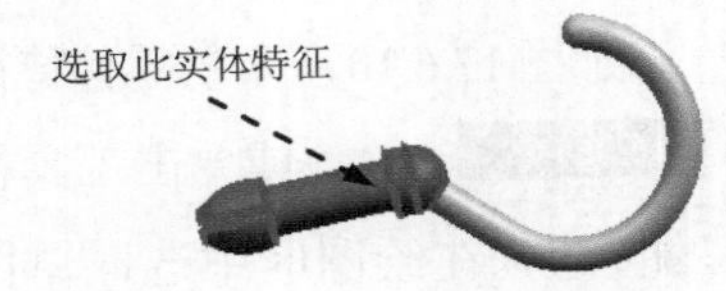

图 17.6.15 刀具体

Step11. 添加图 17.6.16b 所示的边倒圆特征 1。选择下拉菜单 插入(S) → 细节特征(L) → 边倒圆(E)... 命令（或单击 按钮），系统弹出“边倒圆”对话框；在 边 区域中单击 按钮，选择图 17.6.16a 所示的四条边线为边倒圆参照，并在 半径 1 文本框中输入值 0.5；单击 < 确定 > 按钮，完成边倒圆特征 1 的添加。

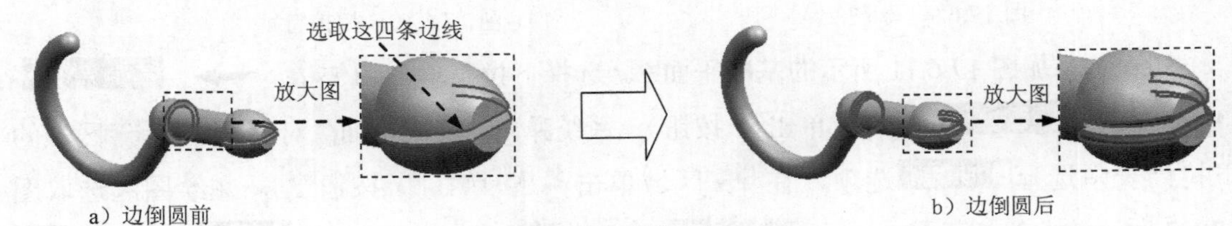

图 17.6.16 边倒圆特征 1

Step12. 添加图 17.6.17b 所示的边倒圆特征 2。选择图 17.6.17a 所示的边线为边倒圆参照，并在 半径 1 文本框中输入值 2，完成边倒圆特征 2 的添加。

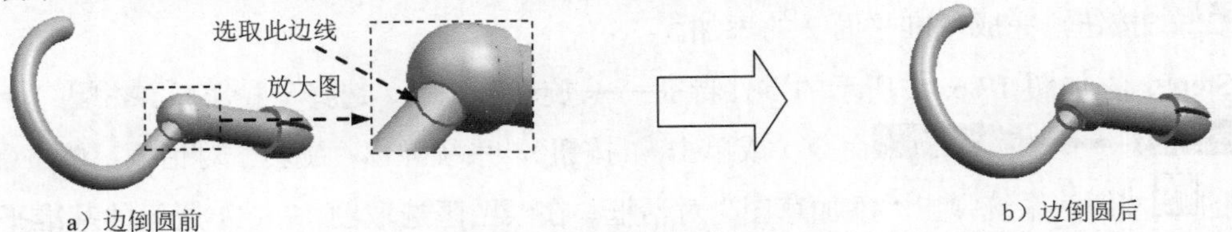

图 17.6.17 边倒圆特征 2

Step13. 设置隐藏。选择下拉菜单 编辑(E) → 显示和隐藏(H) → 隐藏(H)... 命令，系统弹出“类选择”对话框；单击“类选择”对话框中的 按钮，系统弹出“根据类型选择”对话框；选择对话框列表中的 草图 和 基准 选项，单击 确定 按钮，系统再次弹出“类选择”对话框，单击对话框 对象 区域中的“全选”按钮 ；单击“类选择”对话框中的 确定 按钮，完成对设置对象的隐藏。

Step14. 保存零件模型。选择下拉菜单 文件(F) → 保存(S) 命令，即可保存零件模型。

17.7 垫 片

垫片的零件模型及模型树如图 17.7.1 所示。

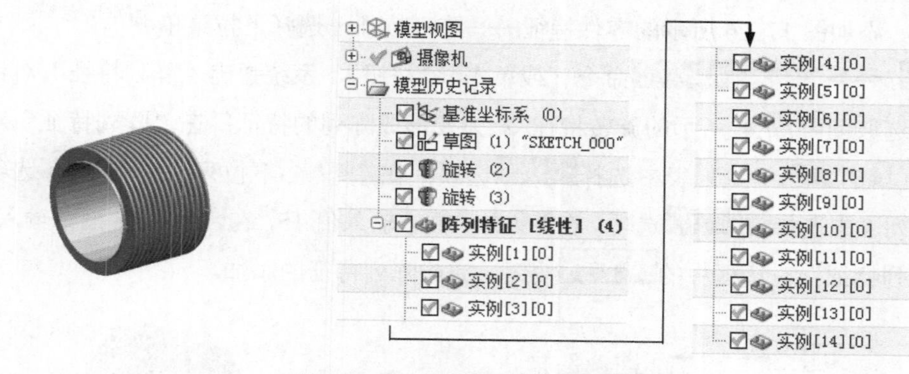

图 17.7.1　垫片的零件模型及模型树

Step1. 新建模型文件。选择下拉菜单 文件(F) ➡ 新建(N)... 命令（或单击 按钮），系统弹出“新建”对话框；在 模板 选项卡中选取模板类型为 模型，在 名称 文本框中输入文件名称 rack_top_02，单击 确定 按钮，进入建模环境。

Step2. 添加图 17.7.2 所示的草图 1。选择下拉菜单 插入(S) ➡ 在任务环境中绘制草图(V)... 命令，系统弹出“创建草图”对话框；选取 XY 基准平面为草图平面，单击 确定 按钮，进入草图环境，绘制图 17.7.2 所示的草图 1；单击 完成草图 按钮，退出草图环境。

Step3. 添加图 17.7.3 所示的零件特征——旋转特征 1。选择下拉菜单 插入(S) ➡ 设计特征(E) ➡ 旋转(R)... 命令（或单击 按钮），系统弹出“旋转”对话框；在绘图区选取图 17.7.2 所示的草图 1，在绘图区中选取 Y 基准轴为旋转轴；在“旋转”对话框 限制 区域的 开始 下拉列表中选择 值 选项，并在 角度 文本框中输入值 0；在 结束 下拉列表中选择 值 选项，并在 角度 文本框中输入值 360；在 偏置 区域的 偏置 下拉列表中选取 两侧 选项，在 开始 文本框中输入值 0，在 结束 文本框中输入值 0.1；单击 < 确定 > 按钮，完成旋转特征 1 的添加。

Step4. 添加图 17.7.4 所示的零件特征——旋转特征 2。选择下拉菜单 插入(S) ➡ 设计特征(E) ➡ 旋转(R)... 命令（或单击 按钮），系统弹出“旋转”对话框；单击 截面 区域中的 按钮，系统弹出“创建草图”对话框；在绘图区选取 XY 基准平面为草图平面，单击 确定 按钮，进入草图环境，绘制图 17.7.5 所示的截面草图；在绘图区中选取 Y 基准轴为旋转轴；在“旋转”对话框 限制 区域的 开始 下拉列表中选择 值 选项，并在 角度 文本框中输入值 0；在 结束 下拉列表中选择 值 选项，并在 角度 文本框中输入值 360；在 布尔 区域中选择 合并 选项，采用系统默认的合并对象；单击 < 确定 > 按钮，完成旋转特征 2 的添加。

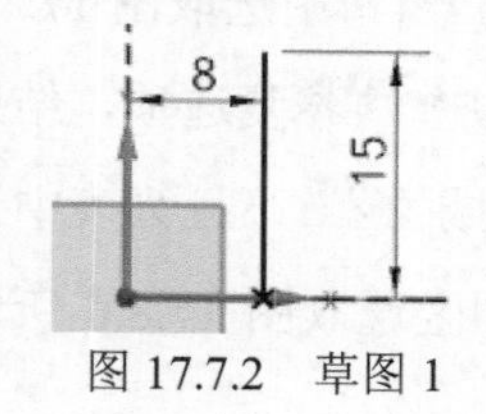

图 17.7.2　草图 1

图 17.7.3　旋转特征 1

图 17.7.4　旋转特征 2

Step5. 添加图 17.7.6 所示的零件特征——阵列特征。选择下拉菜单 插入(S) → 关联复制(A) → 阵列特征(A)... 命令（或单击 按钮），系统弹出“阵列特征”对话框；在绘图区选取图 17.7.4 所示的旋转特征 2 为要形成阵列的特征；在“阵列特征”对话框 阵列定义 区域的 布局 下拉列表中选择 线性 选项；在 指定矢量 下拉列表中选择 YC 选项；在 间距 下拉列表中选择 数量和间隔 选项，在 数量 文本框中输入值 15，在 节距 文本框中输入值-1；单击“阵列特征”对话框中的 确定 按钮，完成阵列特征的添加。

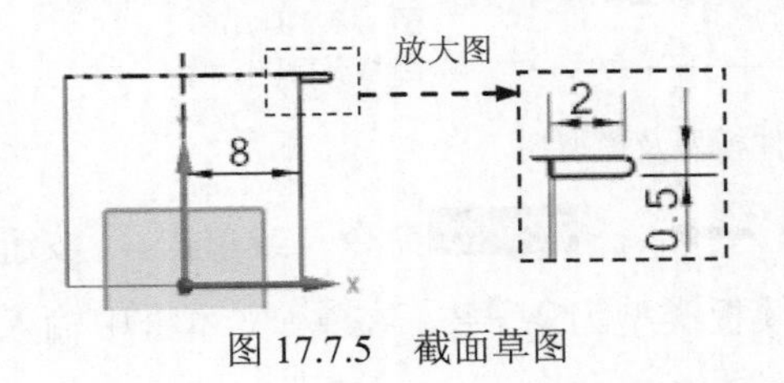

图 17.7.5 截面草图

图 17.7.6 阵列特征

Step6. 保存零件模型。选择下拉菜单 文件(F) → 保存(S) 命令，即可保存零件模型。

17.8 夹子的装配

Step1. 新建文件。选择下拉菜单 文件(F) → 新建(N)... 命令，系统弹出“新建”对话框；在 模型 选项卡的 模板 区域中选取模板类型为 装配，在 名称 文本框中输入文件名称 clamp_assembly1，单击 确定 按钮，进入装配环境。

Step2. 添加图 17.8.1 所示的零件 clamp_01 并定位。在“添加组件”对话框中单击 按钮，在弹出的“部件名”对话框中选择文件 clamp_01.prt，单击 OK 按钮，系统弹出“添加组件”对话框；在 位置 区域的 装配位置 下拉列表中选取 绝对坐标系 - 显示部件 选项，单击 确定 按钮，此时底座下盖已被添加到装配文件中。

Step3. 添加图 17.8.2 所示的零件 clamp_02 片并定位。选择下拉菜单 装配(A) → 组件(C) → 添加组件(A)... 命令，系统弹出“添加组件”对话框；在“添加组件”对话框中单击 按钮，在弹出的“部件名”对话框中选择文件 clamp_02.prt，单击 OK 按钮，系统弹出“添加组件”对话框；在 放置 区域选择 约束 选项；在 设置 区域 互动选项 选项组中选中 启用预览窗口 复选框；在 约束类型 区域中选择 选项，在 要约束的几何体 区域的 方位 下拉列表中选择 接触 按钮，激活 选择两个对象 (0) 区域，在“组件预览”窗口中选取图 17.8.3 所示的面 1，然后在绘图区选取图 17.8.4 所示的面 2；在 设置 区域选中 预览 复选项，结果如图 17.8.5 所示；在 约束类型 区域中选择 选项，在 要约束的几何体 区域的 方位 下拉列表中选择 自动判断中心/轴 选项，在绘图区选取图 17.8.6 所示的面 1，在绘图区选取图 17.8.6 所示的面 2，完成组件的中心约束（图 17.8.7）；在 约束类型 区域中选择 选项，在绘图区选择图 17.8.8 所示的面 1，选择图 17.8.9 所示的面 2，单击 < 确定 > 按钮，完成组件的定位。

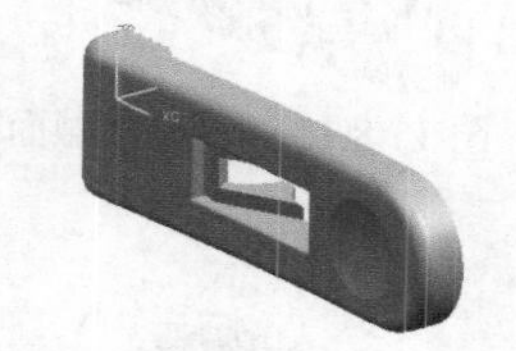

图 17.8.1　添加夹子并定位

图 17.8.2　添加弹簧片并定位

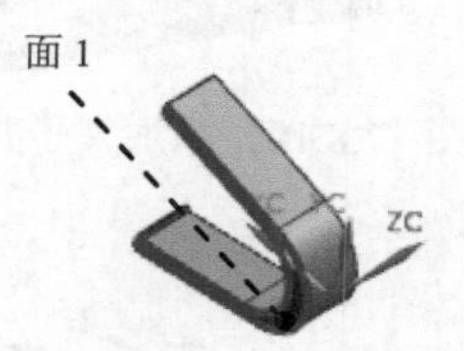

图 17.8.3　定义接触面 1

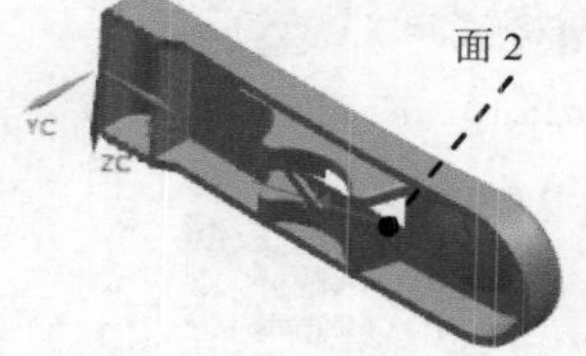

图 17.8.4　定义接触面 2

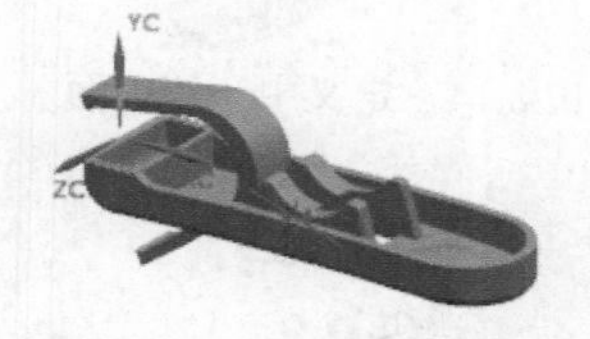

图 17.8.5　添加接触约束后

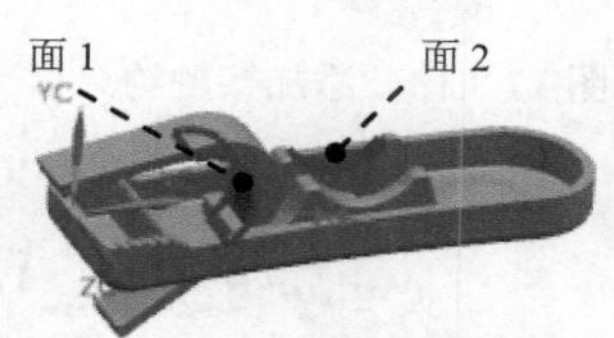

图 17.8.6　定义中心约束面

图 17.8.7　添加中心约束后

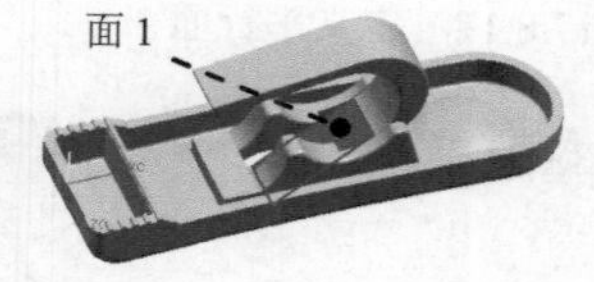

图 17.8.8　定义平行面 1

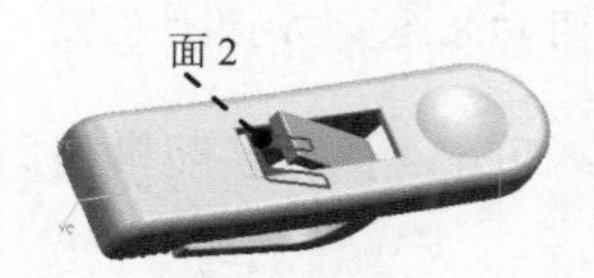

图 17.8.9　定义平行面 2

Step4. 添加图 17.8.10 所示的零件 clamp_01 并定位。选择下拉菜单 装配(A) → 组件(C) → 添加组件(A)... 命令，系统弹出“添加组件”对话框；在“添加组件”对话框中单击 按钮，在弹出的“部件名”对话框中选择文件 clamp_01.prt，单击 OK 按钮；在“添加组件”对话框 放置 区域选择 ◉约束 选项；在 约束类型 区域中选择 选项，在 要约束的几何体 区域的 方位 下拉列表中选择 接触 选项，在“组件预览”窗口中选取图 17.8.11 所示的面 3，然后在绘图区选取图 17.8.12 所示的面 4，结果如图 17.8.13 所示；在 约束类型 区域中选择 选项，在 要约束的几何体 区域的 方位 下拉列表中选择 自动判断中心/轴 按钮，在绘图区选取图 17.8.14 所示的面 1，然后在绘图区选取图 17.8.14 所示的面 2，单击 < 确定 > 按钮，此时结果如图 17.8.15 所示；选择下拉菜单 装配(A) → 组件位置(P) → 移动组件(E)... 命令，选中第 2 次添加的组件 clamp_01，单击“移动组件”对话框中的 * 指定方位 按钮，利用动态坐标系调整模型位置，结果如图 17.8.16 所示；选择下拉菜单 装配(A) → 组件位置(P) → 装配约束(N)... 命令，在 约束类型 区域中选择 选项，在 要约束的几何体 区域单击 * 选择两个对象 (0) 按钮，在绘图区选择图 17.8.17 所示的面 3，然后选择图 17.8.18 所示的面 4，单击 < 确定 > 按钮，完成组件的定位。

图 17.8.10　添加夹子并定位

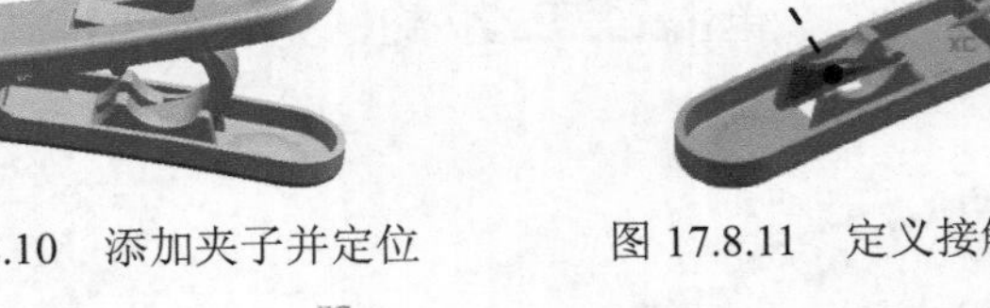

图 17.8.11　定义接触面 3

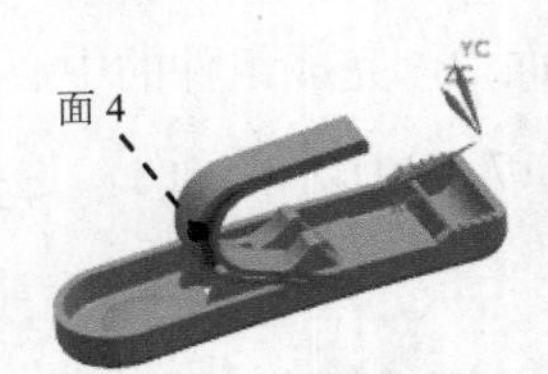

图 17.8.12　定义接触面 4

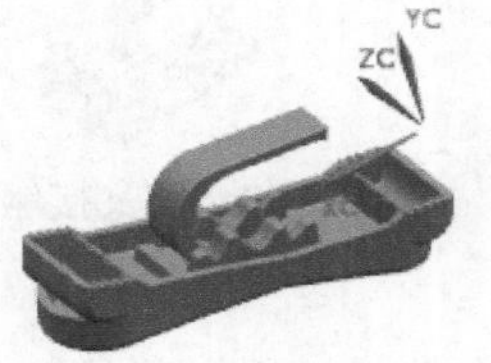
图 17.8.13　添加接触约束后

图 17.8.14　定义中心约束面

图 17.8.15　添加中心约束后

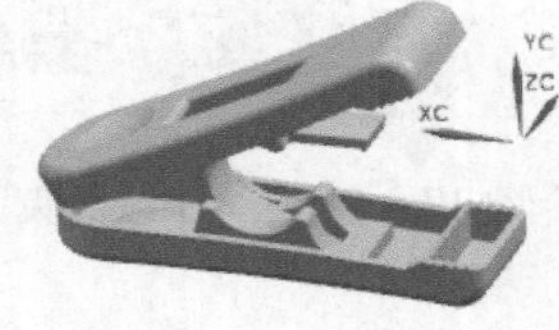
图 17.8.16　移动组件位置

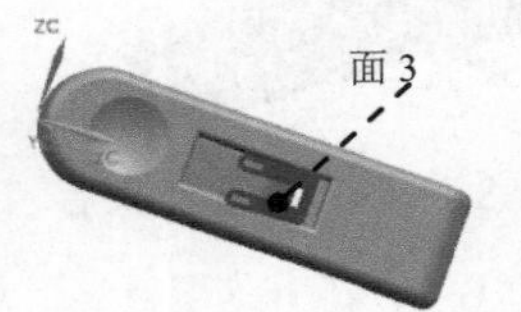

图 17.8.17　定义平行面 3

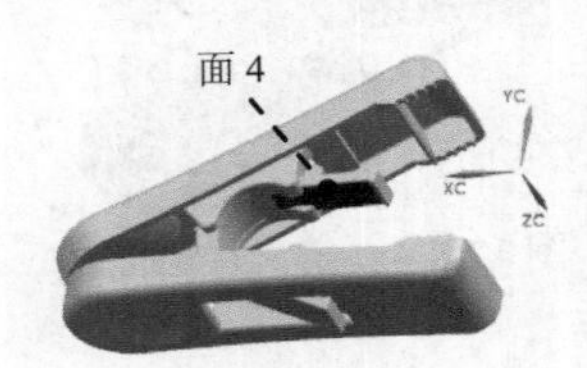

图 17.8.18　定义平行面 4

Step5. 保存装配模型。选择下拉菜单 文件(F) → 保存(S) 命令，即可保存装配模型。

17.9　衣架的装配

Step1. 新建文件。选择下拉菜单 文件(F) → 新建(N)... 命令，系统弹出“新建”对话框；在 模型 选项卡的 模板 区域中选取模板类型为 装配，在 名称 文本框中输入文件名称 main_assembly1，单击 确定 按钮，进入装配环境。

Step2. 添加图 17.9.1 所示的零件 rack_top 并定位。在“添加组件”对话框中单击 按钮，在弹出的“部件名”对话框中选择文件 rack_top.prt，单击 OK 按钮，系统弹出“添加组件”对话框；在“添加组件”对话框 位置 区域的 装配位置 下拉列表中选取 绝对坐标系 - 显示部件 选项，单击 确定 按钮，此时挂钩已被添加到装配文件中。

Step3. 添加图 17.9.2 所示的零件 rack_top_02 并定位。选择下拉菜单 装配(A) → 组件(C) → 添加组件(A)... 命令，系统弹出“添加组件”对话框；在“添加组件”对话框中单击 按钮，在弹出的“部件名”对话框中选择文件 rack_top_02.prt，单击 OK 按钮，系统弹出“添加组件”对话框；在 放置 区域选择 约束 选项；在 约束类型 区域中选择 选项，在 要约束的几何体 区域的 方位 下拉列表中选择 接触 按钮，在“组件预览”窗口中选取图 17.9.3 所示的面，然后在绘图区选取图 17.9.4 所示的面，结果如图 17.9.2 所示；在 约束类型 区域中选择 选项，在 要约束的几何体 区域的 方位 下拉列表中选择 自动判断中心/轴 按钮，在绘图区依次选取图 17.9.5 所示的面 1 和面 2，单击< 确定 >按钮，完成组件的定位。

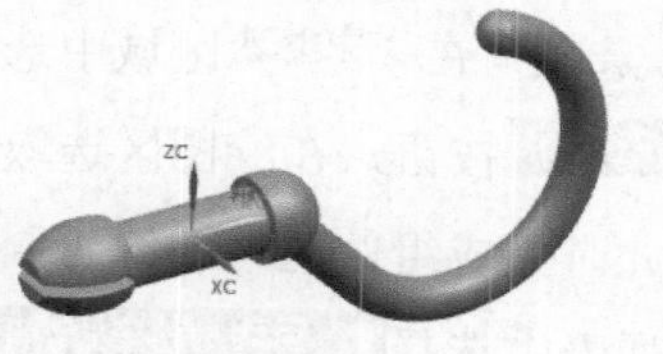
图 17.9.1　添加挂钩

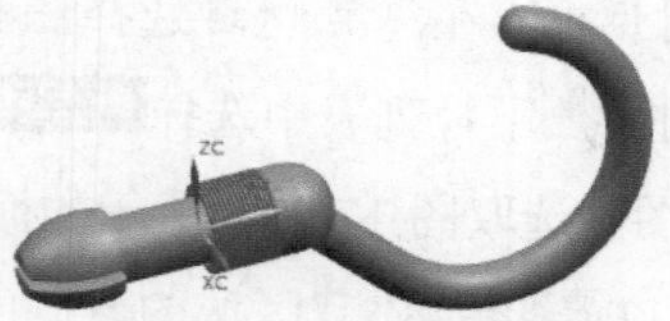
图 17.9.2　添加垫片并定位

图 17.9.3　定义接触面 1

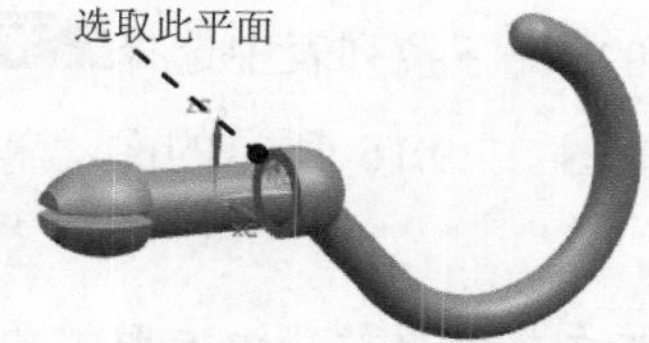

图 17.9.4　定义接触面 2

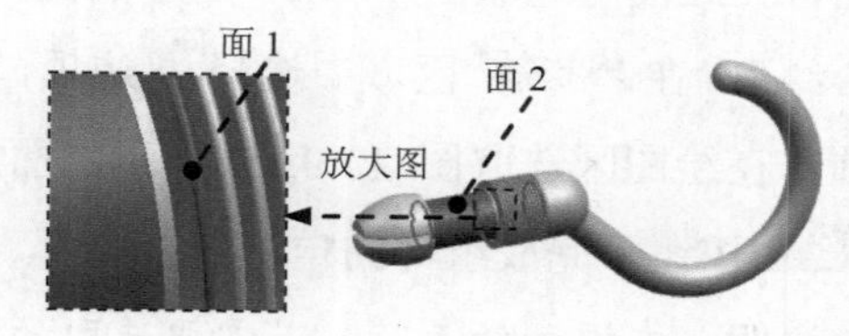

图 17.9.5　定义中心约束面

Step4. 添加图 17.9.6 所示的零件 rack_main 并定位。选择下拉菜单 装配(A) → 组件(C) → 添加组件(A)... 命令，系统弹出“添加组件”对话框；在“添加组件”对话框中单击按钮，在弹出的“部件名”对话框中选择文件 rack_main.prt，单击 OK 按钮，系统弹出“添加组件”对话框；在 放置 区域选择 ◉约束 选项，在 约束类型 区域中选择选项，在要约束的几何体区域的方位下拉列表中选择 自动判断中心/轴 按钮，在绘图区选取图 17.9.7 所示的面，然后在绘图区选取图 17.9.8 所示的面，此时结果如图 17.9.9 所示；在 约束类型 区域中选择选项，在要约束的几何体区域的方位下拉列表中选择 接触 按钮，在绘图区依次选取图 17.9.9 所示的面 1 和面 2，单击< 确定 >按钮，完成组件的定位。

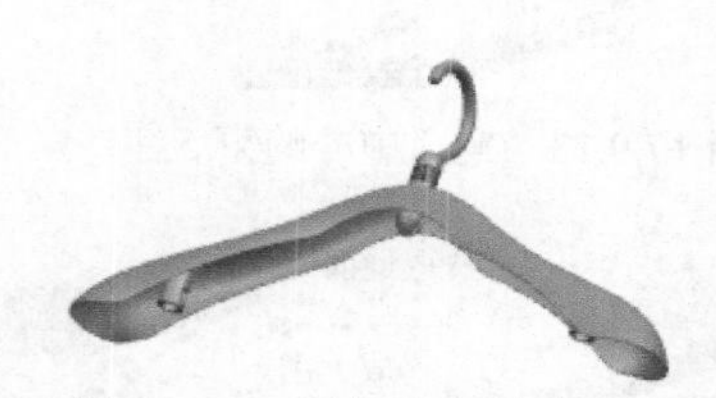
图 17.9.6　添加衣架并定位

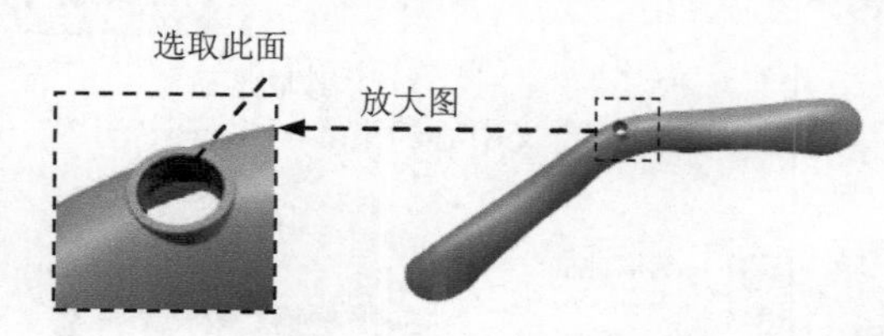

图 17.9.7　定义中心约束 1

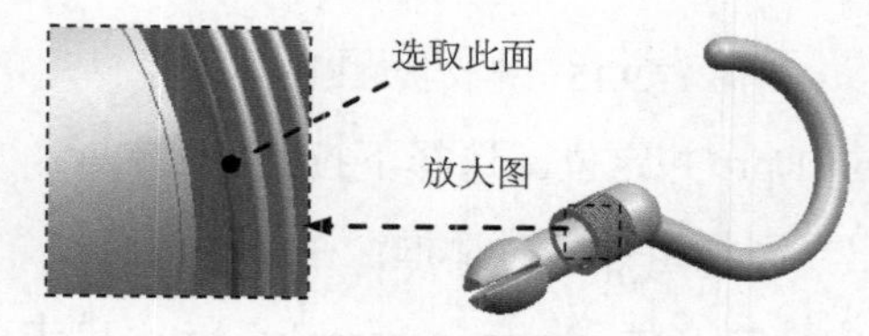

图 17.9.8　定义中心约束 2

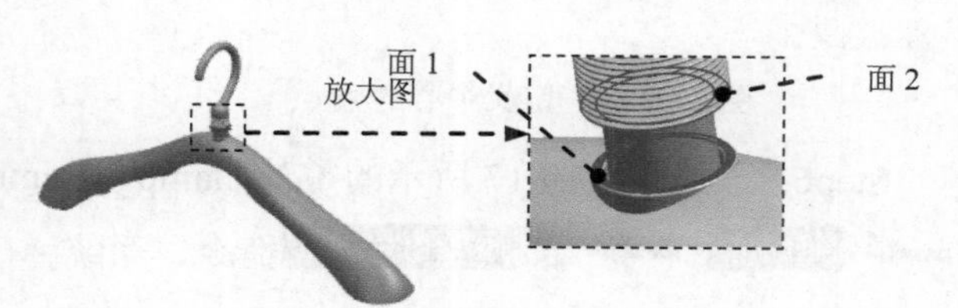

图 17.9.9　定义接触面 1 和 2

说明：在添加衣架主体后时，可通过选择下拉菜单 编辑(E) → 显示和隐藏(H) → 显示和隐藏(O)... 命令，将片体类型进行隐藏。

Step5. 添加图 17.9.10 所示的零件 rack_down 并定位。选择下拉菜单 装配(A) → 组件(C) → 添加组件(A)... 命令，系统弹出“添加组件”对话框；在“添加组件”对话框中单击按钮，在弹出的“部件名”对话框中选择文件 rack_down.prt，单击 OK 按钮，系统弹出“添加组件”对话框；在 放置 区域选择 约束 选项，在 约束类型 区域中选择选项，在要约束的几何体区域的方位下拉列表中选择 自动判断中心/轴 按钮，在绘图区选取图 17.9.11 所示的面，然后在绘图区选取图 17.9.12 所示的面，此时完成组件的中心约束。在 约束类型 区域中选择选项，在要约束的几何体区域的方位下拉列表中选择 自动判断中心/轴 按钮，在绘图区选取图 17.9.13 所示的面，然后选取图 17.9.14 所示的面，此时完成组件的中心约束。在 约束类型 区域中选择选项，在要约束的几何体区域的方位下拉列表中选择 接触 选项，在绘图区选取图 17.9.15 所示的面，然后在绘图区选取图 17.9.16 所示的面，单击 < 确定 > 按钮，完成组件的定位。

说明：在添加约束时，若需要选取的面不易被选取，则可在装配导航器中选取需要隐藏的零件并右击，从弹出的快捷菜单中选择 隐藏 命令将选中零件隐藏，如图 17.9.13 所示。

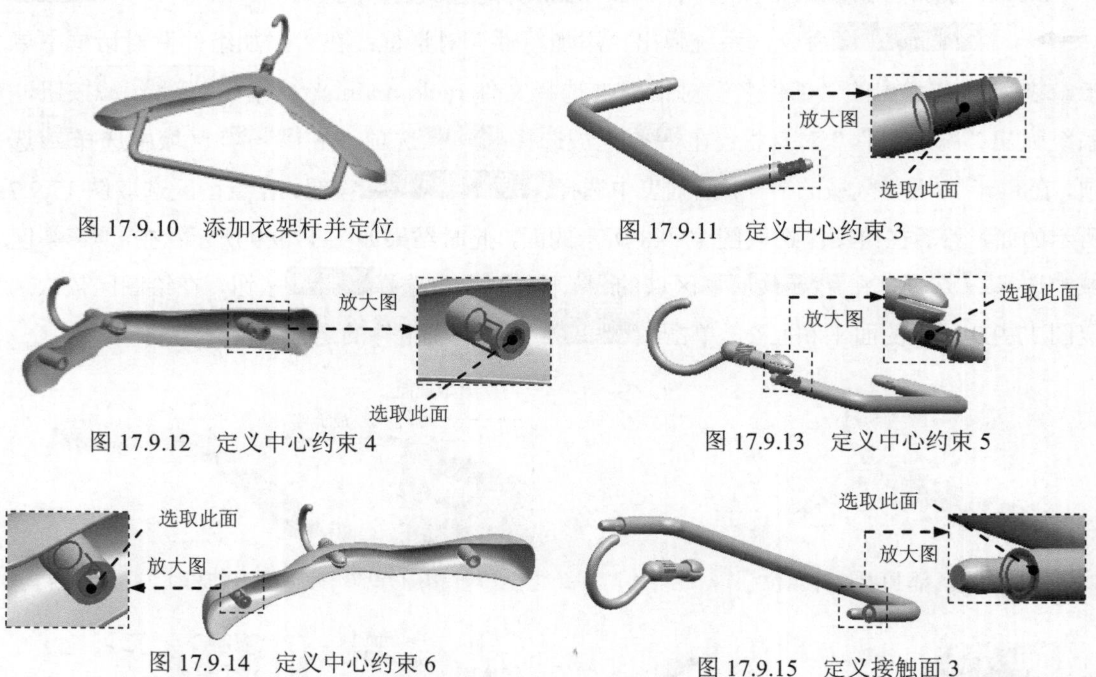

图 17.9.10　添加衣架杆并定位

图 17.9.11　定义中心约束 3

图 17.9.12　定义中心约束 4

图 17.9.13　定义中心约束 5

图 17.9.14　定义中心约束 6

图 17.9.15　定义接触面 3

Step6. 添加图 17.9.17 所示的零件 clamp_assembly1.prt 并定位。选择下拉菜单 装配(A) → 组件(C) → 添加组件(A)... 命令，系统弹出“添加组件”对话框；在“添加组件”对话框中单击按钮，在弹出的“部件名”对话框中选择文件 clamp_assembly1.prt，单击 OK 按钮，系统弹出“添加组件”对话框；在 放置 区域选择 约束 选项；在 约束类型 区域中选择选项，在要约束的几何体区域的方位下拉列表中选择 自动判断中心/轴 按钮，在“组件预览”窗口中选取图 17.9.18 所示的圆柱面，然后在绘图区选取图 17.9.19 所示的圆柱面，完成组件的中心约束，结果如图 17.9.20 所示。在 约束类型 区域中选择选项，在绘图区依次选取图 17.9.21 所示的面 1 和面 2，在距离文本框中输入值 60，单击< 确定 >按钮。

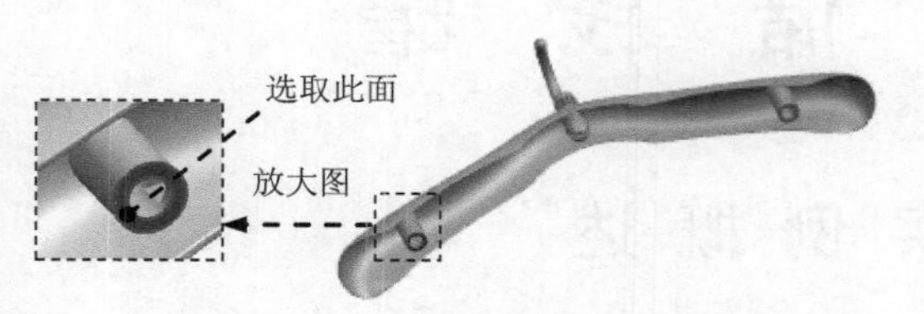

图 17.9.16 定义接触面 4

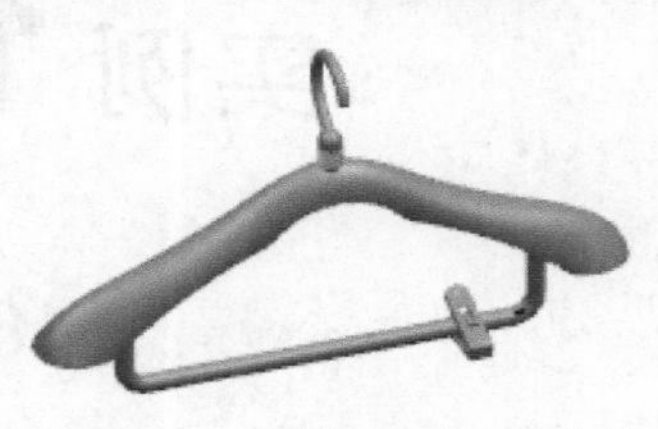
图 17.9.17 添加夹子 1 并定位

图 17.9.18 定义中心面 1

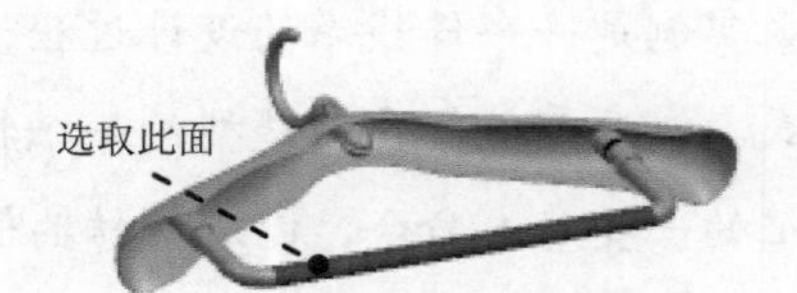

图 17.9.19 定义中心面 2

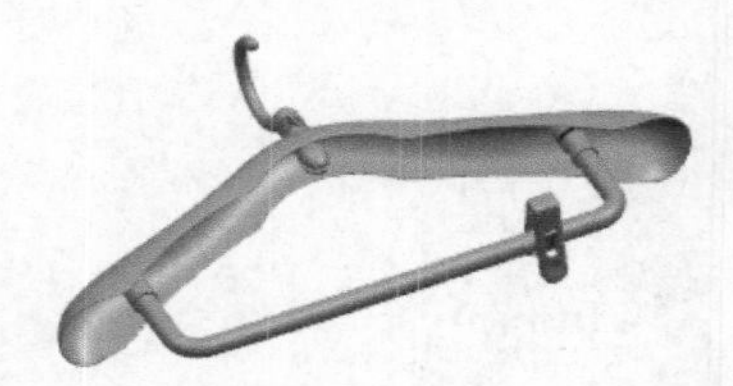
图 17.9.20 添加中心约束后

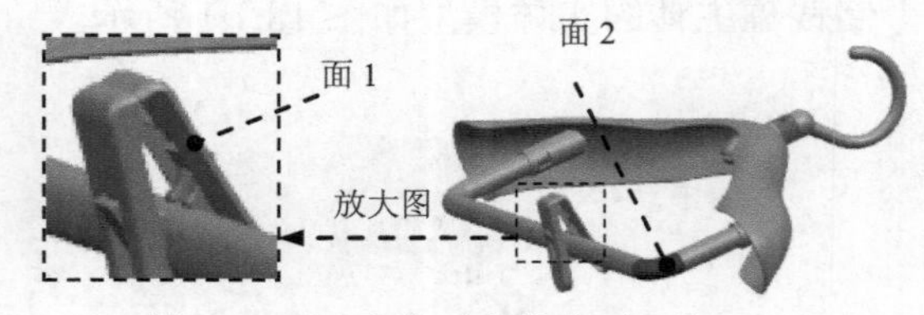

图 17.9.21 定义距离约束面 1 和 2

Step7. 添加图 17.9.22 所示的零件 clamp_assembly1.prt 并定位。

参照 Step6 的操作方法，添加图 17.9.22 所示的夹子 2。

注意：在添加距离约束时，在绘图区依次选取图 17.9.23 所示的面 3 和面 4，在距离文本框中输入值 60。

Step8. 保存装配模型。选择下拉菜单文件(F) ➡ 保存(S)命令，即可保存装配模型。

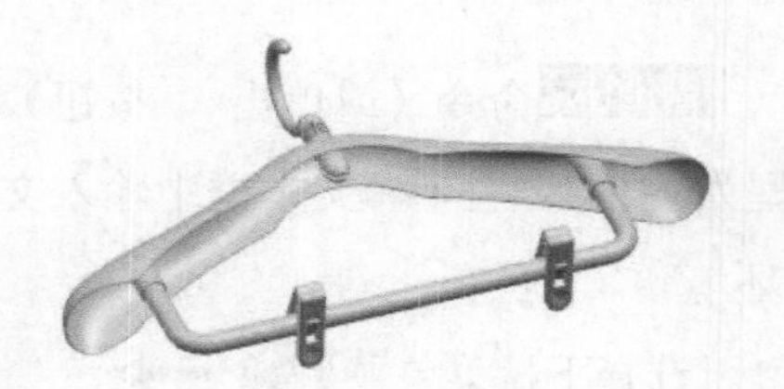
图 17.9.22 添加夹子 2 并定位

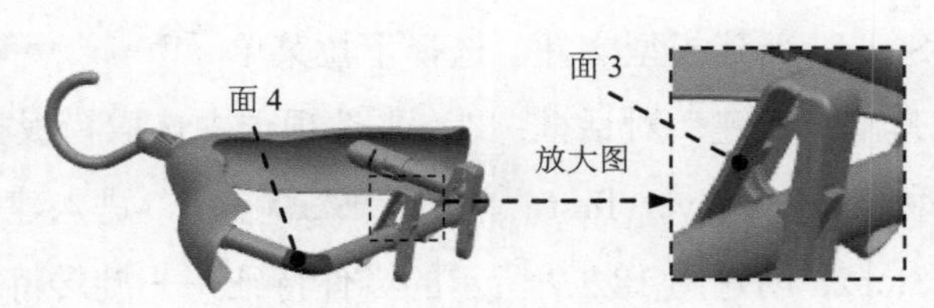

图 17.9.23 定义距离约束面 3 和 4

实例 18 储 钱 罐

18.1 实 例 概 述

本实例是一个储钱罐的设计过程，设计中主要运用了实体造型和曲面造型相结合的建模方式，以及零件和曲面造型的基础特征命令。本例主要介绍了拉伸、旋转、倒圆角等实体特征的一些基本命令，以及旋转曲面、通过曲线组等一些曲面基本命令的应用，希望读者在完成本例后能掌握这些命令的基本用方法和技巧。

储钱罐主体的实体模型如图 18.1.1 所示。

图 18.1.1 储钱罐主体的实体模型

18.2 储钱罐主体

储钱罐主体的零件模型及模型树如图 18.2.1 所示。

Step1. 新建模型文件。选择下拉菜单 文件(F) → 新建(N)... 命令（或单击 按钮），系统弹出“新建”对话框；在 模板 选项卡中选取模板类型为 模型，在 名称 文本框中输入文件名称 money_saver_first，单击 确定 按钮，进入建模环境。

Step2. 创建图 18.2.2 所示的零件特征——旋转特征 1。选择下拉菜单 插入(S) → 设计特征(E) → 旋转(R)... 命令（或单击 按钮），系统弹出“旋转”对话框；单击 截面 区域中的 按钮，系统弹出“创建草图”对话框；在绘图区选取 XY 基准平面为草图平面，单击 确定 按钮，进入草图环境，绘制图 18.2.3 所示的截面草图，单击 完成草图 按钮，退出草图环境；在绘图区域中选取 Y 轴为旋转轴，定义原点为旋转点；在“旋转”对话框 限制 区域的 开始 下拉列表中选择 值 选项，并在 角度 文本框中输入值 0；在 结束 下拉列表中选择 值 选项，并在 角度 文本框中输入值 360；在 设置 区域的 体类型 下拉列表中选择 片体 选项；单击 < 确定 > 按钮，完成旋转特征 1 的创建。

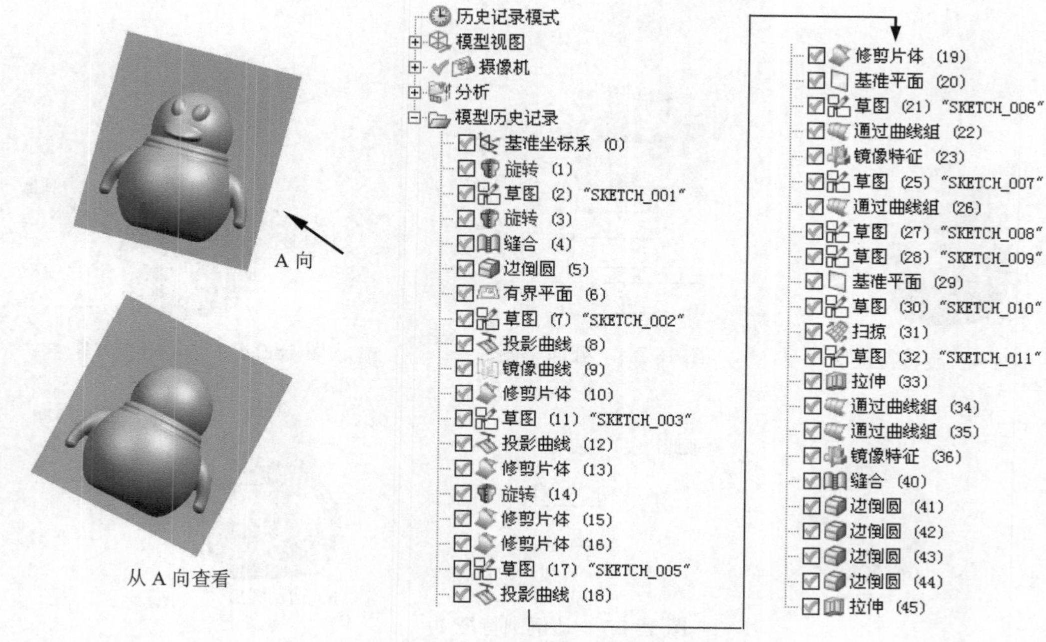

图 18.2.1 储钱罐主体的零件模型及模型树

图 18.2.2 旋转特征 1

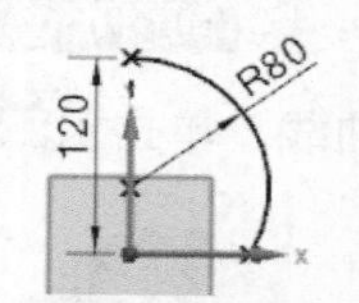

图 18.2.3 截面草图

Step3. 创建图 18.2.4 所示的零件特征——旋转特征 2。选择下拉菜单 插入(S) → 设计特征(E) → 旋转(R)... 命令，选取 XY 基准平面为草图平面，绘制图 18.2.5 所示的截面草图；选取 Y 轴为旋转轴，其他选项采用系统默认设置，单击 < 确定 > 按钮，在 设置 区域的 体类型 下拉列表中选择 片体 选项，完成旋转特征 2 的创建。

说明：选择下拉菜单 插入(S) → 来自曲线集的曲线(F) → 交点(N)... 命令，在系统弹出的对话框中选取片体边线为要相交的曲线，使样条线的端点与交点重合。

Step4. 创建曲面缝合特征 1。选择下拉菜单 插入(S) → 组合(B) → 缝合(W)... 命令，系统弹出“缝合”对话框；在 目标 区域中单击按钮，选取图 18.2.6 所示的特征分别为缝合的目标片体、刀具片体；单击 < 确定 > 按钮，完成缝合特征 1 的创建。

Step5. 创建图 18.2.7b 所示的边倒圆特征 1。选择下拉菜单 插入(S) → 细节特征(L) → 边倒圆(E)... 命令（或单击按钮），系统弹出“边倒圆”对话框；在 边 区域中单击按钮，选择图 18.2.7a 所示的边线为边倒圆参照，并在 半径 1 文本框中输入值 20；单击 < 确定 > 按钮，完成边倒圆特征 1 的创建。

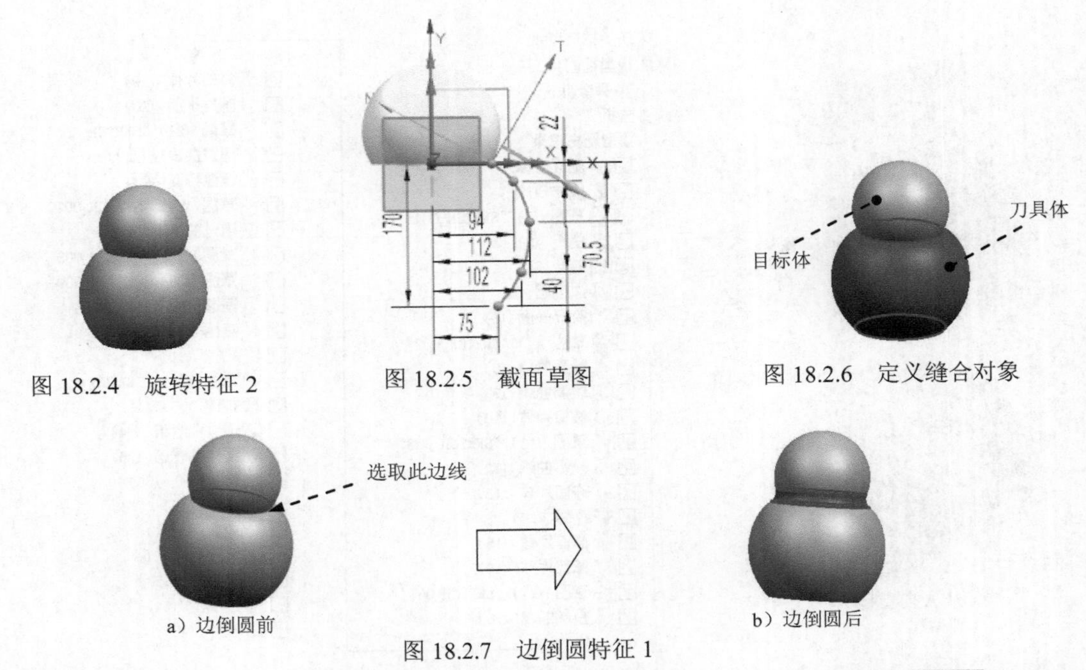

图 18.2.4　旋转特征 2　　图 18.2.5　截面草图　　图 18.2.6　定义缝合对象

a）边倒圆前　　b）边倒圆后

图 18.2.7　边倒圆特征 1

Step6. 创建图 18.2.8b 所示的零件特征——有界平面。选择下拉菜单 插入(S) → 曲面(R) → 有界平面(P)... 命令，系统弹出“有界平面”对话框；选取图 18.2.8a 所示的边线为边界曲线，单击 < 确定 > 按钮。

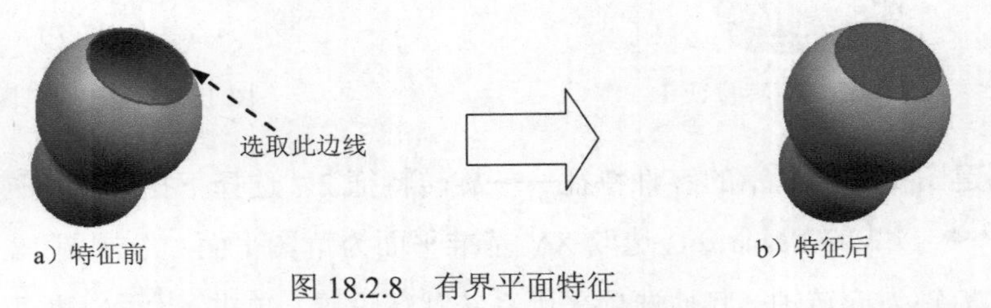

a）特征前　　b）特征后

图 18.2.8　有界平面特征

Step7. 创建图 18.2.9 所示的草图 1。选择下拉菜单 插入(S) → 在任务环境中绘制草图(V)... 命令，系统弹出“创建草图”对话框；在绘图区选取 XY 基准平面为草图平面，单击 确定 按钮，进入草图环境，创建图 18.2.9 所示的椭圆；单击 完成草图 按钮，完成草图 1 的创建并退出草图环境。

说明：先画一条参考线后，选择下拉菜单 插入(S) → 曲线(C) → 椭圆(E)... 命令，系统弹出“椭圆”对话框，在“长半轴”文本框中输入值 18，在“短半轴”文本框中输入值 15，在“旋转角度”文本框中输入值 75。

Step8. 创建图 18.2.10 所示的投影曲线 1。选择下拉菜单 插入(S) → 派生曲线(U) → 投影(P)... 命令，系统弹出“投影曲线”对话框；在图形区选取草图 1 为投影曲线，单击中键确认；在图形区选取图 18.2.10 所示的曲面为投影曲面，在 投影方向 区域的方向下拉列表中选择沿矢量选项，并选定ZC↑选项，以Z轴正方向为投影方向，在投影选项下拉列表中选择无选项；单击< 确定 >按钮，完成投影曲线1的创建。

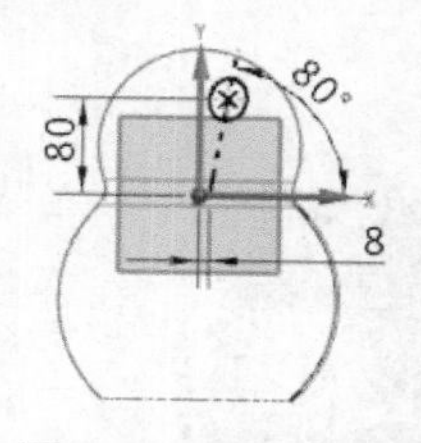

图 18.2.9　草图 1

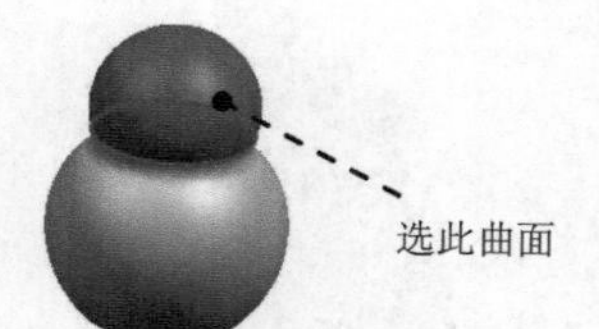

图 18.2.10　投影曲线 1

Step9. 创建图 18.2.11 所示的镜像曲线。选择下拉菜单 插入(S) → 派生曲线(U) → 镜像(M)... 命令，系统弹出“镜像曲线”对话框；选择 Step8 所投影的曲线为镜像曲线，选取 YZ 基准平面为镜像平面；其他参数采用系统默认设置值；单击 确定 按钮，完成镜像曲线的创建。

Step10. 创建图 18.2.12 所示的零件特征——修剪特征 1。选择下拉菜单 插入(S) → 修剪(T) ▸ → 修剪片体(R)... 命令，系统弹出“修剪片体”对话框；选择图 18.2.12 所示的曲面为目标体，单击中键确认；选取 Step8 和 Step9 所创建的曲线为边界对象，在区域区域中选中 ⊙ 保留 单选项；其他参数采用系统默认设置值；单击 确定 按钮，完成修剪特征 1 的创建。

图 18.2.11　镜像曲线

图 18.2.12　修剪特征 1

Step11. 创建图 18.2.13 所示的草图 2。选择下拉菜单 插入(S) → 在任务环境中绘制草图(V)... 命令，系统弹出“创建草图”对话框；在绘图区选取 XY 基准平面为草图平面，单击 确定 按钮，进入草图环境，绘制图 18.2.13 所示的草图 2；单击 完成草图 按钮，完成草图 2 的创建并退出草图环境。

Step12. 创建图 18.2.14 所示的投影曲线 2。参数设置与 Step8 投影曲线 1 相同，选取草图 2 中要投影的曲线。

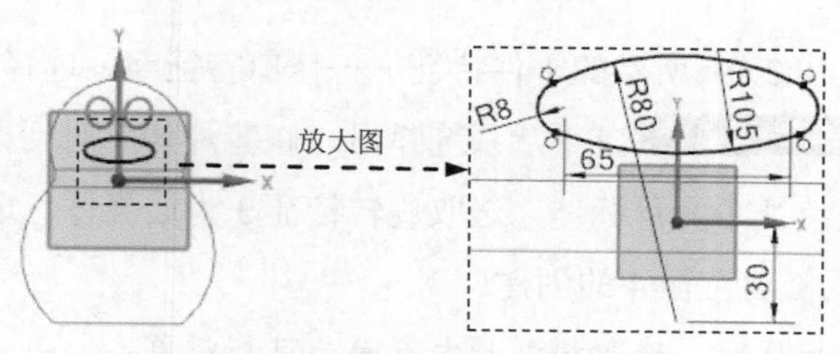

图 18.2.13　草图 2

Step13. 创建图 18.2.15 所示的零件特征——修剪特征 2。选择下拉菜单插入(S) → 修剪(T) → 修剪片体(R)... 命令，系统弹出“修剪片体”对话框；选取投影曲线 2 为边界对象，单击 确定 按钮，完成修剪特征 2 的创建。

图 18.2.14 投影线曲 2

图 18.2.15 修剪特征 2

Step14. 创建图 18.2.16 所示的零件特征——旋转特征 3。选取 YZ 基准平面为草图平面；绘制图 18.2.17 所示的截面草图；选取 Y 轴为旋转轴，定义坐标原点为旋转点；在设置区域的体类型下拉列表中选择片体选项，其他参数采用系统默认的设置值；单击 < 确定 > 按钮，完成旋转特征 3 的创建。

图 18.2.16 旋转特征 3

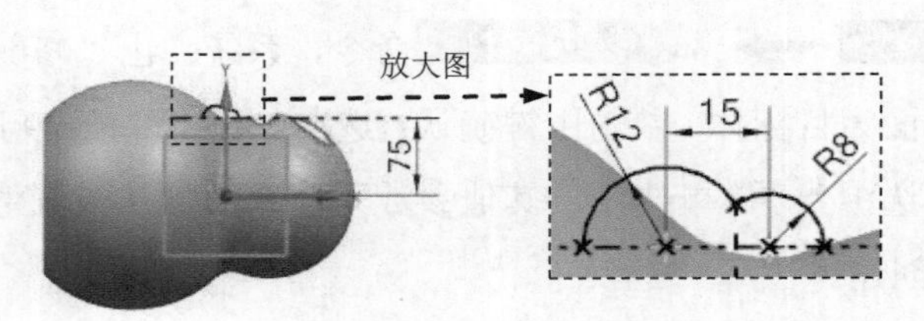

图 18.2.17 截面草图

Step15. 创建图 18.2.18 所示的零件特征——修剪特征 3。选择下拉菜单插入(S) → 修剪(T) → 修剪片体(R)... 命令，系统弹出“修剪片体”对话框；选取旋转特征 3 为目标体，旋转特征 1、旋转特征 2 和边倒圆特征 1 为边界体，选中 保留 单选项；单击 确定 按钮，完成修剪特征 3 的创建。

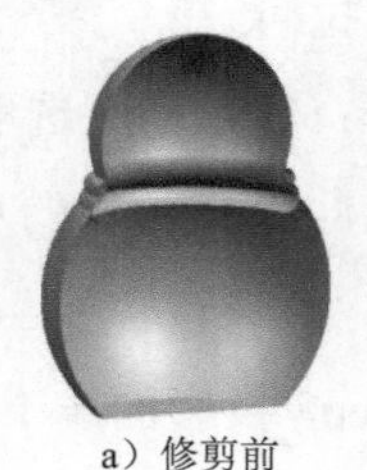

a）修剪前

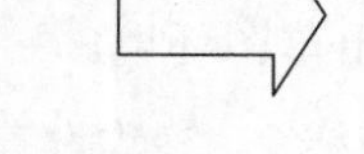

b）修剪后

图 18.2.18 修剪特征 3

Step16. 创建图 18.2.19 所示的零件特征——修剪特征 4。选择下拉菜单插入(S) → 修剪(T) → 修剪片体(R)... 命令，系统弹出“修剪片体”对话框；选取旋转特征 1、旋转特征 2 和边倒圆特征 1 为目标体，选取旋转特征 3 为边界体，选中 放弃 单选项；单击 确定 按钮，完成修剪特征 4 的创建。

说明： 在选取目标体时，选取模型的内表面为目标对象。

Step17. 创建图18.2.20所示的草图3。选择下拉菜单插入(S) → 在任务环境中绘制草图(V)...命令，系统弹出“创建草图”对话框；在绘图区选取YZ基准平面为草图平面，单击确定按钮，进入草图环境；绘制图18.2.20所示的椭圆，大半径30，小半径22.5；单击完成草图按钮，完成草图3的创建并退出草图环境。

图18.2.19 修剪特征4

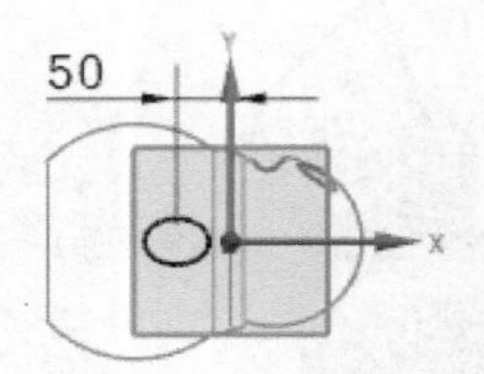

图18.2.20 草图3

Step18. 创建图18.2.21a所示的投影曲线3。选择下拉菜单插入(S) → 派生曲线(U) → 投影(P)...命令（或单击按钮），系统弹出“投影曲线”对话框；在图形区选取Step17所创建的草图3为投影曲线，单击中键确认；在图形区选取图18.2.21b所示的曲面为投影曲面；在投影方向区域的方向下拉列表中选择沿矢量选项，并选定XC选项，在投影选项下拉列表中选取投影两侧选项；单击< 确定 >按钮，完成投影曲线3的创建。

Step19. 创建图18.2.22所示的零件特征——修剪特征5。选择下拉菜单插入(S) → 修剪(T) → 修剪片体(R)...命令，系统弹出“修剪片体”对话框；选取图18.2.21b所示的曲面为要修剪的片体，选取投影曲线3为边界对象，选中保留单选项；单击< 确定 >按钮，完成修剪特征5的创建。

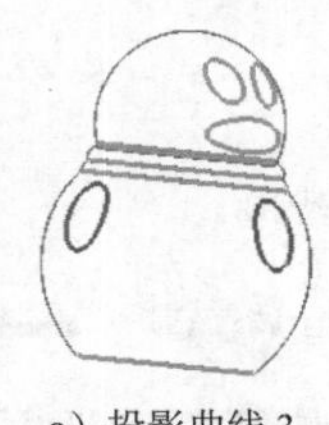

a）投影曲线3

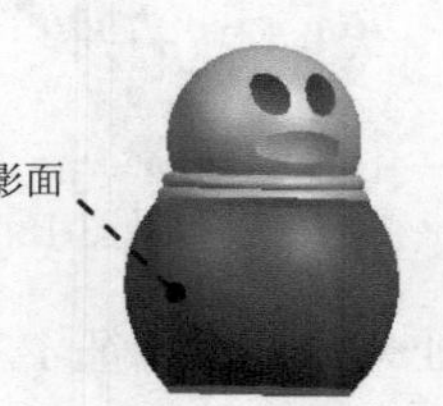

b）定义投影曲面

图18.2.21 投影曲线3

图18.2.22 修剪特征5

Step20. 创建图18.2.23所示的基准平面1（显示基准坐标系和草图1）。选择下拉菜单插入(S) → 基准/点(D) → 基准平面(D)...命令，系统弹出“基准平面”对话框；在类型区域的下拉列表中选择成一角度选项；在平面参考区域单击按钮，选取XY基准平面为对象平面；在绘图区选取草图1的参考直线为通过轴，并在角度文本框中输入值90；其他参数采用系统默认设置值；单击< 确定 >按钮，完成基准平面1的创建。

Step21. 创建图18.2.24所示的草图4。选择下拉菜单插入(S) → 在任务环境中绘制草图(V)...命令，系统弹出“创建草图”对话框；在绘图区选取基准平面1为草图平面，单击确定按钮，进入草图环境，绘制图18.2.24所示的样条曲线；单击完成草图按钮，完成草图4

的创建并退出草图环境。

说明：选择下拉菜单 插入(S) → 来自曲线集的曲线(F) → 交点(N)... 命令，在绘图区域选取与草图平面相交的模型右片体边线为要相交的曲线，使样条线的端点与交点重合。用此命令操作两次，第二次单击“循环解”按钮，创建第二个相交点。

图 18.2.23 基准平面 1　　图 18.2.24 草图 4

Step22. 创建图 18.2.25 所示的零件特征——曲线组曲面 1。选择下拉菜单 插入(S) → 网格曲面(M) → 通过曲线组(T)... 命令，系统弹出“通过曲线组”对话框；单击选择器后的“在相交处停止”按钮，可以选择单条边线；依次选取图 18.2.26 所示的曲线 1 为截面线串 1，单击中键确认，选取草图 4 为截面线串 2，单击中键，选取图 18.2.26 所示的曲线 2 为截面串线 3，单击中键确认；单击 < 确定 > 按钮，完成曲线组曲面特征 1 的创建。

说明：在定义曲线串时，注意两曲线的方向可通过按钮来调整方向，以后不再赘述。

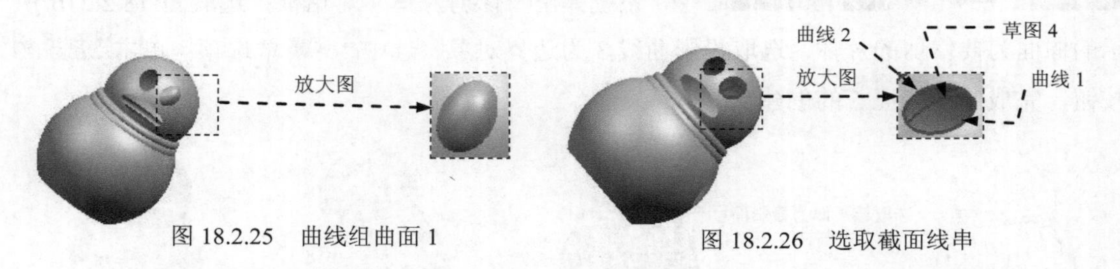

图 18.2.25 曲线组曲面 1　　图 18.2.26 选取截面线串

Step23. 创建图 18.2.27 所示的零件特征——镜像特征 1。选择下拉菜单 插入(S) → 关联复制(A) → 镜像特征(R)... 命令（或单击按钮），系统弹出“镜像特征”对话框；在绘图区域中选取曲线组曲面 1 为镜像特征；在镜像平面区域中单击按钮，在绘图区域中选取 YZ 基准平面作为镜像平面；单击“镜像特征”对话框中的 确定 按钮，完成镜像特征 1 的创建。

Step24. 创建图 18.2.28 所示的草图 5。选择下拉菜单 插入(S) → 在任务环境中绘制草图(V)... 命令，系统弹出“创建草图”对话框；在绘图区选取 YZ 基准平面为草图平面，单击 确定 按钮，进入草图环境。绘制图 18.2.28 所示的样条曲线；单击 完成草图 按钮，完成草图 5 的创建并退出草图环境。

Step25. 创建图 18.2.29 所示的零件特征——曲线组曲面 2。选择下拉菜单 插入(S) → 网格曲面(M) → 通过曲线组(T)... 命令，系统弹出“通过曲线组”对话框；单击选择器后的“在相交处停止”按钮 ，可以选择单条边线；依次选取图 18.2.30 所示的边线为截面线串 1，单击中键确认，选取草图 5 为截面线串 2，单击中键确认，选取图 18.2.30 所示的截面串线 3，单击中键确认；单击< 确定 >按钮，完成曲线组曲面特征 2 的创建。

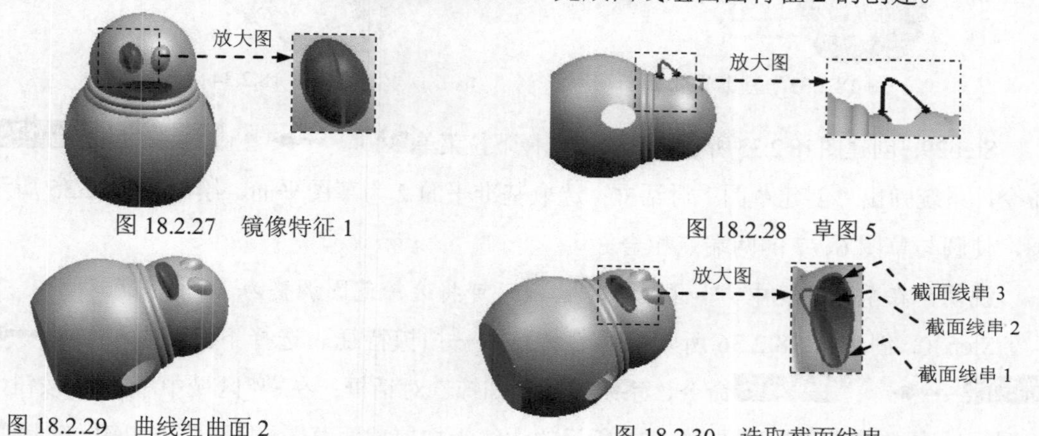

图 18.2.27 镜像特征 1

图 18.2.28 草图 5

图 18.2.29 曲线组曲面 2

图 18.2.30 选取截面线串

Step26. 创建图 18.2.31 所示的草图 6。选择下拉菜单 插入(S) → 在任务环境中绘制草图(V)... 命令，系统弹出“创建草图”对话框；在绘图区选取 XY 基准平面为草图平面，单击 确定 按钮，进入草图环境，绘制图 18.2.31 所示的样条曲线（为了方便绘制草图，可以隐藏前面绘制的草图）；单击 完成草图 按钮，完成草图 6 的创建并退出草图环境。

说明：在定义样条曲线的起点时，读者可通过选择下拉菜单 插入(S) → 来自曲线集的曲线(F) → 交点(N)... 命令，在弹出的“交点”对话框中选取相交孔的边界线为要相交的曲线，完成交点的创建后，约束交点与样条的起点重合，以后类似问题不再赘述。

Step27. 创建图18.2.32所示的草图7。选择下拉菜单 插入(S) → 在任务环境中绘制草图(V)... 命令，选取 XY 基准平面为草图平面，绘制图 18.2.32 所示的样条曲线；单击 完成草图 按钮，完成草图 7 的创建并退出草图环境。

图 18.2.31 草图 6

图 18.2.32 草图 7

Step28. 创建图 18.2.33 所示的基准平面 2。选择下拉菜单 插入(S) → 基准/点(D) → 基准平面(D)... 命令（或单击 按钮），系统弹出“基准平面”对话框；在 类型 区域的下拉列表中选择 点和方向 选项，在绘图区选取图 18.2.34 所示的点，在 法向 区域的 指定矢量 (1) 下拉列表中选取 YC 选项，其他参数采用系统默认设置值；单击< 确定 >按钮，完成基准平面 2 的创建。

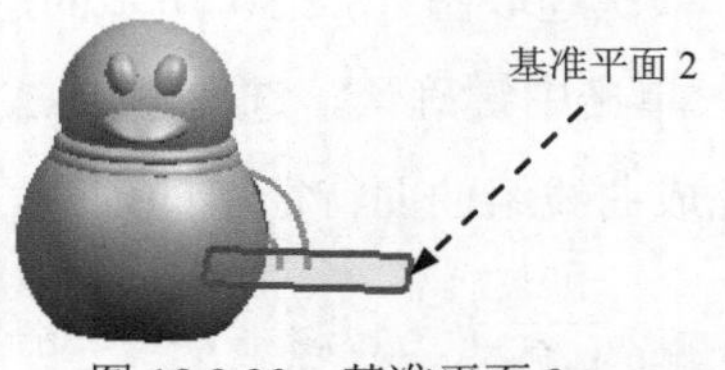

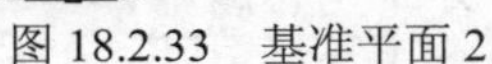

图 18.2.33　基准平面 2

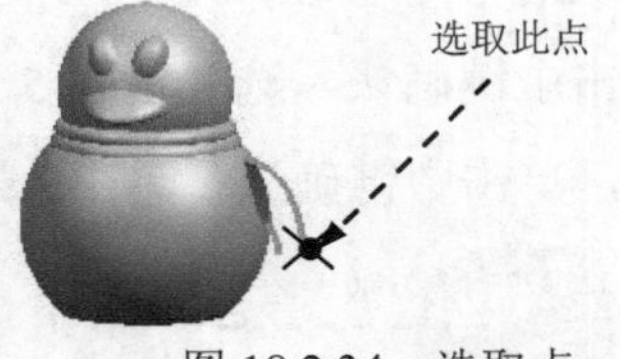

图 18.2.34　选取点

Step29. 创建图18.2.35所示的草图8。选择下拉菜单 插入(S) → 在任务环境中绘制草图(V)... 命令，系统弹出“创建草图”对话框；选取基准平面 2 为草图平面，绘制图 18.2.35 所示的圆，使圆与草图 6、7 的两端点相合。

说明：在草图环境中，如果选不中曲线，可将选择范围调整为“整个装配”。

Step30. 创建图 18.2.36 所示的零件特征——扫掠特征。选择下拉菜单 插入(S) → 扫掠(W) → 扫掠(S)... 命令，系统弹出“扫掠”对话框；在 截面 区域中单击按钮，在绘图区域中选取草图 8 和图 18.2.37 所示的边线为扫掠截面草图，分别单击中键；在 引导线 区域中单击按钮，在绘图区域中选取草图 6、7 为扫掠引导线，分别单击中键；其他参数采用系统默认设置值；单击“扫掠”对话框中的 <确定> 按钮，完成扫掠特征的创建。

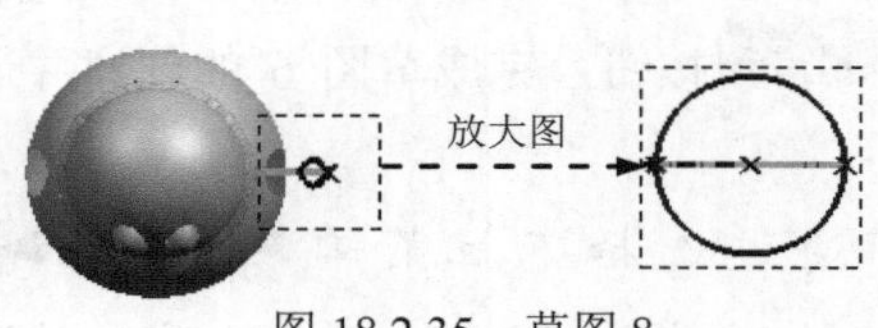

图 18.2.35　草图 8

图 18.2.36　扫掠特征

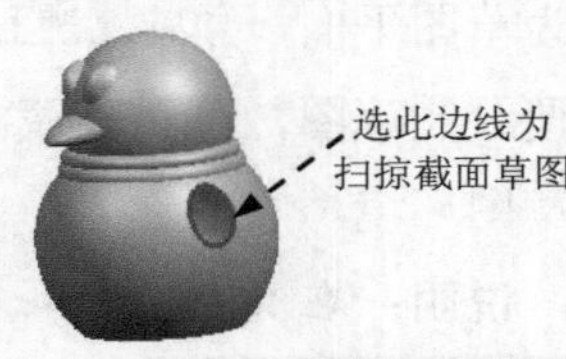

图 18.2.37　选取扫掠截面

Step31. 创建图 18.2.38 所示的零件特征——拉伸特征 1。选择下拉菜单 插入(S) → 设计特征(E) → 拉伸(E)... 命令（或单击按钮），系统弹出“拉伸”对话框；单击“拉伸”对话框中的“绘制截面”按钮，系统弹出“创建草图”对话框。单击按钮，选取 XY 基准平面为草图平面，单击 确定 按钮，进入草图环境，绘制图 18.2.39 所示的截面草图，单击 完成草图 按钮，退出草图环境；在 指定矢量 下拉列表中选择 ZC↑ 选项；在“拉伸”对话框 限制 区域的 开始 下拉列表中选择 值 选项，并在其下的 距离 文本框中输入值 0；在 限制 区域的 结束 下拉列表中选择 值 选项，并在其下的 距离 文本框中输入值 20，在 体类型 下拉列表中选择 片体 选项，其他参数采用系统默认设置值；单击“拉伸”对话框中的 <确定> 按钮，完成拉伸特征 1 的创建。

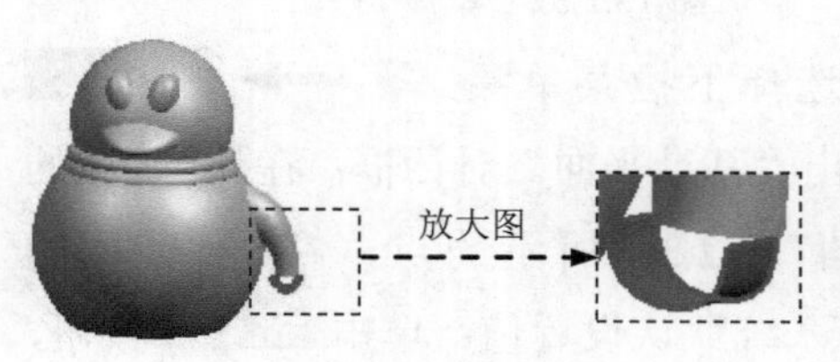

图 18.2.38　拉伸特征 1

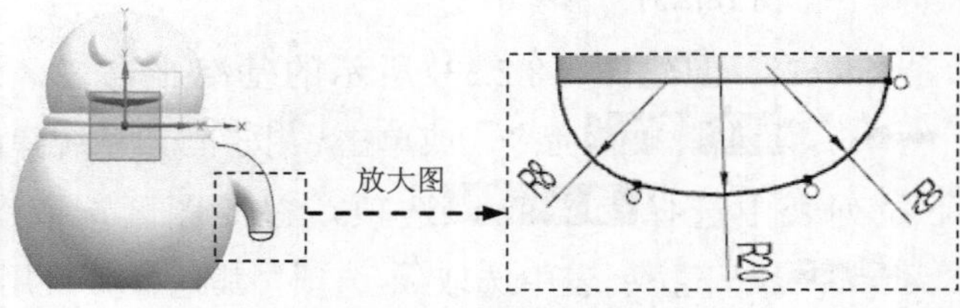

图 18.2.39　截面草图

Step32. 创建图 18.2.40 所示的零件特征——曲线组曲面 3。选择下拉菜单插入(S) → 网格曲面(M) → 通过曲线组(T)...命令，系统弹出“通过曲线组”对话框；选取图 18.2.41 所示的曲线串 1，单击中键；选取图 18.2.41 所示的曲线串 2，单击中键；在连续性区域的第一截面下拉列表中选择G1(相切)选项，然后选取扫掠特征为相切对象；在连续性区域的最后截面下拉列表中选择G1(相切)选项，选取拉伸特征 1 为相切对象，在流向下拉列表中选择垂直选项，单击< 确定 >按钮，完成曲线组曲面 3 的创建（隐藏拉伸特征 2）。

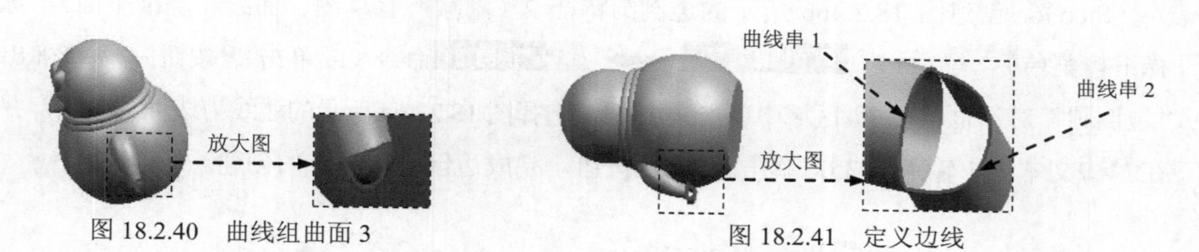

图 18.2.40　曲线组曲面 3　　　　图 18.2.41　定义边线

Step33. 创建图 18.2.42 所示的零件特征——曲线组曲面 4。选择下拉菜单插入(S) → 网格曲面(M) → 通过曲线组(T)...命令，系统弹出“通过曲线组”对话框；选取图 18.2.43 所示的曲线串 1，单击中键；选取图 18.2.43 所示的曲线串 2，单击中键；在连续性区域的第一截面下拉列表中选择G1(相切)选项，然后选取扫掠特征为相切对象；在连续性区域的最后截面下拉列表中分别选择G1(相切)选项，然后选取曲线组曲面 3 为相切对象；在流向下拉列表中选择垂直选项，单击< 确定 >按钮，完成曲线组曲面 4 的创建。

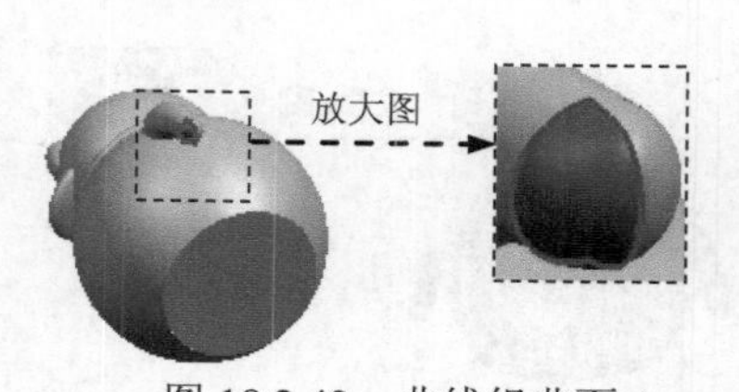

图 18.2.42　曲线组曲面 4

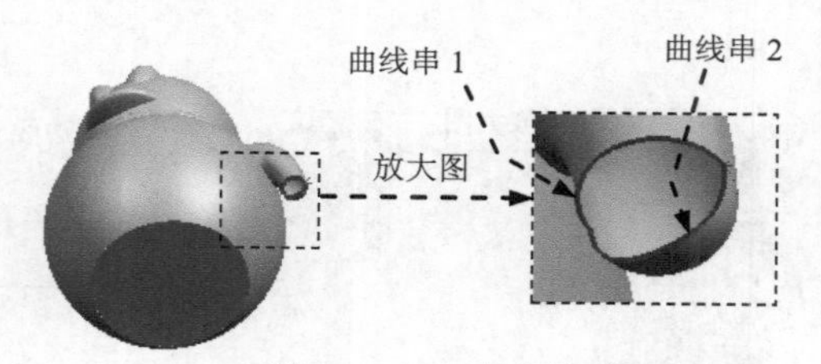

图 18.2.43　定义边线

Step34. 创建图 18.2.44 所示的零件特征——镜像特征 2。选择下拉菜单插入(S) → 关联复制(A) → 镜像特征(R)...命令（或单击按钮），系统弹出“镜像特征”对话框；在绘图区域中选取曲线组曲面 3、4 及扫掠为镜像特征；在镜像平面区域中单击按钮，在绘图区域中选取 YZ 基准平面作为镜像平面；单击“镜像特征”对话框中的确定按钮，完成镜像特征 2 的创建。

Step35. 创建曲面缝合特征 2。选择下拉菜单插入(S) → 组合(B) → 缝合(W)...命令，系统弹出“缝合”对话框；在目标区域中单击按钮，选取图 18.2.45 所示的特征分别为缝合的目标片体，选取其余的片体为刀具片体，在设置区域的公差文本框中输入值 0.03；单击确定按钮，完成曲面缝合特征 2 的创建。

图 18.2.44 镜像特征 2

图 18.2.45 定义缝合对象

Step36. 创建图 18.2.46b 所示的边倒圆特征 2（隐藏所有草图、曲线和基准平面）。选择下拉菜单 插入(S) → 细节特征(L) → 边倒圆(E)... 命令（或单击按钮），系统弹出“边倒圆”对话框；在边区域中单击按钮，选择图 18.2.46a 所示的边线为边倒圆参照，并在半径 1文本框中输入值 35；单击 < 确定 > 按钮，完成边倒圆特征 2 的创建。

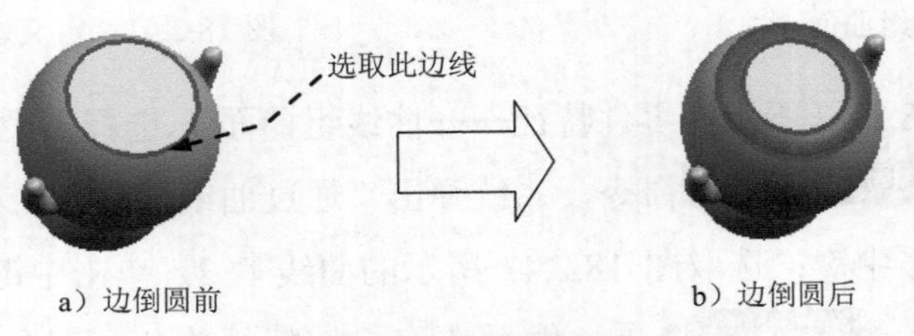

图 18.2.46 边倒圆特征 2

Step37. 创建图 18.2.47b 所示的边倒圆特征 3。选择下拉菜单 插入(S) → 细节特征(L) → 边倒圆(E)... 命令，选择图 18.2.47a 所示的边线为边倒圆参照，圆角半径值为 7。

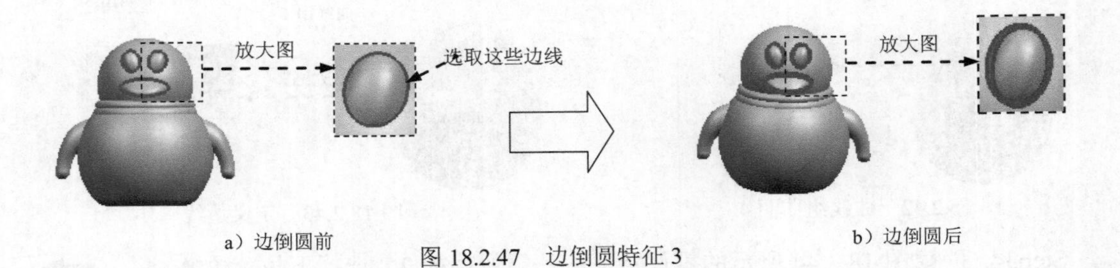

图 18.2.47 边倒圆特征 3

Step38. 创建图 18.2.48b 所示的边倒圆特征 4。选择下拉菜单 插入(S) → 细节特征(L) → 边倒圆(E)... 命令，选择图 18.2.48a 所示的两条边线为边倒圆参照，圆角半径值为 3。

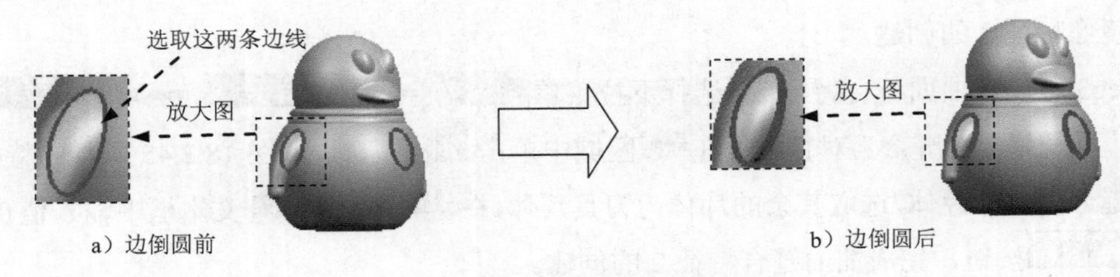

图 18.2.48 边倒圆特征 4

Step39. 创建图 18.2.49b 所示的边倒圆特征 5。选择下拉菜单 插入(S) ➡ 细节特征(L) ➡ 边倒圆(E)... 命令，选择图 18.2.49a 所示的三条边线为边倒圆参照，圆角半径值为 5。

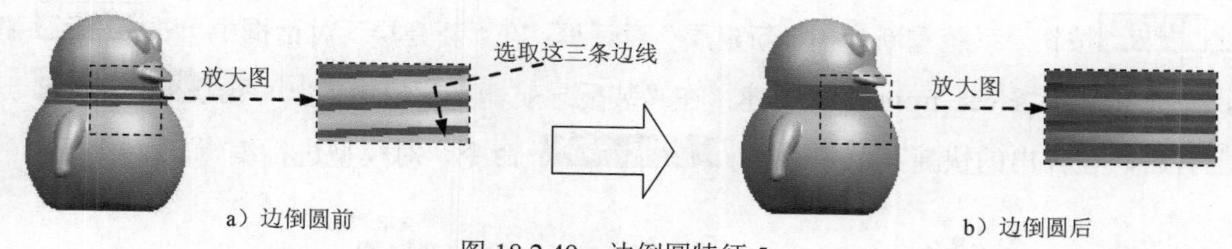

图 18.2.49 边倒圆特征 5

Step40. 创建图 18.2.50 所示的零件特征——拉伸特征 2。选择下拉菜单 插入(S) ➡ 设计特征(E) ➡ 拉伸(E)... 命令（或单击按钮），系统弹出“拉伸”对话框；单击“拉伸”对话框中的“绘制截面”按钮，系统弹出“创建草图”对话框。单击按钮，选取 XY 基准平面为草图平面，单击 确定 按钮，进入草图环境，隐藏基准坐标系，绘制图 18.2.51 所示的截面草图；单击 完成草图 按钮，退出草图环境；在 方向 区域中单击按钮，在弹出的快捷菜单中选择（XC 轴为拉伸矢量）选项；在“拉伸”对话框 限制 区域的 开始 下拉列表中选择 对称值 选项，并在其下的 距离 文本框中输入值 180；在 体类型 下拉列表中选择 片体 选项，其他参数采用系统默认设置值；单击“拉伸”对话框中的 <确定> 按钮，完成拉伸特征 2 的创建。

图 18.2.50 拉伸特征 2

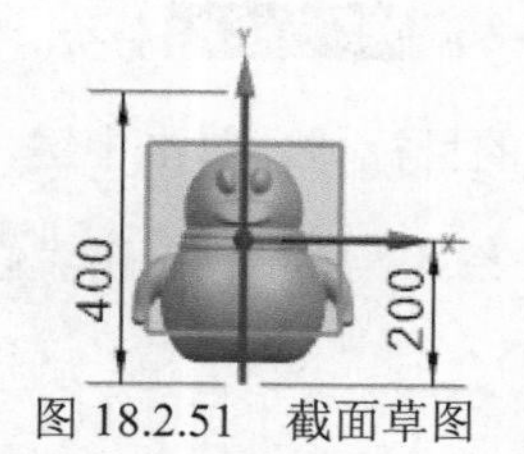

图 18.2.51 截面草图

Step41. 保存零件模型。选择下拉菜单 文件(F) ➡ 保存(S) 命令，即可保存零件模型。

18.3 储钱罐上盖

储钱罐上盖零件模型及模型树如图 18.3.1 所示。

Step1. 创建 money_saver_front 层。在“装配导航器”窗口中右击，在弹出的快捷菜单中选择 WAVE 模式 命令，系统进入 WAVE 模式；在“装配导航器”窗口中的 money_saver_first 选项上右击，在弹出的快捷菜单中选择 WAVE ➡ 新建层 命令，系统弹出“新建层”对话框；单击“新建层”对话框中的 指定部件名 按钮，在弹出的“选择部件名”对话框的文本框中输入文件名 money_saver_front；单击 OK 按钮，系统再次弹出“新建层”对话框；单击“新建层”对话框中的 类选择 按钮，系统弹出“WAVE 组件间的复制”对话框，选取实体、片体、基准及 CSYS 作为要复制的几何体，单击 确定 按钮，系统重新弹出“新建层”对话框；在“新建层”对话框中单击 确定 按钮，完成 money_saver_front 层的创建；在“装配导航器”窗口中的 money_saver_front 选项上右击，在弹出的快捷菜单中选择 设为显示部件 命令，对模型进行编辑。

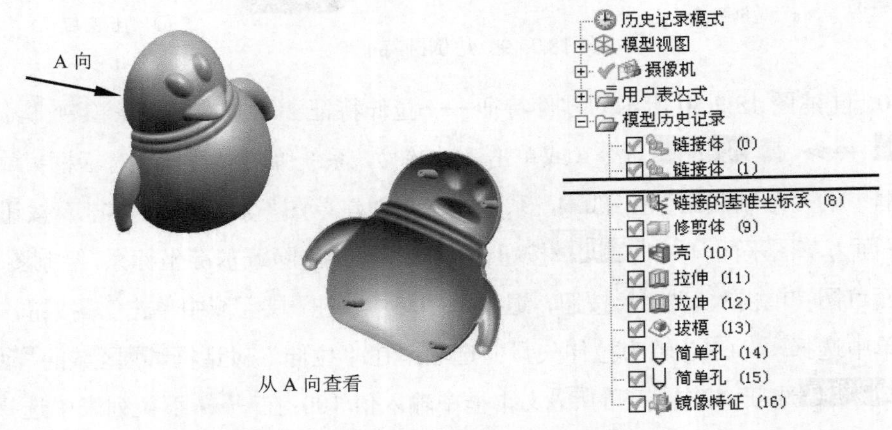

图 18.3.1　储钱罐上盖零件模型及模型树

Step2. 创建图 18.3.2 所示的零件特征——修剪体特征。选择下拉菜单 插入(S) → 修剪(T) → 修剪体(T)... 命令，系统弹出“修剪体”对话框；选取图 18.3.3 所示的模型体分别为修剪的目标体，单击中键，选取图 18.3.3 所示的片体为刀具体，单击 按钮，使修剪结构如图 18.3.2 所示；单击“修剪体”对话框中的 < 确定 > 按钮，完成修剪体特征的创建（隐藏片体）。

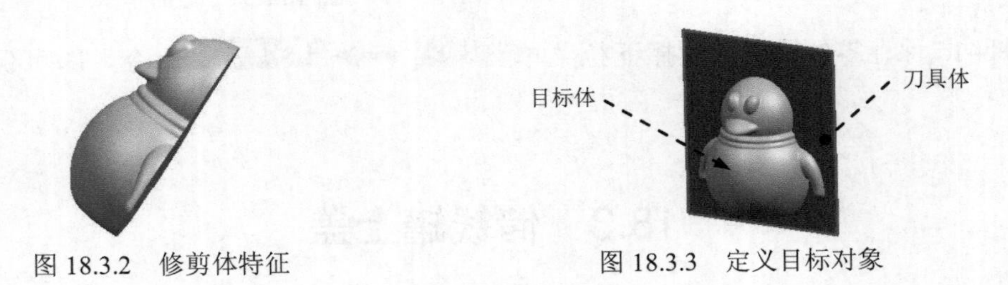

图 18.3.2　修剪体特征　　　　图 18.3.3　定义目标对象

Step3. 创建图 18.3.4 所示的抽壳特征。选择下拉菜单 插入(S) → 偏置/缩放(O) → 抽壳(H)... 命令（或单击 按钮），系统弹出“抽壳”对话框；在“抽壳”对话框 类型 区域的下拉列表中选择 移除面，然后抽壳 选项；选择图 18.3.5 所示的面为移除面，在 厚度 文本框中输入值 2，在 设置 区域的 公差 文本框中输入值 0.03；单击 < 确定 > 按钮，完成抽壳特征的创建。

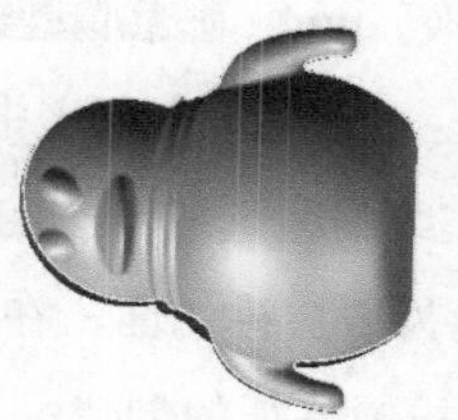
图 18.3.4 抽壳特征

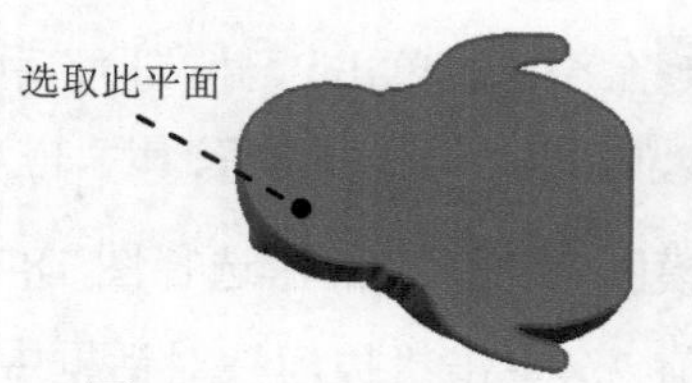

图 18.3.5 定义移除面

Step4. 创建图 18.3.6 所示的零件特征——拉伸特征 1。选择下拉菜单 插入(S) → 设计特征(E) → 拉伸(E)... 命令（或单击按钮），系统弹出“拉伸”对话框；单击“拉伸”对话框中的“草图曲线”按钮，在绘图区选取图 18.3.7 所示的模型边线为拉伸截面；在 指定矢量 下拉列表中选择 ZC 选项；在“拉伸”对话框 限制 区域的 开始 下拉列表中选择 值 选项，并在其下的 距离 文本框中输入值 0；在 限制 区域的 结束 下拉列表中选择 值 选项，并在其下的 距离 文本框中输入值 3，在 偏置 下拉列表中选择 对称 选项，并在 结束 文本框中输入值 1；在 布尔 区域中选择 减去 选项，采用系统默认的求差对象；在 体类型 下拉列表中选择 实体 选项，在 设置 区域的 公差 文本框中输入值 0.03；单击“拉伸”对话框中的 < 确定 > 按钮，完成拉伸特征 1 的创建。

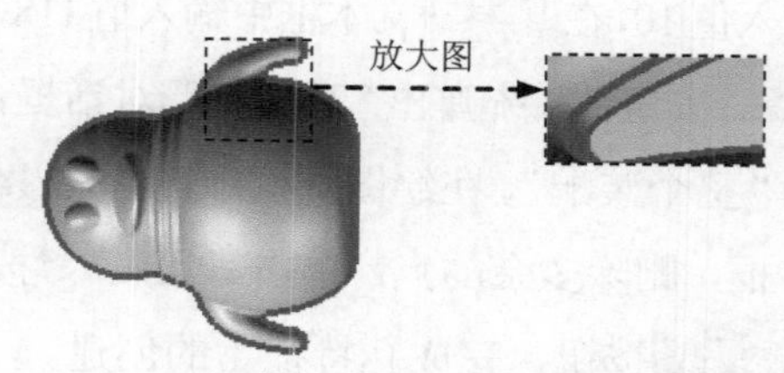

图 18.3.6 拉伸特征 1

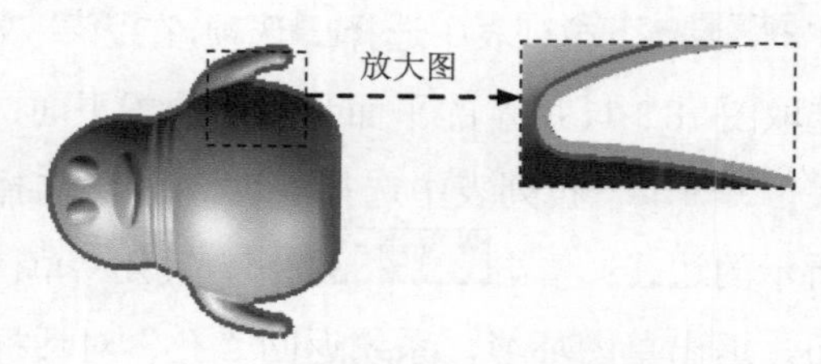

图 18.3.7 截面草图

Step5. 创建图 18.3.8 所示的零件特征——拉伸特征 2。选择下拉菜单 插入(S) → 设计特征(E) → 拉伸(E)... 命令（或单击按钮），系统弹出“拉伸”对话框；单击“拉伸”对话框中的“绘制截面”按钮，系统弹出“创建草图”对话框。单击按钮，选取 XY 基准平面为草图平面，单击 确定 按钮，进入草图环境，绘制图 18.3.9 所示的截面草图，单击 完成草图 按钮，退出草图环境；在“拉伸”对话框 限制 区域的 开始 下拉列表中选择 值 选项，并在其下的 距离 文本框中输入值 0；在 限制 区域的 结束 下拉列表中选择 直至下一个 选项。在 指定矢量 下拉列表中选择 ZC 选项；在 布尔 区域中选择 合并 选项，采用系统默认的合并对象；单击“拉伸”对话框中的 < 确定 > 按钮，完成拉伸特征 2 的创建。

图 18.3.8 拉伸特征 2

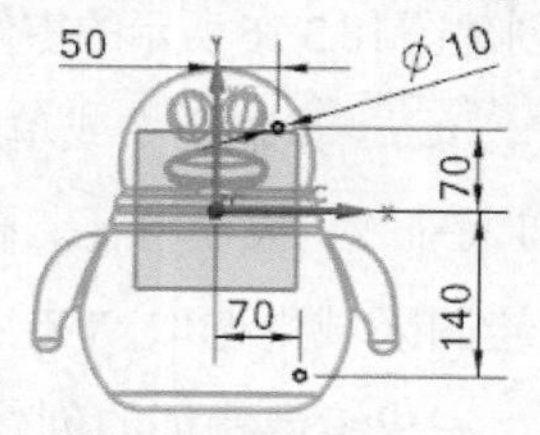

图 18.3.9 截面草图

Step6. 创建图 18.3.10 所示的拔模特征。选择下拉菜单 插入(S) → 细节特征(L) → 拔模(T)... 命令（或单击按钮），系统弹出“拔模”对话框；在 类型 下拉列表中选择 面 选项，在 脱模方向 区域的 指定矢量 下拉列表中选择 -ZC 选项，在绘图区选取图 18.3.11 所示的平面为拔模固定平面，然后选择图 18.3.12 所示的两个圆柱面为要拔模的面，在 角度 1 文本框中输入值 2；单击“拔模”对话框中的 < 确定 > 按钮，完成拔模特征的创建。

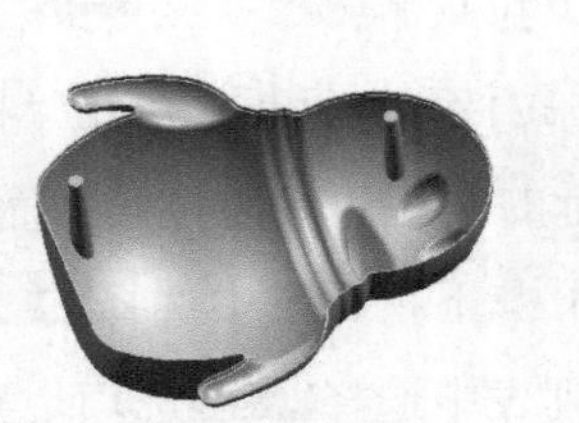

图 18.3.10　拔模特征

图 18.3.11　拔模固定平面

图 18.3.12　要拔模的面

Step7. 创建图 18.3.13 所示的零件特征——孔特征 1。选择下拉菜单 插入(S) → 设计特征(E) → 孔(H)... 命令（或单击按钮），系统弹出“孔”对话框；在 类型 下拉列表中单击 常规孔 按钮，在 形状和尺寸 区域的 成形 下拉列表中选择 简单 选项；在 直径 文本框中输入值 4，在 深度限制 下拉列表中选择 值 选项，在 深度 文本框中输入值 10，在 顶锥角 文本框中输入值 118，选取图 18.3.11 所示的平面为孔的放置平面，单击 确定 按钮，系统弹出“草图点”对话框；在 指定点 下拉列表中选择选项，将选择范围改为“整个装配”，在绘图区选取图 18.3.14 所示的边线；单击 关闭 按钮，关闭“草图点”对话框，删除多余的点；单击 完成草图 按钮，退出草图环境，系统返回“孔”对话框；单击 < 确定 > 按钮，完成孔特征 1 的创建。

图 18.3.13　孔特征 1　　　　图 18.3.14　定义孔的位置

Step8. 创建图 18.3.15 所示的零件特征——孔特征 2。参照 Step7，选取图 18.3.15 所示的面为孔的放置面。

Step9. 创建图 18.3.16 所示的零件特征——镜像特征。选择下拉菜单 插入(S) → 关联复制(A) → 镜像特征(R)... 命令（或单击按钮），系统弹出“镜像特征”对话框；在绘图区域中选取拉伸特征 2、拔模特征、孔特征 1、孔特征 2 为镜像特征；在镜像平面区域中单击按钮，在绘图区域中选取 YZ 基准平面作为镜像平面；单击“镜像特征”对话框中的 确定 按钮，完成镜像特征的创建。

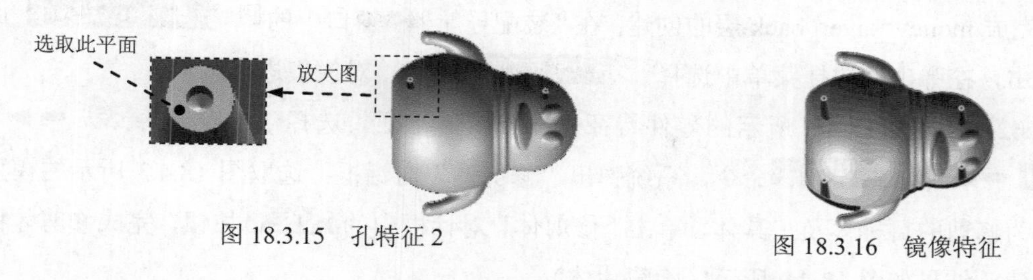

图 18.3.15 孔特征 2

图 18.3.16 镜像特征

Step10. 保存零件模型。选择下拉菜单 文件(F) → 保存(S) 命令，即可保存零件模型。

18.4 储钱罐下盖

储钱罐下盖零件模型及模型树如图 18.4.1 所示。

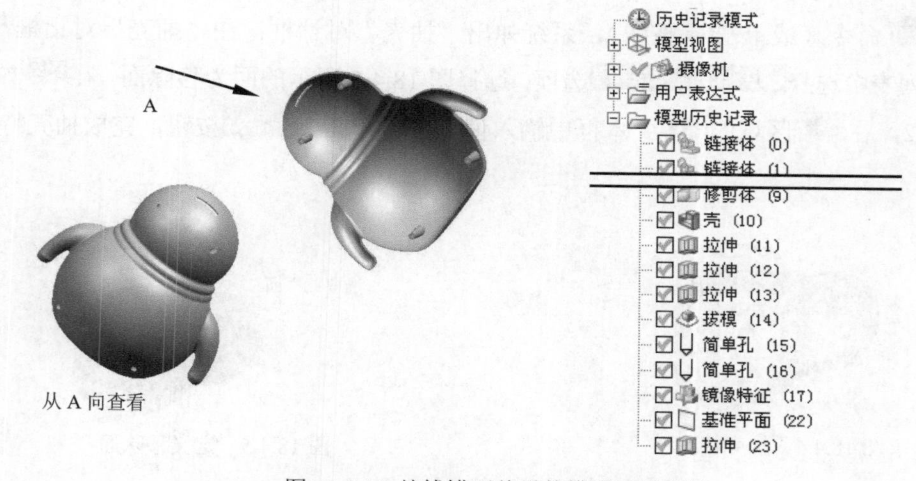

图 18.4.1 储钱罐下盖零件模型及模型树

Step1. 创建 money_saver_backt 层。在“装配导航器”窗口中的 money_saver_front 选项上右击，在弹出的快捷菜单中选择 显示父项 命令，选取 money_saver_first 选项，系统进入主模型区域。隐藏组件 money_saver_front，在“装配导航器”窗口中的 money_saver_first 选项上右击，在弹出的快捷菜单中选择 WAVE → 新建层 命令，系统弹出“新建层”对话框；单击“新建层”对话框中的 指定部件名 按钮，在弹出的“选择部件名”对话框的文本框中输入文件名 money_saver_back，单击 OK 按钮，系统再次弹出“新建层”对话框；单击“新建层”对话框中的 类选择 按钮，系统弹出“WAVE 组件间的复制”对话框，选取实体、片体、基准及 CSYS 作为要复制的几何体，单击 确定 按钮，系统重新弹出“新建层”对话框；在“新建层”对话框中单击 确定按钮，完成 money_saver_back 层的创建；在“装配导航器”窗口中的 money_saver_back 选项上右击，在弹出的快捷菜单中选择 设为显示部件 命令，对模型进行编辑。

Step2. 创建图 18.4.2 所示的零件特征——修剪体特征。选择下拉菜单 插入(S) → 修剪(T) → 修剪体(T)... 命令，系统弹出“修剪体”对话框；选取图 18.4.3 所示的模型体分别为修剪的目标体及工具体，单击“修剪体”对话框中的 < 确定 > 按钮，完成修剪体特征的创建，结果如图 18.4.2 所示（隐藏片体）。

图 18.4.2　修剪体特征

图 18.4.3　定义目标对象

Step3. 创建图 18.4.4 所示的抽壳特征。选择下拉菜单 插入(S) → 偏置/缩放(O) → 抽壳(H)... 命令（或单击 按钮），系统弹出“抽壳”对话框；在“抽壳”对话框 类型 区域的下拉列表中选择 移除面，然后抽壳 选项；选择图 18.4.5 所示的面为移除面，在 厚度 文本框中输入值 2，在 设置 区域的 公差 文本框中输入值 0.03；单击 < 确定 > 按钮，完成抽壳特征的创建。

图 18.4.4　抽壳特征

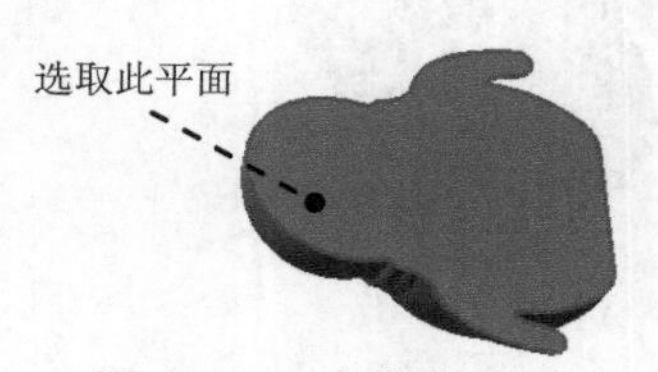

图 18.4.5　定义移除面

Step4. 创建图 18.4.6 所示的零件特征——拉伸特征 1。选择下拉菜单 插入(S) → 设计特征(E) → 拉伸(E)... 命令（或单击 按钮），系统弹出“拉伸”对话框；单击“拉伸”对话框中的“草图曲线”按钮 ，在绘图区选取图 18.4.7 所示的模型边线为拉伸截面；在“拉伸”对话框 限制 区域的 开始 下拉列表中选择 值 选项，并在其下的 距离 文本框中输入值-0.1；在 限制 区域的 结束 下拉列表中选择 值 选项，并在其下的 距离 文本框中输入值 3，在 指定矢量 (1) 下拉列表中选择 ZC 选项，在 偏置 下拉列表中选择 两侧 选项，并在 开始 文本框输入值-1，在 结束 文本框输入值-2；在 布尔 区域中选择 合并 选项，采用系统默认的合并对象，在 设置 区域的 公差 文本框中输入值 0.1；单击“拉伸”对话框中的 < 确定 > 按钮，完成拉伸特征 1 的创建。

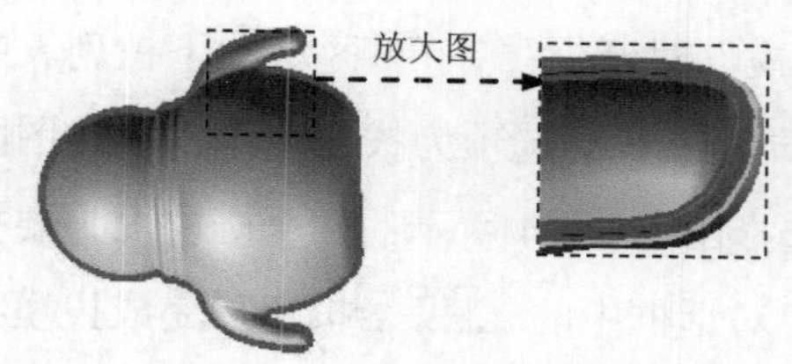

图 18.4.6　拉伸特征 1

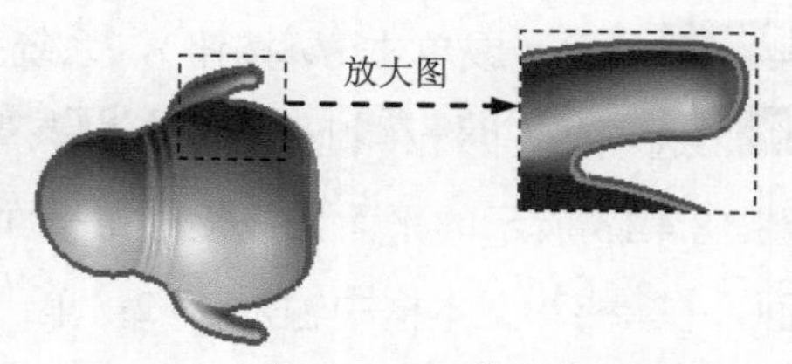

图 18.4.7　截面草图

Step5. 创建图 18.4.8 所示的零件特征——拉伸特征 2。选择下拉菜单 插入(S) → 设计特征(E) → 拉伸(E)... 命令（或单击按钮），系统弹出“拉伸”对话框；单击“拉伸”对话框中的“绘制截面”按钮，系统弹出“创建草图”对话框。单击按钮，选取 ZX 基准平面为草图平面，单击 确定 按钮，进入草图环境，绘制图 18.4.9 所示的截面草图，单击 完成草图 按钮，退出草图环境；在“拉伸”对话框 限制 区域的 开始 下拉列表中选择 值 选项，并在其下的 距离 文本框中输入值 0；在 限制 区域的 结束 下拉列表中选择 贯通 选项，在 指定矢量 下拉列表中选择 YC 选项；在 布尔 区域中选择 减去 选项，采用系统默认的求差对象；单击“拉伸”对话框中的 < 确定 > 按钮，完成拉伸特征 2 的创建。

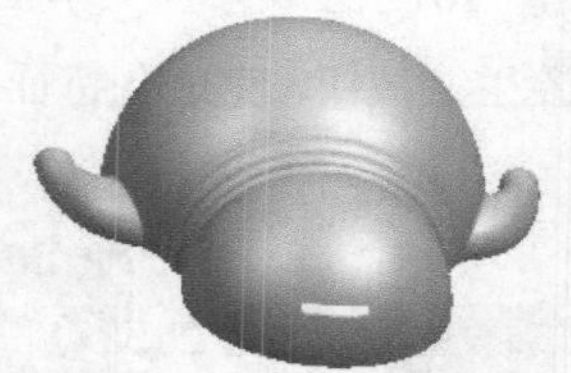
图 18.4.8　拉伸特征 2

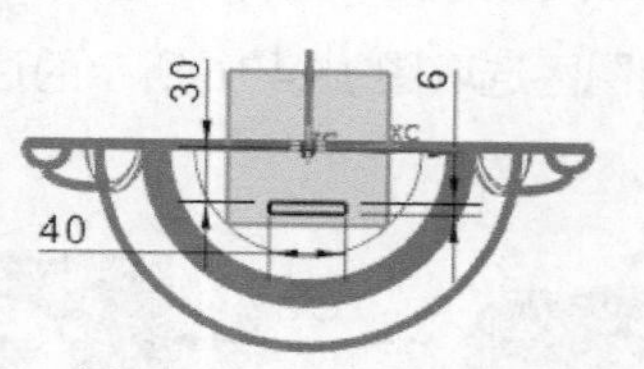

图 18.4.9　截面草图

Step6. 创建图 18.4.10 所示的零件特征——拉伸特征 3。选择下拉菜单 插入(S) → 设计特征(E) → 拉伸(E)... 命令（或单击按钮），系统弹出“拉伸”对话框；单击“拉伸”对话框中的“绘制截面”按钮，系统弹出“创建草图”对话框。单击按钮，选取 XY 基准平面为草图平面，单击 确定 按钮；进入草图环境，绘制图 18.4.11 所示的截面草图；单击 完成草图 按钮，退出草图环境；在“拉伸”对话框 限制 区域的 开始 下拉列表中选择 值 选项，并在其下的 距离 文本框中输入值 0；在 限制 区域的 结束 下拉列表中选择 直至下一个 选项，在 指定矢量 下拉列表中选择 -ZC 选项；在 布尔 区域中选择 合并 选项，采用系统默认的合并对象；单击“拉伸”对话框中的 < 确定 > 按钮，完成拉伸特征 3 的创建。

图 18.4.10　拉伸特征 3

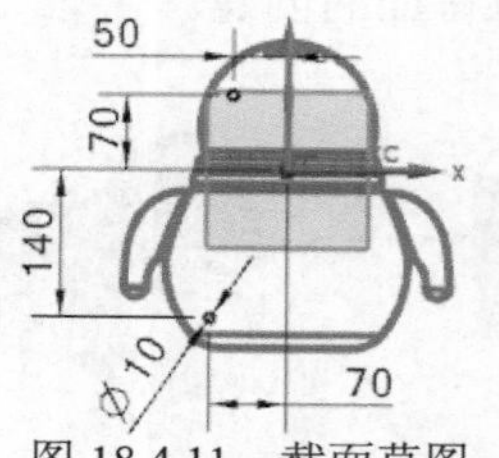

图 18.4.11　截面草图

Step7. 创建图 18.4.12 所示的拔模特征。选择下拉菜单 插入(S) → 细节特征(L) ▸ →

拔模(T)...命令（或单击按钮），系统弹出“拔模”对话框；在类型区域的下拉列表中选择面选项，在拔模方向区域的指定矢量下拉列表中选择ZC↑选项为拔模方向，在绘图区选取图 18.4.13 所示的平面为拔模固定平面，然后选择图 18.4.14 所示的两个圆柱面为要拔模的面，在角度 1文本框中输入值 2；单击“拔模”对话框中的< 确定 >按钮，完成拔模特征的创建。

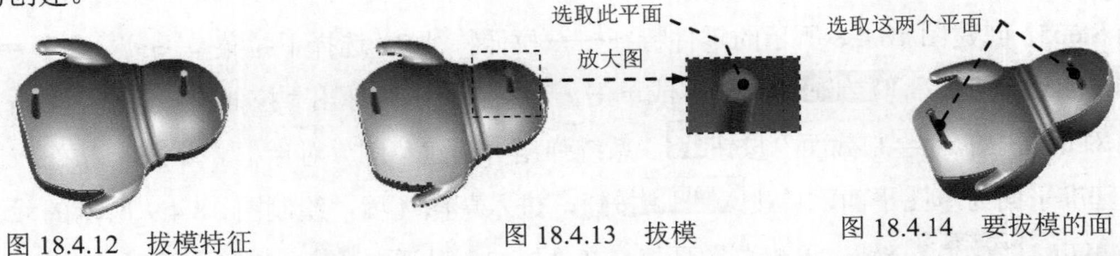

图 18.4.12 拔模特征　　图 18.4.13 拔模　　图 18.4.14 要拔模的面

Step8. 创建图 18.4.15 所示的零件特征——孔特征 1。选择下拉菜单插入(S) → 设计特征(E) → 孔(H)...命令（或单击按钮），系统弹出“孔”对话框；在类型下拉列表中单击常规孔按钮，在形状和尺寸区域的成形下拉列表中选择简单选项，在直径文本框中输入值 4，在深度限制下拉列表中选择值选项，在深度文本框中输入值 10，在顶锥角文本框中输入值 118，在绘图区选取图 18.4.16 所示的边线，捕捉圆心；单击< 确定 >按钮，完成孔特征 1 的创建。

图 18.4.15 孔特征 1　　图 18.4.16 定义孔的位置

Step9. 创建图 18.4.17 所示的零件特征——孔特征 2。参照 Step8，创建图 18.4.17 所示的孔特征 2。

Step10. 创建如图 18.4.18 所示的零件特征——镜像特征。选择下拉菜单插入(S) → 关联复制(A) → 镜像特征(R)...命令（或单击按钮），系统弹出“镜像特征”对话框；选取拉伸特征 3、拔模特征、孔特征 1、孔特征 2 为镜像特征；在镜像平面区域中单击按钮，在绘图区域中选取 YZ 基准平面作为镜像平面；单击“镜像特征”对话框中的确定按钮，完成镜像特征的创建。

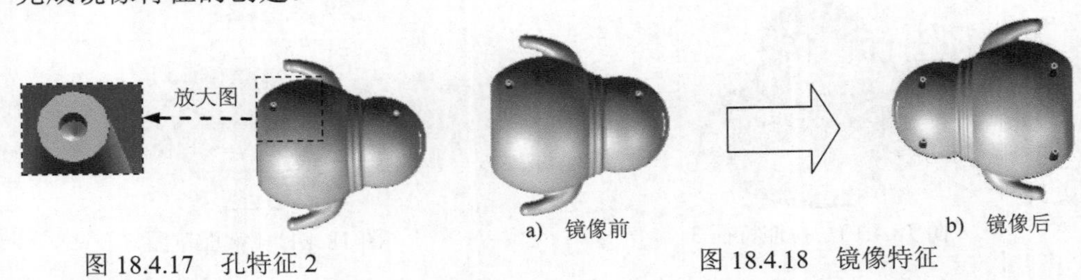

图 18.4.17 孔特征 2　　图 18.4.18 镜像特征

Step11. 创建图 18.4.19 所示的基准平面 2（注：具体参数和操作参见学习资源）。

Step12. 创建图 18.4.20 所示的拉伸特征 4。选择下拉菜单 插入(S) → 设计特征(E) → 拉伸(E)... 命令（或单击按钮），系统弹出“拉伸”对话框；单击“拉伸”对话框中的“绘制截面”按钮，系统弹出“创建草图”对话框。单击按钮，选取基准平面 2 为草图平面，单击 确定 按钮，进入草图环境，绘制图 18.4.21 所示的截面草图，单击 完成草图 按钮，退出草图环境；在“拉伸”对话框 限制 区域的 开始 下拉列表中选择 值 选项，并在其下的 距离 文本框中输入值 0；在 限制 区域的 结束 下拉列表中选择 值 选项，并在其下的 距离 文本框中输入值 115；在 指定矢量 下拉列表中选择 ZC 选项；在 布尔 区域中选择 减去 选项，在 拔模 区域的 拔模 下拉列表中选择 从起始限制 选项，在 角度 文本框中输入值 1；单击“拉伸”对话框中的 < 确定 > 按钮，完成拉伸特征 4 的创建。

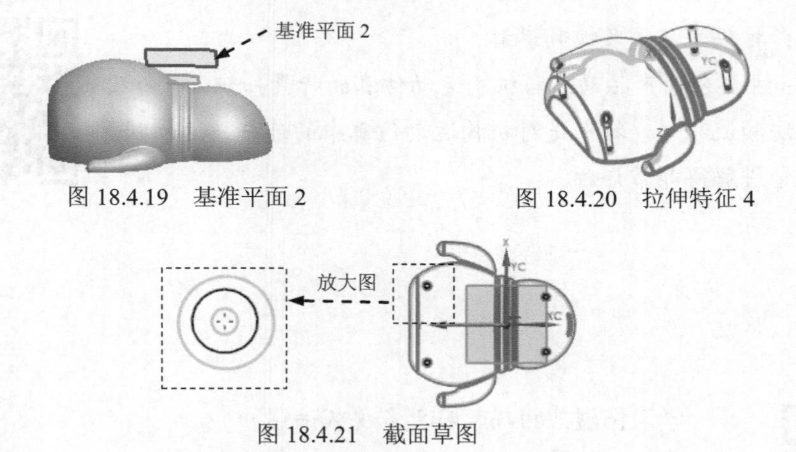

图 18.4.19　基准平面 2　　图 18.4.20　拉伸特征 4

图 18.4.21　截面草图

Step13. 设置隐藏。选择下拉菜单 编辑(E) → 显示和隐藏(H) → 隐藏(H)... 命令，系统弹出“类选择”对话框；单击“类选择”对话框 过滤器 区域中的按钮，系统弹出“根据类型选择”对话框；选择对话框列表中的 基准 选项，单击 确定 按钮，系统再次弹出“类选择”对话框；单击 对象 区域中的按钮，单击对话框中的 确定 按钮，完成对设置对象的隐藏。

Step14. 保存零件模型。选择下拉菜单 文件(F) → 保存(S) 命令，即可保存零件模型。

Step15. 编辑显示模型。在“装配导航器”窗口中的 money_saver_back 选项上右击，在弹出的快捷菜单中选择 显示父项 命令，选取 money_saver_first 选项，系统进入主模型区域；在“装配导航器”窗口中的 money_saver_first 选项上右击，在弹出的快捷菜单中选择 设为工作部件 命令；选择下拉菜单 编辑(E) → 显示和隐藏(H) → 全部显示(A) 命令，选择下拉菜单 编辑(E) → 显示和隐藏(H) → 隐藏(H)... 命令，系统弹出“类选择”对话框；单击“类选择”对话框 过滤器 区域中的按钮，系统弹出“根据类型选择”对话框；选择对话框列表中的 曲线、草图、片体、基准 和 CSYS 选项，单击 确定 按钮，系统再次弹出

“类选择”对话框；单击对象区域中的按钮，单击对话框中的确定按钮，完成对设置对象的隐藏，在部件导航器窗口中把 money_saver_first 中的缝合特征部分隐藏。

Step16. 保存零件模型。选择下拉菜单文件(F) → 保存(S)命令，即可保存零件模型。

学习拓展：扫码学习更多视频讲解。

讲解内容：主要包含产品动画与机构运动仿真的背景知识，概念及作用，一般方法和流程等，特别是对机构运动仿真中的连杆、运动副、驱动等基本概念讲解得非常详细。

学习拓展：扫码学习更多视频讲解。

讲解内容：主要包含电气线束设计基础、原理方法、工作界面以及设计流程等内容。机柜中一般有大量的线束，如果读者想了解线束设计，本部分内容可以作为参考。

学习拓展：扫码学习更多视频讲解。

讲解内容：主要包含管道设计基础、原理方法、工作界面以及设计流程等内容。石化、环保、液压、船舶及非标机械等方面应用广泛。读者想了解管道设计，本部分内容可以作为参考。

实例 19 玩具飞机

19.1 实例概述

玩具飞机的实体模型如图 19.1.1 所示。本例中模型的创建过程比较复杂，难点在于机翼的创建，注意在创建过程中要保证曲面间的相切过渡。

图 19.1.1 玩具飞机的实体模型

19.2 详细设计过程

玩具飞机的零件模型树如图 19.2.1 所示。

图 19.2.1 玩具飞机的零件模型树

Step1. 新建文件。选择下拉菜单文件(F) → 新建(N)...命令，系统弹出“新建”对话框。在模型选项卡的模板区域中选取模板类型为模型，在名称文本框中输入文件名称 toy_airplane，在文件夹文本框中选择文件路径 D:\ugnx11.11\work\ch19，单击确定按钮，进入建模环境。

Step2. 创建图 19.2.2 所示的草图 1。选择下拉菜单插入(S) → 在任务环境中绘制草图(V)...命令，系统弹出“创建草图”对话框；单击按钮，选取 XY 基准平面为草图平面，单击确定按钮，进入草图环境，绘制图 19.2.2 所示的草图 1；单击完成草图按钮，退出草图环境。

Step3. 创建图 19.2.3 所示的草图 2。选取 XY 基准平面为草图平面；进入草图环境，绘制图 19.2.4 所示的样条曲线(以“通过点”类型绘制)，使样条曲线定义点 1 位置与构造线 1 水平相切，样条曲线定义点 2 位置与构造线 2 水平相切。

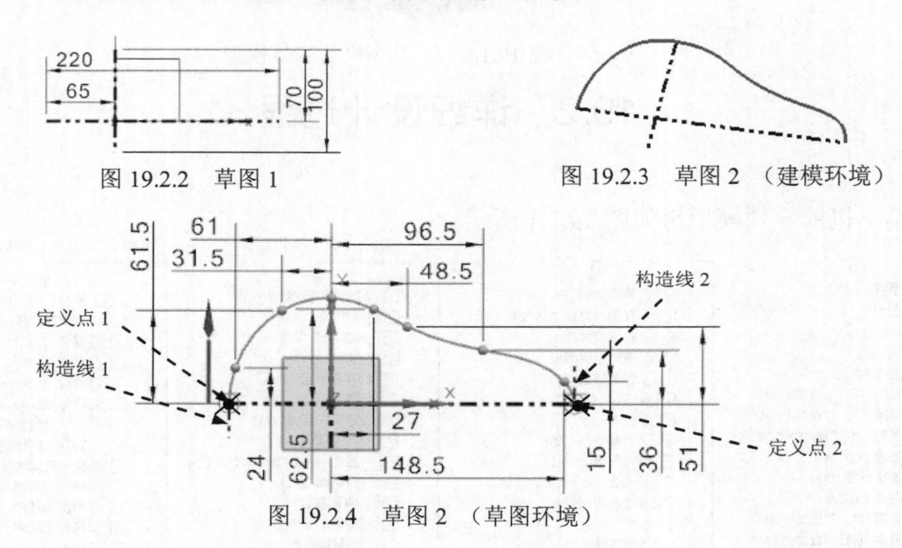

图 19.2.2　草图 1

图 19.2.3　草图 2 （建模环境）

图 19.2.4　草图 2 （草图环境）

说明：现在绘制的是骨架轮廓的一半，通过镜像操作完成另一半的绘制。为了保证曲面镜像后相切的连续性，此处草绘线端点位置必须相切，以后不再赘述。

Step4. 创建图 19.2.5 所示的草图 3。选取 ZX 基准平面为草图平面，绘制图 19.2.6 所示的曲线。

图 19.2.5　草图 3（建模环境）

图 19.2.6　草图 3（草图环境）

Step5. 创建图 19.2.7 所示的基准平面 1。选择下拉菜单插入(S) → 基准/点(D) → 基准平面(D)...命令，系统弹出“基准平面”对话框；单击< 确定 >按钮，完成基准平面 1

的创建（注：具体参数和操作参见学习资源）。

Step6. 创建图 19.2.8 所示的基准平面 2。在“基准平面”对话框类型区域的下拉列表中选择按某一距离选项，选取 YZ 基准平面为对象平面，在偏置区域的距离文本框中输入值 140，方向为 X 轴正方向。

图 19.2.7 基准平面 1　　图 19.2.8 基准平面 2

Step7. 创建图 19.2.9 所示的基准平面 3。在“基准平面”对话框类型区域的下拉列表中选择按某一距离选项，选取 YZ 基准平面为对象平面，在偏置区域的距离文本框中输入值 50，方向为 X 轴负方向。

Step8. 创建图 19.2.10 所示的草图 4。选取 YZ 基准平面为草图平面，进入草绘环境，选择下拉菜单插入(S) → 来自曲线集的曲线(F) → 交点(N)...命令，在弹出的“交点”对话框中选取草图 2 要相交的曲线，单击应用按钮，完成交点 1 的创建；选取草图 3 要相交的曲线，完成交点 2 的创建；经过交点 1、交点 2，绘制图 19.2.11 所示的样条曲线，绘制方法参照 Step3。

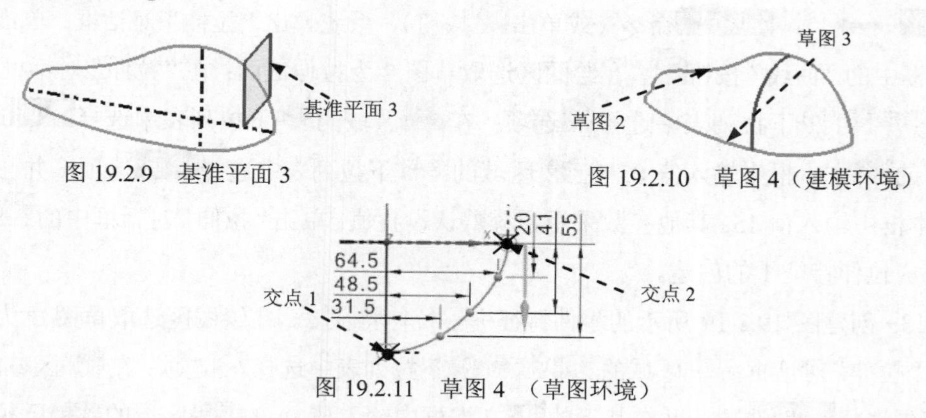

图 19.2.9 基准平面 3　　图 19.2.10 草图 4（建模环境）

图 19.2.11 草图 4 （草图环境）

Step9. 创建图 19.2.12 所示的草图 5。选取基准平面 3 为草图平面，绘制方法参照 Step8。绘制图 19.2.13 所示的样条曲线。

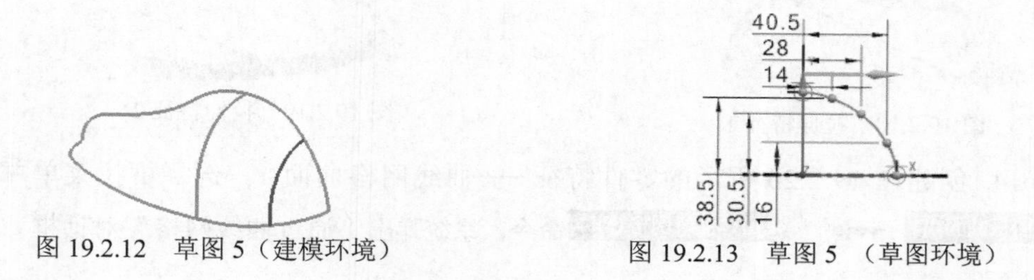

图 19.2.12 草图 5（建模环境）　　图 19.2.13 草图 5 （草图环境）

Step10. 创建图 19.2.14 所示的草图 6。选取基准平面 1 为草图平面，绘制方法参照 Step8，绘制图 19.2.15 所示的样条曲线。

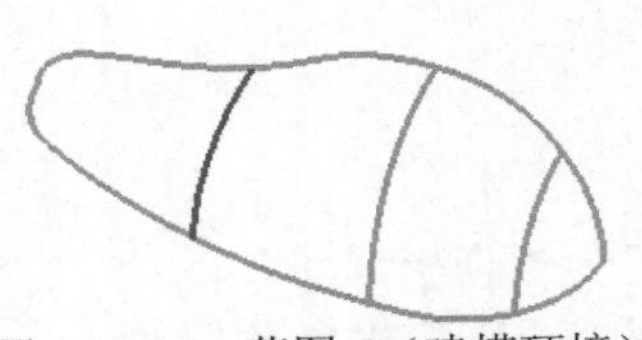

图 19.2.14 草图 6（建模环境）

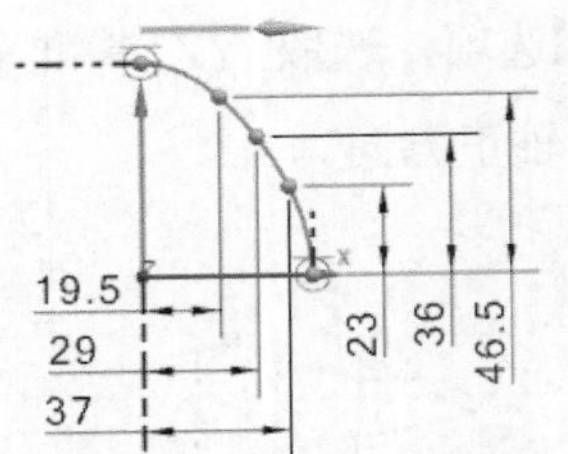

图 19.2.15 草图 6 （草图环境）

Step11. 创建图 19.2.16 所示的草图 7。选取基准平面 2 为草图平面，绘制方法参照 Step8，绘制图 19.2.17 所示的样条曲线。

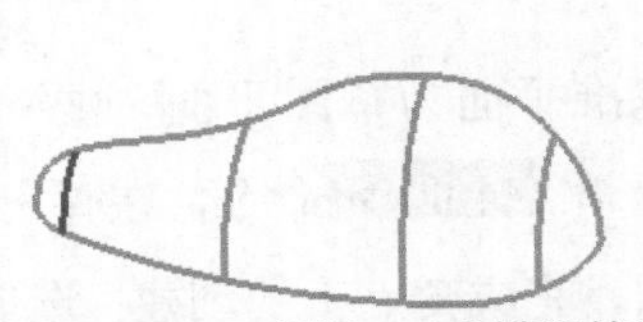

图 19.2.16 草图 7（建模环境）

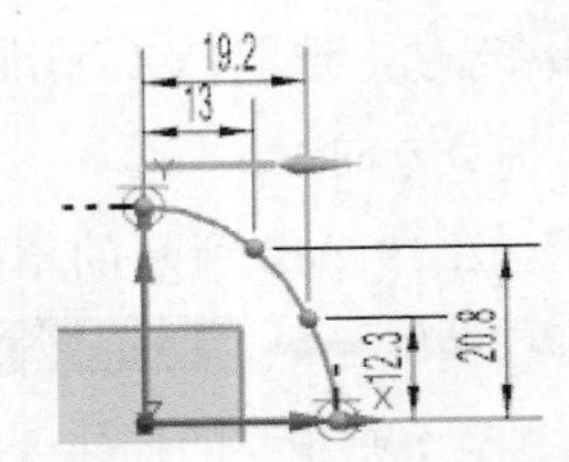

图 19.2.17 草图 7 （草图环境）

Step12. 创建图 19.2.18 所示的零件特征——拉伸特征 1。选择下拉菜单 插入(S) → 设计特征(E) → 拉伸(E)... 命令（或单击按钮），系统弹出“拉伸”对话框；单击“拉伸”对话框中的“曲线”按钮，在绘图区选取草图 2 为拉伸截面；在“拉伸”对话框 方向 区域的 * 指定矢量 (0) 下拉列表中选择 ZC↑ 选项；在 限制 区域的 开始 下拉列表中选择 值 选项，并在其下的 距离 文本框中输入值 0；在 限制 区域的 结束 下拉列表中选择 值 选项，并在其下的 距离 文本框中输入值 15；其他参数采用系统默认设置值；单击“拉伸”对话框中的 < 确定 > 按钮，完成拉伸特征 1 的创建。

Step13. 创建图 19.2.19 所示的零件特征——拉伸特征 2。在绘图区选取草图 3 为拉伸截面，在“拉伸”对话框 方向 区域的 * 指定矢量 (0) 下拉列表中选择 -YC 选项；在 限制 区域的 开始 下拉列表中选择 值 选项，并在其下的 距离 文本框中输入值 0；在 限制 区域的 结束 下拉列表中选择 值 选项，并在其下的 距离 文本框中输入值 15；其他参数采用系统默认设置值。

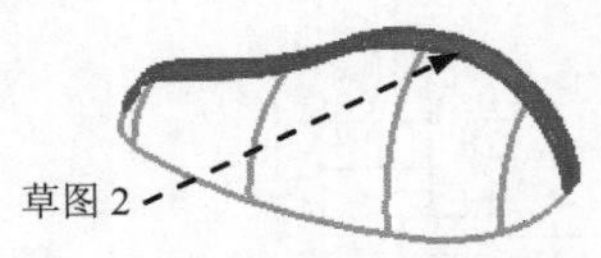

图 19.2.18 拉伸特征 1

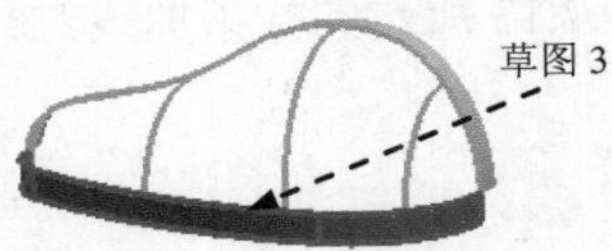

图 19.2.19 拉伸特征 2

Step14. 创建图 19.2.20 所示的零件特征——曲线网格曲面 1。选择下拉菜单 插入(S) → 网格曲面(M) → 通过曲线网格(M)... 命令，系统弹出“通过曲线网格”对话框；依次选取图 19.2.21 所示的交点 1、曲线 1、曲线 2、曲线 3、曲线 4 和交点 2 为主曲线参照，并分别单击中键；再次单击中键后，依次选取图 19.2.21 所示的曲线 5 和曲线 6 为交叉线串，并分别单击中键；在 连续性 区域的 第一交叉线串 和 最后交叉线串 下拉列表中分别选择 G1（相切） 选项，然后分别选曲面 1 和曲面 2 为相切对象；单击 < 确定 > 按钮，完成曲线网格曲面 1 的创建。

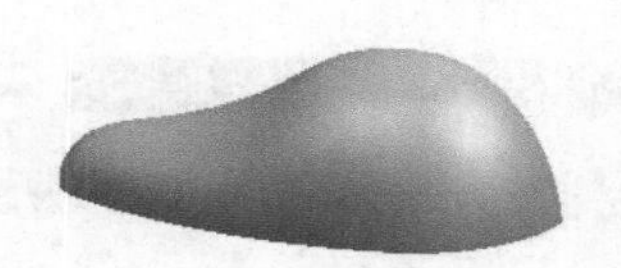

图 19.2.20 曲线网格曲面 1

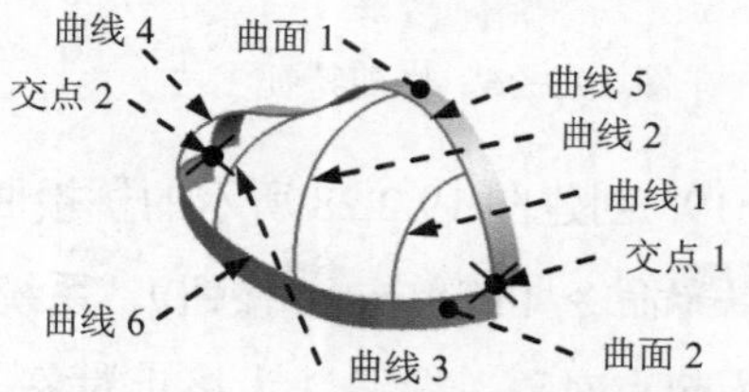

图 19.2.21 定义曲线网格曲面参照

说明：在定义曲线串时，注意两曲线的方向可通过按钮来调整，以后不再赘述。在选取图 19.2.21 所示的边线时，单击选择杆后的按钮可以选择单条边线，以后不再赘述。

Step15. 创建图 19.2.22 所示的零件特征——镜像体 1。选择下拉菜单 插入(S) → 关联复制(A) → 镜像特征(R)... 命令，系统弹出“镜像特征”对话框；在绘图区域中选取曲线网格曲面 1 为要镜像的特征；在镜像平面区域中单击按钮，在绘图区域中选取 ZX 基准平面作为镜像平面；单击 确定 按钮，完成镜像体 1 的创建。

Step16. 创建图 19.2.23 所示的曲面缝合 1。选择下拉菜单 插入(S) → 组合(B) → 缝合(W)... 命令，系统弹出“缝合”对话框；在 目标 区域中单击按钮，选取曲线网格曲面 1 为目标体，选取镜像体 1 为刀具体；单击 确定 按钮，完成曲面缝合 1 的创建。

图 19.2.22 镜像体 1

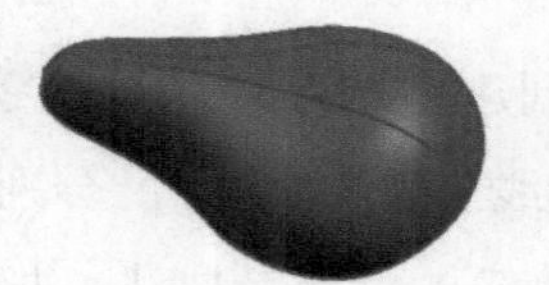

图 19.2.23 曲面缝合 1

Step17. 创建图 19.2.24 所示的草图 8。选取 YZ 基准平面为草图平面，绘制图 19.2.25 所示的草图。

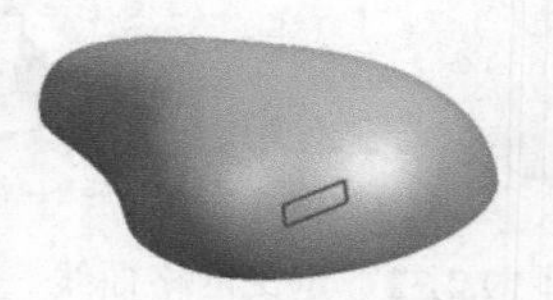

图 19.2.24 草图 8（建模环境）

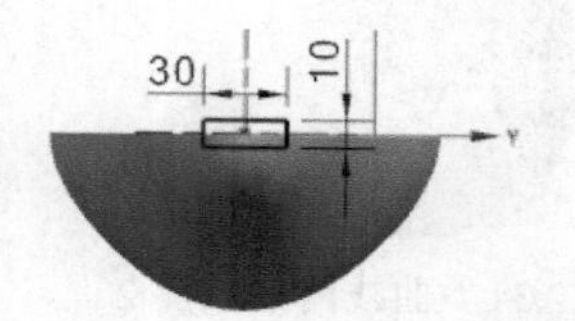

图 19.2.25 草图 8（草图环境）

Step18. 创建图 19.2.26 所示的零件特征——修剪特征 1。选择下拉菜单 插入(S) → 修剪(T) → 修剪片体(R)... 命令，系统弹出“修剪片体”对话框；选择图 19.2.27 所示的曲面为目标体，单击中键确认；选取草图 8 为刀具体，选中 ☑ 允许目标边缘作为工具对象 复选项；在投影方向下拉列表中选择沿矢量选项，在*指定矢量(0)下拉列表中选择-XC选项，取消选中□投影两侧复选项，在区域区域中选中⊙保留单选项；其他参数采用系统默认设置值。

图 19.2.26　修剪特征 1

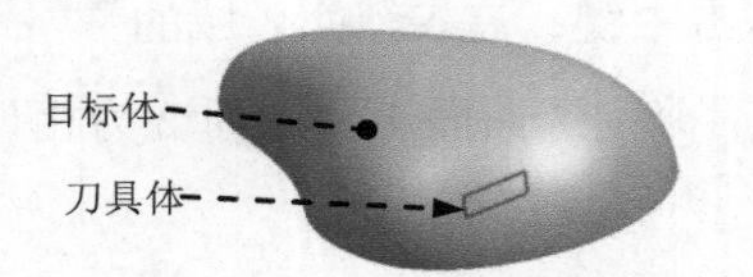

图 19.2.27　选取修剪目标体

Step19. 创建图 19.2.28 所示的桥接曲线。选择下拉菜单插入(S) → 派生曲线(U) → 桥接(B)...命令（或单击按钮），系统弹出“桥接曲线”对话框；选取图 19.2.29 所示的曲线 1 为起点对象，曲线 2 为终止对象；在连续性区域开始选项组的连续性下拉列表中选择G1(相切)选项，在形状控制区域的方法下拉列表中选择相切幅值选项，其他参数采用系统默认设置值；单击<确定>按钮，完成桥接曲线的创建。

Step20. 创建图 19.2.30 所示的零件特征——拉伸特征 3。在绘图区选取桥接曲线 1 为拉伸截面，在“拉伸”对话框方向区域的*指定矢量(0)下拉列表中选择ZC↑选项；在限制区域的开始下拉列表中选择值选项，并在其下的距离文本框中输入值 0；在限制区域的结束下拉列表中选择值选项，并在其下的距离文本框中输入值 10；其他参数采用系统默认设置值。

图 19.2.28　桥接曲线

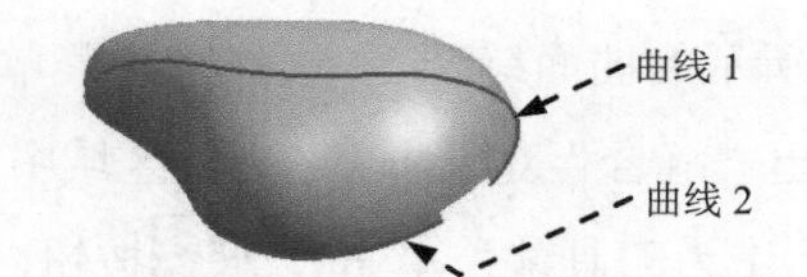

图 19.2.29　定义桥接对象曲线

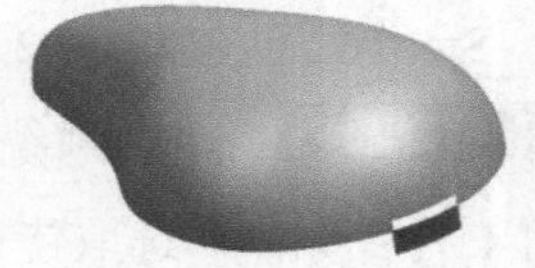

图 19.2.30　拉伸特征 3

Step21. 创建图 19.2.31 所示的零件特征——曲线网格曲面 2。依次选取图 19.2.32 所示的曲线 1 和曲线 2 为主曲线，并分别单击中键；再次单击中键后，依次选取图 19.2.32 所示的曲线 3 和曲线 4 为交叉曲线，并分别单击中键；在连续性区域的第一主线串、最后主线串、第一交叉线串和最后交叉线串下拉列表中分别选择G1(相切)选项，选择相切对象，完成曲线网格曲面 2 的创建。

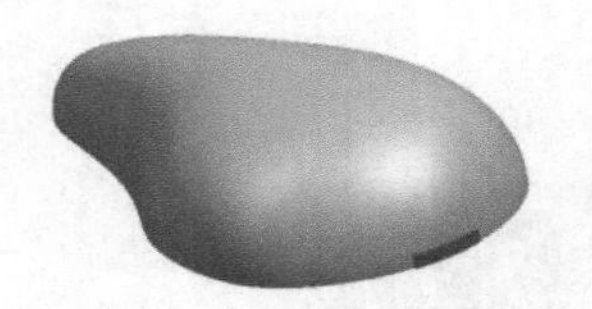

图 19.2.31　曲线网格曲面 2

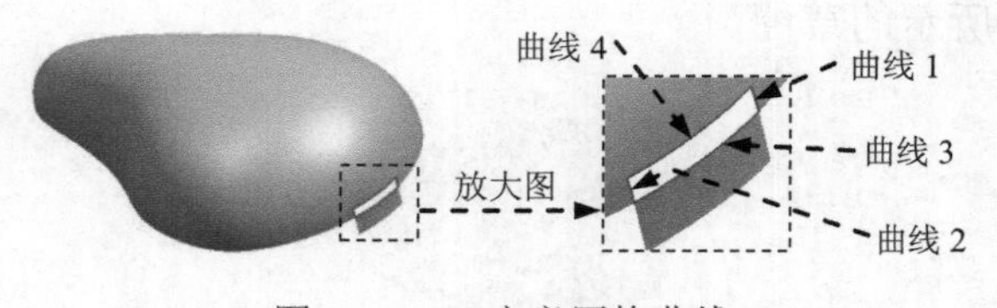

图 19.2.32　定义网格曲线

Step22. 创建曲面缝合 2。选取图 19.2.33 所示的曲面缝合 2 为目标体，选取曲线网格曲面 2 为刀具体。

Step23. 创建图 19.2.34 所示的零件特征——镜像几何体 1。选择下拉菜单插入(S) →

关联复制(A) ▸ → 镜像几何体(G)... 命令；在绘图区域中选取曲面缝合 2 为要镜像的体，在绘图区域中选取 XY 基准平面作为镜像平面。

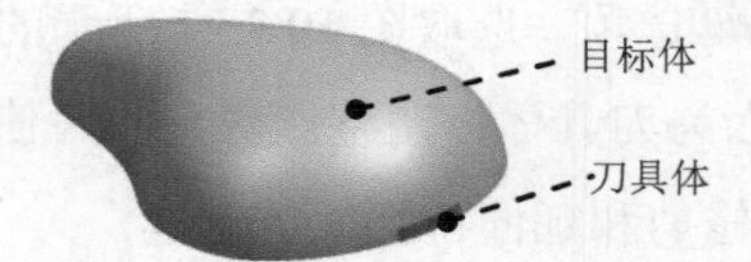

图 19.2.33　曲面缝合 2

图 19.2.34　镜像几何体 1

Step24. 创建图 19.2.35 所示的基准平面 4。选择下拉菜单 插入(S) → 基准/点(D) ▸ → 基准平面(D)... 命令（或单击 按钮），系统弹出“基准平面”对话框；在“基准平面”对话框 类型 区域的下拉列表中选择 按某一距离 选项，选取 ZX 基准平面为对象平面，输入偏置值 25，偏置方向为 Y 轴正方向；其他参数采用系统默认设置值。

Step25. 创建图 19.2.36 所示的零件特征——修剪特征 2。选择下拉菜单 插入(S) → 修剪(T) ▸ → 修剪片体(R)... 命令，系统弹出“修剪片体”对话框；选择曲面缝合 2 和镜像几何体 1 为目标体，单击中键确认；选取基准平面 4 为边界对象，取消选中 □ 允许目标边作为工具对象 复选框；在 投影方向 下拉列表中选择 垂直于面 选项；在 区域 区域中选中 ◉ 放弃 单选项(具体要看选取目标面时单击的位置来确定是舍弃还是保持)；其他参数采用系统默认设置值。

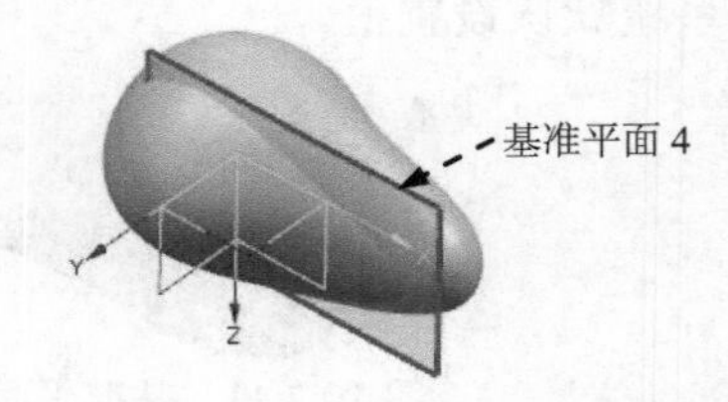

图 19.2.35　基准平面 4

图 19.2.36　修剪特征 2

Step26. 创建图 19.2.37 所示的零件特征——拉伸特征 4。选择下拉菜单 插入(S) → 设计特征(E) → 拉伸(E)... 命令，系统弹出“拉伸”对话框。选取基准平面 4 为草图平面，绘制图 19.2.38 所示的截面草图，在“拉伸”对话框 方向 区域的 * 指定矢量 (0) 下拉列表中选择 ZC↑ 选项；在 限制 区域的 结束 下拉列表中选择 对称值 选项，并在其下的 距离 文本框中输入值 60；在 设置 区域的 体类型 下拉列表中选择 片体 选项；其他参数采用系统默认设置值。

Step27. 创建曲面缝合 3。选择下拉菜单 插入(S) → 组合(B) ▸ → 缝合(W)... 命令，系统弹出“缝合”对话框；在 类型 下拉列表中选择 片体 选项，选取图 19.2.39 所示的目标体和刀具体。

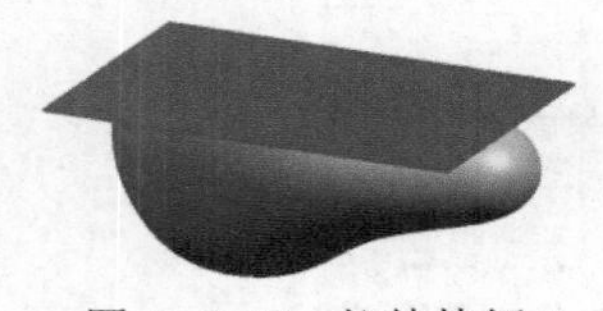

图 19.2.37　拉伸特征 4

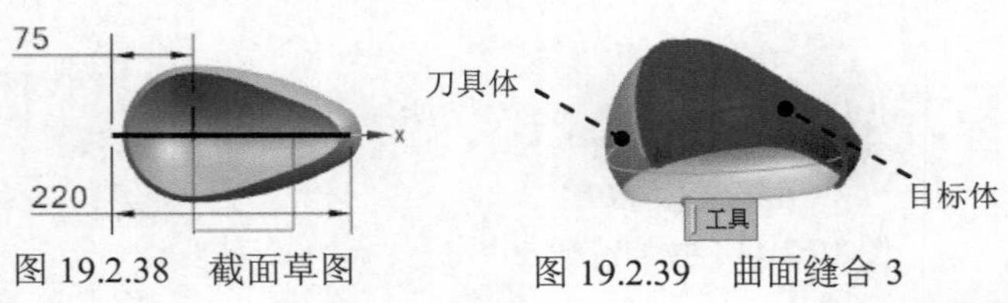

图 19.2.38　截面草图

图 19.2.39　曲面缝合 3

Step28. 创建图 19.2.40b 所示的零件特征——修剪和延伸特征 1。选择下拉菜单插入(S) → 修剪(T) → 修剪与延伸(N)...命令，系统弹出“修剪和延伸”对话框；在“修剪和延伸”对话框类型区域的下拉列表中选择制作拐角选项，选取图 19.2.37 所示的拉伸特征 4 为要修剪的目标体，选取图 19.2.40a 所示的曲面为刀具体；调整修剪方向，使修剪的方向箭头均指向保留部分；单击< 确定 >按钮，完成修剪和延伸特征 1 的创建。

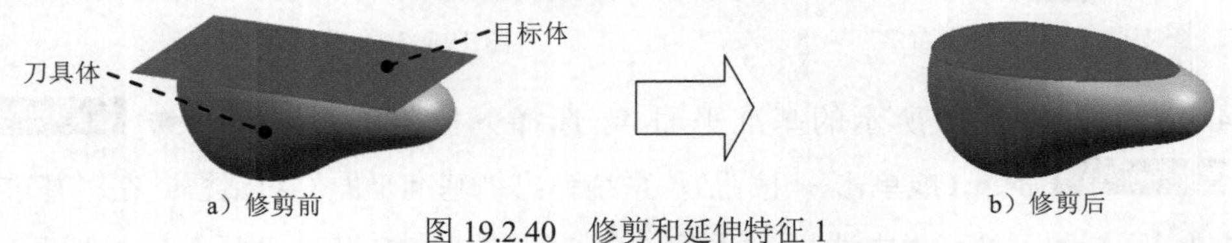

图 19.2.40 修剪和延伸特征 1

Step29. 创建图 19.2.41 所示的边倒圆特征 1。选择下拉菜单插入(S) → 细节特征(L) → 边倒圆(E)...命令（或单击按钮），系统弹出“边倒圆”对话框；在边区域中单击按钮，选择图 19.2.42 所示的边线为要倒圆的边，并在半径 1文本框中输入值 19；单击< 确定 >按钮，完成边倒圆特征 1 的创建。

Step30. 创建图 19.2.43 所示的基准平面 5。选择下拉菜单插入(S) → 基准/点(D) → 基准平面(D)...命令（或单击按钮），系统弹出“基准平面”对话框。在“基准平面”对话框类型区域的下拉列表中选择成一角度选项；选取 ZX 基准平面为参考平面，选取 Z 轴为基准轴，输入偏置角度值-20；其他参数采用系统默认设置值。

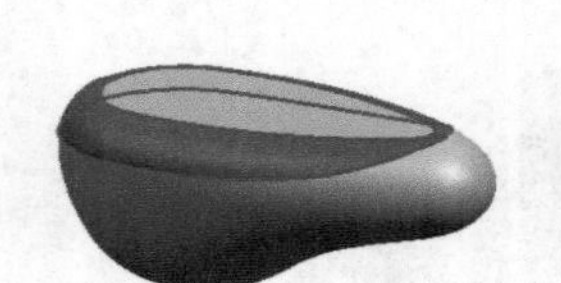

图 19.2.41 边倒圆特征 1

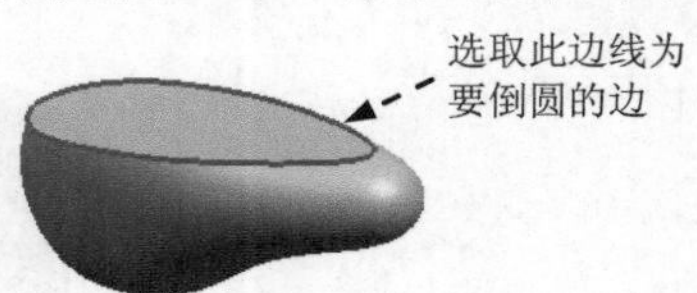

图 19.2.42 选取要倒圆的边

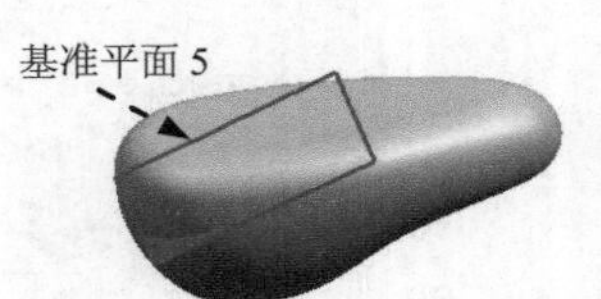

图 19.2.43 基准平面 5

Step31. 创建图 19.2.44 所示的零件特征——拉伸特征 5。选择下拉菜单插入(S) → 设计特征(E) → 拉伸(E)...命令（或单击按钮），系统弹出“拉伸”对话框。选取基准平面 5 为草图平面，绘制图 19.2.45 所示的截面草图；在指定矢量下拉列表中选择选项，选择草图平面确定方向，通过单击反向按钮调整位置，如图 19.2.44 所示；在限制区域的开始下拉列表中选择值选项，并在其下的距离文本框中输入值 60；在限制区域的结束下拉列表中选择值选项，并在其下的距离文本框中输入值 77；采用系统默认的求差对象；在设置区域的体类型下拉列表中选择片体选项，在拔模区域的拔模下拉列表中选择从起始限制选项，并在其下的角度文本框中输入值 15，其他参数采用系统默认设置值。

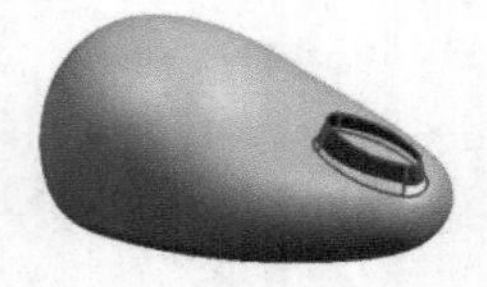

图 19.2.44 拉伸特征 5

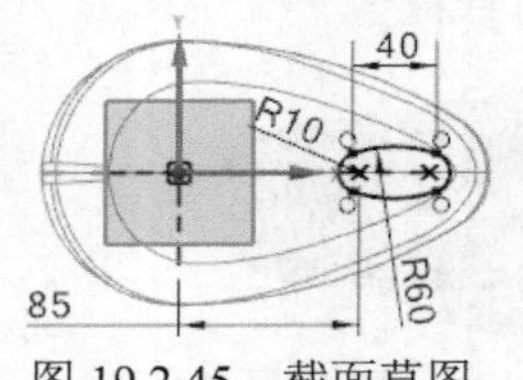

图 19.2.45 截面草图

Step32. 创建图 19.2.46 所示的截面曲线 1。选择下拉菜单 插入(S) → 派生曲线(U) → 截面(S)... 命令，系统弹出“截面曲线”对话框；在 类型 下拉列表中选择 选定的平面 选项，选取图 19.2.47 所示的曲面 1 和曲面 2 为要剖切的对象，选取 XY 基准平面为剖切平面，其他参数采用系统默认设置值；单击 确定 按钮，完成截面曲线 1 的创建。

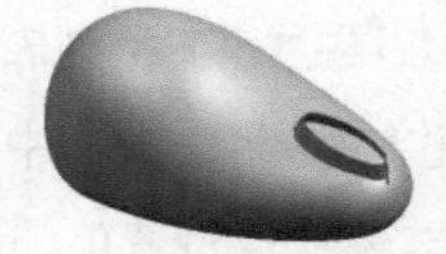
图 19.2.46　截面曲线 1

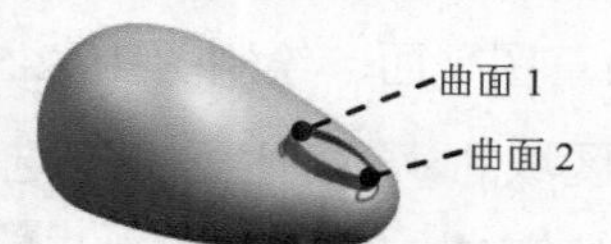

图 19.2.47　定义投影面 1

Step33. 创建图 19.2.48 所示的草图 9。选择下拉菜单 插入(S) → 在任务环境中绘制草图(V)... 命令，系统弹出“创建草图”对话框；选取 XY 基准平面为草图平面，绘制图 19.2.49 所示的草图 9。

Step34. 创建图 19.2.50 所示的零件特征——拉伸特征 6。选择下拉菜单 插入(S) → 设计特征(E) → 拉伸(E)... 命令（或单击 按钮），系统弹出“拉伸”对话框。选取图 19.2.49 所示的草图 9 为拉伸截面曲线，在“拉伸”对话框 方向 区域的 指定矢量 (0) 下拉列表中选择 ZC↑ 选项；在 限制 区域的 开始 下拉列表中选择 值 选项，并在其下的 距离 文本框中输入值 0；在 限制 区域的 结束 下拉列表中选择 值 选项，并在其下的 距离 文本框中输入值 10；其他参数采用系统默认设置值。

图 19.2.48　草图 9　（建模环境）

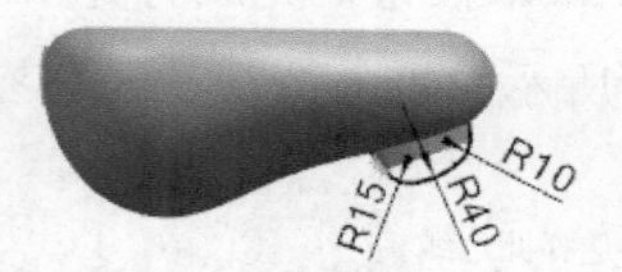

图 19.2.49　草图 9　（草图环境）

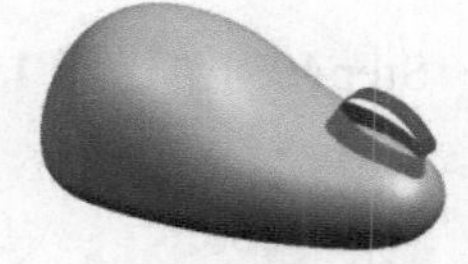
图 19.2.50　拉伸特征 6

Step35. 创建图 19.2.51 所示的零件特征——曲线网格曲面 3。选择下拉菜单 插入(S) → 网格曲面(M) → 通过曲线网格(M)... 命令，系统弹出“通过曲线网格”对话框。依次选取图 19.2.52 所示的交点 1 和交点 2 为主曲线参照，并分别单击中键；再次单击中键后，依次选取图 19.2.52 所示的曲线 1 和曲线 2 为交叉线串，并分别单击中键；在 连续性 区域的 第一交叉线串 和 最后交叉线串 下拉列表中选择 G1（相切） 选项，选择拉伸特征 6 和拉伸特征 5 为相切对象；单击 < 确定 > 按钮，完成曲线网格曲面 3 的创建。

Step36. 创建图 19.2.53 所示的零件特征——镜像体 2。在绘图区域中选取曲线网格曲面 3 为要镜像的特征，在绘图区域中选取 XY 基准平面作为镜像平面。

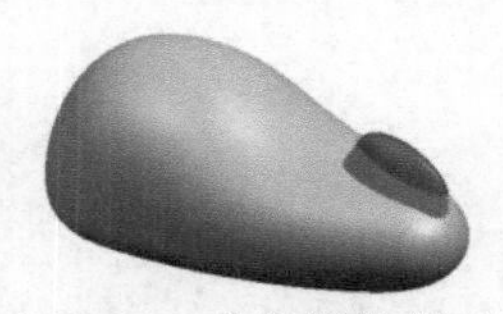
图 19.2.51　曲线网格曲面 3

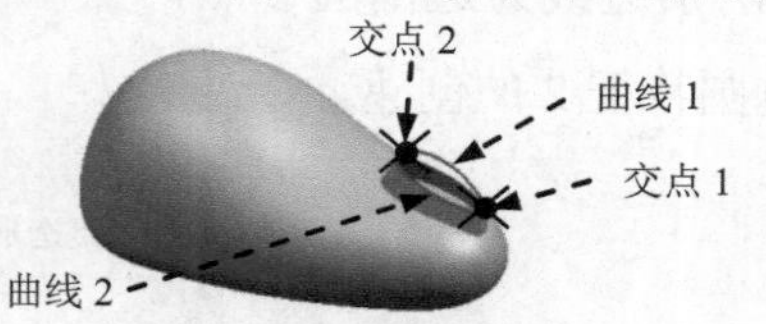

图 19.2.52　定义网格曲线

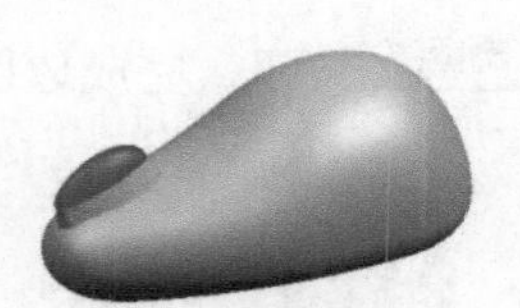
图 19.2.53　镜像体 2

Step37. 创建曲面缝合 4。选取拉伸特征 5 为目标体，选取曲线网格曲面 3 和镜像体 2 为刀具体。

Step38. 创建图 19.2.54 所示的零件特征——拉伸特征 7。选择下拉菜单 插入(S) → 设计特征(E) → 拉伸(E)... 命令（或单击 按钮），系统弹出"拉伸"对话框。选取 ZX 基准平面为草图平面，绘制图 19.2.55 所示的截面草图；在 指定矢量 下拉列表中选择 YC 选项，在 限制 区域的 结束 下拉列表中选择 对称值 选项，并在其下的 距离 文本框中输入值 10；在 设置 区域的 体类型 下拉列表中选择 片体 选项，其他参数采用系统默认设置值。

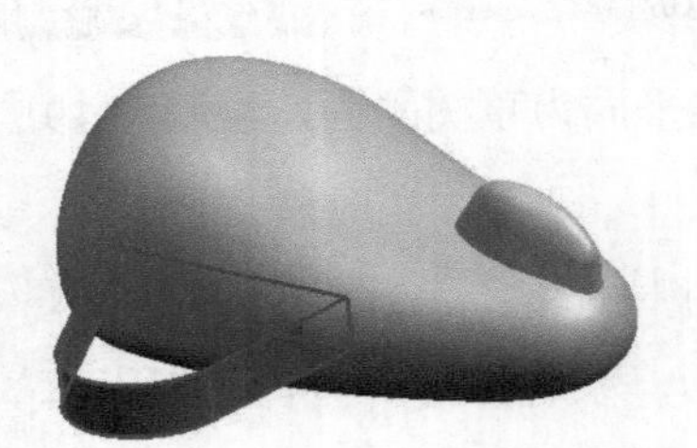

图 19.2.54 拉伸特征 7

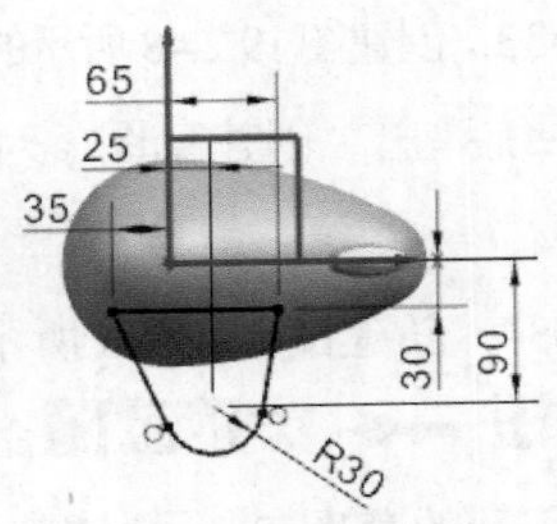

图 19.2.55 截面草图

Step39. 创建图 19.2.56 所示的零件特征——有界平面 1。选择下拉菜单 插入(S) → 曲面(R) → 有界平面(B)... 命令，系统弹出"有界平面"对话框；选取图 19.2.57 所示的边线为边界线串；单击 < 确定 > 按钮，完成有界平面 1 的创建。

Step40. 创建图 19.2.58 所示的零件特征——有界平面 2（参照 Step39）。

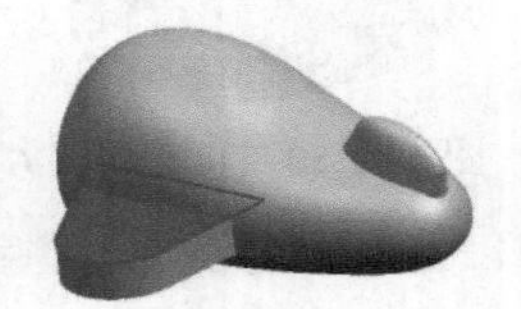

图 19.2.56 有界平面 1

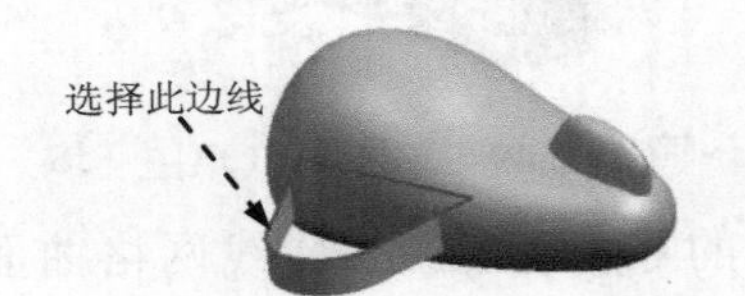

图 19.2.57 选择边界线串

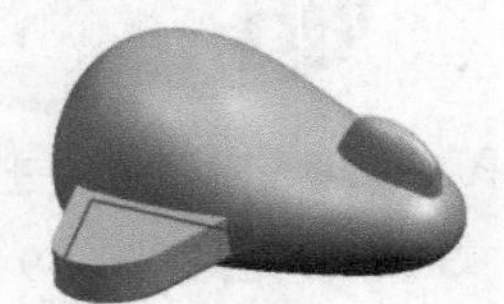

图 19.2.58 有界平面 2

Step41. 创建图 19.2.59 所示的曲面缝合 5。选择下拉菜单 插入(S) → 组合(B) → 缝合(W)... 命令，选取拉伸 7 为目标体，选取有界平面 1 和有界平面 2 为刀具体，完成曲面缝合 5 的创建。

Step42. 创建图 19.2.60 所示的边倒圆特征 2。选择下拉菜单 插入(S) → 细节特征(L) → 边倒圆(E)... 命令，系统弹出"边倒圆"对话框；在 边 区域中单击 * 选择边 (0) 按钮，选择图 19.2.61 所示的两条边线为边倒圆参照，并在 半径 1 文本框中输入数值 10；单击 < 确定 > 按钮，完成边倒圆特征 2 的创建。

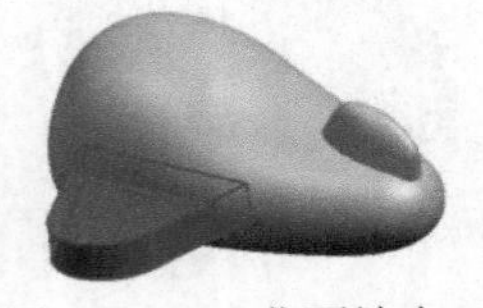

图 19.2.59 曲面缝合 5

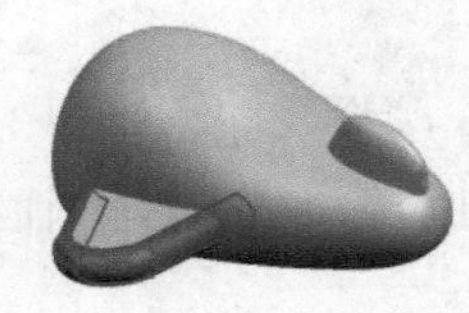

图 19.2.60 边倒圆特征 2

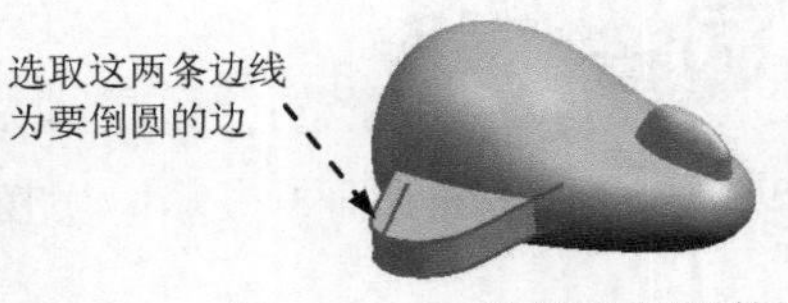

图 19.2.61 选取要倒圆的边

Step43. 创建图 19.2.62 所示的零件特征——实例几何体 1 及变换。选择下拉菜单插入(S) → 关联复制(A) ▸ → 阵列几何特征(T)... 命令，系统弹出“阵列几何特征”对话框；在对话框的布局下拉列表中选择线性选项，选取曲面缝合 5 为阵列几何特征，在方向区域的指定矢量 (0)下拉列表中选择XC选项，在间距下拉列表中选择数量和间隔选项，然后在数量文本框中输入阵列数量为 2，在节距文本框中输入阵列节距值为 90；其他参数采用系统默认设置值。此时模型如图 19.2.63 所示。单击< 确定 >按钮，完成实例几何体 1 的创建。选择下拉菜单编辑(E) → 变换(M)...命令，系统弹出“变换”对话框；选取实例几何体 1 为对象，单击确定按钮，系统弹出“变换”对话框。在“变换”对话框中单击比例按钮，系统弹出“点”对话框。在该对话框的坐标区域中分别输入坐标值 90、0 和-30，其他参数采用系统默认设置值；单击确定按钮，系统弹出“变换”对话框。在该对话框的比例文本框中输入值 0.5，单击确定按钮，系统弹出“变换”对话框。在该对话框中单击移动按钮，系统弹出“变换”对话框。在该对话框中单击移除参数按钮，单击取消按钮，完成变换的创建。

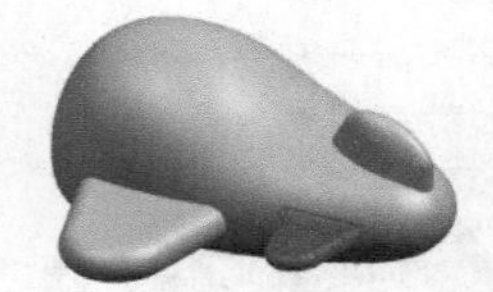
图 19.2.62 变换

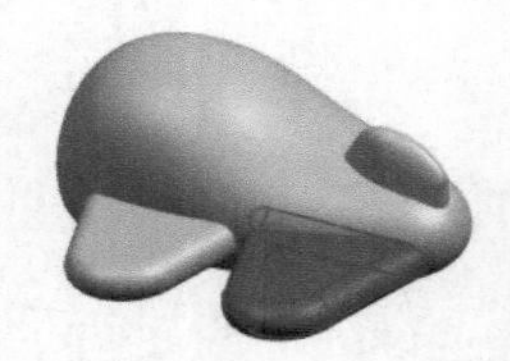
图 19.2.63 实例几何体 1 模型后

Step44. 创建图 19.2.64 所示的零件特征——镜像体 3。选择下拉菜单插入(S) → 关联复制(A)▸ → 镜像特征(R)...命令，系统弹出“镜像特征”对话框；在绘图区域中选取变换 1 为要镜像的特征，在绘图区域中选取 XY 基准平面作为镜像平面；单击确定按钮，完成镜像体 3 的创建。

Step45. 创建图 19.2.65 所示的截面曲线 2。选择下拉菜单插入(S) → 派生曲线(U) → 截面(S)...命令，系统弹出“截面曲线”对话框。在类型区域下拉列表中选择选定的平面选项，选取图 19.2.66 所示的曲面为要剖切的对象，选取 ZX 基准平面为剖切平面，其他参数采用系统默认设置值。

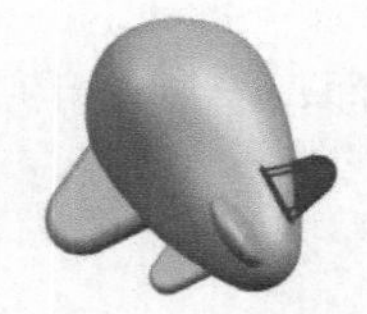
图 19.2.64 镜像体 3

图 19.2.65 截面曲线 2

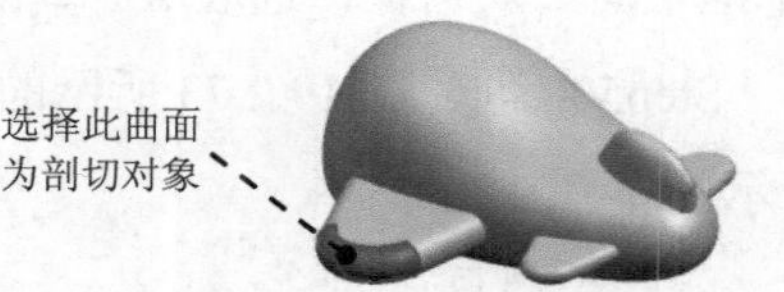

图 19.2.66 定义剖切对象

Step46. 创建图 19.2.67 所示的基准平面 6（注：具体参数和操作参见学习资源）。

Step47. 创建图 19.2.68 所示的草图 10。选取 ZX 基准平面为草图平面，绘制图 19.2.69

所示的草图 10。

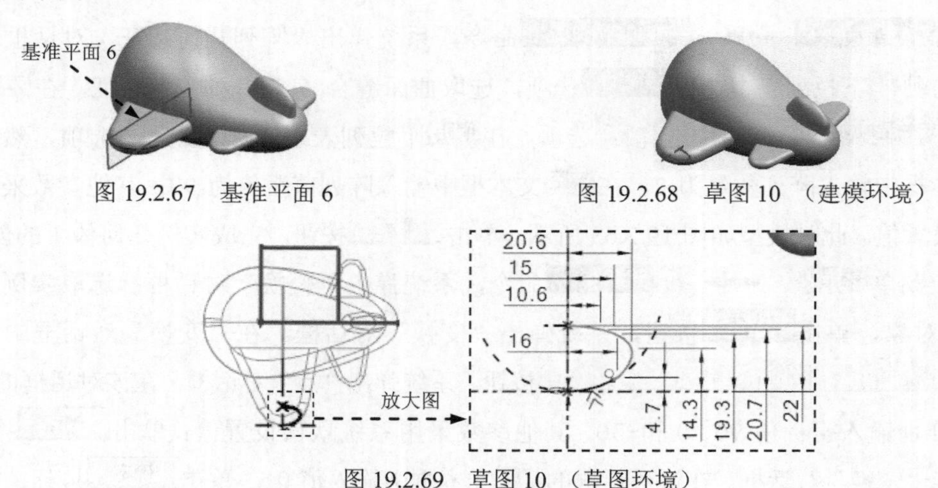

图 19.2.67　基准平面 6　　　图 19.2.68　草图 10 （建模环境）

图 19.2.69　草图 10 （草图环境）

Step48. 创建图 19.2.70 所示的草图 11。选取基准平面 6 为草图平面，绘制图 19.2.71 所示的样条曲线。

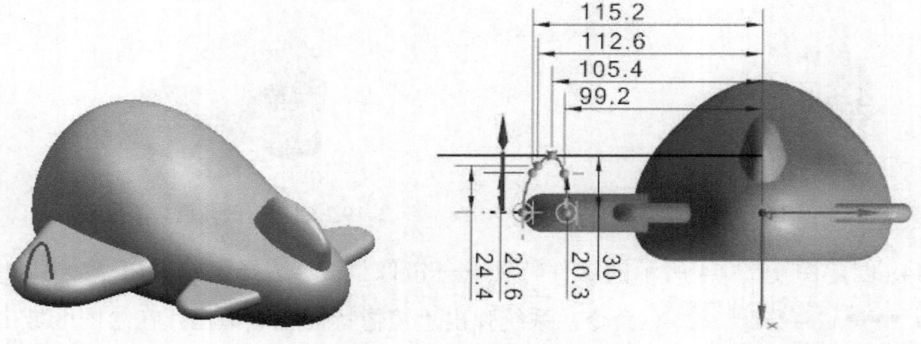

图 19.2.70　草图 11 （建模环境）　　　图 19.2.71　草图 11 （草图环境）

Step49. 创建图 19.2.72 所示的基准平面 7。选择下拉菜单 插入(S) → 基准/点(D) → 基准平面(D)... 命令（或单击 按钮），系统弹出“基准平面”对话框。在“基准平面”对话框类型区域的下拉列表中选择 曲线和点 选项，在子类型下拉列表中选择点和平面/面选项，单击“点构造器”按钮，系统弹出“点”对话框；在类型区域的下拉列表中选择 交点 选项，选取图 19.2.71 所示的曲线及参考直线作为相交曲线；单击 确定 按钮，系统回到“基准平面”对话框，选取 XY 基准平面为参考平面对象。

Step50. 创建图 19.2.73 所示的草图 12。选取基准平面 7 为草图平面，绘制图 19.2.74 所示的草图 12。

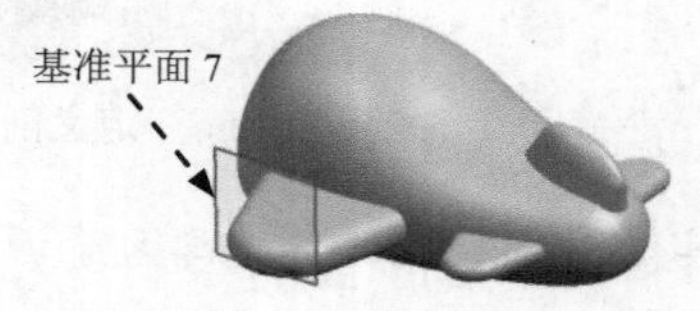

图 19.2.72　基准平面 7

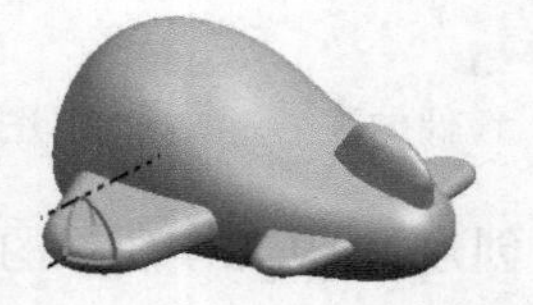

图 19.2.73　草图 12 （建模环境）

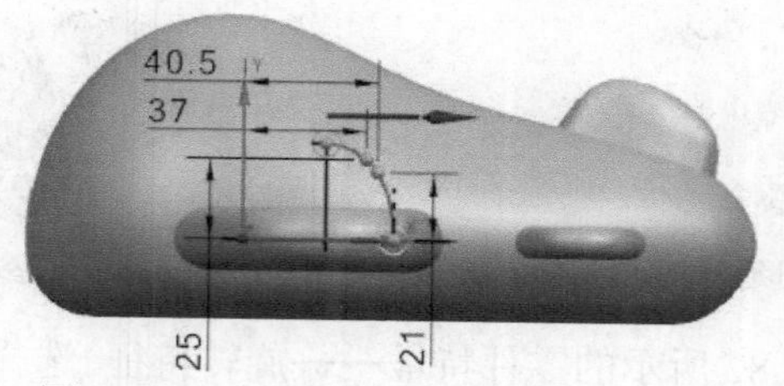

图 19.2.74 草图 12 （草图环境）

Step51. 创建图 19.2.75 所示的零件特征——拉伸特征 8。在绘图区选取草图 11 为拉伸截面，在“拉伸”对话框方向区域的*指定矢量 (0)下拉列表中选择-XC选项；在限制区域的开始下拉列表中选择值选项，并在其下的距离文本框中输入值 0；在限制区域的结束下拉列表中选择值选项，并在其下的距离文本框中输入值 13；在体类型下拉列表中选择片体选项，其他参数采用系统默认设置值。

Step52. 创建图 19.2.76 所示的零件特征——曲线网格曲面 4。选择下拉菜单插入(S) → 网格曲面(M) → 通过曲线网格(M)...命令，依次选取图 19.2.77 所示的交点 1、曲线 1 和交点 2 为主曲线参照，并分别单击中键；再次单击中键，依次选取图 19.2.77 所示的曲线 2 和曲线 3 为交叉线串，并分别单击中键；在连续性区域的最后交叉线串下拉列表中选择G1(相切)选项，并分别选择对应的相切对象；单击< 确定 >按钮，完成曲线网格曲面 4 的创建。

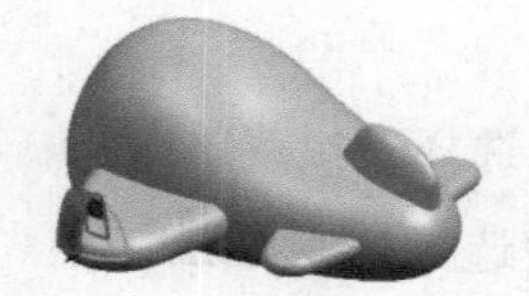
图 19.2.75 拉伸特征 8

图 19.2.76 曲线网格曲面 4

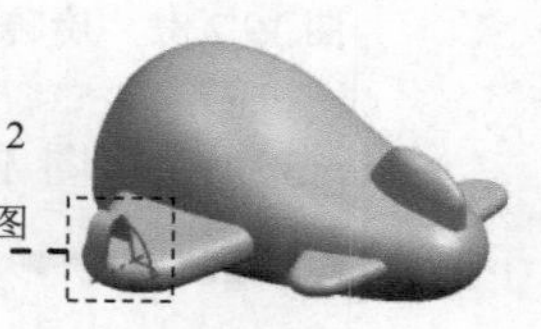

图 19.2.77 定义网格曲线

Step53. 创建图 19.2.78 所示的零件特征——镜像体 4。在绘图区域中选取曲线网格曲面 4 为要镜像的特征，在绘图区域中选取基准平面 6 作为镜像平面。

Step54. 创建图 19.2.79 所示的曲面缝合 6。选取曲线网格曲面 4 为目标体，选取镜像体 4 为刀具体。

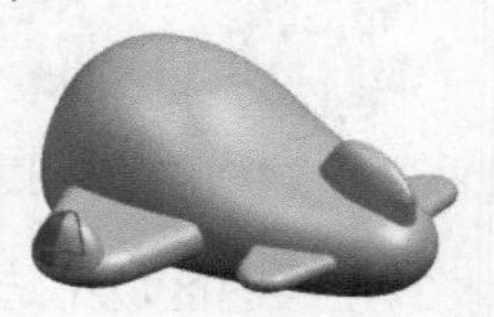
图 19.2.78 镜像体 4

图 19.2.79 曲面缝合 6

Step55. 创建图 19.2.80 所示的零件特征——修剪和延伸特征 2。选择下拉菜单插入(S) → 修剪(T) → 修剪与延伸(N)...命令，在类型区域的下拉列表中选择制作拐角选项，选取图 19.2.81 所示的曲面为要修剪的目标体；选取曲面缝合 6 为刀具体，使修剪方向的箭头均指向保留部分。

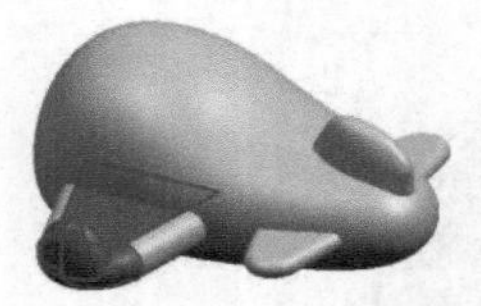
图 19.2.80　修剪和延伸特征 2

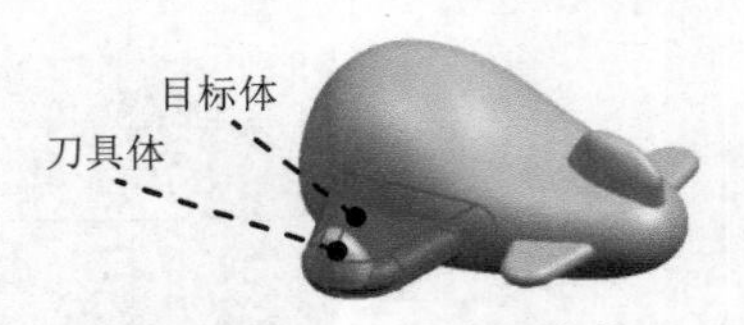

图 19.2.81　选取修剪参照

Step56. 创建图 19.2.82 所示的零件特征——旋转特征。选择下拉菜单 插入(S) → 设计特征(E) → 旋转(R)... 命令（或单击按钮），系统弹出“旋转”对话框；单击截面区域中的按钮，系统弹出“创建草图”对话框；在绘图区选取 ZX 基准平面为草图平面，单击 确定 按钮，进入草图环境，绘制图 19.2.83 所示的截面草图；单击 完成草图 按钮，退出草图环境；在绘图区域中选取图 19.2.83 所示的参考线为旋转轴，在“旋转”对话框限制区域的开始下拉列表中选择值选项，并在角度文本框中输入值 0；在结束下拉列表中选择值选项，并在角度文本框中输入值 360；在设置区域的体类型下拉列表中选择片体，其他参数采用系统默认设置值；单击 < 确定 > 按钮，完成旋转特征的创建。

图 19.2.82　旋转特征

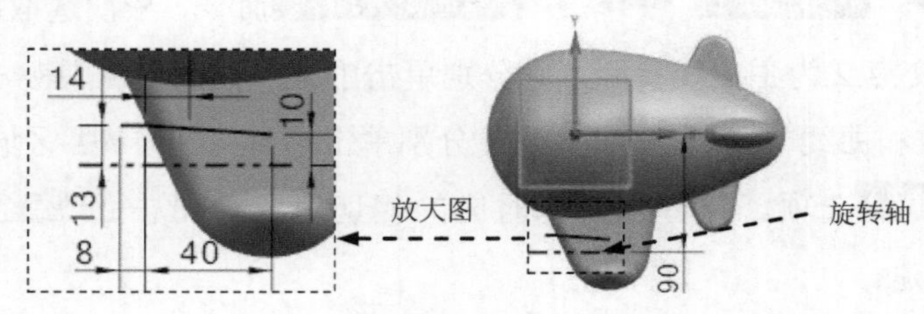

图 19.2.83　截面草图

Step57. 创建图 19.2.84 所示的零件特征——修剪和延伸特征 3。选择下拉菜单 插入(S) → 修剪(T) → 修剪与延伸(N)... 命令，在类型区域的下拉列表中选择 制作拐角 选项，选取图 19.2.85 所示的曲面为要修剪的目标体，选取旋转为刀具体，在设置区域的延伸方法下拉列表中选择自然相切选项，取消选中 组合目标和工具 复选框，使修剪方向的箭头均指向保留部分。

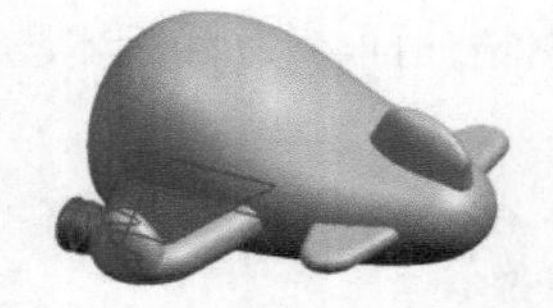
图 19.2.84　修剪和延伸特征 3

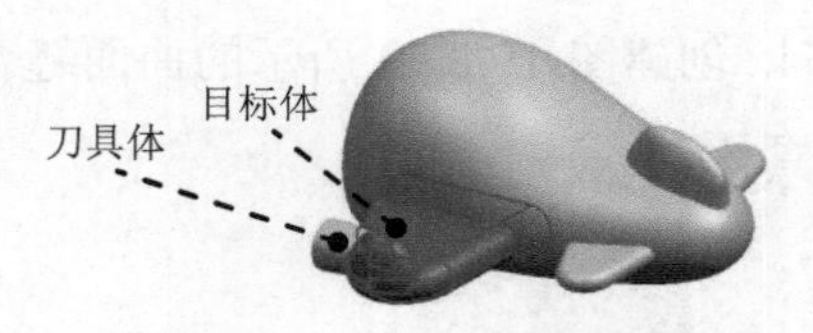

图 19.2.85　选取修剪特征参照

Step58. 创建图 19.2.86 所示的零件特征——镜像几何体 2。在绘图区域中选取图 19.2.87 所示的面组为要镜像的体，在绘图区域中选取 XY 基准平面作为镜像平面。

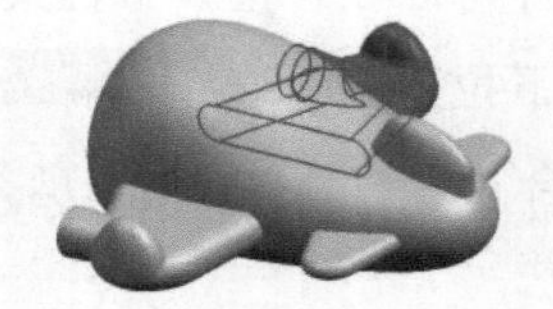
图 19.2.86　镜像几何体 2

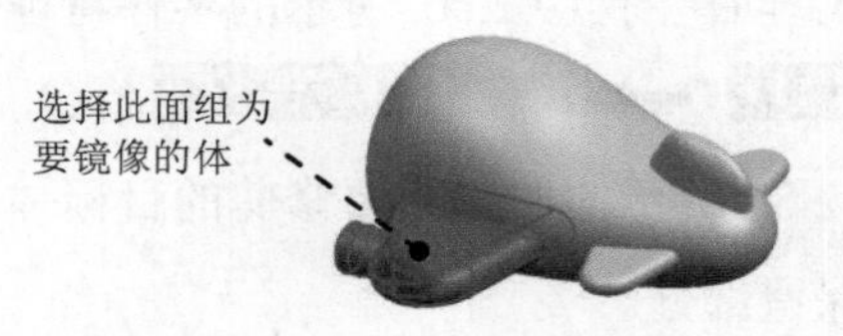

图 19.2.87　选取要镜像的体

Step59. 创建图 19.2.88 所示的零件特征——修剪和延伸特征 4。选择下拉菜单插入(S) → 修剪(T) → 修剪与延伸(N)...命令，在类型区域的下拉列表中选择制作拐角选项，选取图 19.2.89 所示的曲面为要修剪的目标体，选取图 19.2.89 所示的曲面为刀具体，在设置区域的延伸方法下拉列表中选择自然相切选项，取消选中组合目标和工具复选框，使修剪方向的箭头均指向要保留的部分。

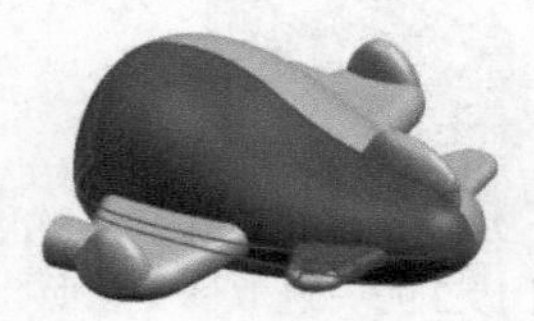

图 19.2.88 修剪和延伸特征 4

图 19.2.89 选取修剪参照

Step60. 创建图 19.2.90 所示的零件特征——修剪和延伸特征 5。选择下拉菜单插入(S) → 修剪(T) → 修剪与延伸(N)...命令，在类型区域的下拉列表中选择制作拐角选项，选取图 19.2.91 所示的曲面为要修剪的目标体，选取图 19.2.91 所示的曲面为刀具体，在设置区域的延伸方法下拉列表中选择自然相切选项，取消选中组合目标和工具复选框，使修剪方向的箭头均指向保留部分。

图 19.2.90 修剪和延伸特征 5

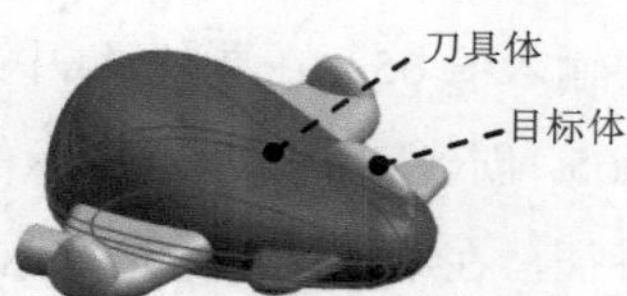

图 19.2.91 选取修剪参照

Step61. 创建图 19.2.92 所示的零件特征——修剪和延伸特征 6。选择下拉菜单插入(S) → 修剪(T) → 修剪与延伸(N)...命令，在类型区域的下拉列表中选择制作拐角选项，分别选取图 19.2.93 所示的曲面为要修剪的目标体和刀具体；在设置区域的延伸方法下拉列表中选择自然相切选项，取消选中组合目标和工具复选框，使修剪方向的箭头均指向保留部分。

图 19.2.92 修剪和延伸特征 6

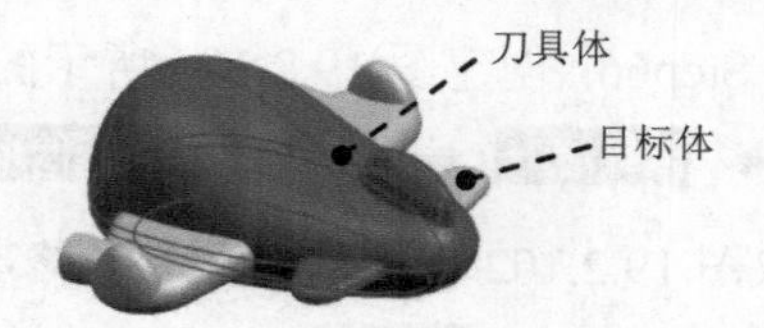

图 19.2.93 选取修剪参照

Step62. 创建图 19.2.94 所示的零件特征——修剪和延伸特征 7。选择下拉菜单插入(S) → 修剪(T) → 修剪与延伸(N)...命令，在类型区域的下拉列表中选择制作拐角选项，分别选取图 19.2.95 所示的曲面为要修剪的目标体和刀具体；在设置区域的延伸方法下拉列表中选择自然相切选项，取消选中组合目标和工具复选框，使修剪方向的箭头均指向保留部分。

图 19.2.94 修剪和延伸特征 7

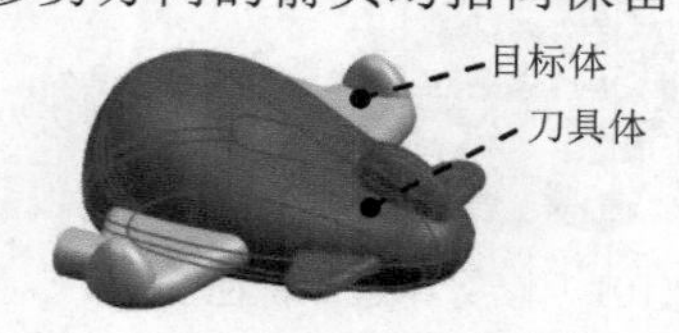

图 19.2.95 选取修剪参照

Step63. 创建图 19.2.96 所示的零件特征——修剪和延伸特征 8。选择下拉菜单 插入(S) → 修剪(T) → 修剪与延伸(N)... 命令，在 类型 区域的下拉列表中选择 制作拐角 选项，分别选取图 19.2.97 所示的曲面为要修剪的目标体和刀具体；在 设置 区域的 延伸方法 下拉列表中选择 自然相切 选项，取消选中 组合目标和工具 复选框，使修剪方向的箭头均指向要保留的部分。

图 19.2.96 修剪和延伸特征 8

图 19.2.97 选取修剪参照

Step64. 创建图 19.2.98 所示的零件特征——拉伸特征 9。选择下拉菜单 插入(S) → 设计特征(E) → 拉伸(E)... 命令（或单击 按钮），系统弹出“拉伸”对话框。选取 XY 基准平面为草图平面，绘制图 19.2.99 所示的截面草图；在“拉伸”对话框 方向 区域的 * 指定矢量 (0) 下拉列表中选择 -ZC 选项；在 限制 区域的 开始 下拉列表中选择 值 选项，并在其下的 距离 文本框中输入值 30；在 限制 区域的 结束 下拉列表中选择 值 选项，并在其下的 距离 文本框中输入值 65；在 布尔 区域中选择 无 选项。

Step65. 创建图 19.2.100 所示的零件特征——镜像体 5。在绘图区域中选取拉伸 9 为要镜像的特征，在绘图区域中选取 XY 基准平面作为镜像平面。

图 19.2.98 拉伸特征 9

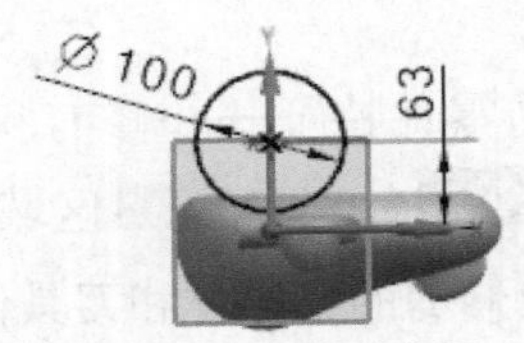

图 19.2.99 截面草图

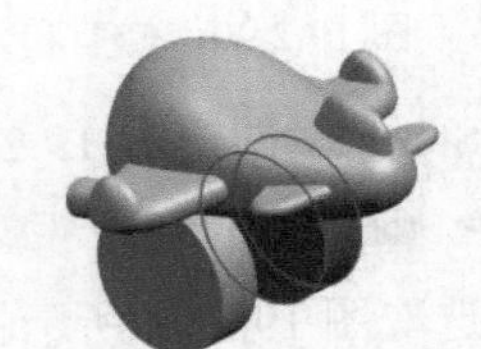
图 19.2.100 镜像体 5

Step66. 创建图 19.2.101 所示的零件特征——修剪和延伸特征 9。选择下拉菜单 插入(S) → 修剪(T) → 修剪与延伸(N)... 命令，在 类型 区域的下拉列表中选择 制作拐角 选项，选取图 19.2.102 所示的曲面为要修剪的目标体，选取拉伸 9 为刀具体；在 设置 区域的 延伸方法 下拉列表中选择 自然相切 选项，取消选中 组合目标和工具 复选框，使修剪方向的箭头均指向要保留的部分。

Step67. 创建图 19.2.103 所示的零件特征——修剪和延伸特征 10（参照 Step66）。

图 19.2.101 修剪和延伸特征 9

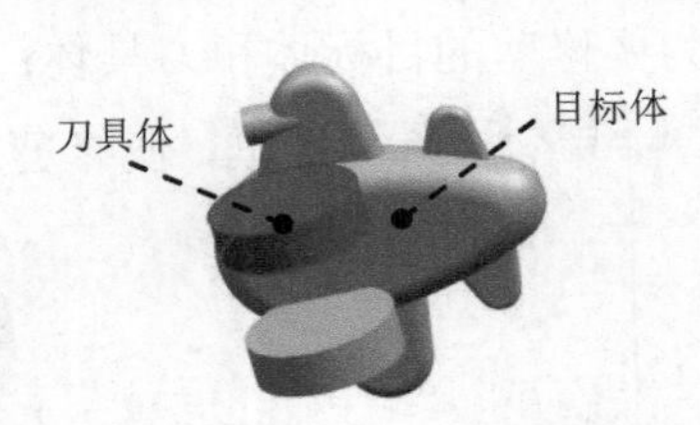

图 19.2.102 选取修剪参照

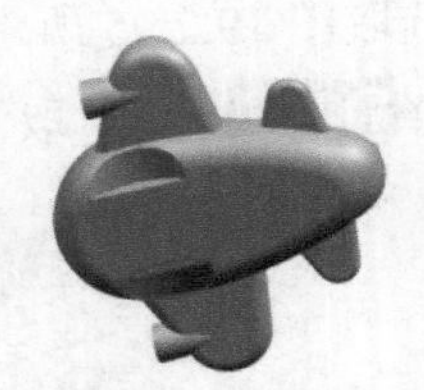
图 19.2.103 修剪和延伸特征 10

Step68. 创建图 19.2.104b 所示的边倒圆特征 3。选择下拉菜单 插入(S) → 细节特征(L) ▸ → 边倒圆(E)... 命令，系统弹出“边倒圆”对话框；在 边 区域中单击 * 选择边 (0) 按钮，选择图 19.2.105 所示的两条边线为边倒圆参照，并在 半径 1 文本框中输入数值 2；单击 < 确定 > 按钮，完成边倒圆特征 3 的创建。

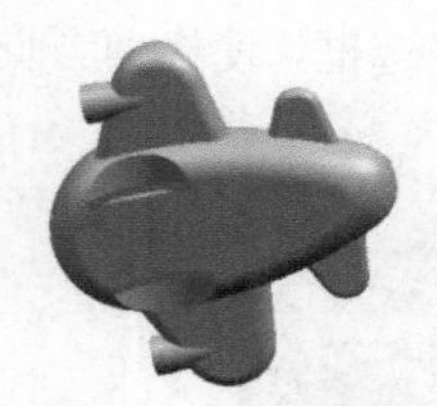

图 19.2.104 边倒圆特征 3

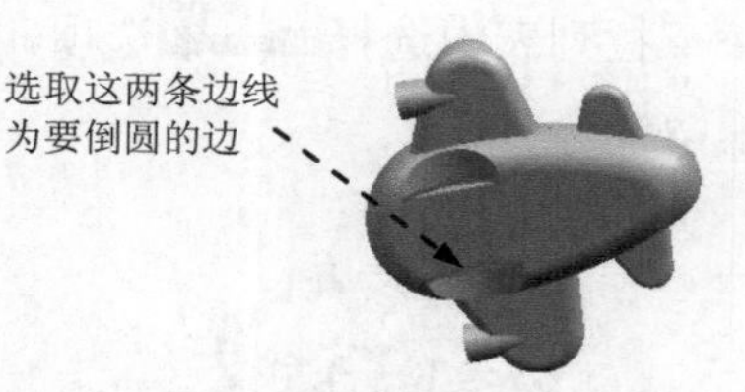

图 19.2.105 选取要倒圆的边

Step69. 创建图 19.2.106 所示的边倒圆特征 4。选择图 19.2.107 所示的两条边线为要倒圆的边，并在 半径 1 文本框中输入值 3；其他参数采用系统默认设置值。

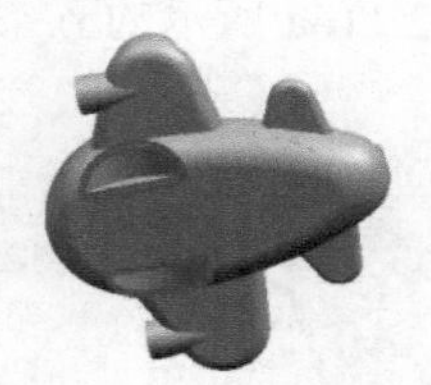

图 19.2.106 边倒圆特征 4

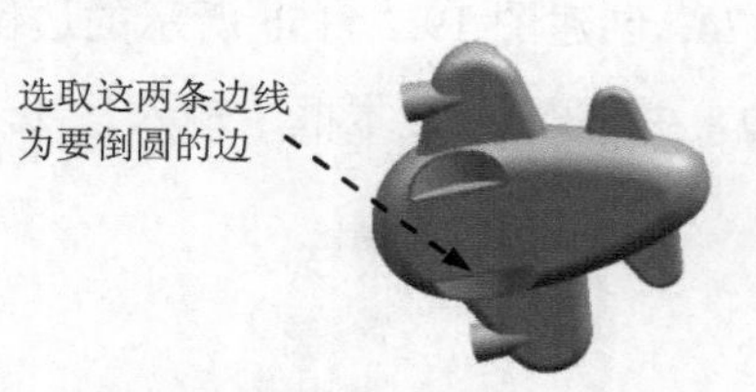

图 19.2.107 选取要倒圆的边

Step70. 创建图 19.2.108 所示的零件特征——拉伸特征 10。选择下拉菜单 插入(S) → 设计特征(E) → 拉伸(E)... 命令（或单击 按钮），系统弹出“拉伸”对话框。选取图 19.2.109 所示的平面为草图平面，绘制图 19.2.110 所示的截面草图；在“拉伸”对话框 方向 区域的 * 指定矢量 (0) 下拉列表中选择 YC 选项；在 限制 区域的 结束 下拉列表中选择 对称值 选项，并在其下的 距离 文本框中输入值 5；在 设置 区域的 体类型 下拉列表中选择 片体 选项；其他参数采用系统默认设置值。

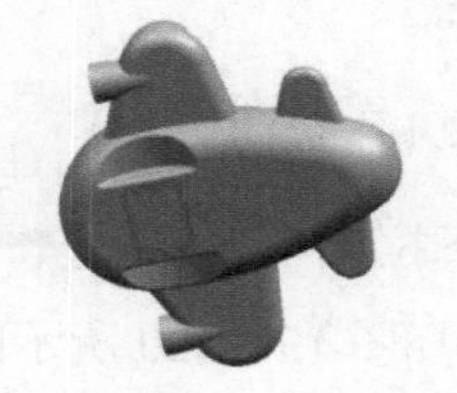

图 19.2.108 拉伸特征 10

图 19.2.109 选取草图平面

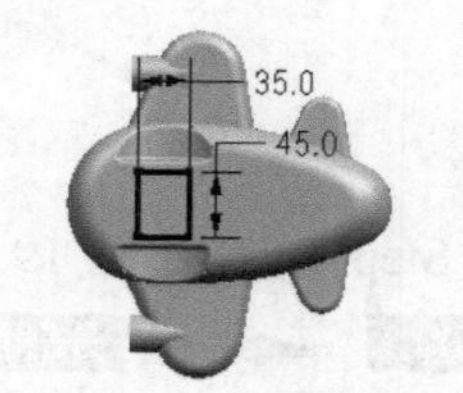

图 19.2.110 截面草图

Step71. 创建图 19.2.111 所示的零件特征——有界平面 3。选取图 19.2.112 所示的边线为边界线串，完成有界平面 3 的创建。

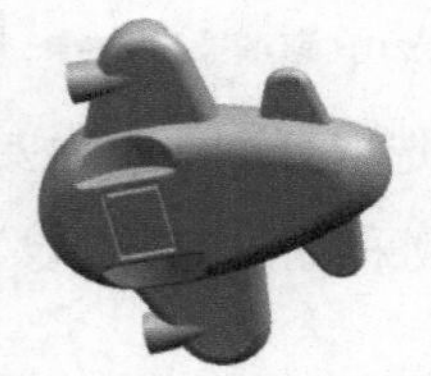

图 19.2.111 有界平面 3

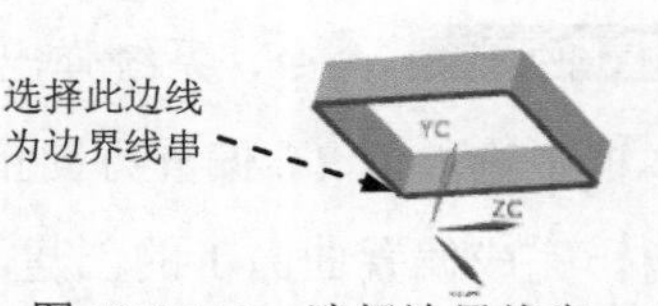

图 19.2.112 选择边界线串

Step72. 创建曲面缝合 7。选取拉伸 10 特征为目标体，选取有界平面 3 为刀具体。

Step73. 创建图 19.2.113 所示的零件特征——修剪和延伸特征 11。选择下拉菜单插入(S) → 修剪(T) → 修剪与延伸(N)...命令，在类型区域的下拉列表中选择制作拐角选项，选取图 19.2.114 所示的曲面为要修剪的目标体，选取曲面缝合 7 为刀具体；在设置区域的延伸方法下拉列表中选择自然相切选项，取消选中组合目标和工具复选框，使修剪方向的箭头均指向保留部分。

图 19.2.113　修剪和延伸特征 11

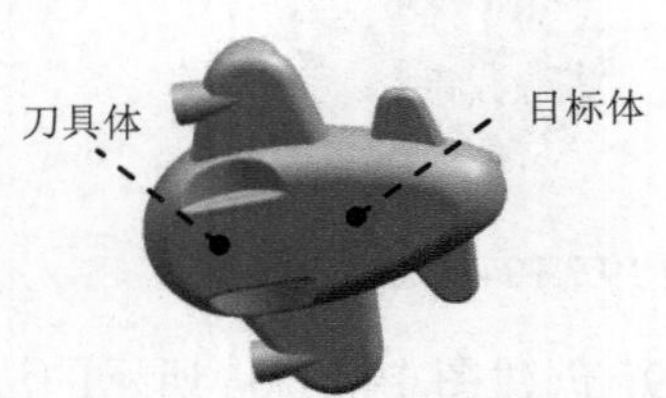

图 19.2.114　选取修剪参照

Step74. 创建图 19.2.115b 所示的边倒圆特征 5。选择图 19.2.116a 所示的五条边线为要倒圆的边，并在半径 1文本框中输入值 2。

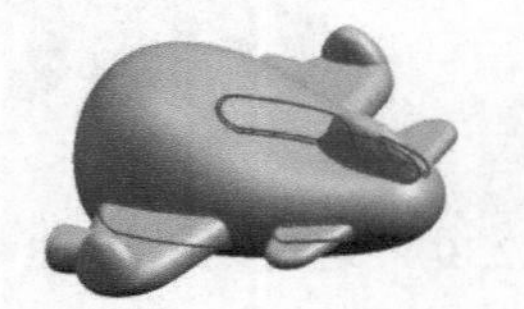

图 19.2.115　边倒圆特征 5

图 19.2.116　选取要倒圆的边

Step75. 创建图 19.2.117 所示的草图 13。选取 ZX 基准平面为草图平面，绘制图 19.2.118 所示的草图 13。

图 19.2.117　草图 13（建模环境）

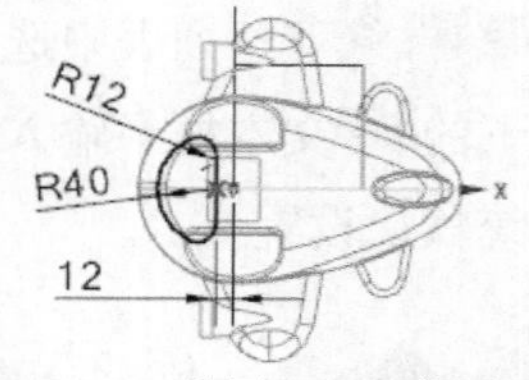

图 19.2.118　草图 13　（草图环境）

Step76. 创建图 19.2.119 所示的零件特征——分割面 1。选择下拉菜单插入(S) → 修剪(T) → 分割面(D)...命令，系统弹出“分割面”对话框；选择图 19.2.120 所示的面为要分割的面，选取草图 13 为分割对象，在投影方向区域的投影方向下拉列表中选择沿矢量选项，在指定矢量下拉列表中选择-YC选项；其他参数采用系统默认设置值；单击< 确定 >按钮，完成分割面 1 的创建。

Step77. 创建图 19.2.121 所示的偏置曲面 1。选择下拉菜单插入(S) → 偏置/缩放(O) → 偏置曲面(O)... 命令，系统弹出“偏置曲面”对话框；选取分割面 1 为要偏置的面；在偏置 1文本框中输入值 2，偏置方向指向曲面内部，其他参数采用系统默认设置值；单击< 确定 >按钮，完成偏置曲面 1 的创建。

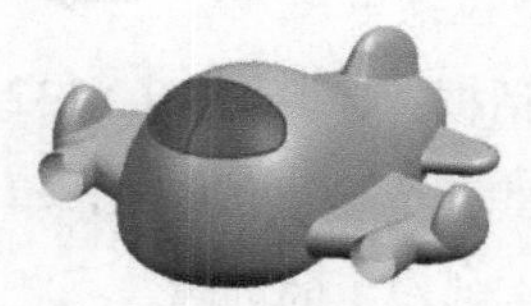

图 19.2.119 分割面 1

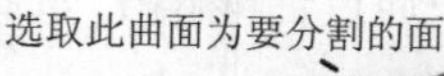

图 19.2.120 定义分割面

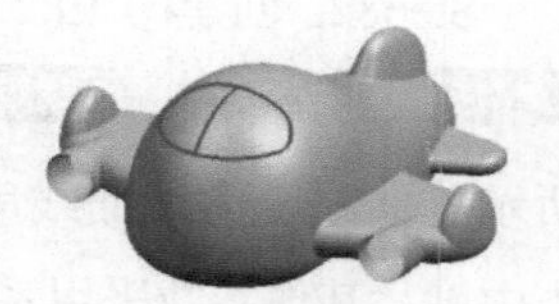

图 19.2.121 偏置曲面 1

Step78. 创建图 19.2.122 所示的零件特征——抽取特征 1。选择下拉菜单 插入(S) → 关联复制(A) → 抽取几何特征(E)... 命令，系统弹出“抽取几何特征”对话框；在类型下拉列表中选择 面区域选项；在绘图区域中选取图 19.2.123 所示的面为种子面，选取图 19.2.124 所示的面为边界面，在区域选项区域中选中 遍历内部边复选项，在设置区域中选中 隐藏原先的复选框；单击 < 确定 > 按钮，完成抽取特征 1 的创建。

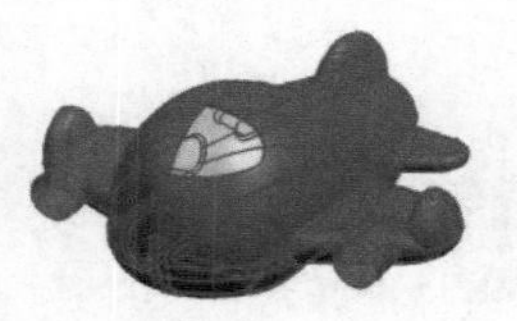

图 19.2.122 抽取特征 1

图 19.2.123 选择种子面

图 19.2.124 选择边界面

Step79. 创建图 19.2.125 所示的零件特征——抽取特征 2。在绘图区域中选取图 19.2.126 所示的面为种子面，选取图 19.2.127 所示的面为边界面，在区域选项区域中选中 遍历内部边复选项，在设置区域中选中 隐藏原先的复选框，完成抽取特征 2 的创建。

图 19.2.125 抽取特征 2

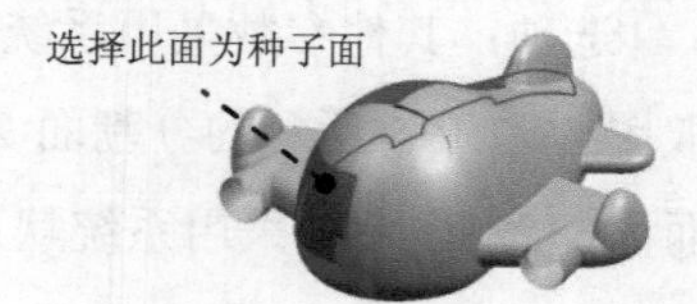

图 19.2.126 选择种子面

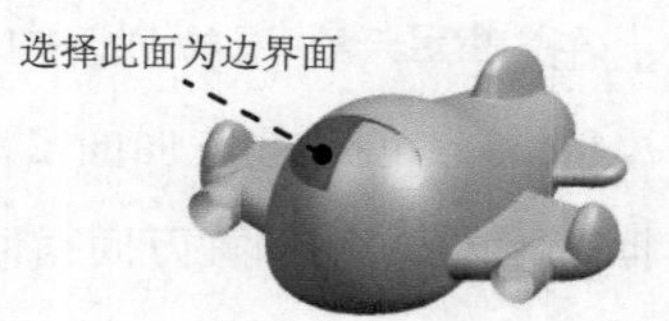

图 19.2.127 选择边界面

Step80. 创建图 19.2.128 所示的草图 14。选取 ZX 基准平面为草图平面，绘制图 19.2.129 所示的草图 14（以草图 13 作为参照做偏置曲线）。

Step81. 创建图 19.2.130 所示的零件特征——修剪特征 3。选择偏置曲面 1 为目标体，单击中键确认；选取草图 14 为边界对象；在投影方向区域的投影方向下拉列表中选择 垂直于曲线平面选项，在区域区域中选中 保留单选项；其他参数采用系统默认设置值。

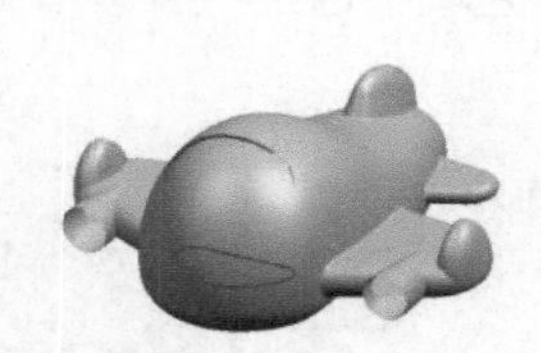

图 19.2.128 草图 14 （建模环境）

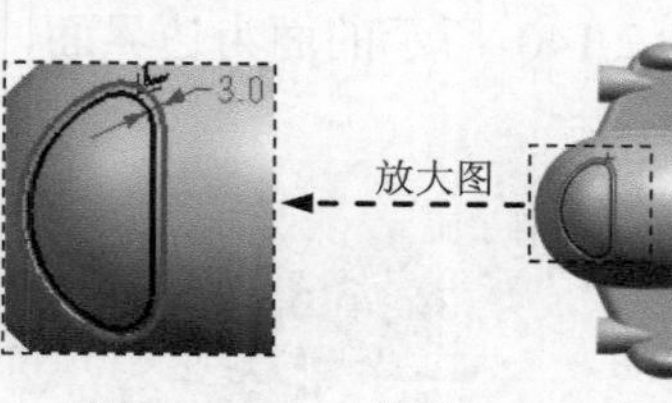

图 19.2.129 草图 14 （草图环境）

图 19.2.130 修剪特征 3

Step82. 创建图 19.2.131 所示的零件特征——通过曲线组 1。选择下拉菜单 插入(S) → 网格曲面(M) → 通过曲线组(T)... 命令，系统弹出“通过曲线组”对话框；选取图 19.2.132 所示的曲线 1 为截面线串 1，单击中键后，选取图 19.2.132 所示的曲线 2 为截面线串 2，单击中键；其他参数采用系统默认设置值；单击 < 确定 > 按钮，完成通过曲线组 1 的创建。

说明：在定义曲线串时，注意两曲线的方向可通过按钮来调整，以后不再赘述。

图 19.2.131　通过曲线组 1

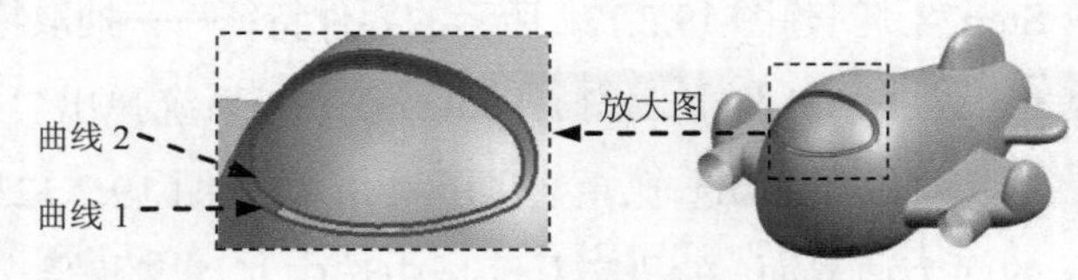

图 19.2.132　定义目标体

Step83. 创建图 19.2.133 所示的草图 15。选取 XY 基准平面为草图平面，绘制图 19.2.134 所示的草图 15。

图 19.2.133　草图 15　（建模环境）

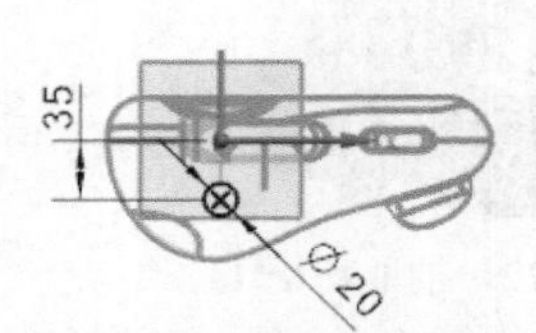

图 19.2.134　草图 15　（草图环境）

Step84. 创建图 19.2.135 所示的零件特征——分割面 2。选择图 19.2.136 所示的面为要分割的面；选取草图 15 为分割对象，在 投影方向 区域的 投影方向 下拉列表中选择 沿矢量 选项；在 指定矢量 下拉列表中选择 ZC 选项；其他参数采用系统默认设置值。

Step85. 创建偏置曲面 2。选取图 19.2.135 所示的分割面 2 为要偏置的面，在 偏置 1 文本框中输入值 2，偏置方向指向曲面内部，其他参数采用系统默认设置值，结果如图 19.2.137 所示。

图 19.2.135　分割面 2

图 19.2.136　定义分割面

图 19.2.137　偏置曲面 2

Step86. 创建图 19.2.138 所示的零件特征——抽取特征 3。在绘图区域中选取图 19.2.139 所示的面为种子面，选取图 19.2.140 所示的面为边界面，在 设置 区域中选中 ☑ 隐藏原先的 复选项，取消选中 ☐ 不带孔抽取 复选项。

图 19.2.138　抽取特征 3

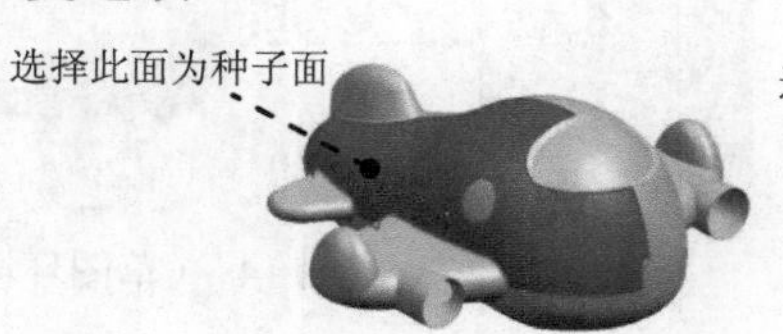

图 19.2.139　选择种子面

图 19.2.140　选择边界面

Step87. 创建图 19.2.141 所示的草图 16。选取 XY 基准平面为草图平面，绘制图 19.2.142 所示的草图 16。

Step88. 创建图 19.2.143 所示的零件特征——修剪特征 4。选择偏置曲面 2 为目标体，单击中键确认；选取草图 16 为边界对象；在投影方向区域的下拉列表中选择垂直于曲线平面选项，在区域区域中选中⊙保留单选项；其他参数采用系统默认设置值。

图 19.2.141　草图 16（建模环境）

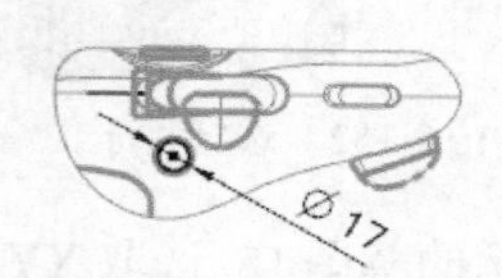

图 19.2.142　草图 16（草图环境）

图 19.2.143　修剪特征 4

Step89. 创建图 19.2.144 所示的零件特征——通过曲线组 2。选取图 19.2.145 所示的曲线 1 和曲线 2 为截面线串，分别单击中键，其他参数采用系统默认设置值。

图 19.2.144　通过曲线组 2

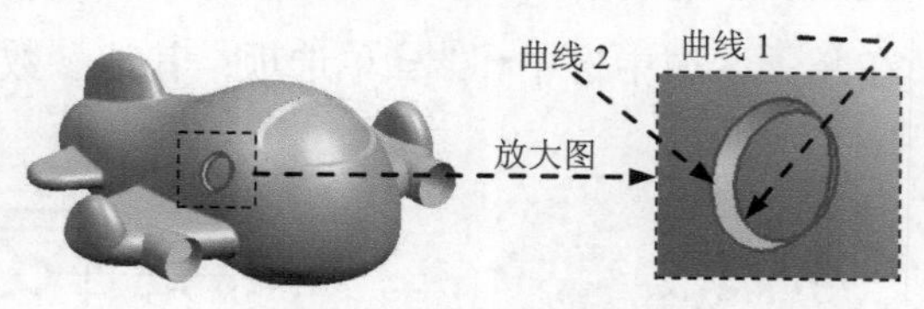

图 19.2.145　选择截面线串

Step90. 创建图 19.2.146 所示的草图 17。选取 XY 基准平面为草图平面，绘制图 19.2.147 所示的草图 17。

图 19.2.146　草图 17　（建模环境）

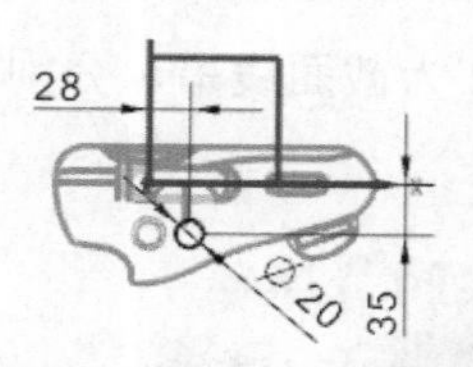

图 19.2.147　草图 17　（草图环境）

Step91. 创建图 19.2.148 所示的零件特征——分割面 3。选择图 19.2.149 所示的面为要分割的面；选取草图 17 为分割对象，在投影方向区域的投影方向下拉列表中选择沿矢量选项；在指定矢量下拉列表中选择 ZC 选项；其他参数采用系统默认设置值。

Step92. 创建偏置曲面 3。选取图 19.2.148 所示的分割面 3 为要偏置的面；在偏置 1 文本框中输入值 3，偏置方向指向曲面内部，其他参数采用系统默认设置值，结果如图 19.2.150 所示。

图 19.2.148　分割面 3

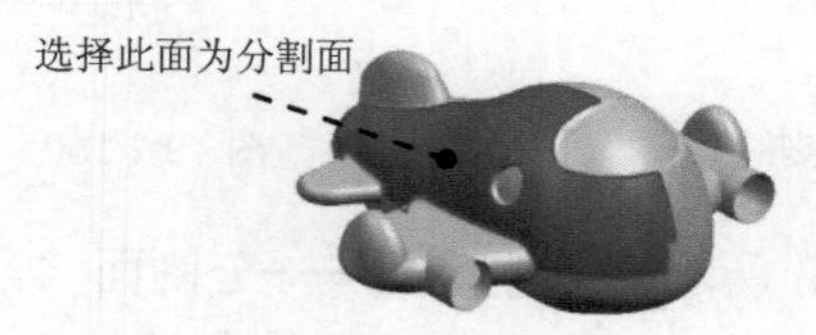

图 19.2.149　定义分割面

图 19.2.150　偏置曲面 3

Step93. 创建图 19.2.151 所示的零件特征——抽取特征 4。在绘图区域中选取图 19.2.152 所示的面为种子面，选取图 19.2.153 所示的面为边界面，在设置区域中选中☑隐藏原先的复选项，取消选中☐不带孔抽取复选项。

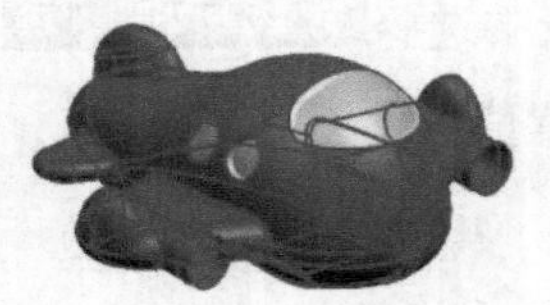
图 19.2.151　抽取特征 4

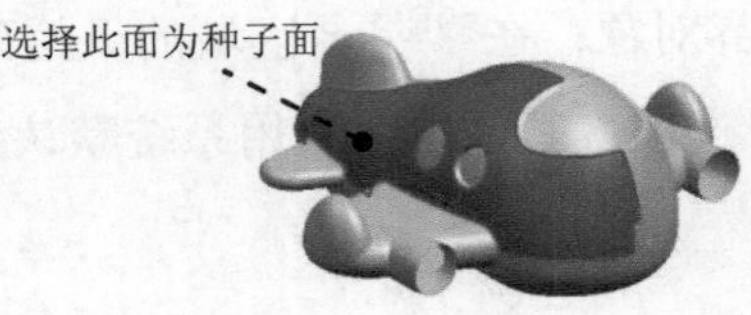

图 19.2.152　选择种子面

图 19.2.153　选择边界面

Step94. 创建图 19.2.154 所示的草图 18。选取 XY 基准平面为草图平面，绘制图 19.2.155 所示的草图 18。

Step95. 创建图 19.2.156 所示的零件特征——修剪特征 5。选择偏置曲面 3 为目标体，单击中键确认；选取草图 18 为边界对象，在投影方向区域的下拉列表中选择垂直于曲线平面选项，在区域区域中选中⊙保留单选项；其他参数采用系统默认设置值。

图 19.2.154　草图 18　（建模环境）

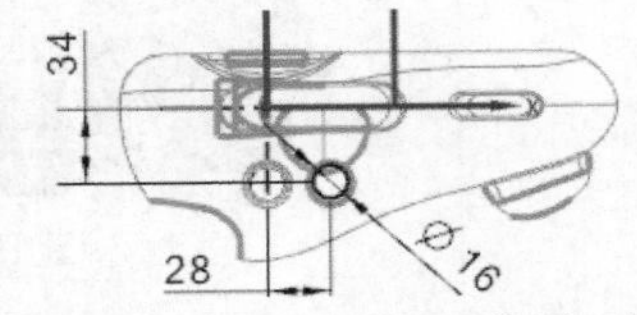

图 19.2.155　草图 18　（草图环境）

图 19.2.156　修剪特征 5

Step96. 创建图 19.2.157 所示的零件特征——通过曲线组 3。选取图 19.2.158 所示的曲线 1 和曲线 2 为截面线串，分别单击鼠标中键，完成曲线组 3 的创建。

图 19.2.157　通过曲线组 3

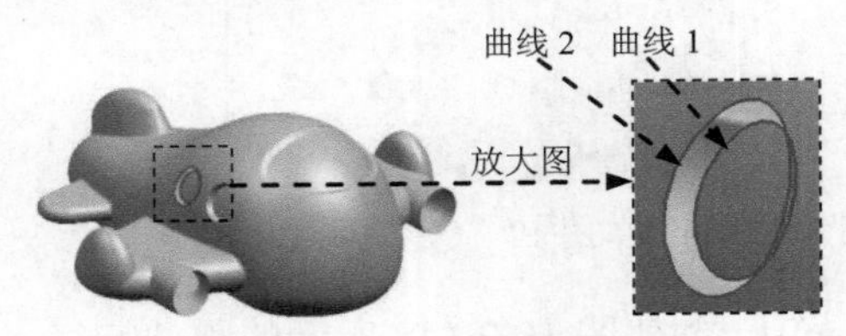

图 19.2.158　选择截面线串

Step97. 创建图 19.2.159 所示的草图 19。选取 XY 基准平面为草图平面，绘制图 19.2.160 所示的草图 19。

图 19.2.159　草图 19　（建模环境）

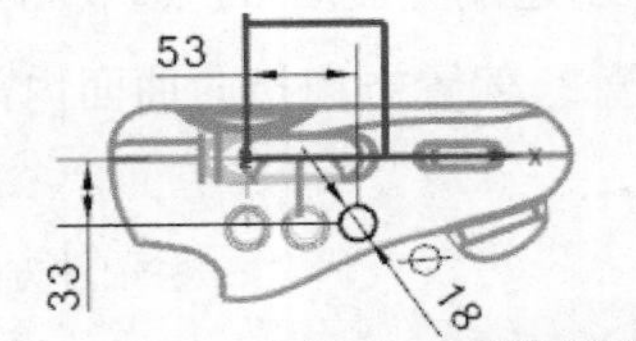

图 19.2.160　草图 19　（草图环境）

Step98. 创建图 19.2.161 所示的零件特征——分割面 4。选择下拉菜单插入(S) → 修剪(M) → 分割面(D)...命令，选择图 19.2.162 所示的面为要分割的面；选取草图 19 为分割边界，在投影方向区域的投影方向下拉列表中选择沿矢量选项；在指定矢量下拉列表中选择ZC选项；其他参数采用系统默认设置值。

Step99. 创建偏置曲面 4。选取图 19.2.161 所示的分割面 4 为要偏置的面，在偏置 1文本框中输入值 3，偏置方向指向曲面内部，完成偏置曲面 4 的创建，结果如图 19.2.163 所示。

图 19.2.161 分割面 4

图 19.2.162 定义分割面

图 19.2.163 偏置曲面 4

Step100. 创建图 19.2.164 所示的零件特征——抽取特征 5。在绘图区域中选取图 19.2.165 所示的面为种子面，选取图 19.2.166 所示的面为边界面，在设置区域中选中☑隐藏原先的复选项，完成抽取特征 5 的创建。

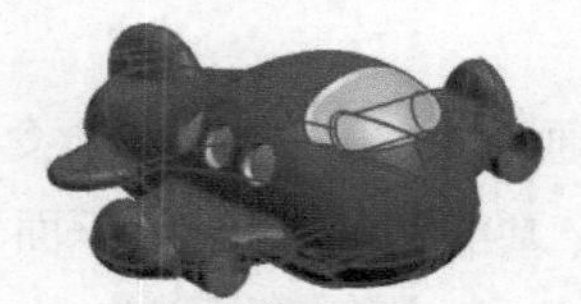
图 19.2.164 抽取特征 5

图 19.2.165 选择种子面

图 19.2.166 选择边界面

Step101. 创建图 19.2.167 所示的草图 20。选取 XY 基准平面为草图平面，绘制图 19.2.168 所示的草图 20。

Step102. 创建图 19.2.169 所示的零件特征——修剪特征 6。选择偏置曲面 4 为目标体，单击中键确认；选取草图 20 为边界对象，在投影方向区域的下拉列表中选择垂直于曲线平面选项，在区域区域中选中⊙保留单选项；其他参数采用系统默认设置值。

图 19.2.167 草图 20 （建模环境）

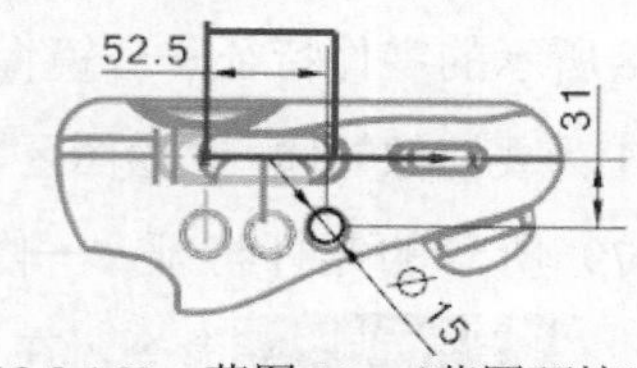

图 19.2.168 草图 20 （草图环境）

图 19.2.169 修剪特征 6

Step103. 创建图 19.2.170 所示的零件特征——通过曲线组 4。选取图 19.2.171 所示的曲线 1 和曲线 2 为截面线串，分别单击中键，其他参数采用系统默认设置值。

图 19.2.170 通过曲线组 4

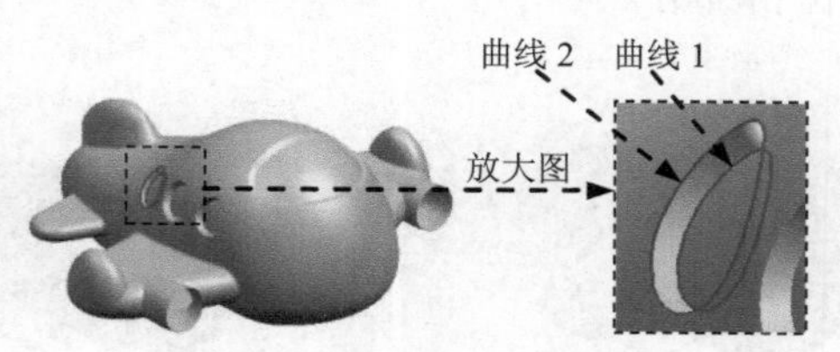

图 19.2.171 选择截面线串

Step104. 创建图 19.2.172 所示的曲面缝合 8。选取曲线组曲面 1 为目标体，选取偏置曲面 1 为刀具体。

Step105. 创建图 19.2.173 所示的曲面缝合 9。选取曲线组曲面 2 为目标体，选取偏置曲面 2 为刀具体。

Step106. 创建图 19.2.174 所示的曲面缝合 10。选取曲线组曲面 3 为目标体，选取偏置曲面 3 为刀具体。

图 19.2.172　曲面缝合 8

图 19.2.173　曲面缝合 9

图 19.2.174　曲面缝合 10

Step107. 创建图 19.2.175 所示的曲面缝合 11。选取曲线组曲面 4 为目标体，选取偏置曲面 4 为刀具体。

Step108. 创建图 19.2.176 所示的零件特征——镜像几何体 3。通过 镜像几何体(G)... 命令，在绘图区域中选取曲面缝合 9 为要镜像的体，在绘图区域中选取 XY 基准平面作为镜像平面。

Step109. 创建图 19.2.177 所示的零件特征——镜像几何体 4。通过 镜像几何体(G)... 命令，在绘图区域中选取曲面缝合 10 为要镜像的体，在绘图区域中选取 XY 基准平面作为镜像平面。

图 19.2.175　曲面缝合 11

图 19.2.176　镜像几何体 3

图 19.2.177　镜像几何体 4

Step110. 创建图 19.2.178 所示的零件特征——镜像几何体 5。通过 镜像几何体(G)... 命令，在绘图区域中选取曲面缝合 11 为要镜像的体，在绘图区域中选取 XY 基准平面作为镜像平面。

Step111. 创建图 19.2.179 所示的零件特征——修剪和延伸特征 12。选择下拉菜单 插入(S) → 修剪(T) ▸ → 修剪与延伸(N)... 命令，在 类型 区域的下拉列表中选择 制作拐角 选项，选取图 19.2.180 所示的曲面为要修剪的目标，选取镜像体 8 为刀具体；在 设置 区域的 延伸方法 下拉列表中选择 自然相切 选项，取消选中 组合目标和工具 复选框，使修剪方向的箭头均指向保留部分。

图 19.2.178　镜像几何体 5

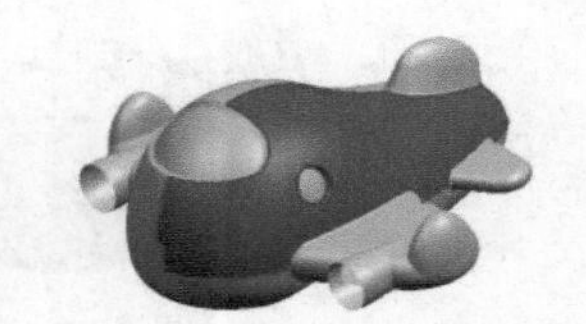

图 19.2.179　修剪和延伸特征 12

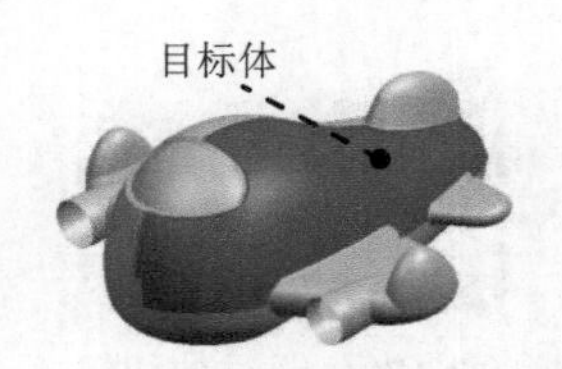

图 19.2.180　选取修剪参照

Step112. 创建图 19.2.181 所示的零件特征——修剪和延伸特征 13。选择下拉菜单插入(S) → 修剪(T) → 修剪与延伸(N)...命令，在类型区域的下拉列表中选择制作拐角选项，选取图 19.2.182 所示的曲面为要修剪的目标，选取镜像体 9 为刀具体；在设置区域的延伸方法下拉列表中选择自然相切选项，取消选中组合目标和工具复选框，使修剪方向的箭头均指向保留部分。

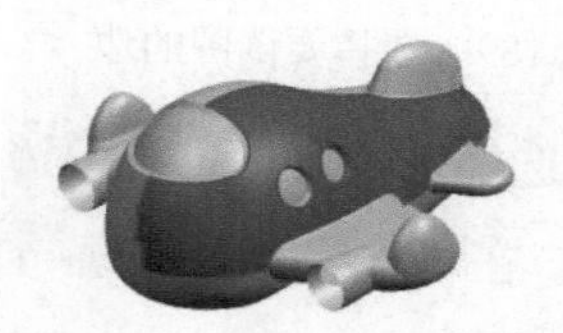

图 19.2.181 修剪和延伸特征 13

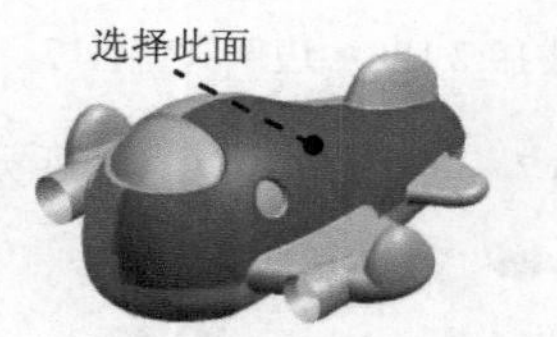

图 19.2.182 选取修剪参照

Step113. 创建图 19.2.183 所示的零件特征——修剪和延伸特征 14。选择下拉菜单插入(S) → 修剪(T) → 修剪与延伸(N)...命令，在类型区域的下拉列表中选择制作拐角选项，选取图 19.2.184 所示的曲面为要修剪的目标体，选取镜像体 10 为刀具体；在设置区域的延伸方法下拉列表中选择自然相切选项，取消选中组合目标和工具复选框，使修剪方向的箭头均指向保留部分。

Step114. 创建曲面缝合 12。选取图 19.2.185 所示的曲面 1 为目标体，选取图 19.2.185 所示的曲面 2、曲面 3、曲面 4 和曲面 5 为刀具体。

图 19.2.183 修剪和延伸特征 14

图 19.2.184 选取修剪参照

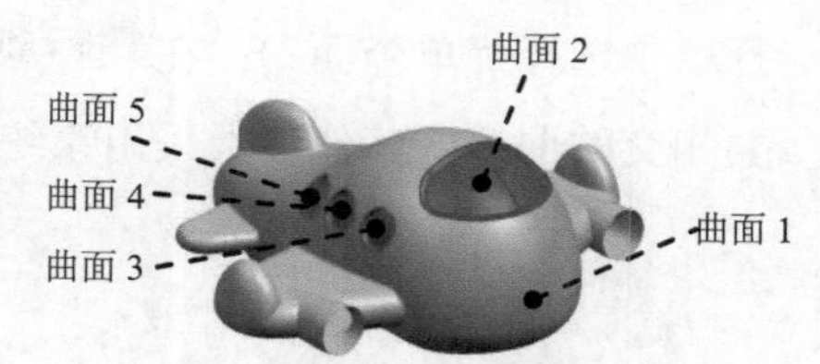

图 19.2.185 曲面缝合 12

Step115. 创建图 19.2.186 所示的边倒圆特征 6。选择下拉菜单插入(S) → 细节特征(L) → 边倒圆(E)...命令，系统弹出“边倒圆”对话框；在边区域中单击选择边 (0)按钮，选择图 19.2.187 所示的两条边线为边倒圆参照，并在半径 1文本框中输入数值 3；单击< 确定 >按钮，完成边倒圆特征 6 的创建。

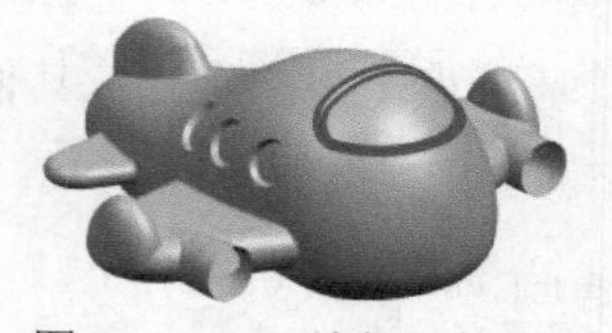

图 19.2.186 边倒圆特征 6

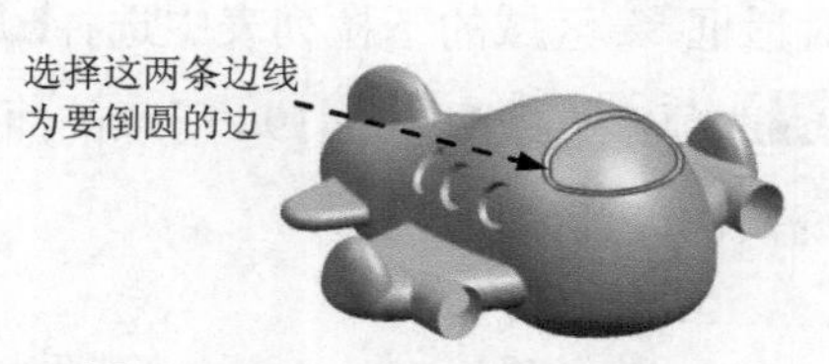

图 19.2.187 选择要倒圆的边

Step116. 创建图 19.2.188 所示的边倒圆特征 7。选择下拉菜单插入(S) → 细节特征(L) → 边倒圆(E)...命令，系统弹出“边倒圆”对话框；在边区域中单击选择边 (0)按钮，选择如图 19.2.189 所示的 12 条边线为要倒圆的边，并在半径 1文本框中输入数值 2；单击< 确定 >按钮，完成边倒圆特征 7 的创建。

图 19.2.188　边倒圆特征 7

图 19.2.189　选择要倒圆的边

Step117. 创建图 19.2.190 所示的曲线特征——直线 1。选择下拉菜单 插入(S) → 曲线(C) → 直线(L)... 命令，系统弹出“直线”对话框；在“直线”对话框起点区域的起点选项下拉列表中选择点选项，然后单击按钮，系统弹出“点”对话框。在该对话框中输入坐标值 0、-20、30 ，单击确定按钮，系统返回“直线”对话框。在该对话框终点或方向区域的终点选项下拉列表中选择点选项，然后单击按钮，系统弹出“点”对话框。在该对话框中输入坐标值-80、-20、30，单击确定按钮，在“直线”对话框中单击< 确定 >按钮，完成直线 1 的创建。

Step118. 创建图 19.2.191 所示的基准点 1。选择下拉菜单插入(S) → 基准/点(D) → 点(P)... 命令，系统弹出“点”对话框。在“点”对话框类型区域的下拉列表中选择交点选项，在曲线、曲面或平面区域单击按钮，选取图 19.2.192 所示的曲面为对象平面（在面选择器中选择“单个面”）；在要相交的曲线区域单击按钮，选取图 19.2.190 所示的直线 1 为要相交的曲线；其他参数采用系统默认设置值；单击< 确定 >按钮，完成基准点 1 的创建。

图 19.2.190　直线 1

图 19.2.191　基准点 1

图 19.2.192　选取对象平面

Step119. 创建图 19.2.193 所示的基准平面 8。选择下拉菜单插入(S) → 基准/点(D) → 基准平面(D)... 命令（或单击按钮），系统弹出“基准平面”对话框。在“基准平面”对话框类型区域的下拉列表中选择相切选项；在相切子类型区域的子类型下拉列表中选择通过点选项；选择图 19.2.194 所示的面为相切平面，选取基准点 1 为指定点；其他参数采用系统默认设置值。

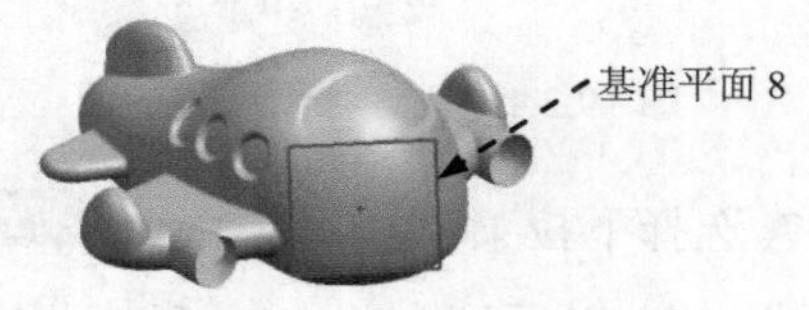

图 19.2.193　基准平面 8

图 19.2.194　选取相切平面

Step120. 创建图 19.2.195 所示的草图 21。选取基准平面 8 为草图平面，绘制图 19.2.196 所示的草图 21。

图 19.2.195 草图 21（建模环境）

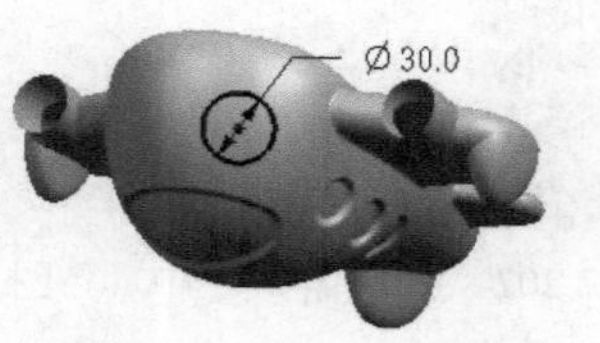

图 19.2.196 草图 21（草图环境）

Step121. 创建图 19.2.197 所示的零件特征——修剪特征 7。选择图 19.2.198 所示的曲面为目标体，单击中键确认；选取草图 21 为边界对象，在投影方向区域的下拉列表中选择垂直于曲线平面选项，单击“反向”按钮，使修剪方向指向模型内部，在区域区域中选中保留单选项；其他参数采用系统默认设置值。

图 19.2.197 修剪特征 7

图 19.2.198 选择修剪目标体

Step122. 创建图 19.2.199 所示的零件特征——N 边曲面。选择下拉菜单插入(S) → 网格曲面(M) → N 边曲面(N)...命令，系统弹出“N 边曲面”对话框；在“N 边曲面”对话框的类型区域中选择下拉列表三角形；选取图 19.2.200 所示的边线，单击外环区域中的按钮，选取图 19.2.200 所示的外部环，然后单击约束面区域中的按钮，选取图 19.2.201 所示的约束面，在形状控制选项组的中心控制区域中，调整 Z 轴滑块值为 52 左右；在设置区域取消选中尽可能合并面复选框，其他参数采用系统默认设置值；单击< 确定 >按钮，完成 N 边曲面的创建。

图 19.2.199 N 边曲面

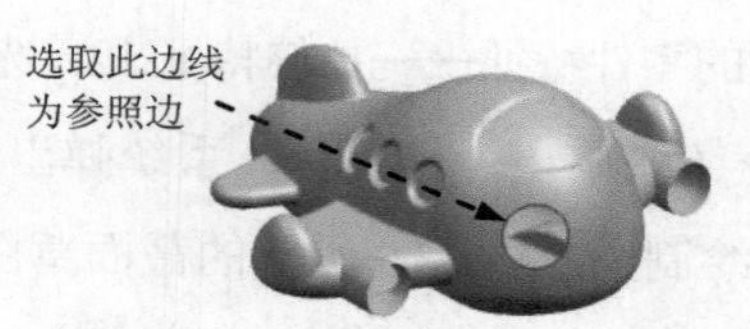

图 19.2.200 选取外部环

图 19.2.201 选取约束面

Step123. 创建图 19.2.202 所示的零件特征——镜像体 6。在类型下拉列表中选择镜像选项，在绘图区域中选取图 19.2.199 所示的 N 边曲面为要镜像的体，在绘图区域中选取 XY 基准平面作为镜像平面。

Step124. 创建图 19.2.203 所示的零件特征——修剪和延伸特征 15。选择下拉菜单插入(S) → 修剪(T) → 修剪与延伸(N)...命令，在类型区域的下拉列表中选择制作拐角选项，选取图 19.2.204 所示的曲面为要修剪的目标，选取镜像体 11 为刀具体，在设置区域的延伸方法下拉列表中选择自然相切选项，取消选中组合目标和工具复选框，使修剪方向的箭头均指向保留部分。

图 19.2.202　镜像体 6

图 19.2.203　修剪和延伸特征 15

图 19.2.204　选择目标体

Step125. 创建曲面缝合 13。选取修剪和延伸特征 15 为目标体，选取 N 边曲面为刀具体，完成曲面缝合 13 的创建。

Step126. 创建图 19.2.205 所示的零件特征——加厚特征。选择下拉菜单 插入(S) → 偏置/缩放(O) → 加厚(T)... 命令,系统弹出“加厚”对话框；选取缝合 13 为要加厚的面，在 偏置 1 文本框中输入值 1.5，单击“反向”按钮，加厚方向指向片体内部；其他参数采用系统默认设置值；单击 < 确定 > 按钮，完成加厚特征的创建。

Step127. 创建图 19.2.206 所示的零件特征——拉伸特征 11。选择下拉菜单 插入(S) → 设计特征(E) → 拉伸(E)... 命令（或单击按钮），系统弹出“拉伸”对话框。选取 YZ 基准平面为草图平面，绘制图 19.2.207 所示的截面草图；在“拉伸”对话框 方向 区域的 * 指定矢量 (0) 下拉列表中选择 -XC 选项；在 限制 区域的 开始 下拉列表中选择 值 选项，并在其下的 距离 文本框中输入值 0；在 限制 区域的 结束 下拉列表中选择 贯通 选项；在 布尔 区域中选择 减去 选项，采用系统默认的求差对象；其他参数采用系统默认设置值。

图 19.2.205　加厚特征

图 19.2.206　拉伸特征 11

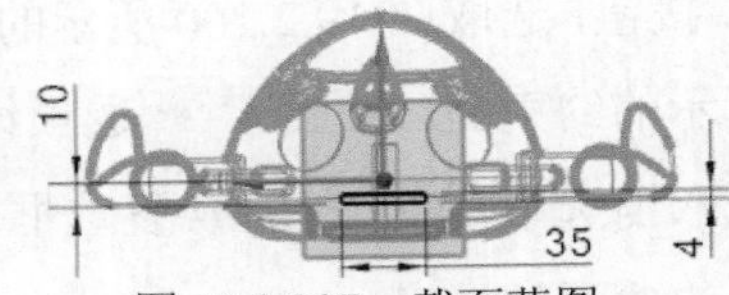

图 19.2.207　截面草图

Step128. 创建图 19.2.208 所示的零件特征——拉伸特征 12。选择下拉菜单 插入(S) → 设计特征(E) → 拉伸(E)... 命令（或单击按钮），系统弹出“拉伸”对话框。选取图 19.2.209 所示的平面为草图平面，绘制图 19.2.210 所示的截面草图。在“拉伸”对话框 方向 区域的 * 指定矢量 (0) 下拉列表中选择 -ZC 选项；在 限制 区域的 开始 下拉列表中选择 值 选项，并在其下的 距离 文本框中输入值 0；在 限制 区域的 结束 下拉列表中选择 值 选项，并在其下的 距离 文本框中输入值 1.5；在 布尔 区域中选择 合并 选项，采用系统默认的合并对象；其他参数采用系统默认设置值。

图 19.2.208　拉伸特征 12

选择此面

图 19.2.209　定义草图平面

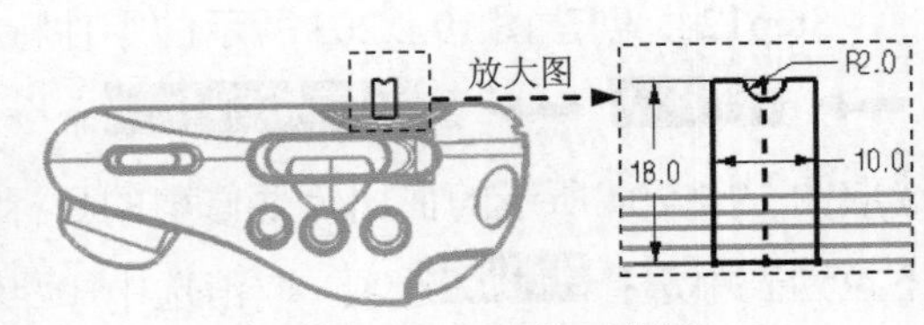

图 19.2.210　截面草图

Step129. 创建图 19.2.211 所示的零件特征——拉伸特征 13。选择下拉菜单 插入(S) → 设计特征(E) → 拉伸(E)... 命令（或单击 按钮），系统弹出“拉伸”对话框。选取 YZ 基准平面为草图平面，绘制图 19.2.212 所示的截面草图。在“拉伸”对话框 方向 区域的 * 指定矢量 (0) 下拉列表中选择 XC 选项；在 限制 区域的 结束 下拉列表中选择 对称值 选项，并在其下的 距离 文本框中输入值 0.5；在 布尔 区域中选择 合并 选项，采用系统默认的合并对象；其他参数采用系统默认设置值。

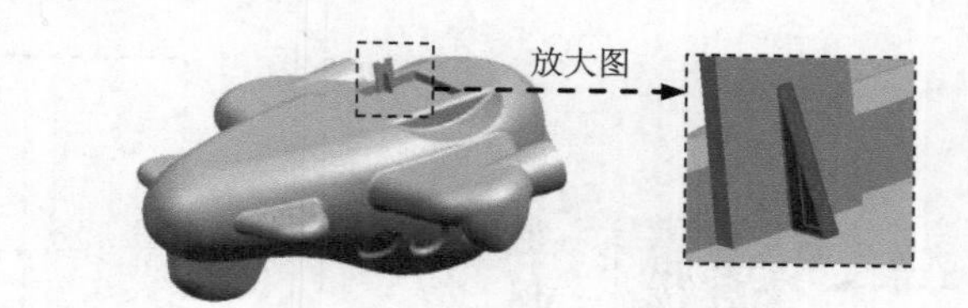

图 19.2.211 拉伸特征 13

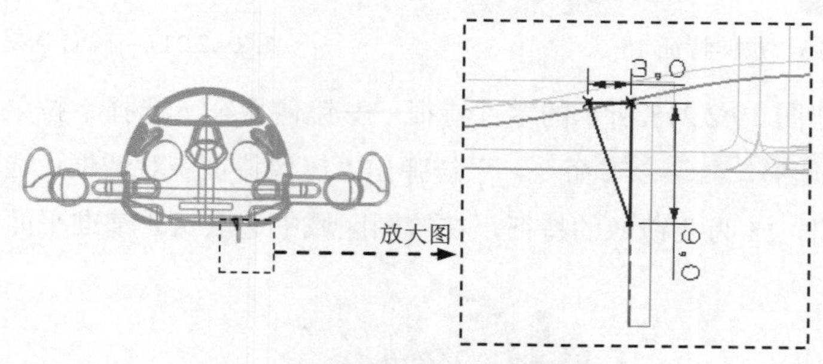

图 19.2.212 截面草图

Step130. 创建图 19.2.213 所示的零件特征——拉伸特征 14。选择下拉菜单 插入(S) → 设计特征(E) → 拉伸(E)... 命令（或单击 按钮），系统弹出“拉伸”对话框。选取 XY 基准平面为草图平面，绘制图 19.2.214 所示的截面草图。在“拉伸”对话框 方向 区域的 * 指定矢量 (0) 下拉列表中选择 ZC 选项；在 限制 区域的 开始 下拉列表中选择 值 选项，并在其下的 距离 文本框中输入值 5；在 限制 区域的 结束 下拉列表中选择 值 选项，并在其下的 距离 文本框中输入值 8；在 布尔 区域中选择 合并 选项，采用系统默认的合并对象；其他参数采用系统默认设置值。

Step131. 创建图 19.2.215 所示的基准平面 9。在“基准平面”对话框 类型 区域的下拉列表中选择 按某一距离 选项；选取 YZ 基准平面为参考平面，输入偏置值 105；其他参数采用系统默认设置值。

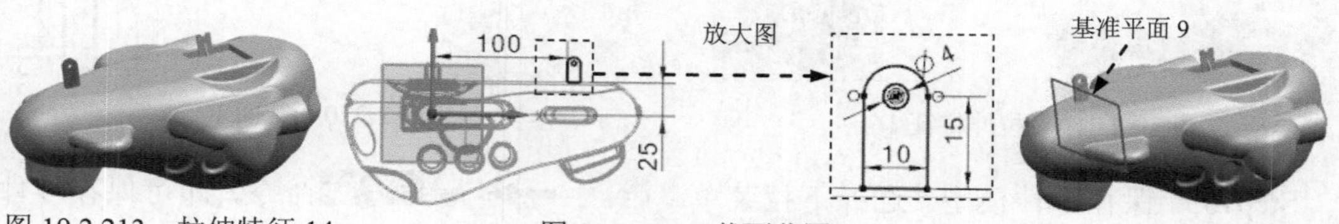

图 19.2.213 拉伸特征 14　　图 19.2.214 截面草图　　图 19.2.215 基准平面 9

Step132. 创建图 19.2.216 所示的零件特征——拉伸特征 15。选择下拉菜单 插入(S) → 设计特征(E) → 拉伸(E)... 命令（或单击按钮），系统弹出“拉伸”对话框。选取基准平面 9 为草图平面，绘制图 19.2.217 所示的截面草图。在“拉伸”对话框方向区域的 * 指定矢量 (0) 下拉列表中选择 XC 选项；在限制区域的结束下拉列表中选择 对称值选项，并在其下的距离文本框中输入值 0.5；在布尔区域中选择 合并选项，采用系统默认的合并对象；其他参数采用系统默认设置值。

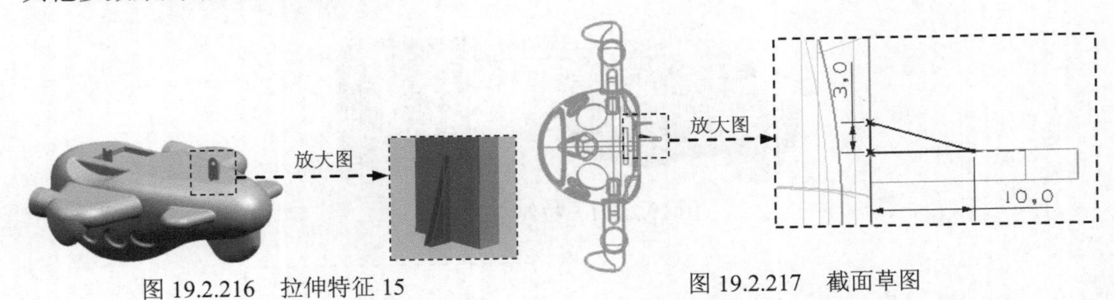

图 19.2.216 拉伸特征 15

图 19.2.217 截面草图

Step133. 创建图 19.2.218 所示的零件特征——镜像特征。选择下拉菜单 插入(S) → 关联复制(A) → 镜像特征(R)... 命令，系统弹出“镜像特征”对话框。选取拉伸 12、拉伸 13、拉伸 14 和拉伸 15 为要镜像的特征，在绘图区域中选取 XY 基准平面作为镜像平面。

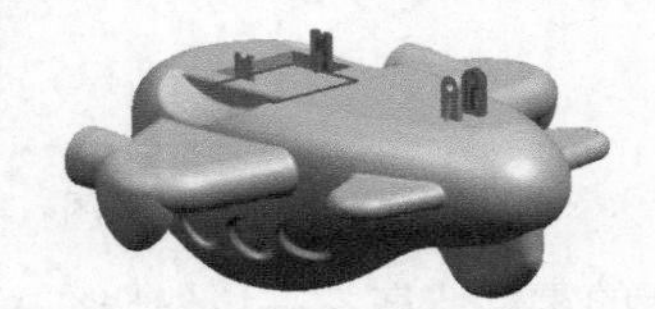

图 19.2.218 镜像特征

Step134. 创建图 19.2.219 所示的零件特征——拉伸特征 16。选择下拉菜单 插入(S) → 设计特征(E) → 拉伸(E)... 命令（或单击按钮），系统弹出“拉伸”对话框。选取 XY 基准平面为草图平面，绘制图 19.2.220 所示的截面草图。在“拉伸”对话框方向区域的 * 指定矢量 (0) 下拉列表中选择 ZC 选项；在限制区域的结束下拉列表中选择 对称值选项，并在其下的距离文本框中输入值 6.5；在布尔区域中选择 减去选项，选取图 19.2.219 所示的目标体；其他参数采用系统默认设置值。

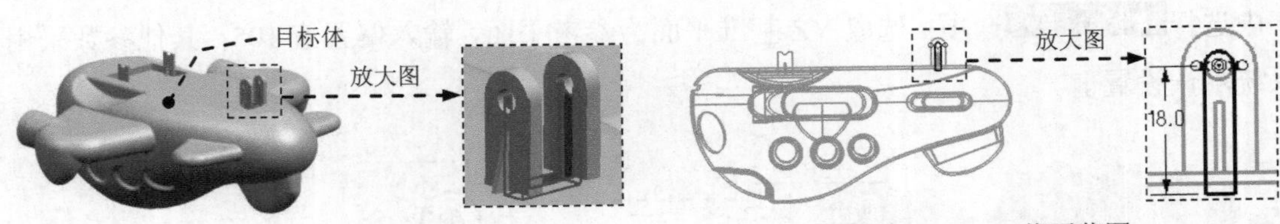

图 19.2.219 拉伸特征 16

图 19.2.220 截面草图

Step135. 保存零件模型。选择下拉菜单 文件(F) → 保存(S) 命令，即可保存零件模型。

实例 20　鼠标的自顶向下设计

20.1　概　　述

本例详细讲解了一款鼠标的整个设计过程。本例设计过程中采用了最为先进的设计方法——自顶向下（TOP-DOWN Design）的设计方法。本例设计产品的成品模型如图 20.1.1 所示。

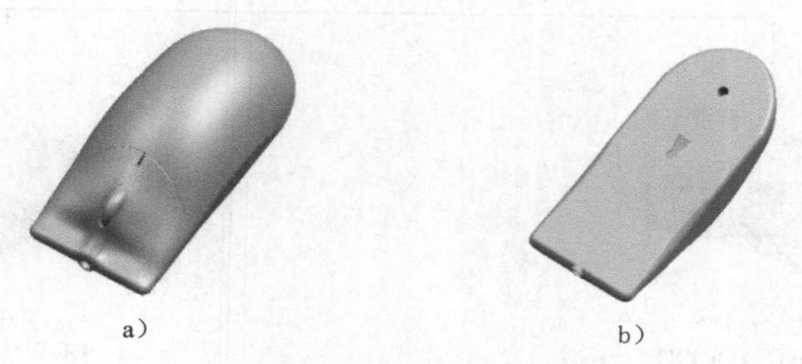

a）　　　　b）

图 20.1.1　鼠标模型

自顶向下的设计方法有如下两种。

方法一：首先创建产品的整体外形，然后分割产品，从而得到各个零部件，再对零部件各结构进行设计。

方法二：首先创建产品中的重要结构，然后将装配几何关系的线与面复制到各零件，再插入新的零件并进行细节的设计。

本实例采用第一种设计方法，即将创建的产品的整体外形分割而得到各个零件。在 UG NX 12.0 中，用户可以通过选择下拉菜单 工具(T) → 装配导航器(A) → WAVE 模式 命令或者在“装配导航器”窗口中右击，在弹出的快捷菜单中选择 WAVE 模式 命令进入 WAVE 装配环境。设置工作部件的方法是选择下拉菜单 装配(A) → 关联控制(O) → 设置显示部件(D) 命令，选择要设计的工作部件；也可以在“装配导航器”窗口中要设置的部件上右击，在弹出的快捷菜单中选择 设为工作部件 命令，将选择的部件设置为工作部件。

在使用自顶向下的设计方法进行设计时，我们先引入一个新的概念——控件，控件即控制元件，用于控制模型的外观及尺寸等。控件在设计过程中起着承上启下的作用。最高级别的控件（通常称为“一级控件”，是在整个设计开始时创建的原始结构模型）所承接的是整体模型与所有零件之间的位置及配合关系；一级控件之外的控件（二级控件或更低级别的控件）从上一级别控件得到外形和尺寸等，再把这种关系传递给下一级控件或零件。在整个设计过程中，一级控件的作用非常重要，它在创建之初就把整个模型的外观勾勒出来，可以说后续工作都是对一级控件的分割或细化，在整个设计过程中创建的所有控件或零件都与一级控件存在着根本的联系。本例中一级控件是一种特殊的零件模型，或者说它是一个装配体的 3D 布局。

本例中鼠标的设计流程图如图 20.1.2 所示。

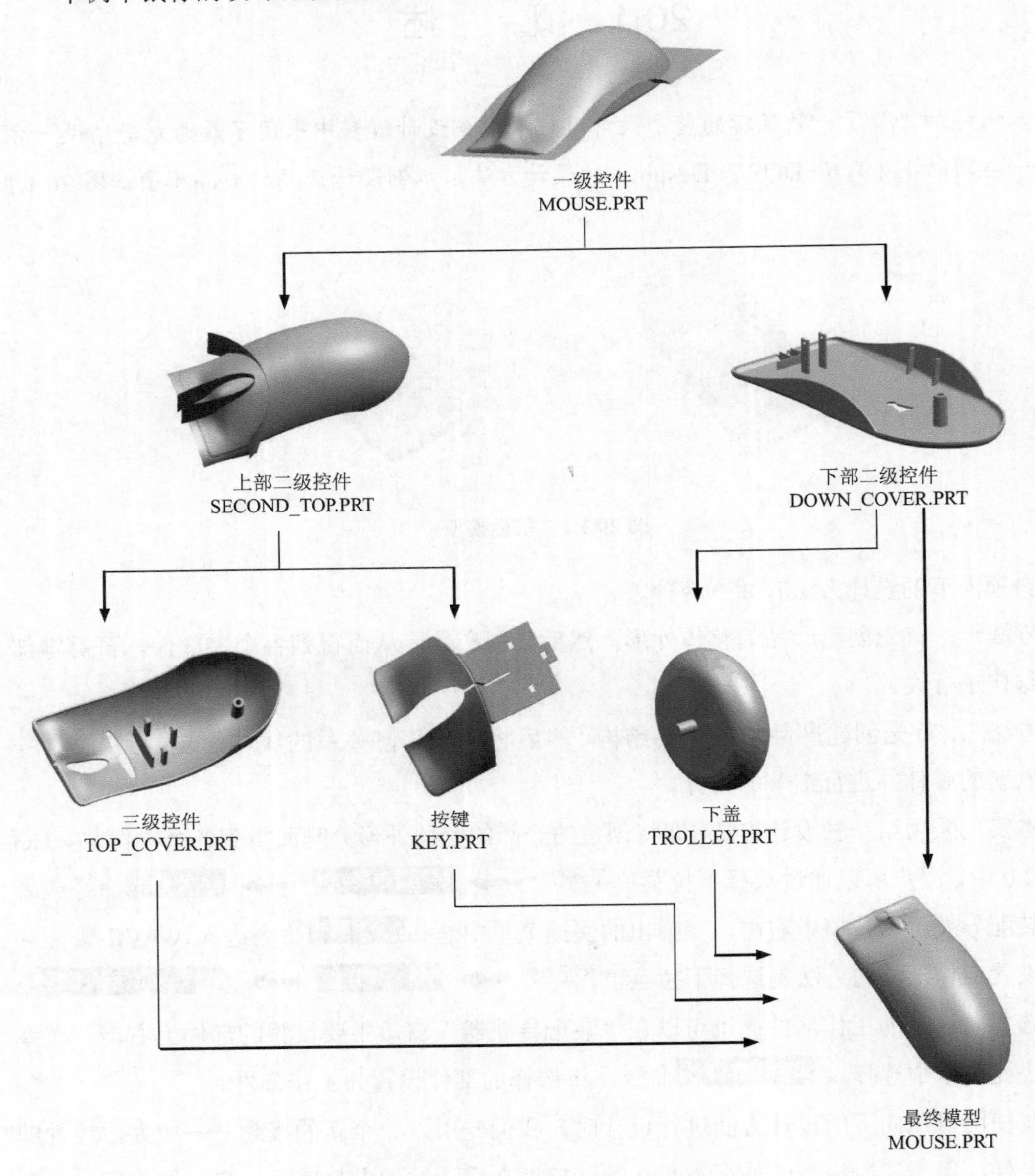

图 20.1.2　设计流程图

20.2　创建一级控件

下面讲解一级控件（MOUSE.PRT）的创建过程，一级控件在整个设计过程中起着十分重要的作用，它不仅为二级控件提供原始模型，并且确定了鼠标的整体外观形状。零件模型及模型树如图 20.2.1 所示。

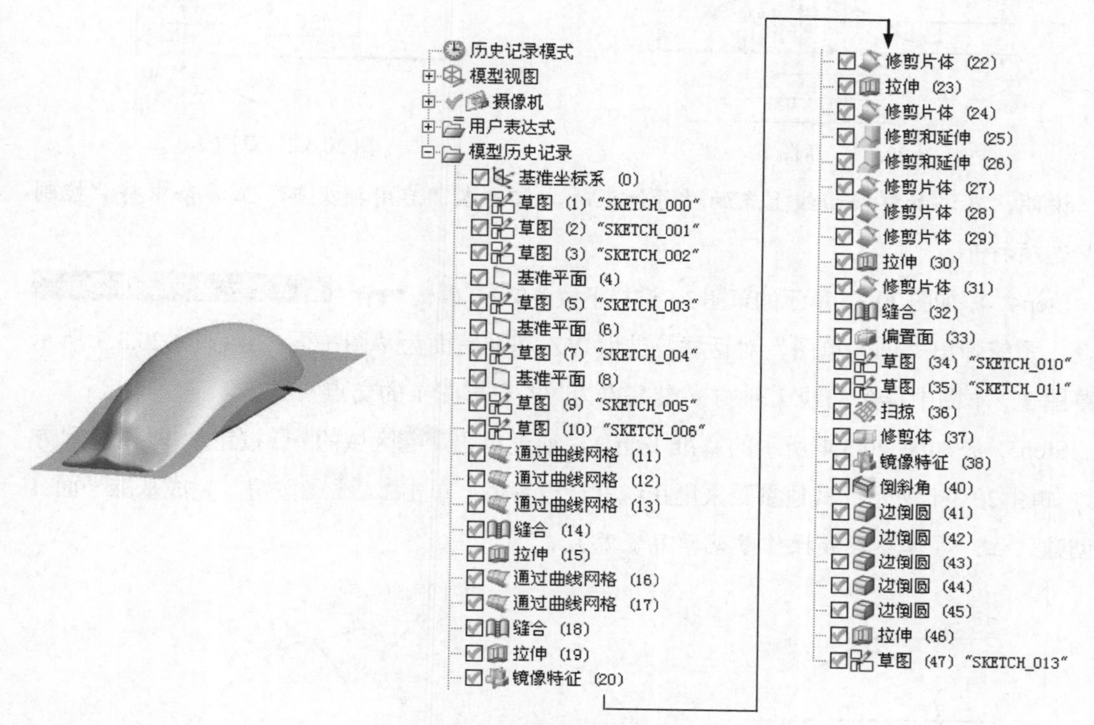

图 20.2.1　零件模型及模型树

20.3 详细设计过程

Step1. 新建模型文件。选择下拉菜单 文件(F) → 新建(N)... 命令，系统弹出“新建”对话框。在 模板 选项卡中选取模板类型为 模型，在 名称 文本框中输入文件名称 mouse，单击 确定 按钮，进入建模环境。

Step2. 添加图 20.3.1 所示的草图 1。选择下拉菜单 插入(S) → 在任务环境中绘制草图(V)... 命令，系统弹出“创建草图”对话框；单击 按钮，选取 ZX 基准平面为草图平面，单击 确定 按钮，进入草图环境，绘制图 20.3.1 所示的草图 1；单击 完成草图 按钮，退出草图环境。

Step3. 添加图 20.3.2 所示的草图 2。选择下拉菜单 插入(S) → 在任务环境中绘制草图(V)... 命令，系统弹出“创建草图”对话框；单击 按钮，选取 XY 基准平面为草图平面，单击 确定 按钮；进入草图环境，绘制图 20.3.2 所示的草图 2；单击 完成草图 按钮，退出草图环境。

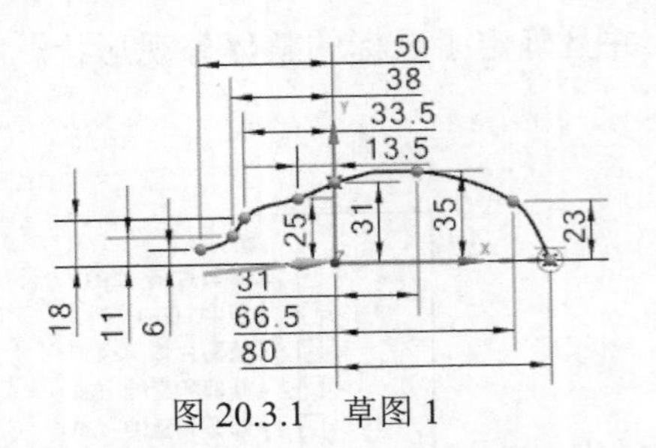

图 20.3.1　草图 1

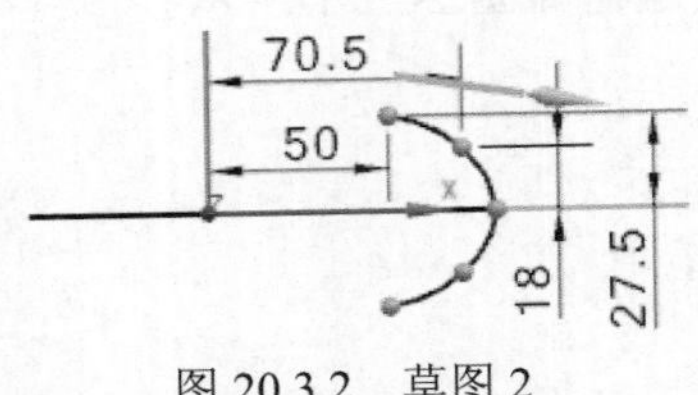

图 20.3.2　草图 2

说明：在添加样条曲线上点的对称约束时，需要在“启用捕捉点”工具条中将“控制点”选项打开。

Step4. 添加图 20.3.3 所示的草图 3。选择下拉菜单 插入(S) → 在任务环境中绘制草图(V)... 命令，系统弹出“创建草图”对话框；选取 YZ 基准平面为草图平面；绘制图 20.3.3 所示的草图 3（草图中样条曲线 Z 轴方向最高点为 YZ 与草图 1 的交点）。

Step5. 添加图 20.3.4 所示的基准平面 1。通过单击 偏置 区域的 反向 按钮调整偏置方向，如图 20.3.4 所示；其他参数采用系统默认设置值；单击 < 确定 > 按钮，完成基准平面 1 的创建（注：具体参数和操作参见学习资源）。

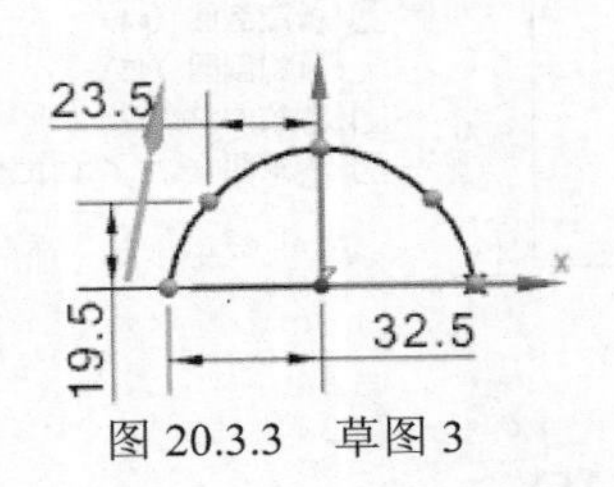

图 20.3.3　草图 3

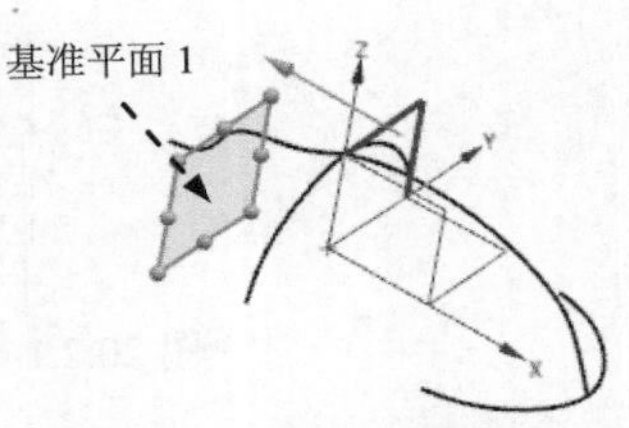

图 20.3.4　基准平面 1

Step6. 添加图 20.3.5 所示的草图 4。选择下拉菜单 插入(S) → 在任务环境中绘制草图(V)... 命令，系统弹出“创建草图”对话框；选取基准平面 1 为草图平面，绘制图 20.3.5 所示的草图 4（草图中样条曲线 Z 轴方向最高点为基准平面 1 与草图 1 的交点）。

Step7. 添加图 20.3.6 所示的基准平面 2。选择下拉菜单 插入(S) → 基准/点(D) → 基准平面(D)... 命令（或单击按钮），系统弹出“基准平面”对话框；在 类型 区域的下拉列表中选择 点和方向 选项，在 通过点 区域激活 指定点，选取图 20.3.7 所示的点（草图 1 的端点）为通过点；在 法向 区域的 指定矢量 下拉列表中选择 XC 选项；单击 < 确定 > 按钮，完成基准平面 2 的创建。

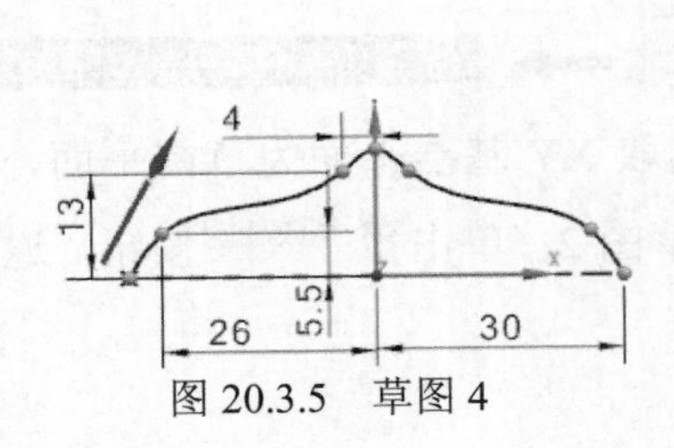

图 20.3.5　草图 4

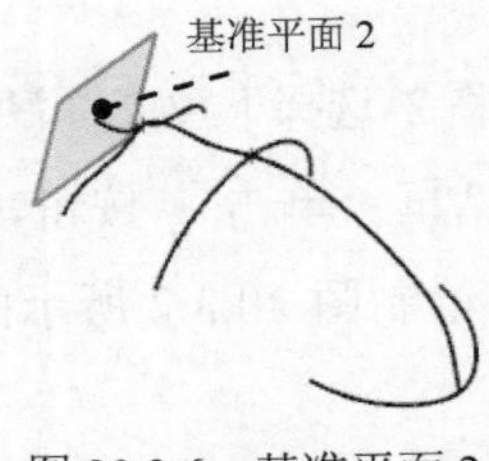

图 20.3.6　基准平面 2

图 20.3.7　定义通过点

Step8. 添加图 20.3.8 所示的草图 5。选择下拉菜单 插入(S) → 在任务环境中绘制草图(V)... 命令，系统弹出“创建草图”对话框；选取基准平面 2 为草图平面，绘制图 20.3.8 所示的草图 5（草图中样条曲线 Z 轴方向最高的控制点与草图 1 的端点重合）。

Step9. 添加图 20.3.9 所示的基准平面 3。选择下拉菜单 插入(S) → 基准/点(D) → 基准平面(D)... 命令（或单击 按钮），系统弹出“基准平面”对话框；在 类型 区域的下拉列表中选择 点和方向 选项，在 通过点 区域激活 * 指定点，选取图 20.3.10 所示的点（草图 2 的端点）为通过点；在 法向 区域的 * 指定矢量 下拉列表中选择 XC 选项；单击 < 确定 > 按钮，完成基准平面 3 的创建。

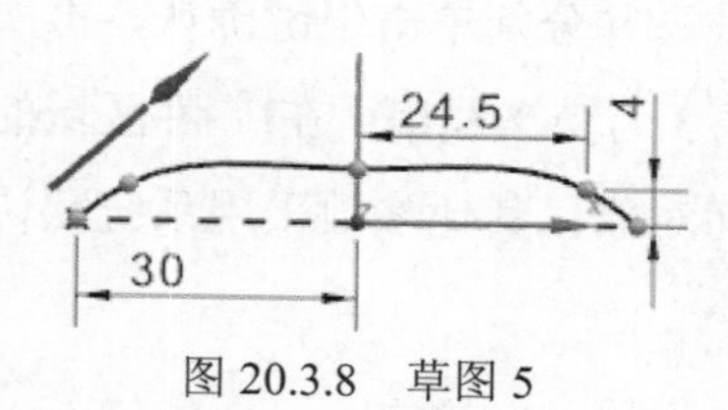

图 20.3.8 草图 5

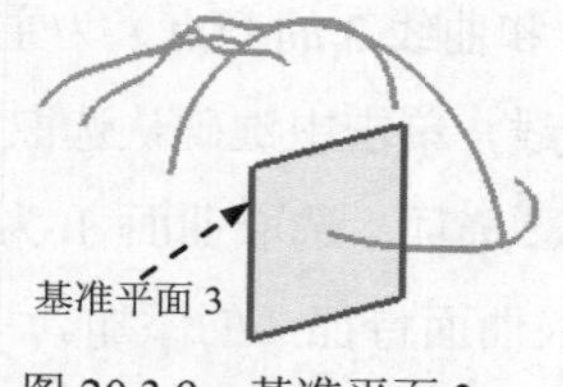

图 20.3.9 基准平面 3

图 20.3.10 定义通过点

Step10. 添加图20.3.11所示的草图6。选择下拉菜单 插入(S) → 在任务环境中绘制草图(V)... 命令，系统弹出“创建草图”对话框；选取基准平面 3 为草图平面；绘制图 20.3.11 所示的草图 6（草图中样条曲线 Z 轴方向最高点在草图 1 所绘制的曲线上，两个端点与草图 2 的两个端点重合）。

Step11. 添加图20.3.12所示的草图7。选择下拉菜单 插入(S) → 在任务环境中绘制草图(V)... 命令，系统弹出“创建草图”对话框；选取 XY 基准平面为草图平面；绘制图 20.3.12 所示的草图 7（草图中一条样条曲线的一个端点与草图 2 的一个端点重合，另一个端点与草图 5 的同侧端点重合，中间两个控制点分别与草图 3 和草图 4 同侧端点重合；另一条样条曲线为所绘制样条曲线的镜像曲线）。

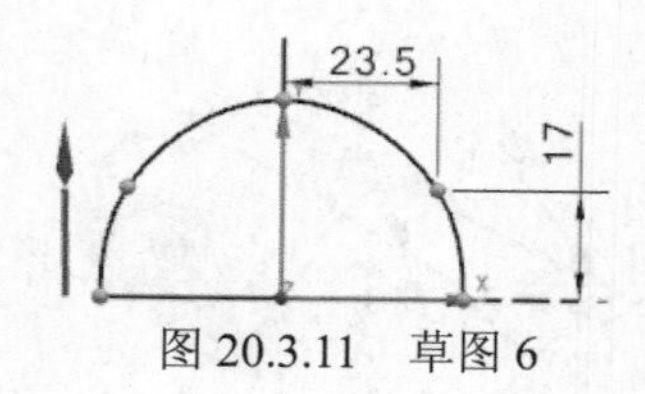

图 20.3.11 草图 6

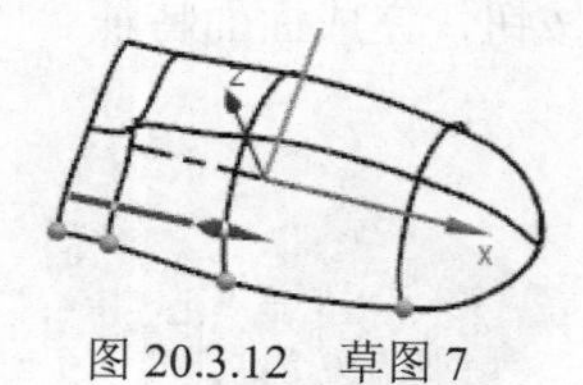
图 20.3.12 草图 7

Step12. 添加图 20.3.13 所示的零件特征——曲面特征 1。选择下拉菜单 插入(S) → 网格曲面(M) → 通过曲线网格(M)... 命令，系统弹出“通过曲线网格”对话框；依次选取图 20.3.14 所示的曲线 1 和曲线 2 为主曲线，并分别单击中键确认；再次单击中键后，选取曲线 3、曲线 4 和曲线 5 为交叉线串，并分别单击中键确认；单击 < 确定 > 按钮，完成曲面特征 1 的添加。

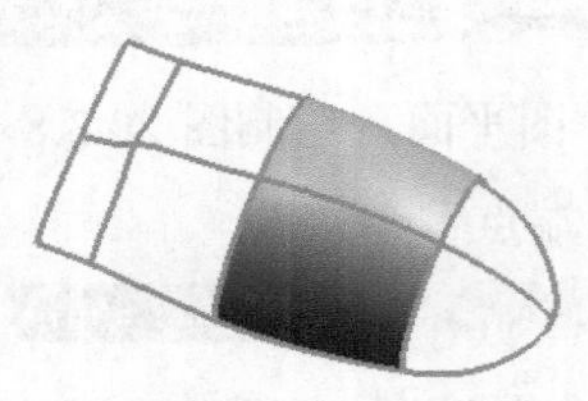
图 20.3.13 曲面特征 1

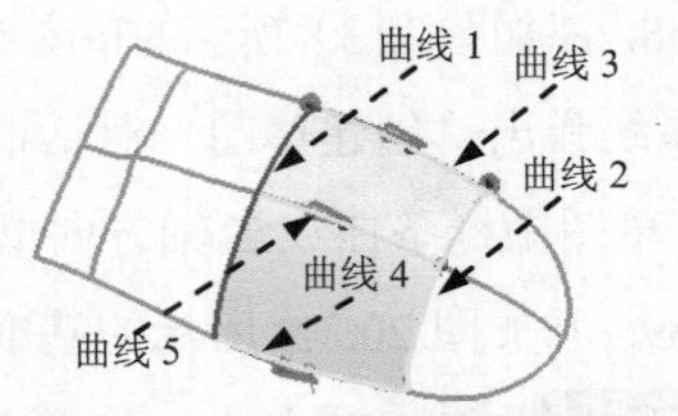

图 20.3.14 定义主曲线串和交叉线串

注意：选取交叉线串前，单击“选项杆”后的按钮，选取交叉线串。

Step13. 添加图 20.3.15 所示的零件特征——曲面特征 2。选择下拉菜单插入(S) → 网格曲面(M) → 通过曲线网格(M)...命令，依次选取图 20.3.16 所示的点 1（曲线 2 和曲线 3 的交点）、曲线 1 和点 2（曲线 2 和曲线 3 的交点）为主曲线，并分别单击中键确认，再次单击中键后选取曲线 2 为交叉曲线，单击中键确认选取曲线 3 为交叉线串；在连续性区域的第一交叉线串下拉列表中选择G1（相切）选项，选取曲面 1 为相切对象；其他参数采用系统默认设置值；单击< 确定 >按钮，完成曲面特征 2 的添加。

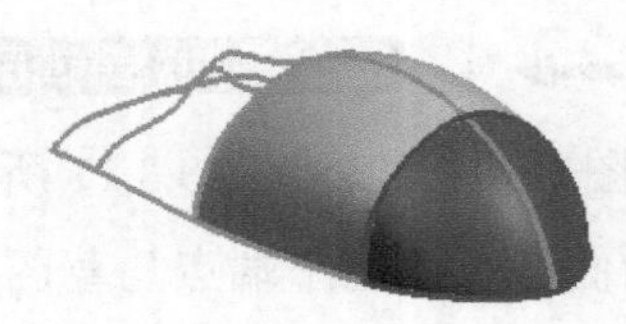
图 20.3.15 曲面特征 2

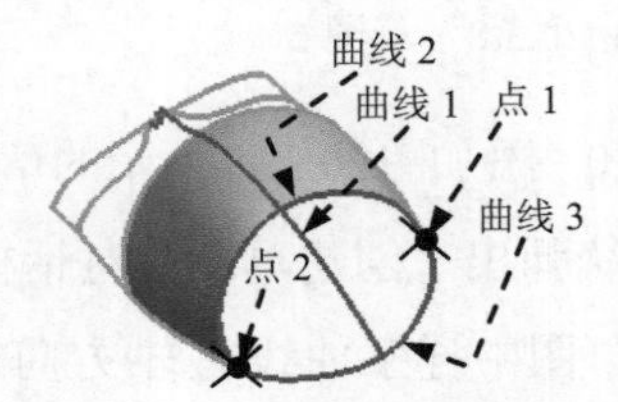

图 20.3.16 定义主曲线串和交叉线串

Step14. 添加图 20.3.17 所示的零件特征——曲面特征 3。选择下拉菜单插入(S) → 网格曲面(M) → 通过曲线网格(M)...命令，依次选取图 20.3.18 所示的曲线 1、曲线 2 和曲线 3 为主曲线，并分别单击中键确认；再次单击中键后，依次选取曲线 4、曲线 5 和曲线 6 为交叉线串，并分别单击中键确认；在连续性区域的最后主线串下拉列表中选择G1（相切）选项，选取曲面 1 为相切对象；其余线串选择G0（位置）选项；其他参数采用系统默认设置值；单击< 确定 >按钮，完成曲面特征 3 的添加。

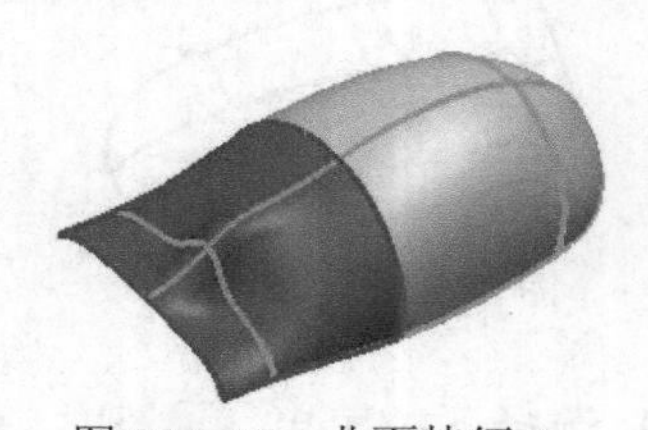
图 20.3.17 曲面特征 3

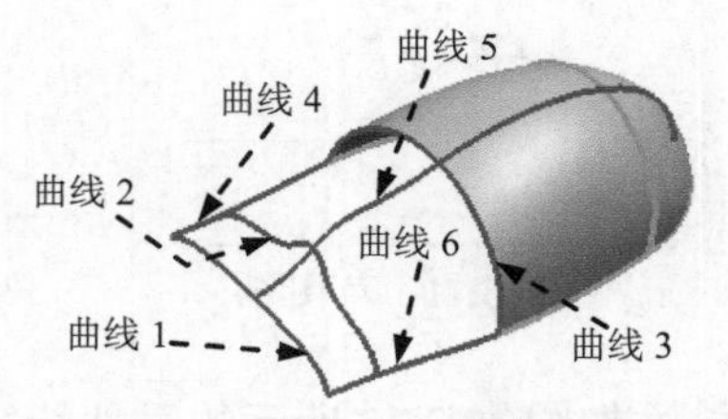

图 20.3.18 定义主曲线串和交叉线串

注意：选取交叉线串前，单击“选项杆”后的按钮，选取交叉线串。

Step15. 添加曲面缝合 1。选择下拉菜单插入(S) → 组合(B) → 缝合(W)...命令，系统弹出“缝合”对话框；在类型区域的下拉列表中选择片体选项；选择曲面 1 为目标体，选择曲面 2 和曲面 3 为刀具体；其他参数采用系统默认设置值；单击确定按钮，完成曲面缝合 1 的添加。

Step16. 创建图 20.3.19 所示的零件特征——拉伸特征 1。选择下拉菜单 插入(S) → 设计特征(E) → 拉伸(E)... 命令（或单击按钮），系统弹出“拉伸”对话框；单击“拉伸”对话框中的“绘制截面”按钮，系统弹出“创建草图”对话框。单击按钮，选取 ZX 基准平面为草图平面，单击 确定 按钮，进入草图环境，绘制图 20.3.20 所示的截面草图，单击 完成草图 按钮，退出草图环境；在 指定矢量 下拉列表中选择 YC 选项；在 限制 区域的 结束 下拉列表中选择 对称值 选项，并在其下的 距离 文本框中输入值 30；在 布尔 区域中选择 减去 选项，系统将自动与模型中唯一个体进行布尔求差运算；单击“拉伸”对话框中的 < 确定 > 按钮，完成拉伸特征 1 的创建。

图 20.3.19　拉伸特征 1

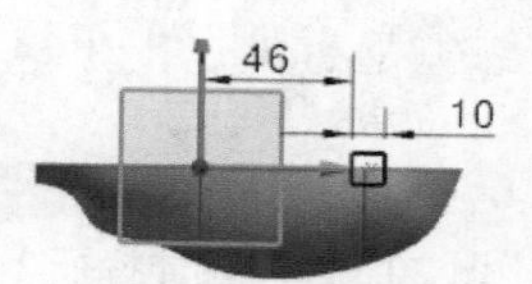

图 20.3.20　截面草图

Step17. 添加图 20.3.21 所示的零件特征——曲面特征 4。选择下拉菜单 插入(S) → 网格曲面(M) → 通过曲线网格(M)... 命令，依次选取图 20.3.22 所示的曲线 1 和曲线 2 为主曲线，并分别单击中键确认；再次单击中键后依次选取曲线 3 和曲线 4 为交叉线串，并分别单击中键确认；在 连续性 区域的 第一主线串 下拉列表中选择 G1(相切) 选项，选取曲面缝合 1 为相切对象；方法相同，定义 最后主线串 和 第一交叉线串 与缝合曲面 1 相切；其他参数采用系统默认设置值；单击 确定 按钮，完成曲面特征 4 的添加。

图 20.3.21　曲面特征 4

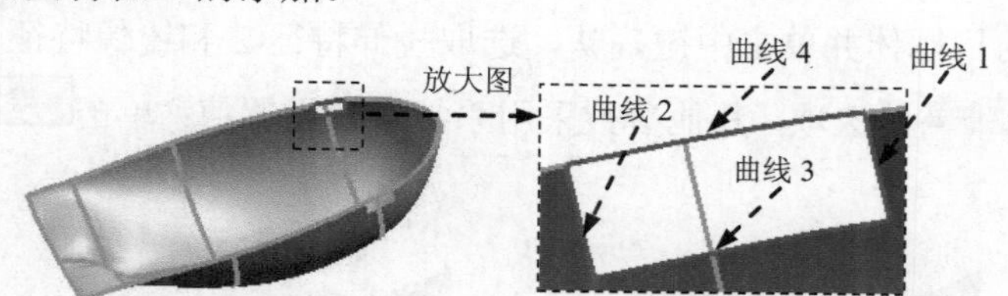

图 20.3.22　定义主曲线串和交叉线串

Step18. 添加图 20.3.23 所示的零件特征——曲面特征 5，添加步骤参照 Step17。

Step19. 添加曲面缝合 2。选择下拉菜单 插入(S) → 组合(B) → 缝合(W)... 命令，在 类型 区域的下拉列表中选择 片体 选项；选取图 20.3.24 所示的曲面为目标体，选取曲面 4 和曲面 5 为刀具体；其他参数采用系统默认设置值；单击 确定 按钮，完成曲面缝合 2 的添加。

图 20.3.23　曲面特征 5

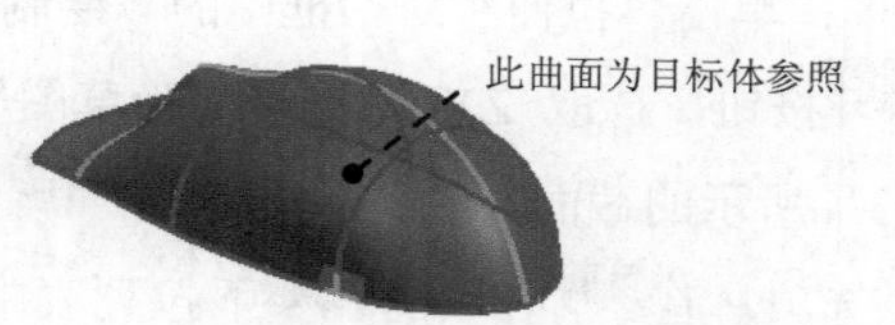

图 20.3.24　定义目标体

Step20. 创建图 20.3.25 所示的零件特征——拉伸特征 2。选择下拉菜单 插入(S) → 设计特征(E) → 拉伸(E)... 命令（或单击 按钮），系统弹出“拉伸”对话框；单击“拉伸”对话框中的“绘制截面”按钮，系统弹出“创建草图”对话框。单击 按钮，选取 YZ 基准平面为草图平面，单击 确定 按钮，进入草图环境，绘制图 20.3.26 所示的截面草图(直线的一个端点与草图 6 的端点重合)，单击 完成草图 按钮，退出草图环境；在 指定矢量 下拉列表中选择 XC 选项；在 限制 区域的 结束 下拉列表中选择 对称值 选项，并在其下的 距离 文本框中输入值 60；在 布尔 区域中选择 无 选项；在 设置 区域的 体类型 下拉列表中选择 片体 选项；单击“拉伸”对话框中的 <确定> 按钮，完成拉伸特征 2 的创建。

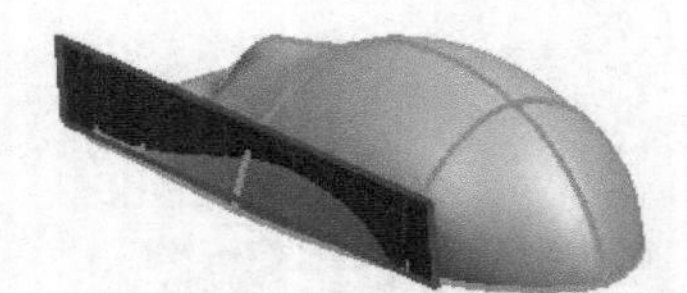
图 20.3.25　拉伸特征 2

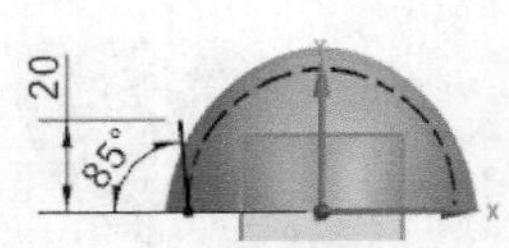

图 20.3.26　截面草图

Step21. 添加图 20.3.27 所示的零件特征——镜像特征 1。选择下拉菜单 插入(S) → 关联复制(A) → 镜像特征(R)... 命令，弹出“镜像特征”对话框；选取拉伸特征 2 为镜像特征对象，单击中键确认；选取 ZX 基准平面为镜像平面；单击 确定 按钮，完成镜像特征 1 的创建。

Step22. 创建图 20.3.28 所示的零件特征——修剪特征 1。选择下拉菜单 插入(S) → 修剪(T) → 修剪片体(R)... 命令，系统弹出“修剪片体”对话框；选择图 20.3.29 所示的目标体并单击中键确认，选取拉伸特征 2 和镜像特征 1 为边界对象；在 区域 区域中选中 保留 单选项，其他参数采用系统默认设置值；单击 确定 按钮，完成修剪特征 1 的添加。

图 20.3.27　镜像特征 1

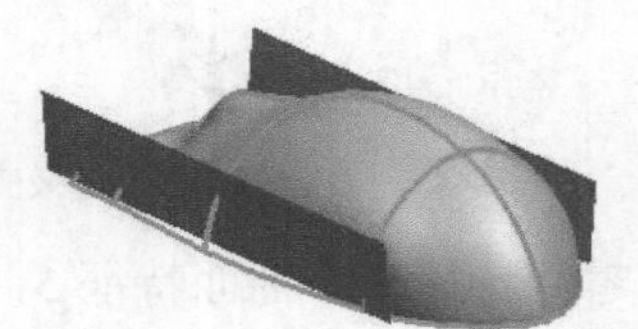
图 20.3.28　修剪特征 1

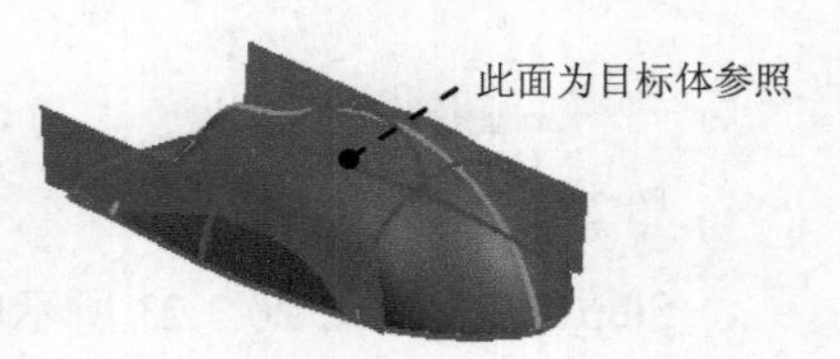

图 20.3.29　定义目标体

Step23. 添加图 20.3.30 所示的零件特征——拉伸特征 3（隐藏所有草图）。选择下拉菜单 插入(S) → 设计特征(E) → 拉伸(E)... 命令（或单击 按钮），系统弹出“拉伸”对话框；单击“拉伸”对话框中的“绘制截面”按钮，系统弹出“创建草图”对话框；单击 按钮，选取 ZX 基准平面为草图平面，单击 确定 按钮，进入草图环境，绘制图 20.3.31 所示的截面草图，单击 完成草图 按钮，退出草图环境；在 指定矢量 下拉列表中选择 YC 选项；在 限制 区域的 结束 下拉列表中选择 对称值 选项，并在其下的 距离 文本框中输入值 30；在布尔区域中选择无选项；在设置区域的体类型下拉列表中选择片体选项；单击“拉伸”对话框中的<确定>按钮，完成拉伸特征 3 的创建。

图 20.3.30　拉伸特征 3

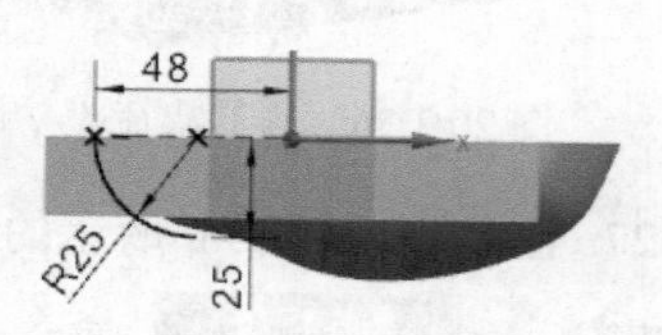

图 20.3.31　截面草图

Step24. 添加图 20.3.32 所示的零件特征——修剪特征 2。选择下拉菜单插入(S) → 修剪(T) → 修剪片体(R)...命令；选择图 20.3.33 所示的目标体并单击中键确认，选取拉伸特征 2 为边界对象；在区域区域中选中保留单选项，其他参数采用系统默认设置值；单击确定按钮，完成修剪特征 2 的添加。

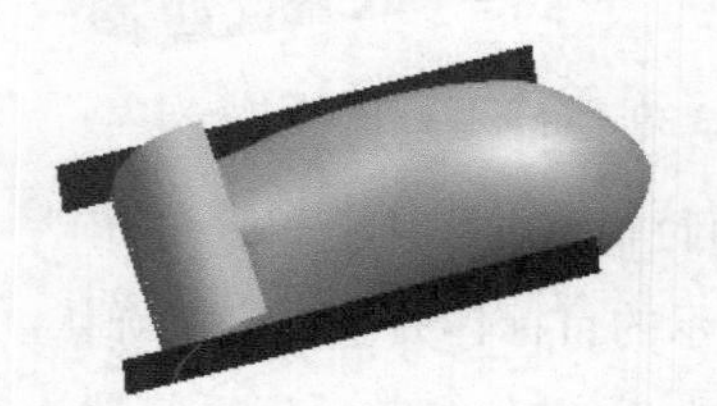
图 20.3.32　修剪特征 2

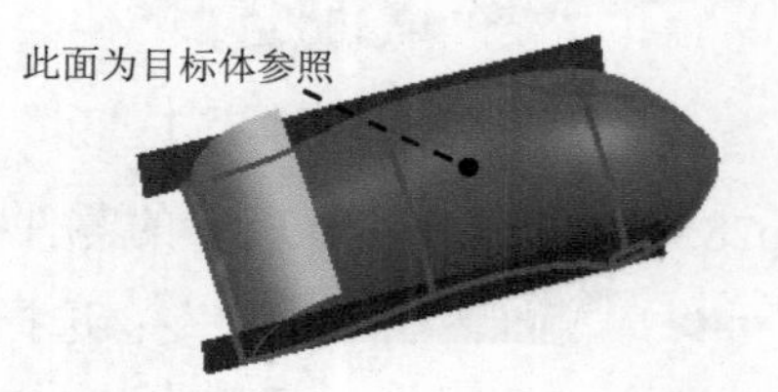

图 20.3.33　定义目标体

Step25. 添加图 20.3.34 所示的零件特征——修剪特征 3。选择下拉菜单插入(S) → 修剪(T) → 修剪与延伸(N)...命令；在类型区域的下拉列表中选择直至选定选项；选择图 20.3.35 所示的目标体并单击中键确认，选取图 20.3.35 所示的刀具体；单击按钮调整修剪方向，修剪后如图 20.3.34 所示；其他参数采用系统默认设置值；单击<确定>按钮，完成修剪特征 3 的添加。

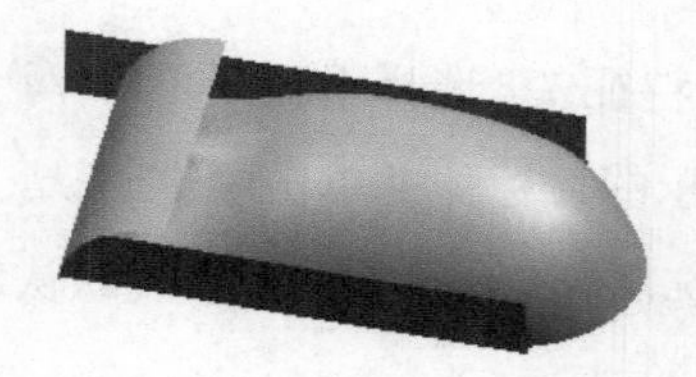
图 20.3.34　修剪特征 3

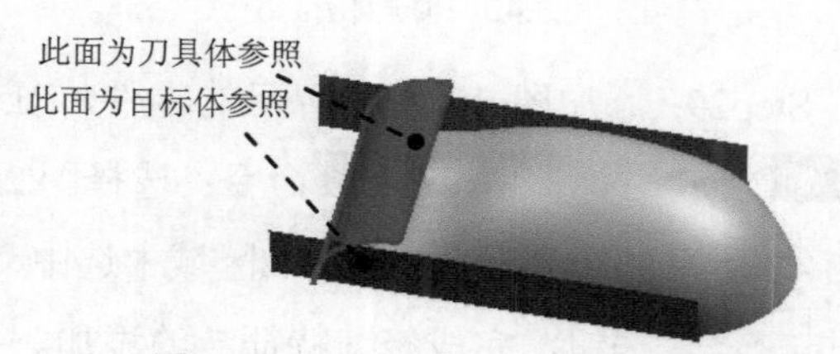

图 20.3.35　定义目标体和刀具体

Step26. 添加图 20.3.36 所示的零件特征——修剪特征 4。选择下拉菜单插入(S) → 修剪(T) → 修剪与延伸(N)...命令；选择图 20.3.37 所示的目标体并单击中键确认，选取图 20.3.37 所示的刀具体，修剪后如图 20.3.36 所示；其他参数采用系统默认设置值；单击<确定>按钮，完成修剪特征 4 的添加。

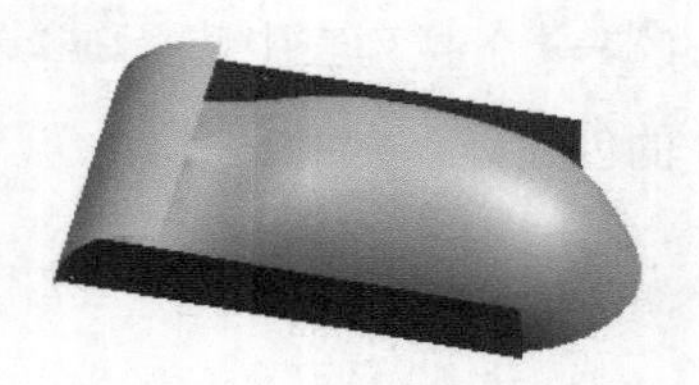

图 20.3.36　修剪特征 4

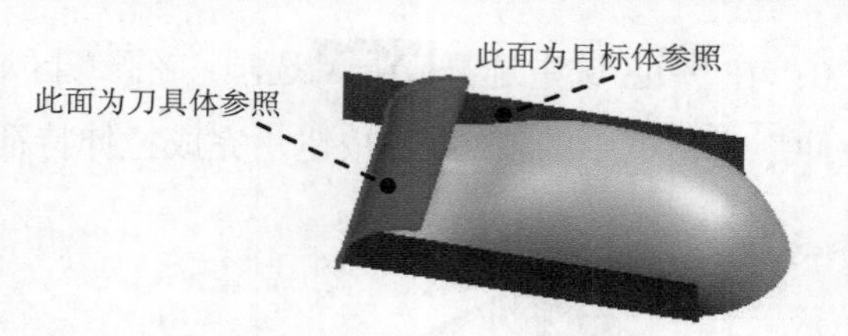

图 20.3.37　定义目标体和刀具体

Step27. 添加图 20.3.38 所示的零件特征——修剪特征 5。选择下拉菜单 插入(S) → 修剪(M) → 修剪片体(R)... 命令；选择图 20.3.39 所示的目标体并单击中键确认，选取图 20.3.39 所示的边界对象；在 区域 区域中选中 ⦿放弃 单选项，其他参数采用系统默认设置值；单击 确定 按钮，完成修剪特征 5 的添加。

图 20.3.38　修剪特征 5

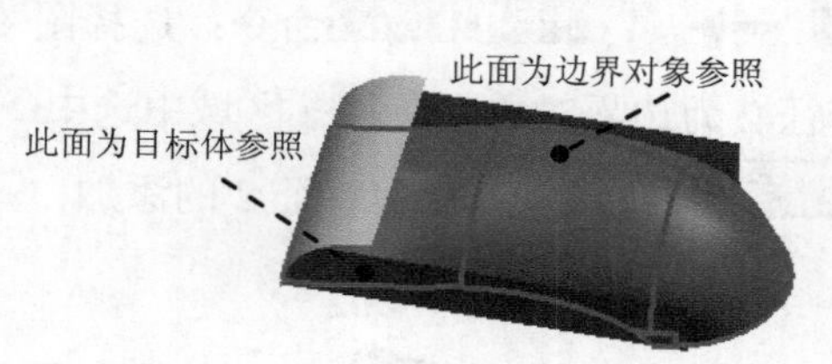

图 20.3.39　定义目标体和边界对象

Step28. 添加图 20.3.40 所示的零件特征——修剪特征 6。选择下拉菜单 插入(S) → 修剪(M) → 修剪片体(R)... 命令；选择图 20.3.41 所示的目标体并单击中键确认，选取图 20.3.41 所示的边界对象；在 区域 区域中选中 ⦿放弃 单选项，其他参数采用系统默认设置值；单击 确定 按钮，完成修剪特征 6 的添加。

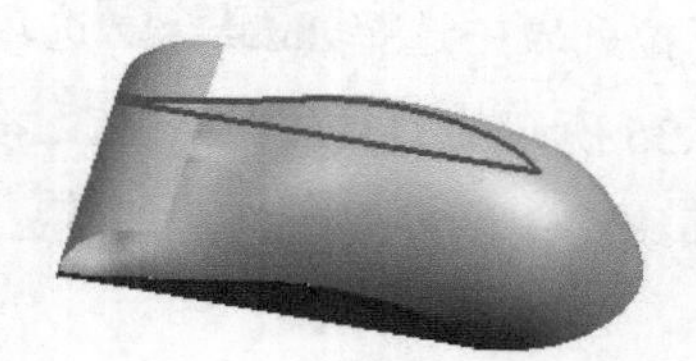

图 20.3.40　修剪特征 6

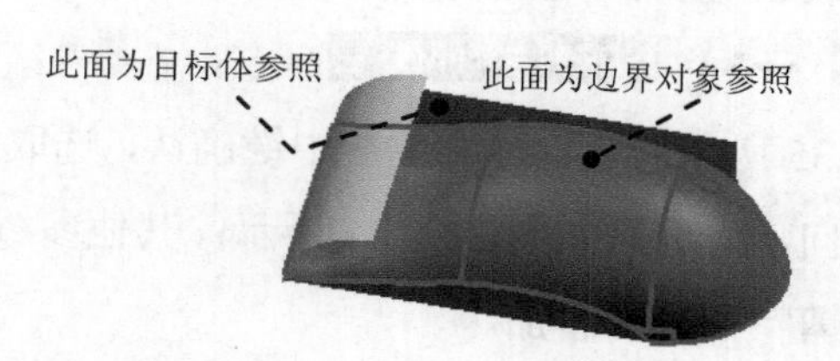

图 20.3.41　定义目标体和边界对象

Step29. 添加图 20.3.42 所示的零件特征——修剪特征 7。选择下拉菜单 插入(S) → 修剪(M) → 修剪片体(R)... 命令；选择图 20.3.43 所示的目标体并单击中键确认，选取图 20.3.43 所示的边界对象；在 区域 区域中选中 ⦿放弃 单选项，其他参数采用系统默认设置值；单击 确定 按钮，完成修剪特征 7 的添加。

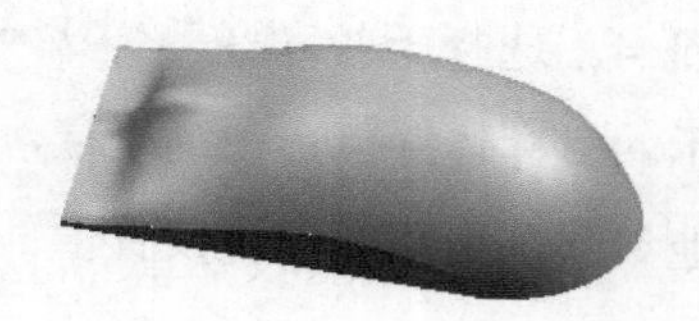

图 20.3.42　修剪特征 7

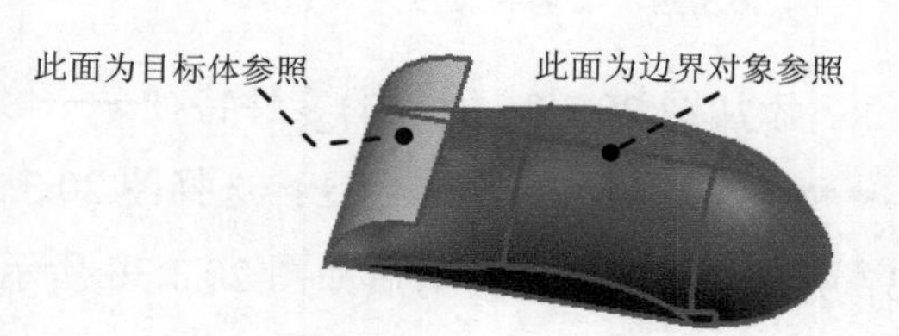

图 20.3.43　定义目标体和边界对象

Step30. 添加图 20.3.44 所示的零件特征——拉伸特征 4。选择下拉菜单 插入(S) → 设计特征(E) → 拉伸(E)... 命令（或单击 按钮），系统弹出“拉伸”对话框；选取图 20.3.45 所示的边线为截面草图；在 指定矢量 下拉列表中选择 XC 选项；在 限制 区域的 开始 下拉列表中选择 值 选项，并在其下的 距离 文本框中输入值-5；在 限制 区域的 结束 下拉列表中选择 值 选项，并在其下的 距离 文本框中输入值 135；在 布尔 区域中选择 无 选项；在 设置 区域的 体类型 下拉列表中选择 片体 选项；单击“拉伸”对话框中的 < 确定 > 按钮，完成拉伸特征 4 的创建。

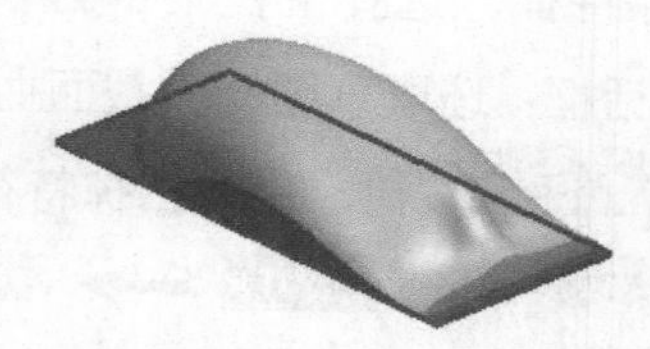

图 20.3.44 拉伸特征 4

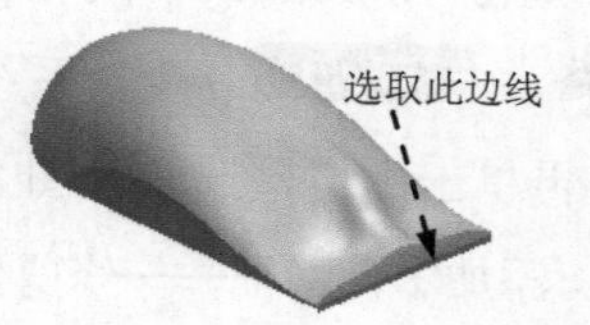

图 20.3.45 截面草图

Step31. 添加图 20.3.46 所示的零件特征——修剪特征 8。选择下拉菜单 插入(S) → 修剪(M) → 修剪片体(R)... 命令；选择图 20.3.47 所示的目标体（单击拉伸特征 4 曲面的中心位置）并单击中键确认，选取图 20.3.47 所示的边界对象（其余所有曲面）；在 区域 区域中选中 ⊙ 保留 单选项，其他参数采用系统默认设置值；单击 确定 按钮，完成修剪特征 8 的添加。

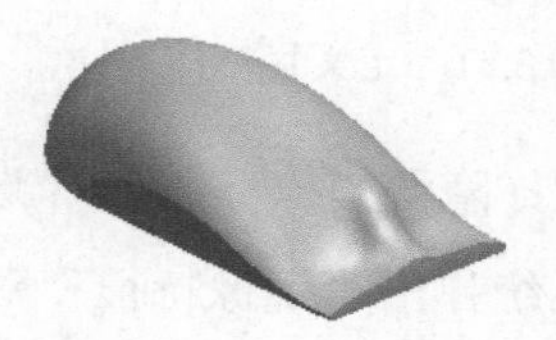

图 20.3.46 修剪特征 8

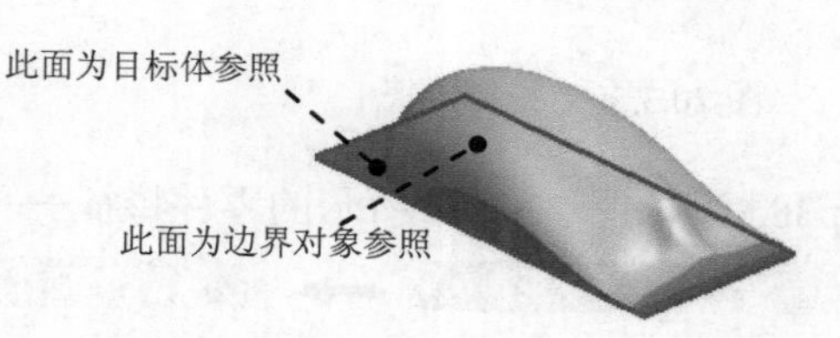

图 20.3.47 定义目标体和边界对象

Step32. 添加曲面缝合 3。选择下拉菜单 插入(S) → 组合(B) → 缝合(W)... 命令，在 类型 区域的下拉列表中选择 片体 选项；选择曲面缝合 1 为目标体，选择其余所有的曲面为刀具体；其他参数采用系统默认设置值；单击 确定 按钮，完成曲面缝合 3 的添加。

Step33. 添加偏置面。选择下拉菜单 插入(S) → 偏置/缩放(O) → 偏置面(F)... 命令，系统弹出“偏置面”对话框；选取修剪特征 8 的曲面为偏置面；在 偏置 区域的 偏置 文本框中输入值 2，调整偏置方向向外；在“偏置面”对话框中单击 < 确定 > 按钮，完成偏置面的添加。

Step34. 添加图20.3.48所示的草图8。选择下拉菜单 插入(S) → 在任务环境中绘制草图(V)... 命令，系统弹出“创建草图”对话框；选取 XY 基准平面为草图平面，绘制图 20.3.48 所示的草图 8。

Step35. 添加图20.3.49所示的草图9。选择下拉菜单 插入(S) → 在任务环境中绘制草图(V)...

命令，系统弹出“创建草图”对话框；选取基准平面 2 为草图平面，绘制图 20.3.49 所示的草图 9。

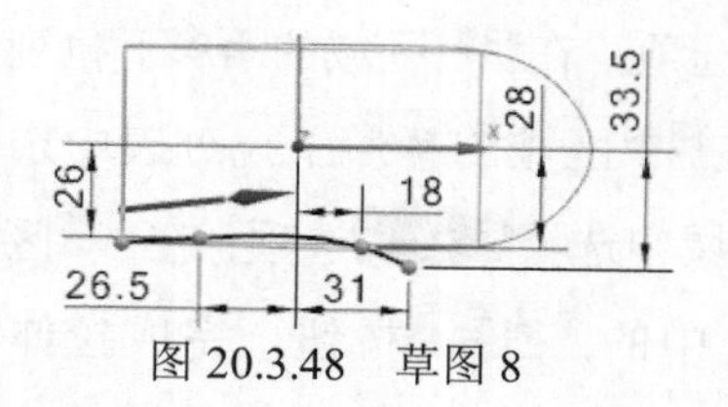

图 20.3.48　草图 8

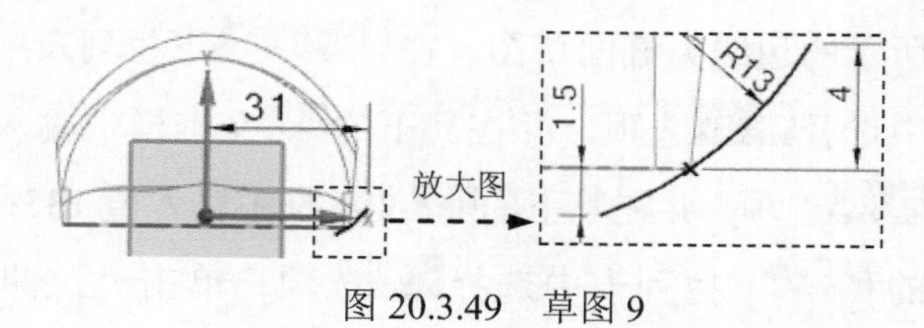

图 20.3.49　草图 9

Step36. 添加图 20.3.50 所示的零件特征——扫掠特征。选择下拉菜单 插入(S) → 扫掠(W) → 扫掠(S)... 命令，系统弹出“扫掠”对话框；选取草图 9 为截面曲线并单击中键确认，再单击中键，选取草图 8 为引导线；单击 < 确定 > 按钮，完成扫掠特征的添加。

Step37. 添加零件特征——修剪体。选择下拉菜单 插入(S) → 修剪(T) → 修剪体(T)... 命令，系统弹出“修剪体”对话框；选取图 20.3.51 所示的目标体，单击中键确认，选取扫掠特征为刀具体；单击按钮，调整修剪方向向外；单击 < 确定 > 按钮，完成修剪体特征的添加。

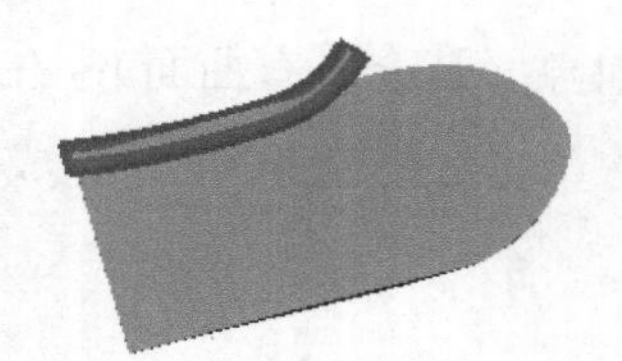
图 20.3.50　扫掠特征

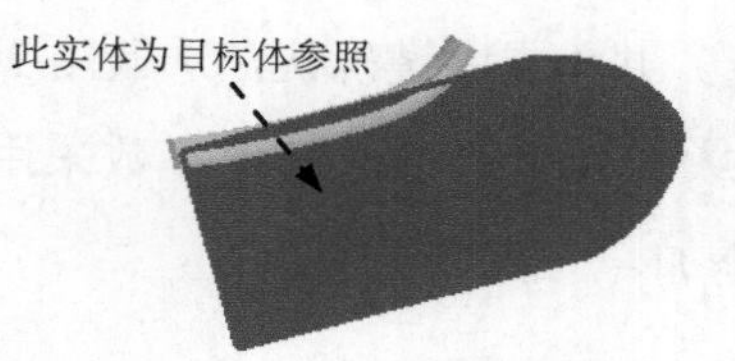

图 20.3.51　定义目标体

Step38. 添加图 20.3.52 所示的零件特征——镜像特征 2（隐藏扫掠特征 1）。选择下拉菜单 插入(S) → 关联复制(A) → 镜像特征(R)... 命令，系统弹出“镜像特征”对话框；选取修剪体特征为镜像对象，单击中键确认；选取 ZX 基准平面为镜像平面，单击 确定 按钮，完成镜像特征 2 的创建。

Step39. 添加图 20.3.53b 所示的零件特征——倒斜角特征。选择下拉菜单 插入(S) → 细节特征(L) → 倒斜角(C)... 命令（或单击按钮），系统弹出“倒斜角”对话框；选择图 20.3.53a 所示的边线为倒斜角参照，在 偏置 区域的 横截面 下拉列表中选择 对称 选项，并在 距离 文本框输入值 2；单击 < 确定 > 按钮，完成倒斜角特征的添加。

图 20.3.52　镜像特征 2

a）倒斜角前

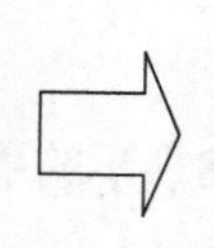

b）倒斜角后

图 20.3.53　倒斜角特征

Step40. 添加图 20.3.54 所示的零件特征——边倒圆特征 1。选择下拉菜单 插入(S) →

细节特征(L) ▸ → 边倒圆(E)... 命令（或单击按钮），系统弹出“边倒圆”对话框；选择图 20.3.54a 所示的两条边线为边倒圆参照，并在半径 1文本框中输入值 3；单击< 确定 >按钮，完成边倒圆特征 1 的添加。

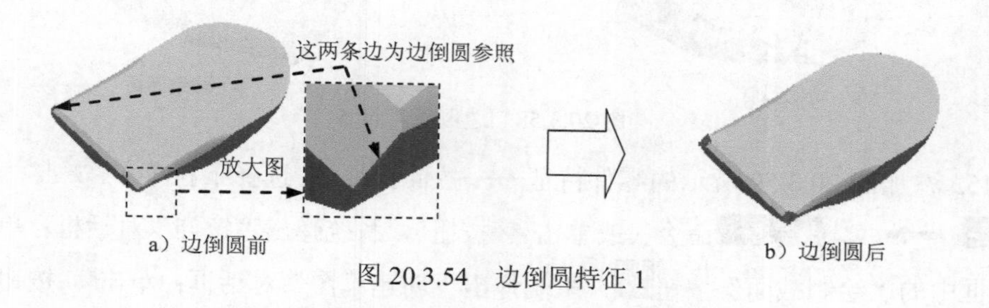

图 20.3.54 边倒圆特征 1

Step41. 添加图 20.3.55b 所示的零件特征——边倒圆特征 2。选择图 20.3.55a 所示的边线为边倒圆参照，并在半径 1文本框中输入值 3。

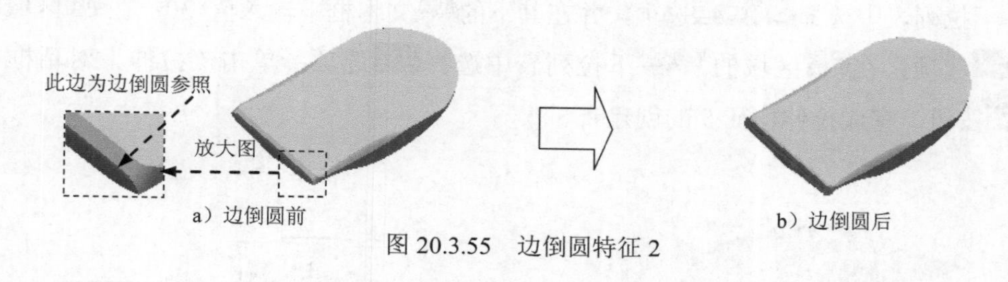

图 20.3.55 边倒圆特征 2

Step42. 添加图 20.3.56b 所示的零件特征——边倒圆特征 3。选择图 20.3.56a 所示的边线为边倒圆参照，其半径值为 2.5。

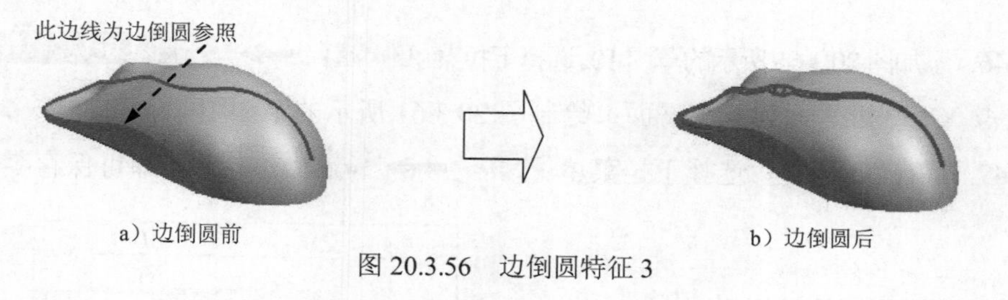

图 20.3.56 边倒圆特征 3

Step43. 添加图 20.3.57b 所示的零件特征——边倒圆特征 4。选择图 20.3.57a 所示的边线为边倒圆参照，其半径值为 2.5。

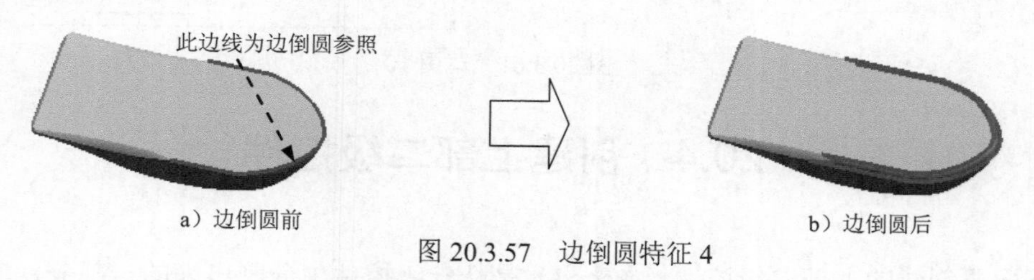

图 20.3.57 边倒圆特征 4

Step44. 添加图 20.3.58b 所示的零件特征——边倒圆特征 5。选择图 20.3.58a 所示的两条边线为边倒圆参照，其半径值为 3。

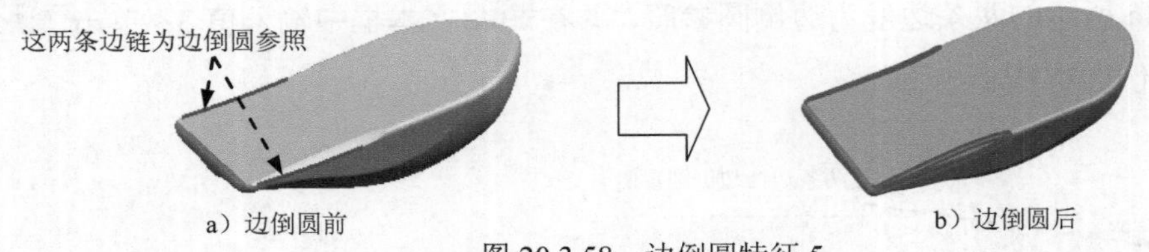

图 20.3.58　边倒圆特征 5

Step45. 添加图 20.3.59 所示的零件特征——拉伸特征 5。选择下拉菜单 插入(S) → 设计特征(E) → 拉伸(E)... 命令（或单击 按钮），系统弹出“拉伸”对话框；单击“拉伸”对话框中的“绘制截面”按钮，系统弹出“创建草图”对话框；单击 按钮，选取 ZX 基准平面为草图平面，单击 确定 按钮，进入草图环境，绘制图 20.3.60 所示的截面草图，单击 完成草图 按钮，退出草图环境；在 指定矢量 下拉列表中选择 YC 选项；在 限制 区域的 结束 下拉列表中选择 对称值 选项，并在其下的 距离 文本框中输入值 30；在 布尔 区域中选择 无 选项；在 设置 区域的 体类型 下拉列表中选择 片体 选项；单击“拉伸”对话框中的 < 确定 > 按钮，完成拉伸特征 5 的创建。

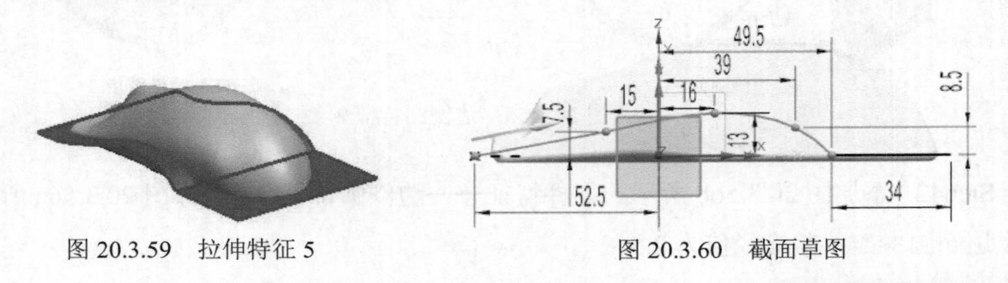

图 20.3.59　拉伸特征 5　　　　图 20.3.60　截面草图

Step46. 添加图 20.3.61 所示的草图 10。选择下拉菜单 插入(S) → 在任务环境中绘制草图(V)... 命令；选取 XY 基准平面为草图平面；绘制图 20.3.61 所示的草图 10。

Step47. 保存零件模型。选择下拉菜单 文件(F) → 保存(S) 命令，即可保存零件模型。

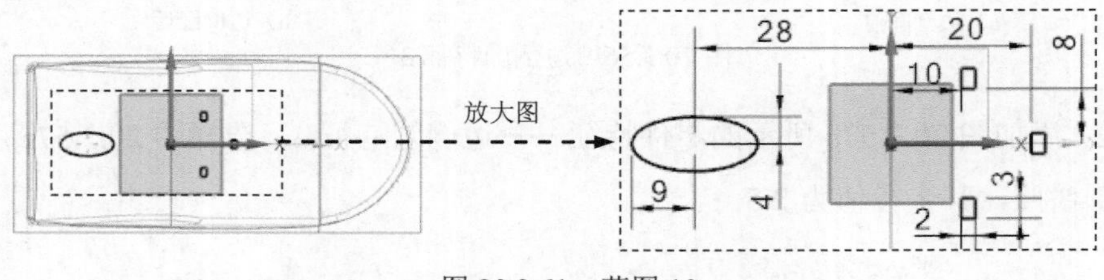

图 20.3.61　草图 10

20.4　创建上部二级控件

下面要创建的上部二级控件（second）是从一级控件中分割出来的一部分，二级控件继承了一级控件的相应外观形状，同时它又作为控件模型为三级控件和按键提供相应外观和对应尺寸，这保证了设计零件的可装配性。下面讲解上部二级控件的创建过程，零件模型及模型树如图 20.4.1 所示。

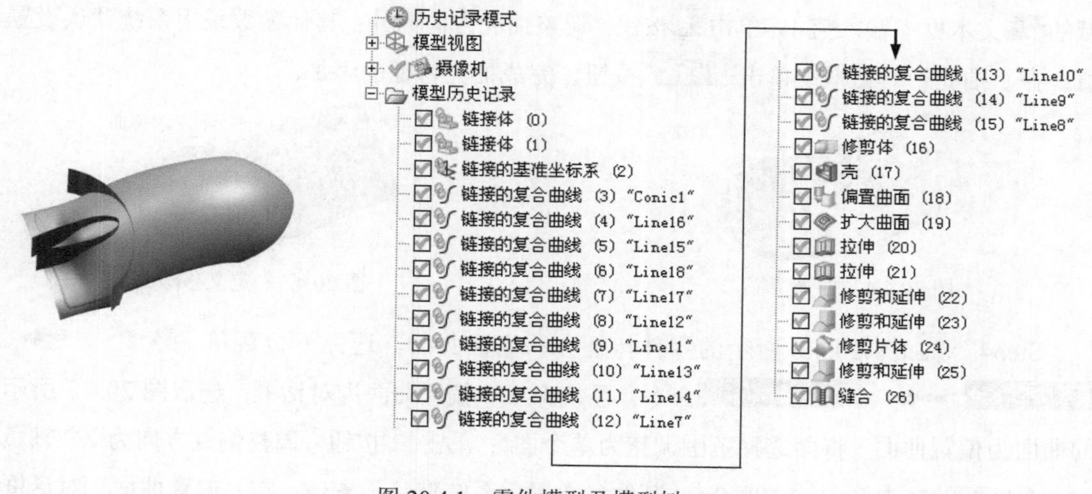

图 20.4.1 零件模型及模型树

Step1. 创建 second 层。在“装配导航器”窗口中右击，在弹出的快捷菜单中选择 WAVE 模式 命令，系统进入 WAVE 模式；在“装配导航器”窗口中的 mouse 选项上右击，在弹出的快捷菜单中选择 WAVE ➡ 新建层 命令，系统弹出“新建层”对话框；单击“新建层”对话框中的 指定部件名 按钮，将 查找范围(I): 设定到工作目录；在弹出的“选择部件名”对话框的 文件名(N): 文本框中输入文件名 second，单击 OK 按钮，系统再次弹出“新建层”对话框；单击“新建层”对话框中的 类选择 按钮，系统弹出“WAVE 组件间的复制”对话框；选取一级控件中的实体，草图 10、拉伸特征 5 和基准坐标系作为要复制的几何体，单击 确定 按钮，系统重新弹出“新建层”对话框；在“新建层”对话框中单击 确定 按钮，完成 second 层的创建；在“装配导航器”窗口中的 second 选项上右击，在弹出的快捷菜单中选择 设为显示部件 命令，对模型进行编辑。

Step2. 添加图 20.4.2 所示的修剪体特征。选择下拉菜单 插入(S) ➡ 修剪(T) ➡ 修剪体(T)... 命令，系统弹出“修剪体”对话框；选取图 20.4.3 所示的目标体，单击中键确认，选取图 20.4.3 所示的刀具体；单击 按钮，调整修剪方向，修剪后如图 20.4.2 所示；在“修剪体”对话框中单击 <确定> 按钮，完成修剪体特征的添加（隐藏刀具体）。

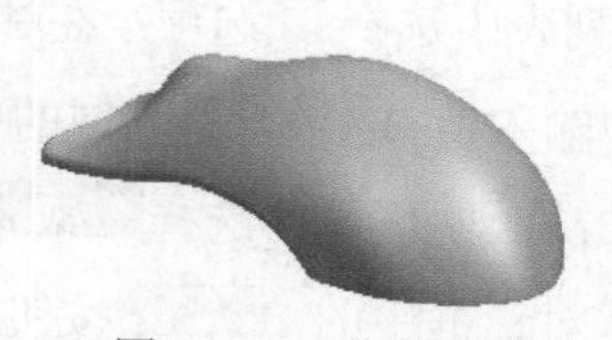

图 20.4.2 修剪体特征

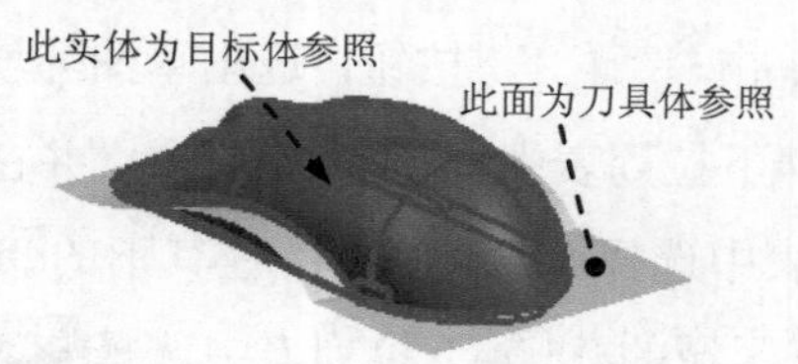

图 20.4.3 定义目标体和刀具体

Step3. 添加图 20.4.4 的零件特征——抽壳特征。选择下拉菜单 插入(S) ➡ 偏置/缩放(O)

→ 抽壳(H)... 命令（或单击按钮），系统弹出“抽壳”对话框；在“抽壳”对话框类型区域的下拉列表中选择移除面，然后抽壳选项，选择图 20.4.5 所示的面为移除面，在厚度区域的厚度文本框中输入值 1，单击按钮，调整抽壳方向向外；其他参数采用系统默认设置值；在“抽壳”对话框中单击< 确定 >按钮，完成抽壳特征的添加。

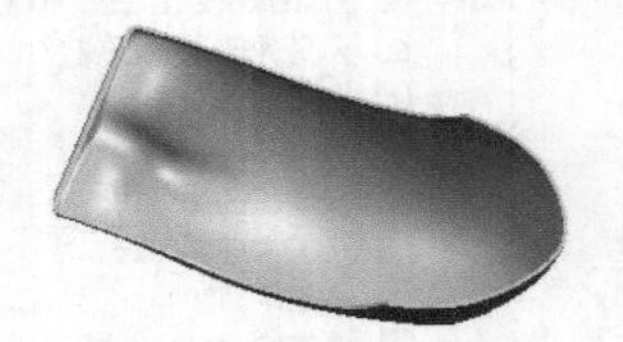
图 20.4.4 抽壳特征

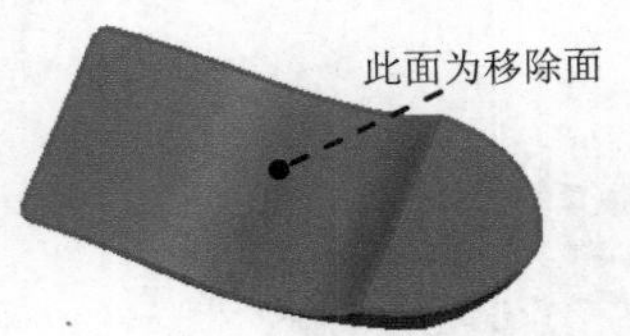

图 20.4.5 定义移除面

Step4. 添加图 20.4.6 所示的零件特征——偏置曲面。选择下拉菜单 插入(S) → 偏置/缩放(O) → 偏置曲面(O)...命令，系统弹出“偏置曲面”对话框；选取图 20.4.7 所示的曲面为偏置曲面（将面选择范围调整为单个面）；单击按钮，调整偏置方向为 ZC 轴负向；在区域的文本框中输入值 0.5；其他参数采用系统默认设置值；在“偏置曲面”对话框中单击< 确定 >按钮，完成偏置曲面的添加。

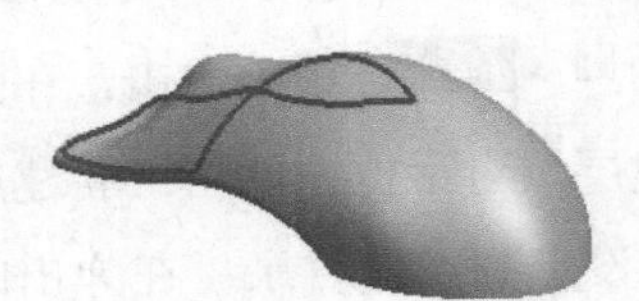
图 20.4.6 偏置曲面

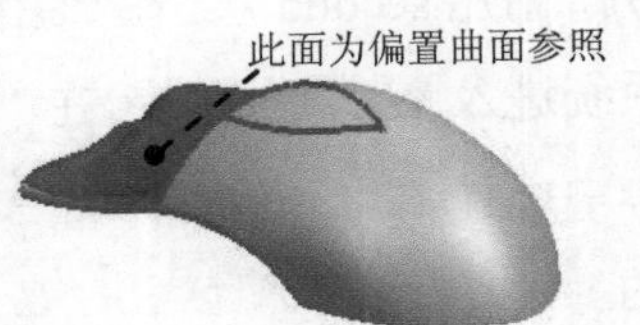

图 20.4.7 定义偏置曲面

Step5. 添加图 20.4.8 所示的编辑曲面。选择下拉菜单 编辑(E) → 曲面(R) → 扩大(L)...命令，系统弹出“扩大”对话框；选取偏置曲面为扩大对象；在设置区域中选中 ⦿ 自然单选项，在 % U 起点文本框中输入值 10，在 % U 终点文本框中输入值 10，在 % V 起点文本框中输入值 10，在 % V 终点文本框中输入值 10；在“扩大”对话框中单击< 确定 >按钮，完成编辑曲面的添加。

Step6. 添加图 20.4.9 所示的零件特征——拉伸特征 1。选择下拉菜单 插入(S) → 设计特征(E) → 拉伸(E)...命令（或单击按钮），系统弹出“拉伸”对话框；单击“拉伸”对话框中的“绘制截面”按钮，系统弹出“创建草图”对话框；单击按钮，选取 XY 基准平面为草图平面，单击 确定 按钮，进入草图环境，绘制图 20.4.10 所示的截面草图，单击 完成草图 按钮，退出草图环境；在 指定矢量 下拉列表中选择 ZC↑ 选项；在限制区域的开始下拉列表中选择 值 选项，并在其下的距离文本框中输入值 0；在限制区域的结束下拉列表中选择 值 选项，并在其下的距离文本框中输入值 30；在布尔区域中选择 无 选项；在设置区域的体类型下拉列表中选择片体选项；单击“拉伸”对话框中的< 确定 >按钮，完成拉伸特征 1 的创建。

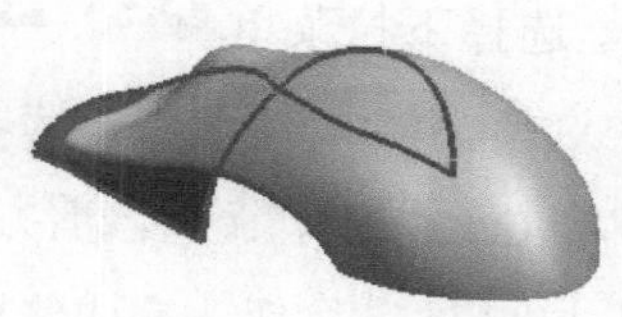

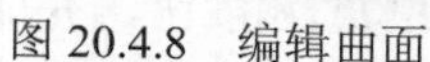

图 20.4.8　编辑曲面

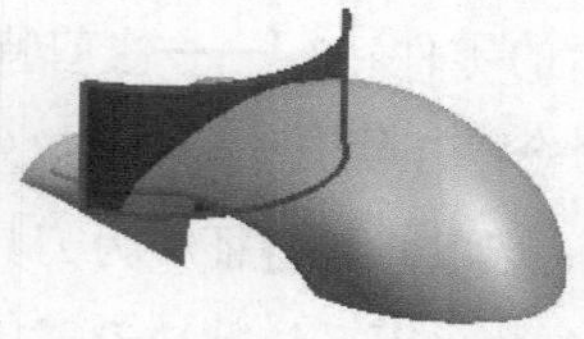

图 20.4.9　拉伸特征 1

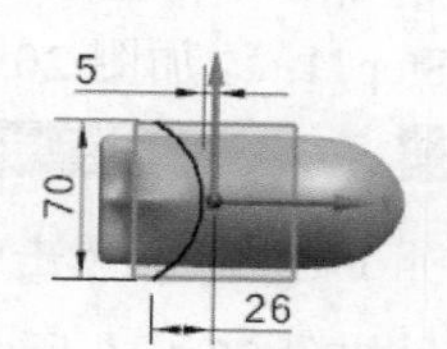

图 20.4.10　截面草图

Step7. 添加图 20.4.11 所示的零件特征——拉伸特征 2。选择下拉菜单 插入(S) → 设计特征(E) → 拉伸(E)... 命令（或单击按钮），系统弹出“拉伸”对话框；单击“拉伸”对话框中的“绘制截面”按钮，系统弹出“创建草图”对话框；单击按钮，选取XY 基准平面为草图平面，单击 确定 按钮，进入草图环境，绘制图 20.4.12 所示的截面草图，单击 完成草图 按钮，退出草图环境；在 指定矢量 下拉列表中选择 ZC↑ 选项；在 限制 区域的 开始 下拉列表中选择 值 选项，并在其下的 距离 文本框中输入值 0；在 限制 区域的 结束 下拉列表中选择 值 选项，并在其下的 距离 文本框中输入值 30；在 布尔 区域中选择 无 选项，在 设置 区域的 体类型 下拉列表中选择 片体 选项；单击“拉伸”对话框中的 < 确定 > 按钮，完成拉伸特征 2 的创建。

图 20.4.11　拉伸特征 2

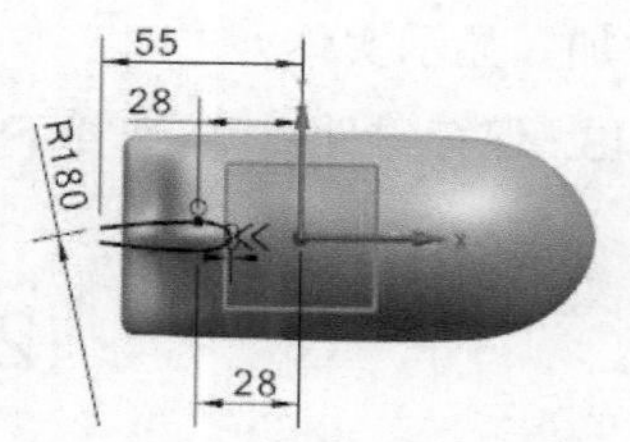

图 20.4.12　截面草图

Step8. 添加图 20.4.13 所示的零件特征——修剪特征 1（隐藏实体）。选择下拉菜单 插入(S) → 修剪(T) → 修剪与延伸(N)... 命令，系统弹出“修剪和延伸”对话框；在 类型 区域的下拉列表中选择 直至选定 选项；选取拉伸特征 2 为目标，单击中键确认；选取编辑曲面为刀具体；单击按钮，调整修剪方向，修剪后如图 20.4.13 所示；其他参数采用系统默认设置值；在“修剪和延伸”对话框中单击 确定 按钮，完成修剪特征 1 的添加。

Step9. 添加图 20.4.14 所示的零件特征——修剪特征 2。选择下拉菜单 插入(S) → 修剪(T) → 修剪与延伸(N)... 命令；在 类型 区域的下拉列表中选择 直至选定 选项；选取编辑曲面为目标，单击中键确认；选取拉伸特征 1 为刀具体；单击按钮，调整修剪方向，修剪后如图 20.4.14 所示；其他参数采用系统默认设置值；单击 确定 按钮，完成修剪特征 2 的添加。

Step10. 添加图 20.4.15 所示的零件特征——修剪特征 3。选择下拉菜单 插入(S) → 修剪(T) → 修剪片体(R)... 命令；选取修剪特征 2 为目标体，单击中键确认；选取修剪特征 1 为刀具体；在 区域 区域中选中 ⊙ 保留 单选项；其他参数采用系统默认设置值；单击 确定 按钮，完成修剪特征 3 的添加。

Step11. 添加图 20.4.16 所示的零件特征——修剪特征 4。选择下拉菜单 插入(S) → 修剪(T) → 修剪与延伸(N)... 命令；在 类型 区域的下拉列表中选择 直至选定 选项；选取拉伸特征 1 为目标，单击中键确认；选取修剪特征 3 为刀具体；单击 按钮，调整修剪方向，修剪后如图 20.4.16 所示；其他参数采用系统默认设置值；单击 确定 按钮，完成修剪特征 4 的添加。

图 20.4.13 修剪特征 1

图 20.4.14 修剪特征 2

图 20.4.15 修剪特征 3

图 20.4.16 修剪特征 4

Step12. 添加曲面缝合。选择下拉菜单 插入(S) → 组合(B) → 缝合(W)... 命令，系统弹出“缝合”对话框；在 类型 区域的下拉列表中选择 片体 选项；选择修剪特征 3 为目标体，选择其余的为刀具体；其他参数采用系统默认设置值；单击 确定 按钮，完成曲面缝合的添加（显示实体）。

Step13. 保存零件模型。选择下拉菜单 文件(F) → 保存(S) 命令，即可保存零件模型。

20.5 按 键

按键（key）从上部二级控件中继承外观和必要的尺寸，以此为基础进行细化即得到完整的按键零件。下面讲解按键盖的创建过程，零件模型及模型树如图 20.5.1 所示。

历史记录模式
模型视图
摄像机
用户表达式
模型历史记录
链接体 (0)
链接体 (1)
链接的基准坐标系 (2)
链接的基准平面 (3)
链接的基准轴 (4)
链接的基准平面 (5)
链接的基准轴 (6)
链接的基准平面 (7)
链接的基准轴 (8)
链接的复合曲线 (9) "Line17"
链接的复合曲线 (10) "Line13"
链接的复合曲线 (11) "Line14"
链接的复合曲线 (12) "Line12"
链接的复合曲线 (13) "Conic1"
链接的复合曲线 (14) "Line16"
链接的复合曲线 (15) "Line15"
链接的复合曲线 (16) "Line7"
链接的复合曲线 (17) "Line8"
链接的复合曲线 (18) "Line18"
链接的复合曲线 (19) "Line10"
链接的复合曲线 (20) "Line9"
链接的复合曲线 (21) "Line11"
链接的点 (22)
修剪体 (23)
拉伸 (24)
偏置面 (25)
拉伸 (26)
拉伸 (27)
拉伸 (28)
合并 (29)
拉伸 (30)
边倒圆 (31)
边倒圆 (32)
边倒圆 (33)
边倒圆 (34)

图 20.5.1 零件模型及模型树

Step1. 创建 key 层。在“装配导航器”窗口中的☑ second 选项上右击，在弹出的快捷菜单中选择 WAVE ▸ → 新建层 命令，系统弹出“新建层”对话框；单击“新建层”对话框中的 指定部件名 按钮，在弹出的“选择部件名”对话框的 文件名(N): 文本框中输入文件名 key，单击 OK 按钮，系统再次弹出“新建层”对话框；单击“新建层”对话框中的 类选择 按钮，系统弹出“WAVE 组件间的复制”对话框，选取上部二级控件作为要复制的几何体，单击 确定 按钮，系统重新弹出“新建层”对话框；在“新建层”对话框中单击 确定 按钮，完成 key 层的创建；在“装配导航器”窗口中的☑ key 选项上右击，在弹出的快捷菜单中选择 设为显示部件 命令，对模型进行编辑。

Step2. 添加图 20.5.2 所示的修剪体特征。选择下拉菜单 插入(S) → 修剪(T) ▸ → 修剪体(T)... 命令，系统弹出“修剪体”对话框；选取图 20.5.3 所示的目标体，单击中键确认，选取图 20.5.3 所示的刀具体，修剪后如图 20.5.2 所示；在“修剪体”对话框中单击 < 确定 > 按钮，完成修剪体特征的添加（隐藏刀具体）。

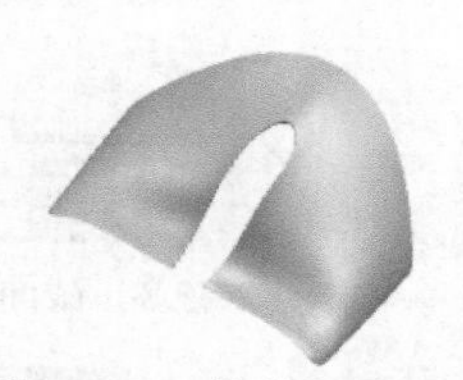

图 20.5.2　修剪体特征

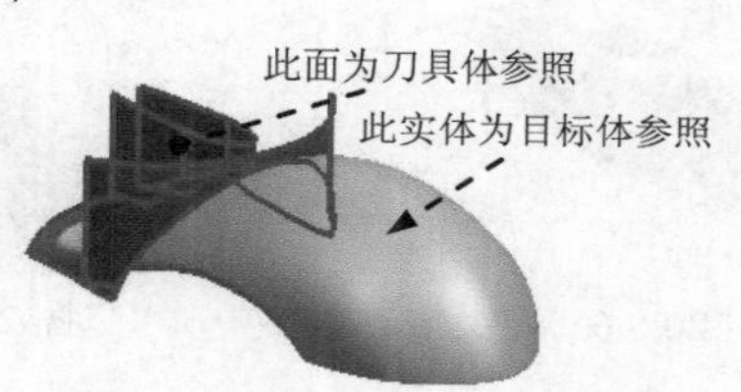

图 20.5.3　定义目标体和刀具体

Step3. 添加图 20.5.4 所示的零件特征——拉伸特征 1。选择下拉菜单 插入(S) → 设计特征(E) ▸ → 拉伸(E)... 命令（或单击 按钮），系统弹出“拉伸”对话框；单击“绘制截面”按钮，系统弹出“创建草图”对话框；单击 按钮，选取 XY 基准平面为草图平面，单击 确定 按钮，进入草图环境，绘制图 20.5.5 所示的截面草图（该草图是对修剪 1 的边线偏置得到的），单击 完成草图 按钮，退出草图环境；在 指定矢量 下拉列表中选择 ZC↑ 选项；在“拉伸”对话框 限制 区域的 开始 下拉列表中选择 值 选项，并在其下的 距离 文本框中输入值 15；在 结束 下拉列表中选择 直至下一个 选项；其他参数采用系统默认设置值；在 布尔 区域中选择 无 选项；单击 < 确定 > 按钮，完成拉伸特征 1 的添加。

图 20.5.4　拉伸特征 1

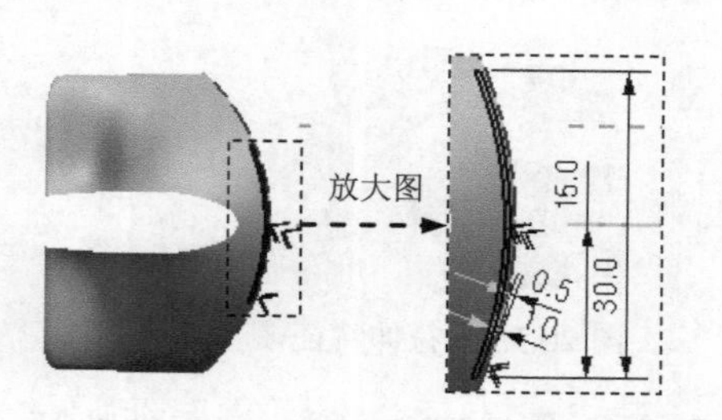

图 20.5.5　截面草图

Step4. 添加零件特征——偏置面。选择下拉菜单插入(S) → 偏置/缩放(O) → 偏置面(F)...命令，系统弹出“偏置面”对话框；选取图 20.5.6 所示的面为偏置对象；在偏置区域的偏置文本框中输入值 1；单击按钮，调整偏置方向为 XC 轴正向；在“偏置面”对话框中单击确定按钮，完成偏置面的添加。

Step5. 添加图 20.5.7 所示的零件特征——拉伸特征 2。选择下拉菜单插入(S) → 设计特征(E) → 拉伸(E)...命令（或单击按钮），系统弹出“拉伸”对话框；单击“拉伸”对话框中的“绘制截面”按钮，系统弹出“创建草图”对话框；单击按钮，选取 YZ 基准平面为草图平面，单击确定按钮，进入草图环境，绘制图 20.5.8 所示的截面草图，单击完成草图按钮，退出草图环境；在指定矢量下拉列表中选择XC选项；在限制区域的开始下拉列表中选择值选项，并在其下的距离文本框中输入值-25；在限制区域的结束下拉列表中选择直至下一个选项；在布尔区域中选择合并选项，选择拉伸特征 2 为目标体；单击“拉伸”对话框中的< 确定 >按钮，完成拉伸特征 2 的创建。

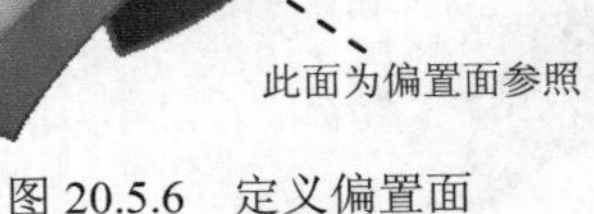

图 20.5.6 定义偏置面

图 20.5.7 拉伸特征 2

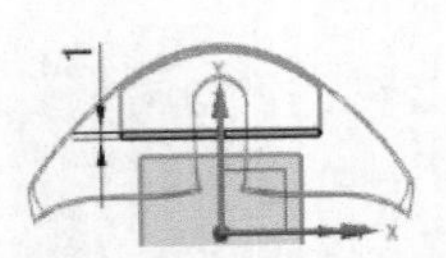

图 20.5.8 截面草图

Step6. 添加图 20.5.9 所示的零件特征——拉伸特征 3。选择下拉菜单插入(S) → 设计特征(E) → 拉伸(E)...命令（或单击按钮），系统弹出“拉伸”对话框；单击“拉伸”对话框中的“绘制截面”按钮，系统弹出“创建草图”对话框；单击按钮，选取 XY 基准平面为草图平面，单击确定按钮，进入草图环境，绘制图 20.5.10 所示的截面草图（偏置截面草图所示的三个长方形，偏置值为 0），单击完成草图按钮，退出草图环境；在指定矢量下拉列表中选择ZC选项；在限制区域的开始下拉列表中选择值选项，并在其下的距离文本框中输入值 0；在限制区域的结束下拉列表中选择值选项，并在其下的距离文本框中输入值 55；在布尔区域中选择减去选项，选择拉伸特征 3 为目标体；单击“拉伸”对话框中的< 确定 >按钮，完成拉伸特征 3 的创建。

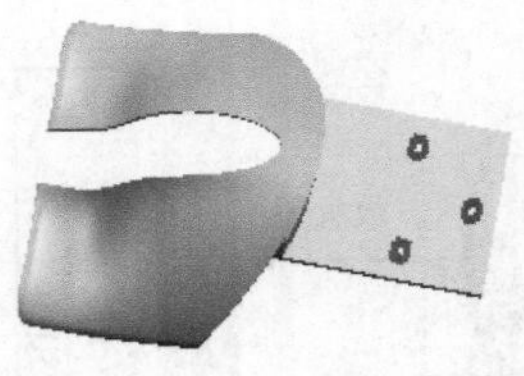

图 20.5.9 拉伸特征 3

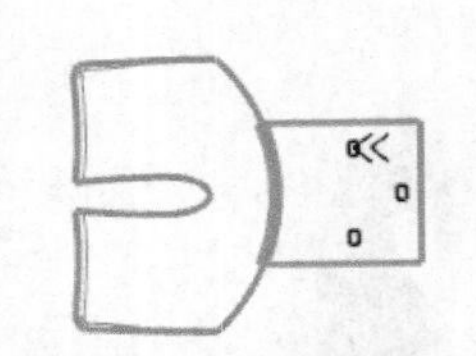

图 20.5.10 截面草图

Step7. 添加图 20.5.11 所示的零件特征——拉伸特征 4。选择下拉菜单插入(S) →

设计特征(E) ➡ 拉伸(E)...命令（或单击按钮），系统弹出“拉伸”对话框；单击“拉伸”对话框中的“绘制截面”按钮，系统弹出“创建草图”对话框；单击按钮，选取XY基准平面为草图平面，单击确定按钮，进入草图环境，绘制图20.5.12所示的截面草图，单击完成草图按钮，退出草图环境；在指定矢量下拉列表中选择ZC选项；在限制区域的开始下拉列表中选择值选项，并在其下的距离文本框中输入值0；在限制区域的结束下拉列表中选择值选项，并在其下的距离文本框中输入值55；在布尔区域中选择减去选项，选择拉伸4为目标体；单击“拉伸”对话框中的< 确定 >按钮，完成拉伸特征4的创建。

Step8. 添加零件特征——合并特征。选择下拉菜单插入(S) ➡ 组合(B) ➡ 合并(U)命令，系统弹出“合并”对话框；选取图20.5.13所示的目标体，选取图20.5.13所示的工具体；单击确定按钮，完成合并特征的添加。

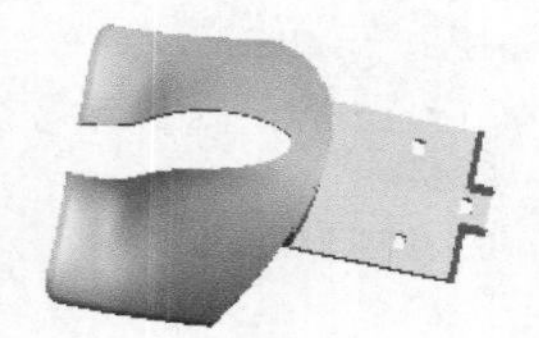

图20.5.11　拉伸特征4

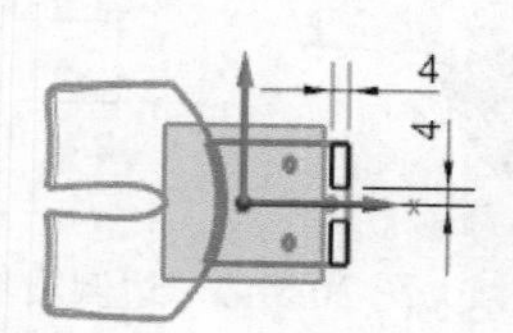

图20.5.12　截面草图

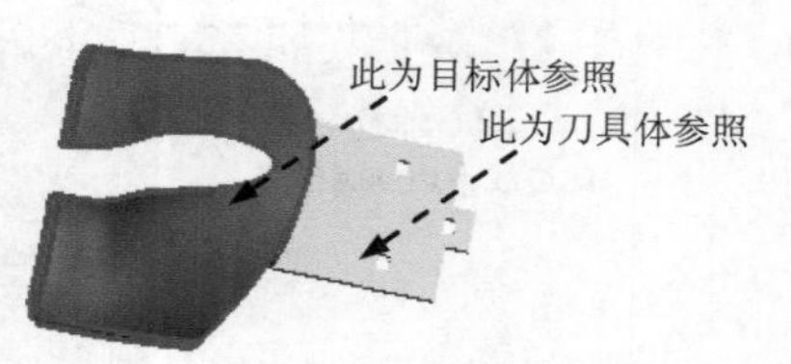

图20.5.13　定义目标体和刀具体

Step9. 添加图20.5.14所示的零件特征——拉伸特征5。选择下拉菜单插入(S) ➡ 设计特征(E) ➡ 拉伸(E)...命令（或单击按钮），系统弹出“拉伸”对话框；单击“拉伸”对话框中的“绘制截面”按钮，系统弹出“创建草图”对话框；单击按钮，选取XY基准平面为草图平面，单击确定按钮，进入草图环境，绘制图20.5.15所示的截面草图，单击完成草图按钮，退出草图环境；在指定矢量下拉列表中选择ZC选项；在限制区域的开始下拉列表中选择值选项，并在其下的距离文本框中输入值0；在限制区域的结束下拉列表中选择值选项，并在其下的距离文本框中输入值55；在布尔区域中选择减去选项，在偏置区域的偏置下拉列表中选择对称选项，在结束文本框中输入值0.5；单击“拉伸”对话框中的< 确定 >按钮，完成拉伸特征5的创建。

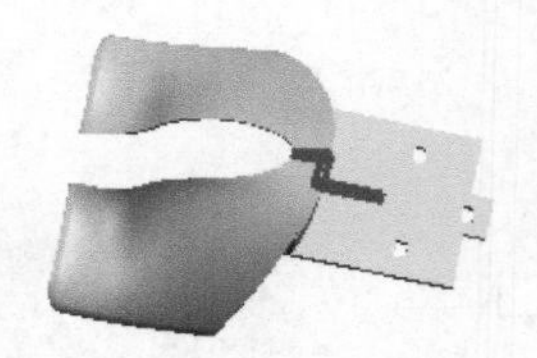

图20.5.14　拉伸特征5

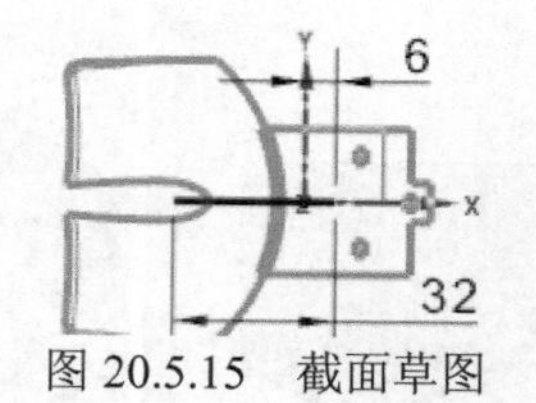

图20.5.15　截面草图

Step10. 添加图20.5.16b所示的零件特征——边倒圆特征1。选择下拉菜单插入(S) ➡ 细节特征(L) ➡ 边倒圆(E)...命令（或单击按钮），系统弹出“边倒圆”对话框；选择图20.5.16a所示的边线为边倒圆参照，并在半径1文本框中输入值0.5；单击< 确定 >按钮，完成边倒圆特征1的添加。

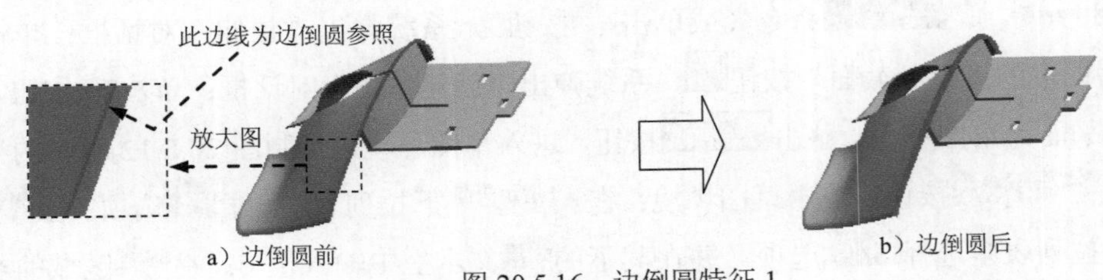

图 20.5.16　边倒圆特征 1

Step11. 添加图 20.5.17b 所示的零件特征——边倒圆特征 2。选择下拉菜单 插入(S) → 细节特征(L) ▸ → 边倒圆(E)... 命令；选择图 20.5.17a 所示的边线为边倒圆参照，并在 半径 1 文本框中输入值 0.2；单击 < 确定 > 按钮，完成边倒圆特征 2 的添加。

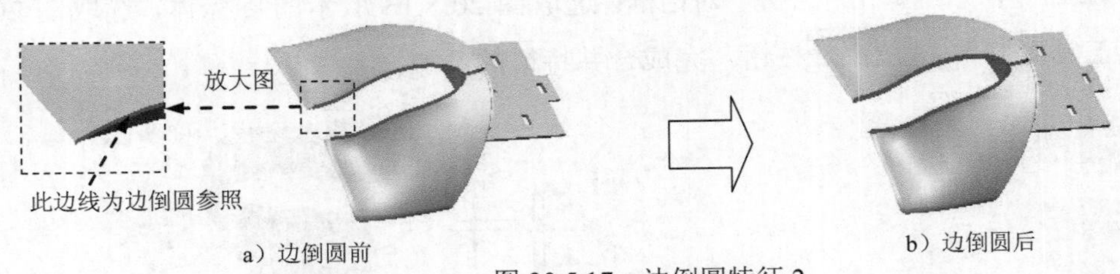

图 20.5.17　边倒圆特征 2

Step12. 添加图 20.5.18b 所示的零件特征——边倒圆特征 3。选择图 20. 5.18a 所示的边线为边倒圆参照，并在 半径 1 文本框中输入值 0.15。

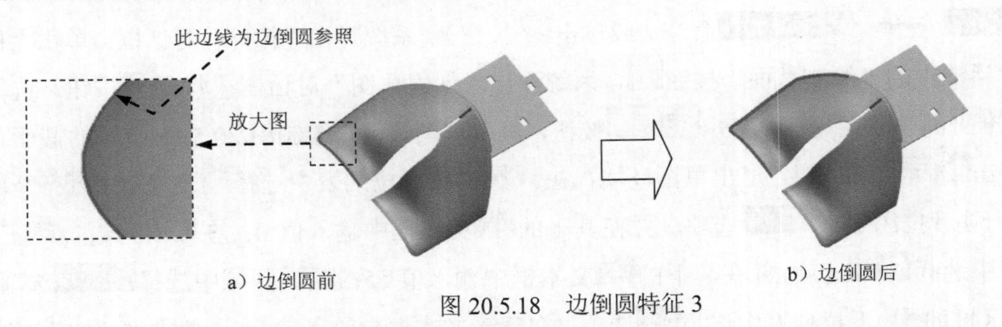

图 20.5.18　边倒圆特征 3

Step13. 添加图 20.5.19b 所示的零件特征——边倒圆特征 4。选择图 20.5.19a 所示的边线为边倒圆参照，并在 半径 1 文本框中输入值 0.15。

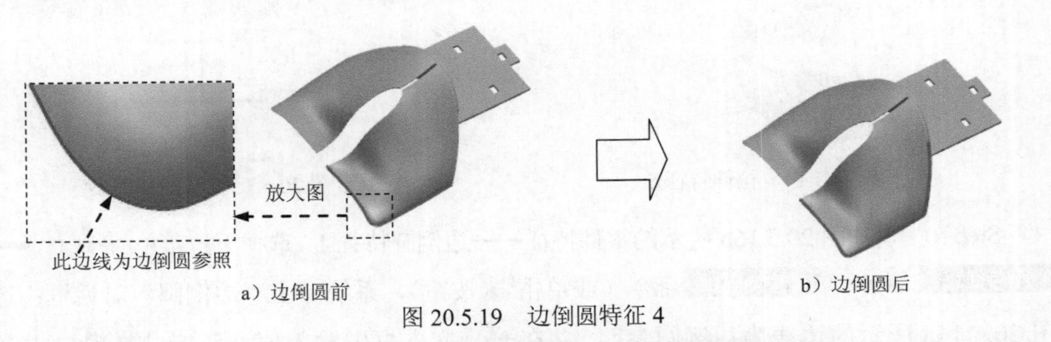

图 20.5.19　边倒圆特征 4

Step14. 保存零件模型。选择下拉菜单 文件(F) → 保存(S) 命令，即可保存零件模型。

20.6 创建上盖

上盖（top_over）虽然是以一个单独的零件从上部二级控件上被分割出来的，但经过必要的细化就可以生成最终的零件模型。下面将讲解上盖的创建过程，零件模型及模型树如图 20.6.1 所示。

Step1. 创建 top_cover 层。在“装配导航器”窗口中的 key 选项上右击，在弹出的快捷菜单中选择 显示父项 → second 命令，系统在“装配导航器”中显示 second 部件；在“装配导航器”窗口中的 second 选项上右击，在弹出的快捷菜单中选择 WAVE → 新建层 命令，系统弹出“新建层”对话框；单击“新建层”对话框中的 指定部件名 按钮，在弹出的“选择部件名”对话框的 文件名(N): 文本框中输入文件名 top_cover，单击 OK 按钮，系统再次弹出“新建层”对话框；单击“新建层”对话框中的 类选择 按钮，系统弹出“WAVE 组件间的复制”对话框，选取二级控件中的实体，片体、基准坐标系及草图作为要复制的几何体，单击 确定 按钮，系统重新弹出“新建层”对话框；在“新建层”对话框中单击 确定 按钮，完成 top_cover 层的创建；在“装配导航器”窗口中的 top_cover 选项上右击，在弹出的快捷菜单中选择 设为显示部件 命令，对模型进行编辑。

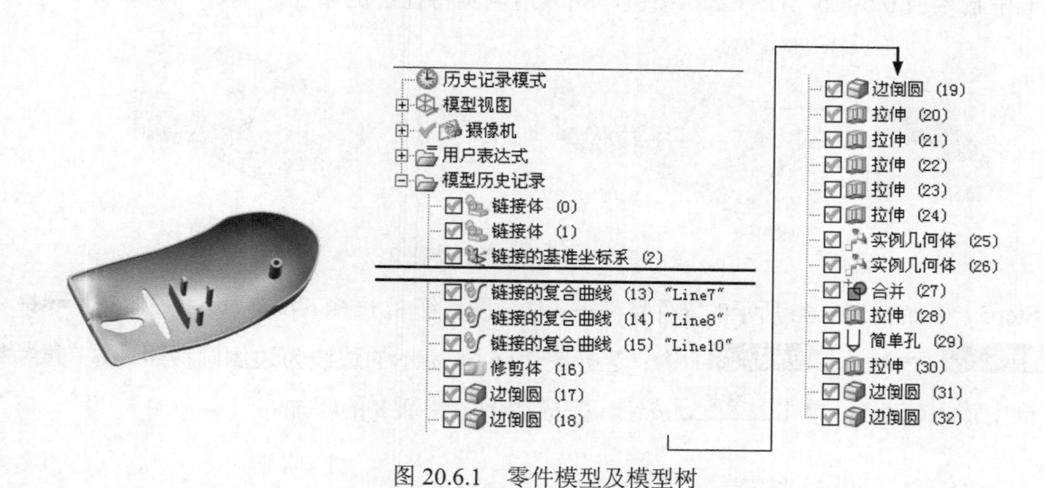

图 20.6.1　零件模型及模型树

Step2. 添加图 20.6.2 所示的修剪体特征。选择下拉菜单 插入(S) → 修剪(T) → 修剪体(T)... 命令，系统弹出“修剪体”对话框；选取图 20.6.3 所示的目标体，单击中键确认，选取图 20.6.3 所示的刀具体；单击 按钮，调整修剪方向，修剪后如图 20.6.2 所示；在“修剪体”对话框中单击 < 确定 > 按钮，完成修剪体特征的添加（隐藏刀具体）。

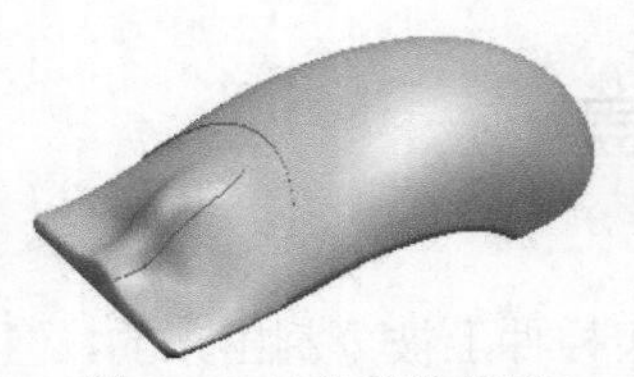

图 20.6.2　修剪体特征 1

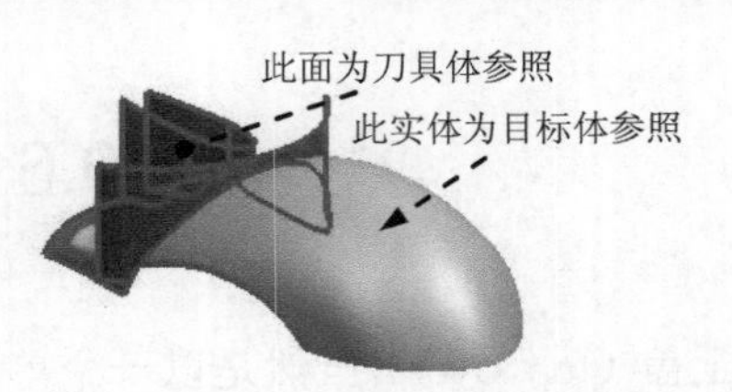

图 20.6.3　定义目标体和刀具体

Step3. 添加图 20.6.4b 所示的零件特征——边倒圆特征 1。选择下拉菜单 插入(S) → 细节特征(L) → 边倒圆(E)... 命令（或单击按钮），系统弹出“边倒圆”对话框；选择图 20.6.4a 所示的边线为边倒圆参照，并在 半径 1 文本框中输入值 0.5；单击 <确定> 按钮，完成边倒圆特征 1 的添加。

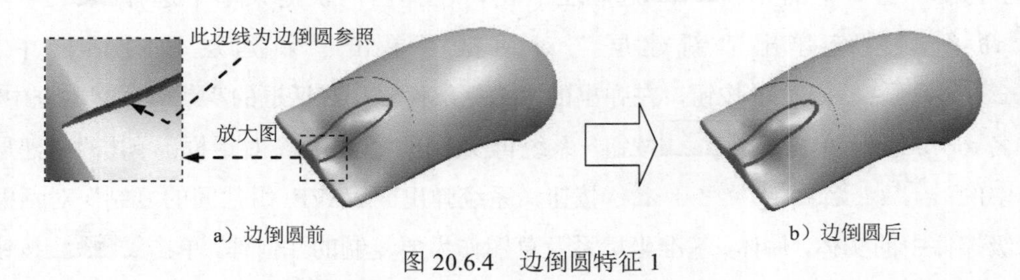

a）边倒圆前　　b）边倒圆后

图 20.6.4　边倒圆特征 1

Step4. 添加图 20.6.5b 所示的零件特征——边倒圆特征 2。选择下拉菜单 插入(S) → 细节特征(L) → 边倒圆(E)... 命令；选择图 20.6.5a 所示的边线为边倒圆参照，并在 半径 1 文本框中输入值 0.5；单击 <确定> 按钮，完成边倒圆特征 2 的添加。

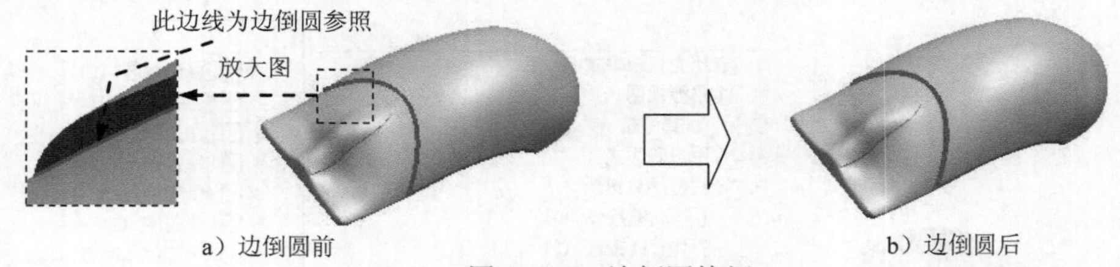

a）边倒圆前　　b）边倒圆后

图 20.6.5　边倒圆特征 2

Step5. 添加图 20.6.6b 所示的零件特征——边倒圆特征 3。选择下拉菜单 插入(S) → 细节特征(L) → 边倒圆(E)... 命令；选择图 20.6.6a 所示的边线为边倒圆参照，并在 半径 1 文本框中输入值 0.5；单击 <确定> 按钮，完成边倒圆特征 3 的添加。

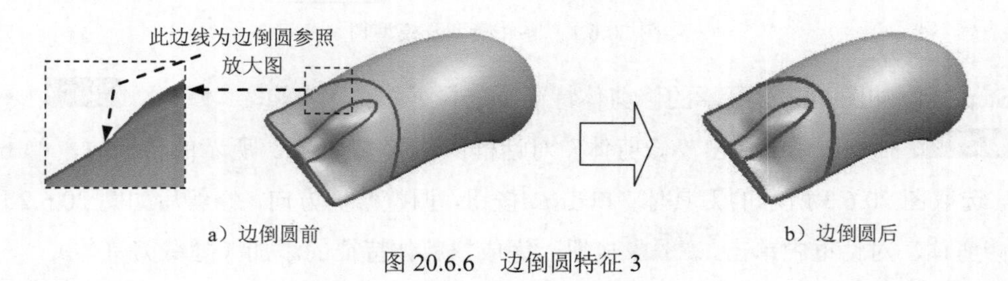

a）边倒圆前　　b）边倒圆后

图 20.6.6　边倒圆特征 3

Step6. 添加图 20.6.7 所示的零件特征——拉伸特征 1。选择下拉菜单 插入(S) → 设计特征(E) → 拉伸(E)... 命令（或单击按钮），系统弹出“拉伸”对话框；单击“拉伸”对话框中的“绘制截面”按钮，系统弹出“创建草图”对话框；单击按钮，选取 XY 基准平面为草图平面，单击 确定 按钮，进入草图环境，绘制图 20.6.8 所示的截面草图，单击 完成草图 按钮，退出草图环境；在 指定矢量 下拉列表中选择 ZC↑ 选项；在 限制 区域的 开始 下拉列表中选择 值 选项，并在其下的 距离 文本框中输入值 0；在 限制 区域的 结束 下拉列表中选择 值 选项，并在其下的 距离 文本框中输入值 30；在 布尔 区域中选择 减去 选项；单击“拉伸”对话框中的 <确定> 按钮，完成拉伸特征 1 的创建。

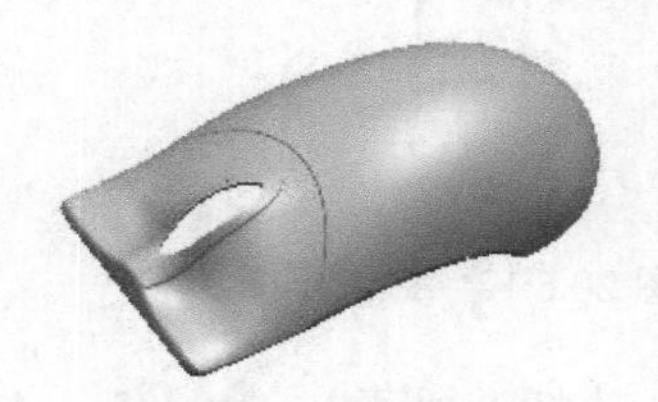
图 20.6.7　拉伸特征 1

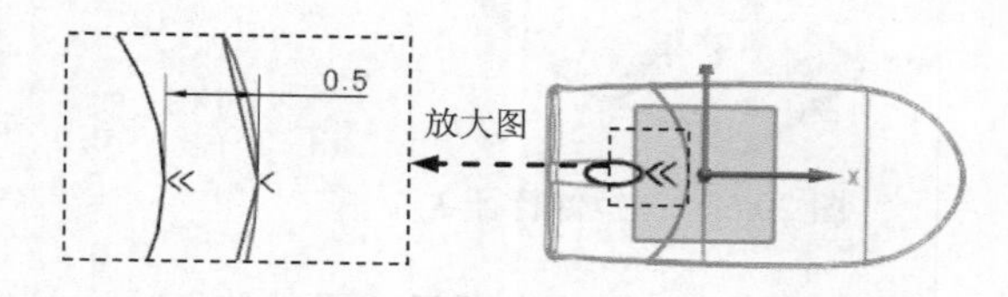

图 20.6.8　截面草图

Step7. 添加图 20.6.9 所示的零件特征——拉伸特征 2。选择下拉菜单 插入(S) → 设计特征(E) → 拉伸(E)... 命令（或单击按钮），系统弹出“拉伸”对话框；单击“拉伸”对话框中的“绘制截面”按钮，系统弹出“创建草图”对话框；单击按钮，选取 XY 基准平面为草图平面，单击 确定 按钮，进入草图环境，绘制图 20.6.10 所示的截面草图，单击 完成草图 按钮，退出草图环境；在 指定矢量 下拉列表中选择 ZC↑ 选项；在 限制 区域的 开始 下拉列表中选择 值 选项，并在其下的 距离 文本框中输入值 0；在 限制 区域的 结束 下拉列表中选择 值 选项，并在其下的 距离 文本框中输入值 30；在 布尔 区域中选择 减去 选项；单击“拉伸”对话框中的 <确定> 按钮，完成拉伸特征 2 的创建。

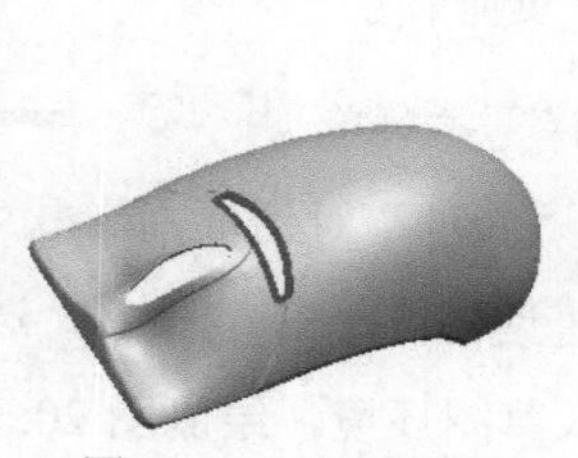
图 20.6.9　拉伸特征 2

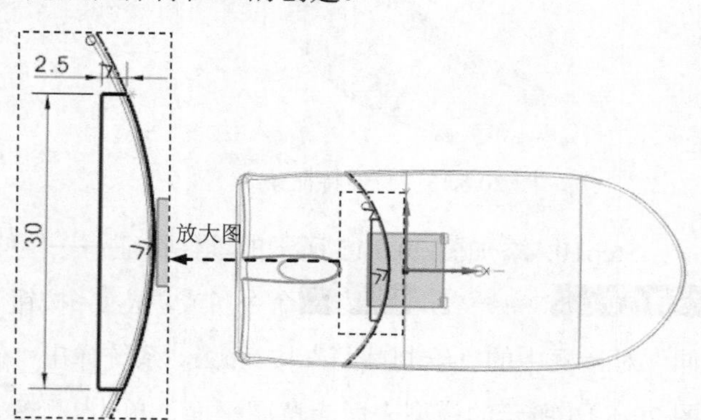

图 20.6.10　截面草图

Step8. 添加图 20.6.11 所示的零件特征——拉伸特征 3。选择下拉菜单 插入(S) → 设计特征(E) → 拉伸(E)... 命令（或单击按钮），系统弹出“拉伸”对话框；单击“拉伸”对话框中的“绘制截面”按钮，系统弹出“创建草图”对话框；单击按钮，选取

XY 基准平面为草图平面，单击确定按钮，进入草图环境，绘制图 20.6.12 所示的截面草图，单击完成草图按钮，退出草图环境；在指定矢量下拉列表中选择ZC选项；在限制区域的开始下拉列表中选择值选项，并在其下的距离文本框中输入值 16；在限制区域的结束下拉列表中选择直至下一个选项；在布尔区域中选择合并选项；在偏置区域的偏置下拉列表中选择对称选项，在结束文本框中输入值 0.5；单击“拉伸”对话框中的< 确定 >按钮，完成拉伸特征 3 的创建。

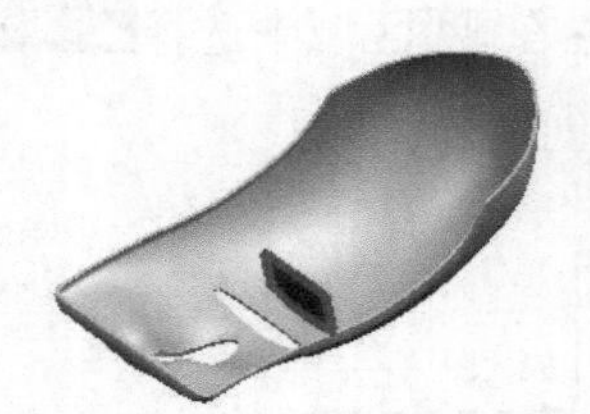
图 20.6.11　拉伸特征 3

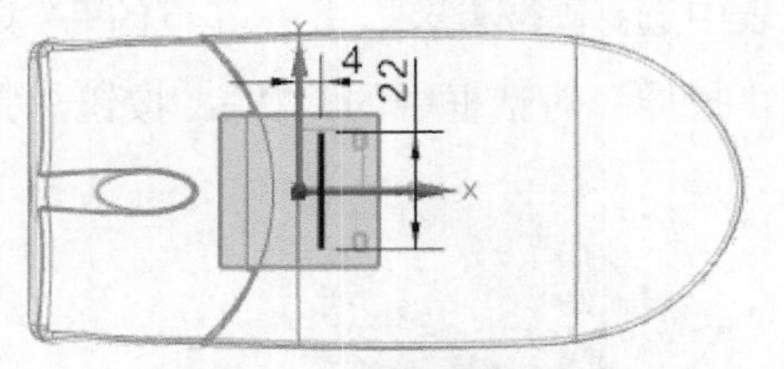

图 20.6.12　截面草图

Step9. 添加图 20.6.13 所示的零件特征——拉伸特征 4。选择下拉菜单 插入(S) → 设计特征(E) → 拉伸(E)... 命令（或单击按钮），系统弹出“拉伸”对话框；单击“拉伸”对话框中的“绘制截面”按钮，系统弹出“创建草图”对话框；单击按钮，选取 XY 基准平面为草图平面，单击确定按钮，进入草图环境，绘制图 20.6.14 所示的截面草图（偏置主控件最后草图中的三个长方形，偏置值为 0），单击完成草图按钮，退出草图环境；在指定矢量下拉列表中选择ZC选项；在限制区域的开始下拉列表中选择值选项，并在其下的距离文本框中输入值 15，在限制区域的结束下拉列表中选择直至下一个选项；在布尔区域中选择合并选项；单击“拉伸”对话框中的< 确定 >按钮，完成拉伸特征 4 的创建。

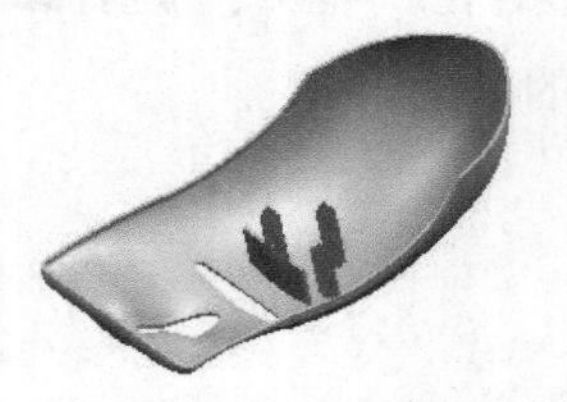
图 20.6.13　拉伸特征 4

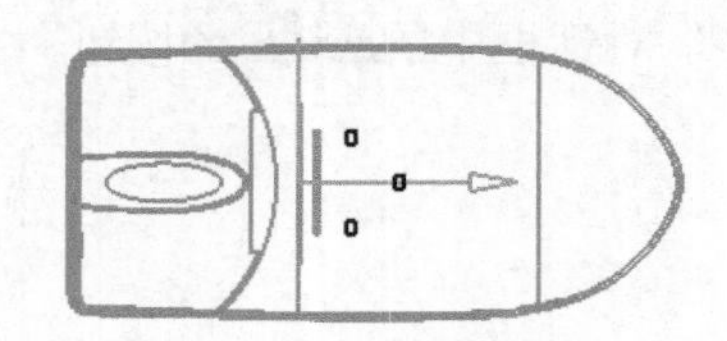
图 20.6.14　截面草图

Step10. 添加图 20.6.15 所示的零件特征——拉伸特征 5。选择下拉菜单 插入(S) → 设计特征(E) → 拉伸(E)... 命令（或单击按钮），系统弹出“拉伸”对话框；单击“拉伸”对话框中的“绘制截面”按钮，系统弹出“创建草图”对话框；单击按钮，选取图 20.6.16 所示的模型表面为草图平面，单击确定按钮，进入草图环境，绘制图 20.6.17 所示的截面草图，单击完成草图按钮，退出草图环境；在指定矢量下拉列表中选择-YC选项；在限制区域的开始下拉列表中选择值选项，并在其下的距离文本框中输入值 0；在限制区域的结束下拉列表中选择值选项，并在其下的距离文本框中输入值 3；在布尔区域中选择无选项；单击“拉伸”对话框中的< 确定 >按钮，完成拉伸特征 5 的创建。

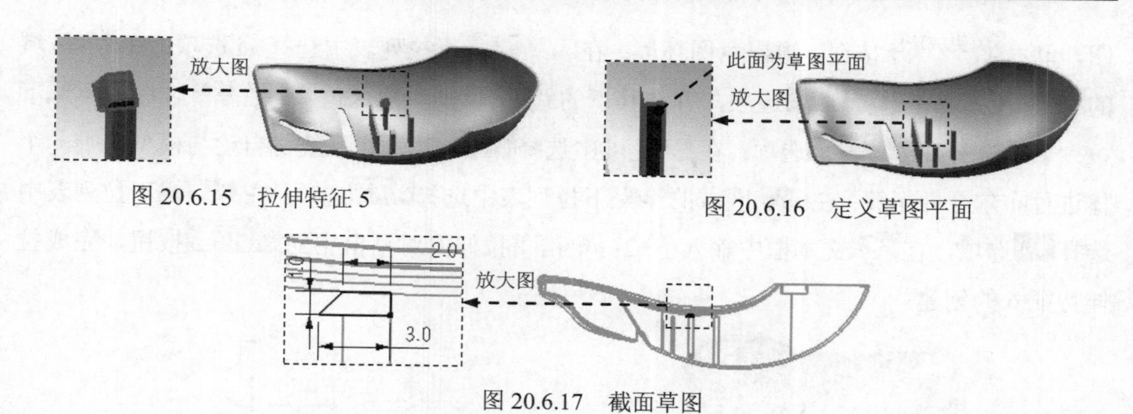

图 20.6.15　拉伸特征 5

图 20.6.16　定义草图平面

图 20.6.17　截面草图

Step11. 添加图 20.6.18 所示的零件特征——阵列几何特征 1。选择下拉菜单 插入(S) → 关联复制(A) → 阵列几何特征(T)... 命令，系统弹出“阵列几何特征”对话框；在对话框的 布局 下拉列表中选择 常规 选项，选取拉伸特征 5 为移动对象，在 出发点 区域激活 * 指定点，选取图 20.6.19 所示的点 1（图 20.6.19 所示的拉伸特征 5 右下顶点），在 至 区域激活 * 指定点，选取点 2（图 20.6.19 所示的长方体的顶点）；单击 < 确定 > 按钮，完成阵列几何特征 1 的创建。

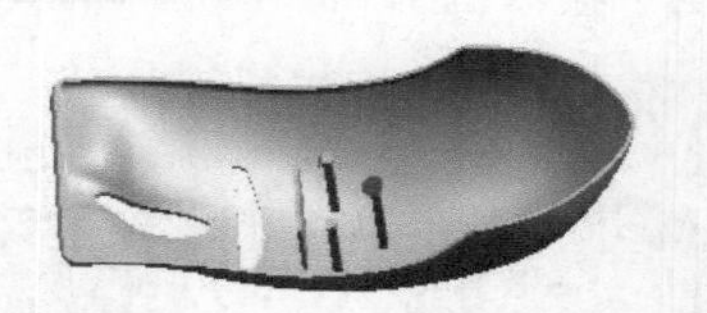

图 20.6.18　阵列几何体特征 1

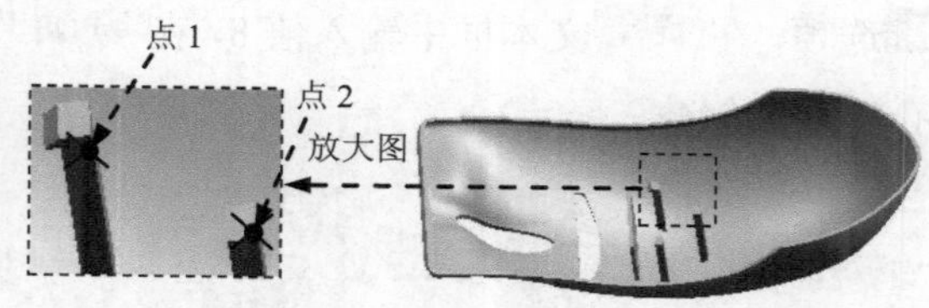

图 20.6.19　定义平移点

Step12. 添加图 20.6.20 所示的零件特征——阵列几何特征 2。参照 Step11 添加实例几何体特征 2。

Step13. 添加零件特征——合并特征。选择下拉菜单 插入(S) → 组合(B) → 合并(U)... 命令，系统弹出“合并”对话框；选取图 20.6.21 所示的目标体，选取拉伸特征 5、阵列几何特征 1 和阵列几何特征 2 为工具体；单击 < 确定 > 按钮，完成合并特征的添加。

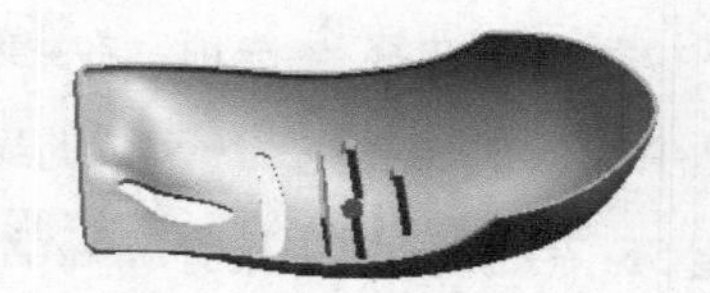

图 20.6.20　阵列几何体特征 2

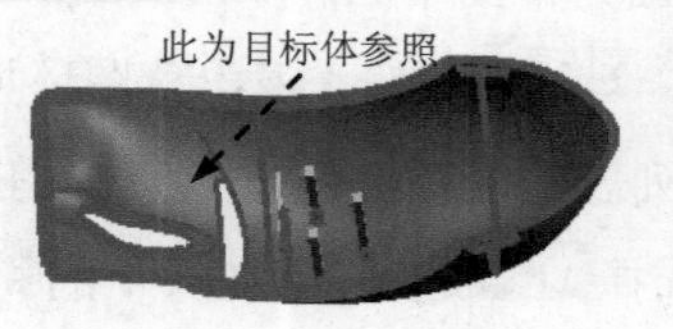

图 20.6.21　定义目标体

Step14. 添加图 20.6.22 所示的零件特征——拉伸特征 6。选择下拉菜单 插入(S) → 设计特征(E) → 拉伸(E)... 命令（或单击 按钮），系统弹出“拉伸”对话框；单击“拉伸”对话框中的“绘制截面”按钮，系统弹出“创建草图”对话框；单击 按钮，选取 XY 基准平面为草图平面，单击 确定 按钮，进入草图环境，绘制图 20.6.23 所示的截面草图，单击完成草图按钮，退出草图环境；在指定矢量下拉列表中选择ZC↑选项；在限制区域的开始下拉列表中选择值选项，并在其下的距离文本框中输入值 0；在限制区域的结束下拉列表中选择直至下一个选项；在布尔区域中选择合并选项，系统将自动与模型中唯一个体进行布尔合并运算；在拔模区域的拔模下拉列表中选择从截面选项，在角度选项下拉列表中选择单个选项，在角度文本框中输入值-2；单击“拉伸”对话框中的< 确定 >按钮，完成拉伸特征 6 的创建。

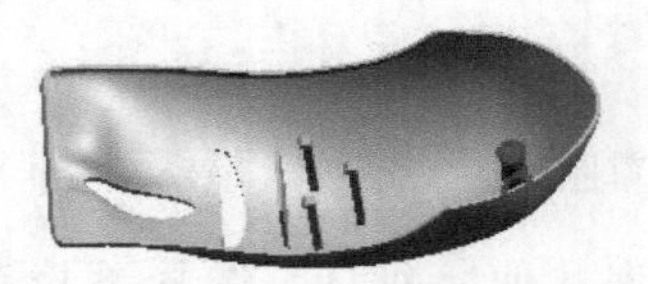
图 20.6.22　拉伸特征 6

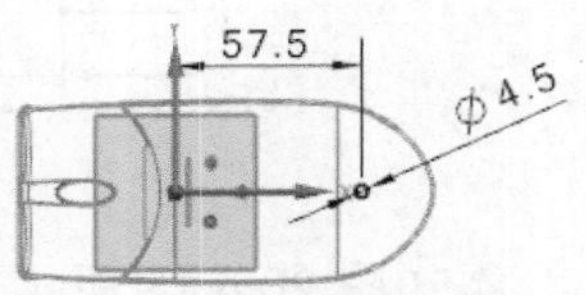

图 20.6.23　截面草图

Step15. 添加图 20.6.24 所示的零件特征——孔特征。选择下拉菜单插入(S) → 设计特征(E) → 孔(H)...命令（或单击按钮），系统弹出“孔”对话框；在位置区域激活指定点 (0)，捕捉图 20.6.25 所示的圆弧中心为孔位置；在类型下拉列表中选择常规孔选项，在形状和尺寸区域的成形下拉列表中选择简单选项；在直径文本框中输入值 3；在深度限制下拉列表中选择值选项，在深度文本框中输入值 8，在顶锥角文本框中输入值 118；单击< 确定 >按钮，完成孔特征的创建。

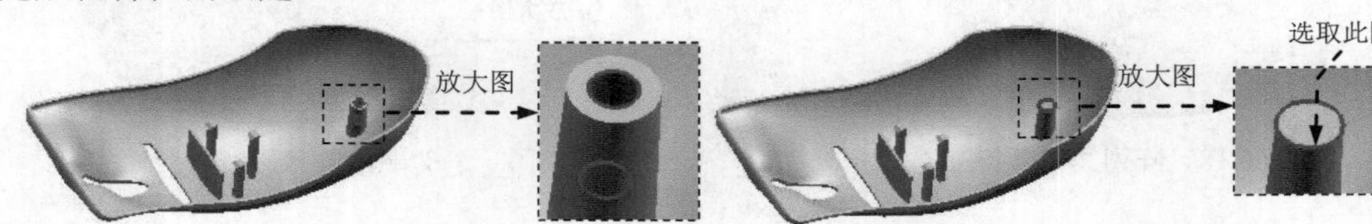

图 20.6.24　孔特征　　图 20.6.25　定义孔的位置

Step16. 添加图 20.6.26 所示的零件特征——拉伸特征 7。选择下拉菜单插入(S) → 设计特征(E) → 拉伸(E)...命令（或单击按钮），系统弹出“拉伸”对话框；单击“拉伸”对话框中的“绘制截面”按钮，系统弹出“创建草图”对话框；单击按钮，选取 YZ 基准平面为草图平面，单击确定按钮，进入草图环境，绘制图 20.6.27 所示的截面草图，单击完成草图按钮，退出草图环境；在指定矢量下拉列表中选择-XC选项，在限制区域的开始下拉列表中选择值选项，并在其下的距离文本框中输入值 0；在限制区域的结束下拉列表中选择值选项，并在其下的距离文本框中输入值 55；在布尔区域中选择减去选项。系统将自动与模型中唯一个体进行布尔求差运算；单击“拉伸”对话框中的< 确定 >按钮，完成拉伸特征 7 的创建。

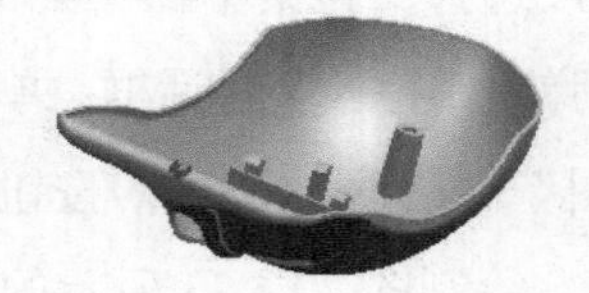
图 20.6.26　拉伸特征 7

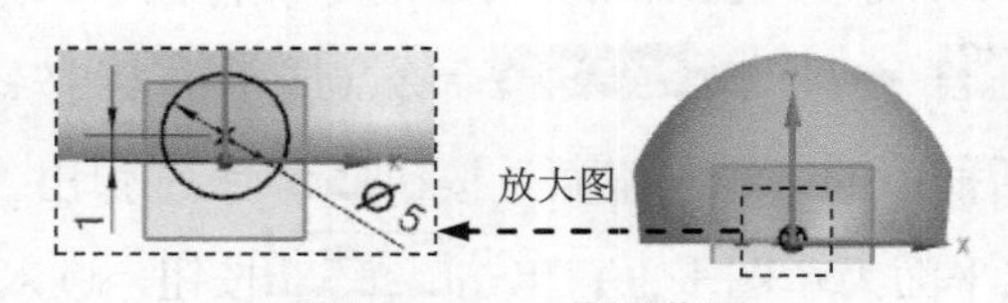

图 20.6.27　截面草图

Step17. 添加图 20.6.28b 所示的零件特征——边倒圆特征 4。选择下拉菜单 插入(S) → 细节特征(L) ▸ → 边倒圆(E)... 命令；选择图 20.6.28a 所示的边线为边倒圆参照，并在半径 1 文本框中输入值 0.5；单击 < 确定 > 按钮，完成边倒圆特征 4 的添加。

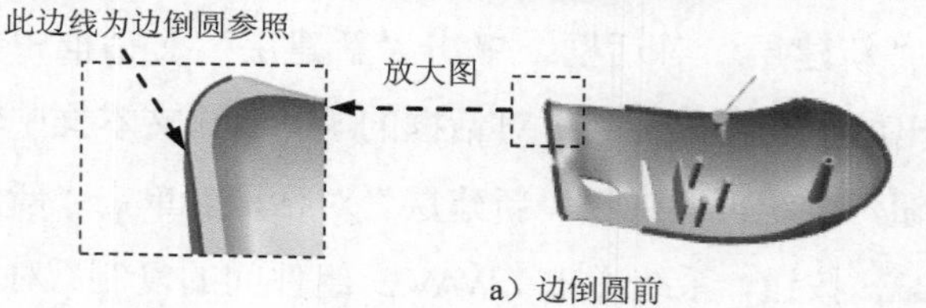

a）边倒圆前　　b）边倒圆后

图 20.6.28　边倒圆特征 4

Step18. 添加图 20.6.29b 所示的零件特征——边倒圆特征 5。选择下拉菜单 插入(S) → 细节特征(L) ▸ → 边倒圆(E)... 命令；选择图 20.6.29a 所示的边线为边倒圆参照，并在半径 1 文本框中输入值 0.5；单击 < 确定 > 按钮，完成边倒圆特征 5 的添加。

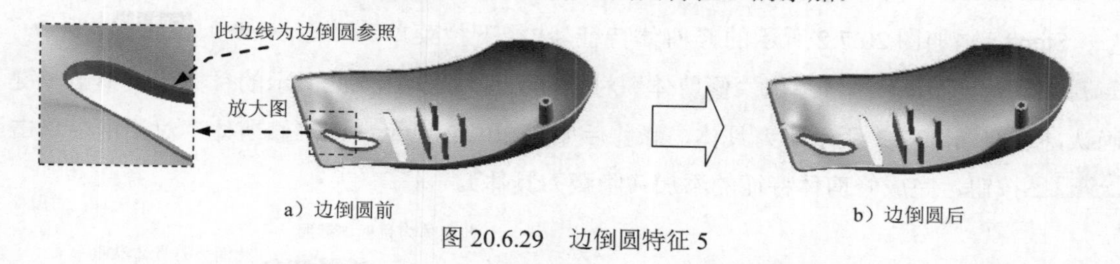

a）边倒圆前　　b）边倒圆后

图 20.6.29　边倒圆特征 5

Step19. 保存零件模型。选择下拉菜单 文件(F) → 保存(S) 命令，即可保存零件模型。

20.7　创建下盖

下面讲解下盖（down_cover）的创建过程，下盖是从一级控件中分割出来的一部分，从而也继承了一级控件的相应外观形状，同时也为滚轮的创建提供必要的尺寸参考。此处将分割出的模型进行相应的细化，即得到零件模型。零件模型及模型树如图 20.7.1 所示。

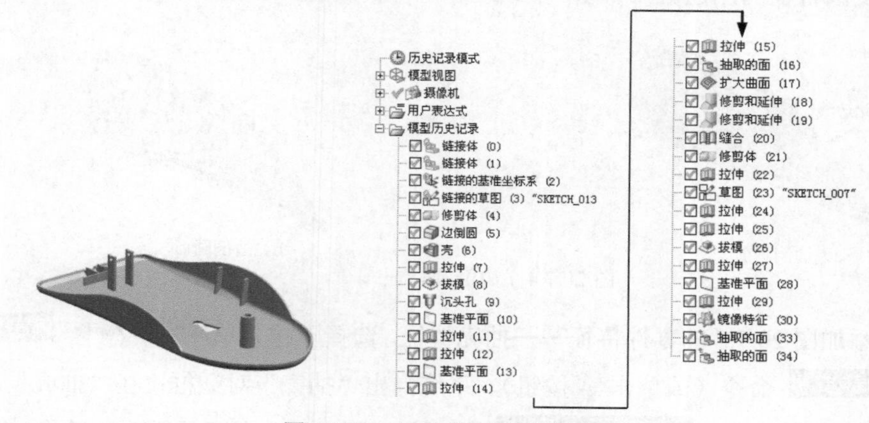

图 20.7.1　零件模型及模型树

Step1. 创建 down_cover 层。在“装配导航器”窗口中的 top_cover 选项上右击，在弹出的快捷菜单中选择 显示父项 → mouse 命令，系统在“装配导航器”中显示 mouse 部件。激活总装配，在“装配导航器”窗口中的 mouse 选项上右击，在弹出的快捷菜单中选择 WAVE → 新建层 命令，系统弹出“新建层”对话框。单击“新建层”对话框中的 指定部件名 按钮，在弹出的“选择部件名”对话框的 文件名(N): 文本框中输入文件名 down_cover，单击 OK 按钮，系统再次弹出“新建层”对话框。单击“新建层”对话框中的 类选择 按钮，系统弹出“WAVE 组件间的复制”对话框，选取实体、片体、草图及基准作为要复制的几何体，单击 确定 按钮，系统重新弹出“新建层”对话框。在“新建层”对话框中单击 确定 按钮，完成 down_cover 层的创建；在“装配导航器”窗口中的 down_cover 选项上右击，在弹出的快捷菜单中选择 设为显示部件 命令，对模型进行编辑。

Step2. 添加图 20.7.2 所示的修剪体特征。选择下拉菜单 插入(S) → 修剪(T) → 修剪体(T)... 命令，系统弹出“修剪体”对话框；选取图 20.7.3 所示的目标体，单击中键确认，选取图 20.7.3 所示的刀具体，修剪后如图 20.7.2 所示；在“修剪体”对话框中单击 <确定> 按钮，完成修剪体特征的添加（隐藏刀具体）。

图 20.7.2　修剪体特征

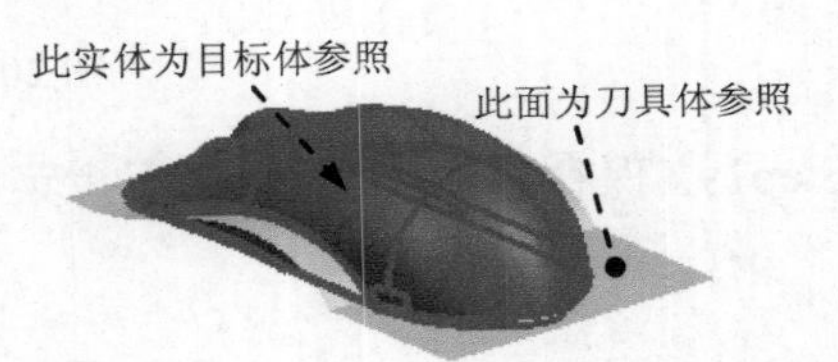

图 20.7.3　定义目标体和刀具体

Step3. 创建图 20.7.4b 所示的边倒圆特征。选择下拉菜单 插入(S) → 细节特征(L) → 边倒圆(E)... 命令，系统弹出“边倒圆”对话框；在 边 区域中单击 * 选择边 (0) 按钮，选择图 20.7.4a 所示的边线为边倒圆参照，并在 半径 1 文本框中输入数值 2.5；单击 <确定> 按钮，完成边倒圆特征的创建。

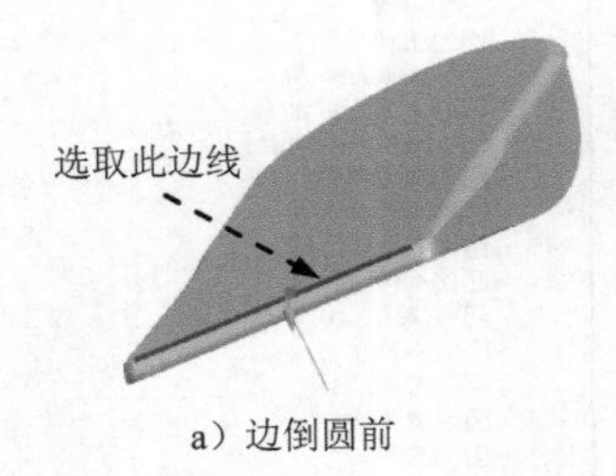

a）边倒圆前

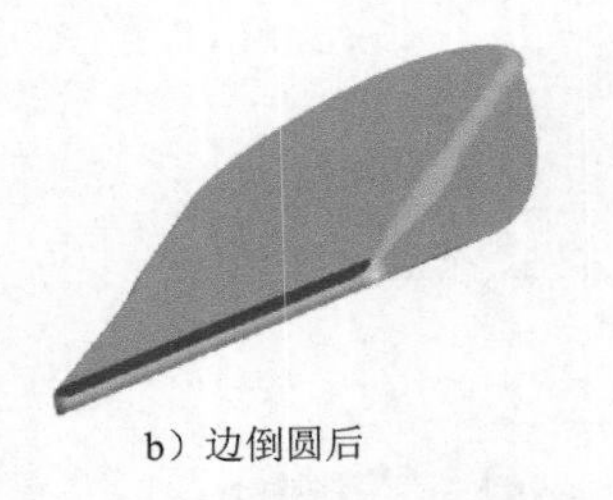

b）边倒圆后

图 20.7.4　边倒圆特征

Step4. 添加图 20.7.5 的零件特征——抽壳特征。选择下拉菜单 插入(S) → 偏置/缩放(O) → 抽壳(H)... 命令（或单击 按钮），系统弹出“抽壳”对话框；在“抽壳”对话框 类型 区域的下拉列表中选择 移除面，然后抽壳 选项；选择图 20.7.6 所示的面为移除面，在 厚度 区域的厚度文本框中输入值 1；单击按钮，调整抽壳方向向外，其他参数采用系统默认设置值；在“抽壳”对话框中单击< 确定 >按钮，完成抽壳特征的添加。

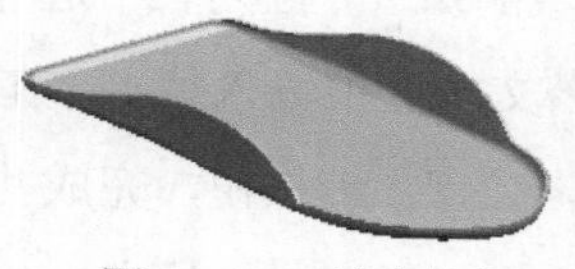
图 20.7.5　抽壳特征

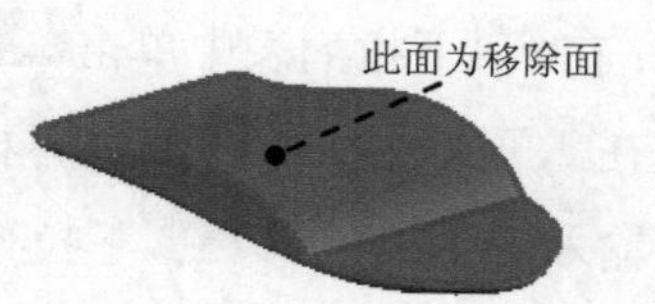

图 20.7.6　定义移除面

Step5. 添加图 20.7.7 所示的零件特征——拉伸特征 1。选择下拉菜单 插入(S) ➡ 设计特征(E) ➡ 拉伸(E)...命令（或单击按钮），系统弹出“拉伸”对话框；单击“拉伸”对话框中的“绘制截面”按钮，系统弹出“创建草图”对话框；单击按钮，选取图 20.7.8 所示的模型表面为草图平面，单击确定按钮，进入草图环境，绘制图 20.7.9 所示的截面草图，单击完成草图按钮，退出草图环境；在指定矢量下拉列表中选择ZC选项；在限制区域的开始下拉列表中选择直至下一个选项，在限制区域的结束下拉列表中选择值选项，并在其下的距离文本框中输入值 15；在布尔区域中选择合并选项，系统将自动与模型中唯一个体进行布尔合并运算；单击“拉伸”对话框中的< 确定 >按钮，完成拉伸特征 1 的创建。

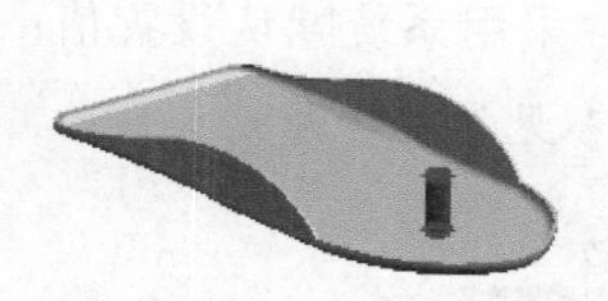
图 20.7.7　拉伸特征 1

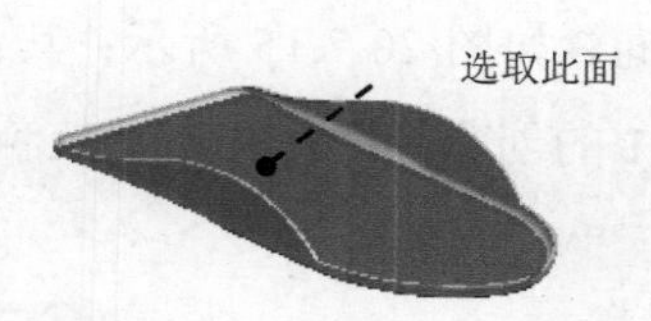

图 20.7.8　定义草图平面

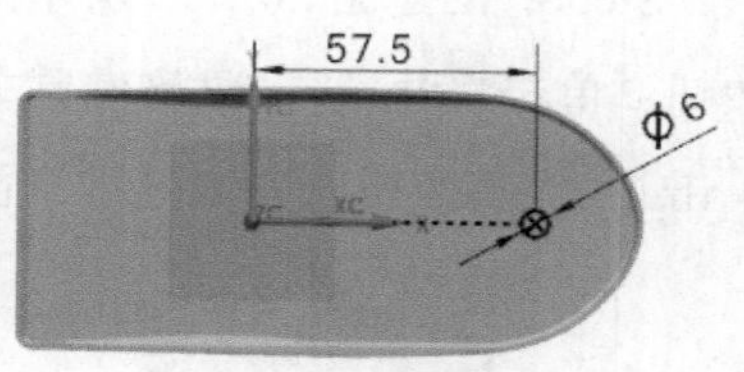

图 20.7.9　截面草图

Step6. 添加零件特征——拔模特征 1。选择下拉菜单插入(S) ➡ 细节特征(L) ➡ 拔模(T)...命令，系统弹出“拔模”对话框；在类型下拉列表中选择面选项，激活脱模方向区域，在指定矢量(1)下拉列表中选择ZC选项；激活拔模参考区域的选择固定面 (0)，选择图 20.7.10 所示的平面；激活要拔模的面区域的选择面 (0)，选择图 20.7.11 所示的平面，在角度 1文本框中输入值 1；在“拔模”对话框中单击< 确定 >按钮，完成拔模特征 1 的创建。

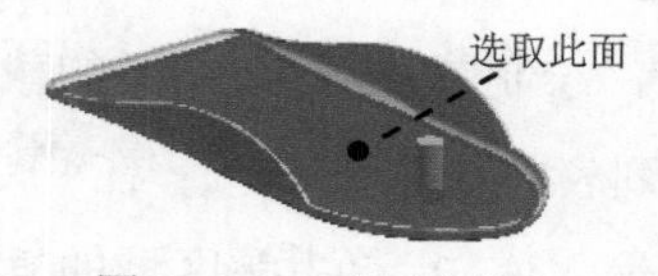

图 20.7.10　固定平面

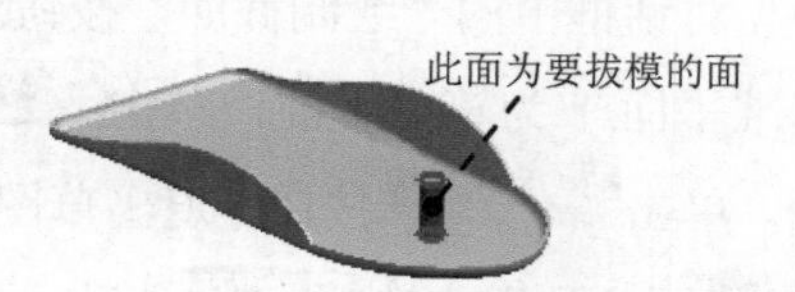

图 20.7.11　要拔模的面

Step7. 添加图 20.7.12 所示的零件特征——孔特征。选择下拉菜单插入(S) ➡ 设计特征(E) ➡ 孔(H)...命令（或单击按钮），系统弹出“孔”对话框；选取图 20.7.13 所示的平面为孔的放置平面，系统弹出“草图点”对话框；在指定点下拉列表中选择选项，将选择范围改为“整个装配”，在绘图区选取图 20.7.14 所示的圆弧；单击 关闭 按钮，关闭“草图点”对话框，删除多余的点；单击 完成草图 按钮，退出草图环境，系统返回“孔”对话框；在 类型 下拉列表中单击 常规孔 按钮，在 形状和尺寸 区域的 成形 下拉列表中选择 沉头 选项，在 尺寸 区域的 沉头直径 文本框中输入数值 5，在 沉头深度 文本框中输入值 8，在 直径 文本框中输入值 3，在 深度限制 下拉列表中选择 贯通体 选项；单击 < 确定 > 按钮，完成孔特征的创建。

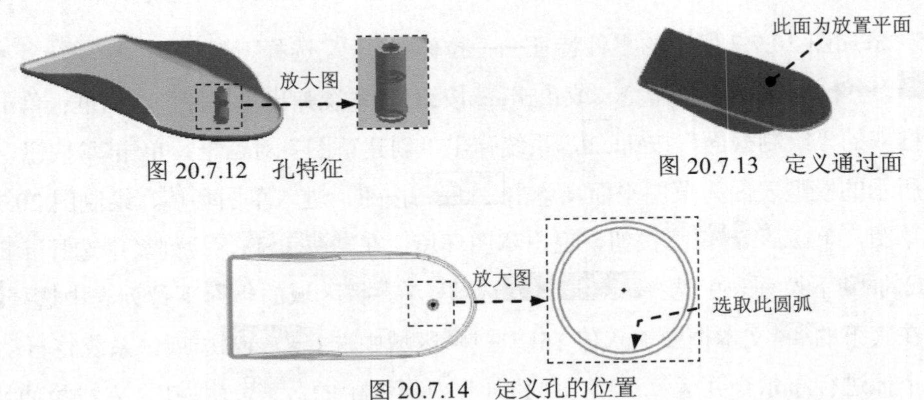

图 20.7.12　孔特征

图 20.7.13　定义通过面

图 20.7.14　定义孔的位置

Step8. 创建图 20.7.15 所示的基准平面 1。选取图 20.7.16 所示的边为端点，单击 < 确定 > 按钮；单击 按钮，调整偏置方向，如图 20.7.15 所示；其他参数采用系统默认设置值；单击 < 确定 > 按钮，完成基准平面 1 的创建（注：具体参数和操作参见学习资源）。

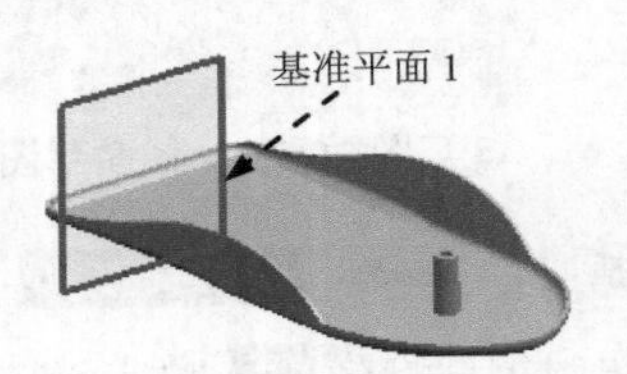

图 20.7.15　基准平面 1

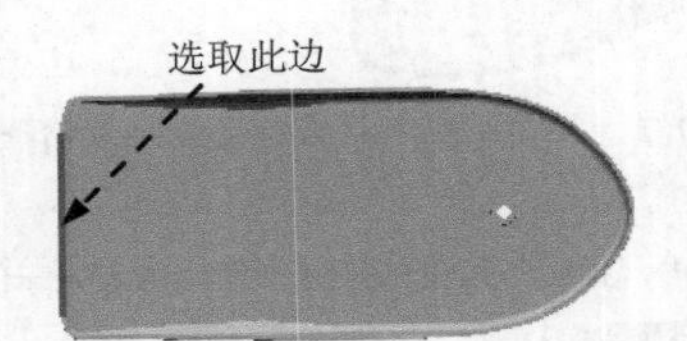

图 20.7.16　定义基准平面距离

Step9. 添加图 20.7.17 所示的零件特征——拉伸特征 2。选择下拉菜单 插入(S) → 设计特征(E) → 拉伸(E)... 命令（或单击 按钮），系统弹出“拉伸”对话框；单击“拉伸”对话框中的“绘制截面”按钮，系统弹出“创建草图”对话框；单击 按钮，选取基准平面 1 为草图平面，单击 确定 按钮，进入草图环境，绘制图 20.7.18 所示的截面草图，单击 完成草图 按钮，退出草图环境；在 指定矢量 下拉列表中选择 XC 选项；在 限制 区域的 开始 下拉列表中选择 值 选项，并在其下的 距离 文本框中输入值 0；在 限制 区域的 结束 下拉列表中选择 直至延伸部分 选项，选取图 20.7.19 所示的面为拉伸对象；在 布尔 区域中选择 合并 选项，系统将自动与模型中唯一个体进行布尔合并运算；单击“拉伸”对话框中的 < 确定 > 按钮，完成拉伸特征 2 的创建。

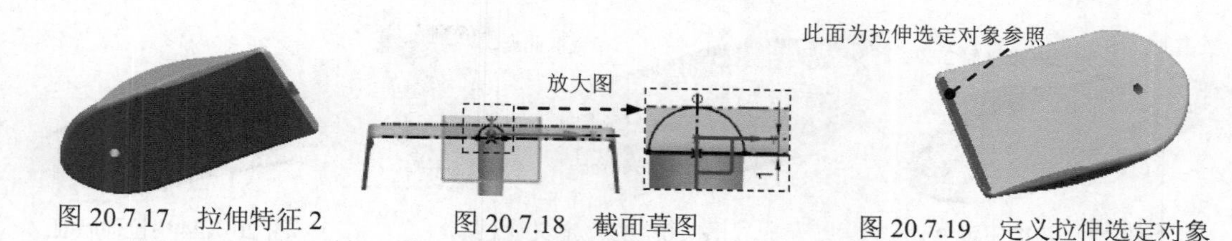

图 20.7.17 拉伸特征 2　　图 20.7.18 截面草图　　图 20.7.19 定义拉伸选定对象

Step10. 添加图 20.7.20 所示的零件特征——拉伸特征 3。选择下拉菜单 插入(S) → 设计特征(E) → 拉伸(E)... 命令（或单击按钮），系统弹出“拉伸”对话框；单击“拉伸”对话框中的“绘制截面”按钮，系统弹出“创建草图”对话框；单击按钮，选取基准平面 1 为草图平面，单击 确定 按钮，进入草图环境，绘制图 20.7.21 所示的截面草图，单击 完成草图 按钮，退出草图环境；在 指定矢量 下拉列表中选择 XC 选项；在 限制 区域的 开始 下拉列表中选择 值 选项，并在其下的 距离 文本框中输入值 0；在 限制 区域的 结束 下拉列表中选择 值 选项，并在其下的 距离 文本框中输入值 10；在 布尔 区域中选择 减去 选项。系统将自动与模型中唯一个体进行布尔求差运算；单击“拉伸”对话框中的 < 确定 > 按钮，完成拉伸特征 3 的创建。

图 20.7.20 拉伸特征 3

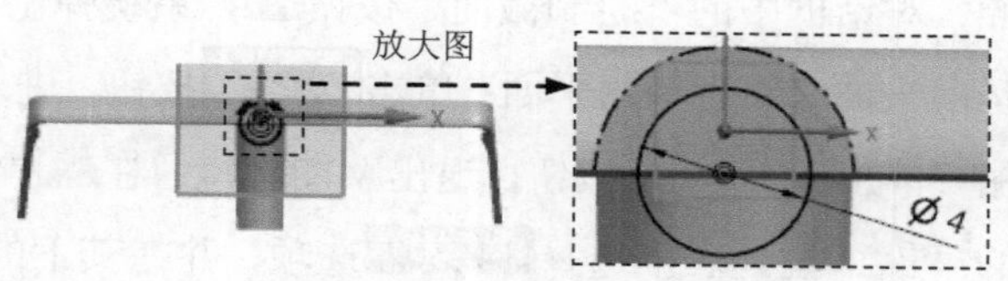

图 20.7.21 截面草图

Step11. 添加图 20.7.22 所示的基准平面 2。选择下拉菜单 插入(S) → 基准/点(D) → 基准平面(D)... 命令（或单击按钮），系统弹出“基准平面”对话框；在 类型 区域的下拉列表中选择 点和方向 选项，在 通过点 区域激活 指定点，选取图 20.7.23 所示的点（三条边线的交点）为通过点，在 法向 区域的 指定矢量 下拉列表中选择 ZC 选项；单击 < 确定 > 按钮，完成基准平面 2 的创建。

Step12. 添加图 20.7.24 所示的零件特征——拉伸特征 4。选择下拉菜单 插入(S) → 设计特征(E) → 拉伸(E)... 命令（或单击按钮），系统弹出“拉伸”对话框；单击“拉伸”对话框中的“绘制截面”按钮，系统弹出“创建草图”对话框；单击按钮，选取基准平面 2 为草图平面；单击 确定 按钮，进入草图环境，绘制图 20.7.25 所示的截面草图，单击 完成草图 按钮，退出草图环境；在 指定矢量 下拉列表中选择 ZC 选项；在 限制 区域的 开始 下拉列表中选择 值 选项，并在其下的 距离 文本框中输入值 1.5；在 限制 区域的 结束 下拉列表中选择 直至选定 选项，选取图 20.7.26 所示的面为对象；在 布尔 区域中选择 合并 选项，系统将自动与模型中唯一个体进行布尔合并运算；单击“拉伸”对话框中的 < 确定 > 按钮，完成拉伸特征 4 的创建。

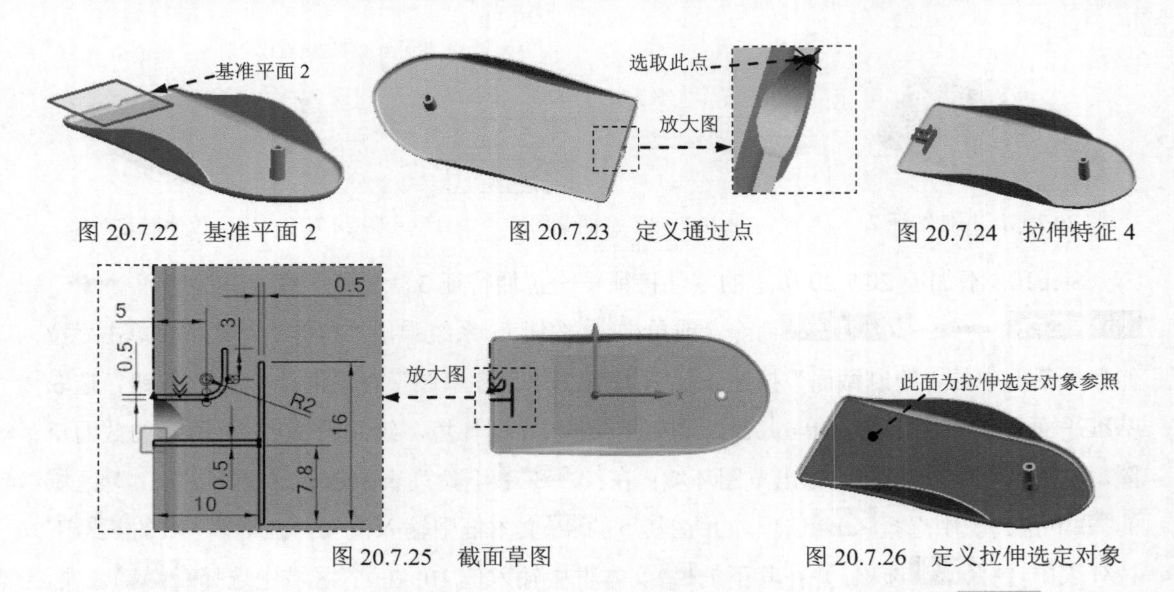

图 20.7.22　基准平面 2　　图 20.7.23　定义通过点　　图 20.7.24　拉伸特征 4

图 20.7.25　截面草图　　图 20.7.26　定义拉伸选定对象

Step13. 添加图 20.7.27 所示的零件特征——拉伸特征 5。选择下拉菜单 插入(S) → 设计特征(E) → 拉伸(E)... 命令（或单击按钮），系统弹出“拉伸”对话框；单击“拉伸”对话框中的“绘制截面”按钮，系统弹出“创建草图”对话框；单击按钮，选取基准平面 ZX 为草图平面；单击 确定 按钮，进入草图环境，绘制图 20.7.28 所示的截面草图，单击 完成草图 按钮，退出草图环境；在 指定矢量 下拉列表中选择 YC 选项；在 限制 区域的 结束 下拉列表中选择 对称值 选项，并在其下的 距离 文本框中输入值 7；在 布尔 区域中选择 无 选项；在 设置 区域的 体类型 下拉列表中选择 片体 选项；单击“拉伸”对话框中的 < 确定 > 按钮，完成拉伸特征 5 的创建。

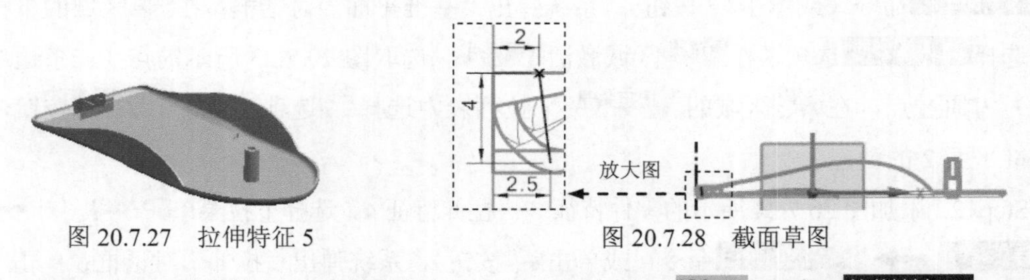

图 20.7.27　拉伸特征 5　　图 20.7.28　截面草图

Step14. 添加零件特征——抽取特征 1。选择下拉菜单 插入(S) → 关联复制(A) → 抽取几何特征(E)... 命令，系统弹出“抽取几何特征”对话框；在 类型 区域的下拉列表中选择 面 选项，在 面 区域的 面选项 下拉列表中选择 单个面 选项；选取图 20.7.29 所示的曲面为抽取对象，然后在 设置 区域中取消选中 隐藏原先的 复选项；在“抽取”对话框中单击 < 确定 > 按钮，完成抽取特征 1 的添加。

Step15. 添加图 20.7.30 所示的编辑曲面。选择下拉菜单 编辑(E) → 曲面(R) → 扩大(L)... 命令，系统弹出“扩大”对话框；选取抽取特征 1 为扩大对象；在 设置 区域中选中⊙自然单选项，在%V起点文本框中输入值60，其他设置保持系统默认值；在“扩大”对话框中单击<确定>按钮，完成编辑曲面的添加。

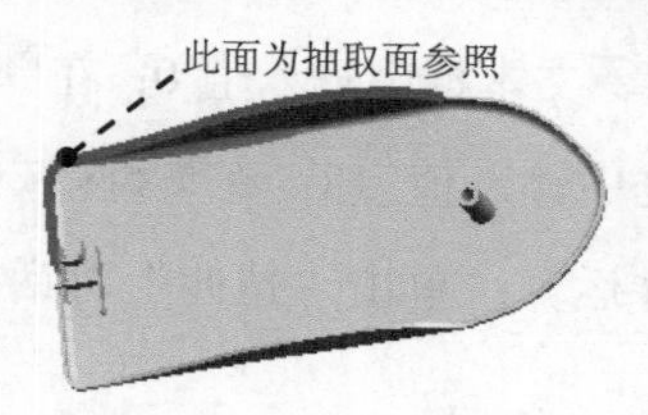

图 20.7.29 定义抽取对象

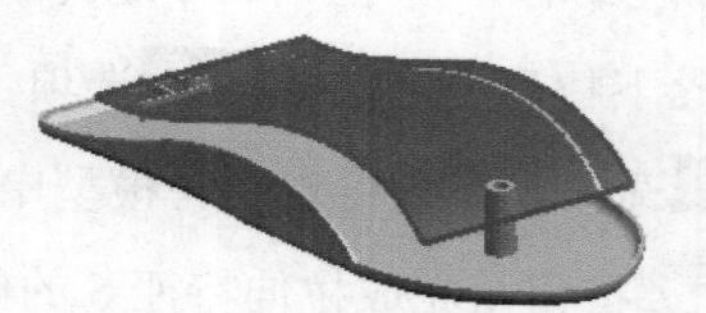
图 20.7.30 编辑曲面

Step16. 添加图20.7.31所示的零件特征——修剪特征1。选择下拉菜单插入(S) → 修剪(T) → 修剪与延伸(N)...命令，系统弹出“修剪和延伸”对话框；在类型区域的下拉列表中选择直至选定选项；选取编辑曲面为目标体，单击中键确认；选取拉伸特征5为刀具体，单击按钮，调整修剪方向，修剪后如图20.7.31所示；其他参数采用系统默认设置值；在“修剪和延伸”对话框中单击<确定>按钮，完成修剪特征1的添加。

Step17. 添加图20.7.32所示的零件特征——修剪特征2。选择下拉菜单插入(S) → 修剪(T) → 修剪与延伸(N)...命令，系统弹出“修剪和延伸”对话框；在类型区域的下拉列表中选择直至选定选项；选取拉伸特征5为目标体，单击中键确认；选取修剪特征1为刀具体，单击按钮，调整修剪方向，修剪后如图20.7.32所示；其他参数采用系统默认设置值；在“修剪和延伸”对话框中单击<确定>按钮，完成修剪特征2的添加。

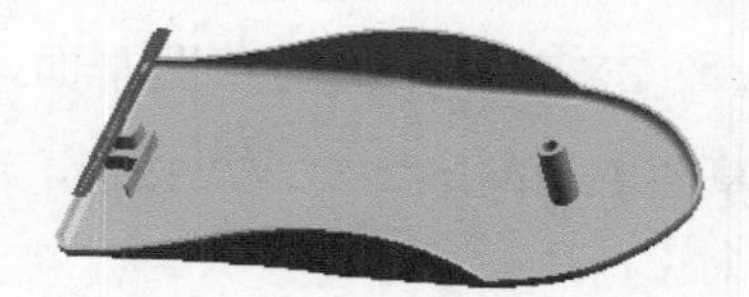
图 20.7.31 修剪特征 1

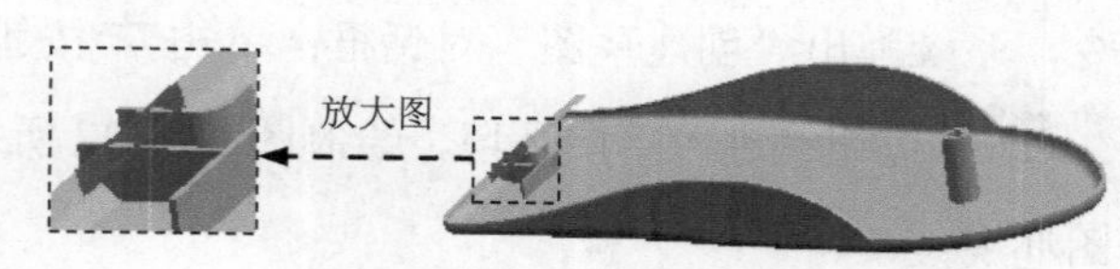

图 20.7.32 修剪特征 2

Step18. 添加曲面缝合。选择下拉菜单插入(S) → 组合(B) → 缝合(W)...命令，系统弹出“缝合”对话框；在类型区域的下拉列表中选择片体选项；选择修剪特征1为目标体，选择修剪特征2为刀具体；其他参数采用系统默认设置值；单击确定按钮，完成曲面缝合的添加。

Step19. 添加图20.7.33所示的零件特征——修剪特征3。选择下拉菜单插入(S) → 修剪(T) → 修剪体(T)...命令，系统弹出“修剪体”对话框；选取实体为目标体，选取缝合曲面为刀具体；调整修剪方向，修剪后如图20.7.33所示；其他参数采用系统默认设置值；在“修剪体”对话框中单击<确定>按钮，完成修剪特征3的添加。

Step20. 添加图20.7.34所示的零件特征——拉伸特征6。选择下拉菜单插入(S) → 设计特征(E) → 拉伸(E)...命令（或单击按钮），系统弹出“拉伸”对话框；单击“拉伸”对话框中的“绘制截面”按钮，系统弹出“创建草图”对话框；单击按钮，选取

图 20.7.35 所示的平面为草图平面；单击 确定 按钮，进入草图环境，绘制图 20.7.36 所示的截面草图，单击 完成草图 按钮，退出草图环境；在 指定矢量 下拉列表中选择 ZC↑ 选项；在 限制 区域的 开始 下拉列表中选择 值 选项，并在其下的 距离 文本框中输入值 0；在 限制 区域的 结束 下拉列表中选择 值 选项，并在其下的 距离 文本框中输入值 18；在 布尔 区域中选择 合并 选项，系统将自动与模型中唯一个体进行布尔合并运算；单击“拉伸”对话框中的 < 确定 > 按钮，完成拉伸特征 6 的创建。

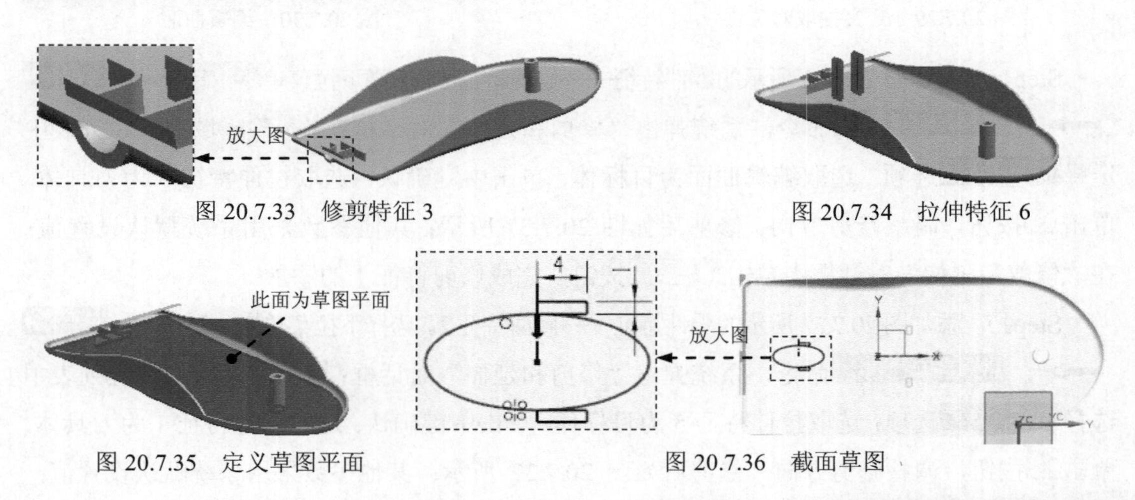

图 20.7.33 修剪特征 3 图 20.7.34 拉伸特征 6

图 20.7.35 定义草图平面 图 20.7.36 截面草图

Step21．添加图 20.7.37 所示的草图 1。选择下拉菜单 插入(S) → 在任务环境中绘制草图(V)... 命令，系统弹出“创建草图”对话框；单击 按钮，选取 ZX 基准平面为草图平面，单击 确定 按钮；进入草图环境，绘制图 20.7.37 所示的草图 1；单击 完成草图 按钮，退出草图环境。

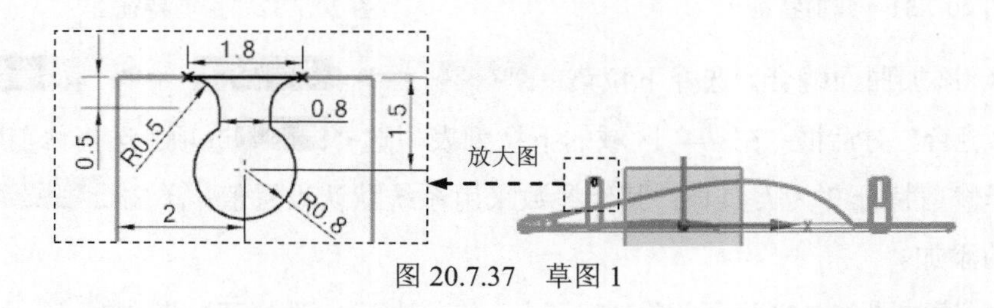

图 20.7.37 草图 1

Step22．添加图 20.7.38 所示的零件特征——拉伸特征 7。选择下拉菜单 插入(S) → 设计特征(E) → 拉伸(E)... 命令（或单击 按钮），系统弹出“拉伸”对话框；选取草图 1 为截面曲线；在 指定矢量 下拉列表中选择 YC 选项；在 限制 区域的 结束 下拉列表中选择 对称值 选项，并在其下的 距离 文本框中输入值 15；在 布尔 区域中选择 减去 选项，系统将自动与模型中唯一个体进行布尔求差运算；单击“拉伸”对话框中的 < 确定 > 按钮，完成拉伸特征 7 的创建。

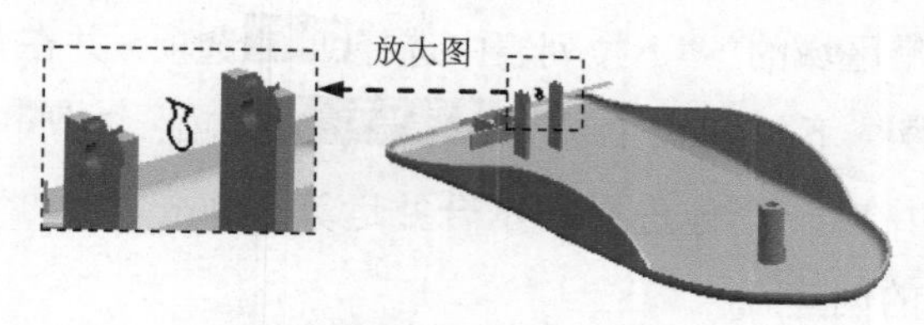

图 20.7.38　拉伸特征 7

Step23. 添加图 20.7.39 所示的零件特征——拉伸特征 8。选择下拉菜单 插入(S) → 设计特征(E) → 拉伸(E)... 命令（或单击 按钮），系统弹出“拉伸”对话框；单击“拉伸”对话框中的“绘制截面”按钮，系统弹出“创建草图”对话框；单击 按钮，选取图 20.7.35 所示的平面为草图平面；单击 确定 按钮，进入草图环境，绘制图 20.7.40 所示的截面草图，单击 完成草图 按钮，退出草图环境；在 指定矢量 下拉列表中选择 ZC↑ 选项；在 限制 区域的 结束 下拉列表中选择 对称值 选项，并在其下的 距离 文本框中输入值 3；在 布尔 区域中选择 减去 选项，选择模型中唯一个体进行布尔求差运算；单击“拉伸”对话框中的 <确定> 按钮，完成拉伸特征 8 的创建。

图 20.7.39　拉伸特征 8

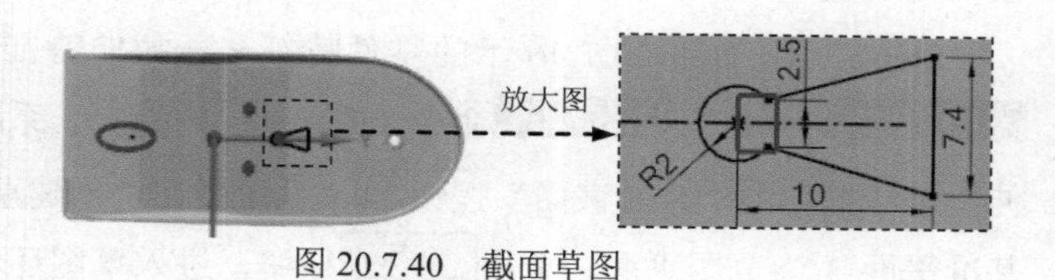

图 20.7.40　截面草图

Step24. 添加零件特征——拔模特征。选择下拉菜单 插入(S) → 细节特征(L) → 拔模(T)... 命令，系统弹出“拔模”对话框；在 类型 下拉列表中选择 面 选项；激活 脱模方向 区域，在 指定矢量 (1) 下拉列表中选择 -ZC↓ 选项；激活 拔模参考 区域的 * 选择固定面 (0)，选择图 20.7.41 所示的平面；激活 要拔模的面 区域的 * 选择面 (0)，选择图 20.7.42 所示的平面，在 角度 1 文本框中输入值 20；在“拔模”对话框中单击 <确定> 按钮，完成拔模特征的创建。

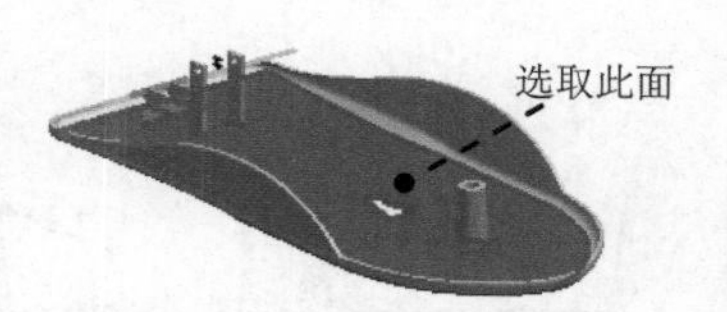

图 20.7.41　选择固定平面

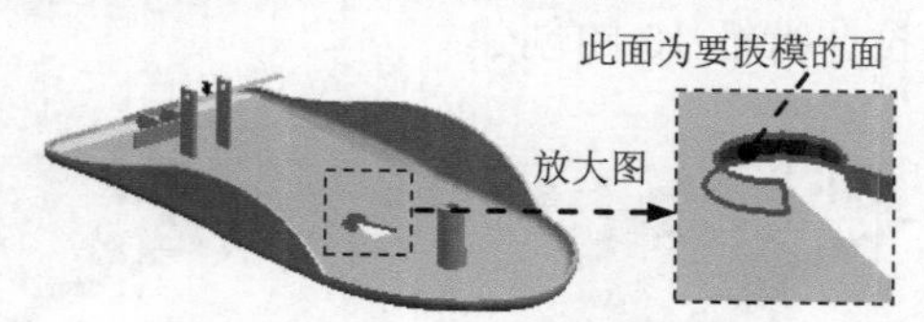

图 20.7.42　选择要拔模的面

Step25. 添加图 20.7.43 所示的零件特征——拉伸特征 9。选择下拉菜单 插入(S) → 设计特征(E) → 拉伸(E)... 命令（或单击 按钮），系统弹出“拉伸”对话框；单击“拉伸”对话框中的“绘制截面”按钮，系统弹出“创建草图”对话框；单击 按钮，选取 YZ 基准平面为草图平面，单击 确定 按钮，进入草图环境，绘制图 20.7.44 所示的截面草图（截面草图直线的下端点约束在实体的内表面上），单击 完成草图 按钮，退出草图环境；在 指定矢量 下拉列表中选择 YC 选项；在 偏置 区域的 偏置 下拉列表中选择 对称 选项，在 结束 文本框中输入值 0.5；在限制区域的开始下拉列表中选择值选项，并在其下的距离文本框中输入值 0；在限制区域的结束下拉列表中选择直至下一个选项；在布尔区域中选择合并选项，系统将自动与模型中唯一一个体进行布尔合并运算；单击“拉伸”对话框中的< 确定 >按钮，完成拉伸特征 9 的创建。

图 20.7.43　拉伸特征 9

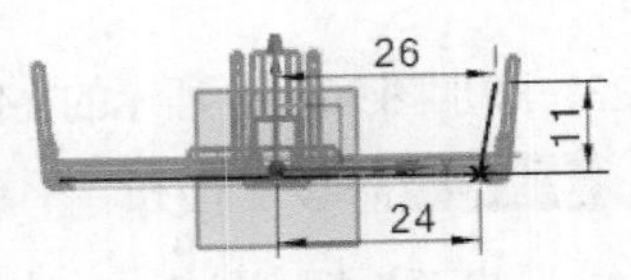

图 20.7.44　截面草图

Step26. 添加图 20.7.45 所示的基准平面 3。选择下拉菜单插入(S) → 基准/点(D) → 基准平面(D)...命令，系统弹出“基准平面”对话框；在“基准平面”对话框类型区域的下拉列表中选择按某一距离选项；选取 YZ 基准平面为对象平面；在偏置区域的距离文本框中输入值 16，调整偏置方向如图 20.7.45 示；其他参数采用系统默认设置值；单击确定按钮，完成基准平面 3 的添加。

Step27. 添加图 20.7.46 示的零件特征——拉伸特征 10。选择下拉菜单插入(S) → 设计特征(E) → 拉伸(E)...命令（或单击按钮），系统弹出“拉伸”对话框；单击“拉伸”对话框中的“绘制截面”按钮，系统弹出“创建草图”对话框；单击按钮，选取基准平面 3 为草图平面，单击确定按钮，进入草图环境，绘制图 20.7.47 所示的截面草图（截面草图直线的下端点约束在实体的内表面上），单击完成草图按钮，退出草图环境；在指定矢量下拉列表中选择YC选项；在偏置区域的偏置下拉列表中选择对称选项，在结束文本框中输入值 0.5；在限制区域的开始下拉列表中选择值选项，并在其下的距离文本框中输入值 0；在限制区域的结束下拉列表中选择直至下一个选项；在布尔区域中选择合并选项，系统将自动与模型中唯一一个体进行布尔合并运算；单击“拉伸”对话框中的< 确定 >按钮，完成拉伸特征 10 的创建。

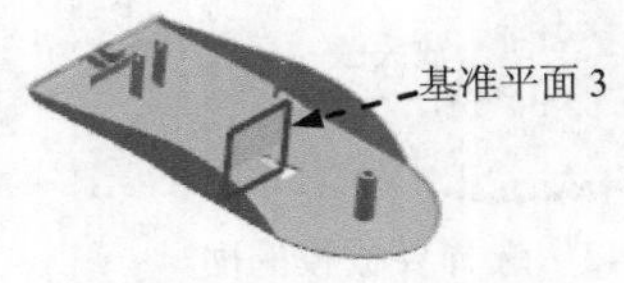

图 20.7.45　基准平面 3

图 20.7.46　拉伸特征 10

图 20.7.47　截面草图

Step28. 添加图 20.7.48 所示的零件特征——镜像特征。选择下拉菜单插入(S) → 关联复制(A) → 镜像特征(R)...命令，弹出 “镜像特征”对话框；选取拉伸特征 9 和拉伸特征 10 为镜像特征对象，单击中键确认；选取 ZX 基准平面为镜像平面；单击确定按钮，完成镜像特征的创建。

Step29. 添加零件特征——抽取特征 2。选择下拉菜单插入(S) → 关联复制(A) →

抽取几何特征(E)... 命令，系统弹出“抽取几何特征”对话框；在类型区域的下拉列表中选择面选项，在面区域的面选项下拉列表中选择单个面选项；选取图 20.7.49 所示的两个曲面为抽取对象；在“抽取”对话框中单击 确定 按钮，完成抽取特征 2 的添加。

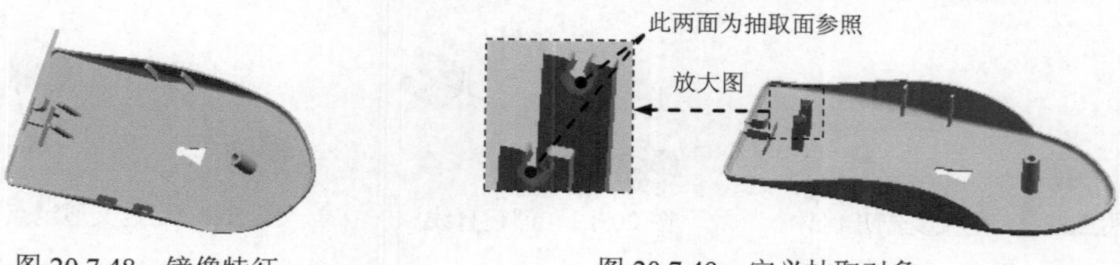

图 20.7.48　镜像特征　　　图 20.7.49　定义抽取对象

Step30. 保存零件模型。选择下拉菜单文件(F) → 保存(S)命令，即可保存零件模型。

20.8 滚　轮

本实例介绍了鼠标滚轮的设计过程，主要运用了旋转、拉伸和倒圆角等命令。零件模型及模型树如图 20.8.1 所示。

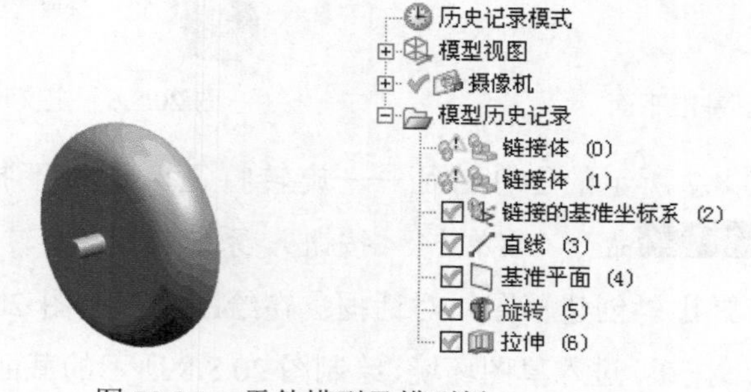

图 20.8.1　零件模型及模型树

Step1. 创建 trolley 层。在“装配导航器”窗口中的 down_cover 选项上右击，在弹出的快捷菜单中选择 WAVE → 新建层命令，系统弹出“新建层”对话框。单击“新建层”对话框中的 指定部件名 按钮，在弹出的“选择部件名”对话框的文件名(N):文本框中输入文件名 trolley，单击 OK 按钮，系统再次弹出“新建层”对话框。单击“新建层”对话框中的 类选择 按钮，系统弹出“WAVE 组件间的复制”对话框；选取图 20.8.2 所示的曲面（20.7 节中 Step28 抽取的两个曲面）和基准为要复制的几何体，单击 确定 按钮，系统重新弹出“新建层”对话框。在“新建层”对话框中单击 确定 按钮，完成 trolley 层的创建。在“装配导航器”窗口中的 trolley 选项上右击，在弹出的快捷菜单中选择 设为显示部件 命令，对模型进行编辑。

Step2. 添加图 20.8.3 所示的直线。选择下拉菜单插入(S) → 曲线(C) → 直线(L)...

命令，系统弹出“直线”对话框。在“直线”对话框起点区域的起点选项下拉列表中选择点选项，选取图 20.8.4 所示的圆弧 1 的圆心；在终点或方向区域的终点选项下拉列表中选择点选项，选取图 20.8.4 所示的圆弧 2 的圆心；单击< 确定 >按钮，完成直线的添加。

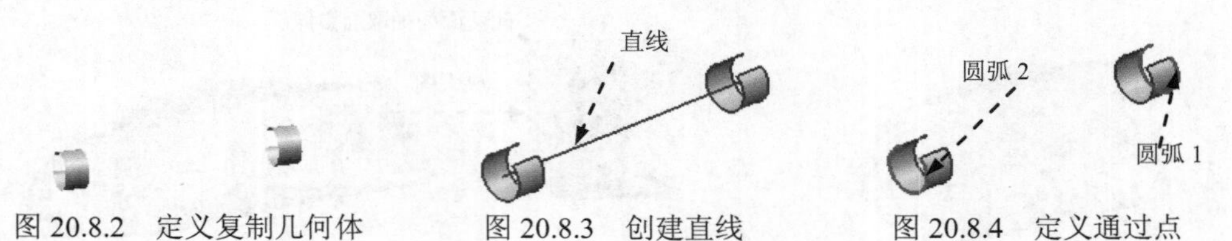

图 20.8.2 定义复制几何体　　图 20.8.3 创建直线　　图 20.8.4 定义通过点

Step3. 添加图 20.8.5 所示的基准平面。选择下拉菜单插入(S) → 基准/点(D) → 基准平面(D)...命令，系统弹出“基准平面”对话框。在“基准平面”对话框类型区域的下拉列表中选择点和方向选项，选取图 20.8.6 所示的圆心为通过点，在法向区域的指定矢量 (1)下拉列表中选择-XC选项；其他参数采用系统默认设置值；单击< 确定 >按钮，完成基准平面的添加。

图 20.8.5 基准平面　　图 20.8.6 定义通过点

Step4. 创建图 20.8.7 所示的零件特征——旋转特征。选择下拉菜单插入(S) → 设计特征(E) → 旋转(R)...命令（或单击按钮），系统弹出“旋转”对话框；单击截面区域中的按钮，系统弹出“创建草图”对话框；在绘图区选取图 20.8.5 中的基准平面为草图平面，单击确定按钮，进入草图环境，绘制图 20.8.8 所示的截面草图，单击完成草图按钮，退出草图环境；在绘图区域中选取图 20.8.9 所示的直线为旋转轴；在“旋转”对话框限制区域的开始下拉列表中选择值选项，并在角度文本框中输入值 0，在结束下拉列表中选择值选项，并在角度文本框中输入值 360；在布尔区域中选择无选项；单击< 确定 >按钮，完成旋转特征的创建。

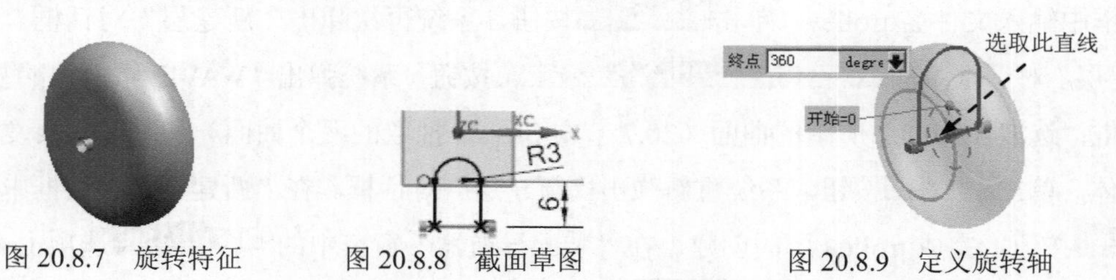

图 20.8.7 旋转特征　　图 20.8.8 截面草图　　图 20.8.9 定义旋转轴

Step5. 添加图 20.8.10 所示的零件特征——拉伸特征。选择下拉菜单插入(S) → 设计特征(E) → 拉伸(E)...命令（或单击按钮），系统弹出“拉伸”对话框；单击“拉伸”对话框中的“绘制截面”按钮，系统弹出“创建草图”对话框；单击按钮，选取ZX基准平面为草图平面，单击确定按钮，进入草图环境，绘制图20.8.11所示的截面草图（截面草图与复制的几何体同心且等圆弧），单击完成草图按钮，退出草图环境；在指定矢量下拉列表中选择YC选项；在限制区域的结束下拉列表中选择对称值选项，并在其下的距离文本框中输入值5.5；在布尔区域中选择合并选项，系统将自动与模型中唯一一个体进行布尔合并运算；单击“拉伸”对话框中的< 确定 >按钮，完成拉伸特征的创建。

图20.8.10　拉伸特征

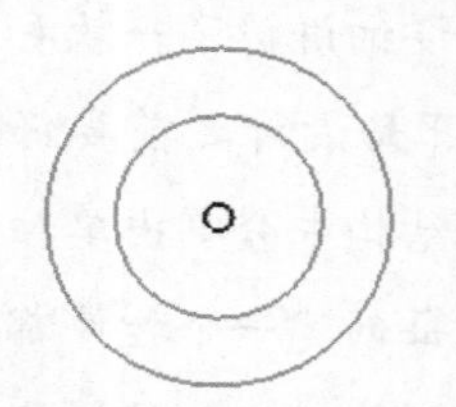

图20.8.11　截面草图

Step6. 设置隐藏。设置基准和片体隐藏。

Step7. 保存零件模型。选择下拉菜单文件(F) → 保存(S)命令，即可保存零件模型。

20.9　编辑模型显示

以上模型的各个部件已经创建完成，但还不能得到清晰的装配体模型，要想得到比较清晰的装配体部件，还要进行如下编辑。

Step1. 在“装配导航器”窗口中的trolley选项上右击，在弹出的快捷菜单中选择显示父项 → mouse命令，系统在“装配导航器”中显示mouse部件。

Step2. 在“装配导航器”窗口中的mouse选项上右击，在弹出的快捷菜单中选择设为工作部件命令，对模型进行编辑。

Step3. 选择下拉菜单编辑(E) → 显示和隐藏(H) → 隐藏(H)...命令，系统弹出“类选择”对话框；单击“类选择”对话框过滤器区域中的按钮，系统弹出“根据类型选择”对话框；选择对话框列表中的曲线、草图、片体、基准和点选项，单击确定按钮，系统再次弹出“类选择”对话框；单击对话框对象区域中的按钮；单击对话框中的确定按钮。

Step4. 在“装配导航器”窗口中的second选项上右击，在弹出的快捷菜单中选择显示和隐藏 → 隐藏节点命令，将二级控件隐藏。

Step5. 至此，完整的鼠标模型已经完成，可以对整个部件进行保存。

实例 21 毛衣去毛器外壳

21.1 概　述

本实例详细讲解了一款毛衣去毛器的设计过程，同样，本实例也采用了自顶向下的设计方法。在开始设计之前要仔细分析模型的设计过程，考虑每一个单独的结构如何创建，如何从整体结构中分割出单独的零部件，并且要保持关联。本例中毛衣去毛器的设计过程清晰明了，每创建一个控件都会分割出一个零部件，最后一级控件分割出三个零部件，共同组成完整的装配体。最终装配模型如图 21.1.1 所示。

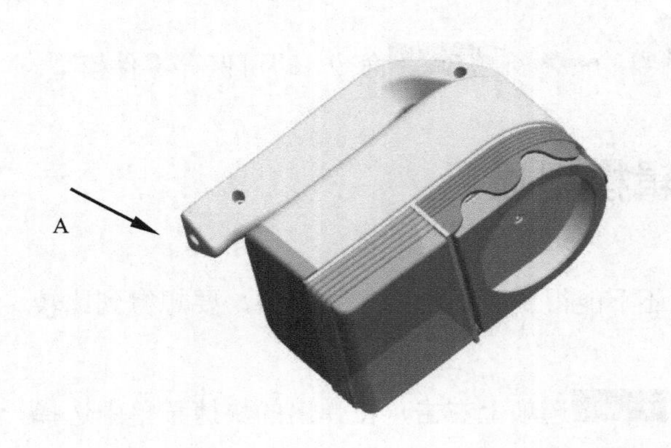

从 A 向查看

图 21.1.1　毛衣去毛器模型

21.2 一 级 控 件

本例中毛衣去毛器的设计流程图如图 21.2.1 所示。

下面讲解一级控件（FIRST.PRT）的创建过程。一级控件在整个设计过程中起着十分重要的作用，在创建一级控件时要考虑到分割子零件的方法，为了保持关联，在一级控件中要创建一些草图为多个子零件共用。零件模型及模型树如图 21.2.2 所示。

Step1. 新建文件。选择下拉菜单 文件(F) → 新建(N)... 命令，系统弹出“新建”对话框；在 模型 选项卡的 模板 区域中选取模板类型为 装配，在 名称 文本框中输入文件名称 trim_pelucohi，在 文件夹 文本框中输入文件路径 D:\ugnx11.11\work\ch21；单击 确定 按钮，进入装配环境，关闭“添加组件”对话框。

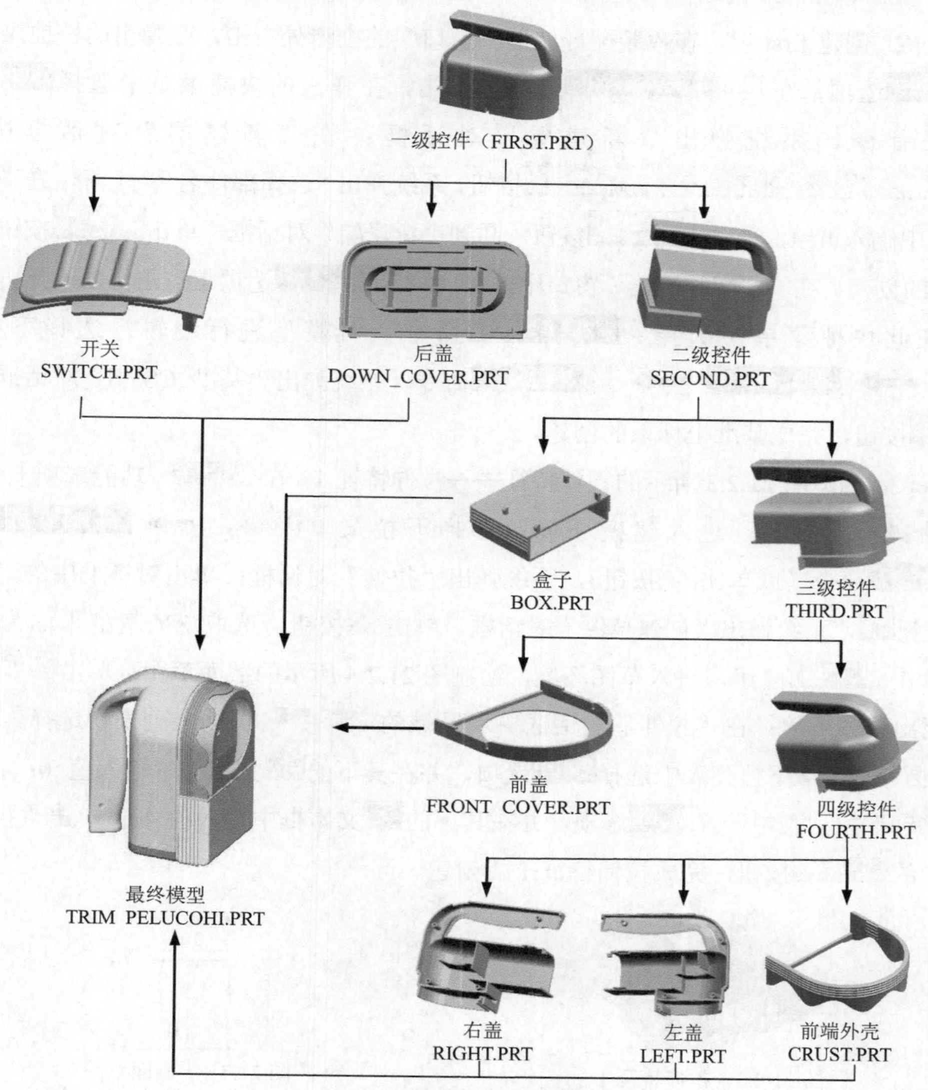

图 21.2.1 设计流程图

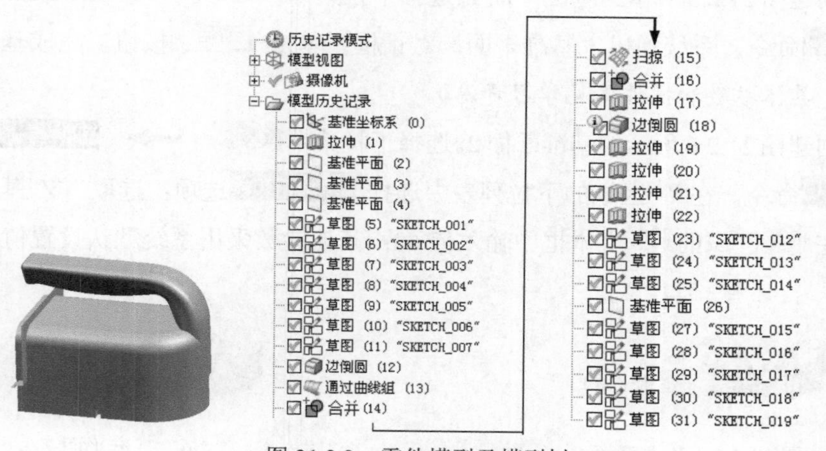

图 21.2.2 零件模型及模型树

Step2. 创建 first 层。在“装配导航器”窗口中的空白处右击，在弹出的快捷菜单中选择WAVE 模式选项；在☑ trim_pelusohi选项上右击，在弹出的快捷菜单中选择WAVE ➡ 新建层命令，系统弹出“新建层”对话框；在“新建层”对话框中单击指定部件名按钮，系统弹出“选择部件名”对话框；在文件名(N):文本框中输入 first，单击OK按钮，回到“新建层”对话框，单击确定按钮，完成 first 层的创建。在“装配导航器”窗口中的☑ first选项上右击，系统弹出快捷菜单；在此快捷菜单中选择设为工作部件命令，对模型进行编辑；选择下拉菜单插入(S) ➡ 基准/点(D) ➡ 基准 CSYS...命令，系统弹出“基准 CSYS”对话框；单击< 确定 >按钮，完成基准坐标系的创建。

Step3. 创建图 21.2.3 所示的零件特征——拉伸特征 1。在应用模块功能选项卡设计区域单击建模按钮，进入建模环境；选择下拉菜单插入(S) ➡ 设计特征(E) ➡ 拉伸(E)...命令（或单击按钮），系统弹出“拉伸”对话框；单击对话框中的“绘制截面”按钮，系统弹出“创建草图”对话框。单击按钮，选取 XY 基准平面为草图平面，单击确定按钮，进入草图环境，绘制图 21.2.4 所示的截面草图；单击完成草图按钮，退出草图环境；在“拉伸”对话框方向区域的* 指定矢量 (0)下拉列表中选择ZC↑选项；在限制区域的开始下拉列表中选择值选项，并在其下的距离文本框中输入值 0；在限制区域的结束下拉列表中选择值选项，并在其下的距离文本框中输入值 40；单击“拉伸”对话框中的< 确定 >按钮，完成拉伸特征 1 的创建。

图 21.2.3　拉伸特征 1

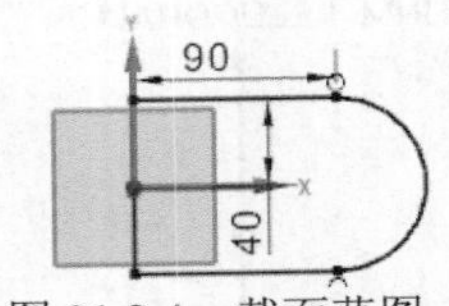

图 21.2.4　截面草图

Step4. 创建图 21.2.5 所示的基准平面 1。选择下拉菜单插入(S) ➡ 基准/点(D) ➡ 基准平面(D)...命令，系统弹出“基准平面”对话框；单击< 确定 >按钮，完成基准平面 1 的创建（注：具体参数和操作参见学习资源）。

Step5. 创建图 21.2.6 所示的基准平面 2。选择下拉菜单插入(S) ➡ 基准/点(D) ➡ 基准平面(D)...命令，在类型区域的下拉列表中选择按某一距离选项；选取 YZ 基准平面为参考平面，在偏置区域的距离文本框中输入值 60；其他参数采用系统默认设置值。

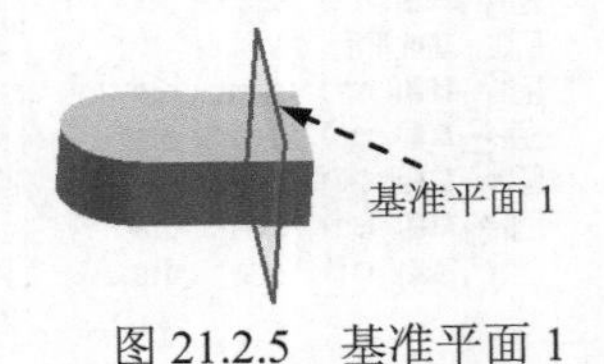

图 21.2.5　基准平面 1

基准平面 2

图 21.2.6　基准平面 2

Step6. 创建图 21.2.7 所示的基准平面 3。选择下拉菜单 插入(S) → 基准/点(D) → 基准平面(D)... 命令（注：具体参数和操作参见学习资源）。

Step7. 创建图 21.2.8 所示的草图 1。选择下拉菜单 插入(S) → 在任务环境中绘制草图(V)... 命令，系统弹出“创建草图”对话框；单击 按钮，选取 ZX 基准平面为草图平面，单击 确定 按钮，进入草图环境；选择下拉菜单 插入(S) → 来自曲线集的曲线(F) → 交点(N)... 命令，在弹出的“交点”对话框中选取曲线 1 为要相交的曲线；单击 < 确定 > 按钮，完成交点 1 的创建，如图 21.2.9 所示。绘制图 21.2.9 所示的草图 1，使草图经过交点 1；单击 完成草图 按钮，退出草图环境。

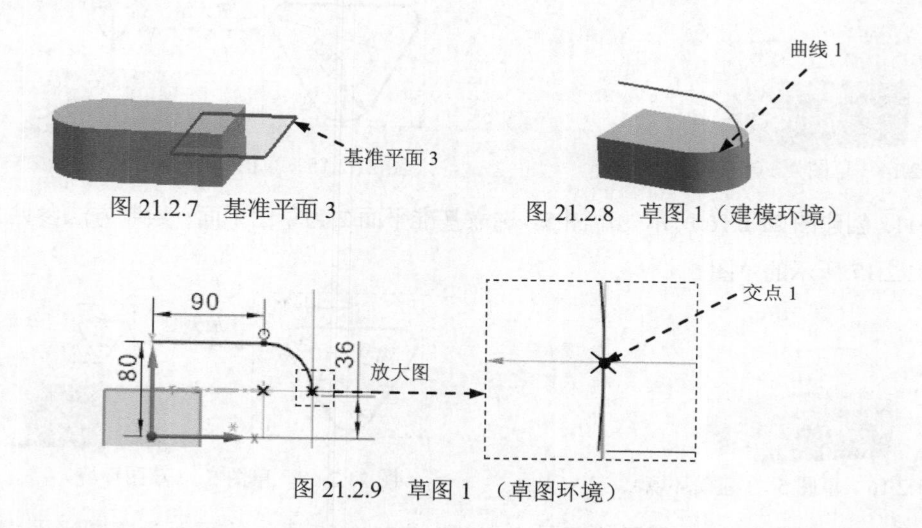

图 21.2.7　基准平面 3

图 21.2.8　草图 1（建模环境）

图 21.2.9　草图 1　（草图环境）

Step8. 创建图 21.2.10 所示的草图 2。选取 ZX 基准平面为草图平面，绘制图 21.2.11 所示的草图 2。

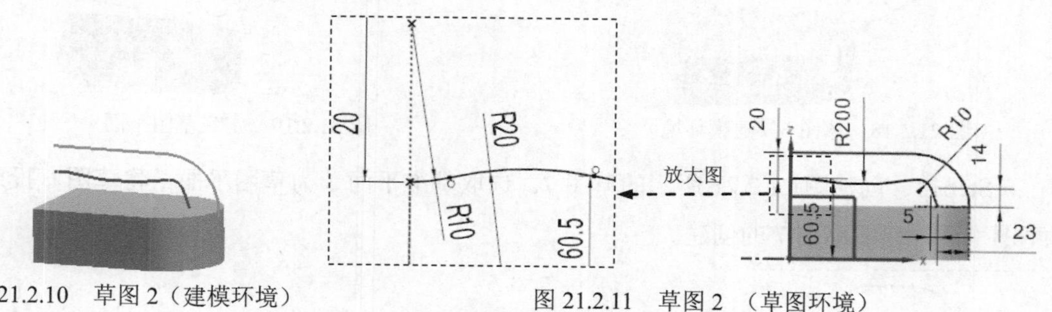

图 21.2.10　草图 2（建模环境）

图 21.2.11　草图 2　（草图环境）

Step9. 创建图 21.2.12 所示的草图 3。选取 YZ 基准平面为草图平面，进入草图环境；选择下拉菜单 插入(S) → 来自曲线集的曲线(F) → 交点(N)... 命令，在弹出的“交点”对话框中选取草图 1 为要相交的曲线，单击 应用 按钮，完成交点 1 的创建；选取草图 2 为要相交的曲线，完成交点 2 的创建；绘制图 21.2.13 所示的草图 3，约束草图线与两个交点相交。

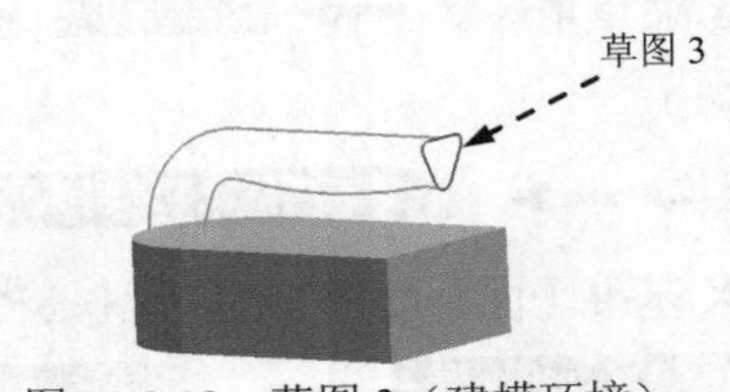

图 21.2.12　草图 3（建模环境）

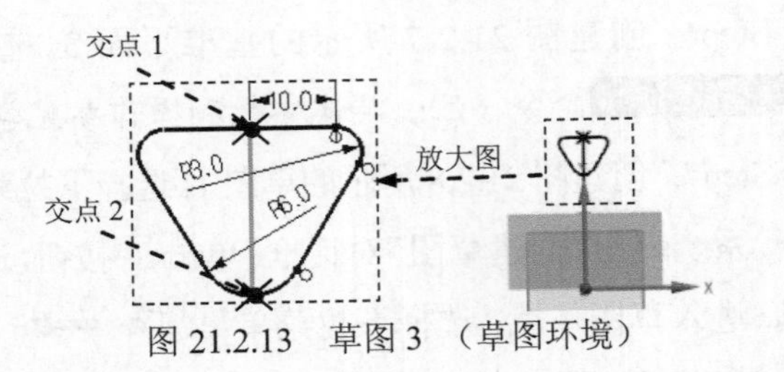

图 21.2.13　草图 3　（草图环境）

Step10. 创建图 21.2.14 所示的草图 4。选取基准平面 1 为草图平面，绘制方法参见 Step9。绘制图 21.2.15 所示的草图 4。

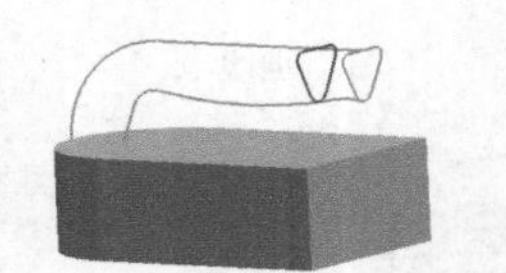

图 21.2.14　草图 4　（建模环境）

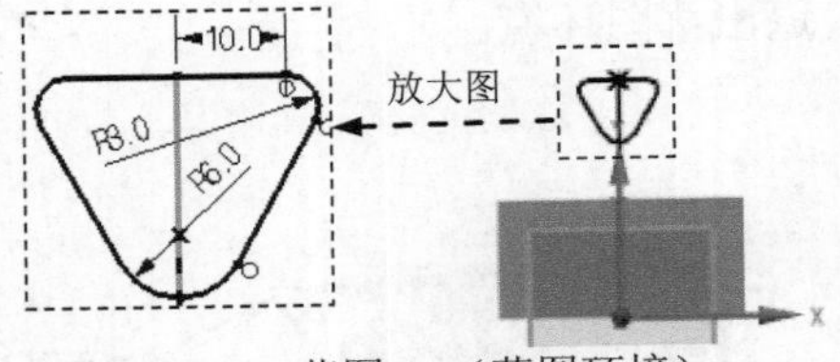

图 21.2.15　草图 4　（草图环境）

Step11. 创建图 21.2.16 所示的草图 5。选取基准平面 2 为草图平面，绘制方法参见 Step 9。绘制图 21.2.17 所示的草图 5。

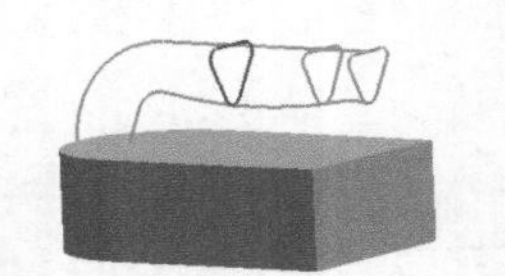

图 21.2.16　草图 5　（建模环境）

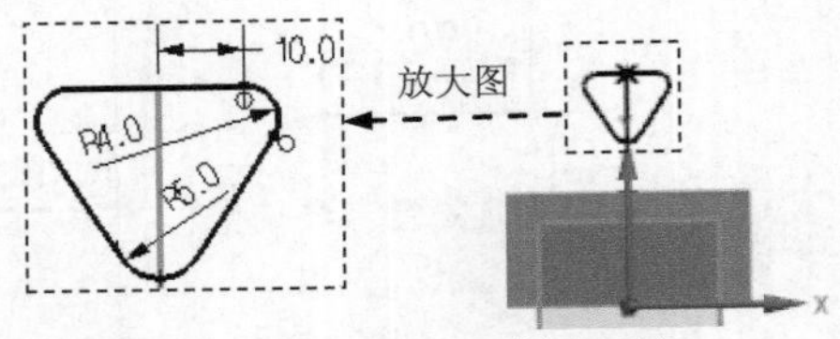

图 21.2.17　草图 5　（草图环境）

Step12. 创建图 21.2.18 所示的草图 6。选取图 21.2.19 所示的平面为草图平面，绘制方法参见 Step 9。绘制图 21.2.20 所示的草图 6。

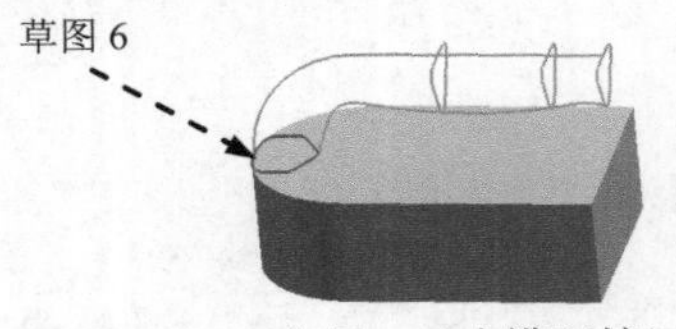

图 21.2.18　草图 6（建模环境）

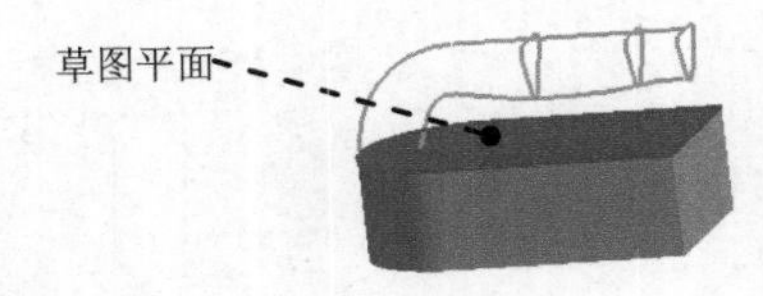

图 21.2.19　定义草图平面

Step13. 创建图 21.2.21 所示的草图 7。选取基准平面 3 为草图平面，将草图 6 投影到草图平面，完成草图 7 的创建。

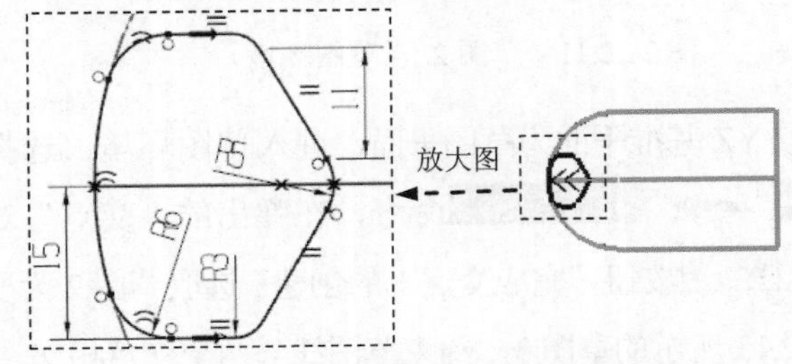

图 21.2.20　草图 6　（草图环境）

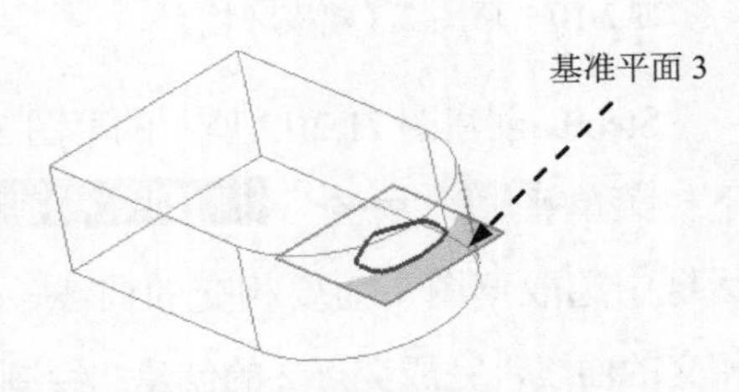

图 21.2.21　草图 7　（建模环境）

Step14. 创建图 21.2.22b 所示的边倒圆特征 1。选择下拉菜单插入(S) → 细节特征(L) → 边倒圆(E)...命令（或单击按钮），系统弹出“边倒圆”对话框；在边区域中单击按钮，选择图 21.2.22a 所示的边线为要倒圆的边，并在半径 1文本框输入值 12；单击< 确定 >按钮，完成边倒圆特征 1 的创建。

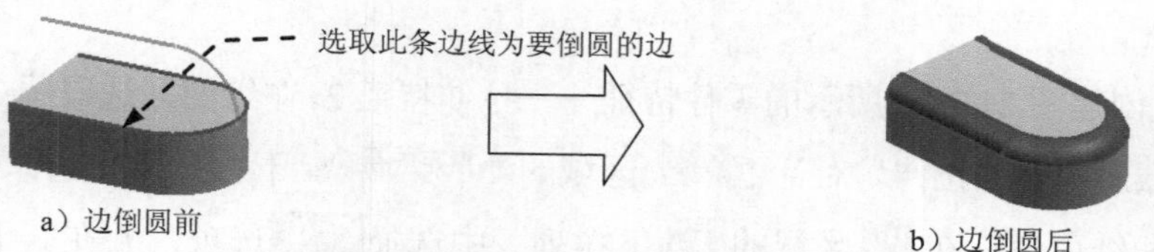

a）边倒圆前　　b）边倒圆后

图 21.2.22　边倒圆特征 1

Step15. 创建图 21.2.23 所示的零件特征——曲线组。选择下拉菜单插入(S) → 网格曲面(M) → 通过曲线组(T)...命令，系统弹出“通过曲线组”对话框；选取草图 6 为截面线串 1，单击中键，选取草图 7 为截面线串 2，单击中键；单击< 确定 >按钮，完成曲线组的创建。

说明：两草图选择的位置应在同侧，读者可以自己试着选一下。在定义曲线串时，注意两曲线的方向可通过按钮来调整，此类情况以后不再赘述。

Step16. 创建合并特征 1。选择下拉菜单插入(S) → 组合(B) → 合并(U)...命令（或单击按钮），系统弹出“合并”对话框；选取图 21.2.24 所示的实体为目标体，选取曲线组为刀具体；单击< 确定 >按钮，完成合并特征 1 的创建。

图 21.2.23　曲线组

图 21.2.24　定义目标体

Step17. 创建图 21.2.25 所示的零件特征——扫掠特征。选择下拉菜单插入(S) → 扫掠(W) → 扫掠(S)...命令，系统弹出“扫掠”对话框；在截面区域单击* 选择曲线 (0)按钮，在绘图区域中依次选取草图 3、草图 4、草图 5 和草图 6 为截面线串（每次在选取草图后都要单击鼠标中键确认）；在引导线区域单击* 选择曲线 (0)按钮，在绘图区域中选取草图 1、草图 2 为扫掠引导线，其他参数采用系统默认设置值；在截面选项选项组区域插值的下拉列表中选择线性选项；取消选中□ 保留形状复选项，在对齐下拉列表中选择根据点选项，并在缩放方法区域缩放的下拉列表中选择横向选项，在设置区域引导线选项卡中的重新构建下拉列表中选择阶次和公差选项，在设置区域截面选项卡中的重新构建下拉列表中选择阶次和公差选项；在公差区域的(G0) 位置文本框中输入值 0.02，其他按系统默认设置；单击“扫掠”对话框中的< 确定 >按钮，完成扫掠特征的创建。

说明：两条截面线所指的方向要一致，两引导线的方向也要一致。为后面创建特征方便，读者可以将草图隐藏。方法如下：选择下拉菜单 编辑(E) → 显示和隐藏(H) → 显示和隐藏(O)... 命令，在弹出的“显示和隐藏”对话框中选择 草图 − 选项（单击“草图”后的“−”按钮），单击 关闭 按钮。

Step18. 创建合并特征 2。选取合并特征 1 为目标体，选取扫掠特征为刀具体完成合并特征 2 的创建。

Step19. 创建图 21.2.26 所示的零件特征——拉伸特征 2。在绘图区选取图 21.2.27 所示的草图为拉伸截面；在“拉伸”对话框 方向 区域的 指定矢量(0) 下拉列表中选择 -XC 选项，确定拉伸开始值和结束值；在 限制 区域的 开始 下拉列表中选择 值 选项，并在其下的 距离 文本框中输入值 0；在 限制 区域的 结束 下拉列表中选择 值 选项，并在其下的 距离 文本框中输入值 3；在 布尔 区域中选择 合并 选项，采用系统默认的合并对象；其他参数采用系统默认设置值。

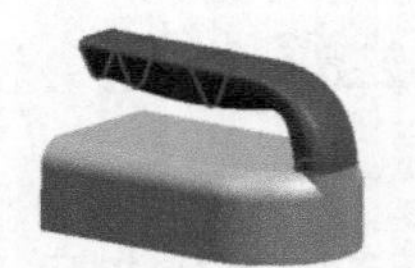
图 21.2.25　扫掠特征

图 21.2.26　拉伸特征 2

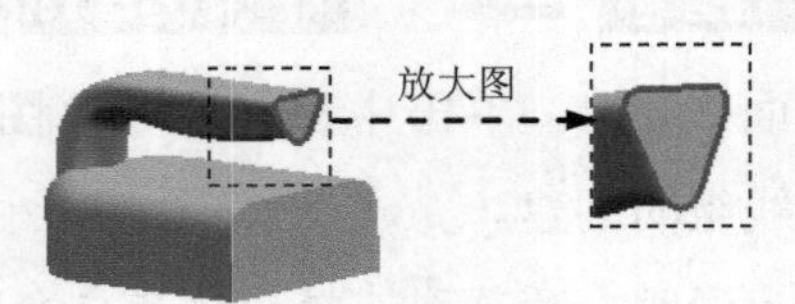

图 21.2.27　截面草图

Step20. 创建图 21.2.28b 所示的边倒圆特征 2。选择图 21.2.28a 所示的边线为要倒圆的边，并在 半径 1 文本框输入值 2，完成边倒圆特征 2 的创建。

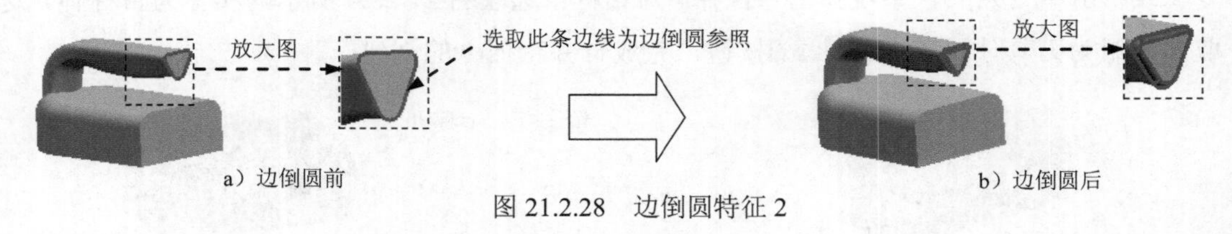

a）边倒圆前　　b）边倒圆后

图 21.2.28　边倒圆特征 2

Step21. 创建图 21.2.29 所示的零件特征——拉伸特征 3。选取图 21.2.30 所示的平面为草图平面，绘制图 21.2.31 所示的截面草图；在“拉伸”对话框 方向 区域的 指定矢量(0) 下拉列表中选择 -ZC 选项；在 限制 区域的 开始 下拉列表中选择 值 选项，并在其下的 距离 文本框中输入值 0；在 限制 区域的 结束 下拉列表中选择 值 选项，并在其下的 距离 文本框中输入值 25；在 布尔 区域中选择 合并 选项，采用系统默认的合并对象；其他参数采用系统默认设置值。

图 21.2.29　拉伸特征 3

图 21.2.30　定义草图平面

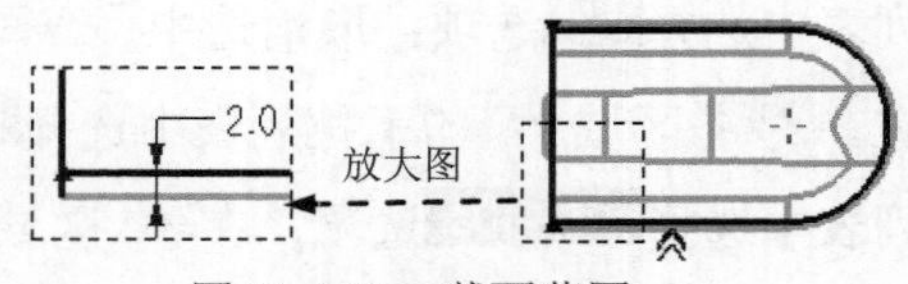

图 21.2.31　截面草图

Step22. 创建图 21.2.32 所示的零件特征——拉伸特征 4。选取图 21.2.33 所示的平面为草图平面，绘制图 21.2.34 所示的截面草图；在“拉伸”对话框 方向 区域的 指定矢量(0) 下拉列表中选择 YC 选项；在限制区域的开始下拉列表中选择值选项，并在其下的距离文本框中输入值 0；在限制区域的结束下拉列表中选择贯通选项；在布尔区域中选择减去选项，采用系统默认的求差对象；其他参数采用系统默认设置值。

图 21.2.32　拉伸特征 4　　图 21.2.33　定义草图平面　　图 21.2.34　截面草图

Step23. 创建图 21.2.35 所示的零件特征——拉伸特征 5。选取 ZX 基准平面为草图平面，绘制图 21.2.36 所示的截面草图；在“拉伸”对话框方向区域的指定矢量 (0)下拉列表中选择 YC 选项；在限制区域的结束下拉列表中选择对称值选项，并在其下的距离文本框中输入值 50；在设置区域的体类型下拉列表中选择片体选项，其他参数采用系统默认设置值。

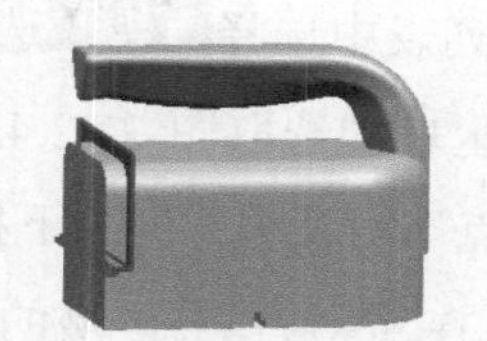

图 21.2.35　拉伸特征 5

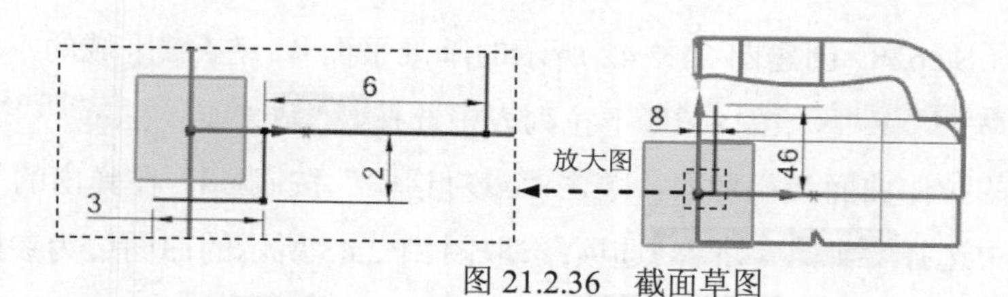

图 21.2.36　截面草图

Step24. 创建图 21.2.37 所示的零件特征——拉伸特征 6。选取 ZX 基准平面为草图平面，绘制图 21.2.38 所示的截面草图(约束草图中的圆弧与模型边线重合)；在“拉伸”对话框方向区域的指定矢量 (0)下拉列表中选择 YC 选项，在限制区域的结束下拉列表中选择对称值选项，并在其下的距离文本框中输入值 7.5，在设置区域的体类型下拉列表中选择片体选项；其他参数采用系统默认设置值。

图 21.2.37　拉伸特征 6

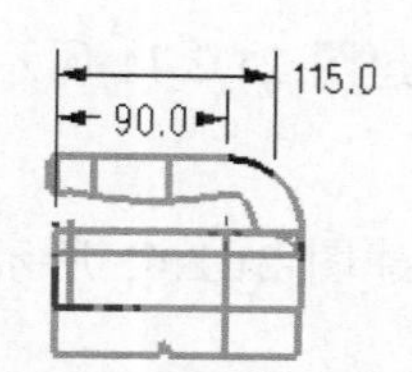

图 21.2.38　截面草图

注意：在绘制图 21.2.38 所示的截面草图时要将草图 1 显示出来。

Step25. 创建图 21.2.39 所示的草图 8。选取 ZX 基准平面为草图平面，绘制图 21.2.39 所示的草图 8。

Step26. 创建图 21.2.40 所示的草图 9。选取 ZX 基准平面为草图平面，绘制图 21.2.40 所示的草图 9。

Step27. 创建图 21.2.41 所示的草图 10。选取 XY 基准平面为草图平面，绘制图 21.2.41 所示的草图 10。

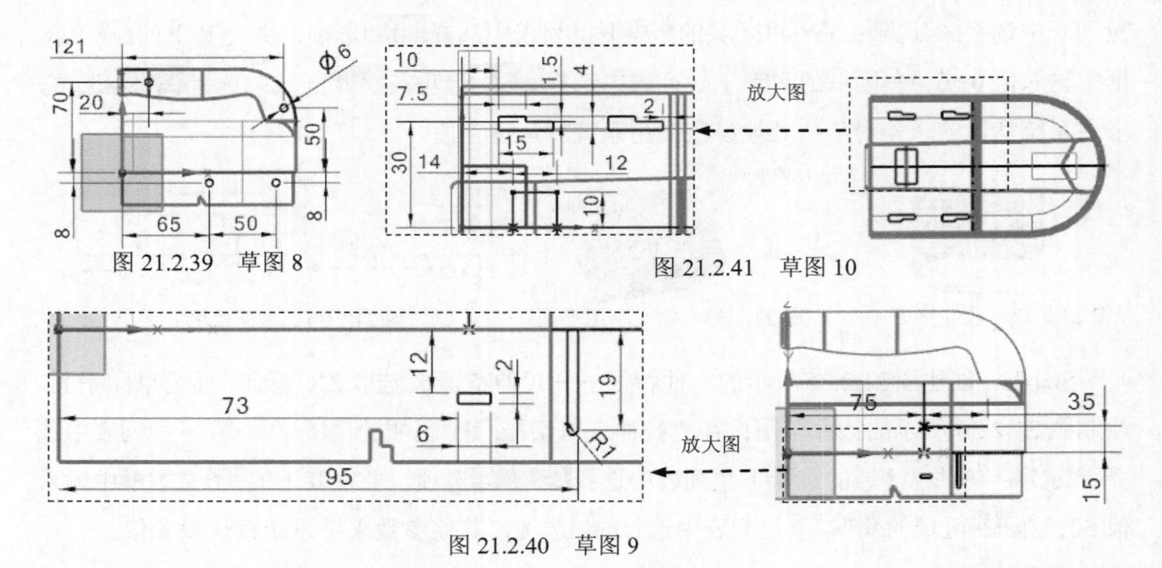

图 21.2.39　草图 8

图 21.2.41　草图 10

图 21.2.40　草图 9

Step28. 创建图 21.2.42 所示的基准平面 4。在类型区域的下拉列表中选择相切选项，在相切子类型区域的子类型下拉列表中选择通过点选项，在参考几何体区域中选取图 21.2.43 所示的拉伸曲面为相切面；单击“点对话框”按钮，在弹出的“点”对话框类型的下拉列表中选择点在曲线/边上选项；选取图 21.2.43 所示的曲面边为参照，在曲线上的位置区域的位置下拉列表中选择弧长百分比选项，然后在弧长百分比文本框中输入值 50。

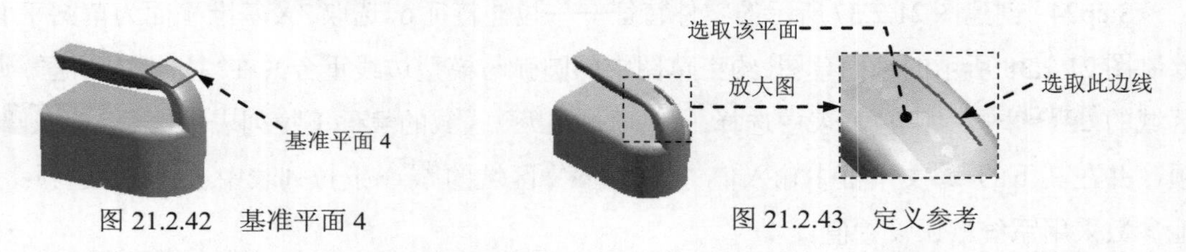

图 21.2.42　基准平面 4

图 21.2.43　定义参考

Step29. 创建图 21.2.44 所示的草图 11。选取基准平面 4 为草图平面，绘制图 21.2.44 所示的草图 11。

Step30. 创建图 21.2.45 所示的草图 12。选取 YZ 基准平面为草图平面，绘制图 21.2.45 所示的草图 12。

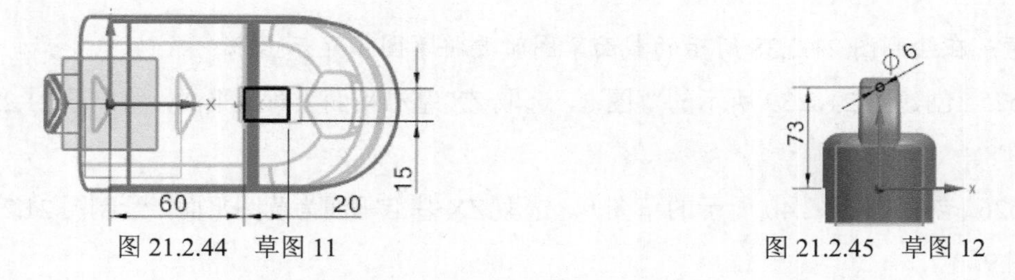

图 21.2.44　草图 11

图 21.2.45　草图 12

Step31. 创建图 21.2.46 所示的草图 13。选取 ZX 基准平面为草图平面，绘制图 21.2.46 所示的草图 13。

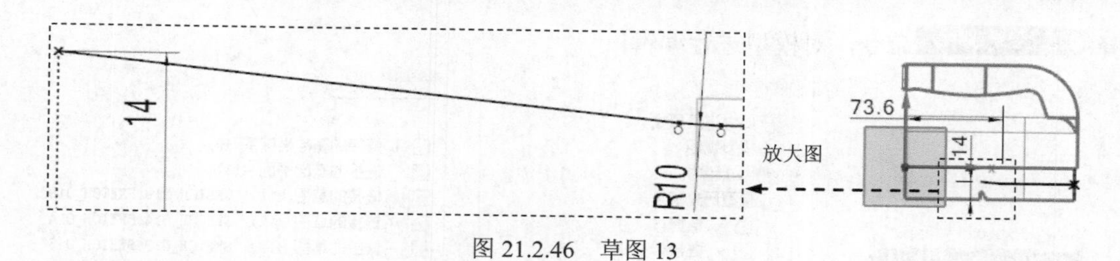

图 21.2.46 草图 13

说明：图 21.2.46 所示的草图中的尺寸 73.6 是以圆弧的圆心与 Y 轴形成的。

Step32. 创建图 21.2.47 所示的草图 14。选取 XY 基准平面为草图平面，绘制图 21.2.47 所示的草图 14。

Step33. 创建图 21.2.48 所示的草图 15。选取 ZX 基准平面为草图平面，绘制图 21.2.48 所示的草图 15。

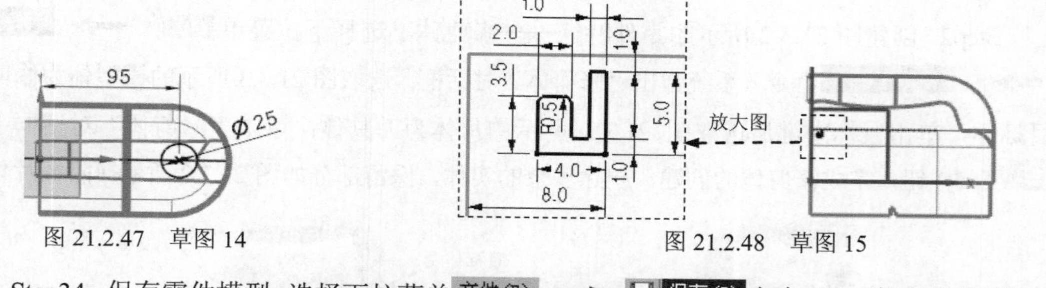

图 21.2.47 草图 14

图 21.2.48 草图 15

Step34. 保存零件模型。选择下拉菜单 文件(F) → 保存(S) 命令，即可保存零件模型。

21.3 二级控件

下面要创建的二级控件（SECOND.PRT）是从一级控件（FIRST.PRT）中分割出来的一部分，它继承了一级控件的相应外观形状，同时它又作为控件模型，为三级控件提供相应外观和尺寸。下面讲解二级控件的创建过程，零件模型及模型树如图 21.3.1 所示。

Step1. 创建 second 层。在"装配导航器"窗口中右击弹出快捷菜单，在此快捷菜单中选择 WAVE 模式 命令，系统进入 WAVE 模式；在"装配导航器"窗口中的☑ first 选项上右击，在系统弹出的快捷菜单中选择 WAVE → 新建层 命令，系统弹出"新建层"对话框；单击"新建层"对话框中的 指定部件名 按钮，在弹出的"选择部件名"对话框的 文件名(N): 文本框中输入文件名 second；单击 OK 按钮，系统再次弹出"新建层"对话框；单击"新建层"对话框中的 类选择 按钮，系统弹出"WAVE 组件间的复制"对话框；选取一级控件所做的实体、片体、草图、基准和 CSYS，然后单击 确定 按钮，系统重新弹出"新建层"对话框；在"新建层"对话框中单击 确定 按钮，完成 second 层的创建；在"装配导航器"窗口中的☑ second 选项上右击，在系统弹出的快捷菜单中选

择 设为显示部件 命令，对模型进行编辑。

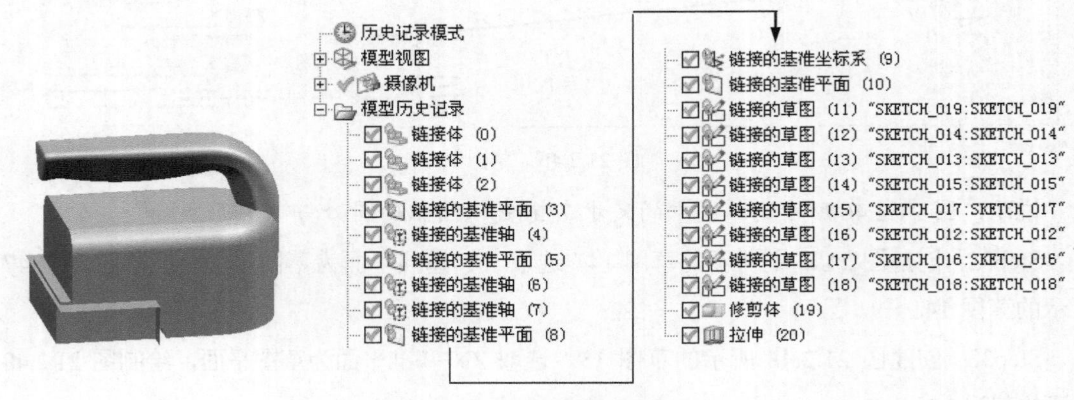

图 21.3.1　零件模型及模型树

Step2. 创建图 21.3.2 所示的零件特征——修剪体。选择下拉菜单 插入(S) → 修剪(T) → 修剪体(T)... 命令，系统弹出“修剪体”对话框；选取图 21.3.3 所示的模型体为修剪的目标体，单击鼠标中键后选取图 21.3.3 所示的片体为刀具体；单击“修剪体”对话框中的 < 确定 > 按钮，完成修剪体的创建。删除多余的实体，保留部分如图 21.3.2 所示（隐藏片体）。

图 21.3.2　修剪体

图 21.3.3　定义目标对象

Step3. 创建图 21.3.4 所示的零件特征——拉伸特征。选取 ZX 基准平面为草图平面，进入草图环境，绘制图 21.3.5 所示的截面草图；在“拉伸”对话框 方向 区域的 * 指定矢量 (0) 下拉列表中选择 YC 选项；在 限制 区域的 结束 下拉列表中选择 对称值 选项，并在其下的 距离 文本框中输入值 50；在 设置 区域的 体类型 下拉列表中选择 片体 选项；其他参数采用系统默认设置值。

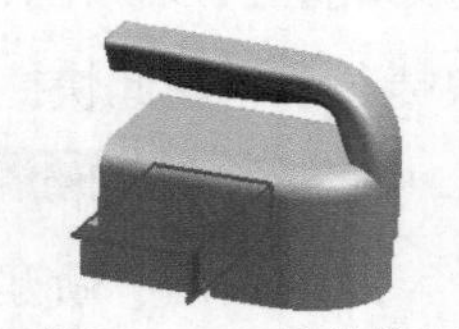

图 21.3.4　拉伸特征

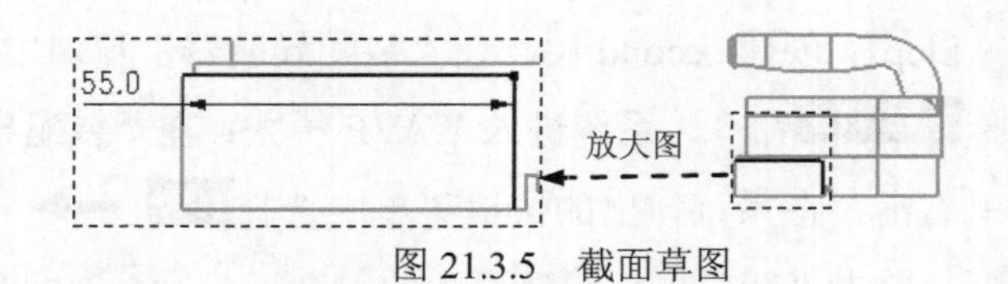

图 21.3.5　截面草图

Step4. 保存零件模型。选择下拉菜单 文件(F) → 保存(S) 命令，即可保存零件模型。

21.4　三 级 控 件

三级控件（THIRD.PRT）是在继承二级控件（SECOND.PRT）的基础上创建出来的一

个控件，它为后面要创建的四级控件提供整体外形及尺寸。下面讲解三级控件的创建过程，零件模型及模型树如图 21.4.1 所示。

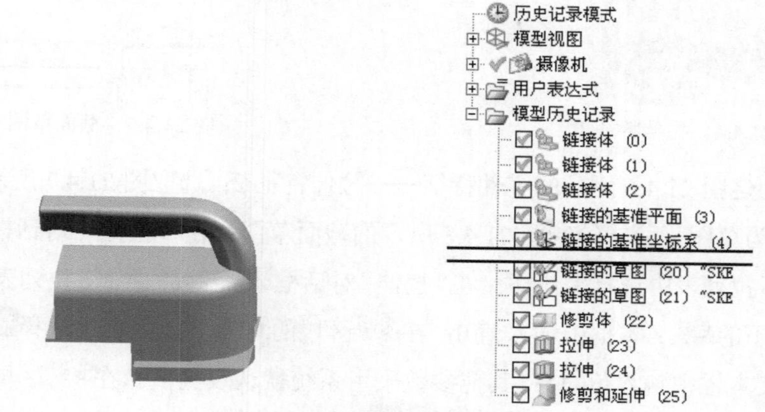

图 21.4.1 零件模型及模型树

Step1. 创建 third 层。在"装配导航器"窗口中的 second 选项上右击，在系统弹出的快捷菜单中选择 WAVE ➡ 新建层 命令，系统弹出"新建层"对话框；单击"新建层"对话框中的 指定部件名 按钮，在弹出的"选择部件名"对话框的 文件名(N): 文本框中输入文件名 third；单击 OK 按钮，系统再次弹出"新建层"对话框；单击"新建层"对话框中的 类选择 按钮，系统弹出"WAVE 组件间的复制"对话框；选取二级控件中的实体、片体、草图、基准和 CSYS，然后单击 确定 按钮，系统重新弹出"新建层"对话框；在"新建层"对话框中单击 确定 按钮，完成 third 层的创建；在"装配导航器"窗口中的 third 选项上右击，系统弹出快捷菜单，在此快捷菜单中选择 设为显示部件 命令，对模型进行编辑。

Step2. 创建图 21.4.2 所示的零件特征——修剪体。选取图 21.4.3 所示的模型体为要修剪的目标体，单击鼠标中键后选取图 21.4.3 所示的片体为刀具体；单击 按钮，使箭头指向被修剪的部分，完成修剪体的创建。

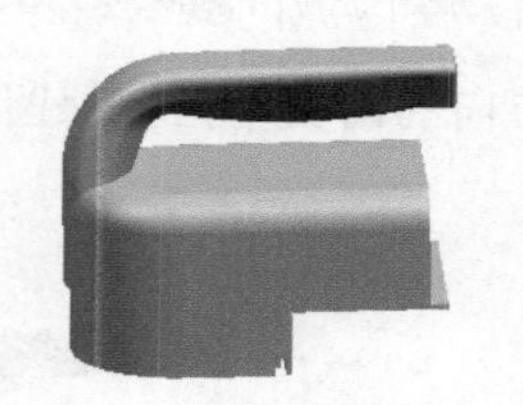

图 21.4.2 修剪体

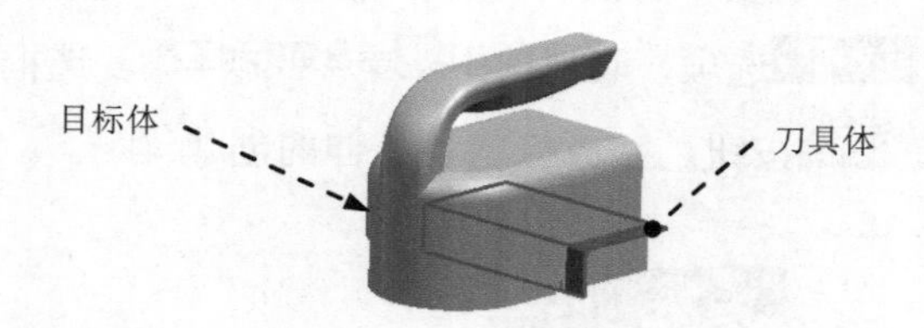

图 21.4.3 定义目标对象

Step3. 创建图 21.4.4 所示的零件特征——拉伸特征 1。选取 ZX 基准平面为草图平面，进入草图环境，绘制图 21.4.5 所示的截面草图；在"拉伸"对话框 方向 区域的 指定矢量 (0) 下拉列表中选择 YC 选项；在 限制 区域的 结束 下拉列表中选择 对称值 选项，并在其下的 距离 文本框中输入值 50；在 设置 区域的 体类型 下拉列表中选择 片体 选项；其他参数采用系统默认设置值。

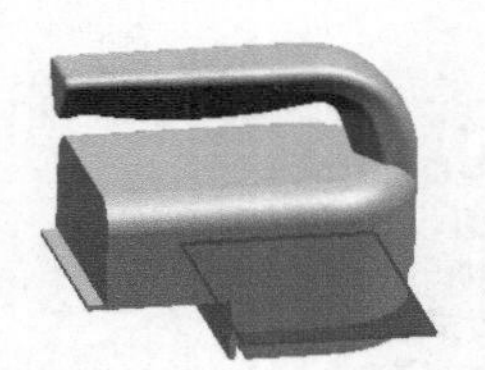

图 21.4.4　拉伸特征 1

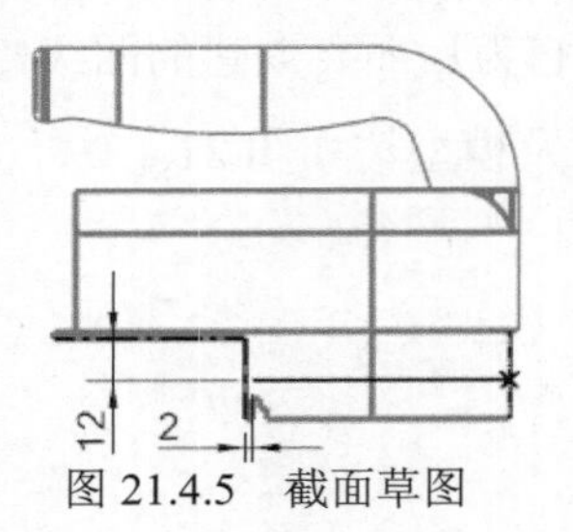

图 21.4.5　截面草图

Step4. 创建图 21.4.6 所示的零件特征——拉伸特征 2；选取图 21.4.7 所示的平面（拉伸 1 的平面）为草图平面，绘制图 21.4.8 所示的截面草图；在“拉伸”对话框方向区域的* 指定矢量 (0)下拉列表中选择-ZC选项；在“拉伸”对话框限制区域的开始下拉列表中选择值选项，并在其下的距离文本框中输入值 0；在限制区域的结束下拉列表中选择值选项，并在其下的距离文本框中输入值 15；其他参数采用系统默认设置值。在设置区域的体类型下拉列表中选择片体选项；单击对话框中的< 确定 >按钮，完成拉伸特征 2 的创建。

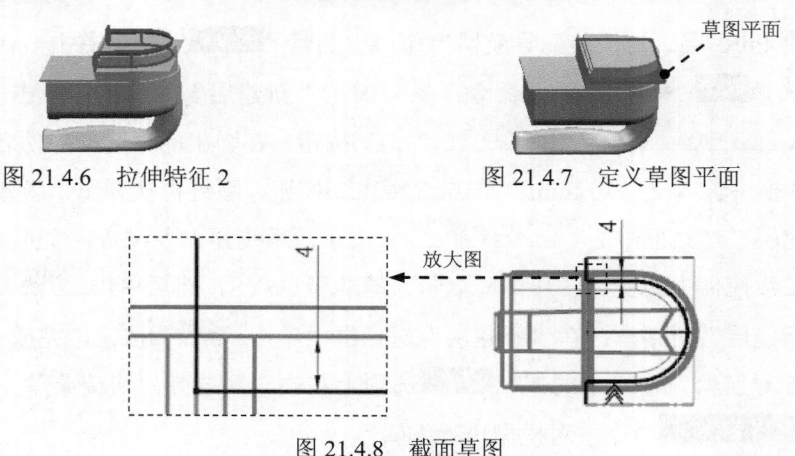

图 21.4.6　拉伸特征 2

图 21.4.7　定义草图平面

图 21.4.8　截面草图

Step5. 创建图 21.4.9 所示的零件特征——修剪和延伸。选择下拉菜单插入(S) → 修剪(T) → 修剪与延伸(N)...命令，在类型区域的下拉列表中选择制作拐角选项，选取拉伸特征 1 为要修剪的目标体，选取拉伸特征 2 为刀具体，在设置区域的延伸方法下拉列表中选择自然相切选项，取消选中组合目标和工具复选框，使修剪方向的箭头均指向保留部分；单击< 确定 >按钮，完成修剪和延伸的创建。

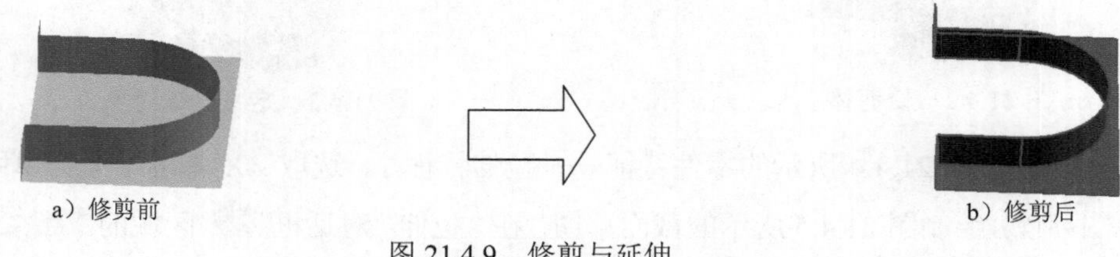

a）修剪前　　b）修剪后

图 21.4.9　修剪与延伸

Step6. 保存零件模型。选择下拉菜单文件(F) → 保存(S)命令，即可保存零件模型。

21.5 四级控件

四级控件（FOURTH.PRT）是从三级控件（THIRD.PRT）中分割出来的，它为后面的零部件提供外形及尺寸。下面讲解四级控件的创建过程，零件模型及模型树如图 21.5.1 所示。

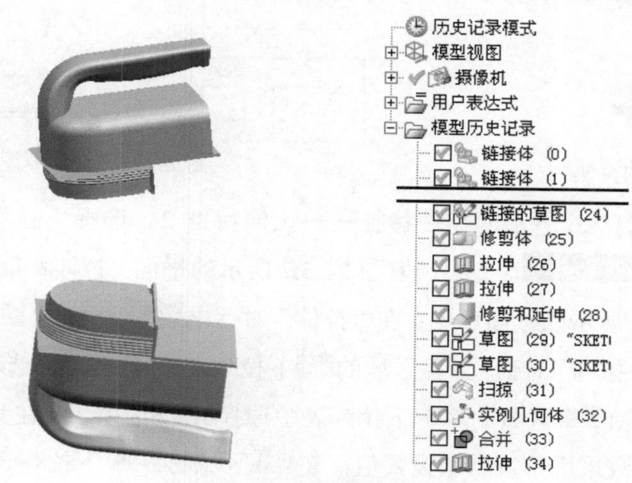

图 21.5.1　零件模型及模型树

Step1. 创建 fourth 层。在“装配导航器”窗口的 third 选项上右击，在系统弹出的快捷菜单中选择 WAVE → 新建层 命令，系统弹出“新建层”对话框；单击“新建层”对话框中的 指定部件名 按钮，在弹出的“选择部件名”对话框的 文件名(N): 文本框中输入文件名 fourth；单击 OK 按钮，系统再次弹出“新建层”对话框；单击“新建层”对话框中的 类选择 按钮，系统弹出“WAVE 组件间的复制”对话框，选取三级控件中的实体、片体、草图、基准和 CSYS；单击 确定 按钮，系统重新弹出“新建层”对话框；在“新建层”对话框中单击 确定 按钮，完成 fourth 层的创建；在“装配导航器”窗口中的 fourth 选项上右击，在系统弹出的快捷菜单中选择 设为显示部件 命令，对模型进行编辑。

Step2. 创建图 21.5.2 所示的零件特征——修剪体。选取图 21.5.3 所示的模型体为要修剪的目标体，单击中键，选取图 21.5.3 所示的片体为刀具体（将图 21.5.3 所示的片缝合后再做修剪体操作）；分割方向指向被修剪的部分，完成修剪体的创建（隐藏片体）。

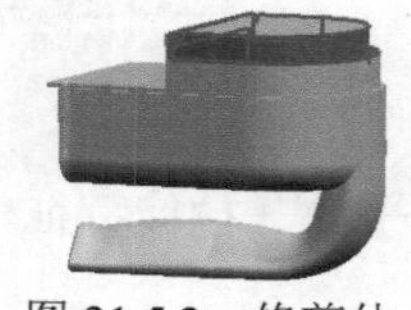

图 21.5.2　修剪体

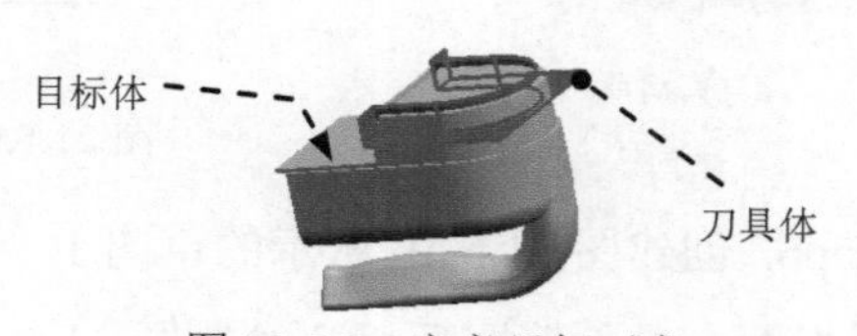

图 21.5.3　定义目标对象

Step3. 创建图 21.5.4 所示的零件特征——拉伸特征 1。选取 ZX 基准平面为草图平面。进入草图环境，绘制图 21.5.5 所示的截面草图；在“拉伸”对话框方向区域的* 指定矢量 (0)下拉列表中选择YC选项，在限制区域的结束下拉列表中选择对称值选项，并在其下的距离文本框中输入值 50，在设置区域的体类型下拉列表中选择片体选项；其他参数采用系统默认设置值。

图 21.5.4 拉伸特征 1

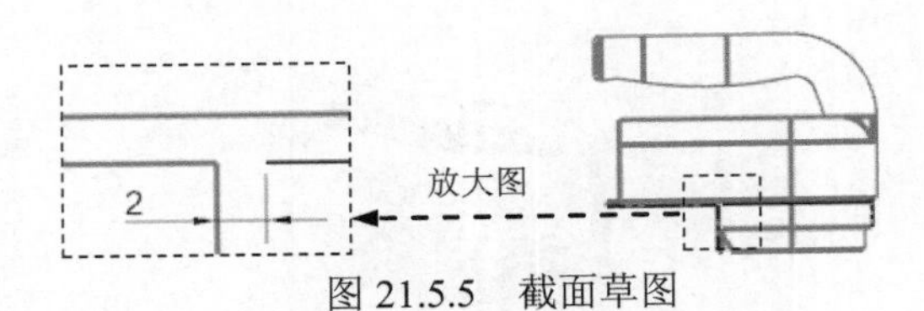

图 21.5.5 截面草图

Step4. 创建图 21.5.6 所示的零件特征——拉伸特征 2。选择下拉菜单插入(S) → 设计特征(E) → 拉伸(E)...命令；选取图 21.5.7 所示的平面（拉伸特征 1 的平面）为草图平面，绘制图 21.5.8 所示的截面草图；在“拉伸”对话框方向区域的* 指定矢量 (0)下拉列表中选择-ZC选项；在“拉伸”对话框限制区域的开始下拉列表中选择值选项，并在其下的距离文本框中输入值 0；在限制区域的结束下拉列表中选择值选项，并在其下的距离文本框中输入值 25；其他参数采用系统默认设置值；在设置区域的体类型下拉列表中选择片体选项，单击对话框中的< 确定 >按钮，完成拉伸特征 2 的创建。

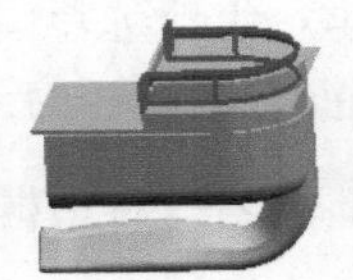

图 21.5.6 拉伸特征 2

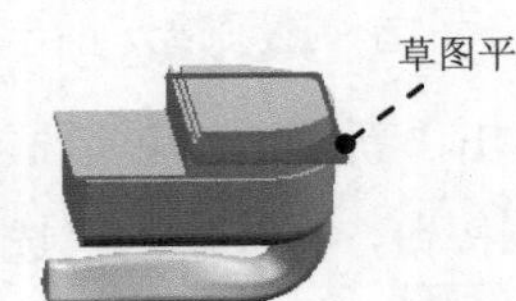

图 21.5.7 定义草图平面

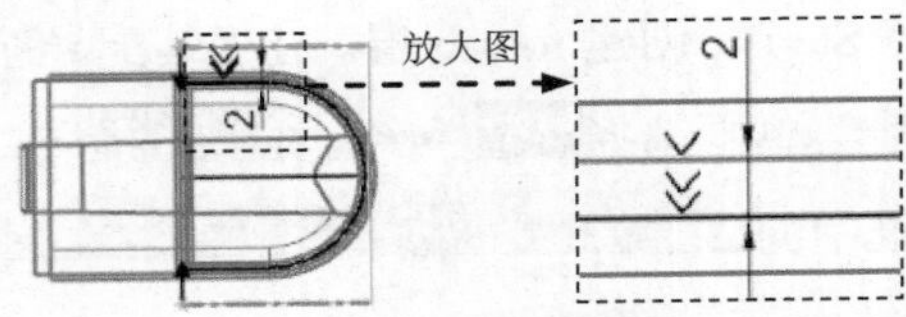

图 21.5.8 截面草图

Step5. 创建图 21.5.9 所示的零件特征——修剪和延伸。选择下拉菜单插入(S) → 修剪(T) → 修剪与延伸(N)...命令，在类型区域的下拉列表中选择制作拐角选项，选取拉伸特征 1 为目标体，选取拉伸特征 2 为刀具体，在设置区域的延伸方法下拉列表中选择自然相切选项，取消选中组合目标和工具复选框，使修剪方向的箭头均指向保留部分；单击< 确定 >按钮，完成修剪和延伸的创建。

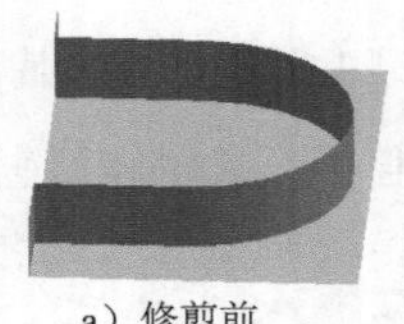

a）修剪前

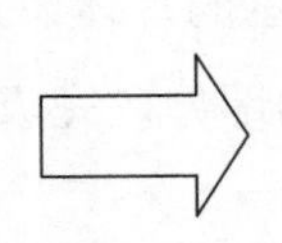

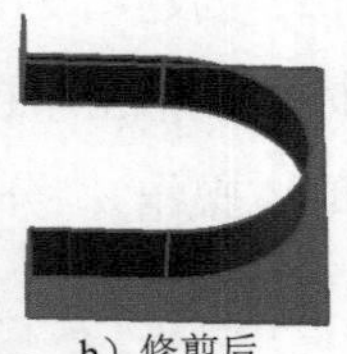

b）修剪后

图 21.5.9 修剪和延伸

Step6. 创建图 21.5.10 所示的草图 1。选取图 21.5.7 所示的平面（拉伸特征 1 的平面）为草图平面，进入草图环境，绘制图 21.5.10 所示的草图 1。

Step7. 创建图 21.5.11 所示的草图 2。选取图 21.5.12 所示的平面（拉伸特征 2 的平面）为草图平面，绘制图 21.5.11 所示的封闭草图。

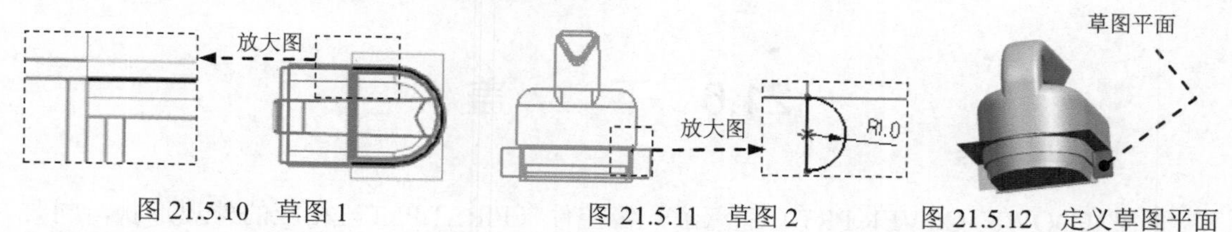

图 21.5.10 草图 1　　图 21.5.11 草图 2　　图 21.5.12 定义草图平面

Step8. 创建图 21.5.13 所示的零件特征——扫掠特征。选择下拉菜单 插入(S) → 扫掠(W) → 沿引导线扫掠(G)... 命令，系统进入“沿引导线扫掠”对话框；选择截面草图 2 为扫掠截面，单击中键，选取截面草图 1 为引导线；在 偏置 区域中的 第一偏置 文本框中输入值 0，并在 第二偏置 文本框中输入值 0，其他采用系统默认设置值；单击 < 确定 > 按钮，完成扫掠特征的创建。

Step9. 创建图 21.5.14 所示的零件特征——阵列几何体特征。选择下拉菜单 插入(S) → 关联复制(A) → 阵列几何特征(T)... 命令，系统弹出“阵列几何体特征”对话框；在对话框的 布局 下拉列表中选择 线性 选项；选取扫掠为阵列几何体特征；在 方向 1 区域的 指定矢量 (0) 下拉列表中选择 -ZC 选项，在 间距 下拉列表中选择 数量和间隔 选项，然后在 数量 文本框中输入阵列数量为 5，在 节距 文本框中输入阵列节距值为 2；其他参数采用系统默认设置值；单击 < 确定 > 按钮，完成阵列几何体特征的创建。

图 21.5.13 扫掠特征

图 21.5.14 阵列几何体特征

Step10. 创建合并。选取图 21.5.15 所示的实体为目标体；选取扫掠特征和阵列几何体特征为刀具体，完成合并的创建。

Step11. 创建图 21.5.16 所示的零件特征——拉伸特征 3。选取图 21.5.16 所示的平面为草图平面，绘制图 21.5.17 所示的截面草图；在“拉伸”对话框 方向 区域的 指定矢量 (0) 下拉列表中选择 XC 选项；在“拉伸”对话框 限制 区域的 开始 下拉列表中选择 值 选项，并在其下的 距离 文本框中输入值 0；在 限制 区域的 结束 下拉列表中选择 值 选项，并在其下的 距离 文本框中输入值 2；在 布尔 区域中选择 合并 选项，采用系统默认的合并对象。

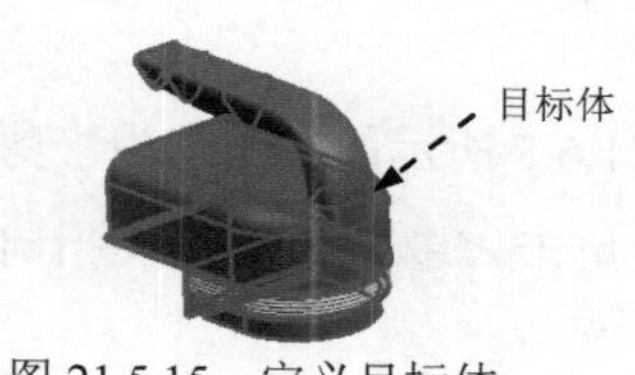

图 21.5.15 定义目标体

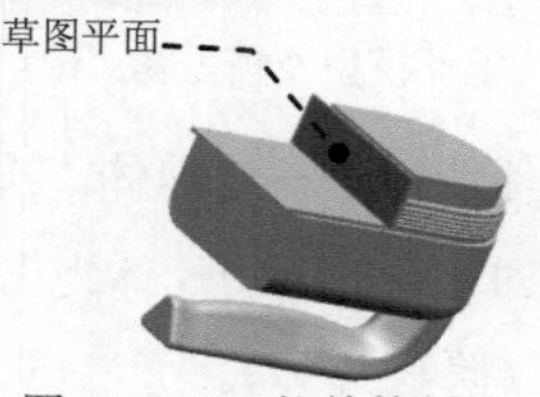

图 21.5.16 拉伸特征 3

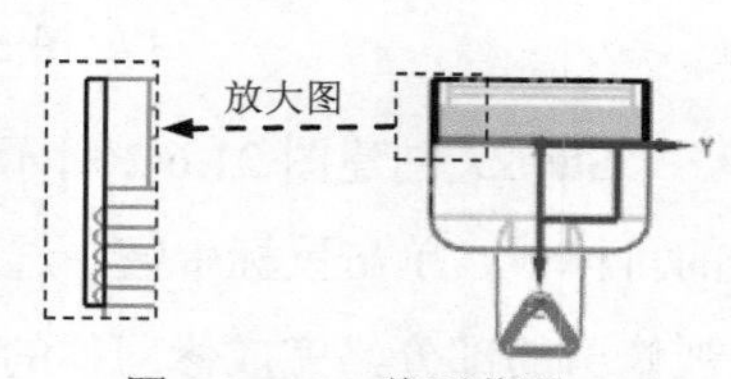

图 21.5.17 截面草图

Step12. 保存零件模型。选择下拉菜单 文件(F) ➡ 保存(S) 命令，即可保存零件模型。

21.6 下 盖

下盖（DOWN_COVER.PRT）继承了一级控件（FIRST.PRT）相应的外观形状，同时获得本身的外形尺寸，零件模型及模型树如图 21.6.1 所示。

Step1. 创建 down_cover 层。在“装配导航器”窗口中的 fourth 选项上右击，在系统弹出的快捷菜单中选择 显示父项 ➡ first 命令，系统进入一级控件区域；激活一级控件；在“装配导航器”窗口中的 first 选项右击，在系统弹出的快捷菜单中选择 WAVE ➡ 新建层 命令，系统弹出“新建层”对话框；单击“新建层”对话框中的 指定部件名 按钮，在弹出的“选择部件名”对话框的 文件名(N): 文本框中输入文件名 down_cover；单击 OK 按钮，系统再次弹出“新建层”对话框；单击“新建层”对话框中的 类选择 按钮，系统弹出“WAVE 组件间的复制”对话框；选取一级控件中的实体、片体、草图、基准和 CSYS，单击 确定 按钮，系统重新弹出“新建层”对话框；在“新建层”对话框中单击 确定 按钮，完成 down_cover 层的创建；在“装配导航器”窗口中的 down_cover 选项上右击，在系统弹出的快捷菜单中选择 设为显示部件 命令，对模型进行编辑。

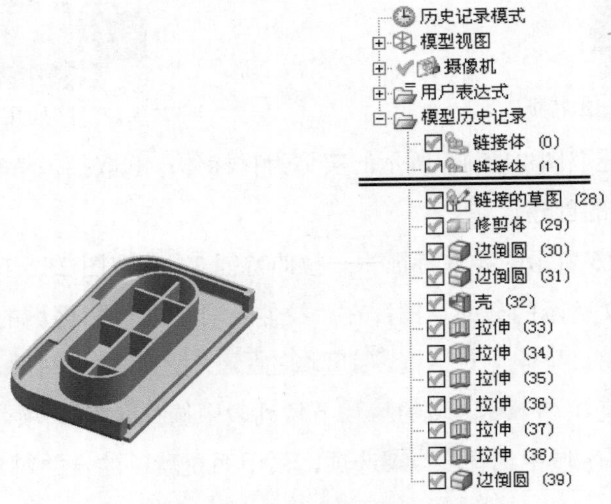

图 21.6.1 零件模型及模型树

Step2. 创建图 21.6.2 所示的零件特征——修剪体。选取图 21.6.3 所示的模型体为修剪的目标体，单击鼠标中键，选取图 21.6.3 所示的片体为刀具体，单击 按钮；使箭头指向被修剪的部分，完成修剪体的创建（隐藏片体）。

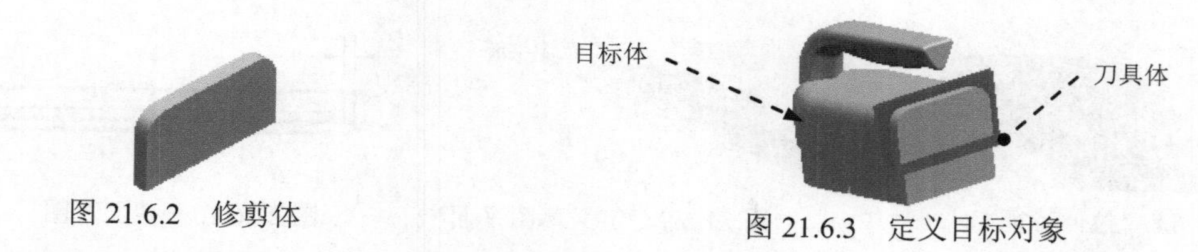

图 21.6.2　修剪体　　　图 21.6.3　定义目标对象

Step3. 创建图 21.6.4b 所示的边倒圆特征 1。选择图 21.6.4a 所示的两条边线为要倒圆的边，并在半径 1文本框输入值 3，完成边倒圆特征 1 的创建。

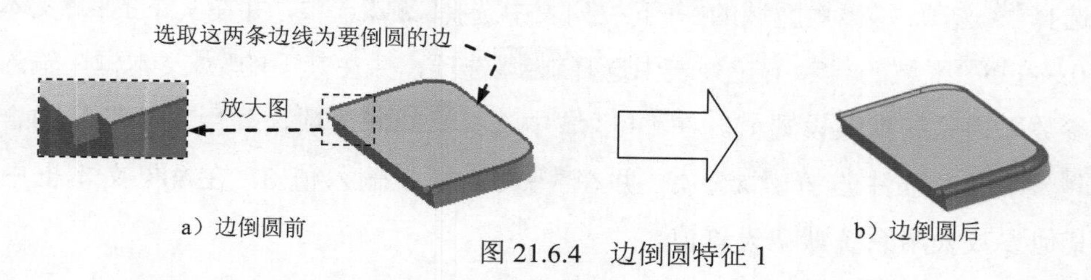

图 21.6.4　边倒圆特征 1

Step4. 创建图 21.6.5b 所示的边倒圆特征 2。选择图 21.6.5a 所示的两条边线为要倒圆的边，并在半径 1文本框输入值 1。

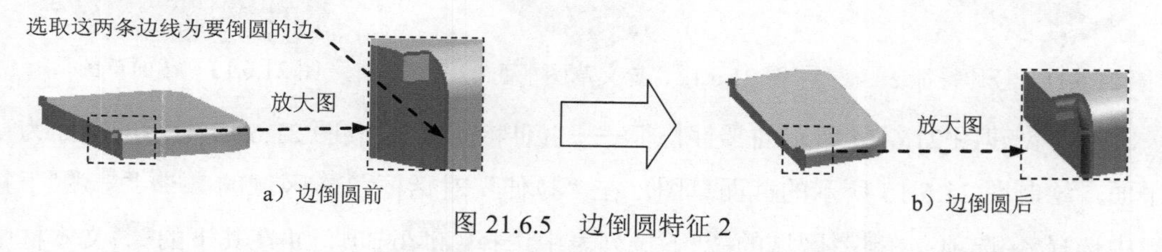

图 21.6.5　边倒圆特征 2

Step5. 创建图 21.6.6 所示的抽壳。选择下拉菜单插入(S) → 偏置/缩放(O) → 抽壳(H)...命令（或单击按钮），系统弹出“抽壳”对话框；在“抽壳”对话框类型区域的下拉列表中选择移除面，然后抽壳选项；选择图 21.6.7 所示的面为移除面，在厚度区域的厚度文本框中输入值 2，其他参数采用系统默认设置值；单击确定按钮，完成抽壳特征的创建。

图 21.6.6　抽壳特征　　　图 21.6.7　定义移除面

Step6. 创建图 21.6.8 所示的零件特征——拉伸特征 1。选取图 21.6.9 所示的平面为草图平面，进入草图环境，绘制图 21.6.10 所示的截面草图；在“拉伸”对话框方向区域的* 指定矢量 (0)下拉列表中选择ZC↑选项；在限制区域的开始下拉列表中选择值选项，并在其下的距离文本框中输入值 0；在限制区域的结束下拉列表中选择直至下一个选项，在布尔区域中选择减去选项，采用系统默认的求差对象。

图 21.6.8　拉伸特征 1

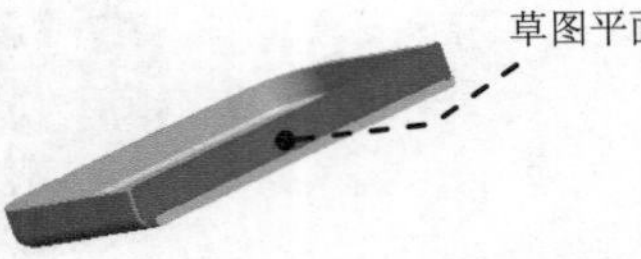

图 21.6.9　定义草图平面

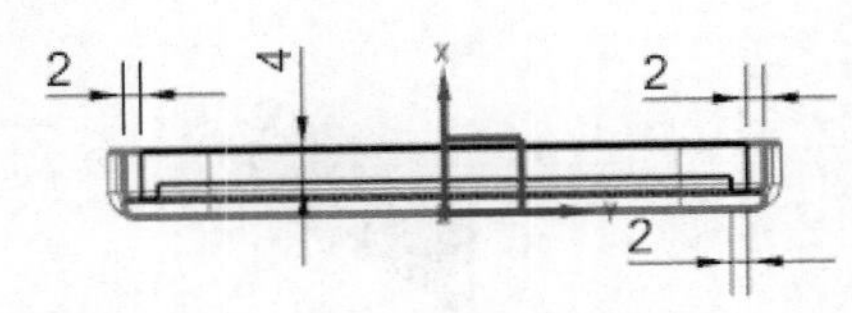

图 21.6.10　截面草图

Step7. 创建图 21.6.11 所示的零件特征——拉伸特征 2。选取图 21.6.12 所示的平面为草图平面，绘制图 21.6.13 所示的截面草图；在“拉伸”对话框 方向 区域的 * 指定矢量 (0) 下拉列表中选择 XC 选项；在 限制 区域的 开始 下拉列表中选择 值 选项，并在其下的 距离 文本框中输入值 0；在 限制 区域的 结束 下拉列表中选择 值 选项，并在其下的 距离 文本框中输入值 10；其他参数采用系统默认设置值。在 布尔 区域中选择 合并 选项，采用系统默认的合并对象；在 偏置 下拉列表中选择 两侧 选项，并在 开始 文本框中输入值 0，在 结束 文本框中输入值 1；其他参数采用系统默认设置值。

图 21.6.11　拉伸特征 2

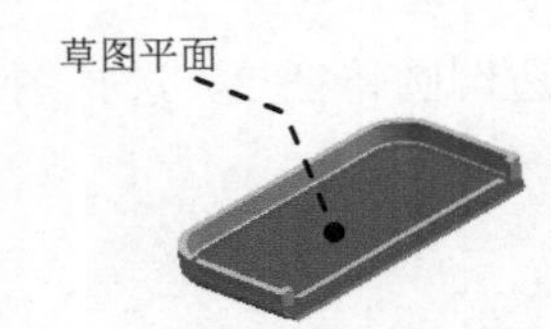

图 21.6.12　定义草图平面

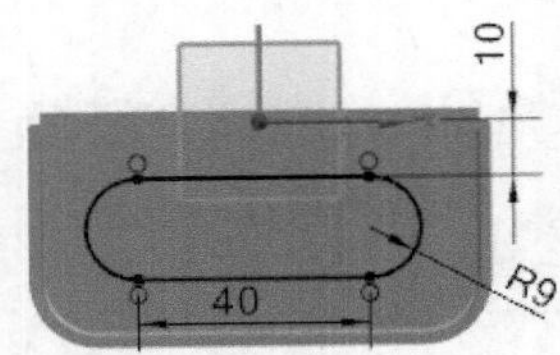

图 21.6.13　截面草图

Step8. 创建图 21.6.14 所示的零件特征——拉伸特征 3。选取图 21.6.12 所示的平面为草图平面，绘制图 21.6.15 所示的截面草图。在“拉伸”对话框 方向 区域的 * 指定矢量 (0) 下拉列表中选择 XC 选项；在 限制 区域的 开始 下拉列表中选择 值 选项，并在其下的 距离 文本框中输入值 0；在 限制 区域的 结束 下拉列表中选择 值 选项，并在其下的 距离 文本框中输入值 8；其他参数采用系统默认设置值。在 布尔 区域中选择 合并 选项，采用系统默认的合并对象；在 偏置 下拉列表中选择 对称 选项，并在 结束 文本框中输入值 0.5；其他参数采用系统默认设置值。

图 21.6.14　拉伸特征 3

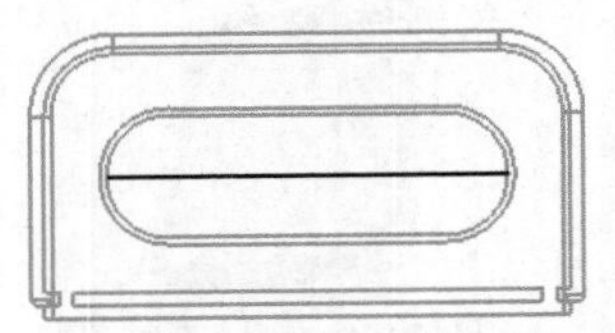

图 21.6.15　截面草图

Step9. 创建图 21.6.16 所示的零件特征——拉伸特征 4。选取图 21.6.12 所示的平面为草图平面，绘制图 21.6.17 所示的截面草图。在“拉伸”对话框 方向 区域的 * 指定矢量 (0) 下拉列表中选择 XC 选项；在 限制 区域的 开始 下拉列表中选择 值 选项，并在其下的 距离 文本框中输入值 0；在 限制 区域的 结束 下拉列表中选择 值 选项，并在其下的 距离 文本框中输入值 8；其他参数采用系统默认设置值。在 布尔 区域中选择 合并 选项，采用系统默认的合并对象。

图 21.6.16 拉伸特征 4

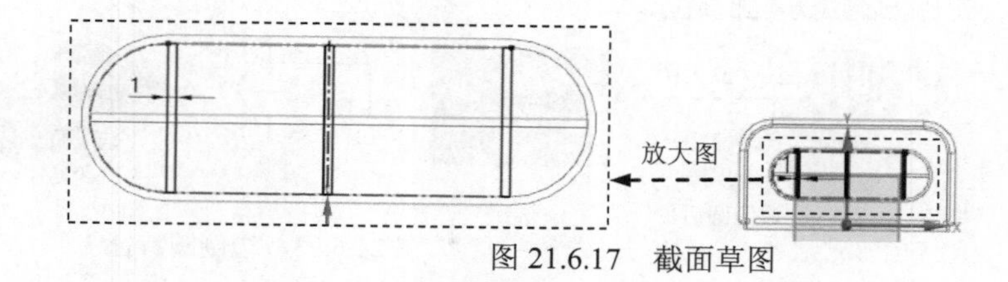

图 21.6.17 截面草图

Step10. 创建图 21.6.18 所示的零件特征——拉伸特征 5。在绘图区选取图 21.6.19 所示的草图为拉伸截面。在“拉伸”对话框方向区域的指定矢量 (0)下拉列表中选择-XC选项；在限制区域的开始下拉列表中选择值选项，并在其下的距离文本框中输入值 0；在限制区域的结束下拉列表中选择值选项，并在其下的距离文本框中输入值 1；在偏置下拉列表中选择两侧选项，并在开始文本框输入值-1，在结束文本框输入值 0。在布尔区域中选择减去选项，采用系统默认的求差对象。

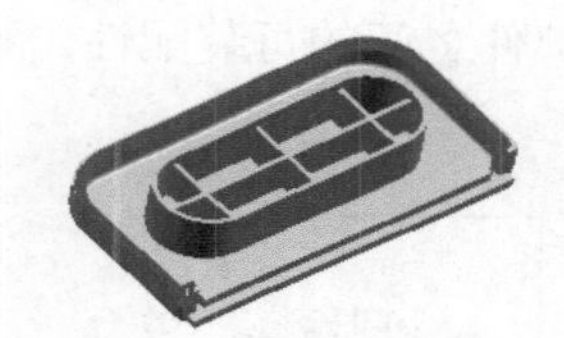
图 21.6.18 拉伸特征 5

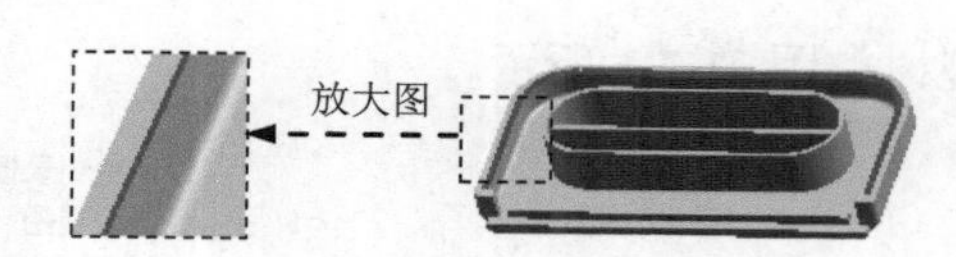

图 21.6.19 截面草图

Step11. 创建图 21.6.20 所示的零件特征——拉伸特征 6。选取图 21.6.21 所示的平面为草图平面，绘制图 21.6.22 所示的截面草图。在“拉伸”对话框方向区域的指定矢量 (0)下拉列表中选择-ZC选项；在限制区域的开始下拉列表中选择值选项，并在其下的距离文本框中输入值 0；在限制区域的结束下拉列表中选择值选项，并在其下的距离文本框中输入值 3；在布尔区域中选择合并选项，采用系统默认的合并对象。

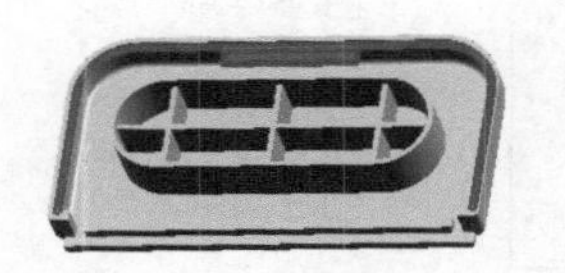
图 21.6.20 拉伸特征 6

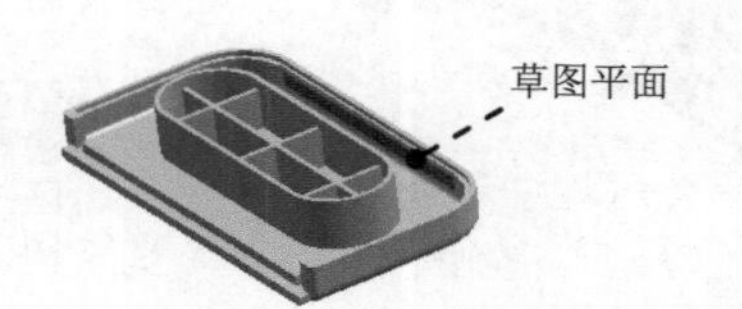

图 21.6.21 定义草图平面

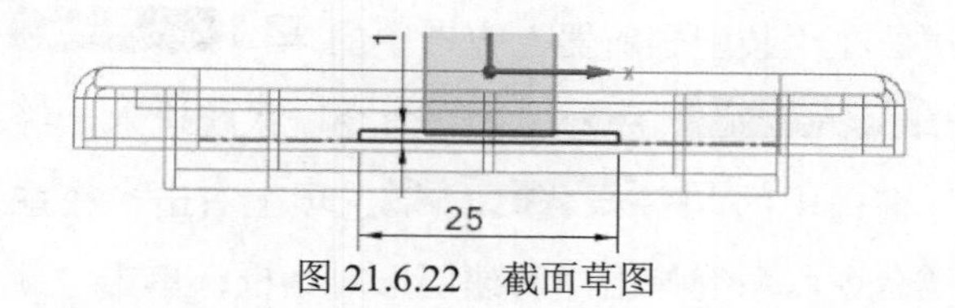

图 21.6.22 截面草图

Step12. 创建图 21.6.23b 所示的边倒圆特征 3。选择图 21.6.23a 所示的边线为要倒圆的边，并在半径 1文本框中输入值 1。

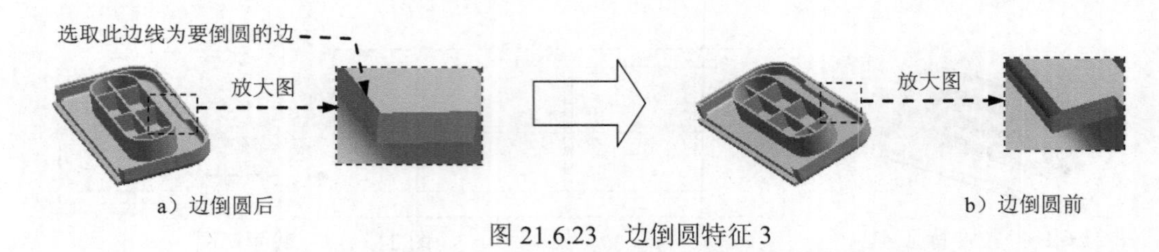

图 21.6.23　边倒圆特征 3

Step13. 保存零件模型。选择下拉菜单 文件(F) → 保存(S) 命令，即可保存零件模型。

21.7　开　关

下面讲解开关（SWITCH.PRT）的创建过程。开关继承了一级控件（FIRST.PRT）相应的外观形状，然后根据参照特征创建出来，这样能保证零部件之间的可装配性。零件模型及模型树如图 21.7.1 所示。

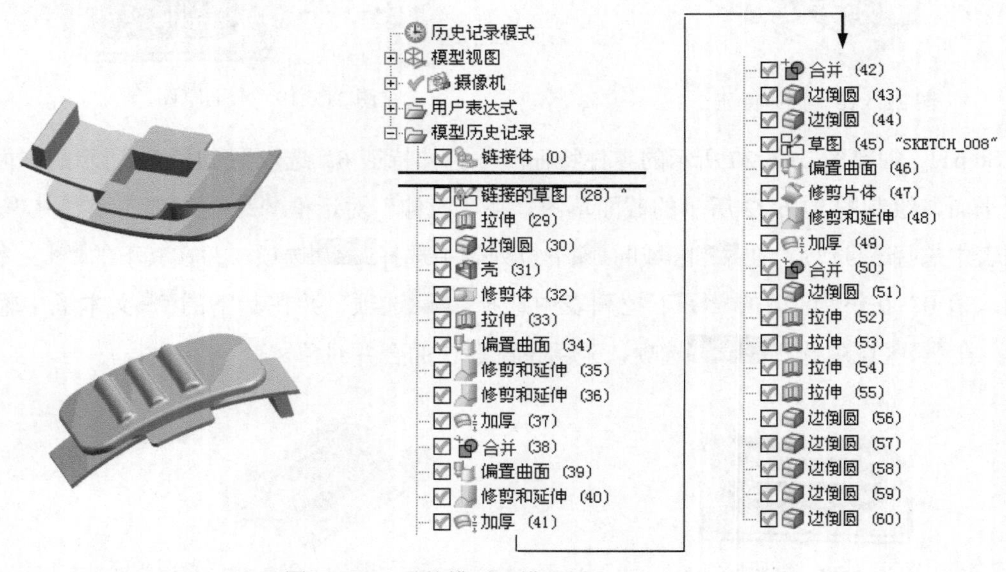

图 21.7.1　零件模型及模型树

Step1. 创建 switch 层。在“装配导航器”窗口中的 down_cover 选项上右击，在系统弹出的快捷菜单中选择 显示父项 → first 命令，系统进入一级控件区域，激活总装配；在“装配导航器”窗口中的 first 选项上右击，在系统弹出的快捷菜单中选择 WAVE → 新建层 命令，系统弹出“新建层”对话框；单击“新建层”对话框中的 指定部件名 按钮，在弹出的“选择部件名”对话框的 文件名(N): 文本框中输入文件名 switch；单击 OK 按钮，系统再次弹出“新建层”对话框；单击

“新建层”对话框中的 类选择 按钮，系统弹出“WAVE 组件间的复制”对话框，选取一级控件中的实体、片体、草图、基准和 CSYS，单击 确定 按钮，系统重新弹出“新建层”对话框；在“新建层”对话框中单击 确定 按钮，完成 switch 层的创建；在“装配导航器”窗口中的☑ switch 选项上右击，在系统弹出的快捷菜单中选择 设为显示部件 命令，对模型进行编辑。

Step2. 创建图 21.7.2 所示的零件特征——拉伸特征 1。在绘图区选取图 21.7.3 所示的草图为拉伸截面（一级控件中绘制的草图）。在 指定矢量 下拉列表中选择 选项，然后选择草图所在的平面，在 限制 区域的 结束 下拉列表中选择 对称值 选项，并在其下的 距离 文本框中输入值 10；在 设置 区域的 体类型 下拉列表中选择 片体 选项，其他参数采用系统默认设置值。

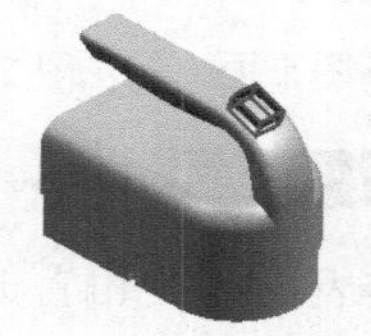

图 21.7.2　拉伸特征 1

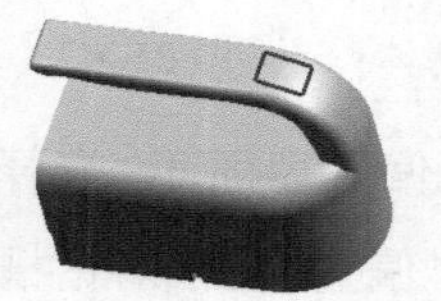

图 21.7.3　截面草图

Step3. 创建图 21.7.4b 所示的边倒圆特征。选择下拉菜单 插入(S) → 细节特征(L) → 边倒圆(E)... 命令，系统弹出“边倒圆”对话框；选择图 21.7.4a 所示的边线为圆角边；在 半径 1 文本框中输入值 10；在“边倒圆”对话框中单击 < 确定 > 按钮，完成边倒圆特征的创建，结果如图 21.7.4b 所示。

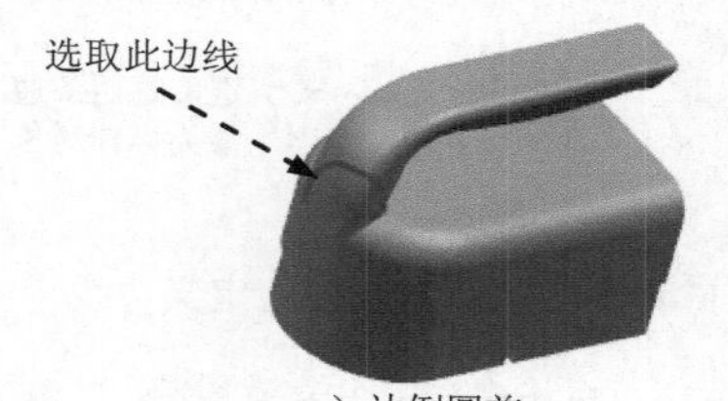

a）边倒圆前

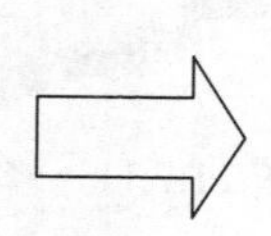

b）边倒圆后

图 21.7.4　边倒圆特征

Step4. 创建如图 21.7.5b 所示的抽壳特征。选择下拉菜单 插入(S) → 偏置/缩放(O) → 抽壳(H)... 命令（或单击 按钮），系统弹出“抽壳”对话框；在“抽壳”对话框 类型 区域的下拉列表中选择 移除面，然后抽壳 选项；选择图 21.7.5a 所示的面为移除面，在 厚度 区域的 厚度 文本框中输入值 2，其他参数采用系统默认设置值；单击 < 确定 > 按钮，完成抽壳特征的创建。

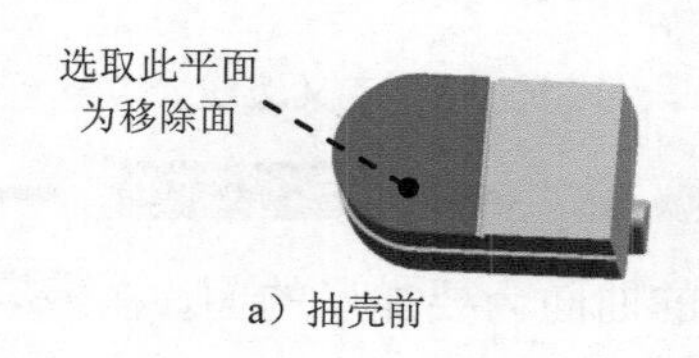

a）抽壳前

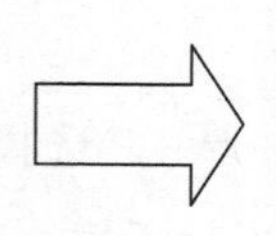

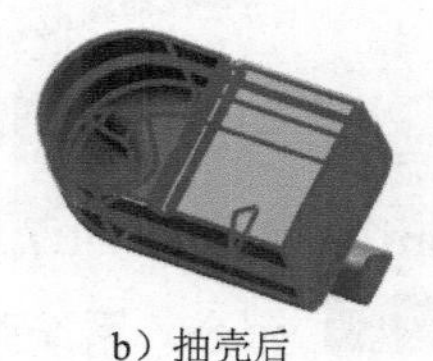

b）抽壳后

图 21.7.5　抽壳特征

Step5. 创建图 21.7.6 所示的零件特征——修剪体。选取模型实体为修剪的目标体，单击鼠标中键后，选取图 21.7.2 所示的拉伸特征 1 为刀具体，分割方向指向被修剪的部分。

Step6. 创建图 21.7.7 所示的零件特征——拉伸特征 2。选取图 21.7.8 所示的基准平面为草图平面，绘制图 21.7.9 所示的截面草图。在指定矢量下拉列表中选择选项，在限制区域的开始下拉列表中选择值选项，并在其下的距离文本框中输入值 0；在限制区域的结束下拉列表中选择贯通选项；在布尔区域的下拉列表中选择减去选项，采用系统默认的求差对象。

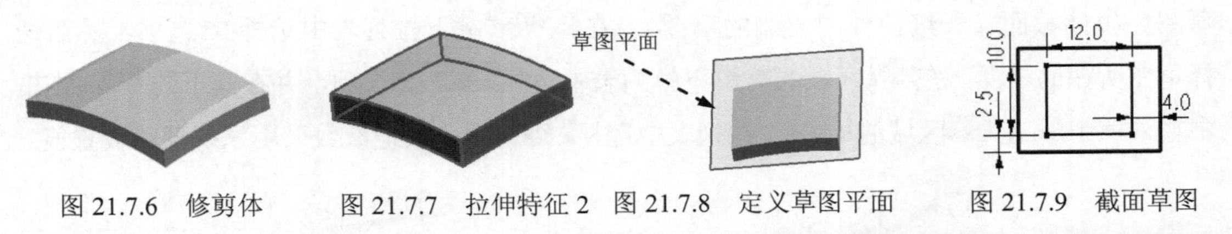

图 21.7.6 修剪体　　图 21.7.7 拉伸特征 2　　图 21.7.8 定义草图平面　　图 21.7.9 截面草图

Step7. 创建偏置曲面 1。选择下拉菜单插入(S) → 偏置/缩放(O) → 偏置曲面(O)...命令，系统弹出“偏置曲面”对话框；选取图 21.7.10 所示实体表面为要偏置的曲面；在偏置 1文本框中输入值 0；单击< 确定 >按钮，完成偏置曲面 1 的创建。

Step8. 创建图 21.7.11 所示的零件特征——修剪和延伸 1。选择下拉菜单插入(S) → 修剪(T) → 修剪与延伸(N)...命令，系统弹出“修剪和延伸”对话框；在类型区域的下拉列表中选择按距离选项，选取图 21.7.12 所示的两条边线为延伸对象；在延伸区域的距离文本框中输入值 5；单击< 确定 >按钮，完成修剪和延伸 1 的创建。

图 21.7.10 定义偏置面　　图 21.7.11 修剪和延伸 1　　图 21.7.12 定义边线

Step9. 创建图 21.7.13 所示的零件特征——修剪和延伸 2。选择下拉菜单插入(S) → 修剪(T) → 修剪与延伸(N)...命令，系统弹出“修剪和延伸”对话框，在类型区域的下拉列表中选择按距离选项，选取图 21.7.14 所示的两条边线为延伸对象；在延伸区域的距离文本框中输入值 3，完成修剪和延伸 2 的创建。

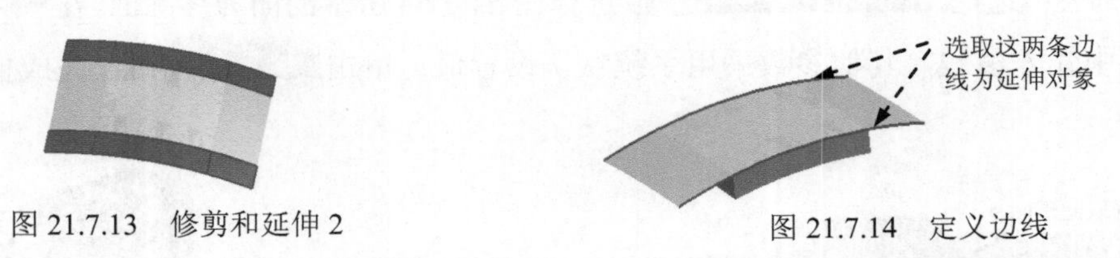

图 21.7.13 修剪和延伸 2　　图 21.7.14 定义边线

Step10. 创建图 21.7.15 所示的加厚 1。选择下拉菜单插入(S) → 偏置/缩放(O) → 加厚(T)... 命令，系统弹出“加厚”对话框；选择图形区的曲面为要加厚的面，在厚度区域的偏置 1文本框中输入值 1，加厚方向为指向实体外部；其他参数采用系统默认设置值；

单击< 确定 >按钮，完成加厚 1 的创建。

Step11. 创建合并 1。选取加厚 1 为目标体，选取其余的实体为刀具体。完成布尔合并 1 的创建。

Step12. 创建偏置曲面 2。选取图 21.7.16 所示的实体表面为要偏置的面；在偏置 1文本框中输入值 0，其他参数采用系统默认设置值。

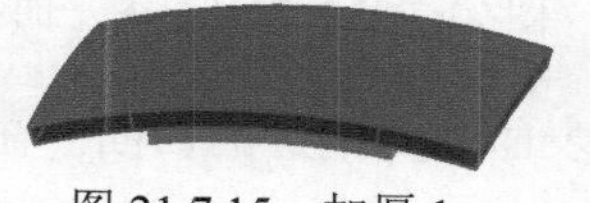

图 21.7.15　加厚 1

图 21.7.16　定义偏置面

Step13. 创建图 21.7.17 所示的零件特征——修剪和延伸 3。选择下拉菜单插入(S) → 修剪(T) → 修剪与延伸(N)...命令，系统弹出“修剪和延伸”对话框；在类型区域的下拉列表中选择按距离选项，选取图 21.7.18 所示的两条边线为延伸对象，在延伸区域的距离文本框中输入值 7，其他参数采用系统默认设置值。

Step14. 创建图 21.7.19 所示的加厚 2。在图形区选取偏置曲面 2、修剪和延伸 3 为要加厚的面，在厚度区域的偏置 1文本框中输入值 0.5，加厚方向为指向实体外部，其他参数采用系统默认设置值。

Step15. 创建合并 2。选取加厚 2 为目标体，选取其余的实体为刀具体。

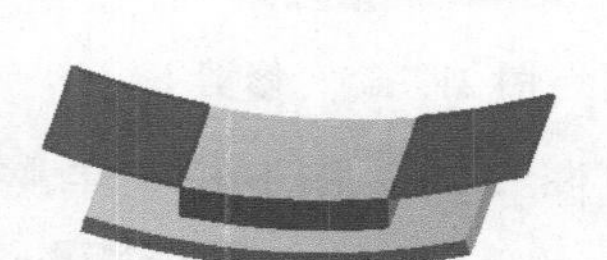

图 21.7.17　修剪和延伸 3

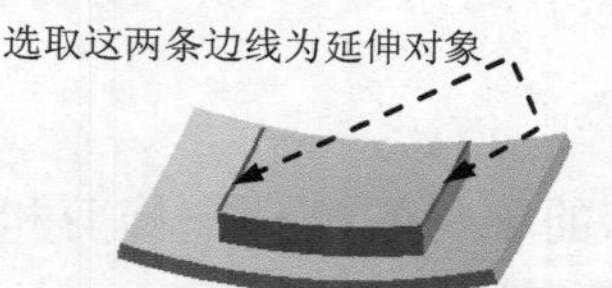

图 21.7.18　定义边线

图 21.7.19　加厚 2

Step16. 创建图 21.7.20b 所示的边倒圆特征 1。选择图 21.7.20a 所示的四条边线为要倒圆的边，并在半径 1文本框中输入值 2，完成边倒圆特征 1 的创建。

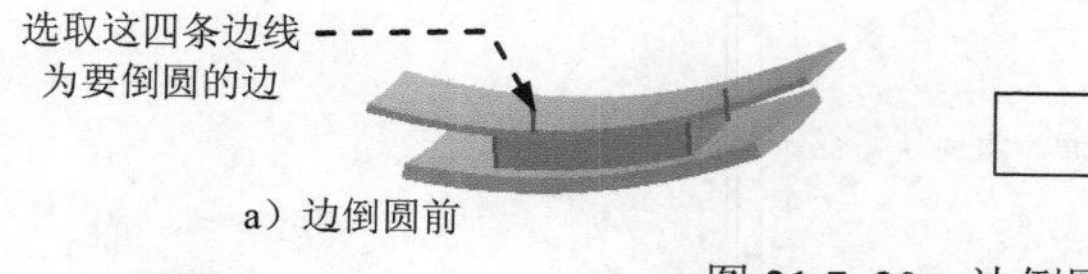

a）边倒圆前

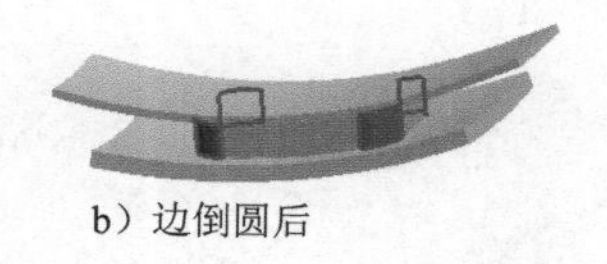

b）边倒圆后

图 21.7.20　边倒圆特征 1

Step17. 创建图 21.7.21b 所示的边倒圆特征 2。选择图 21.7.21a 所示的四条边线为要倒圆的边，并在半径 1文本框中输入值 4，完成边倒圆特征 2 的创建。

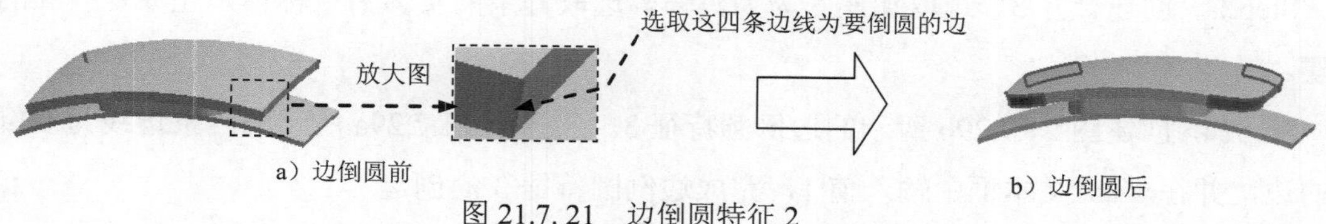

a）边倒圆前　　b）边倒圆后

图 21.7.21　边倒圆特征 2

Step18. 创建图 21.7.22 所示的草图 1。选取图 21.7.23 所示的平面为草图平面，进入草图环境，绘制图 21.7.22 所示的草图 1。

图 21.7.22　草图 1　　　　图 21.7.23　定义草图平面

Step19. 创建偏置曲面 3。选取图 21.7.24 所示的实体表面为要偏置的曲面；在偏置 1文本框中输入值 0，完成偏置曲面 3 的创建。

Step20. 创建图 21.7.25 所示的零件特征——修剪 1。选择下拉菜单插入(S) → 修剪(T) → 修剪片体(R)...命令，系统弹出“修剪片体”对话框；选择偏置曲面 3 为目标体，单击中键确认；选取草图 1 为边界对象，在区域区域选中◉放弃单选项；其他参数采用系统默认设置值；单击确定按钮，完成修剪的创建。

说明：在选取修剪目标体时，选取图 21.7.24 所示的位置后选取◉放弃单选项。如果选取中间的部分，应该选中“保留”单选项。

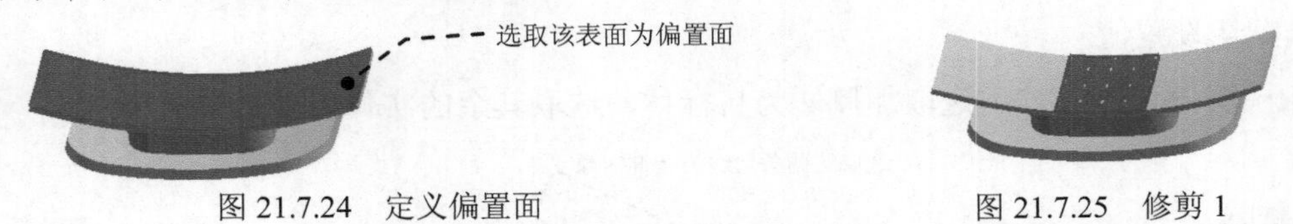

图 21.7.24　定义偏置面　　　　图 21.7.25　修剪 1

Step21. 创建图 21.7.26 所示的零件特征——修剪和延伸 4。选择下拉菜单插入(S) → 修剪(T) → 修剪与延伸(N)...命令，在类型区域的下拉列表中选择按距离选项，选取图 21.7.27 所示的两条边线为延伸对象；在延伸区域的距离文本框中输入值 3。

Step22. 创建图 21.7.28 所示的加厚 3。在图形区选取修剪 1、修剪和延伸 4 为要加厚的面，在偏置 1文本框中输入值 0.5，加厚方向为指向实体内部，其他参数采用系统默认设置值。

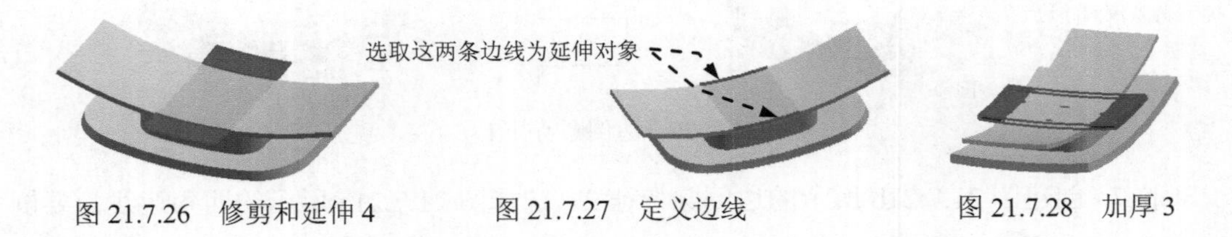

图 21.7.26　修剪和延伸 4　　　　图 21.7.27　定义边线　　　　图 21.7.28　加厚 3

Step23. 创建合并 3。选取加厚 3 为刀具体，选取其余的实体为目标体，完成合并 3 的创建。

Step24. 创建图 21.7.29b 所示的边倒圆特征 3。选择图 21.7.29a 所示的四条边线为要倒圆的边，并在半径 1文本框中输入值 1，完成边倒圆特征 3 的创建。

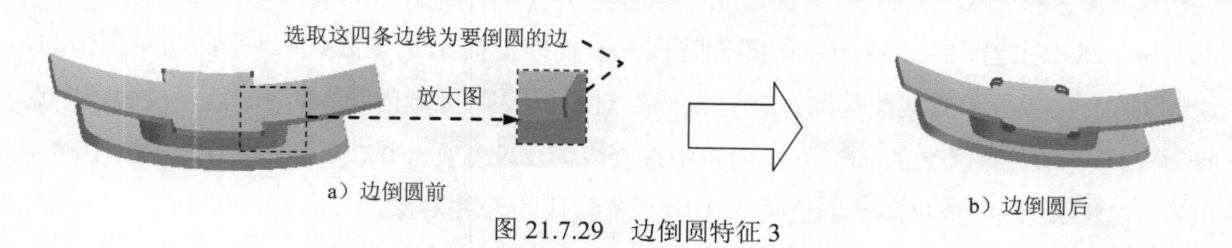

图 21.7.29 边倒圆特征 3

Step25. 创建图 21.7.30 所示的零件特征——拉伸特征 3。选取图 21.7.31 所示的基准平面为草图平面，绘制图 21.7.32 所示的截面草图。在限制区域的开始下拉列表中选择值选项，并在其下的距离文本框中输入值 0。在限制区域的结束下拉列表中选择贯通选项；在布尔区域中的下拉列表中选择减去选项，采用系统默认的求差对象。

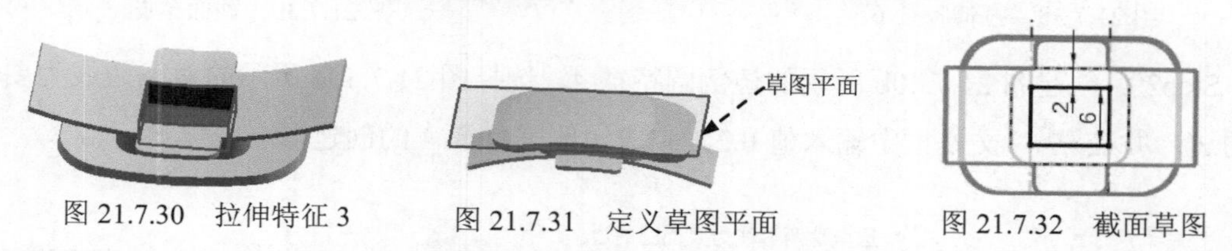

图 21.7.30 拉伸特征 3　　图 21.7.31 定义草图平面　　图 21.7.32 截面草图

Step26. 创建图 21.7.33 所示的零件特征——拉伸特征 4。选取 ZX 基准平面为草图平面，绘制图 21.7.34 所示的截面草图；在“拉伸”对话框方向区域的指定矢量(0)下拉列表中选择YC选项；在限制区域的结束下拉列表中选择对称值选项，并在其下的距离文本框中输入值 4.5；在布尔区域中选择合并选项，采用系统默认的合并对象。

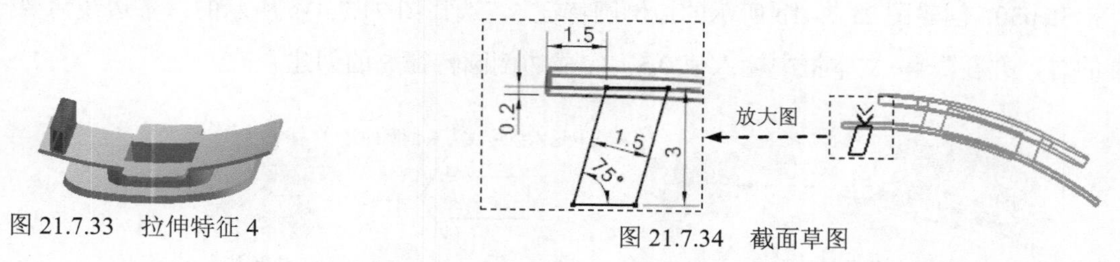

图 21.7.33 拉伸特征 4　　图 21.7.34 截面草图

Step27. 创建图 21.7.35 所示的零件特征——拉伸特征 5。选取图 21.7.36 所示的基准平面为草图平面，绘制图 21.7.37 所示的截面草图(将最大实体边缘向内偏置 0.2)。在指定矢量下拉列表中选择选项，选择图 21.7.36 所示的基准平面为草图平面；在限制区域的开始下拉列表中选择值选项，并在其下的距离文本框中输入值-5；在限制区域的结束下拉列表中选择贯通选项；在布尔区域中的下拉列表中选择减去选项，采用系统默认的求差对象；在偏置下拉列表中选择两侧选项，并在开始文本框中输入值 0，在结束文本框中输入值 3；其他参数采用系统默认设置值。

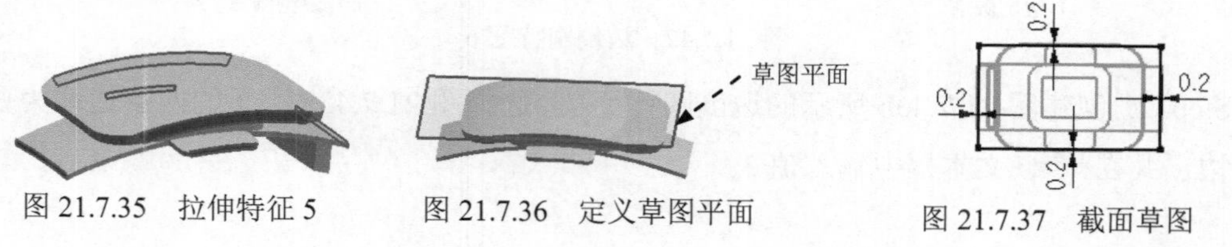

图 21.7.35 拉伸特征 5　　图 21.7.36 定义草图平面　　图 21.7.37 截面草图

Step28. 创建图 21.7.38 所示的零件特征——拉伸特征 6。选取 ZX 基准平面为草图平面，绘制图 21.7.39 所示的截面草图。在“拉伸”对话框方向区域的*指定矢量 (0)下拉列表中选择YC选项；在限制区域的结束下拉列表中选择对称值选项，并在其下的距离文本框中输入值 6。在布尔区域中选择合并选项，采用系统默认的合并对象。

图 21.7.38 拉伸特征 6

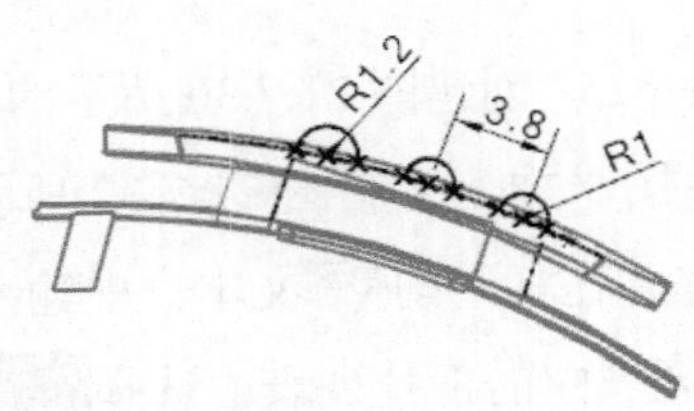

图 21.7.39 截面草图

Step29. 创建图 21.7.40b 所示的边倒圆特征 4。选择图 21.7.40a 所示的两条边线为要倒圆的边，并在半径 1文本框中输入值 0.2。完成边倒圆特征 4 的创建。

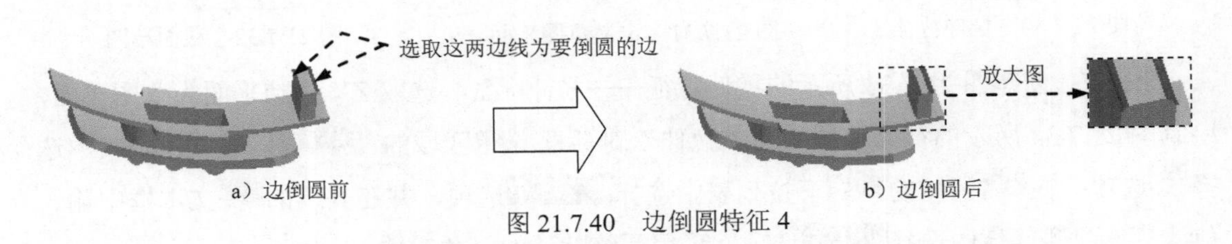

图 21.7.40 边倒圆特征 4

Step30. 创建图 21.7.41b 所示的边倒圆特征 5。选择图 21.7.41a 所示的六条边线为要倒圆的边，并在半径 1文本框中输入值 0.5，完成边倒圆特征 5 的创建。

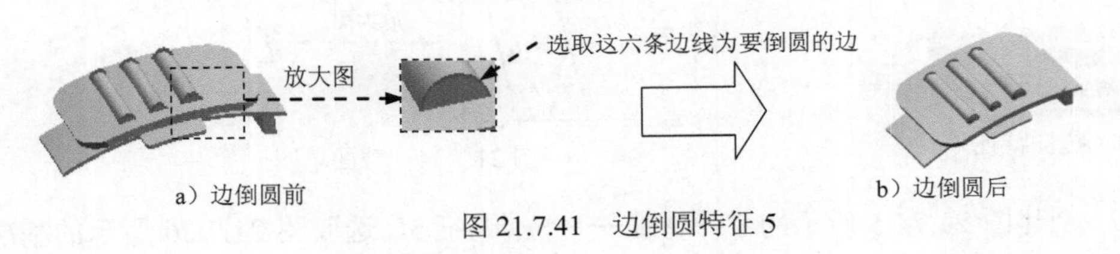

图 21.7.41 边倒圆特征 5

Step31. 创建图 21.7.42b 所示的边倒圆特征 6。选择图 21.7.42a 所示的三条边线为要倒圆的边，并在半径 1文本框中输入值 0.5，完成边倒圆特征 6 的创建。

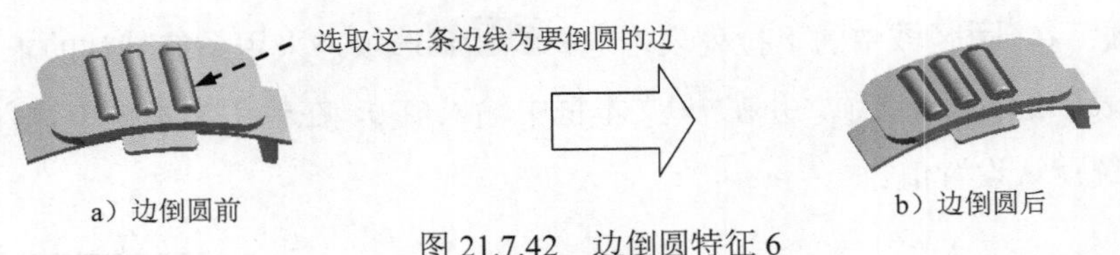

图 21.7.42 边倒圆特征 6

Step32. 创建图 21.7.43b 所示的边倒圆特征 7。选择图 21.7.43a 所示的四条边线为要倒圆的边，并在半径 1文本框中输入值 3。

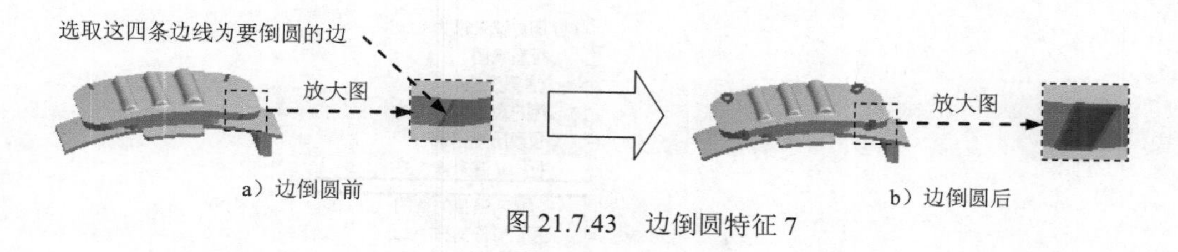

图 21.7.43 边倒圆特征 7

Step33. 创建图 21.7.44b 所示的边倒圆特征 8。选择图 21.7.44a 所示的边线为要倒圆的边，并在半径 1文本框中输入值 0.5。

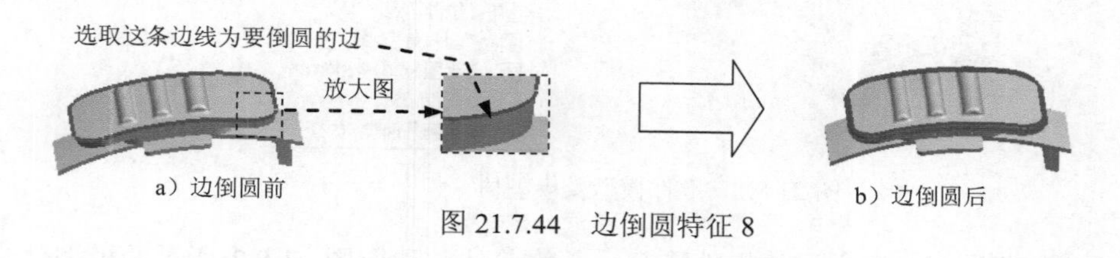

图 21.7.44 边倒圆特征 8

Step34. 保存零件模型。选择下拉菜单文件(F) → 保存(S)命令，即可保存零件模型。

21.8 盒 子

下面讲解盒子部分（BOX.PRT）的创建过程，盒子作为二级控件（SECOND.PRT）的一部分，也同样继承了相应的外观形状，同时获得本身的外形尺寸，零件模型及模型树如图 21.8.1 所示。

Step1. 创建 box 层。在“装配导航器”窗口中的switch选项上右击，在系统弹出的快捷菜单中选择显示父项 → first命令，系统进入一级控件区域；在“装配导航器”窗口中的second选项上右击，在系统弹出的快捷菜单中选择设为显示部件命令；在“装配导航器”窗口中的second选项上右击，在系统弹出的快捷菜单中选择WAVE → 新建层命令，系统弹出“新建层”对话框；单击“新建层”对话框中的指定部件名按钮，在弹出的“选择部件名”对话框的文件名(N):文本框中输入文件名 box；单击OK按钮，系统再次弹出“新建层”对话框；单击“新建层”对话框中的类选择按钮，系统弹出“WAVE 组件间的复制”对话框；选取二级控件中的实体、片体、草图、基准和 CSYS，单击确定按钮，系统重新弹出“新建层”对话框；在“新建层”对话框中单击确定按钮，完成 box 层的创建；在“装配导航器”窗口中的box选项上右击，在系统弹出的快捷菜单中选择设为显示部件命令，对模型进行编辑。

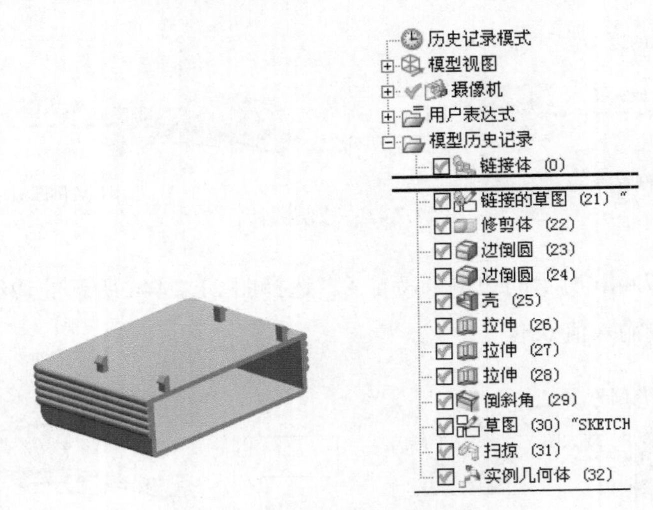

图 21.8.1　零件模型及模型树

Step2. 创建图 21.8.2 所示的零件特征——修剪体。选取图 21.8.3 所示的模型体为修剪的目标体，单击鼠标中键后，选取图 21.8.3 所示的片体为刀具体，分割方向指向被修剪的部分。

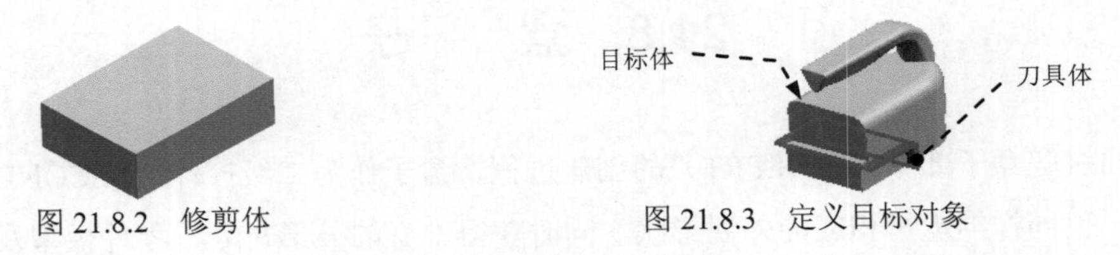

图 21.8.2　修剪体　　　　图 21.8.3　定义目标对象

Step3. 创建图 21.8.4b 所示的边倒圆特征 1。选择图 21.8.4a 所示的边线为要倒圆的边，并在半径 1文本框中输入值 5。

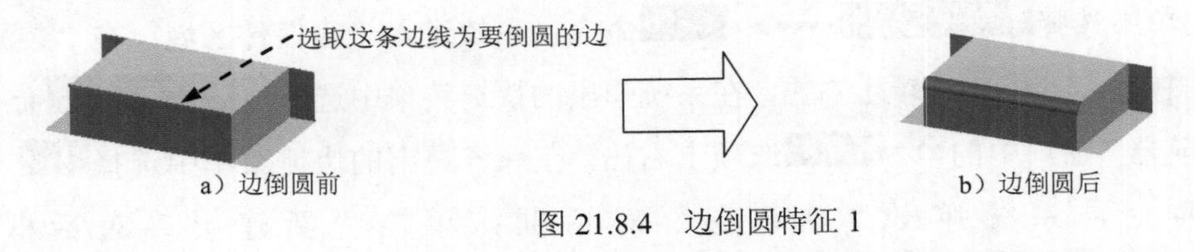

图 21.8.4　边倒圆特征 1

Step4. 创建图 21.8.5b 所示的边倒圆特征 2。选择图 21.8.5a 所示的两条边线为要倒圆的边，并在半径 1文本框中输入值 2（隐藏片体）。

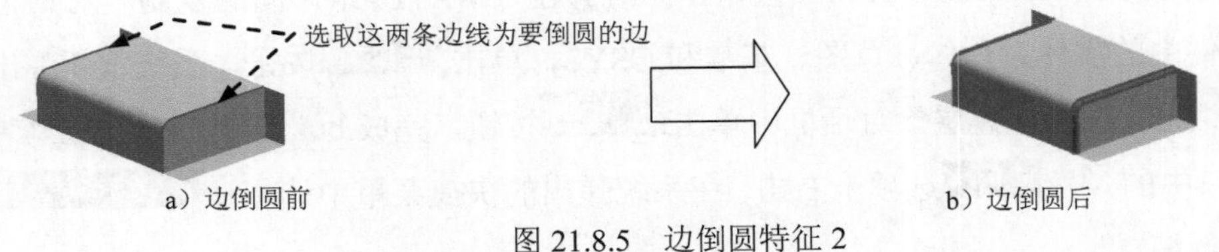

图 21.8.5　边倒圆特征 2

Step5. 创建图 21.8.6 所示的抽壳特征。在“抽壳”对话框类型区域的下拉列表中选择移除面，然后抽壳选项；选择图 21.8.7 所示的面为移除面，在厚度区域的厚度文本框中输入值 2，其他参数采用系统默认设置值。

图 21.8.6 抽壳特征

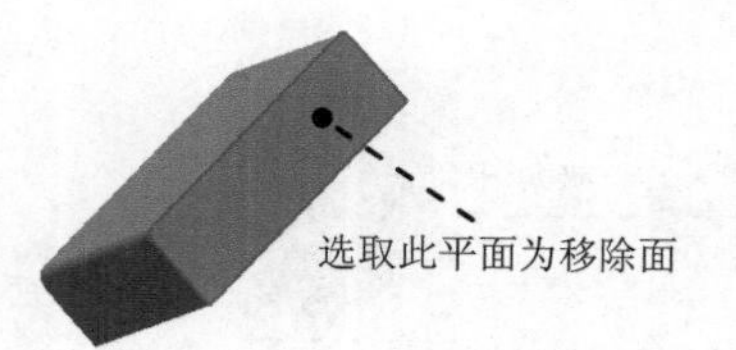

图 21.8.7 定义移除面

Step6. 创建图 21.8.8 所示的零件特征——拉伸特征 1。选取图 21.8.9 所示的平面为草图平面，进入草图环境，绘制图 21.8.10 所示的截面草图；在“拉伸”对话框方向区域的* 指定矢量 (0)下拉列表中选择ZC↑选项；在限制区域的开始下拉列表中选择值选项，并在其下的距离文本框中输入值 0；在限制区域的结束下拉列表中选择值选项，并在其下的距离文本框中输入值 6；在布尔区域中选择合并选项，采用系统默认的合并对象；其他参数采用系统默认设置值。

图 21.8.8 拉伸特征 1

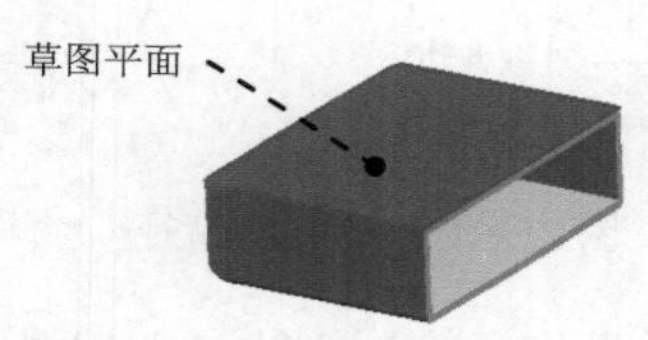

图 21.8.9 定义草图平面

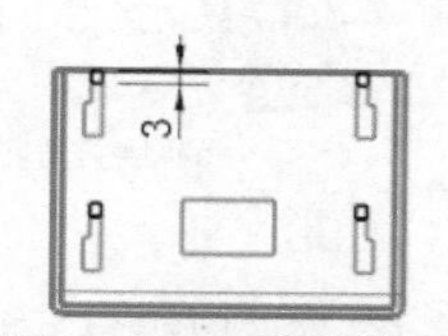

图 21.8.10 截面草图

Step7. 创建图 21.8.11 所示的零件特征——拉伸特征 2。选取图 21.8.11 所示的平面为草图平面，绘制图 21.8.12 所示的截面草图；在“拉伸”对话框方向区域的* 指定矢量 (0)下拉列表中选择-XC选项；在限制区域的开始下拉列表中选择值选项，并在其下的距离文本框中输入值 0；在限制区域的结束下拉列表中选择直至延伸部分选项，选取图 21.8.13 所示的平面为拉伸终止面；在布尔区域中选择合并选项，采用系统默认的合并对象；其他参数采用系统默认设置值。

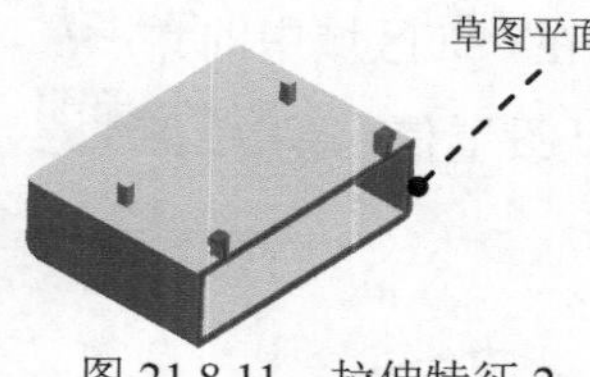

图 21.8.11 拉伸特征 2

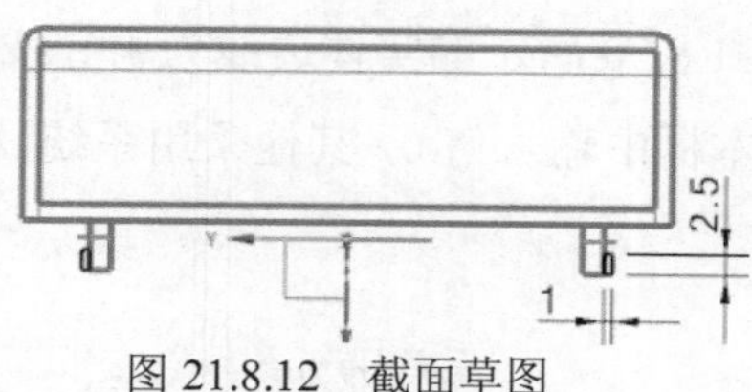

图 21.8.12 截面草图

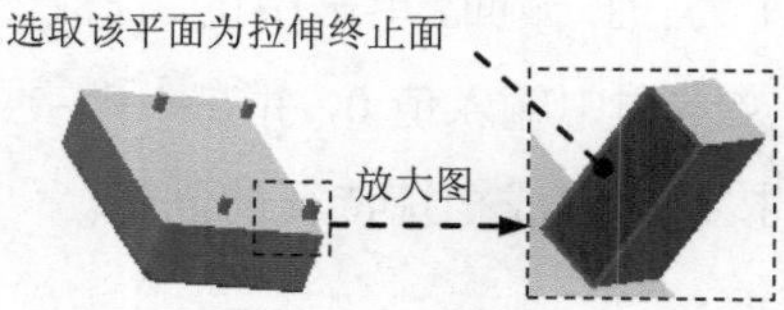

选取该平面为拉伸终止面

放大图

图 21.8.13 定义拉伸终止面

Step8. 创建图 21.8.14 所示的零件特征——拉伸特征 3。选取图 21.8.14 所示的平面为草图平面，绘制图 21.8.12 所示的截面草图；在“拉伸”对话框方向区域的* 指定矢量 (0)下拉列表中选择-XC选项；在限制区域的开始下拉列表中选择值选项，并在其下的距离文本框中输入值-5；在限制区域的结束下拉列表中选择直至延伸部分选项；选取图 21.8.15 所示的平面为拉伸终止面；在布尔区域中选择合并选项，采用系统默认的合并对象；其他参数采用系统默认设置值。

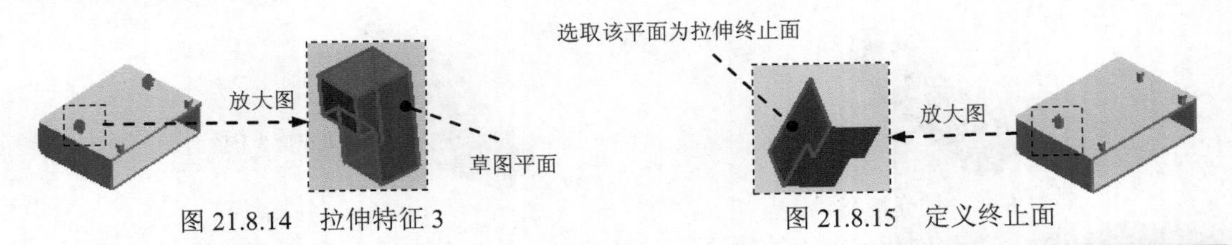

图 21.8.14　拉伸特征 3　　　　图 21.8.15　定义终止面

Step9. 创建图 21.8.16b 所示的倒斜角特征。选择下拉菜单 插入(S) → 细节特征(L) → 倒斜角(C)... 命令，系统弹出“倒斜角”对话框；在边区域中单击按钮，选择图 21.8.16a 所示的边线为倒角参照，在偏置区域的横截面下拉列表中选择偏置和角度选项，并在距离文本框中输入值 2，在角度文本框中输入值 45；单击< 确定 >按钮，完成倒斜角特征的创建。

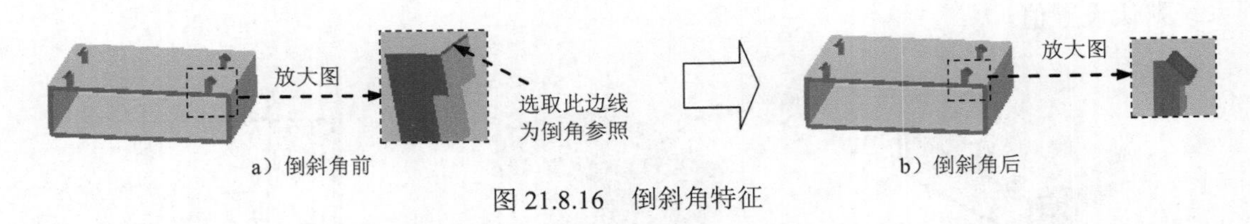

图 21.8.16　倒斜角特征

Step10. 创建图 21.8.17 所示的草图 1。选取图 21.8.18 所示的平面为草图平面，进入草图环境，绘制图 21.8.17 所示的草图 1。

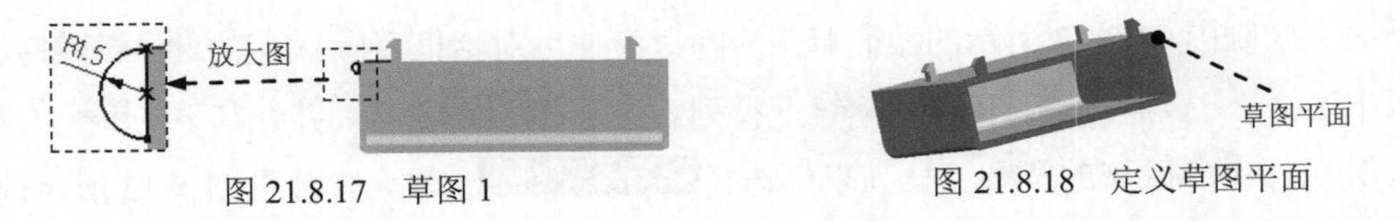

图 21.8.17　草图 1　　　　图 21.8.18　定义草图平面

Step11. 创建图 21.8.19 所示的零件特征——扫掠特征。选择下拉菜单 插入(S) → 扫掠(W) → 沿引导线扫掠(G)... 命令，系统进入“沿引导线扫掠”对话框；选择截面草图 1 为扫掠截面，单击中键，选取图 21.8.20 所示的实体边线为引导线；在偏置区域中的第一偏置文本框中输入值 0，并在第二偏置文本框中输入值 0，其他采用系统默认设置值；单击< 确定 >按钮，完成扫掠特征的创建。

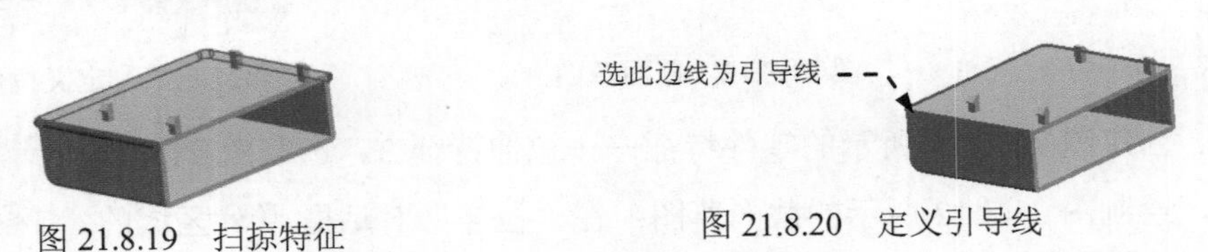

图 21.8.19　扫掠特征　　　　图 21.8.20　定义引导线

Step12. 创建图 21.8.21b 所示的零件特征——阵列几何特征。选择下拉菜单 插入(S) → 关联复制(A) → 阵列几何特征(T)... 命令，系统弹出“阵列几何特征”对话框；在对话框

的 布局 下拉列表中选择 线性 选项；选取扫掠为阵列几何特征；在 方向 1 区域的 * 指定矢量 (0) 下拉列表中选择 -ZC 选项，在 间距 下拉列表中选择 数量和间隔 选项，然后在 数量 文本框中输入阵列数量为 5，在 节距 文本框中输入阵列节距值为 3；其他参数采用系统默认设置值；单击 < 确定 > 按钮，完成阵列几何特征的创建。

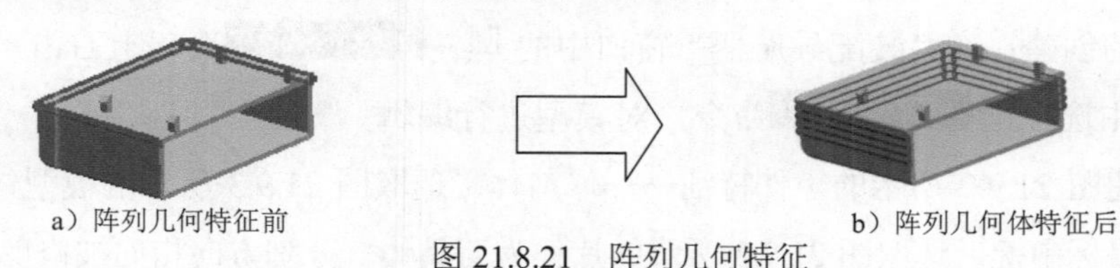
a）阵列几何特征前　　b）阵列几何体特征后

图 21.8.21　阵列几何特征

Step13. 保存零件模型。选择下拉菜单 文件(F) ⟶ 保存(S) 命令，即可保存零件模型。

21.9　前　　盖

前盖（FRONT_COVER.PRT）作为三级控件（THIRD.PRT）的一部分，也同样继承了相应的外观形状，零件模型及模型树如图 21.9.1 所示。

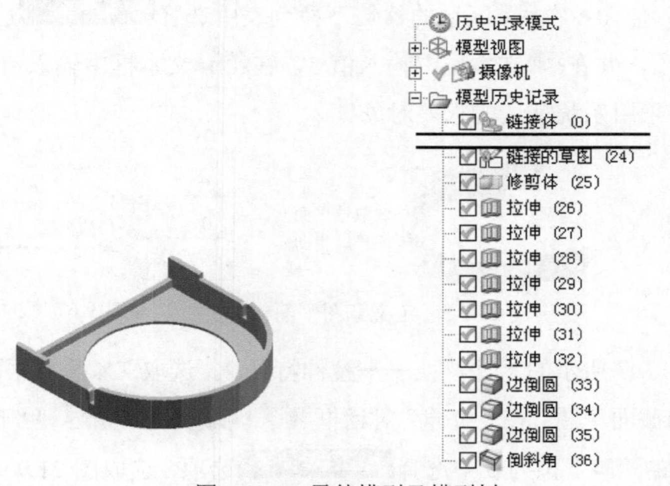

图 21.9.1　零件模型及模型树

Step1. 创建 front_cover 层。在“装配导航器”窗口中的 box 选项上右击，在系统弹出的快捷菜单中选择 显示父项 ⟶ first 命令，系统进入一级控件模型区域；在“装配导航器”窗口中的 third 选项上右击，在系统弹出的快捷菜单中选择 设为显示部件 命令，系统进入 third 模型区域；在“装配导航器”窗口中的 third 选项上右击，在系统弹出的快捷菜单中选择 WAVE ⟶ 新建层 命令，系统弹出“新建层”对话框；单击“新建层”对话框中的 指定部件名 按钮，在弹出的“选择部件名”

对话框的文件名(N):文本框中输入文件名 front_cover；单击OK按钮，系统再次弹出“新建层”对话框；单击“新建层”对话框中的类选择按钮，系统弹出“WAVE 组件间的复制”对话框；选取三级控件中的实体、片体、草图、基准和 CSYS，单击确定按钮，系统重新弹出“新建层”对话框；在“新建层”对话框中单击确定按钮，完成 front_cover 层的创建；在“装配导航器”窗口中的 front_cover 选项上右击，在系统弹出的快捷菜单中选择设为显示部件命令，对模型进行编辑。

Step2. 创建图 21.9.2 所示的零件特征——修剪体。选取图 21.9.3 所示的模型体为修剪的目标体，单击鼠标中键，选取图 21.9.3 所示的片体为刀具体，分割方向指向被修剪的部分。

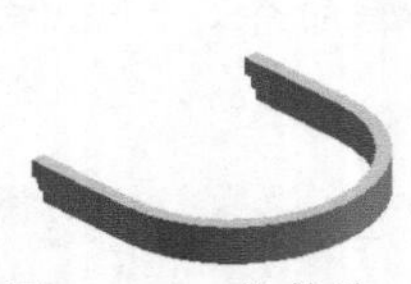

图 21.9.2　修剪体

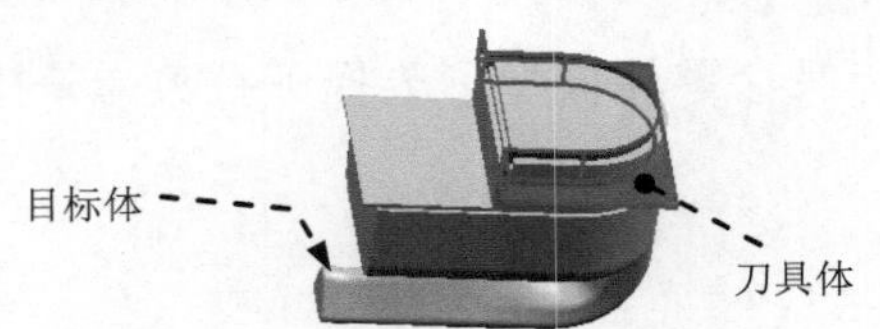

图 21.9.3　定义目标对象

Step3. 创建图 21.9.4 所示的零件特征——拉伸特征 1。选取图 21.9.5 所示的平面为草图平面，进入草图环境，绘制图 21.9.6 所示的截面草图；在“拉伸”对话框方向区域的指定矢量(0)下拉列表中选择-ZC选项；在限制区域的开始下拉列表中选择值选项，并在其下的距离文本框中输入值 0；在限制区域的结束下拉列表中选择直至下一个选项；在偏置下拉列表中选择两侧选项，并在开始文本框中输入值 3，在结束文本框中输入值 0；在布尔区域中选择减去选项，采用系统默认的求差对象。

图 21.9.4　拉伸特征 1

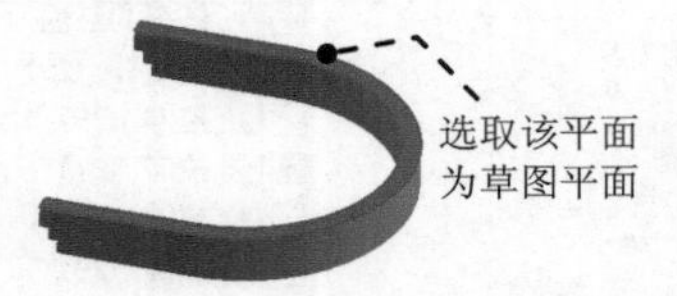

图 21.9.5　定义草图平面

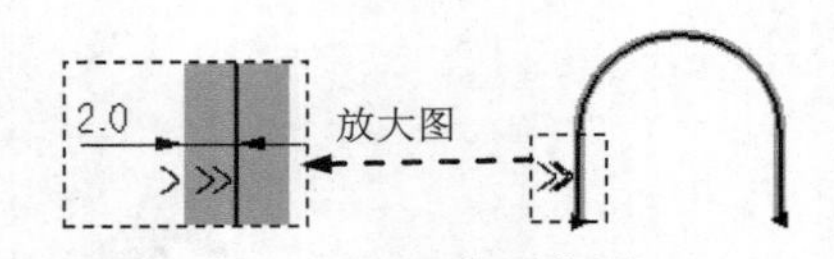

图 21.9.6　截面草图

Step4. 创建图 21.9.7 所示的零件特征——拉伸特征 2。选取 ZX 基准平面为草图平面，绘制图 21.9.8 所示的截面草图；在“拉伸”对话框方向区域的指定矢量(0)下拉列表中选择YC选项；在限制区域的开始下拉列表中选择直至延伸部分选项，选取图 21.9.9 所示的平面为拉伸终止面；在限制区域的结束下拉列表中选择直至延伸部分选项，选取图 21.9.9 所示的平面为拉伸终止面；在布尔区域中选择合并选项，采用系统默认的合并对象；其他参数采用系统默认设置值。

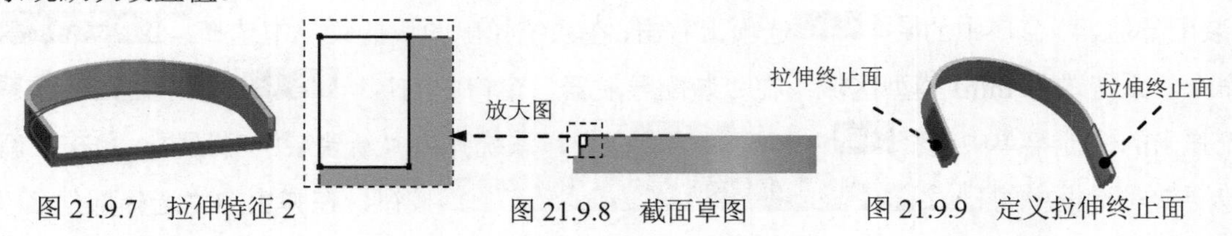

图 21.9.7　拉伸特征 2　　图 21.9.8　截面草图　　图 21.9.9　定义拉伸终止面

Step5. 创建图 21.9.10 所示的零件特征——拉伸特征 3。选取 ZX 基准平面为草图平面，绘制图 21.9.11 所示的截面草图。在“拉伸”对话框方向区域的* 指定矢量 (0)下拉列表中选择YC选项；在限制区域的开始下拉列表中选择贯通选项，在限制区域的结束下拉列表中选择贯通选项；在布尔区域中选择减去选项，采用系统默认的求差对象；其他参数采用系统默认设置值。

图 21.9.10　拉伸特征 3

图 21.9.11　截面草图

Step6. 创建图 21.9.12 所示的零件特征——拉伸特征 4。在绘图区选取图 21.9.13 所示的草图为拉伸截面，在“拉伸”对话框方向区域的* 指定矢量 (0)下拉列表中选择-ZC选项；在限制区域的开始下拉列表中选择值选项，并在其下的距离文本框中输入值 0；在限制区域的结束下拉列表中选择值选项，并在其下的距离文本框中输入值 1；在布尔区域中选择合并选项，采用系统默认的合并对象；其他参数采用系统默认设置值。

图 21.9.12　拉伸特征 4

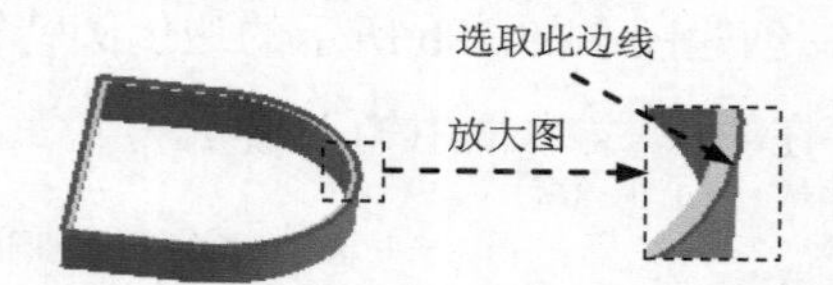

图 21.9.13　截面草图

Step7. 创建图 21.9.14 所示的零件特征——拉伸特征 5。选取图 21.9.14 所示的平面为草图平面，绘制图 21.9.15 所示的截面草图；在“拉伸”对话框方向区域的* 指定矢量 (0)下拉列表中选择ZC选项；在限制区域的开始下拉列表中选择值选项，并在其下的距离文本框中输入值 0；在限制区域的结束下拉列表中选择贯通选项；在布尔区域中选择减去选项，采用系统默认的求差对象；其他参数采用系统默认设置值。

图 21.9.14　拉伸特征 5

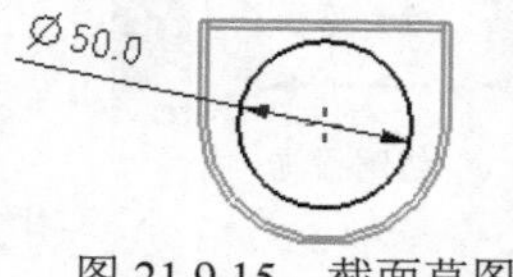

图 21.9.15　截面草图

Step8. 创建图 21.9.16 所示的零件特征——拉伸特征 6。选取 ZX 基准平面为草图平面，绘制图 21.9.17 所示的截面草图；在“拉伸”对话框方向区域的* 指定矢量 (0)下拉列表中选择YC选项；在限制区域的开始下拉列表中选择贯通选项，在限制区域的结束下拉列表中选择贯通选项；在布尔区域中选择减去选项，采用系统默认的求差对象；其他参数采用系统默认设置值。

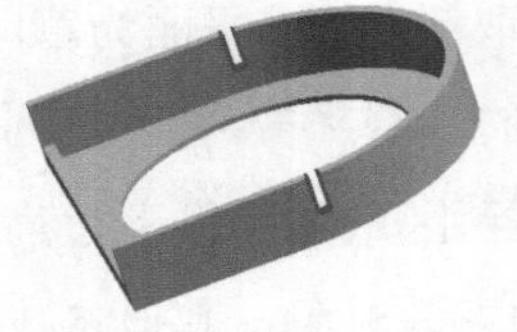

图 21.9.16 拉伸特征 6

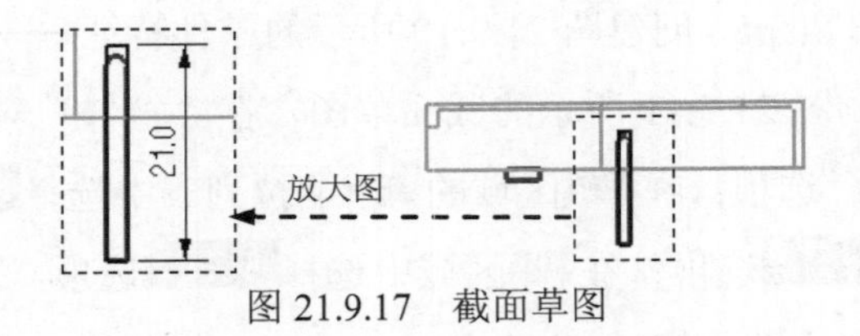

图 21.9.17 截面草图

Step9. 创建图 21.9.18 所示的零件特征——拉伸特征 7。选取 ZX 基准平面为草图平面，绘制图 21.9.19 所示的截面草图；在“拉伸”对话框方向区域的指定矢量 (0)下拉列表中选择YC选项；在限制区域的开始下拉列表中选择贯通选项，在限制区域的结束下拉列表中选择贯通选项；在布尔区域中选择减去选项，采用系统默认的求差对象；其他参数采用系统默认设置值。

图 21.9.18 拉伸特征 7

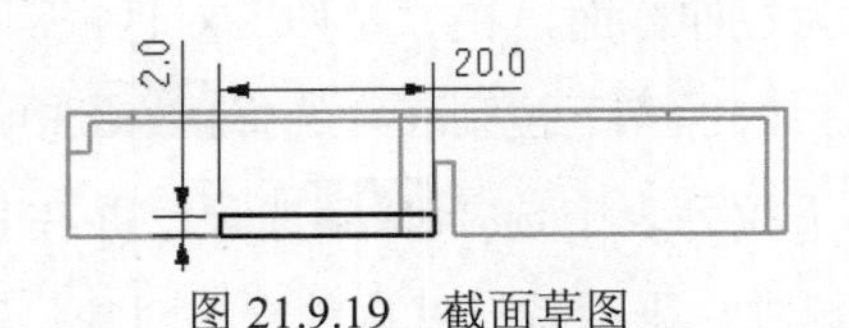

图 21.9.19 截面草图

Step10. 创建图 21.9.20b 所示的边倒圆特征 1。选择图 21.9.20a 所示的两条边线为要倒圆的边，并在半径 1文本框中输入值 1。

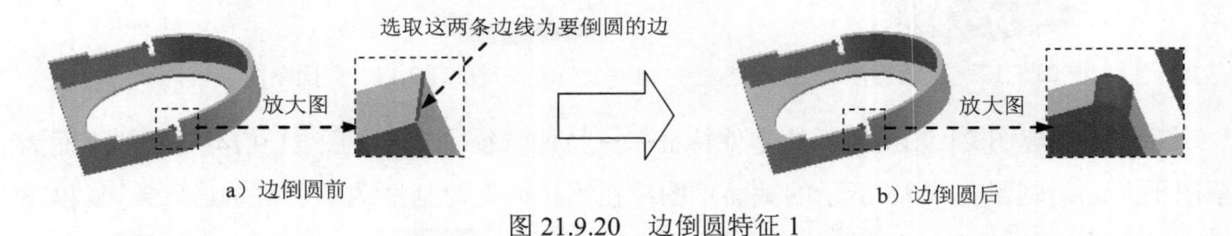

图 21.9.20 边倒圆特征 1

Step11. 创建图 21.9.21b 所示的边倒圆特征 2。选择图 21.9.21a 所示的两条边线为要倒圆的边，并在半径 1文本框中输入值 1。

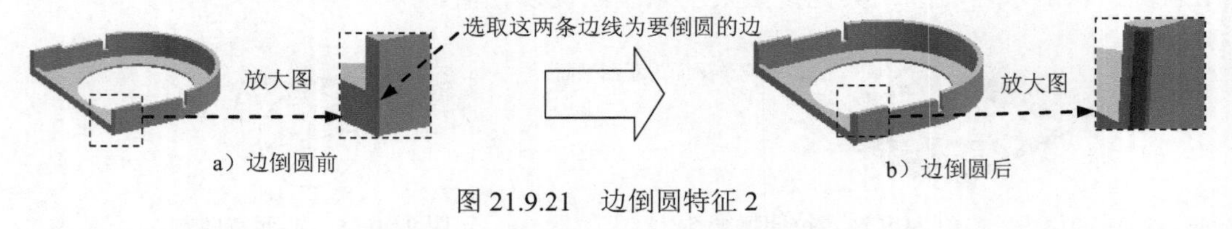

图 21.9.21 边倒圆特征 2

Step12. 创建图 21.9.22b 所示的边倒圆特征 3。选择图 21.9.22a 所示的边线为要倒圆的边，并在半径 1文本框中输入值 1。

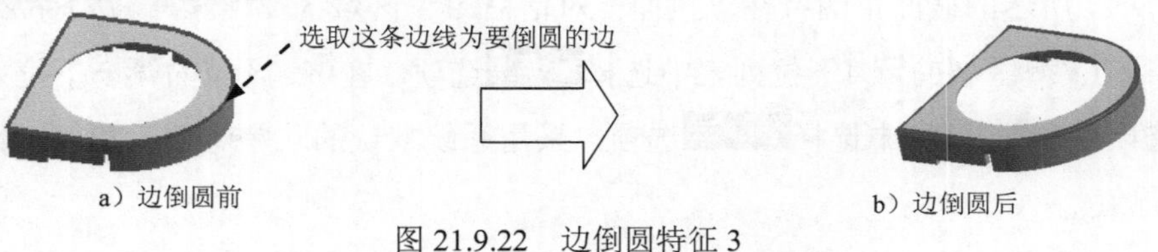

图 21.9.22 边倒圆特征 3

Step13. 创建图 21.9.23b 所示的倒斜角特征。选择下拉菜单 插入(S) → 细节特征(L) ▸ → 倒斜角(C)... 命令，选择图 21.9.23a 所示的两条边线为倒角参照边，在 偏置 区域的 横截面 下拉列表中选择 对称 选项，并在 距离 文本框中输入值 1；单击 < 确定 > 按钮，完成倒斜角特征的创建。

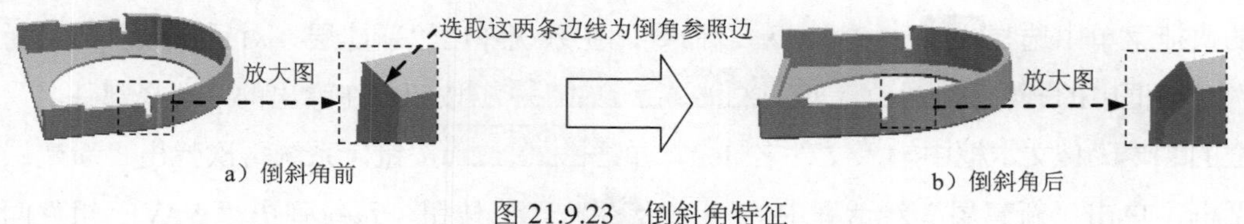

图 21.9.23　倒斜角特征

Step14. 保存零件模型。选择下拉菜单 文件(F) → 保存(S) 命令，即可保存零件模型。

21.10　左　盖

下面讲解左盖（LEFT.PRT）的创建过程。左盖作为四级控件（FOURTH.PRT）的一部分，也同样继承了相应的外观形状，同时获得本身的外形尺寸，从四级控件中继承了草图作为参照。零件模型及模型树如图 21.10.1 所示。

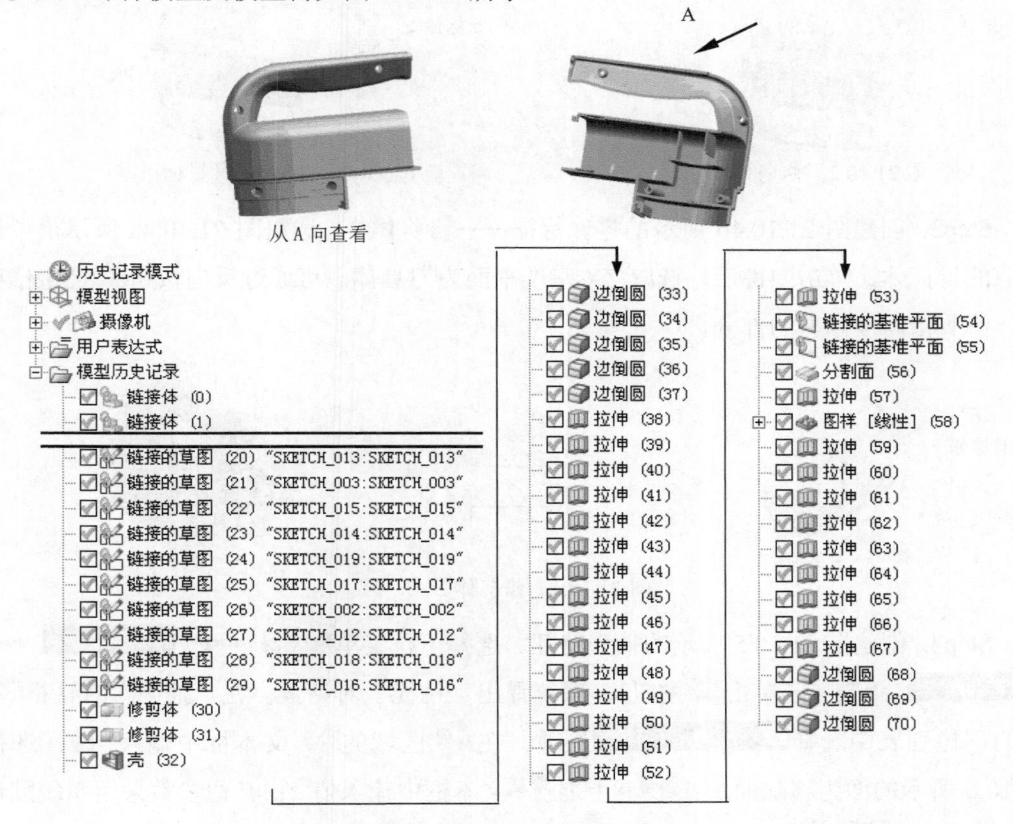

图 21.10.1　零件模型及模型树

Step1. 创建 left 层。在“装配导航器”窗口中的 front_cover 选项上右击，在系统弹出的快捷菜单中选择 显示父项 ▶ → first 命令，系统进入 first 模型区域；在“装配导航器”窗口中的 fourth 选项上右击，系统弹出的快捷菜单中选择 设为显示部件 命令，系统进入 fourth 模型区域；在“装配导航器”窗口中的 fourth 选项上右击，在系统弹出的快捷菜单中选择 WAVE ▶ → 新建层 命令，在系统弹出“新建层”对话框；单击“新建层”对话框中的 指定部件名 按钮，在弹出的“选择部件名”对话框的 文件名(N): 文本框中输入文件名 left，单击 OK 按钮，系统再次弹出“新建层”对话框；单击“新建层”对话框中的 类选择 按钮，系统弹出“WAVE 组件间的复制”对话框；选取四级控件中的实体、片体、草图、基准和 CSYS，单击 确定 按钮，系统重新弹出“新建层”对话框；在“新建层”对话框中单击 确定 按钮，完成 left 层的创建；在“装配导航器”窗口中的 left 选项上右击，在系统弹出的快捷菜单中选择 设为显示部件 命令，对模型进行编辑。

Step2. 创建图 21.10.2 所示的零件特征——修剪体 1。选取图 21.10.3 所示的模型体为修剪的目标体；单击中键后，选取图 21.10.3 所示的片体为刀具体；单击 按钮，使箭头指向被修剪的部分。

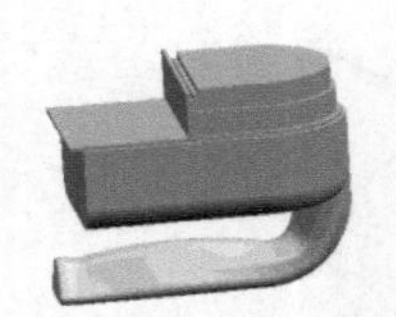

图 21.10.2 修剪体 1

图 21.10.3 定义目标对象

Step3. 创建图 21.10.4b 所示的零件特征——修剪体 2。选取图 21.10.4a 所示模型体为修剪的目标体，单击中键后，选取 ZX 基准平面为刀具体，可通过反向按钮 调整修剪方向，箭头指向被修剪的部分。

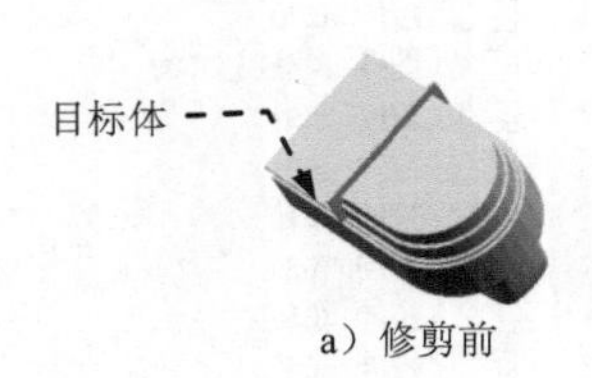

a）修剪前

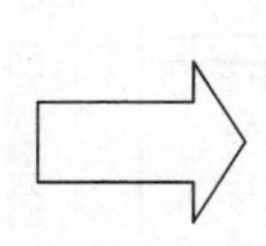

b）修剪后

图 21.10.4 修剪体 2

Step4. 创建图 21.10.5 所示的抽壳特征。选择下拉菜单 插入(S) → 偏置/缩放(O) ▶ → 抽壳(H)... 命令（或单击 按钮），系统弹出“抽壳”对话框；在“抽壳”对话框 类型 区域的下拉列表中选择 移除面，然后抽壳 选项；在 设置 区域的 公差 文本框中输入 0.2；选择图 21.10.6 所示的面为移除面，在 厚度 区域的 厚度 文本框中输入值 2；其他参数采用系统默认设置值；单击 < 确定 > 按钮，完成抽壳特征的创建。

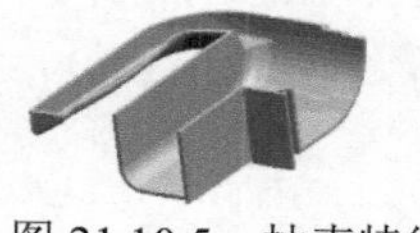

图 21.10.5 抽壳特征

图 21.10.6 定义移除面

Step5. 创建图 21.10.7b 所示的边倒圆特征特征 1。选择图 21.10.7a 所示的两条边线为要倒圆的边，并在半径 1文本框中输入值 2。

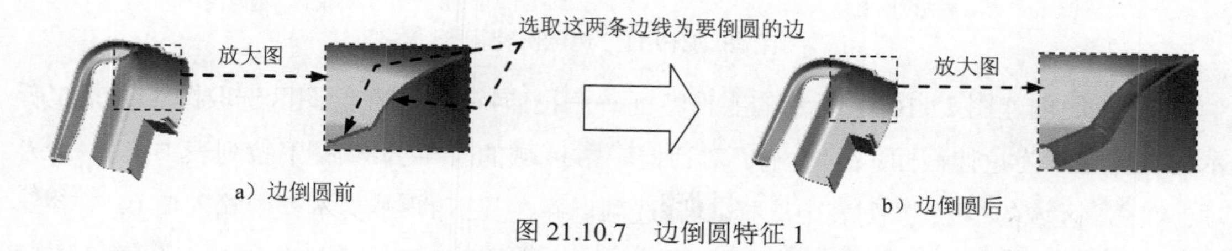

图 21.10.7 边倒圆特征 1

Step6. 创建图 21.10.8b 所示的边倒圆特征 2。选择图 21.10.8a 所示的边线为要倒圆的边，并在半径 1文本框中输入值 3。

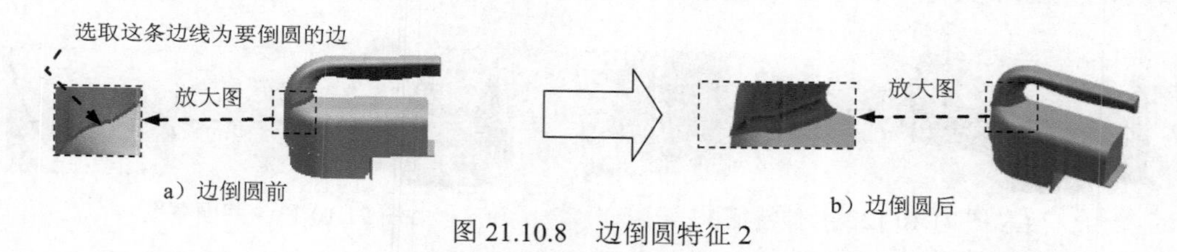

图 21.10.8 边倒圆特征 2

Step7. 创建图 21.10.9b 所示的边倒圆特征 3。选择图 21.10.9a 所示的边线为要倒圆的边，并在半径 1文本框中输入值 2。

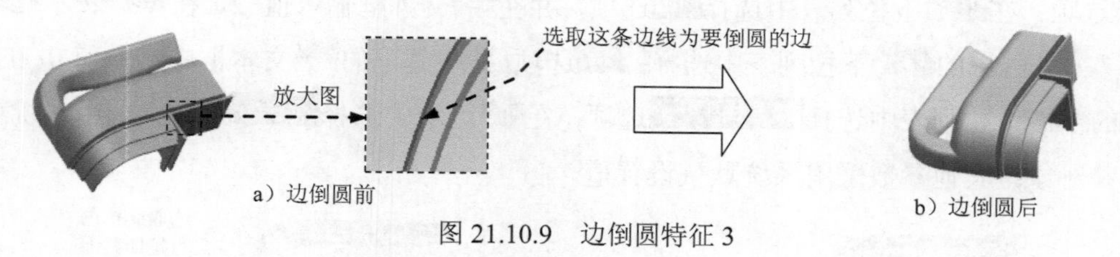

图 21.10.9 边倒圆特征 3

Step8. 创建图 21.10.10b 所示的边倒圆特征 4。选择图 21.10.10a 所示的三条边线为要倒圆的边，并在半径 1文本框中输入值 0.5。

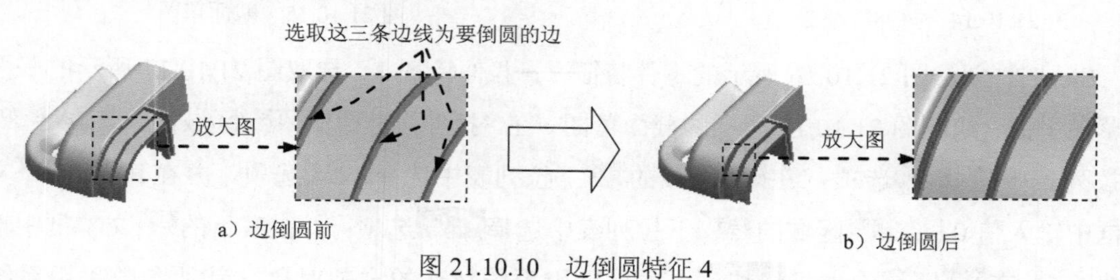

图 21.10.10 边倒圆特征 4

Step9. 创建图 21.10.11b 所示的边倒圆特征 5。选择图 21.10.11a 所示的两条边线为要倒圆的边，并在半径 1文本框中输入值 0.3。

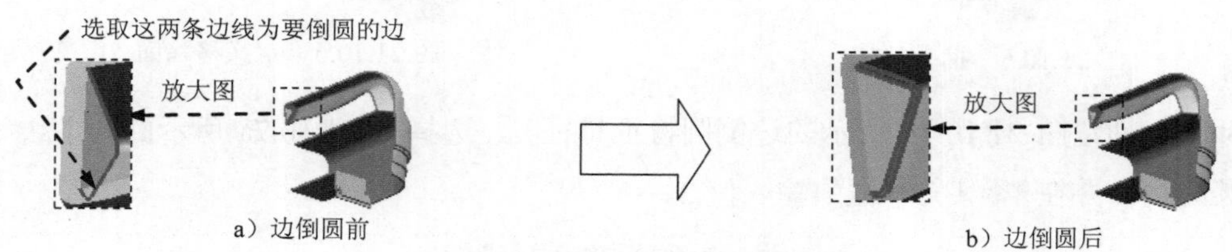

图 21.10.11　边倒圆特征 5

Step10. 创建图 21.10.12 所示的零件特征——拉伸特征 1。在绘图区选取图 21.10.13 所示的实体边线为拉伸截面；在“拉伸”对话框方向区域的指定矢量 (0)下拉列表中选择YC选项；在限制区域的开始下拉列表中选择值选项，并在其下的距离文本框中输入值 0；在限制区域的结束下拉列表中选择值选项，并在其下的距离文本框中输入值 1；在偏置下拉列表中选择对称选项，并在结束文本框输入值 1；在布尔区域中选择减去选项，采用系统默认的求差对象；其他参数采用系统默认设置值。

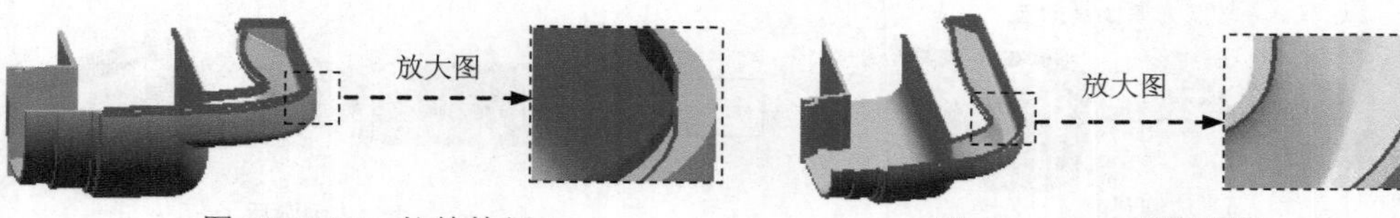

图 21.10.12　拉伸特征 1　　图 21.10.13　截面草图

Step11. 创建图 21.10.14 所示的零件特征——拉伸特征 2。在绘图区选取图 21.10.15 所示的草图为拉伸截面（一级控件中绘制的草图）；在方向区域的指定矢量 (0)下拉列表中选择YC选项；在偏置下拉列表中选择两侧选项，并在开始文本框输入值-2，在结束文本框输入值 0；在限制区域的结束下拉列表中选择值选项，并在其下的距离文本框中输入值 0；在限制区域的结束下拉列表中选择直至下一个选项；在布尔区域中选择合并选项，采用系统默认的合并对象；其他参数采用系统默认设置值。

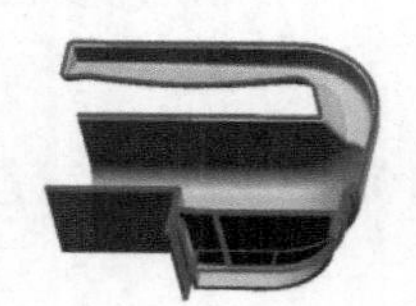

图 21.10.14　拉伸特征 2

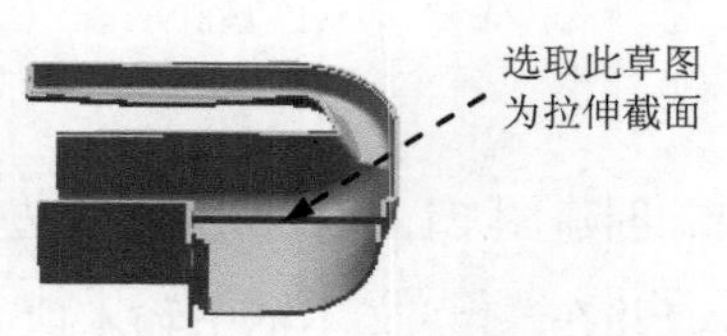

图 21.10.15　截面草图

Step12. 创建图 21.10.16 所示的零件特征——拉伸特征 3。选取图 21.10.17 所示的平面为草图平面，绘制图 21.10.18 所示的截面草图；在“拉伸”对话框方向区域的指定矢量 (0)下拉列表中选择-YC选项；在限制区域的开始下拉列表中选择值选项，并在其下的距离文本框中输入值 0；在限制区域的结束下拉列表中选择值选项；并在其下的距离文本框中输入值 0.5；在布尔区域中选择减去选项，采用系统默认的求差对象；其他参数采用系统默认设置值。

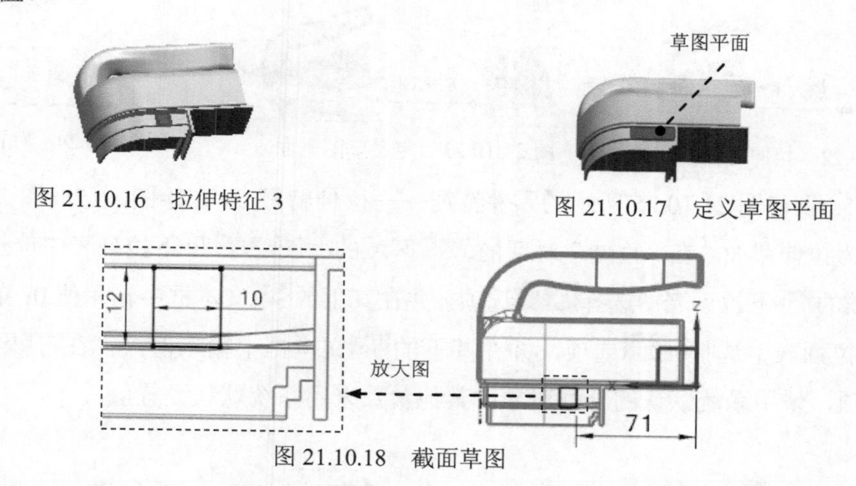

图 21.10.16 拉伸特征 3

图 21.10.17 定义草图平面

图 21.10.18 截面草图

Step13. 创建图 21.10.19 所示的零件特征——拉伸特征 4。选取图 21.10.20 所示的平面为草图平面，绘制图 21.10.21 所示的截面草图；在“拉伸”对话框方向区域的指定矢量(0)下拉列表中选择YC选项；在限制区域的开始下拉列表中选择值选项，并在其下的距离文本框中输入值 0；在限制区域的结束下拉列表中选择值选项，并在其下的距离文本框中输入值 2；在布尔区域中选择合并选项，采用系统默认的合并对象；其他参数采用系统默认设置值。

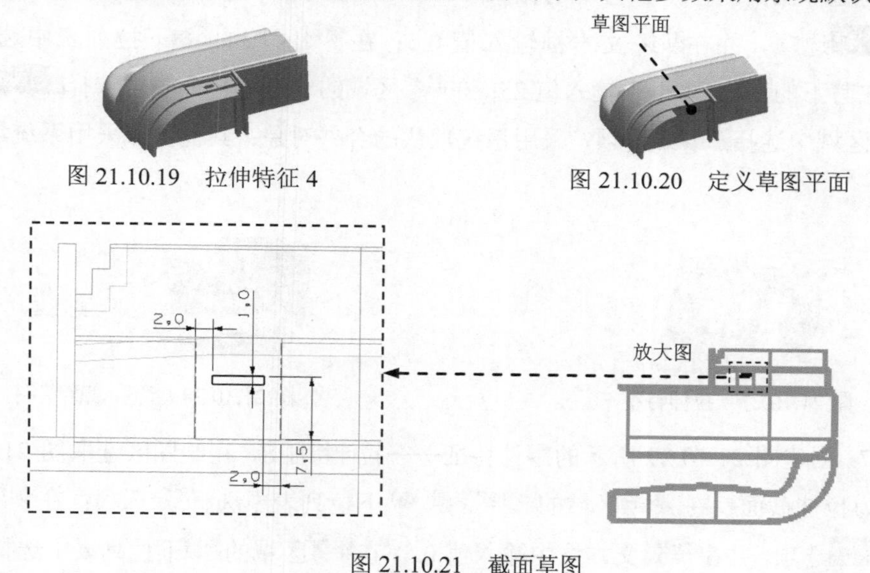

图 21.10.19 拉伸特征 4

图 21.10.20 定义草图平面

图 21.10.21 截面草图

Step14. 创建图 21.10.22 所示的零件特征——拉伸特征 5。选取图 21.10.23 所示的平面为草图平面，绘制图 21.10.24 所示的截面草图；在“拉伸”对话框方向区域的指定矢量(0)下拉列表中选择YC选项；在限制区域的开始下拉列表中选择值选项，并在其下的距离文本框中输入值 0；在限制区域的结束下拉列表中选择直至下一个选项；在布尔区域中选择合并选项，采用系统默认的合并对象；其他参数采用系统默认设置值。

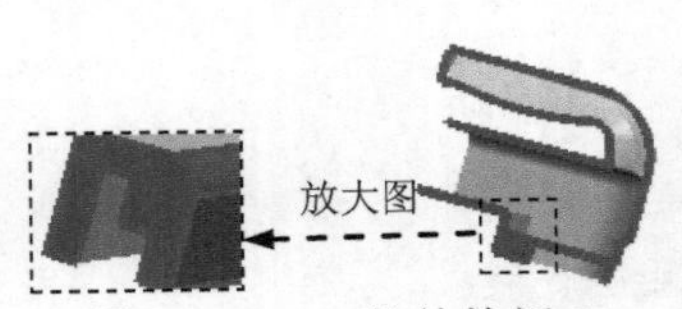

图 21.10.22　拉伸特征 5

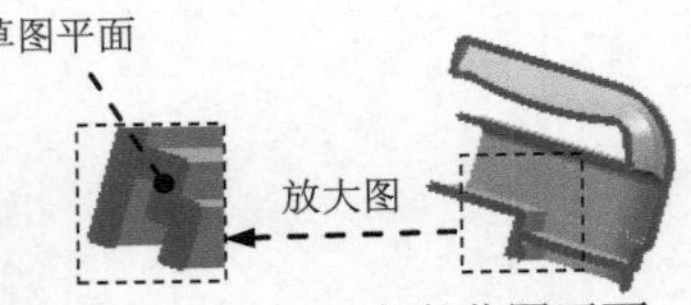

图 21.10.23　定义草图平面

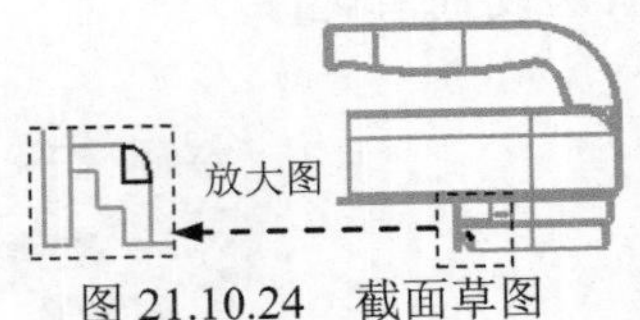

图 21.10.24　截面草图

Step15. 创建图 21.10.25 所示的零件特征——拉伸特征 6。在绘图区选取图 21.10.26 所示的曲线为拉伸截面。在“拉伸”对话框方向区域的* 指定矢量 (0)下拉列表中选择-ZC选项；在限制区域的开始下拉列表中选择值选项，并在其下的距离文本框中输入值 0；在限制区域的结束下拉列表中选择值选项，并在其下的距离文本框中输入值 1；在布尔区域中选择合并选项，采用系统默认的合并对象；其他参数采用系统默认设置值。

图 21.10.25　拉伸特征 6

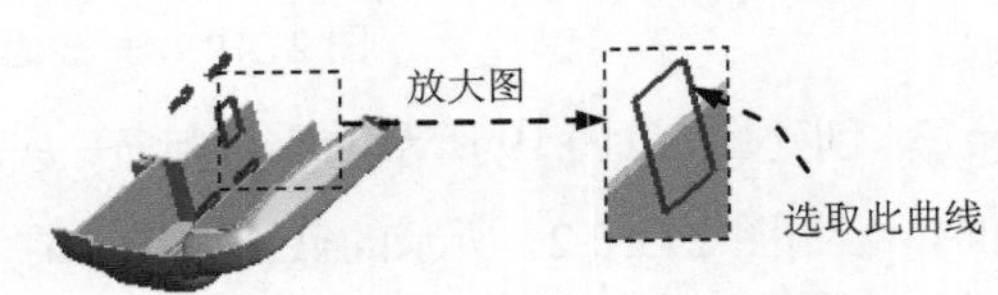

图 21.10.26　选取截面草图

Step16. 创建图 21.10.27 所示的零件特征——拉伸特征 7。在绘图区选取图 21.10.28 所示的曲线为拉伸截面；在方向区域的* 指定矢量 (0)下拉列表中选择YC选项；在偏置下拉列表中选择对称选项，并在结束文本框输入值 0.5；在限制区域的开始下拉列表中选择值选项，并在其下的距离文本框中输入值 25；在限制区域的结束下拉列表中选择直至下一个选项；在布尔区域中选择合并选项，采用系统默认的合并对象；其他参数采用系统默认设置值。

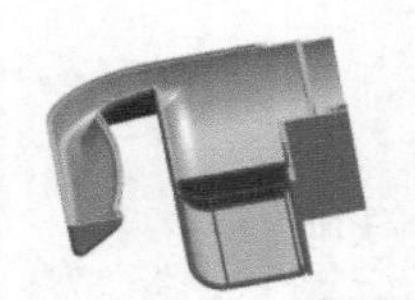
图 21.10.27　拉伸特征 7

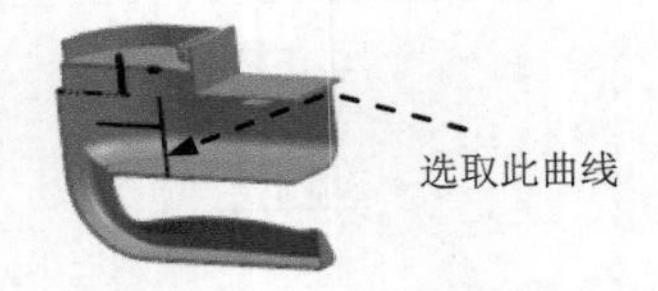

图 21.10.28　选取截面草图

Step17. 创建图 21.10.29 所示的零件特征——拉伸特征 8。在绘图区选取图 21.10.30 所示的曲线为拉伸截面；在方向区域的* 指定矢量 (0)下拉列表中选择YC选项；在偏置下拉列表中选择对称选项，并在结束文本框中输入值 0.5；在限制区域的开始下拉列表中选择值选项，并在其下的距离文本框中输入值 0；在限制区域的结束下拉列表中选择直至下一个选项；在布尔区域中选择合并选项，采用系统默认的合并对象；其他参数采用系统默认设置值。

图 21.10.29　拉伸特征 8

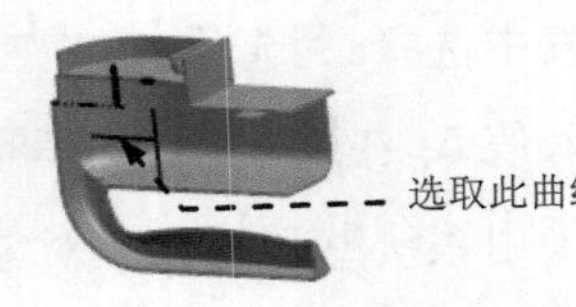

图 21.10.30　选取截面草图

Step18. 创建图 21.10.31 所示的零件特征——拉伸特征 9。选取 ZX 基准平面为草图平面，绘制图 21.10.32 所示的截面草图；在“拉伸”对话框 方向 区域的 * 指定矢量 (0) 下拉列表中选择 YC 选项；在 限制 区域的 开始 下拉列表中选择 值 选项，并在其下的 距离 文本框中输入值 0；在 限制 区域的 结束 下拉列表中选择 直至下一个 选项；在 布尔 区域中选择 合并 选项，采用系统默认的合并对象；其他参数采用系统默认设置值。

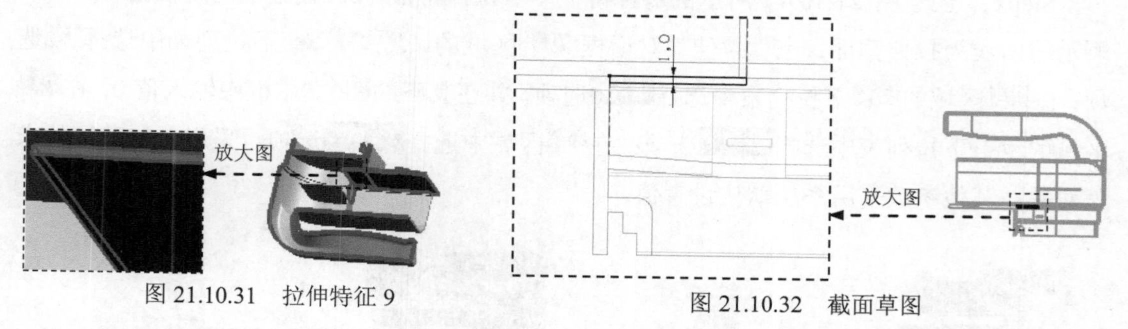

图 21.10.31　拉伸特征 9

图 21.10.32　截面草图

Step19. 创建图 21.10.33 所示的零件特征——拉伸特征 10。在绘图区选取图 21.10.34 所示的草图为拉伸截面；在 方向 区域的 * 指定矢量 (0) 下拉列表中选择 ZC 选项；在 限制 区域的 开始 下拉列表中选择 值 选项，并在其下的 距离 文本框中输入值 0；在 限制 区域的 结束 下拉列表中选择 直至延伸部分 选项；选取图 21.10.35 所示的面为拉伸终止面，在 布尔 区域中选择 减去 选项，采用系统默认的求差对象；其他参数采用系统默认设置值。

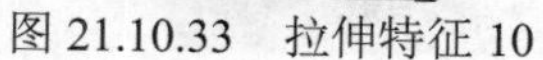

图 21.10.33　拉伸特征 10

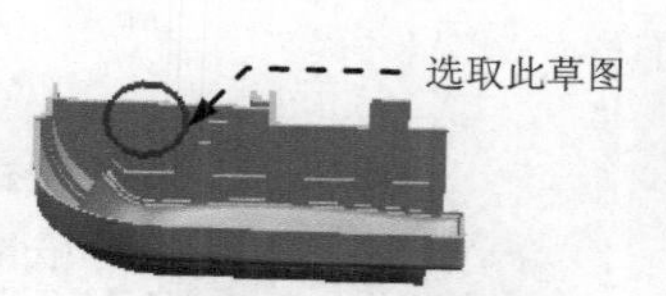

图 21.10.34　选取截面草图

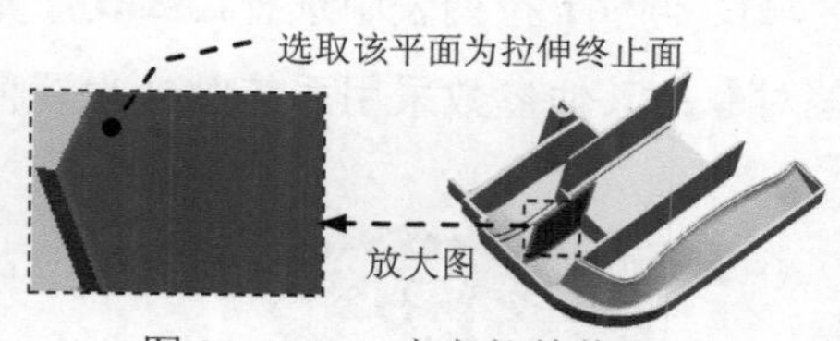

图 21.10.35　定义拉伸终止面

Step20. 创建图 21.10.36 所示的零件特征——拉伸特征 11。选取图 21.10.37 所示的平面(一级控件中绘制的基准平面)为草图平面，绘制图 21.10.38 所示的截面草图；在 指定矢量 下拉列表中选择 选项；选取草图确定方向，在 限制 区域的 开始 下拉列表中选择 值 选项，并在其下的 距离 文本框中输入值-5；在 限制 区域的 结束 下拉列表中选择 直至延伸部分 选项，选取图 21.10.39 所示的面为拉伸终止面；在 布尔 区域中选择 减去 选项，采用系统默认的求差对象；其他参数采用系统默认设置值。

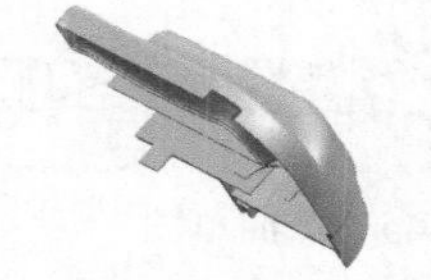

图 21.10.36　拉伸特征 11

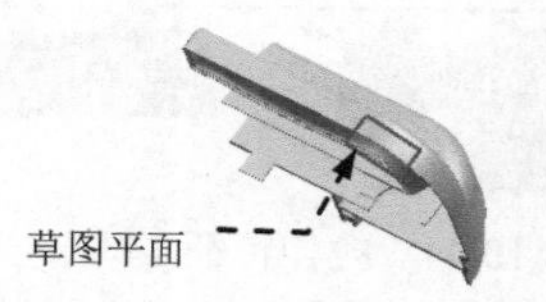

图 21.10.37　定义草图平面

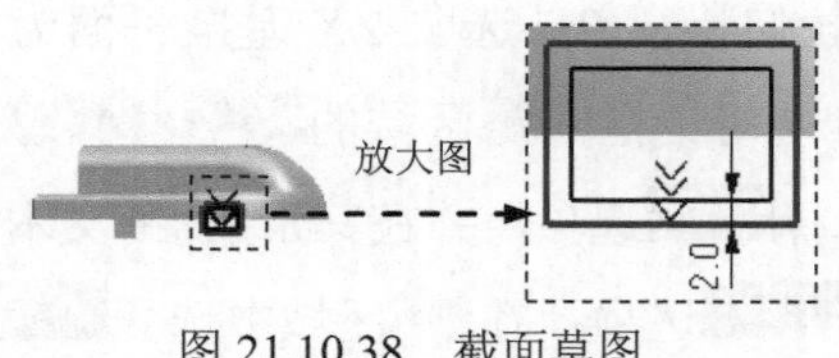

图 21.10.38　截面草图

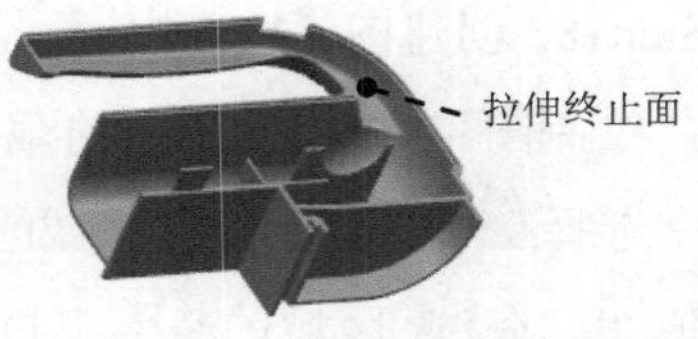

图 21.10.39　选取拉伸终止面

Step21. 创建图 21.10.40 所示的零件特征——拉伸特征 12。在绘图区选取图 21.10.41 所示的曲线为拉伸截面；在“拉伸”对话框方向区域的指定矢量 (0)下拉列表中选择-XC选项；在限制区域的开始下拉列表中选择值选项，并在其下的距离文本框中输入值 0；在限制区域的结束下拉列表中选择贯通选项；在布尔区域中选择减去选项，采用系统默认的求差对象；其他参数采用系统默认设置值。

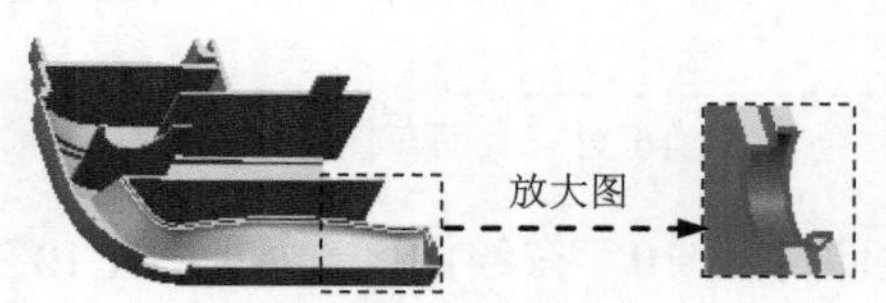

图 21.10.40　拉伸特征 12

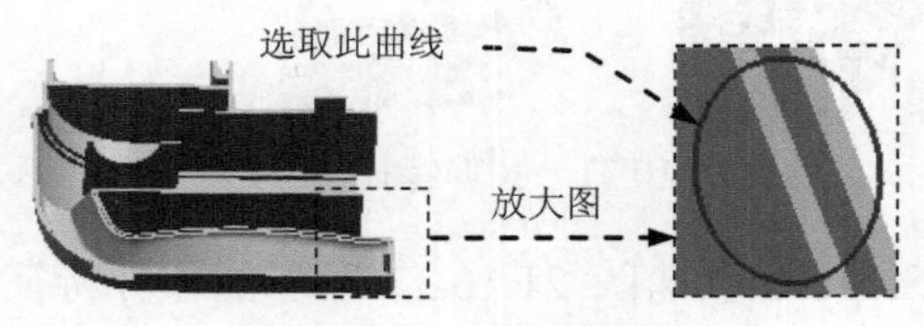

图 21.10.41　选取截面草图

Step22. 创建图 21.10.42 所示的零件特征——拉伸特征 13。在绘图区选取图 21.10.43 所示的曲线为拉伸截面；在“拉伸”对话框方向区域的指定矢量 (0)下拉列表中选择-ZC选项；在限制区域的开始下拉列表中选择值选项，并在其下的距离文本框中输入值 0；在限制区域的结束下拉列表中选择贯通选项；在布尔区域中选择减去选项，采用系统默认的求差对象；其他参数采用系统默认设置值。

图 21.10.42　拉伸特征 13

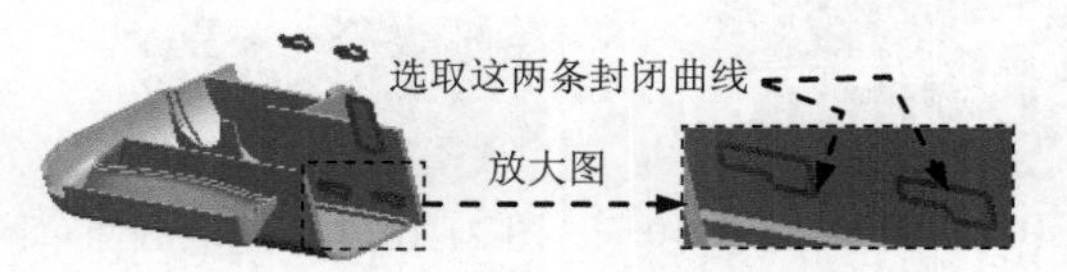

图 21.10.43　选取截面草图

Step23. 创建图 21.10.44 所示的零件特征——拉伸特征 14。选取 XY 基准平面为草图平面，绘制图 21.10.45 所示的截面草图；在“拉伸”对话框方向区域的指定矢量 (0)下拉列表中选择-ZC选项；在限制区域的开始下拉列表中选择值选项，并在其下的距离文本框中输入值 0；在限制区域的结束下拉列表中选择贯通选项；在布尔区域中选择减去选项，采用系统默认的求差对象；其他参数采用系统默认设置值。

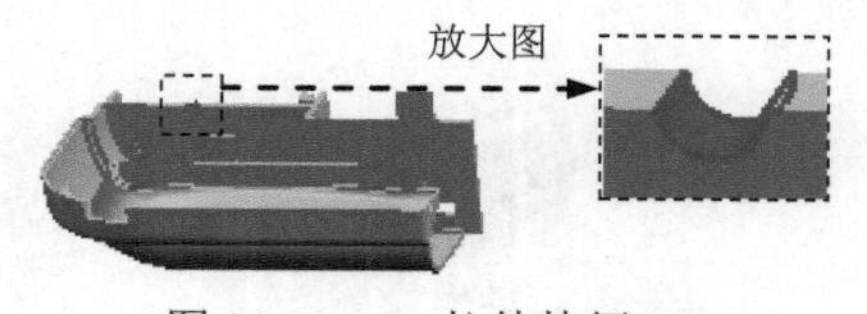

图 21.10.44　拉伸特征 14

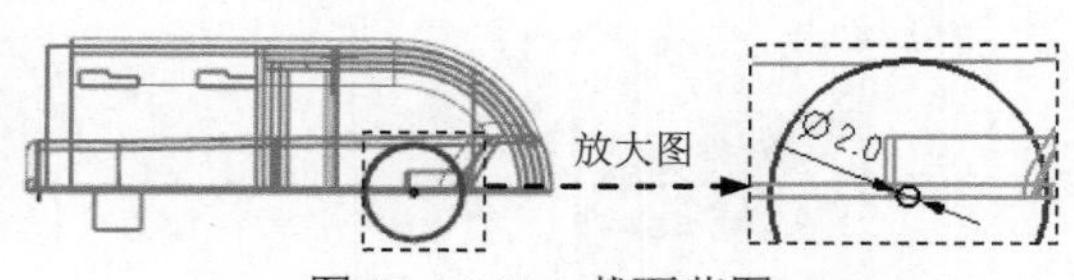

图 21.10.45　截面草图

Step24. 创建图 21.10.46 所示的零件特征——拉伸特征 15。选取图 21.10.47 所示的平面为草图平面，绘制图 21.10.48 所示的截面草图；在“拉伸”对话框方向区域的*指定矢量 (0)下拉列表中选择ZC选项；在限制区域的开始下拉列表中选择值选项，并在其下的距离文本框中输入值 0；在限制区域的结束下拉列表中选择值选项，并在其下的距离文本框中输入值 1；在布尔区域中选择减去选项，采用系统默认的求差对象；其他参数采用系统默认设置值。

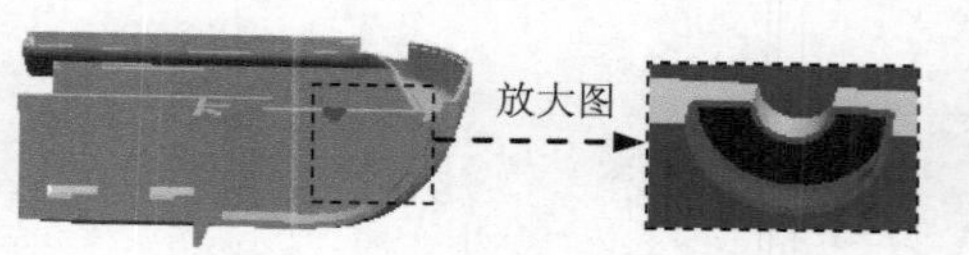

图 21.10.46　拉伸特征 15

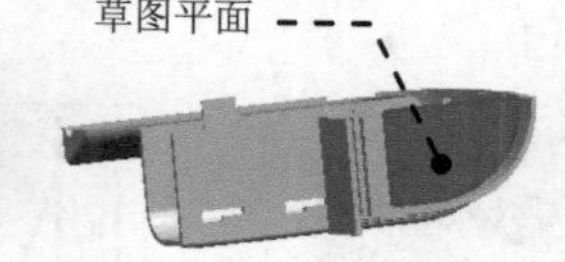

图 21.10.47　定义草图平面

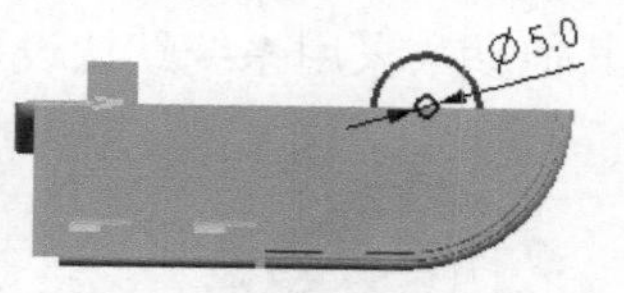

图 21.10.48　截面草图

Step25. 创建图 21.10.49 所示的零件特征——拉伸特征 16。在绘图区选取图 21.10.50 所示的曲线为拉伸截面；在“拉伸”对话框方向区域的*指定矢量 (0)下拉列表中选择YC选项；在限制区域的结束下拉列表中选择值选项，并在其下的距离文本框中输入值 34；在限制区域的结束下拉列表中选择直至延伸部分选项；选取图 21.10.51 所示的面为拉伸终止面；在布尔区域中选择合并选项，采用系统默认的合并对象；其他参数采用系统默认设置值。

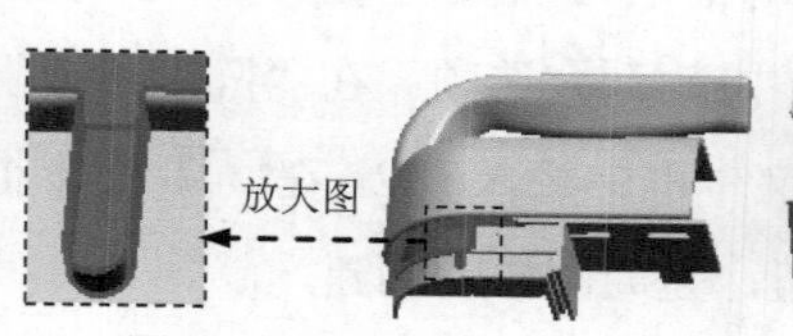

图 21.10.49　拉伸特征 16

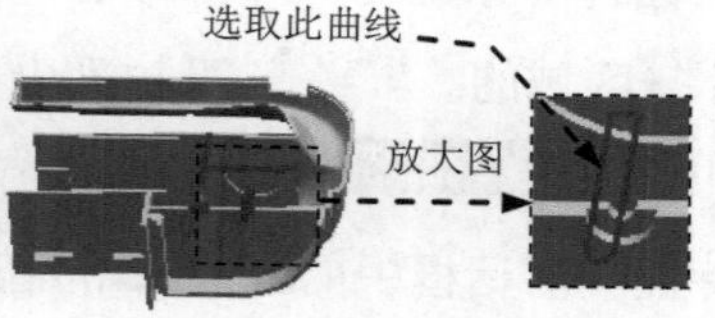

图 21.10.50　选取截面草图

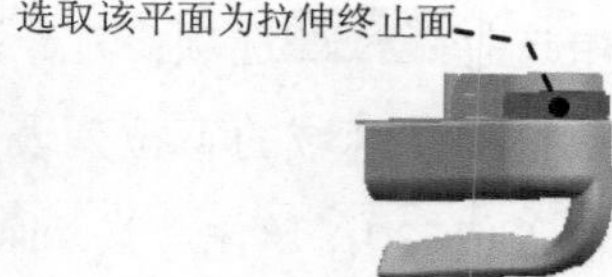

图 21.10.51　定义拉伸终止面

说明： 下面进行一个分割面命令的操作。分割工具采用的是基准平面，此基准平面是从上级控件中链接的。若此时没有链接过来，则可以在装配导航器中右击left选项，在弹出的快捷菜单中选择显示父项 → first命令，系统进入 first 模型区域，然后将其激活，右击first选项，在弹出的快捷菜单中选择WAVE → 将几何体复制到部件命令，在弹出的“选择部件”对话框中选择left.prt文件，单击确定按钮，然后选择需要链接的基准平面，单击确定按钮，最后从装配导航器中切换至当前环境中即可。

Step26. 创建零件特征——分割面。选择下拉菜单插入(S) → 修剪(T) → 分割面(D)...命令，系统弹出“分割面”对话框；选取图 21.10.52 所示的模型体表面为要分割的面，单击鼠标中键，选取图 21.10.53 所示的基准平面为分割对象；其他参数采用系统默认设置值；单击< 确定 >按钮，完成分割面的创建。

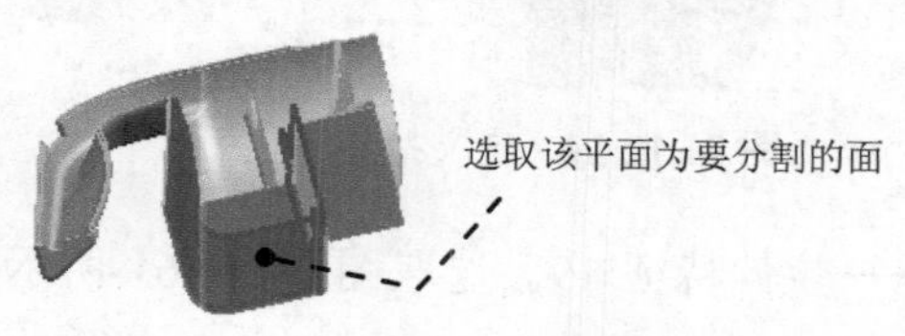

图 21.10.52　定义分割面

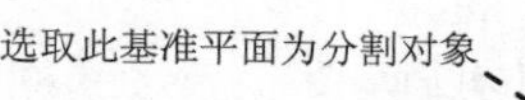

图 21.10.53　定义分割对象

Step27. 创建图 21.10.54 所示的零件特征——拉伸特征 17。选取图 21.10.53 所示的基准平面为草图平面，绘制图 21.10.55 所示的截面草图；在“拉伸”对话框方向区域的*指定矢量 (0)下拉列表中选择XC选项；在限制区域的结束下拉列表中选择对称值选项，并在其下的距离文本框中输入值 1；在布尔区域中选择合并选项，采用系统默认的合并对象；其他参数采用系统默认设置值。

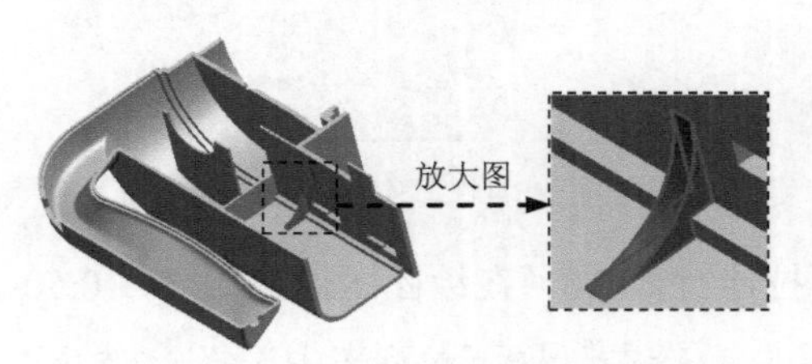

图 21.10.54 拉伸特征 17

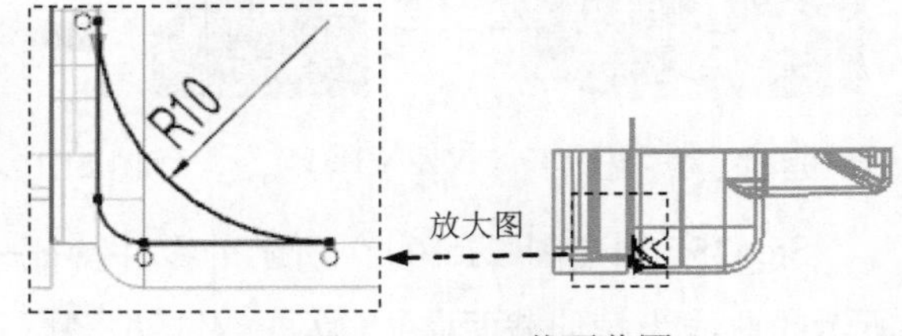

图 21.10.55 截面草图

Step28. 创建图 21.10.56 所示的零件特征——图样。选择下拉菜单 插入(S) → 关联复制(A) → 阵列特征(A)... 命令（或单击按钮），系统弹出“阵列特征”对话框；在绘图区选取拉伸特征 17 为图样对象；在“阵列特征”对话框阵列定义区域的布局下拉列表中选择线性选项；在方向 1区域的*指定矢量下拉列表中选择XC选项；在“阵列特征”对话框间距区域的下拉列表中选择数量和间隔选项，在数量文本框中输入值 2，在节距文本框中输入值-30；单击“阵列特征”对话框中的确定按钮，完成图样的创建。

Step29. 创建图 21.10.57 所示的零件特征——拉伸特征 18。在绘图区选取图 21.10.58 所示的曲线为拉伸截面。在“拉伸”对话框方向区域的*指定矢量 (0)下拉列表中选择ZC选项；在限制区域的开始下拉列表中选择直至延伸部分选项，选取图 21.10.59 所示的面为拉伸起始面；在限制区域的结束下拉列表中选择直至延伸部分选项，选取图 21.10.59 所示的面为拉伸终止面；在布尔区域中选择减去选项，采用系统默认的求差对象；其他参数采用系统默认设置值。

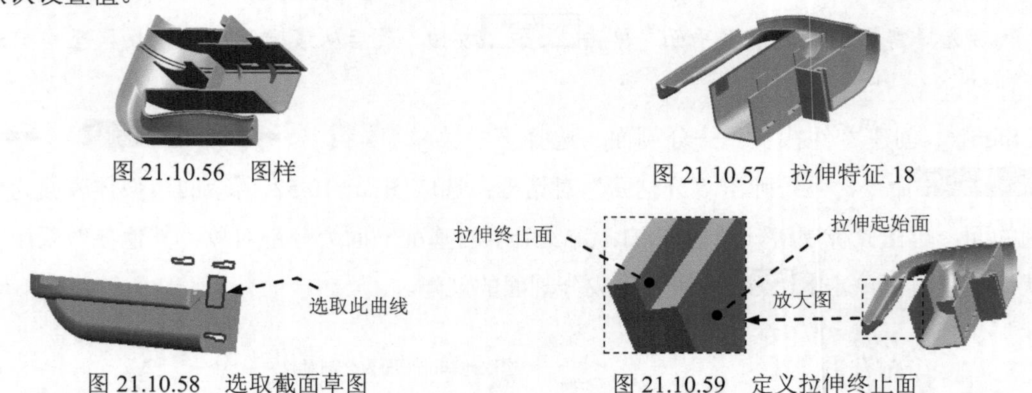

图 21.10.56 图样

图 21.10.57 拉伸特征 18

图 21.10.58 选取截面草图

图 21.10.59 定义拉伸终止面

Step30. 创建图 21.10.60 所示的零件特征——拉伸特征 19。选取图 21.10.61 所示的基准平面为草图平面，绘制图 21.10.62 所示的截面草图。在“拉伸”对话框方向区域的

*指定矢量 (0)下拉列表中选择XC选项；在限制区域的结束下拉列表中选择对称值选项，并在其下的距离文本框中输入值1.5；在布尔区域中选择合并选项，采用系统默认的合并对象；其他参数采用系统默认设置值。

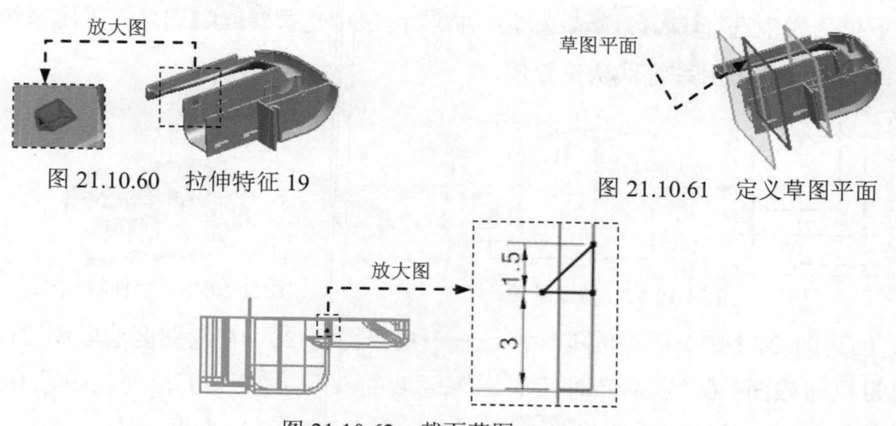

图 21.10.60　拉伸特征 19

图 21.10.61　定义草图平面

图 21.10.62　截面草图

Step31. 创建图 21.10.63 所示的零件特征——拉伸特征 20。选取 ZX 基准平面为草图平面，绘制图 21.10.64 所示的截面草图。在方向区域的*指定矢量 (0)下拉列表中选择YC选项；在偏置下拉列表中选择两侧选项，并在结束文本框中输入值 0，在结束文本框中输入值 1；在限制区域的开始下拉列表中选择值选项，并在其下的距离文本框中输入值 0；在限制区域的结束下拉列表中选择直至下一个选项；在布尔区域中选择合并选项，采用系统默认的合并对象；其他参数采用系统默认设置值。

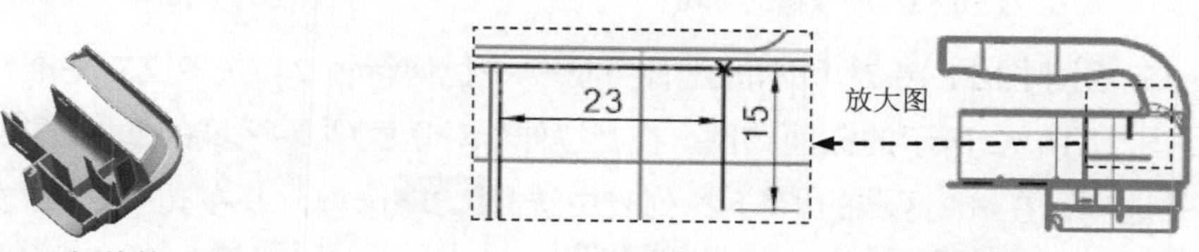

图 21.10.63　拉伸特征 20

图 21.10.64　截面草图

Step32. 创建图 21.10.65 所示的零件特征——拉伸特征 21。选取图 21.10.66 所示的平面为草图平面，绘制图 21.10.67 所示的截面草图；在“拉伸”对话框方向区域的*指定矢量 (0)下拉列表中选择XC选项；在限制区域的开始下拉列表中选择值选项，并在其下的距离文本框中输入值 0；在限制区域的结束下拉列表中选择直至下一个选项，在布尔区域中选择减去选项，采用系统默认的求差对象；其他参数采用系统默认设置值。

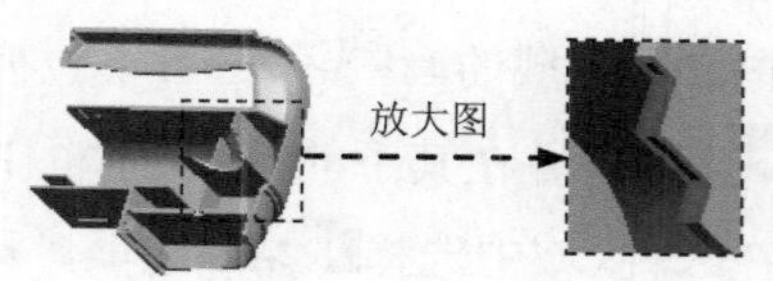

图 21.10.65　拉伸特征 21

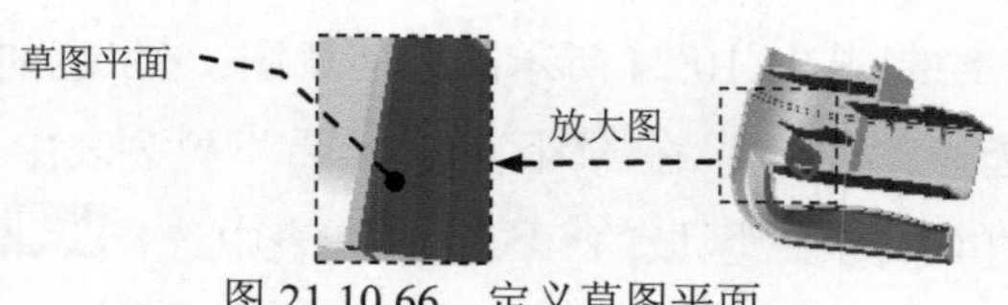

图 21.10.66　定义草图平面

Step33. 创建图 21.10.68 所示的零件特征——拉伸特征 22。在绘图区选取图 21.10.69 所示的曲线为拉伸截面。在“拉伸”对话框方向区域的*指定矢量 (0)下拉列表中选择YC选项；在限制区域的开始下拉列表中选择值选项，并在其下的距离文本框中输入值 0；在限制区域的结束下拉列表中选择直至下一个选项；在布尔区域中选择合并选项，采用系统默认的合并对象；其他参数采用系统默认设置值。

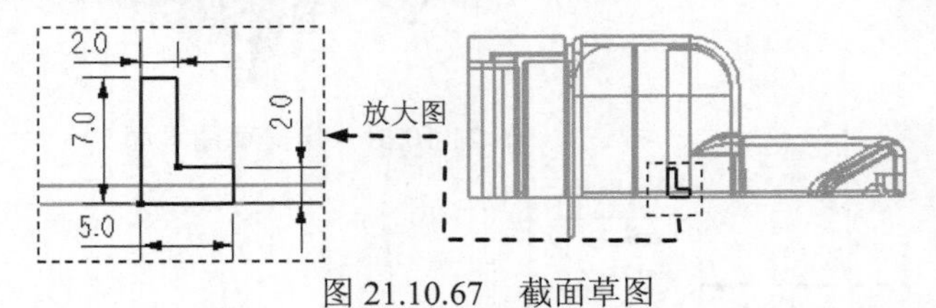

图 21.10.67 截面草图

图 21.10.68 拉伸特征 22

Step34. 创建图 21.10.70 所示的零件特征——拉伸特征 23。在绘图区选取图 21.10.69 所示的曲线为拉伸截面；在“拉伸”对话框方向区域的*指定矢量 (0)下拉列表中选择YC选项；在限制区域的开始下拉列表中选择值选项，并在其下的距离文本框中输入值 0；在限制区域的结束下拉列表中选择直至下一个选项；在布尔区域中选择合并选项，采用系统默认的合并对象；在拔模区域的拔模下拉列表中选择从起始限制选项，并在角度文本框中输入值 -3；其他参数采用系统默认设置值。

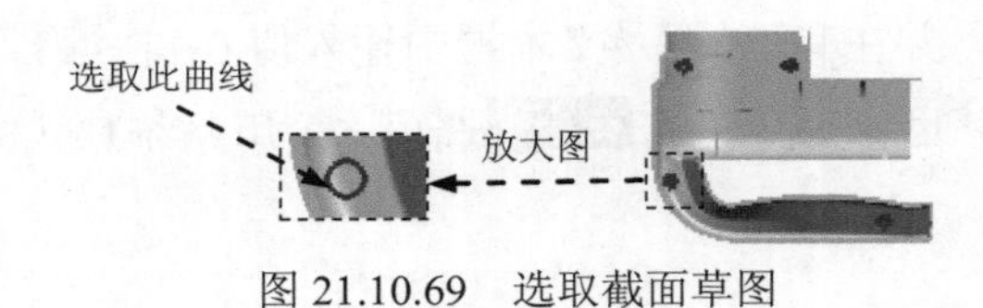

图 21.10.69 选取截面草图

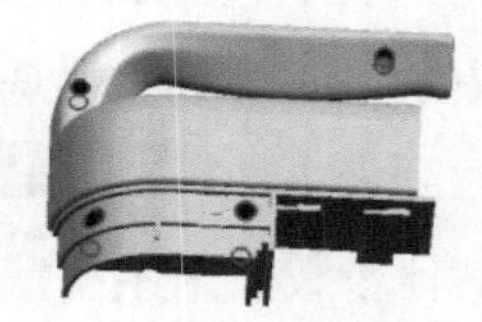

图 21.10.70 拉伸特征 23

Step35. 创建图 21.10.71 所示的零件特征——拉伸特征 24。选取 ZX 基准平面为草图平面，绘制图 21.10.72 所示的截面草图。在“拉伸”对话框方向区域的*指定矢量 (0)下拉列表中选择YC选项；在限制区域的开始下拉列表中选择值选项，并在其下的距离文本框中输入值 0；在限制区域的结束下拉列表中选择值选项，并在其下的距离文本框中输入值 2；在布尔区域中选择减去选项，采用系统默认的求差对象；其他参数采用系统默认设置值。

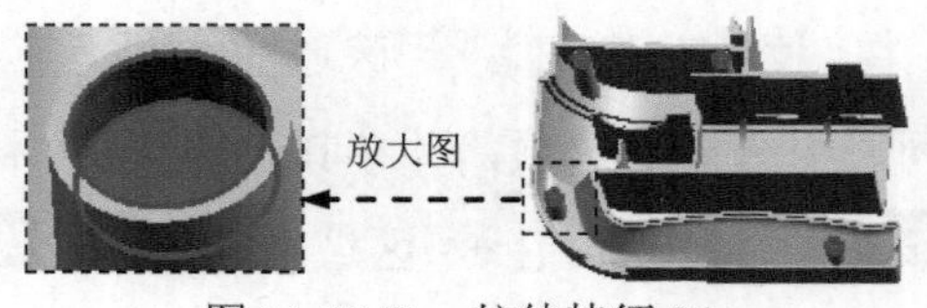

图 21.10.71 拉伸特征 24

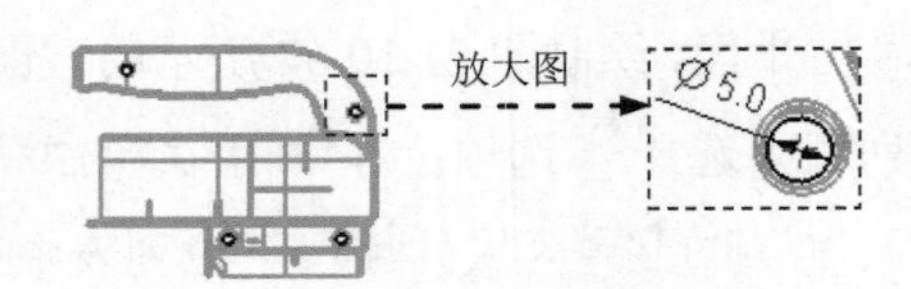

图 21.10.72 截面草图

Step36. 创建图 21.10.73 所示的零件特征——拉伸特征 25。选取 ZX 基准平面为草图平面，绘制图 21.10.74 所示的截面草图；在“拉伸”对话框方向区域的*指定矢量 (0)下拉列表中选择YC选项；在限制区域的结束下拉列表中选择值选项，并在其下的距离文本框中输入值 0；在限制区域的结束下拉列表中选择贯通选项；在布尔区域中选择减去选项，采用系统默认的求差对象；其他参数采用系统默认设置值。

图 21.10.73 拉伸特征 25　　　　图 21.10.74 截面草图

Step37. 创建图 21.10.75 所示的零件特征——拉伸特征 26。在绘图区选取图 21.10.76 所示的草图为拉伸截面。在“拉伸”对话框方向区域的指定矢量 (0)下拉列表中选择YC选项；在限制区域的开始下拉列表中选择值选项，并在其下的距离文本框中输入值 1；在限制区域的结束下拉列表中选择值选项，并在其下的距离文本框中输入值 6；在布尔区域中选择合并选项，采用系统默认的合并对象；其他参数采用系统默认设置值。

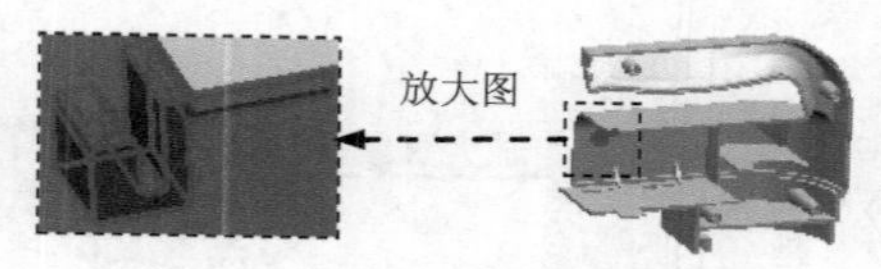

图 21.10.75 拉伸特征 26

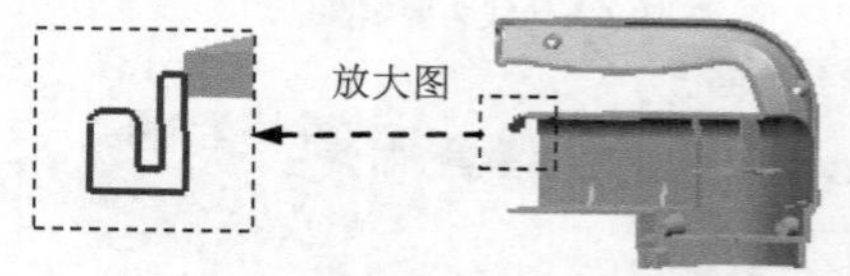

图 21.10.76 截面草图

Step38. 创建图 21.10.77 所示的零件特征——拉伸特征 27。选取图 21.10.78 所示的平面为草图平面，绘制图 21.10.79 所示的截面草图；在“拉伸”对话框方向区域的指定矢量 (0)下拉列表中选择-ZC选项；在限制区域的开始下拉列表中选择值选项，并在其下的距离文本框中输入值 0；在限制区域的结束下拉列表中选择贯通选项；在布尔区域中选择减去选项，采用系统默认的求差对象；其他参数采用系统默认设置值。

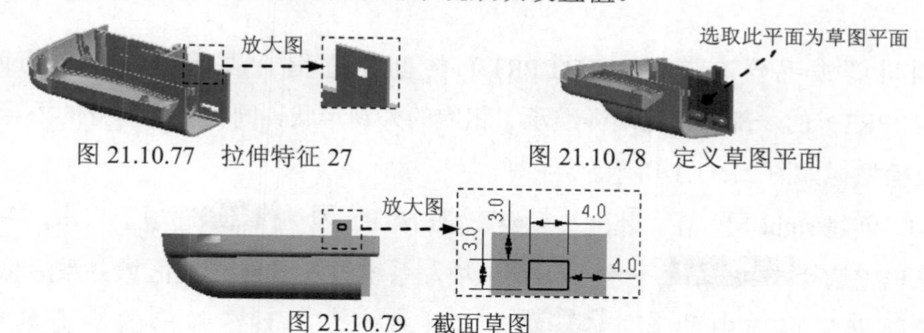

图 21.10.77 拉伸特征 27　　　　图 21.10.78 定义草图平面

图 21.10.79 截面草图

Step39. 创建图 21.10.80b 所示的边倒圆特征 6。选择图 21.10.80a 所示的两条边线为要倒圆的边，并在半径 1文本框中输入值 1。

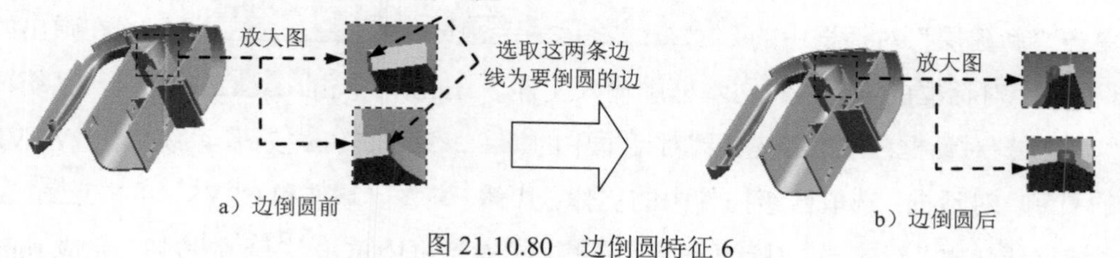

图 21.10.80 边倒圆特征 6

Step40. 创建图 21.10.81b 所示的边倒圆特征 7。选择图 21.10.81a 所示的两条边线为要倒圆的边，并在半径 1文本框中输入值 0.5。

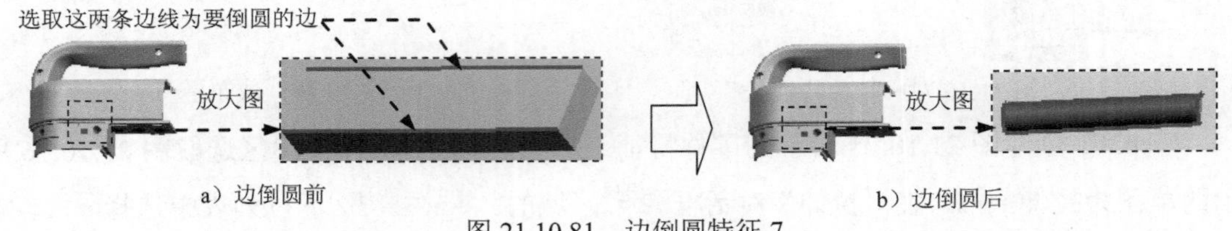

图 21.10.81 边倒圆特征 7

Step41. 创建图 21.10.82b 所示的边倒圆特征 8。选择图 21.10.82a 所示的边线为要倒圆的边，并在半径 1文本框中输入值 0.5。

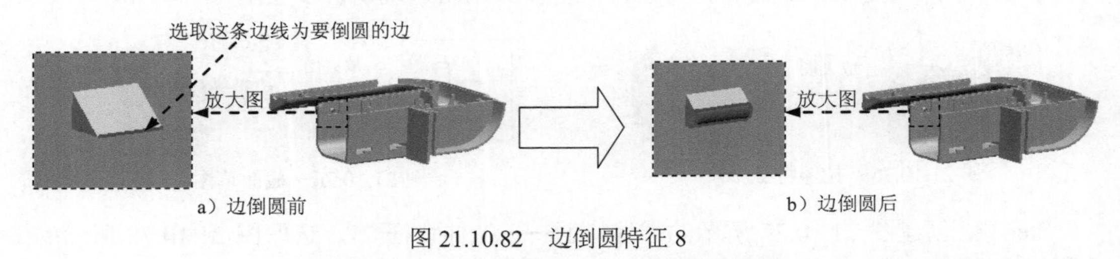

图 21.10.82 边倒圆特征 8

Step42. 保存零件模型。选择下拉菜单文件(F) → 保存(S)命令，即可保存零件模型。

21.11 右 盖

下面讲解去毛器右盖（RIGHT.PRT）的创建过程。去毛器右盖作为四级控件（FOURTH.PRT）的一部分，也同样继承了相应的外观形状，同时获得本身的外形尺寸。零件模型及模型树如图 21.11.1 所示。

Step1. 创建 right 层。在“装配导航器”窗口中的 left 选项上右击，在系统弹出的快捷菜单中选择显示父项 → first 选项，系统进入 first 模型区域并激活总装配；在“装配导航器”窗口中的 fourth 选项上右击，在系统弹出的快捷菜单中选择设为显示部件命令，系统进入 fourth 模型区域；在“装配导航器”窗口中的 fourth 选项上右击，在系统弹出的快捷菜单中选择WAVE → 新建层命令，系统弹出“新建层”对话框；单击“新建层”对话框中的指定部件名按钮，在弹出的“选择部件名”对话框的文件名(N):文本框中输入文件名 right，单击OK按钮，系统再次弹出“新建层”对话框；单击“新建层”对话框中的类选择按钮，系统弹出“WAVE 组件间的复制”对话框；选取四级控件中的实体、片体、草图、基准和 CSYS，单击确定按钮，系统重新弹出“新建层”对话框；在“新建层”对话框中单击确定按钮，完成 right 层的创建；在“装配导航器”窗口中的 right 选项上右击，在系统弹出的快捷菜单中选

择 设为显示部件 命令，对模型进行编辑。

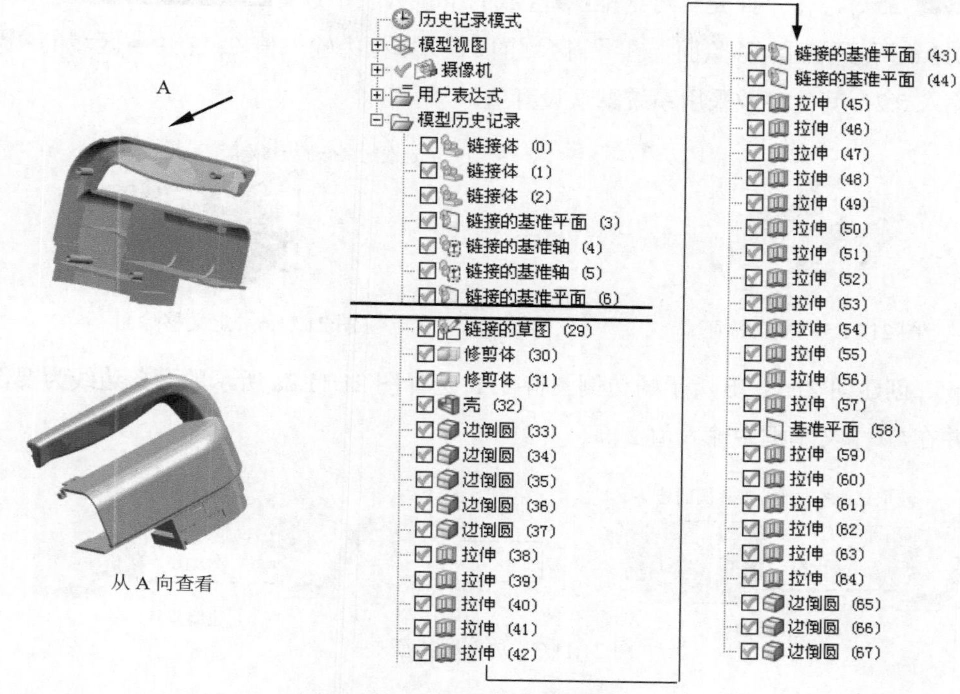

图 21.11.1 零件模型及模型树

Step2. 创建图 21.11.2 所示的零件特征——修剪体 1。选取图 21.11.3 所示的模型体为修剪的目标体，单击中键后，选取图 21.11.3 所示的片体为刀具体；单击按钮，使箭头指向被修剪的部分。

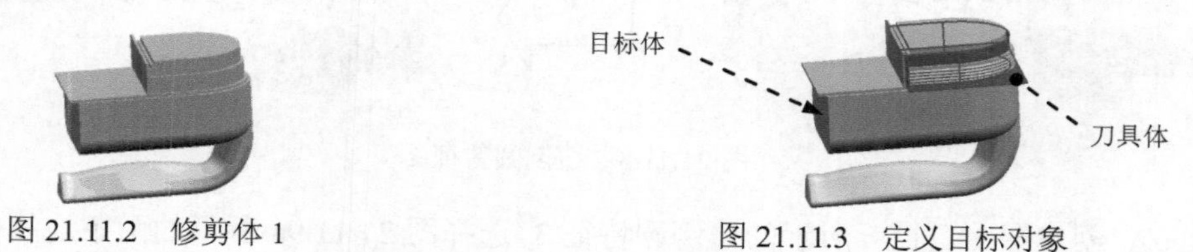

图 21.11.2 修剪体 1　　图 21.11.3 定义目标对象

Step3. 创建图 21.11.4b 所示的零件特征——修剪体 2。选取图 21.11.4a 所示的模型体为修剪的目标体，单击中键后，选取 ZX 基准平面为刀具体，可通过“反向”按钮调整修剪方向，箭头指向被修剪的部分。

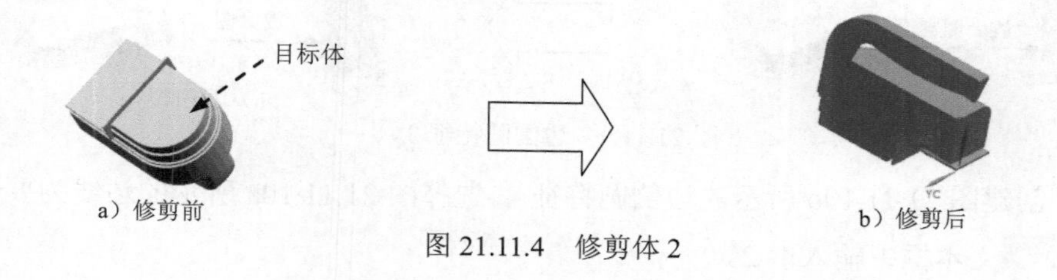

图 21.11.4 修剪体 2

Step4. 创建图 21.11.5 所示的抽壳特征。选择下拉菜单插入(S) → 偏置/缩放(O) → 抽壳(H)... 命令，在“抽壳”对话框类型区域的下拉列表中选择移除面，然后抽壳选项，选择图 21.11.6 所示的面为移除面，在厚度区域的厚度文本框中输入值 2；在设置区域的公差文本框中输入 0.2；其他参数采用系统默认设置值。

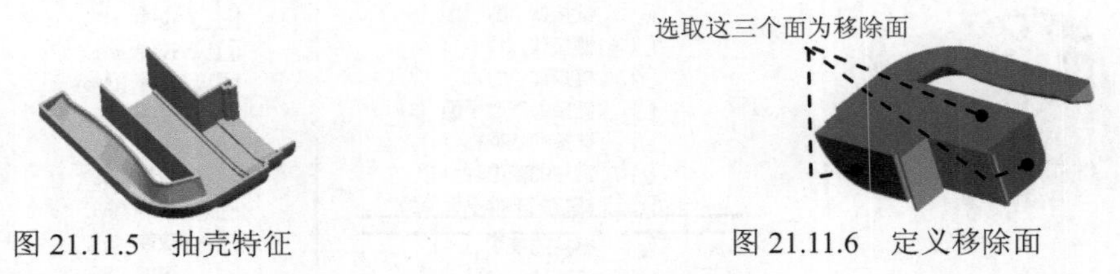

图 21.11.5 抽壳特征　　图 21.11.6 定义移除面

Step5. 创建图 21.11.7b 所示的边倒圆特征 1。选择图 21.11.7a 所示的两条边线为要倒圆的边，并在半径 1文本框中输入值 2。

a）边倒圆前　　b）边倒圆后

图 21.11.7 边倒圆特征 1

Step6. 创建图 21.11.8b 所示的边倒圆特征 2。选择图 21.11.8a 所示的两条边线为要倒圆的边，并在半径 1文本框中输入值 3。

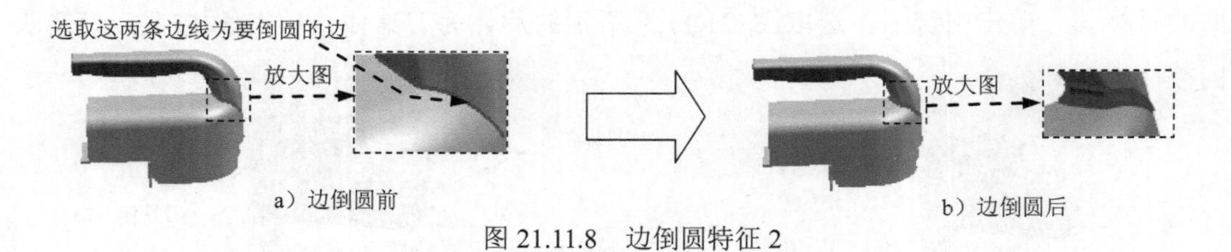

a）边倒圆前　　b）边倒圆后

图 21.11.8 边倒圆特征 2

Step7. 创建图 21.11.9b 所示的边倒圆特征 3。选择图 21.11.9a 所示的两条边线为要倒圆的边，并在半径 1文本框中输入值 0.3。

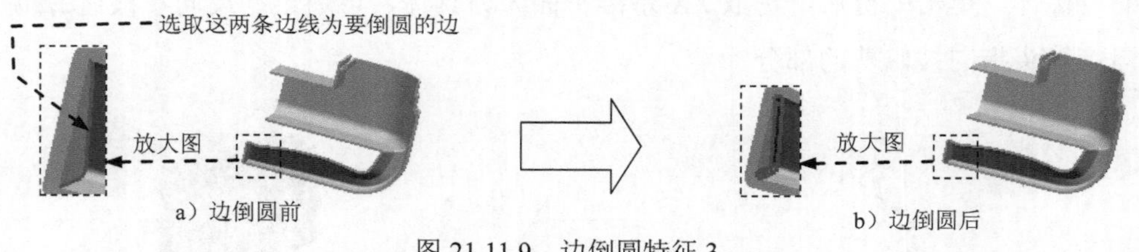

a）边倒圆前　　b）边倒圆后

图 21.11.9 边倒圆特征 3

Step8. 创建图 21.11.10b 所示的边倒圆特征 4。选择图 21.11.10a 所示的边线为要倒圆的边，并在半径 1文本框中输入值 2。

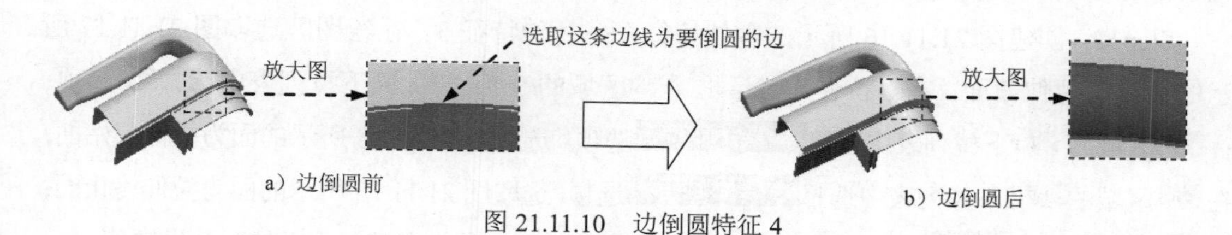

图 21.11.10 边倒圆特征 4

Step9. 创建图 21.11.11b 所示的边倒圆特征 5。选择图 21.11.11a 所示的边线为要倒圆的边，并在半径 1文本框中输入值 0.5。

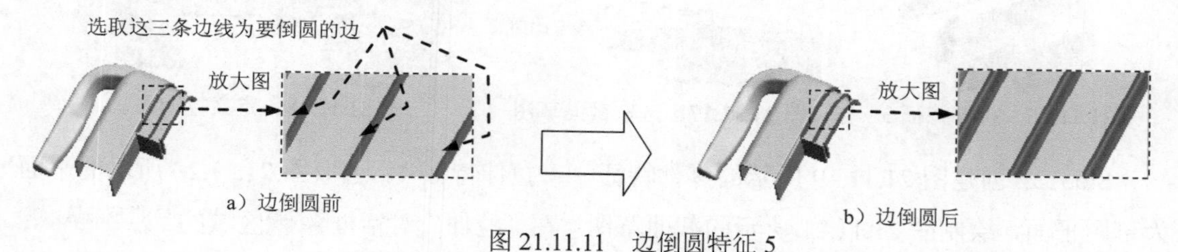

图 21.11.11 边倒圆特征 5

Step10. 创建图 21.11.12 所示的零件特征——拉伸特征 1。在绘图区选取图 21.11.13 所示的曲线为拉伸截面；在方向区域的* 指定矢量 (0)下拉列表中选择-YC选项；在偏置下拉列表中选择两侧选项，并在开始文本框中输入值 0，在结束文本框中输入值-2；在限制区域的开始下拉列表中选择值选项，并在其下的距离文本框中输入值 0；在限制区域的结束下拉列表中选择直至下一个选项；在布尔区域中选择合并选项，采用系统默认的合并对象；其他参数采用系统默认设置值。

图 21.11.12 拉伸特征 1

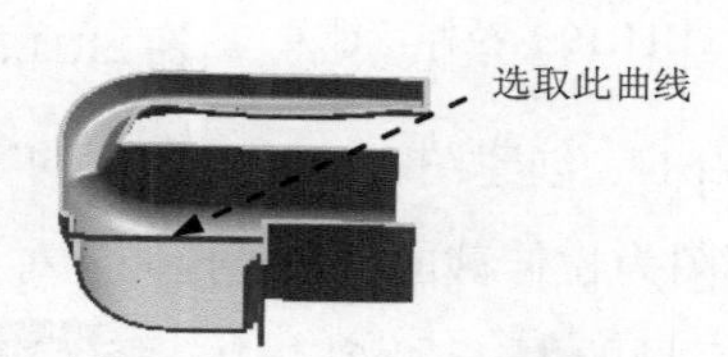

图 21.11.13 选取截面草图

Step11. 创建图 21.11.14 所示的零件特征——拉伸特征 2。在绘图区选取图 21.11.15 所示的曲线为拉伸截面；在“拉伸”对话框方向区域的* 指定矢量 (0)下拉列表中选择YC选项；在偏置下拉列表中选择两侧选项，并在开始文本框中输入值 1，在结束文本框中输入值 0；在限制区域的开始下拉列表中选择值选项，并在其下的距离文本框中输入值 0；在限制区域的结束下拉列表中选择值选项，并在其下的距离文本框中输入值 1；在布尔区域中选择合并选项，采用系统默认的合并对象；在设置区域的公差文本框中输入值 0.03；其他参数采用系统默认设置值。

图 21.11.14 拉伸特征 2

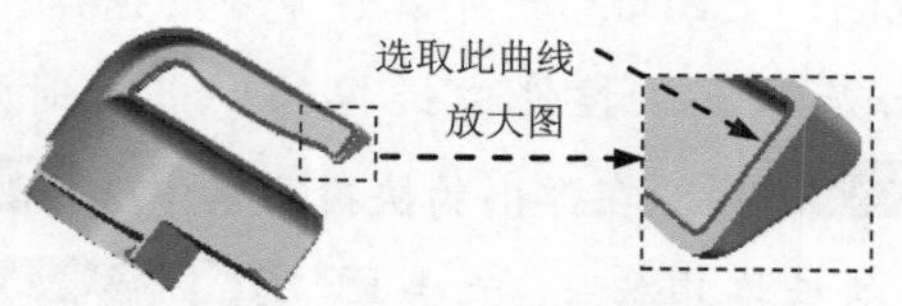

图 21.11.15 选取截面草图

Step12. 创建图 21.11.16 所示的零件特征——拉伸特征 3。在绘图区选取图 21.11.17 所示的曲线为拉伸截面。在“拉伸”对话框方向区域的*指定矢量 (0)下拉列表中选择ZC↑选项；在限制区域的开始下拉列表中选择直至延伸部分选项，选取图 21.11.18 所示的面为拉伸起始面；在限制区域的结束下拉列表中选择直至延伸部分选项，选取图 21.11.18 所示的面为拉伸终止面；在布尔区域中选择合并选项，采用系统默认的合并对象；其他参数采用系统默认设置值。

图 21.11.16 拉伸特征 3　　图 21.11.17 选取截面草图　　图 21.11.18 定义拉伸面

Step13. 创建图 21.11.19 所示的零件特征——拉伸特征 4。选取图 21.11.20 所示的平面为草图平面，绘制图 21.11.21 所示的截面草图；在“拉伸”对话框方向区域的*指定矢量 (0)下拉列表中选择ZC↑选项；在限制区域的开始下拉列表中选择值选项，并在其下的距离文本框中输入值 0；在限制区域的结束下拉列表中选择贯通选项；在布尔区域中选择减去选项，采用系统默认的求差对象；其他参数采用系统默认设置值。

图 21.11.19 拉伸特征 4　　图 21.11.20 定义草图平面　　图 21.11.21 截面草图

Step14. 创建图 21.11.22 所示的零件特征——拉伸特征 5。在绘图区选取图 21.11.23 所示的草图为拉伸截面；在“拉伸”对话框方向区域的*指定矢量 (0)下拉列表中选择-ZC↓选项；在限制区域的开始下拉列表中选择值选项，并在其下的距离文本框中输入值 0；在限制区域的结束下拉列表中选择值选项，并在其下的距离文本框中输入值 1；在布尔区域中选择减去选项，采用系统默认的求差对象；其他参数采用系统默认设置值。

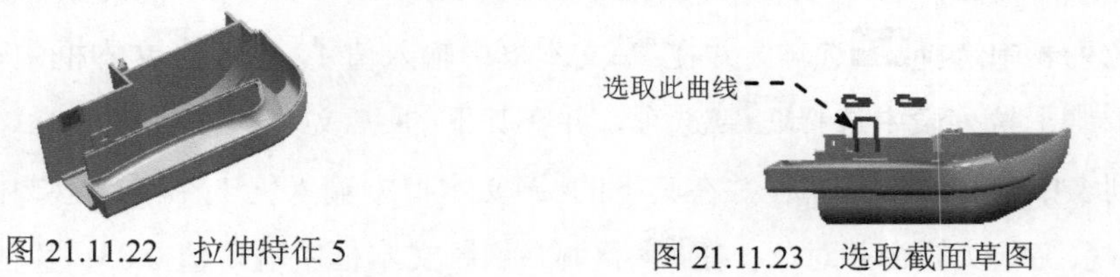

图 21.11.22 拉伸特征 5　　图 21.11.23 选取截面草图

说明：下面进行一个拉伸命令的操作。拉伸特征的草图平面采用的是基准平面，此基准平面是从上级控件中链接的。若此时没有链接过来，则可以在装配导航器中右击 right 选项，在弹出的快捷菜单中选择显示父项 ▸ ➡ first 命令，系统进入 first 模型区域，然后将其激活，右击 first 选项，在弹出的快捷菜单中选择 WAVE ▸ ➡

将几何体复制到部件命令，然后在弹出的“选择部件”对话框中选择right.prt文件，单击确定按钮后选择需要链接的基准平面，单击确定按钮，最后从装配导航器中切换至当前环境中即可。

Step15. 创建图 21.11.24 所示的零件特征——拉伸特征 6。选取图 21.11.25 所示的基准平面为草图平面，绘制图 21.11.26 所示的截面草图；在“拉伸”对话框方向区域的* 指定矢量 (0)下拉列表中选择XC选项；在限制区域的结束下拉列表中选择对称值选项，并在其下的距离文本框中输入值 1.5；在布尔区域中选择合并选项，采用系统默认的合并对象；其他参数采用系统默认设置值，单击< 确定 >按钮，完成拉伸特征 6 的创建。

图 21.11.24　拉伸特征 6　图 21.11.25　定义草图平面

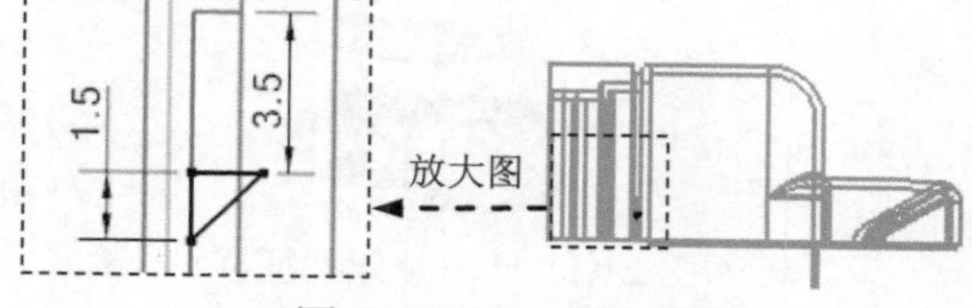

图 21.11.26　截面草图

Step16. 创建图 21.11.27 所示的零件特征——拉伸特征 7。在绘图区选取图 21.11.28 所示的草图为拉伸截面；在“拉伸”对话框方向区域的* 指定矢量 (0)下拉列表中选择YC选项；在限制区域的开始下拉列表中选择值选项，并在其下的距离文本框中输入值-1；在限制区域的结束下拉列表中选择值选项，并在其下的距离文本框中输入值 4；在布尔区域中选择合并选项，采用系统默认的合并对象；其他参数采用系统默认设置值。

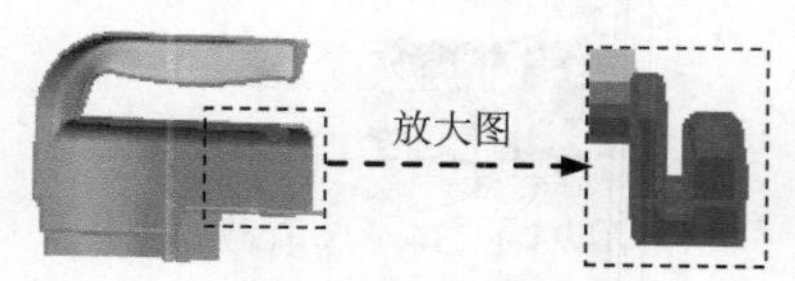

图 21.11.27　拉伸特征 7

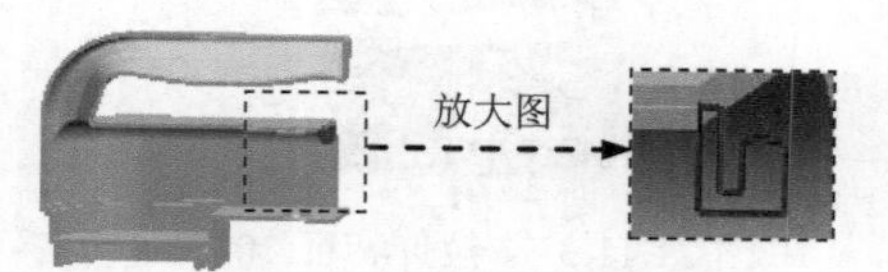

图 21.11.28　选取截面草图

Step17. 创建图 21.11.29 所示的零件特征——拉伸特征 8。在绘图区选取图 21.11.30 所示的草图为拉伸截面；在“拉伸”对话框方向区域的* 指定矢量 (0)下拉列表中选择-ZC选项；在限制区域的开始下拉列表中选择值选项，并在其下的距离文本框中输入值 0；在限制区域的结束下拉列表中选择贯通选项；在布尔区域中选择减去选项，采用系统默认的求差对象；其他参数采用系统默认设置值。

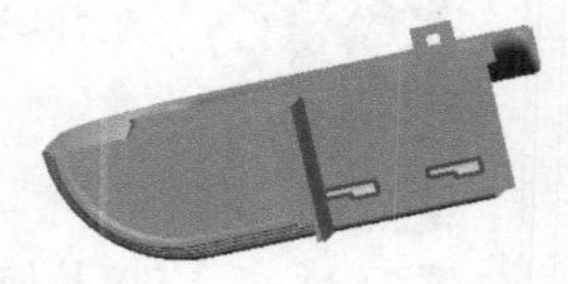
图 21.11.29　拉伸特征 8

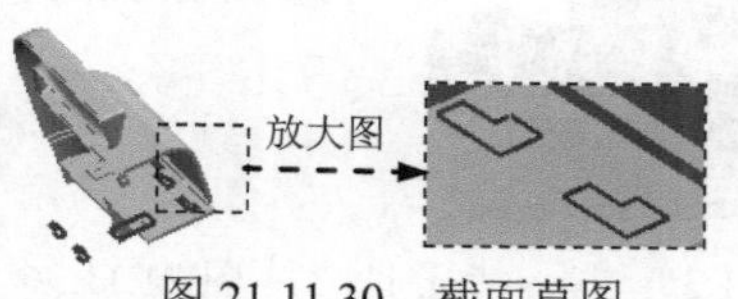

图 21.11.30　截面草图

Step18. 创建图 21.11.31 所示的零件特征——拉伸特征 9。选取 ZX 基准平面为草图平面，绘制图 21.11.32 所示的截面草图（与已有的控件 1 中的草图约束共线）；在方向区域的

指定矢量 (0)下拉列表中选择-YC选项；在偏置下拉列表中选择对称选项，并在结束文本框输入值 0.5；在限制区域的开始下拉列表中选择值选项，并在其下的距离文本框中输入值 0；在限制区域的结束下拉列表中选择直至下一个选项；在布尔区域中选择合并选项，采用系统默认的合并对象；其他参数采用系统默认设置值；单击< 确定 >按钮，完成拉伸特征 9 的创建。

图 21.11.31　拉伸特征 9

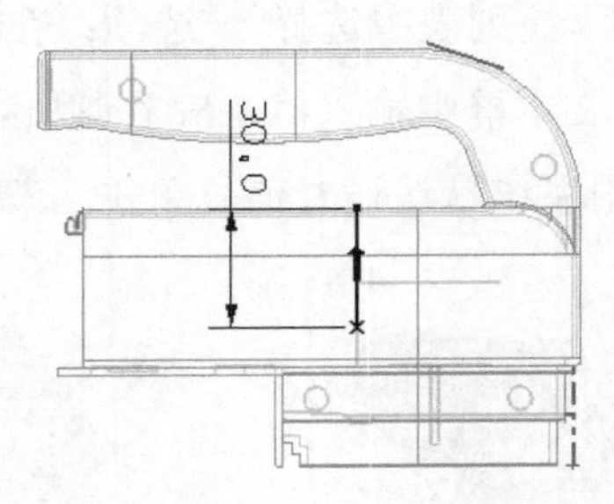

图 21.11.32　截面草图

Step19. 创建图 21.11.33 所示的零件特征——拉伸特征 10。在绘图区选取图 21.11.34 所示的曲线为拉伸截面；在方向区域的指定矢量 (0)下拉列表中选择-YC选项；在偏置下拉列表中选择对称选项，并在结束文本框输入值 0.5；在限制区域的开始下拉列表中选择值选项，并在其下的距离文本框中输入值 0；在限制区域的结束下拉列表中选择直至下一个选项；在布尔区域中选择合并选项，采用系统默认的合并对象；其他参数采用系统默认设置值。

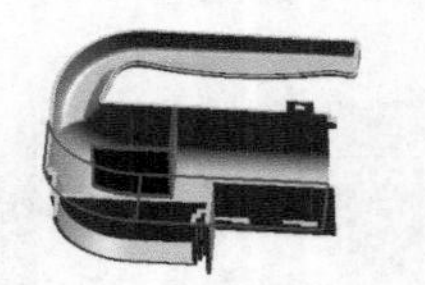
图 21.11.33　拉伸特征 10

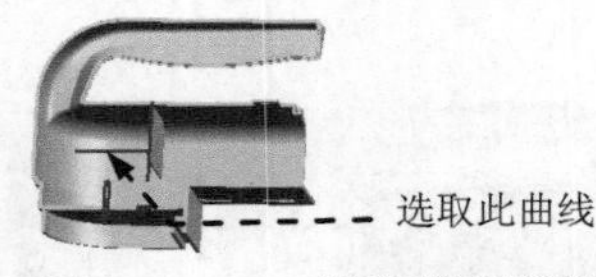

图 21.11.34　选取截面草图

Step20. 创建图 21.11.35 所示的零件特征——拉伸特征 11。在绘图区选取图 21.11.36 所示的曲线为拉伸截面；在“拉伸”对话框方向区域的指定矢量 (0)下拉列表中选择ZC选项；在限制区域的开始下拉列表中选择值选项，并在其下的距离文本框中输入值 0；在限制区域的结束下拉列表中选择直至延伸部分选项，选取图 21.11.37 所示的面为拉伸终止面；在布尔区域中选择减去选项，采用系统默认的求差对象；其他参数采用系统默认设置值。

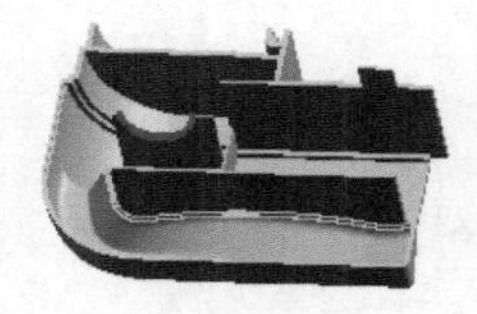
图 21.11.35　拉伸特征 11

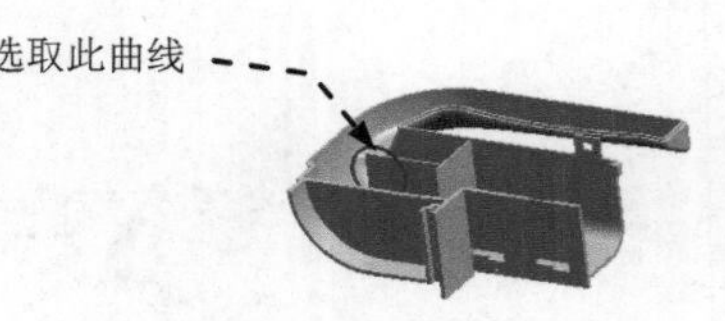

图 21.11.36　选取截面草图

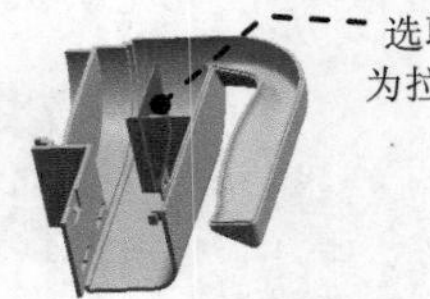

图 21.11.37　定义拉伸终止面

Step21. 创建图 21.11.38 所示的零件特征——拉伸特征 12。在绘图区选取图 21.11.39 所示的曲线为拉伸截面；在“拉伸”对话框方向区域的指定矢量 (0)下拉列表中选择-XC选项；在限制区域的开始下拉列表中选择值选项，并在其下的距离文本框中输入值 0；在限制区域的结束下拉列表中选择贯通选项；在布尔区域中选择减去选项，采用系统默认的求差对象；其他参数采用系统默认设置值。

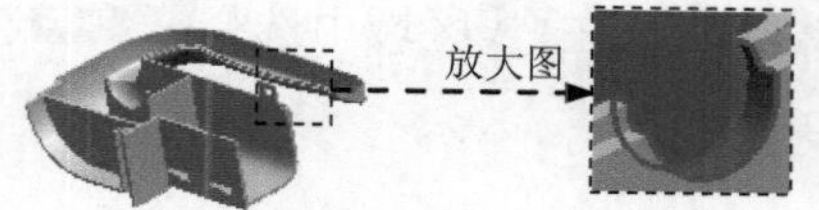

图 21.11.38　拉伸特征 12

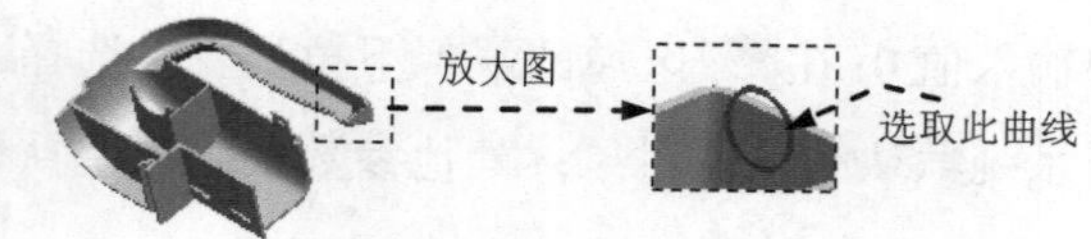

图 21.11.39　选取截面草图

Step22. 创建图 21.11.40 所示的零件特征——拉伸特征 13。选取图 21.11.41 所示的平面为草图平面，绘制图 21.11.42 所示的截面草图；在指定矢量下拉列表中选择选项，选择草图平面确定方向，可以单击“反向”按钮调整方向；在限制区域的开始下拉列表中选择值选项，并在其下的距离文本框中输入值-5；在限制区域的结束下拉列表中选择直至延伸部分选项，选取图 21.11.41 所示的模型的外侧；在布尔区域中选择减去选项，采用系统默认的求差对象；其他参数采用系统默认设置值。

图 21.11.40　拉伸特征 13　图 21.11.41　定义草图平面　图 21.11.42　截面草图

Step23. 创建图 21.11.43 所示的零件特征——拉伸特征 14。选取 XY 基准平面为草图平面，绘制图 21.11.44 所示的截面草图；在“拉伸”对话框方向区域的指定矢量 (0)下拉列表中选择-ZC选项；在限制区域的开始下拉列表中选择值选项，并在其下的距离文本框中输入值 0；在限制区域的结束下拉列表中选择贯通选项；在布尔区域中选择减去选项，采用系统默认的求差对象；其他参数采用系统默认设置值。

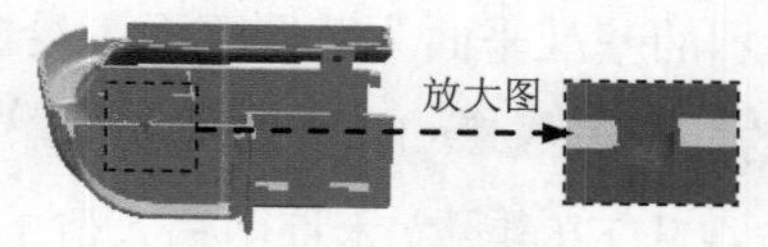

图 21.11.43　拉伸特征 14

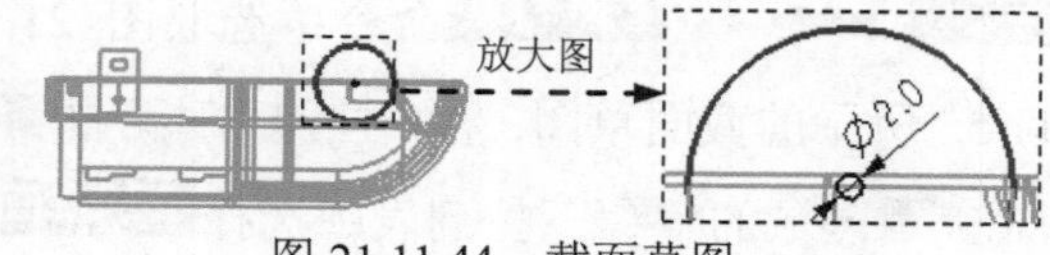

图 21.11.44　截面草图

Step24. 创建图 21.11.45 所示的零件特征——拉伸特征 15。选取图 21.11.46 所示的平面为草图平面，绘制图 21.11.47 所示的截面草图；在“拉伸”对话框方向区域的指定矢量 (0)下拉列表中选择ZC选项；在限制区域的开始下拉列表中选择值选项，并在其下的距离文本框中输入值 0；在限制区域的结束下拉列表中选择值选项，并在其下的距离文本框中输入值 1；在布尔区域中选择减去选项，采用系统默认的求差对象；其他参数采用系统默认设置值。

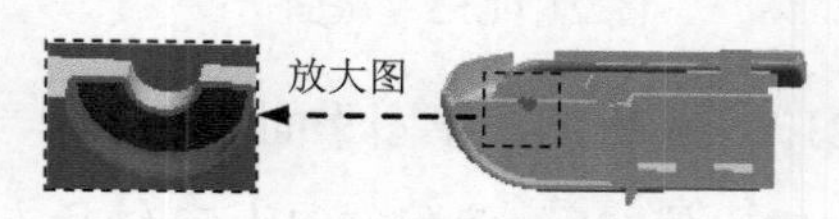

图 21.11.45　拉伸特征 15

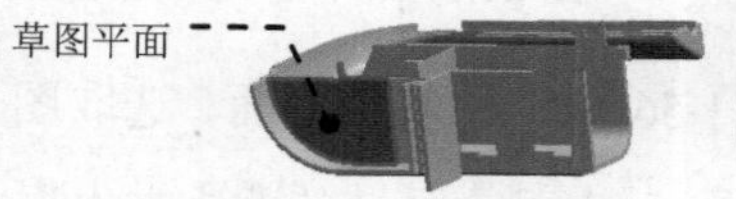

图 21.11.46　定义草图平面

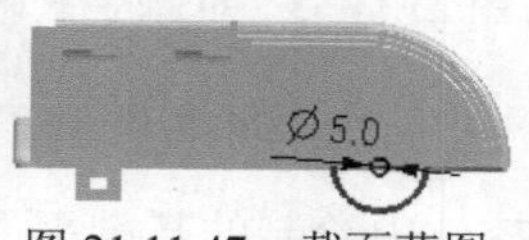

图 21.11.47　截面草图

Step25. 创建图 21.11.48 所示的零件特征——拉伸特征 16。选取图 21.11.49 所示的平面为草图平面，绘制图 21.11.50 所示的截面草图；在“拉伸”对话框方向区域的指定矢量 (0)下拉列表中选择-XC选项；在限制区域的开始下拉列表中选择值选项，并在其下的距离文本框中输入值 0；在限制区域的结束下拉列表中选择贯通选项；在布尔区域中选择减去选项，采用系统默认的求差对象；其他参数采用系统默认设置值。

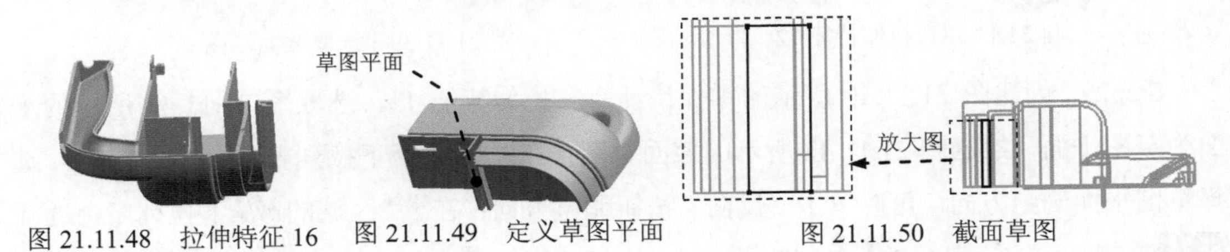

图 21.11.48　拉伸特征 16　图 21.11.49　定义草图平面　图 21.11.50　截面草图

Step26. 创建图 21.11.51 所示的零件特征——拉伸特征 17。选取 ZX 基准平面为草图平面，绘制图 21.11.52 所示的截面草图；在“拉伸”对话框方向区域的指定矢量 (0)下拉列表中选择-YC选项；在限制区域的开始下拉列表中选择值选项，并在其下的距离文本框中输入值 0；在限制区域的结束下拉列表中选择直至下一个选项；在布尔区域中选择合并选项，采用系统默认的合并对象；其他参数采用系统默认设置值；单击< 确定 >按钮，完成拉伸特征 17 的创建。

图 21.11.51　拉伸特征 17　图 21.11.52　截面草图

Step27. 创建图 21.11.53 所示的零件特征——拉伸特征 18。选择下拉菜单插入(S) → 设计特征(E) → 拉伸(E)...命令；选取图 21.11.54 所示的基准平面为草图平面，绘制图 21.11.55 所示的截面草图；在“拉伸”对话框方向区域的指定矢量 (0)下拉列表中选择XC选项；在限制区域的结束下拉列表中选择对称值选项，并在其下的距离文本框中输入值 1；在布尔区域中选择合并选项，采用系统默认的合并对象；其他参数采用系统默认设置值，单击< 确定 >按钮，完成拉伸特征 18 的创建。

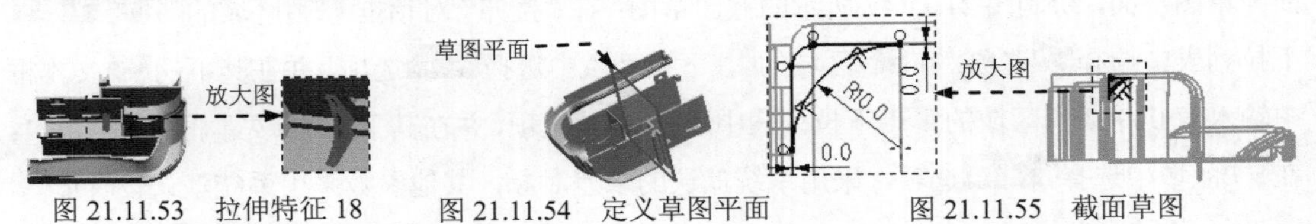

图 21.11.53　拉伸特征 18　图 21.11.54　定义草图平面　图 21.11.55　截面草图

Step28. 创建图 21.11.56 所示的基准平面。选取图 21.11.54 所示的草图平面为对象（一级控件中绘制的基准平面）；在偏置区域的距离文本框中输入值-30；偏置方向为 X 轴负方向，其他参数采用系统默认设置值。

Step29. 创建图 21.11.57 所示的零件特征——拉伸特征 19。选取图 21.11.56 所示的基准平面为草图平面，绘制图 21.11.55 所示的截面草图；在“拉伸”对话框方向区域的* 指定矢量 (0)下拉列表中选择XC选项；在限制区域的结束下拉列表中选择对称值选项，并在其下的距离文本框中输入值 1；在布尔区域中选择合并选项，采用系统默认的合并对象；其他参数采用系统默认设置值。

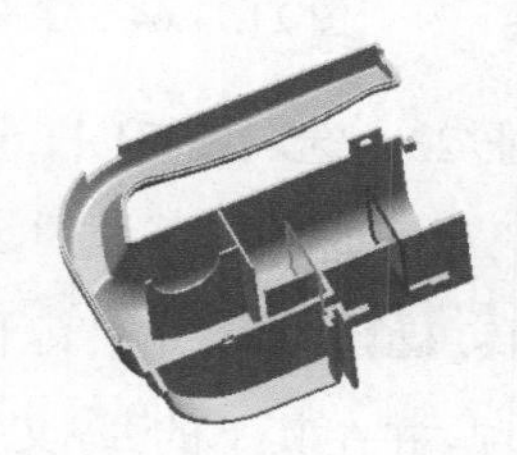

图 21.11.56　基准平面

图 21.11.57　拉抻特征 19

Step30. 创建图 21.11.58 所示的零件特征——拉伸特征 20。选取 ZX 基准平面为草图平面，绘制图 21.11.59 所示的截面草图；在“拉伸”对话框方向区域的* 指定矢量 (0)下拉列表中选择-YC选项；在限制区域的开始下拉列表中选择值选项，并在其下的距离文本框中输入值-1；在限制区域的结束下拉列表中选择直至下一个选项；在布尔区域中选择合并选项，采用系统默认的合并对象；其他参数采用系统默认设置值。

图 21.11.58　拉伸特征 20

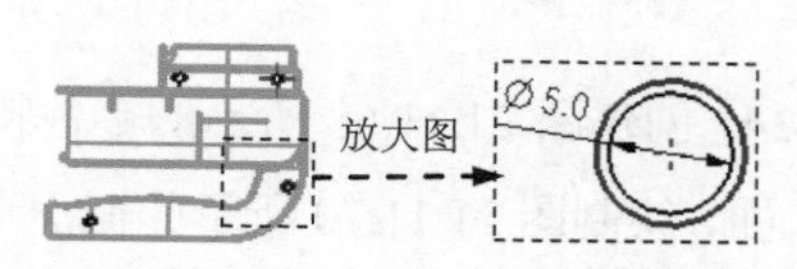

图 21.11.59　截面草图

Step31. 创建图 21.11.60 所示的零件特征——拉伸特征 21。选取 ZX 基准平面为草图平面，绘制图 21.11.61 所示的截面草图；在“拉伸”对话框方向区域的* 指定矢量 (0)下拉列表中选择-YC选项；在限制区域的结束下拉列表中选择对称值选项，并在其下的距离文本框中输入值 5；在布尔区域中选择减去选项，采用系统默认的求差对象；其他参数采用系统默认设置值。

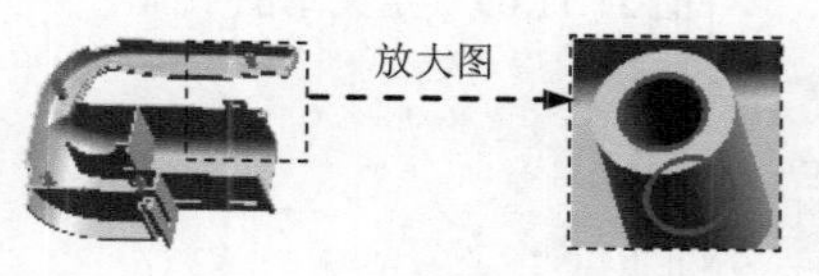

图 21.11.60　拉伸特征 21

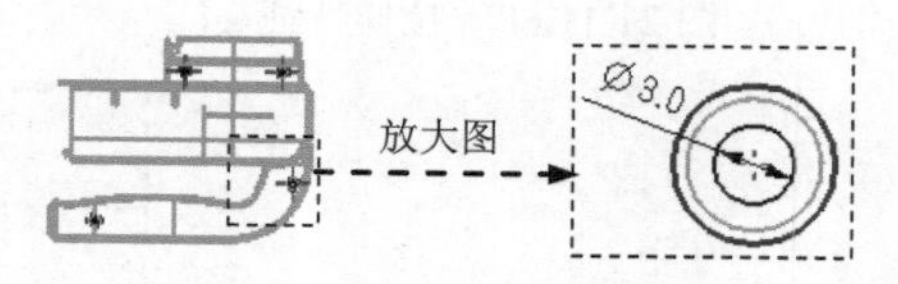

图 21.11.61　截面草图

Step32. 创建图 21.11.62 所示的零件特征——拉伸特征 22。在绘图区选取图 21.11.63 所示的草图为拉伸截面；在“拉伸”对话框方向区域的* 指定矢量 (0)下拉列表中选择-YC选项；在限制区域的开始下拉列表中选择值选项，并在其下的距离文本框中输入值 33；在限制区域的结束下拉列表中选择直至延伸部分选项，选取图 21.11.64 所示的面为拉伸终止面；在布尔区域中选择合并选项，采用系统默认的合并对象；其他参数采用系统默认设置值。

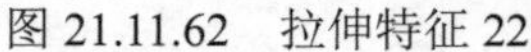

图 21.11.62　拉伸特征 22

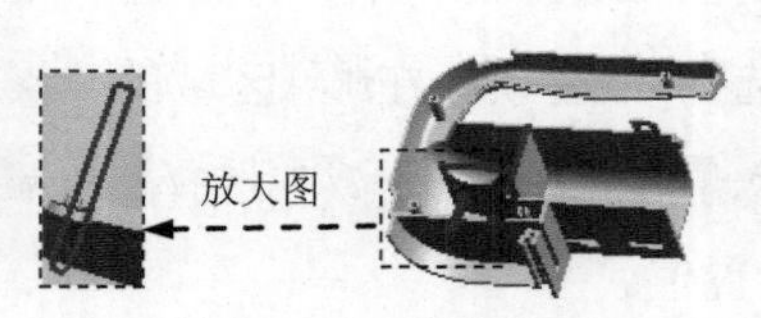

图 21.11.63　截面草图

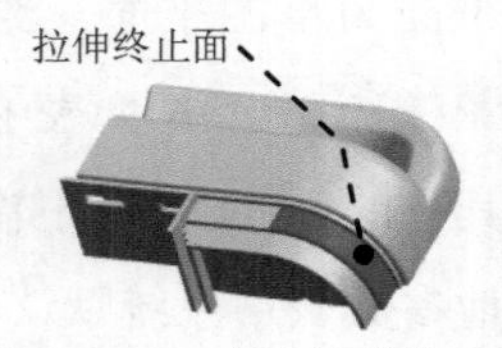

图 21.11.64　定义拉伸终止面

Step33. 创建图 21.11.65 所示的零件特征——拉伸特征 23。选取图 21.11.66 所示的平面为草图平面，绘制图 21.11.67 所示的截面草图；在“拉伸”对话框方向区域的* 指定矢量 (0)下拉列表中选择YC选项；在限制区域的开始下拉列表中选择值选项，并在其下的距离文本框中输入值 0；在限制区域的结束下拉列表中选择值选项，并在其下的距离文本框中输入值 0.5；在布尔区域中选择减去选项，采用系统默认的求差对象；其他参数采用系统默认设置值。

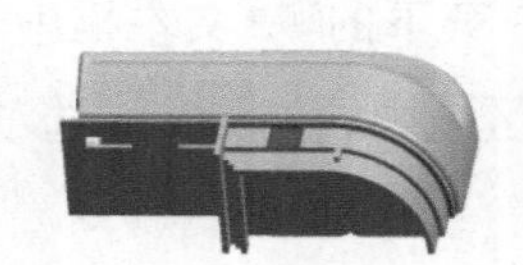

图 21.11.65　拉伸特征 23

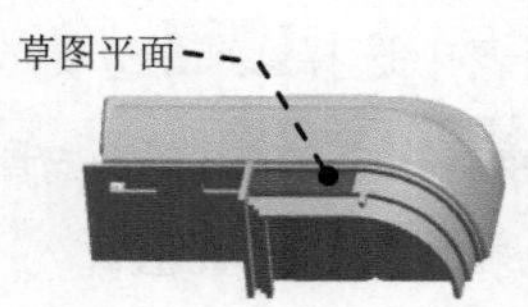

图 21.11.66　定义草图平面

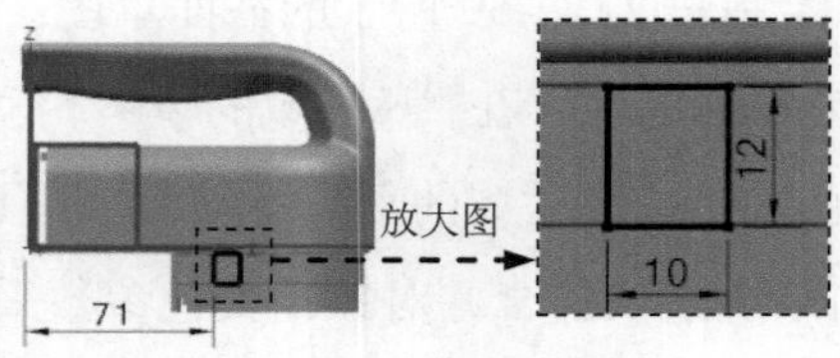

图 21.11.67　截面草图

Step34. 创建图 21.11.68 所示的零件特征——拉伸特征 24。选取图 21.11.69 所示的平面为草图平面，绘制图 21.11.70 所示的截面草图；在“拉伸”对话框方向区域的* 指定矢量 (0)下拉列表中选择-YC选项；在限制区域的开始下拉列表中选择值选项，并在其下的距离文本框中输入值 0；在限制区域的结束下拉列表中选择值选项，并在其下的距离文本框中输入值 2；在布尔区域中选择合并选项，采用系统默认的合并对象；其他参数采用系统默认设置值。

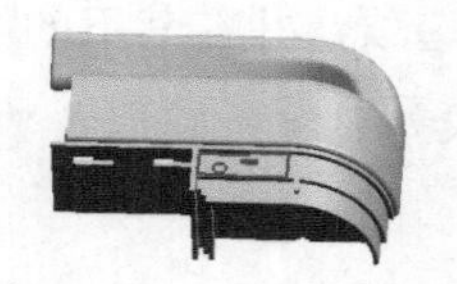

图 21.11.68　拉伸特征 24

图 21.11.69　定义草图平面

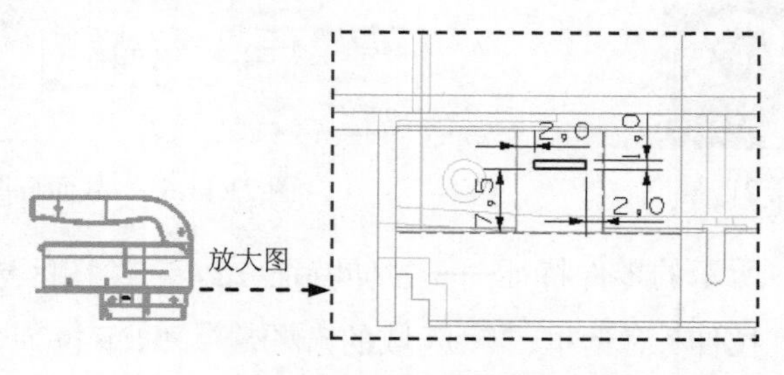

图 21.11.70　截面草图

Step35. 创建图 21.11.71b 所示的边倒圆特征 6。选择图 21.11.71a 所示的两条边线为要倒圆的边，并在半径 1文本框中输入值 0.5。

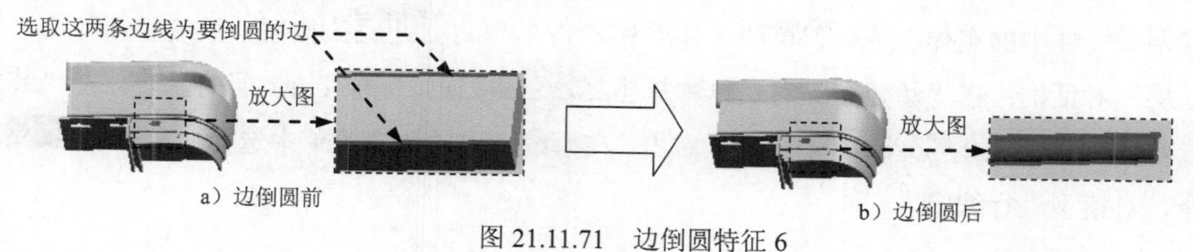

图 21.11.71　边倒圆特征 6

Step36. 创建图 21.11.72b 所示的边倒圆特征 7。选择图 21.11.72a 所示的边线为要倒圆的边，并在半径 1文本框中输入值 0.5。

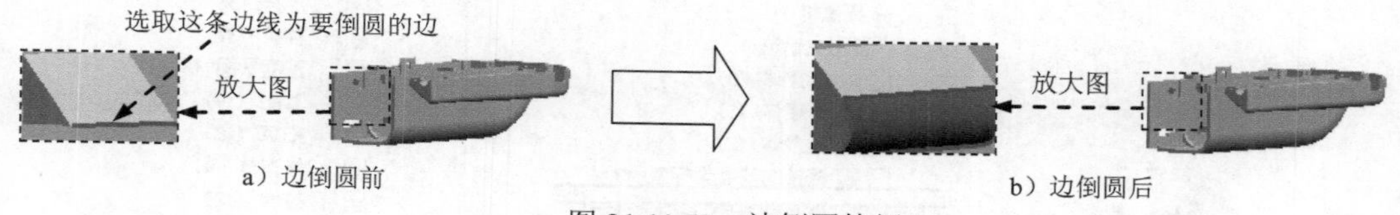

图 21.11.72　边倒圆特征 7

Step37. 创建图 21.11.73b 所示的边倒圆特征 8。选择图 21.11.73a 所示的两条边线为要倒圆的边，并在半径 1文本框中输入值 1。

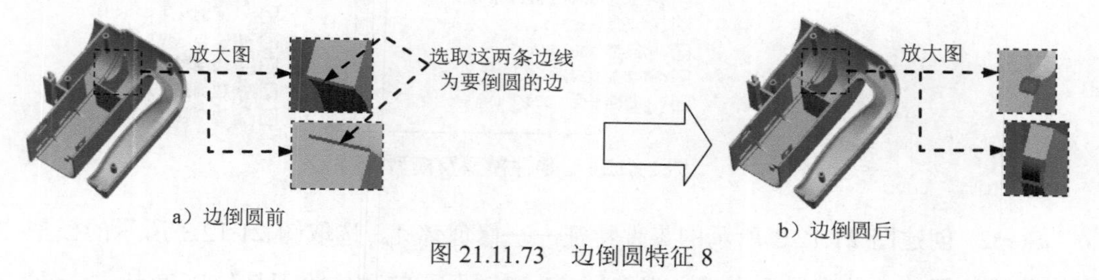

图 21.11.73　边倒圆特征 8

Step38. 保存零件模型。选择下拉菜单文件(F) → 保存(S)命令，即可保存零件模型。

21.12　前端外壳

去毛器前端外壳（CRUST.PRT）是从四级控件（FOURTH.PRT）中分割出来的，它继承了四级控件的外观形状，然后加以修饰。零件模型及模型树如图 21.12.1 所示。

Step1. 创建 crust 层。在“装配导航器”窗口中的 right 选项上右击，在系统弹出的快捷菜单中选择显示父项 → fourth命令，系统进入 fourth 模型区域激活装配；在“装配导航器”窗口中的 fourth 选项上右击，在系统弹出的快捷菜单中选择WAVE → 新建层 命令，系统弹出“新建层”对话框；单击“新建层”对话框中的 指定部件名 按钮，在弹出的“选择部件名”对话框的文件名(N):

文本框中输入文件名 crust，单击 OK 按钮，系统再次弹出“新建层”对话框；单击“新建层”对话框中的 类选择 按钮，系统弹出“WAVE 组件间的复制”对话框；选取四级控件中的实体、片体、草图、基准和 CSYS，单击 确定 按钮，系统重新弹出“新建层”对话框；在“新建层”对话框中单击 确定 按钮，完成 crust 层的创建；在“装配导航器”窗口中的 crust 选项上右击，在系统弹出的快捷菜单中选择 设为显示部件 命令，对模型进行编辑。

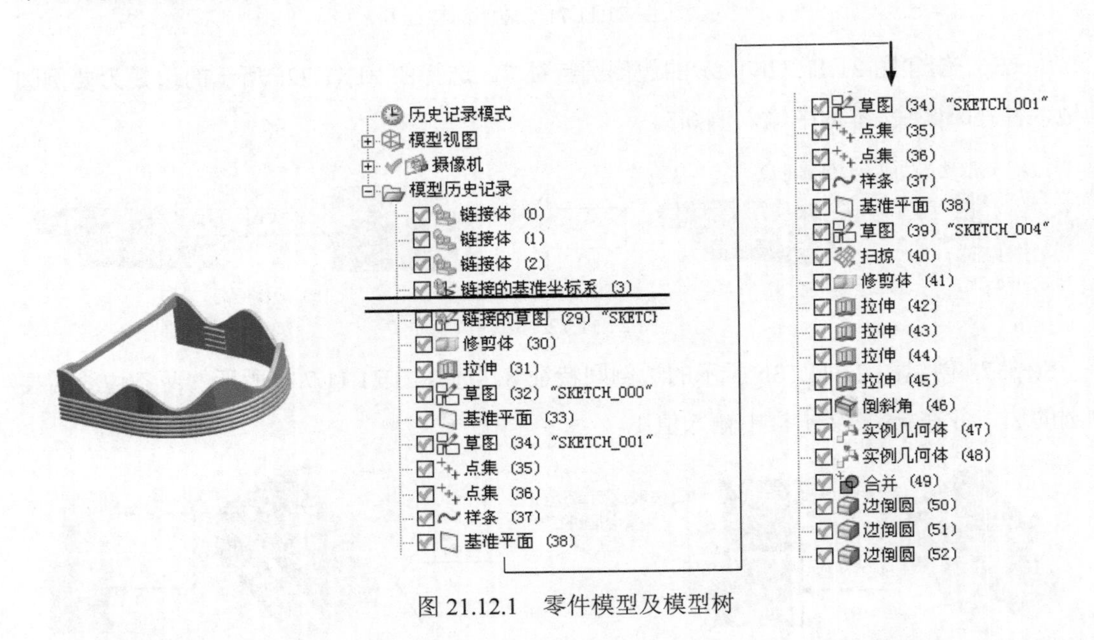

图 21.12.1　零件模型及模型树

Step2. 创建图 21.12.2 所示的零件特征——修剪体 1。选取图 21.12.3 所示的模型体为要修剪的目标体，单击鼠标中键，选取图 21.12.3 所示的片体为刀具体，单击按钮，使箭头指向被修剪的部分（隐藏片体）。

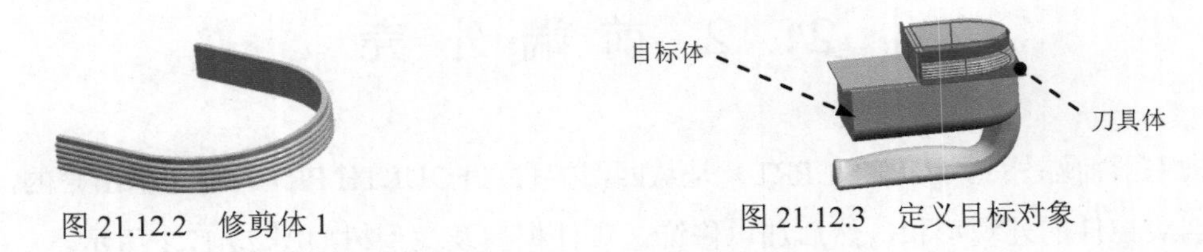

图 21.12.2　修剪体 1

图 21.12.3　定义目标对象

Step3. 创建图 21.12.4 所示的零件特征——拉伸特征 1。在绘图区选取图 21.12.5 所示的草图为拉伸截面；在“拉伸”对话框 方向 区域的 * 指定矢量 (0) 下拉列表中选择 -ZC 选项；在 限制 区域的 开始 下拉列表中选择 值 选项，并在其下的 距离 文本框中输入值 0；在 限制 区域的 结束 下拉列表中选择 值 选项，并在其下的 距离 文本框中输入值 10；在 布尔 区域中选择 合并 选项，采用系统默认的合并对象；其他参数采用系统默认设置值。

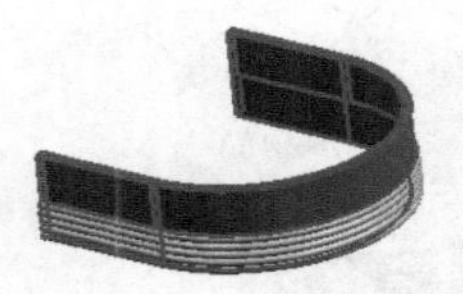

图 21.12.4 拉伸特征 1

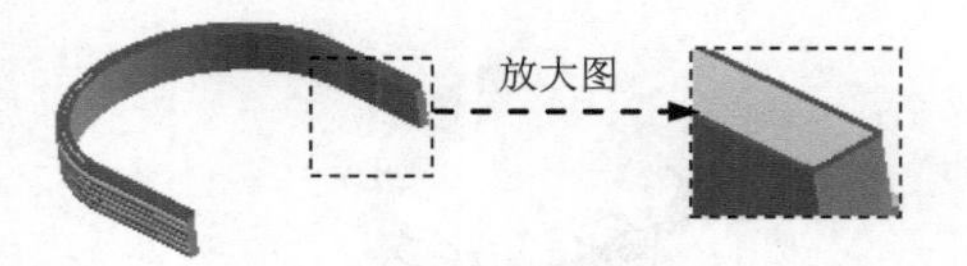

图 21.12.5 截面草图

Step4. 创建图 21.12.6 所示的草图 1。选取图 21.12.7 所示的平面为草图平面，进入草图环境，绘制图 21.12.8 所示的草图 1。

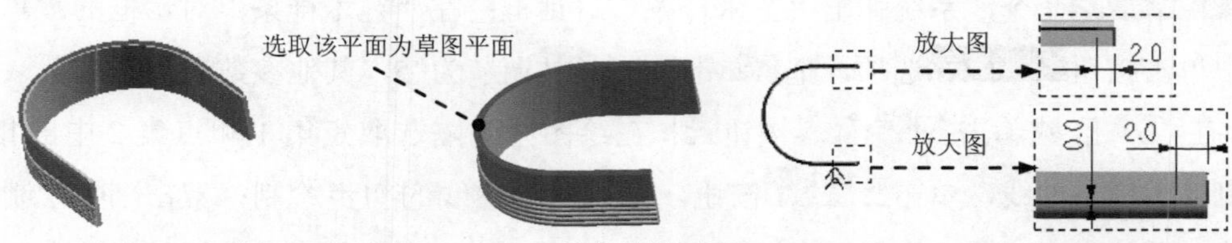

图 21.12.6 草图 1（建模环境） 图 21.12.7 定义草图平面 图 21.12.8 草图 1（草图环境）

Step5. 创建图 21.12.9 所示的基准平面 1。选择下拉菜单 插入(S) → 基准/点(D) → 基准平面(D)... 命令，其他参数采用系统默认设置值（注：具体参数和操作参见学习资源）。

Step6. 创建图 21.12.10 所示的草图 2。选取基准平面 1 为草图平面，把草图 1 投影到基准平面 1 上。

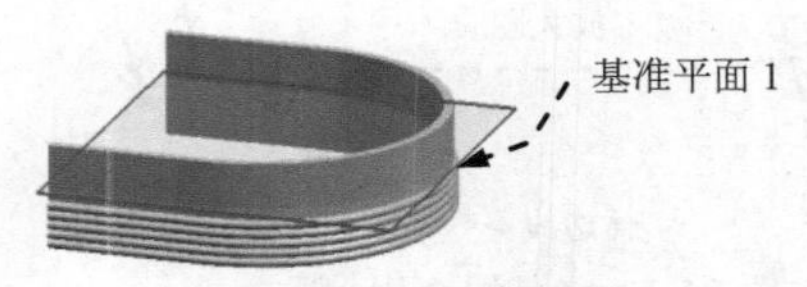

图 21.12.9 基准平面 1

图 21.12.10 草图 2（建模环境）

Step7. 创建图 21.12.11 所示的曲线上的点集 1。选择下拉菜单 插入(S) → 基准/点(D) → 点集(S)... 命令，系统弹出“点集”对话框；在“点集”对话框的 类型 下拉列表中选择 曲线点 选项，在 子类型 区域的 曲线上取点依据 下拉列表中选择 等弧长，在 基本几何体 区域中单击 * 选择曲线或边 (0) 按钮，选择草图 1 的曲线；在 等弧长定义 区域的 点数 文本框输入数值 6，在 起始百分比 文本框中输入数值 0，在 终止百分比 文本框中输入数值 100；单击 < 确定 > 按钮，完成点集 1 的创建。

Step8. 创建图 21.12.12 所示的曲线上的点集 2。选择下拉菜单 插入(S) → 基准/点(D) → 点集(S)... 命令，系统弹出“点集”对话框；在“点集”对话框的 类型 下拉列表中选择 曲线点 选项，在 子类型 区域的 曲线上取点依据 下拉列表中选择 等弧长，在 基本几何体 区域中单击 * 选择曲线或边 (0) 按钮，选择草图 2 的曲线；在 等弧长定义 区域的 点数 文本框中输入数值 5，在 起始百分比 文本框中输入数值 10，在 终止百分比 文本框中输入数值 90；单击 < 确定 > 按钮，完成点集 2 的创建。

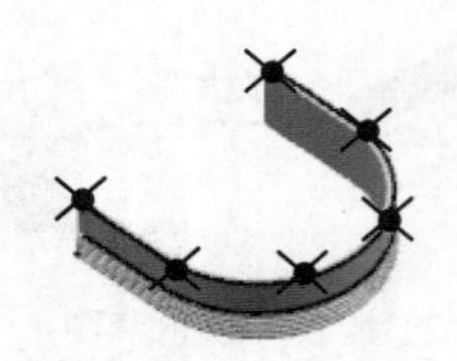
图 21.12.11　点集 1

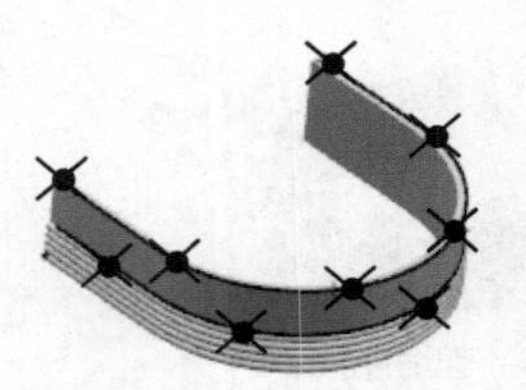
图 21.12.12　点集 2

Step9. 创建图 21.12.13 所示的艺术样条。选择下拉菜单 插入(S) → 曲线(C) → 艺术样条(D)... 命令，系统弹出“艺术样条”对话框；在“艺术样条”对话框的 类型 下拉列表中单击按钮 通过点 选项，把 参数化 区域的 次数 调节为 5，其他参数采用系统默认参数设置；在 点位置 区域单击 * 指定点 (0) 按钮，在绘图区间隔选取点集 1 和点集 2 中的相应点，绘制艺术样条曲线，单击 < 确定 > 按钮，完成样条曲线的初步绘制；双击刚刚绘制的样条曲线；系统弹出“艺术样条”对话框；右击图 21.12.14 所示的样条曲线结束端点，在弹出的快捷菜单中选择 指定约束 命令，此时该端点出现约束控制手柄，如图 21.12.14 所示；单击图 21.12.14 所示的约束控制球，然后拖动图 21.12.14 所示的实体边线的端点，完成此端点的约束调整；调整样条曲线所有点的约束，使每一点的切线方向分别与草图 1 和草图 2 相合，最终结果如图 21.12.13 所示。

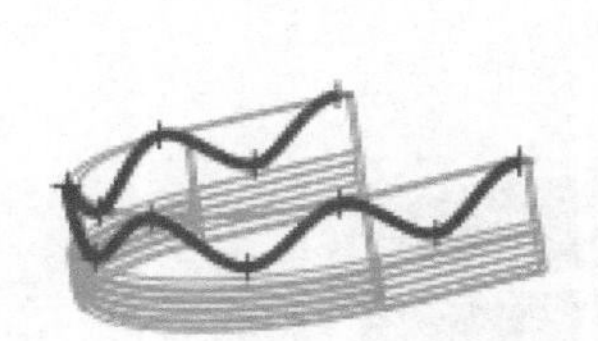
图 21.12.13　艺术样条

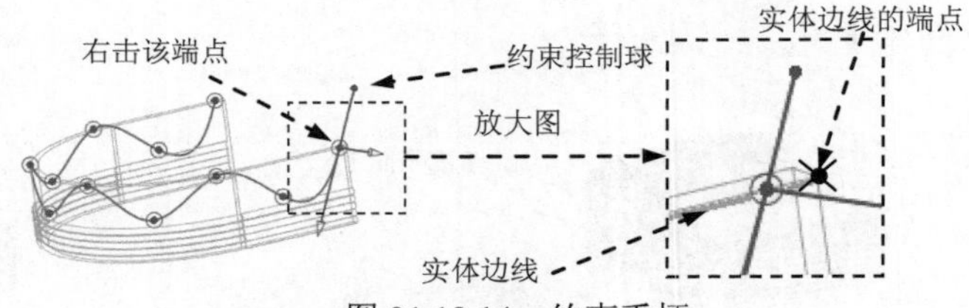

图 21.12.14　约束手柄

说明：绘制样条线时，注意开启“选择条”工具条上的“现有点”捕捉功能，以便准确选取到对象。

注意：在添加点的约束时，可以先从两端开始，再到中间区域，这样便于添加。

Step10. 创建图 21.12.15 所示的基准平面 2。选择下拉菜单 插入(S) → 基准/点(D) → 基准平面(D)... 命令，在 类型 区域的下拉列表中选择 曲线上 选项，在绘图区选取曲面上的艺术样条曲线为曲线对象；在 曲线上的位置 区域的 位置 下拉列表中选择 弧长百分比 选项；在 弧长百分比 文本框中输入值 0，其他参数采用系统默认设置值。

Step11. 创建图 21.12.16 所示的草图 3。选取基准平面 2 为草图平面，绘制图 21.12.17 所示的草图 3。

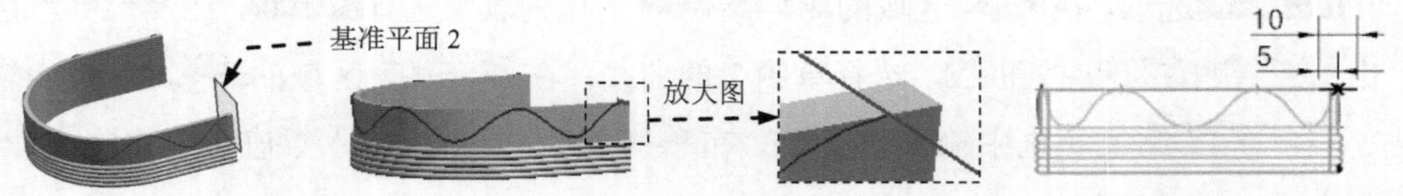

图 21.12.15　基准平面 2　图 21.12.16　草图 3（建模环境）　图 21.12.17　草图 3（草图环境）

Step12. 创建图 21.12.18 所示的零件特征——扫掠特征。选择下拉菜单插入(S) → 扫掠(S)…命令，系统弹出“扫掠”对话框；在截面区域单击* 选择曲线 (0)按钮，在绘图区域中选取草图 3 为截面线串 1（每次在选取草图后都要单击中键确认）；在引导线区域单击* 选择曲线 (0)按钮，在绘图区域选取艺术样条为扫掠引导线；其他参数采用系统默认设置值；单击“扫掠”对话框中的< 确定 >按钮，完成扫掠的创建。

Step13. 创建图 21.12.19 所示的零件特征——修剪体 2。选取模型体为修剪的目标体，单击鼠标中键后，选取扫掠特征为刀具体，可通过“反向”按钮调整修剪方向，箭头指向被修剪的部分。

图 21.12.18 扫掠特征

图 21.12.19 修剪体 2

Step14. 创建图 21.12.20 所示的零件特征——拉伸特征 2。选取 ZX 基准平面为草图平面，绘制图 21.12.21 所示的截面草图；在“拉伸”对话框方向区域的* 指定矢量 (0)下拉列表中选择-YC选项；在限制区域的开始下拉列表中选择直至下一个选项，在限制区域的结束下拉列表中选择直至下一个选项；在布尔区域中选择合并选项，采用系统默认的合并对象；其他参数采用系统默认设置值。

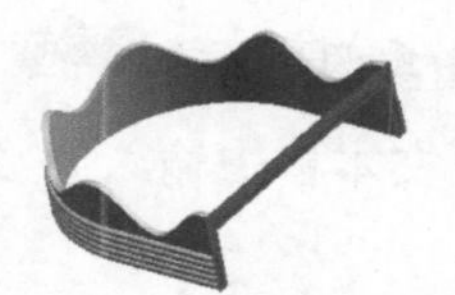
图 21.12.20 拉伸特征 2

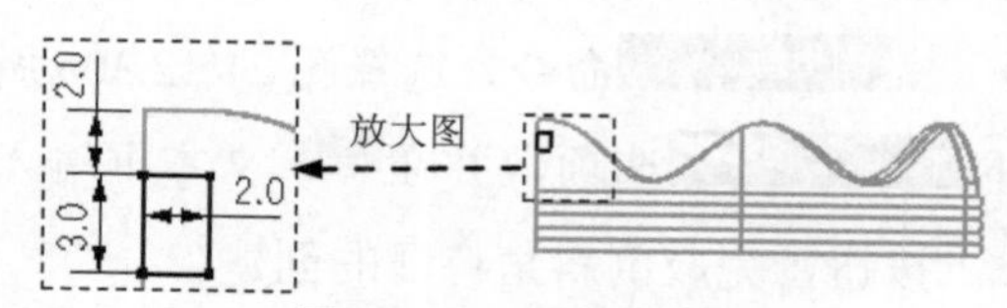

图 21.12.21 截面草图

Step15. 创建图 21.12.22 所示的零件特征——拉伸特征 3。选取图 21.12.20 所示的平面为草图平面，绘制图 21.12.23 所示的截面草图；在“拉伸”对话框方向区域的* 指定矢量 (0)下拉列表中选择XC选项；在限制区域的开始下拉列表中选择值选项，并在其下的距离文本框中输入值 0；在限制区域的结束下拉列表中选择值选项，并在其下的距离文本框中输入值 2；在布尔区域中选择无选项；其他参数采用系统默认设置值。

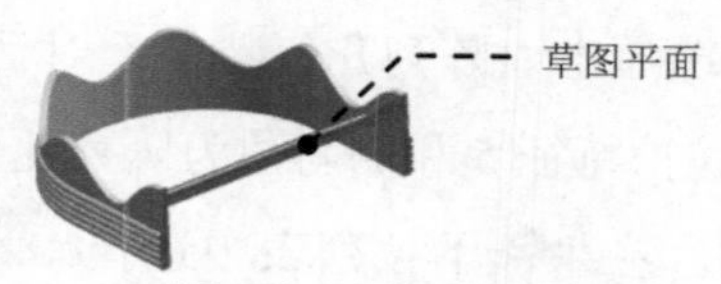

图 21.12.22 拉伸特征 3

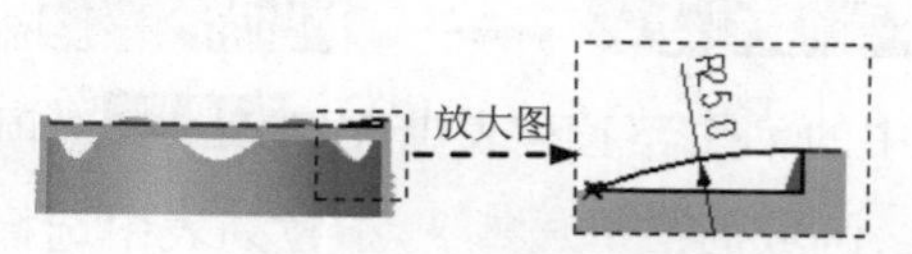

图 21.12.23 截面草图

Step16. 创建图 21.12.24 所示的零件特征——拉伸特征 4。选取图 21.12.25 所示的平面为草图平面，绘制图 21.12.26 所示的截面草图；在“拉伸”对话框方向区域的* 指定矢量 (0)

下拉列表中选择YC选项；在限制区域的开始下拉列表中选择值选项，并在其下的距离文本框中输入值-73； 在限制区域的结束下拉列表中选择值选项，并在其下的距离文本框中输入值 1；在布尔区域中选择减去选项，采用系统默认的求差对象；其他参数采用系统默认设置值。

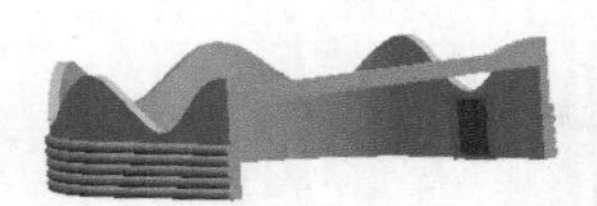

图 21.12.24　拉伸特征 4

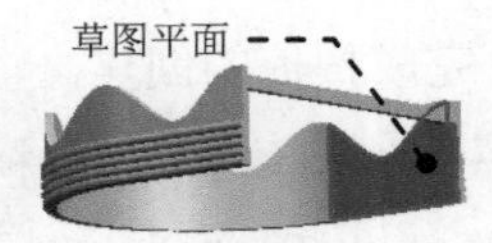

图 21.12.25　定义草图平面

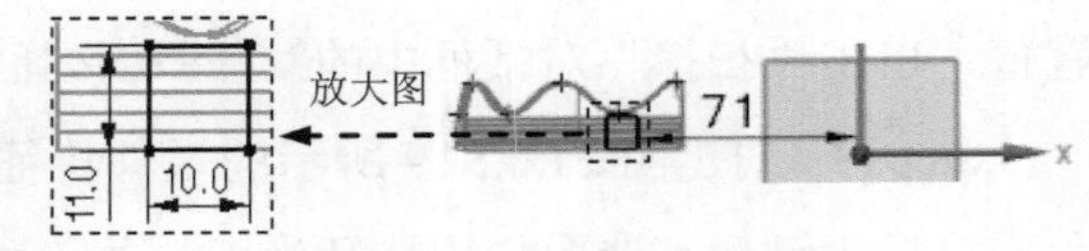

图 21.12.26　截面草图

Step17. 创建图 21.12.27 所示的零件特征——拉伸特征 5。选取图 21.12.28 所示的平面为草图平面，绘制图 21.12.29 所示的截面草图；在“拉伸”对话框方向区域的指定矢量 (0)下拉列表中选择-YC选项；在限制区域的开始下拉列表中选择值选项，并在其下的距离文本框中输入值 0；在限制区域的结束下拉列表中选择值选项，并在其下的距离文本框中输入值 1.5；在布尔区域中选择无选项；其他参数采用系统默认设置值。

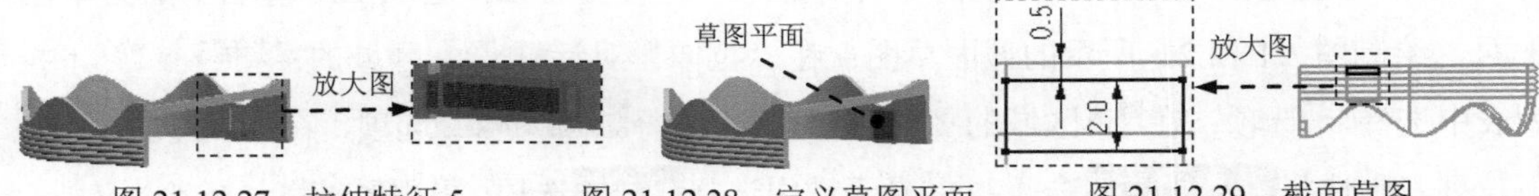

图 21.12.27　拉伸特征 5　　图 21.12.28　定义草图平面　　图 21.12.29　截面草图

Step18. 创建图 21.12.30b 所示的倒斜角特征。选择下拉菜单插入(S) → 细节特征(L) ▸ → 倒斜角(C)...命令，选择图 21.12.30a 所示的边线为倒角参照边，在横截面下拉列表中选择偏置和角度选项，并在距离文本框输入值 1.5，在角度文本框中输入值 50；单击< 确定 >按钮，完成倒斜角特征的创建。

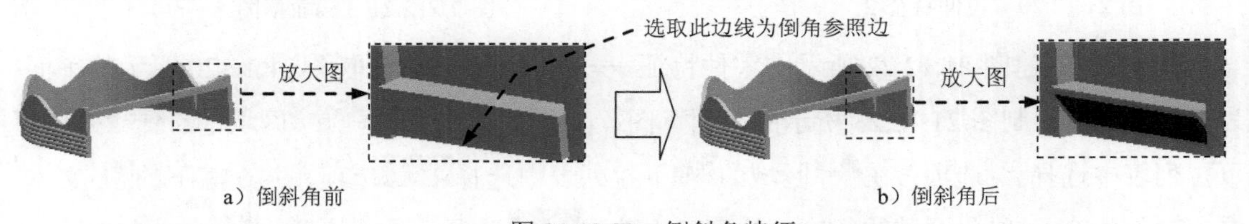

a）倒斜角前　　b）倒斜角后

图 21.12.30　倒斜角特征

Step19. 创建图 21.12.31 所示的零件特征——阵列几何特征。选择下拉菜单插入(S) → 关联复制(A) ▸ → 阵列几何特征(T)...命令，系统弹出“阵列几何特征”对话框；在对话框中的布局下拉列表中选择线性选项，选取拉伸特征 5 和倒斜角为阵列几何特征，在方向 1区域的指定矢量 (0)下拉列表中选择ZC选项，在间距下拉列表中选择数量和间隔选项，然后在数量文本框中输入阵列数量为 4，在节距文本框中输入阵列节距值为-2.5；其他参数采用系统默认设置值；单击< 确定 >按钮，完成阵列几何特征的创建。

Step20. 创建图 21.12.32 所示的零件特征——镜像几何特征。选择下拉菜单插入(S) →

关联复制(A) ▸ ➡ 镜像几何体(G)... 命令，系统弹出“镜像几何体”对话框；选取拉伸 3、拉伸 5、倒斜角和阵列几何特征为镜像几何体，在镜像平面区域中单击指定平面按钮，在绘图区域中选取 ZX 基准平面作为镜像平面；其他参数采用系统默认设置值。

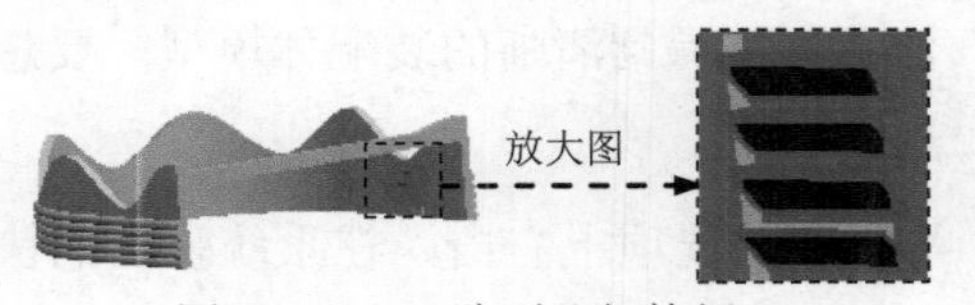

图 21.12.31　阵列几何特征

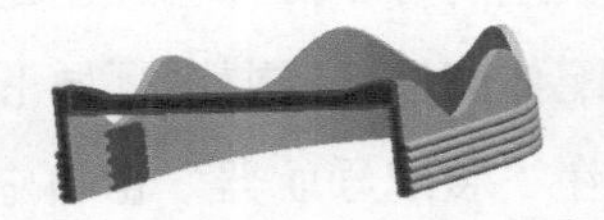
图 21.12.32　镜像几何特征

Step21. 创建合并。选取拉伸 3、拉伸 5、倒斜角、阵列几何特征和镜像几何特征为刀具体，选取其余实体为目标体。

Step22. 创建图 21.12.33b 所示的边倒圆特征 1。选择图 21.12.33a 所示的几条边线为要倒圆的边，并在半径 1文本框中输入值 0.5。

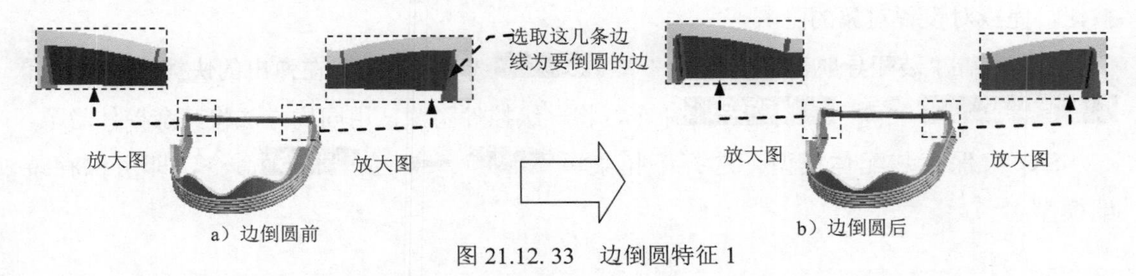

图 21.12. 33　边倒圆特征 1

Step23. 创建图 21.12.34b 所示的边倒圆特征 2。选择图 21.12.34a 所示的几条边线为要倒圆的边，并在半径 1文本框中输入值 0.5。

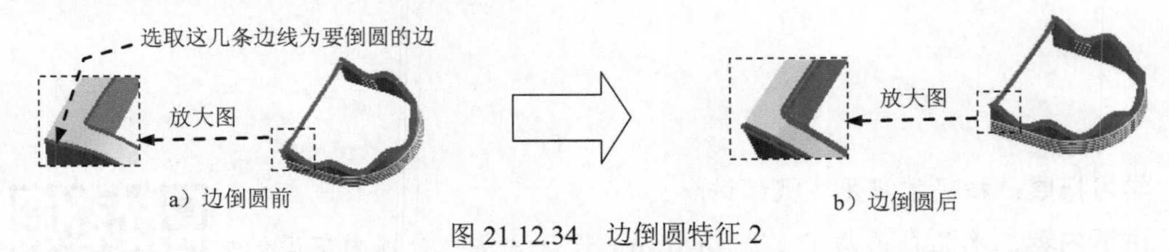

图 21.12.34　边倒圆特征 2

Step24. 创建图 21.12.35b 所示的边倒圆特征 3。选择图 21.12.35a 所示的几条边线为要倒圆的边，并在半径 1文本框中输入值 0.5。

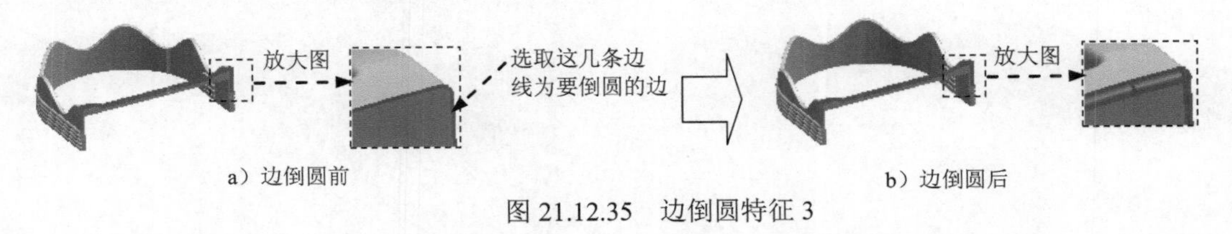

图 21.12.35　边倒圆特征 3

Step25. 保存零件模型。选择下拉菜单文件(F) ➡ 保存(S)命令，即可保存零件模型。

21.13 编辑总模型的显示

以上对模型的各个部件已经创建完成，但还不能得到清晰的装配体模型。要想得到比较清晰的装配体部件，还要进行如下编辑。

Step1. 在“装配导航器”窗口中的☑crust 选项上右击，在系统弹出的快捷菜单中选择显示父项 ▸ ➡ trim_pelucohi选项，系统进入总装配模型区域并激活总装配。

Step2. 选择下拉菜单编辑(E) ➡ 显示和隐藏(H) ➡ 隐藏(H)...命令，系统弹出“类选择”对话框；单击“类选择”对话框过滤器区域中的按钮，系统弹出“根据类型选择”对话框；选择对话框列表中的曲线、草图、片体、基准、点和CSYS选项，单击确定按钮，系统再次弹出“类选择”对话框；单击对话框对象区域中的按钮，单击对话框中的确定按钮，完成对设置对象的隐藏。

Step3. 在“装配导航器”窗口中的☑first选项上右击，在弹出的快捷菜单中选择显示和隐藏 ▸ ➡ 隐藏节点命令，将一级控件隐藏，用同样方法将其余控件隐藏。

Step4. 保存装配体模型。选择下拉菜单文件(F) ➡ 保存(S)命令，即可保存装配模型。

学习拓展：扫码学习更多视频讲解。

讲解内容：产品自顶向下（Top-Down）设计方法。自顶向下设计方法是一种高级的装配设计方法，在电子电器、工程机械、工业机器人等产品设计中应用广泛。